Simio y Simulación:
Modelado, Análisis, Aplicaciones
Quinta Edición

Jeffrey S. Smith (Auburn University)   David T. Sturrock (Simio LLC)
W. David Kelton (University of Cincinnati)
David F. Muñoz (Instituto Tecnológico Autónomo de México)

Publicado por Simio LLC
www.simio.com

Simio y Simulación:
Modelado, Análisis, Aplicaciones

Quinta Edición
Revisión: Enero, 2019

Las sugerencias y otras contribuciones de instructores y estudiantes son bienvenidas en el correo textbook@simio.com. Este libro ha sido escrito para la versión de Simio 10 o posterior.

- En la dirección `www.simio.com` se puede descargar la versión Personal Edition del software.

- Los instructores que deseen usar la Versión Académica de Simio sin costo, pueden solicitarla en la dirección `www.simio.com/academics`.

- Los estudiantes matriculados pueden hacer uso del software proporcionado a la universidad sin costo, o pueden obtener una copia para su uso personal, por un costo simbólico, siguiendo las instrucciones proporcionadas por sus instructores.

Simio es una marca comercial registrada de Simio LLC. Microsoft, Windows, Excel, Word, PowerPoint, y Visual Studio son marcas comeriales o marcas comerciales registradas de Microsoft Corporation. OptQuest es una marca comercial registrada de OptTek Systems, Inc. Stat::Fit es una marca comercial registrada de Geer Mountain Software Corporation. @RISK y StatTools son marcas comerciales registradas de Palisade Corporation. Minitab es una marca comercial registrada de Minitab, Inc. Flexsim es una marca comercial registrada de Flexsim software products. Arena es una marca comercial registrada de Rockwell Automation. ILOG es una marca comercial registrada de IBM. APO-PP/DS es una marca comercial registrada de SAP. Wonderware is a trademark of Schneider Electric. Se reconoce que todas las otras marcas comeriales o marcas comerciales registradas son propiedad de sus respectivos propietarios. Las instrucciones en este libro no cubren todos los aspectos o detalles del software Simio. Para las últimas descripciones o las más completas, consulte la documentación del producto.

Prefacio

Esta quinta edición explica cómo usar la simulación para tomar mejores decisiones en dominios de aplicación desde el cuidado de la salud hasta la minería, desde manufactura de equipo pesado hasta cadenas de suministro, y muchas otras áreas. Está escrita para ayudar tanto a los usuarios con conocimientos técnicos, como no técnicos, para que entiendan mejor la utilidad y los conceptos de la simulación. Puede ser utilizada en el salón de clase o como apoyo para el estudio independiente. El software moderno hace que la simulación sea más accesible y útil que nunca antes, y este libro ilustra los conceptos de simulación con Simio®, un líder en software para simulación.

Esta edición está escrita para la versión 10 o mayor de Simio, lo último en tecnología de simulación. Hemos incorporado muchas nuevas características, así como sugerencias de los lectores. Hemos mejorado el contenido en Monte Carlo, análisis de la entrada, análisis de la salida, y agregado nuevo contenido en técnicas de modelado guiada por los datos, generado por los datos. Finalmente, hemos actualizado y cambiado de nombre el capítulo sobre Programación Basada en Simulación e Industria 4.0, agregando material que ilustra cómo la simulación contribuye a la creación y operación efectiva de gemelos digitales y al control y programación de las operaciones. Los problemas al final del capítulo han sido mejorados y expandidos, y hemos incorporado muchas sugerencias de los lectores. Hemos reorganizado el material para permitir una mejor lectura y actualización a través del libro para muchas de las nuevas características de Simio que han sido añadidas recientemente.

Este libro puede servir como el libro de texto en un primer y segundo cursos de simulación, tanto a nivel de pregrado como a nivel graduado. Está escrito en estilo de tutorial accesible, centrado en ejemplos específicos más que en conceptos generales, y cubre una variedad de aplicaciones, incluyendo temas internacionales. Nuestra experiencia nos ha enseñado que estas características hacen que el texto sea fácil de leer y entender, así como adecuado para estudiantes de diversas culturas y áreas de entrenamiento.

Un primer curso de simulación puede cubrir a profundidad del capítulo 1 al capítulo 8. Probablemente, los capítulos 9 y 11 sean particularmente apropiados para estudiantes avanzados de una licenciatura o para estudiantes graduados. Para un segundo curso de simulación, puede ser apropiado no tocar, o revisar rápidamente los capítulos 1–3 y 6), cubrir a fondo todos los otros capítulos hasta el capítulo11) y usar el capítulo A para proyectos de refuerzo.

El texto o sus partes puede también apoyar un módulo de simulación de pocas semanas, dentro de un curso más amplio en programas que no tienen un curso de simulación (e.g., MBA). Para un módulo de simulación dentro de un curso más amplio sería recomendable enfocarse en los capítulos 1, 4 y 5, quizá una ligera revisión de los capítulos 7 y 8.

El material introducido en el capítulo 11 incluye algunos proyectos interesantes para estudiantes graduados con algún entrenamiento en programación, debido a que pueden ligarse fácilmente a otros temas de investigación. El capítulo 12 puede usarse para dirigir a los estudiantes hacia las últimas técnicas de planeación y programación basadas en simulación. El Apéndice A puede utilizarse para tareas de los estudiantes o problemas retadores en un curso orientado a las aplicaciones o al trabajo independiente.

Estamos asumiendo que el lector tiene conocimientos básicos del sistema operativo Microsoft®, Windows® y de las aplicaciones de uso común como Microsoft Excel® y Microsoft Word®. Asumimos también que el lector ha recibido un curso previo de probabilidad y estadística, y utiliza sus conceptos con comodidad. Los lectores no necesitan ser expertos, pero deben dominar los conceptos básicos de probabilidad y estadística. Al inicio de los capítulos 2 y 6 se presenta una revisión de los temas específicos que se requieren.

Este libro ha sido escrito para ser usado con el software de simulación Simio. Los siguientes productos de Simio están disponibles para su uso académico:

- La versión *Simio Personal Edition* tiene todas las funciones para el modelado, pero sólo permite el archivo y la conducción de experimentos con modelos pequeños (hasta 30 objetos y 30 pasos). Se puede descargar sin costo desde `www.simio.com/evaluate.php`. Si bien esta versión es útil para clases cortas y para el aprendizaje personal, su limitación a modelos pequeños la hace inadecuada para el ambiente de las sesiones de clase en las que se deben mostrar proyectos y problemas más grandes.

- La versión *Simio Academic Edition* tiene todas las características equivalentes a la versión *Simio Design Edition*, que está disponible comercialmente. En muchas regiones (incluyendo EUA) no tiene limitaciones al tamaño del modelo; en otras regiones está limitada a 200 objetos (modelos grandes). En todos los casos está limitada a un uso no comercial (ver detalles en `www.simio.com/academics/simio-academic-simulation-pro` `ducts.htm`) y limitada para su uso sólo en computadoras de la universidad o de sus instructores. *Los profesores que deseen recibir una donación para usar Simio en sus departamentos y laboratorios, sin costo alguno, pueden solicitarla en* `www.simio.com/academics`.

- La versión *Simio Student Edition* es idéntica a la versión académica de Simio pero los estudiantes la pueden utilizar en sus propias computadoras. Los estudiantes que están registrados en un curso acreditado por la universidad pueden disponer de una licencia por un año a cambio de una cuota simbólica. Notar que *los estudiantes pueden utilizar las licencias de Simio Academic Edition proporcionadas a la universidad, sin costo alguno.* Los estudiantes pueden solicitar a sus profesores las instrucciones para acceder al software.

Simio mantiene un proceso ágil de desarrollo, ya que se liberan versiones con cambios menores cada tres semanas y con cambios mayores alrededor de cada ocho meses. Ésta es una buena práctica para disponer de las nuevas características y de las correcciones de errores tan pronto como sean elaboradas. Sin embargo, no es deseable desde el punto de vista de "mantenerse actualizado" — descarga, aprendizaje y documentación —. Esta edición ha sido escrita para usarse con la versión 9.149 o más avanzada. Aunque se espera la incorporación de nuevas características, los conceptos presentados en esta edición deben ser compatibles con cualquier versión 9, o más avanzada. Los ejemplos y las figuras pueden lucir algo diferente usando versiones diferentes(ver las explicaciones al respecto en los capítulos 1 y 4).

Se dispone de recursos en línea dentro de tres categorías. En el sitio web `www.simio.com/pu` `blications/SASMAA` se puede encontrar información general sobre el libro de texto, así como de los recursos disponibles para el público. En el sitio web `www.simio.com/publications/SASMAA/` `students` se encuentra información y recursos disponibles sólo para estudiantes. Aquí usted encontrará archivos de los modelos y otros archivos utilizados en los ejemplos y en los problemas del final de los capítulos. El nombre de usuario es `student` y la contraseña es `Reg!stered5tudent`. Esta área del sitio web para estudiantes tendrá también actualizaciones posteriores a esta publicación. En esta página también existen ligas para profesores, de acceso restringido, que contienen presentaciones y otros recursos útiles para la enseñanza. Los profesores registrados en alguna entidad educativa pueden comunicarse con Simio (`academic@simio.com`) para obtener la información sobre el sitio web y su acceso.

Muchas personas nos ayudaron a llegar hasta este punto. En primer lugar, como coautor en la primera edición, el Dr. Alexander Verbraeck ha proporcionado invaluables contribuciones a la estructura, calidad y contenido. El Dr. Dennis Pedgen aportó importantes contribuciones para el capítulo sobre secuenciación. Los integrantes del personal técnico de Simio LLC — Cory Crooks, Glenn Drake, Glen Wirth, Dave Takus, Renee Thiesing, Katie Prochaska y Christine Watson — fueron fabulosos para ayudarnos a entender las características, encontrar la mejor manera de describirlas e ilustrarlas, además de proporcionar pruebas de redacción y ayuda con los casos de estudio. Jan Burket y Alex Molnar nos ayudaron con las pruebas de redacción. Eric Howard, Erica Hedderick y Molly Arthur de Simio LLC prestaron un gran apoyo en la difusión y el trabajo con los primeros lectores. Contribuyeron desde Auburn University, Chris Bevelle y Josh Kendrick, trabajaron con los nuevos casos introductorios, James Christakos y Yingde Li trabajaron en el material para la primera edición, y Ashkan Negahban nos apoyó durante sus años como estudiante doctoral, y Grant Romine y Samira nos ayudaron con la quinta edición. Si bien apreciamos la participación de todos los primeros lectores, deseamos expresar nuestra especial gratitud a Jim Grayson, Gary Kochenberger, Deb Medeiros, Barry Nelson, Leonard Perry y Laurel Travis (y sus estudiantes de Virginia Tech) por proporcionarnos su retroalimentación para ayudarnos a mejorar.

Jeffrey S. Smith
Auburn University
jsmith@auburn.edu

David T. Sturrock
Simio LLC y University of Pittsburgh
dsturrock@simio.com

W. David Kelton
University of Cincinnati
david.kelton@uc.edu

David F. Muñoz
Instituto Tecnológico Autónomo de México
davidm@itam.mx

Por favor envíe sus sugerencias a cualquiera de los autores mencionados o a textbook@simio.com

A quienes son lo más importante para nosotros:

Drew, Katy, y Kristi
Diana, Kathy, Melanie, y Victoria
Albert, Anna, Anne, Christie, y Molly
Diego, Gardenia, Gonzalo, Karla, y Maresa

Acerca de los Autores

Jeffrey S. Smith es Profesor de la Cátedra Joe W. Forehand de Ingeniería Industrial y de Sistemas en Auburn University y socio fundador de Conflexion, LLC. Antes de aceptar su posición en Auburn, fue Profesor Asociado de Ingeniería Industrial en Texas A&M University. Además de sus posiciones académicas, el Dr. Smith ha ocupado posiciones como profesional en ingeniería en Electronic Data Systems (EDS) y Philip Morris USA. El Dr. Smith tiene un grado de BS en Ingeniería Industrial de Auburn University y grados de MS y PhD en Ingeniería Industrial de Pennsylvania State University. Sus intereses de investigación están centrados en el análisis y diseño de los sistemas de manufactura y en la simulación de evento discreto.

El Dr. Smith es miembro de los consejos editoriales de las revistas *Journal of Manufacturing Systems* y *Simulation* y ha conducido investigaciones patrocinadas por la Defense Advanced Research Agency (DARPA), la NASA, la National Science Foundation (NSF), Sandia National Laboratories, SEMATECH, la USDA y la FHWA. Entre sus aliados de la industria en investigaciones patrocinadas se incluyen Alcoa, DaimlerChrysler, Siemens VDO, Continental, Rockwell Software, Systems Modeling Corporation, JC Penney, Fairchild Semiconductor, IBM, Nacom Industries y la United States Tennis Association (USTA). El Dr. Smith ha sido investigador principal en investigaciones patrocinadas por un monto superior a los $7 millones de dólares y en el año 2004 recibió el Senior Research Award del College of Engineering de Auburn University. Además, ha sido seleccionado en tres ocasiones como el Miembro Sobresaliente de la Facultad en el Departamento de Ingeniería Industrial y de Sistemas en Auburn. Ha prestado servicios en comités de varias conferencias, ha sido el General Chair para la 2004 Winter Simulation Conference (WSC) y actualmente forma parte del Directorio de la WSC. El Dr. Smith es Fellow del Institute of Industrial and Systems Engineers (IISE) y Senior Member del Institute for Operations Research and the Management Sciences (INFORMS).

David T. Sturrock es miembro fundador y Vice-Presidente de Operaciones para Simio LLC. Es responsable del diseño, desarrollo, soporte y servicios de simulación y programación en Simio LLC. Como parte de las funciones a su cargo, no sólo administra el desarrollo de nuevos productos sino que también ofrece frecuentes cursos de extensión y administra una gran variedad de proyectos de consultoría. También imparte clases de simulación como Field Faculty Member de University of Pittsburgh. Con más de 30 años de experiencia, ha aplicado técnicas de simulación en las áreas de manufactura, sistemas de transporte, programación, procesamiento de alta velocidad, disposición de instalaciones, procesos de negocios, centrales telefónicas, análisis de capacidad, diseño de procesos, cuidado de la salud, puesta en operación de plantas y control en tiempo real. Recibió su grado de BS en Ingeniería Industrial de The Pennsylvania State University con especialización en manufactura y automatización.

David empezó su carrera profesional en Inland Steel Company, donde trabajó como ingeniero de la planta industrial, y posteriormente creó y lideró el equipo de simulación/programación que resolvió una gran variedad de problemas para la compañía, sus proveedores y sus clientes. Posteriormente se incorporó a Systems Modeling donde, primero como Consultor Senior, luego como Líder de Desarrollo y finalmente como Vice-Presidente de Desarrollo, contribuyó a llevar a SIMAN y Arena a una posición de líder en el mercado. Cuando Systems Modeling fue adquirida por Rockwell Automation, ocupó el cargo de Administrador de Producto para la suite de simulación y emulación de productos de Rockwell. Es un ardiente promotor de la simulación, habiendo ofrecido presentaciones en más de 50 países en los seis continentes. Ha sido General Chair de la 1999 Winter Simulation Conference (WSC). Es coautor de la tercera y de la cuarta ediciones de *Simulation with Arena* (Kelton et al. 2004, 2007). Ha participado en varios proyectos de investigación patrocinados, ha escrito un puñado de artículos, y ha sido miembro activo del IISE, INFORMS, PDMA, SME, AMA y otros grupos profesionales.

W. David Kelton es Profesor del Departamento de Operaciones y Analítica de Negocios de University of Cincinnati, donde tiene el cargo de Director del Programa de Maestría en Análisis Cuantitativo. Recibió el grado de BA en Matemáticas de University of Wisconsin-Madison, un MS en Matemáticas de Ohio University y grados de MS y PhD en Ingeniería Industrial de Wisconsin. Ha sido miembro de la facultad de Pennsylvania State University, University of Minnesota, The University of Michigan y Kent State University. Sus posiciones como Profesor Visitante incluyen la Naval Postgraduate School, University of Wisconsin-Madison, el Instituto para Estudios Avanzados en Viena y la Escuela de Economía de Varsovia. Ha sido distinguido como Fellow por INFORMS, IISE, y Escuela de Graduados de University of Cincinnati.

El Dr. Kelton tiene sus publicaciones e intereses de investigación en los aspectos probabilísticos y estadísticos de la simulación, aplicaciones de la simulación, control estadístico de la calidad y modelos estocásticos. Sus artículos han aparecido en revistas como *Operations Research, Management Science, INFORMS Journal on Computing, IIE Transactions, Naval Research Logistics, European Journal of Operational Research* y *Journal of the American Statistical Association*, entre otras. Es coautor del libro *Simulation with Arena* (1998, 2002, 2004, 2007, 2010), que recibió el premio de McGraw-Hill por haber sido el Nuevo Título Más Exitoso en 1998; ha sido traducido al japonés, chino, coreano y español. Ha sido también coautor, con Averill M. Law, de las primeras tres ediciones de *Simulation Modeling and Analysis* (1982, 1991, 2000) para McGraw-Hill. Ha sido Editor en Jefe de *INFORMS Journal on Computing* desde el 2000 hasta mediados de 2007; también ha prestado servicios como Editor en el Área de Simulación para *Operations Research, INFORMS Journal on Computing* e *IIE Transactions*.

Ha recibido el premio del TIMS College on Simulation por producir el mejor artículo de simulación en *Management Science*, el premio de la IIE Operations Research Division, el reconocimiento Distinguished Service Award del INFORMS College on Simulation y el Outstanding Simulation Publication Award del INFORMS College on Simulation. Ha sido Presidente del TIMS College on Simulation y ha sido el co-representante de INFORMS en el Directorio de la Winter Simulation Conference (WSC) desde 1991 hasta 1999, siendo Presidente del Directorio en 1998. En 1987 fue el Program Chair para el WSC y en 1991 fue el General Chair.

David F. Muñoz es Profesor y Jefe del Departmento de Ingeniería Industrial y de Operaciones del Instituto Tecnológico Autónomo de México (ITAM), donde tiene además el cargo de Director Adjunto del Centro de Estudios de Competitividad (CEC). Recibió el grado de Bachiller en Estadística de la Universidad Nacional Agraria, La Molina (UNALM) del Perú, un MS en Matemáticas de la Pontificia Universidad Católica del Perú (PUCP) y grados de MS y PhD en Investigación de Operaciones de Stanford University. Ha sido miembro de la facultad de la UNALM y de la PUCP, así como Profesor Visitante en Purdue University, Nanyang Technological University de Singapur y University of Texas at Austin. Es Investigador Nacional del Sistema Nacional de Investigadores de México, y es miembro activo de INFORMS, IISE, International Association for Statistical Computing (IASC), y Sociedad Mexicana de Investigación de Operaciones (SMIO).

El Dr. Muñoz tiene sus publicaciones e intereses de investigación en los aspectos probabilísticos y estadísticos de la simulación, las aplicaciones de la simulación y el análisis y diseño de procesos de negocios. Sus artículos han aparecido en revistas como *Operations Research*, *Management Science*, *Business Process Management Journal*, *Operations Research Letters*, *International Transactions in Operational Research* e *Interfaces*, entre otras. Es coautor del libro *Introducción a la Ingeniería, un Enfoque Industrial* (2a Ed., 2015) de Cengage Learning y autor del libro *Administración de Operaciones* (2017) de Alfaomega.

Como Director Adjunto del CEC ha dirigido una gran variedad de proyectos de consultoría para instituciones públicas y privadas. Ha recibido el 1997 Meritorius Service Award por la revista *Operations Research*, el premio al Profesional Destacado 2006-2007 del Capítulo México por el IISE y el reconocimiento como Edelman Laureate por postular y participar en el proyecto *Indeval Develops a New Operating and Settlement System Using Operations Research*, que ganó el 2010 Franz Edelman Award otorgado por INFORMS. Ha sido elegido Presidente de la SMIO para 2017-2018 y Presidente del Capítulo Latinoamericano de la IASC para 2017-2018.

Contenido

Capítulo 1

Introducción a la Simulación

La simulación se ha utilizado por más de 40 años, pero está recién teniendo sus mejores años. Gartner (`www.gartner.com`) es una empresa líder en el campo de la investigación tecnológica y de la consultoría de negocios. En 2010, Gartner [12] identificó las primeras diez tecnologías estratégicas para el 2010 y ubicó en el puesto número dos a la *Analítica Avanzada* (del inglés *Advanced Analytics*), que incluye la simulación. En 2012 [53] y 2013 [13] Gartner vuelve a enfatizar el valor de la analítica y la simulación:

> "Debido a que la analítica es el 'motor de combustión de los negocios', las organizaciones invierten en inteligencia de negocios aún cuando los tiempos son difíciles. Gartner predice que la próxima etapa importante de la inteligencia de negocios utilizará más simulación y extrapolación para tomar decisiones más informadas".

> "Con las mejoras en el desempeño y en los costos, los líderes de las tecnologías de información pueden permitir la aplicación de la analítica y de la simulación en cada decisión que tomen sobre su negocio. El cliente móvil, conectado a motores analíticos en la nube y a repositorios de grandes bases de datos, se puede permitir el uso potencial de la simulación y la optimización, a cualquier hora y en cualquier parte. Esta nueva capacidad permite que la simulación, la predicción, la optimización, y otras herramientas analíticas, otorguen una flexibilidad aún mayor a la toma de decisiones en el momento y lugar de cada acción de los procesos de negocios".

En la última década, los adelantos relacionados con la simulación han sido impresionantes. Actualmente, las computadoras personales tienen una capacidad de procesamiento que no hubiéramos imaginado hace tan sólo unos pocos años. Los adelantos en la interfaz del usuario y en el diseño de productos han permitido el desarrollo de software que es significativamente más fácil de usar, disminuyendo la experiencia requerida para usar la simulación eficientemente. Los adelantos notables en la tecnología orientada a objetos nos proporcionan una mayor flexibilidad para modelar, y permiten que aún los sistemas de alta complejidad puedan ser modelados con precisión. La tecnología de hardware y de software y los diseños públicamente disponibles permiten que, aún los aficionados, puedan producir simulaciones con irresistibles animaciones en 3D que facilitan la comunicación entre personas con conocimientos muy diversos. Estas innovaciones, junto con otros adelantos, están impulsando a la simulación hacia una nueva posición de tecnología crítica.

Este libro le abre al lector las puertas del mundo de la simulación, proporcionándole los fundamentos tecnológicos de la simulación, identificando las habilidades necesarias para lograr un proyecto de simulación exitoso, así como una introducción al uso de un paquete de simulación en el estado del arte.

1.1 Acerca del Libro

Empezaremos introduciendo algunos conceptos generales sobre la simulación, para ayudar a entender la tecnología sin necesidad de abordar ningún concepto específico del software. El capítulo 1, *Introducción a la Simulación*, cubre las aplicaciones típicas de la simulación, la identificación de una aplicación apropiada para la simulación y la conducción de un proyecto de simulación. El capítulo 2, *Fundamentos de la Teoría de Sistemas de Espera*, introduce los conceptos de la teoría de sistemas de espera, sus fortalezas y sus limitaciones, y en particular cómo puede ser usada para ayudar a validar los componentes de un futuro modelo de simulación.

El capítulo 3, *Tipos de Simulación*, introduce la terminología y algunos de los aspectos técnicos de la simulación, clasifica los diferentes tipos de simulación a través de varias dimensiones, para luego ilustrar estos conceptos a través de ejemplos específicos. A continuación introducimos conceptos más elaborados sobre la simulación, ilustrados con numerosos ejemplos en Simio. En lugar de separar los componentes técnicos (como la validación y el análisis de la salida) en capítulos separados, consideramos cada ejemplo como un mini proyecto, para introducir sucesivamente más conceptos con cada proyecto. Este enfoque nos permite adquirir destreza y aprender las mejores prácticas al principio, para después reforzar estas destrezas con proyectos posteriores.

El capítulo 4, *Primeros Modelos con Simio*, empieza con una breve revisión de Simio y pasa directamente a la construcción en Simio de un modelo de colas con un servidor. El principal objetivo de este capítulo es el de introducir al estudiante en el proceso de construcción de un modelo usando Simio. Aunque el modelado y el análisis básico de procesos no son diferentes en Simio, nos enfocamos en el uso de Simio como una herramienta para el desarrollo. Este proceso no sólo requiere de habilidades para el modelado sino también del conocimiento de las técnicas para el análisis estadístico de las salidas de la simulación, para la experimentación y la verificación del modelo. Se analiza un segundo modelo utilizando herramientas poco complejas para ilustrar los diferentes enfoques de modelado, asi como para proporcionar una mejor percepción sobre lo que sucede "detrás de las cortinas". El capítulo continúa con un tercer, y más interesante, modelo de un cajero automático e introduce más análisis de la salida utilizando las novedosas gráficas SMORE de Simio. El capítulo cierra con una discusión sobre cómo descubrir y rastrear errores involuntarios que, a menudo, aparecen en los modelos.

El objetivo del capítulo 5, *Modelado Intermedio con Simio*, es el de avanzar sobre los conceptos ya vistos de modelado y de análisis básico usando Simio, para empezar con el desarrollo y la experimentación con modelos de sistemas más realistas. Empezamos con una discusión adicional sobre el funcionamiento de Simio. A continuación desarrollamos un modelo de ensamble de productos electrónicos y le vamos agregando características adicionales, que incluyen el modelado de varios procesos, la ramificación condicional y la convergencia de rutas, entre otras. A medida que desarrollamos estos modelos, continuamos introduciendo y utilizando nuevas características de Simio. En este capítulo concluiremos nuestra investigación sobre cómo preparar y cómo analizar estadísticamente algunos interesantes experimentos por simulación, considerando ahora el objetivo común de comparar varios escenarios posibles. Al final del capítulo, el estudiante deberá tener un buen entendimiento de cómo se modelan y cómo se analizan los sistemas de complejidad intermedia usando Simio.

Hasta aquí habremos cubierto algunas aplicaciones interesantes de la simulación, por lo que a continuación discutiremos temas relacionados con las distribuciones y los procesos de entrada de las simulaciones. El capítulo 6, *Análisis de la Entrada*, discute los diferentes tipos de entradas de las simulaciones, los métodos para convertir datos reales observados en algo que es útil para un proyecto de simulación, con el objetivo de generar los valores aleatorios que se necesitan en la mayoría de las simulaciones.

El capítulo 7, *Incorporación de Datos en el Modelo*, explora la diversidad de los tipos de datos que se requieren para representar un sistema real. Empezaremos con el desarrollo de un modelo de una sala de emergencia (SE), y mostraremos cómo incorporar los datos de entrada que se requieren, utilizando el elemento *Data Table* de Simio. Iremos agregando más detalles al modelo para ilustrar los conceptos de tabla de secuencias (*Sequence Table*), tabla de datos (*Data Table*) relacional, tabla de tasas (*Rate Table*) y la exportación e importación de una tabla de datos. A continuación mejoraremos el modelo SE para ilustrar los elementos *Schedule* y *Function Table*. El capítulo termina con una breve introducción a las listas, arreglos y matrices de cambio (*Changeover*). Al completar este capítulo, el lector deberá tener un buen dominio de los tipos de datos que se encuentran con frecuencia en los modelos y de las alternativas de Simio para representar estos datos.

En el capítulo 8, *Animación y Movimiento de Entidades*, discutimos cómo se logran mejoras en la animación, validación, comunicación y credibilidad de un proyecto de simulación a través de la animación en 2D y 3D. A continuación, exploramos las diversas herramientas disponibles para la animación, incluyendo la animación como fondo, las figuras personalizadas y los objetos de estado. Revisaremos el modelo de ensamble de productos electrónicos para practicar nuevas habilidades para animar, asi como para explorar los diferentes tipos de nodos disponibles y agregar bandas transportadoras para manejar el flujo de trabajo. Finalmente, introduciremos los objetos Vehicle y Worker de Simio para el movimiento asistido de las entidades y revisaremos el modelo SE para considerar al personal y mejorar la simulación.

El capítulo 9 es *Modelado Avanzado con Simio*. Empezamos con una versión más simple del modelo SE, con el objetivo de mostrar el uso de modelos para la toma de decisiones, y en particular, de la optimización basada en simulación. A continuación introduciremos un nuevo modelo de una pizzería para ilustrar el uso de nuevos elementos para el modelado, asi como para combinar conceptos que fueron introducidos anteriormente. Un tercer y último modelo, una línea de ensamble, nos permitirá estudiar la asignación de la capacidad de buffer para maximizar la tasa de producción.

El capítulo 10 es nuevo en esta cuarta edición, y cubre *Temas Diversos de Modelado*. Este capítulo introduce algunos conceptos útiles de modelado, como son el paso Search, Persistencia y Reniego, Secuencias de Tareas, lógica de Decisiones basadas en Eventos. También se introduce la Librería de Flujo para el procesamiento de flujos, la Librería Extras para grúas, elevadores y otros dispositivos, y el forum Shared Items – una fuente de otras herramientas valiosas. Este capítulo concluye discutiendo la experimentación y algunas de las opciones disponibles para correr eficientemente muchos escenarios y sus repeticiones.

El capítulo 11, *Personalización y Extensión de Simio*, empieza con material algo más avanzado — sobre la base de la experiencia previa desarrollando procesos complementarios, se introduce al estudiante a la construcción de sus propios objetos y librerías. Se incluyen ejemplos de la construcción de objetos sobre la base de otros objetos y de la clasificación de objetos de la librería estándar. Este capítulo termina con una introducción a la extensión de Simio a través de la programación de reglas, componentes y complementos personalizados sobre Simio.

El capítulo A, *Casos de Estudio Usando Simio*, trata de cuatro casos introductorios y dos casos avanzados que tratan sobre el desarrollo y uso de Simio para analizar sistemas. Estos problemas son más desafiantes y no están tan bien definidos como los problemas de las tareas de los capítulos previos y le dan la oportunidad de usar sus habilidades en problemas más realistas. En el capítulo 12, *Programación basada en Simulación* exploramos el uso de la simulación como una herramienta de planeación y programación. Si bien estos temas han siendo discutidos y utilizados hace muchos años, los avances recientes en software para simulación han permitido que estas aplicaciones sean significativamente más fáciles de implementar y usar. Concluimos este capítulo con una descripcion de la tecnología RPS (Planeación y Programación basada en Riesgo, traducción de *Risk-based Planning and Scheduling*) de Simio.

Finalmente, el Appendix B, *Problemas del Concurso estudiantil de Simio* proporciona resúmenes de los recientes problemas presentados en el que se ha convertido en el concurso estudiantil de simulación más grande. Este punto es el ideal para explorar un proyecto interesante o para generar ideas para crear su proyecto propio.

1.2 Modelos y Sistemas

Un *sistema* es un conjunto de componentes relacionados que trabajan juntos para lograr un propósito común. Un sistema puede ser algo tan simple como una línea de espera en un cajero automático, o tan complejo como un aeropuerto completo o una red de distribución mundial. En cualquiera de estos sistemas, existente o imaginario, resulta natural, y a veces esencial, el entender cómo se comportará o cuál será su desempeño bajo diferentes configuraciones y circunstancias.

Si el sistema ya existe, a veces podemos obtener el entendimiento necesario por medio de una observación cuidadosa. Sin embargo, una desventaja de este enfoque es que necesitamos observar el sistema real por un lapso grande de tiempo para poder observar, por lo menos alguna vez, las condiciones particulares que nos interesan, más aún para lograr el número de observaciones que permita extraer conclusiones confiables. Por supuesto, para algunos sistemas (por ejemplo, el sistema de distibución mundial) es difícil encontrar el punto privilegiado desde el cual podemos observar el sistema en su conjunto, a un nivel adecuado de detalle. Además, cuando deseamos estudiar cambios en el sistema, podrían aparecer problemas adicionales. En algunos casos puede resultar sencillo probar cambios en el sistema — por ejemplo, observar el impacto al agregar temporalmente una segunda persona a un turno —. Pero en muchos casos simplemente no es practicable — considere la inversión requerida para evaluar si debemos utilizar una máquina estándar que cuesta $300,000 dólares, o una máquina de alto desempeño que cuesta $400,000 dólares —. Finalmente, si el sistema real todavía no existe, no es posible realizar ninguna observación.

Por las razones expuestas, a menudo utilizamos algún tipo de *modelo* del sistema para ganar un entendimiento del mismo. Existen muchos tipos de modelos, cada cual con sus propias ventajas y limitaciones. Los *modelos físicos*, como el prototipo de un auto o un avión, pueden proporcionar un sentido de la realidad, asi como una interacción con el ambiente físico, como en las pruebas en los túneles de viento. Existen diferentes tipos de *modelos analíticos* que utilizan una representación matemática para facilitar el aprendizaje — pueden ser muy útiles en problemas de algún campo específico, pero estos campos a menudo son limitados —. La simulación es otro enfoque para el modelado que tiene un campo de aplicación más amplio.

La *simulación por computadora* es la imitación de la operación de un sistema y de sus procesos internos, a menudo sobre el tiempo y en el nivel de detalle que es apropiado para extraer conclusiones acerca del comportamiento del sistema. Los modelos de simulación frecuentemente se desarrollan utilizando software que ha sido diseñado para representar los componentes comunes de los sistemas y para registrar la "historia" artificial de la corrida de un modelo, asi como los compendios y las inferencias sobre las características del sistema. Por lo general, la simulación se utiliza tanto para predecir el efecto de los cambios en un sistema existente, como para predecir el desempeño de un nuevo sistema. Las simulaciones se utilizan frecuentemente para el diseño, emulación y operación de los sistemas.

Una simulación puede ser estocástica o determinística. En una simulación *estocástica* (la más común) se introduce aleatoriedad para representar las variaciones que se encuentran en la mayoría de los sistemas. Por ejemplo, los resultados de las actividades donde intervienen personas (tiempo para completar una actividad, nivel de calidad) siempre son diferentes, las entradas externas (clientes, materiales) siempre varían y las excepciones (fallas) también ocurren.

Los modelos *determinísticos* no experimentan variaciones. Estos modelos son raros en las aplicaciones para el diseño, pero son más comunes en los sistemas de apoyo a la toma de decisiones que están basados en modelos, como en las aplicaciones para la programación y emulación de actividades. En la sección 3.1.3 discutimos este tema con más detalle.

Existen principalmente dos tipos de simulación, *discreta* y *continua*. Los términos discreto y continuo se refieren a la naturaleza del cambio de los estados que describen el sistema. Algunos estados (por ejemplo, la longitud de una cola, el estado de un trabajador) sólo pueden cambiar en instantes discretos del tiempo (llamados *tiempos de eventos*). Otros estados (por ejemplo, la presión en un tanque, la temperatura en un horno) pueden cambiar continuamente en el tiempo. Algunos sistemas son puramente discretos o continuos, mientras que en otros se presentan los dos tipos de estados. En la sección 3.1.2 discutiremos este tema con más detalle, y proporcionaremos un ejemplo de una simulación continua.

Los sistemas continuos se definen por medio de *ecuaciones diferenciales* que permiten especificar la tasa de cambio — el software de simulación utiliza integración numérica para generar una solución de la ecuación diferencial sobre el tiempo —. La *Dinámica de Sistemas* es un método gráfico que sirve para crear modelos sencillos utilizando este concepto y se usa frecuentemente para modelar la dinámica de las poblaciones y el crecimiento o la caída de los mercados, entre otros.

Hasta el momento, han aparecido cuatro paradigmas del modelado discreto. Los *eventos* modelan los instantes del tiempo en los que puede cambiar el estado del sistema (por ejemplo, una llegada o una salida de un cliente). Los *procesos* modelan una secuencia de acciones que ocurren sobre el tiempo (en un sistema de manufactura, una parte captura a un trabajador, lo ocupa durante el tiempo de servicio y luego lo libera). Los *objetos* describen el modelo desde el punto de vista de las habilidades. El *modelado basado en agentes* (del inglés *Agent-based modeling*, ABM) es un caso especial de objetos — el comportamiento del sistema emerge de la interacción de un número grande de objetos autónomos inteligentes (soldados, empresas en un mercado, individuos infectados en una epidemia, etc.) —. La diferencia entre estos paradigmas es algo difusa debido a que algunos de los paquetes modernos incorporan múltiples paradigmas. Usted puede utilizar un solo paradigma, o puede combinar varios paradigmas en el mismo modelo. Simio combina la conveniencia de los objetos con la flexibilidad de los procesos.

La simulación se ha aplicado a una gran variedad de situaciones. A continuación mencionamos unos pocos ejemplos de las áreas donde la simulación ha probado su eficacia para entender y mejorar el correspondiente sistema:

Aeropuertos: Transporte a los estacionamientos, venta de boletos, transporte a las terminales, patio de comidas, manejo del equipaje, asignación de puertas de embarque, salidas de los aviones.

Hospitales: Salas de emergencia, planeación contra desastres, despacho de ambulancias, estrategias de servicios regionales, asignación de recursos.

Puertos: Manejo del tráfico de las entradas y de las salidas, administración del puerto, almacenamiento en contenedores, inversiones de capital, operación de las grúas.

Minería: Transporte de materiales, transporte del personal, asignación del equipo, mezcla de productos a granel.

Parques de diversiones: Transporte de los clientes, diseño e inicio del servicio de transporte, líneas de espera, personal de servicio, administración de la congestión.

Centrales telefónicas: Personal, medición del nivel de destreza, mejoras en la atención, planes de entrenamiento, algoritmos para la programación.

Cadenas de suministro: Reducción del riesgo, puntos de reorden, asignación de la producción, posicionamiento del inventario, transporte, administración del crecimiento, planes de contingencia.

Manufactura: Análisis de las inversiones de capital, optimización de las líneas de producción, cambios en la mezcla de producción, mejoras de la productividad, transporte, reducciones de personal.

Defensa: Logística, mantenimiento, combate, contrainsurgencia, detección y búsqueda, ayuda humanitaria.

Telecomunicaciones: Transferencia de mensajes, ruteo, confiabilidad, vulnerabilidad de la red ante cortes o ataques.

Sistema de administración de la justicia: operaciones de libertad condicional, capacidad y utilización de las prisiones.

Sistemas de respuestas de emergencia: Tiempo de respuesta, localización de las estaciones, niveles de equipamiento y personal.

Sector público: Asignación de equipo para votación a los recintos electorales.

Servicio al cliente: Mejora de los servicios de atención al público, operaciones de soporte, asignación de recursos, planeación de la capacidad.

Algunas personas tienen la idea equivocada de que la simulación es sólo una herramienta para la manufactura, pero es obvio que éste no es el caso. Los campos de aplicación de la simulación están creciendo virtualmente sin límites.

1.2.1   Variables Aleatorias y Aleatoriedad en la Simulación

Aunque algunos ejemplos de modelado por simulación utilizan sólo valores determinísticos, la gran mayoría de los modelos de simulación incorporan alguna forma de aleatoridad, debido a que es inherente al sistema que se modela. Algunos componentes aleatorios típicos son tiempos de procesamiento, tiempos de atención, tiempos de llegada de clientes o de entidades, tiempos de transportación, fallas o reparaciones de recursos y máquinas, y ocurrencias similares. Por ejemplo, si se dirige a la ventanilla de atención al vehículo en un resaurante de comida rápida, para un refrigerio nocturno, no podrá saber exactamente cuánto tiempo le tomará llegar a la ventanilla, cuántos clientes estarán antes que Usted cuando llegue al restaurante, o cuánto tiempo tomará su atención, por nombrar sólo algunas variables. Podemos ser capaces de *estimar* estos valores con base en experiencias pasadas, pero no podemos predecirlos con certeza. El utilizar valores determinísticos para estos valores estocásticos en los modelos, puede resultar en predicciones del desempeño inválidas (generalmente optimistas). Sin embargo, la incorporación de estos componentes aleatorios en modelos analíticos conocidos, puede ser difícil o imposible. Por otro lado, utilizando la simulación es muy fácil incorporar componentes aleatorios y, en verdad, es precisamente esta habilidad para incorporar fácilmente el comportaiento estocástico, lo que hace de la simulación una herramienta muy frecuente para el modelado y el análisis. Éste será un tema fundamental a través de este libro.

Debido a que la aleatoriedad en una simulación se expresa utilizando *variables aleatorias*, el entendimiento y uso de este concepto es fundamental para el modelado y análisis con base en la simulación (para una revisión, ver [54], [46]). Al nivel más básico, una variable aleatoria es una función cuyo valor está determinado por el resultado de un experimento; es decir, no podemos conocer el valor hasta que realicemos el experimento. En el contexto de la simulación,

Tabla 1.1: Funciones de probabilidad (FP) y de densidad (FD) para variables aleatorias.

Variables Aleatorias Discretas	Variables Aleatorias Continuas
$p(x_i) = Pr(X = x_i)$ $F(x) = \displaystyle\sum_{\{i:\ x_i \le x\}} p(x_i)$	$f(x)$ tiene las propiedades: 1. $f(x) \ge 0\ \forall$ valor real, x 2. $\int_{-\infty}^{\infty} f(x)\mathrm{d}x = 1$ 3. $Pr(a \le x \le b) = \int_{a}^{b} f(x)\mathrm{d}x$

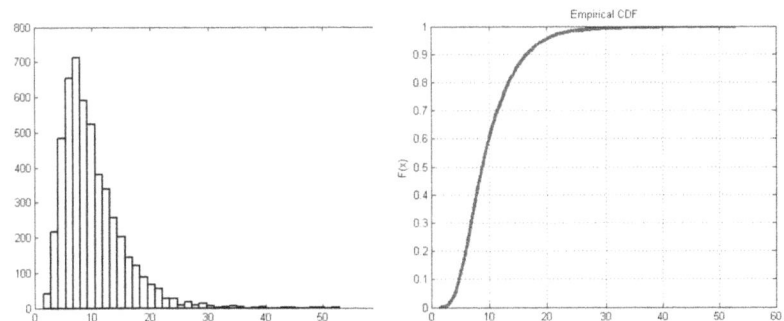

Figura 1.1: Muestra de tiempos de atención y correspondiente FDA empírica.

un experimento involucra la corrida del experimento por simulación bajo un conjunto dado de entradas. El comportamiento probabilístico de una variable aleatoria, X, queda descrito por su *función de distribución acumulativa* (FDA), $F(x) = Pr(X \le x)$, donde el lado derecho representa la probabilidad de que la variable aleatoria X tome un valor menor o igual que el valor x. Para las variables aleatorias discretas, debe considerarse la *función de probabilidades* $p(x_i)$, y para variables aleatorias continuas, tenemos en cuenta la *función de densidad $f(x)$* (ver la tabla 1.1). Luego de caracterizar a una variable aleatoria X, podemos calcular métricas como el valor esperado ($E[X]$), la varianza ($\mathrm{Var}[X]$), y otras características de la distribución, como son los cuantiles o el coeficiente de asimetría, entre otros. En muchas situaciones debemos tomar decisiones con base en valores obtenidos de una muestra, tales como la media muestral, $\overline{X}$, o la varianza muestral, $S^2(X)$, debido a que no podemos caracterizar a los parámetros de la población. En estos casos, es importante determinar los tamaños de muestra apropiados para estos estimadores. A diferencia de otros métodos experimentales, en simulación podemos controlar los tamaños de muestra para satisfacer nuestros requerimientos.

La simulación requiere de entradas y de salidas para evaluar el desempeño de un sistema. Desde el punto de vista de las *entradas*, caracterizamos variables aleatorias y generamos muestras de las correspondientes distribuciones; desde el punto de vista de las *salidas*, investigamos las características de las distribuciones (media, varianza, percentiles, etc.) con base en observaciones generadas por la simulación. Por ejemplo, en un modelo de una pequeña clínica para atención ambulatoria, las entradas del sistema son los tiempos de llegada de los clientes, los diagnósticos, y los tiempos de atención, todos los cuales son variables aleatorias (ver la figura 1.1). Para simular el sistema, tenemos que caracterizar y generar observaciones de las variables aleatorias que son entradas del modelo. Por lo general, pero no siempre, disponemos de datos del sistema "real" que podemos usar para caracterizar las variables aleatorias de entrada. Algunas salidas

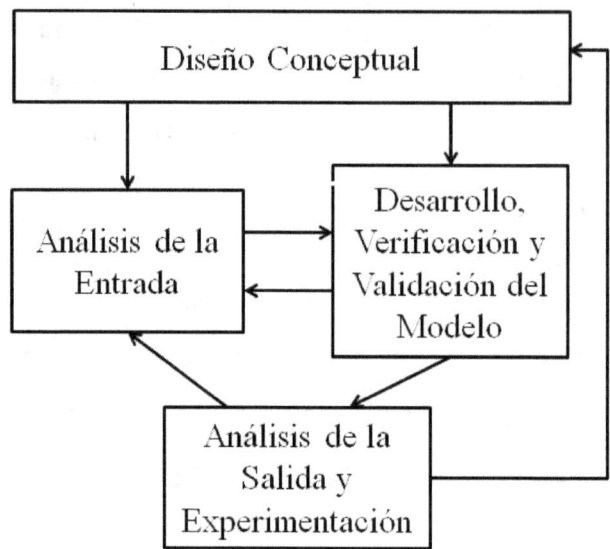

Figura 1.2: El proceso de simulación.

interesantes podrían ser el tiempo de espera del cliente, el tiempo de permanencia en el sistema, y la utilización del personal o de los espacios para la atención. El modelo de simulación genera observaciones de estas variables aleatorias y, controlando adecuadamente los experimentos por simulación, podemos generar las observaciones necesarias para caracterizar las salidas que nos interesa estudiar. En la siguiente sección discutiremos el análisis de las entradas y de las salidas en el contexto de un proceso general de simulación.

1.2.2   El Proceso de Simulación

En la figura 1.2 se describen los componentes básicos de un proceso de simulación. Notar que este proceso no es estrictamente secuencial y que, generalmente, es un proceso iterativo. En las siguientes secciones discutiremos brevemente cada uno de estos componentes, y desarrollaremos más detalladamente estos temas a través del libro.

1.2.3   Diseño Conceptual

El diseño connceptual requiere tanto del entendimiento detallado del sistema a modelar, como de un enfoque de modelado básico para crear el modelo de simulación. El diseño conceptual de puede describir con pluma y papel, o sobre un pizarrón, o en cualquier medio de expresión colaborativa que promueva el libre raciocinio. Éste ayuda a liberarse de las restricciones del software que podría utilizar para la simulación. Aunque sería ideal seguir alguna metodología para desarrollar un diseño conceptual, no recomendamos alguna en particular para simular cualquier sistema. En lugar de ello, recomendamos llevar a cabo un proceso informal de planeación del proyecto, generando ideas y discutiendo los detalles del problema y los enfoques potenciales para abordarlo. De esta manera, los modeladores tienen mayor libertad para describir sistemáticamente el enfoque de modelado y para tomar decisiones sobre los detalles específicos del software a utilizar. Debemos tener en cuenta que un modelo de simulación se desarrolla con *objetivos específicos* y que el modelo conceptual debe asegurar que el modelo pueda responder las inquietudes de investigación planteadas. En general, un principiante en simulación (y también en otros dominios del modelado) dedica muy poco tiempo a la fase de diseño conceptual, tendiendo a avanzar prematuramente a la fase de desarrollo del modelo. El dedicar muy poco tiempo al diseño conceptual casi siempre resulta en una extensión innecesaria del tiempo total para la ejecución del proyecto.

1.2.4   Análisis de la Entrada

El análisis de la entrada (que se cubre con mayor detalle en el capítulo 6) consiste en la caracterización de las entradas del sistema y el desarrollo de los algoritmos y códigos para generar las observaciones de los procesos y de las variables aleatorias de entrada. Virtualmente todos los software comerciales para simulación (incluyendo Simio) incorporan procedimiento para generar observaciones de entrada. La tarea principal del análisis de la entrada es la de caracterizar las variables aleatorias de entrada y especificar las correspondientes distribuciones y procesos en el software de simulación. Cuando se dispone de observaciones muestrales provenientes de datos reales, se acostumbra "ajustar" los datos a una distribución empírica, o a un miembro de una familia estándar, para luego usar esta distribución para generar las muestras que se requieren durante la simulación (como se muestra en la figure 1.1). Si no disponemos de observaciones reales de las entradas, podemos aplicar reglas de sentido común y análisis de sensibilidad para conducir el análisis de la entrada. En cualquier caso, es importante analizar la sensibilidad de las salidas del modelo a las diferentes entradas del mismo. En el capítulo 6 discutiremos también los parámetros de entrada y cómo se usan para realizar este análisis.

1.2.5   Desarrollo, Verificación y Validación del Modelo

El desarrollo del modelo es el proceso de "codificación" por medio del cual el modelo conceptual se transforma en un modelo de simulación "ejecutable". No pretendemos asustar a nadie utilizando el término "codificación" — la mayoría de paquetes de simulación tiene interfaces gráficas sofisticadas que ayudan construir y mantener fácilmente un modelo, por lo que la "codificación" a menudo se logra incorporando componentes ptre.construidos en el modelo y llenando cajas de diálogo y ventanas de propiedades. Sin embargo, un desarrollo eficaz del modelo requiere del entendimiento detallado de la metodología de simulación, en general, y de cómo funciona el software específico que será utilizado. Las etapas de verificación y validación aseguran que el modelo es apropiado para modelar nuestro sistema. La verificación es el proceso que asegura que el modelo se comporta como lo desea el desarrollador, y la validación asegura que el modelo representa de manera precisa al sistema que se está modelando. Notar que, a menos que el modelo sea muy simple, no será posible demostrar que el modelo desarrollado es el correcto. En lugar de ello, debemos enfocarnos en recopilar la evidencia hasta que nosotros (o el cliente) estemos satisfechos. Aunque este comentario pudiera molestar a un principiante, actualmente es la realidad. Los temas de desarrollo, verificación y validación serán cubiertos al inicio del capítulo 4 y a través del libro.

1.2.6   Experimentación y Análisis de la Salida

Una vez que el modelo se ha verificado y validado, éste será utilizado para colectar información sobre el sistema. En los ejemplos mencionados, podríamos estar interesados en calcular ciertas medidas de desempeño como el tiempo promedio que un paciente espera antes de recibir la atención médica, el percentil 90 del número de pacientes en la sala de espera, el número promedio de vehículos que están esperando en la fila de servicio al auto, etc. También podríamos estar interesados en tomar decisiones sobre el diseño del sistema como sería el número de empleados de la salud que serían requeridos para segurar que el promedio de espera de los pacientes es menor de 30 minutos, el número de cocineros que aseguren que el promedio de atención de una orden es menor de 5 minutos, etc. La evaluación de medidas de desempeño y la toma de decisiones sobre el diseño del sistema usando un modelo de simulación requiere del análisis de las salidas y de la experimentación. En el análisis de la salida se toman las observaciones individuales generadas en la simulación, se caracterizan las correspondientes variables aleatorias, y se hace inferencia estadística sobre el sistema. La experimentación se conduce variando sistemáticamente las entradas del modelo y la estructura del mismo, para investigar el desempeño de las configuraciones alternativas para el sistema. Los temas relacionados con el análisis de la salida se abordan en los capítulos sobre modelado (4, 5, and 9).

1.3   Cuándo Simular (y Cuándo No)

La simulación de sistemas complicados se ha vuelto muy popular. Una de las principales razones para ello está contenida en la palabra "complicado". Si el sistema de interés fuera lo suficientemente simple como para ser representado válidamente por un modelo con solución analítica, la simulación no sería necesaria y no debería usarse: deberíamos en cambio utilizar métodos analíticos como la teoría de sistemas de espera, probabilidad o simplemente álgebra o cálculo. Simular un sistema para el cual podemos encontrar una solución analítica solamente puede agregar ruido (incertidumbre) a los resultados, haciéndolos menos precisos.

En la vida real, sin embargo, nos alejamos rápidamente del alcance de tales modelos, ya que en verdad, el mundo tiende a ser un lugar complicado. Un modelo *válido* de un sistema complicado tiende a ser complicado y poco susceptible de ser analizado con un sencillo modelo analítico. Podemos seguir adelante y construir un modelo simple de un sistema complicado, con la finalidad de mantener la habilidad para encontrar una solución analítica exacta, pero probablemente el modelo resultante sería *demasiado* simple (incluso simplista) y terminaríamos preguntándonos si tal modelo representa válidamente nuestro sistema. Podríamos ser capaces de obtener una solución analítica bonita, limpia, exacta y explícita para nuestro modelo sencillo, pero debido a que probablemente hicimos una serie de suposiciones para simplificar el modelo (algunas de las cuales podrían ser muy cuestionables en la vida real), y obtener así un modelo analíticamente tratable, es difícil poder saber exactamente de qué tenemos una solución. Sin duda, es una solución del *modelo*, pero dicho modelo no tendría mucho parecido con la realidad y, en consecuencia, no habríamos encontrado una solución de nuestro *problema*.

Es difícil poder cuantificar *qué tan* irrealista es un modelo; incluso no parece tener algún sentido el hacerse tal pregunta. Por otro lado, si no nos conformamos con desarrollar un modelo que al final tenga una solución analítica, tendremos la libertad de incluir en el modelo elementos tan complicados y confusos como sea necesario para imitar de una manera válida el sistema. Como no disponemos de un modelo analíticamente tratable, necesitamos hacer uso de la simulación, donde simplemente imitamos el sistema complicado (pero realista) numéricamente en una computadora y analizamos los resultados. Como parte de este proceso, a menudo permitimos que algunas entradas del modelo sean *estocásticas*, es decir aleatorias, y que estén representadas por "muestras" de una distribución de probabilidades, más que por valores de entrada constantes, si así es como realmente suceden las cosas; esto provoca que los resultados de nuestro modelo de simulación sean estocásticos y en consecuencia inciertos.

Por supuesto, esta incertidumbre o imprecisión en la salida de una simulación es una desventaja. Sin embargo, como veremos más adelante, *no es difícil* medir el grado de esta imprecisión y si los resultados son muy imprecisos, tenemos un remedio. A diferencia de la mayoría de los experimentos por simulación, tenemos un control completo de la "aleatoriedad" y del número de repeticiones, por lo que podemos hacer uso de este control para obtener el nivel de precisión deseado. El tiempo de computadora ha sido la barrera real contra la utilidad de la simulación.

Pero actualmente, con el uso de software moderno, corriendo en computadoras rápidas y con múltiples procesadores, o quizá en la nube, podemos realizar suficientes simulaciones para lograr resultados con una imprecisión que es medible, aceptablemente baja, y que podemos percibir como válida.

En años pasados, la simulación ha sido tratada como el "método de último recurso", o como una alternativa a ser considerada sólo "cuando todo lo demás ha fallado" ([66], pp. 887, 890). Como hemos mencionado, estamos de acuerdo en que la simulación no debe utilizarse cuando se dispone de un modelo *válido* que es analíticamente tratable. Pero en muchos casos (quizá en la mayoría) el sistema real es demasiado complicado, o no obedece las reglas, como para permitir el desarrollo y el análisis de un modelo analíticamente tratable, que tenga alguna validez razonable. En nuestra opinión, es mejor simular el modelo correcto y obtener una respuesta aproximada, cuya imprecisión puede ser medida y reducida objetivamente, que conducir un análisis exacto con el modelo equivocado, obteniendo una respuesta cuyo error no puede ser cuantificado (esta situación puede ser peor que la imprecisión).

A propósito de estar buscando respuestas precisas, mencionamos que los ejemplos y las figuras de esta edición fueron creadas con Simio versión 9[1]. Debido a que cada versión de Simio puede tener cambios que podrían afectar el desempeño a un nivel bajo (como el de procesamiento de eventos que ocurren simultáneamente), los resultados con diferentes versiones podrían producir diferentes resultados numéricos para una corrida interactiva. Usted podría preguntarse "¿Qué resultados son los correctos?" ¡Cada uno es tan correcto (o tan incorrecto) como los otros! En este libro usted aprenderá cómo obtener resultados *estadísticamente* válidos y cómo reconocer cuándo se tienen (o cuándo no se tienen). Con la posible excepción de una rara corrección de errores entre versiones, cada versión debería generar resultados *estadísticamente* equivalentes (y válidos) para el mismo modelo, aún cuando ellos pudieran diferir numéricamente entre corridas interactivas aisladas.

1.4 Habilidades para Simular con Éxito

El aprendizaje de una herramienta de simulación y el entendimiento de la tecnología subyacente no garantiza el éxito. La ejecución de un proyecto exitoso de simulación requiere mucho más que ello. Los aprendices de la simulación a menudo preguntan cómo pueden tener éxito con la simulación. La respuesta es sencilla: "Trabajen duro y hagan todo correcto". Pero a lo mejor usted necesita un poco más de detalle. Identifiquemos algunos de los puntos más importantes que deberían ser considerados.

1.4.1 Objetivos del Proyecto

Muchos proyectos empiezan con una fecha de entrega determinada, pero frecuentemente se tiene sólo una idea aproximada de lo que será entregado y una idea vaga de cómo será desarrollado. La primera pregunta a resolver cuando nos presentan una simulación es "¿Cuáles son los objetivos?" Aunque puede parecer una pregunta obvia con una respuesta simple, a menudo sucede que las partes interesadas no conocen la respuesta.

Antes de que uno pueda ayudar con los objetivos, necesitamos conocer a las partes interesadas. Una *parte interesada* es alguien que delega, financia, usa o se ve afectada por el proyecto. Algunas partes interesadas son obvias — el jefe probablemente sea una parte interesada (si usted es un estudiante, seguramente su profesor es una parte interesada) —. Sin embargo, algunas veces hay que trabajar un poco más para identificar a todas las partes interesadas que son

---

[1]Si está utilizando una versión más nueva de Simio, puede buscar, en el área para estudiantes de la web del libro, el material suplementario que será puesto en línea a medida que esté disponible.

claves. ¿Por qué debe importarnos? En parte, porque las partes interesadas frecuentemente tienen objetivos diferentes (y en conflicto).

Suponga que le han solicitado modelar una determinada planta de manufactura de una gran corporación, y evaluar si una nueva grúa de $4 millones de dólares producirá los resultados deseados (incremento de las tasas de producción, disminución en los tamaños de las líneas de espera, ahorro en mantenimiento, etc.). A continuación mencionamos algunas posibles partes interesadas y cuáles podrían ser sus objetivos en una situación típica:

- Administradora de ingeniería industrial (II) (la jefa): Ella desea demostrar que la II agrega valor a la corporación y, en consecuencia, ella desea que usted demuestre ahorros importantes en costos o mejoras dramáticas de la productividad. Ella desea también una bella animación en 3D que pueda usar para promover sus servicios en otras áreas de la corporación.

- Administrador de la producción: Está convencido de que la compra de una nueva grúa es el medio para lograr sus metas de producción, por lo que ha instruido a sus empleados claves para que le proporcionen la información que le ayude a probar esta afirmación.

- VP-Producción: Ha estado en la corporación por mucho tiempo y no está convencido de que estas cosas de la "simulación" ofrezcan un beneficio real. Él apoya marginalmente estos esfuerzos debido a presiones políticas, pero espera (y anhela en secreto) que este proyecto falle.

- VP-Finanzas: Ella está preocupada por el desembolso de dinero por la compra de la grúa, pero también está preocupada por una inadecuada productividad. Ella es la que, en la junta de ejecutivos, insistió en que se solicite un estudio de simulación para disponer de un análisis objetivo.

- Supervisora de la línea: Ella ha trabajado en la línea por 15 años y es la responsable del movimiento de los materiales. Ella sabe que hay medios menos costosos e igualmente efectivos para subir la productividad y estaría feliz de compartir esta información si alguien se molestara en preguntarle.

- Técnico de materiales: La mayor parte de su tiempo está ocupado moviendo materiales y tiene el temor de que lo consideren ocioso si se compra la nueva grúa. En consecuencia, hará lo posible para convencerlo a usted de que la compra de una nueva grúa es una mala idea.

- Ingeniero administrador: Su personal está cargado de trabajo, por lo que él no desea involucrarse, a menos que sea absolutamente necesario. Pero si se llegara a comprar una nueva grúa, él tiene algunas ideas específicas sobre cómo debería configurarse y usarse.

Este escenario es una mezcla de algunos casos reales. Los proyectos más pequeños y las empresas más pequeñas podrían tener menos partes interesadas, pero los principios fundamentales son los mismos. Los objetivos y las motivaciones en conflicto no son nada raras. Cada una de las partes interesadas tiene información valiosa para el proyecto, pero es importante tener en cuenta los sesgos y las motivaciones cuando se evalúa la información.

Luego de entender un poco a las partes interesadas, usted debe determinar cómo las ideas y las contribuciones de cada una de las partes pueden contribuir para lograr los objetivos del proyecto y debe tratar de otorgar prioridades a dichos objetivos. Con la finalidad de identificar los objetivos claves, usted debe hacerse preguntas como las siguientes:

- ¿Qué desea evaluar o espera probar?

- ¿Cuál es el alcance del modelo? ¿Cuánto detalle se espera modelar para cada componente del sistema?

- ¿Qué componentes son críticos? ¿Cuáles son los componentes menos importantes que podrían modelarse aproximadamente?

- ¿Qué datos de entrada están disponibles, qué tan buenos son, quién los proporcionará y cuándo?

- ¿Cuánta experimentación se necesitará? ¿Será necesaria la búsqueda de un óptimo?

- ¿Cómo se usará la animación (la animación para validación es muy diferente a la animación que será presentada a una junta directiva)?

- ¿En qué formato se necesitan los resultados (presentación oral, cantidades detalladas, resúmenes, gráficas, reportes escritos)?

Una buena práctica para ayudar a la identificación de objetivos claros consiste en diseñar un bosquejo del reporte final. Usted puede preguntarse *"Si genero un reporte con la siguiente información, en un formato como éste ¿satisfacería sus requerimientos?"* Una vez que exista un consenso general sobre la forma y el contenido del reporte final, usted puede trabajar hacia atrás para determinar el nivel apropiado de detalle y considerar los otros elementos del modelo. Este proceso puede también ayudar a identificar los objetivos del modelo que todavía no han sido reconocidos.

En algunos momentos, podríamos no haber logrado la claridad necesaria sobre el modelo. Si éste es el caso y seguimos adelante con la planeación completa del proyecto, incluyendo los entregables, los recursos y la fecha, estaríamos encaminados al fracaso. La falta de claridad en el proyecto es un indicador de que el proyecto debe atacarse por pasos. Empezando con el desarrollo de pequeños prototipos podemos ayudar a clarificar los temas importantes. Con base en la experiencia de los prototipos, podemos diseñar un plan detallado para los siguientes pasos. A continuación discutiremos más sobre este tema.

1.4.2 Especificación de Funciones

"Si usted no sabe adónde se dirige
¿cómo sabrá si ya ha llegado?"

Consejo de carpintero: "Mida dos veces. Corte una vez".

Si usted ha seguido los consejos de la sección 1.4.1, al menos ha identificado algunos objetivos básicos del proyecto. Usted está en condiciones de empezar el proyecto ¿cierto? ¡Falso! En la mayoría de los casos las partes interesadas estarán buscando algunos compromisos.

- ¿Cuándo estará terminado (es para ayer demasiado pronto)?

- ¿Cuánto costará (o qué cantidad de recursos se necesitarán)?

- ¿Qué tan exhaustivo será el modelo (o qué aspectos específicos del sistema serán incluidos)?

- ¿Cuál será el grado de calidad del modelo (o cómo será validado y verificado)?

¿Está usted listo para dar respuestas confiables a estas preguntas? Probablemente no.

Por supuesto, en el peor escenario posible, aunque bastante común, la *parte interesada* dará respuesta a todas las preguntas y le dejará a usted las entregas. Imagine una declaración como la siguiente: "Le pagaremos a usted $5000 dólares por proporcionar un análisis completo y validado de ... para ser entregado en cinco días a partir de la fecha". Si se acepta la propuesta, por lo general se incurre en una gran cantidad de sobretiempo para producir un modelo no validado, parcialmente completo, que está tardío en una o dos semanas. Con respecto del pago prometido ... bueno, el cliente no recibió lo que pidió ¿no es así?

Está bien que el cliente proporcione respuestas para *dos* de estas preguntas y, en casos raros, puede ser que *tres*. Pero usted debe reservarse el derecho de ajustar al menos una o dos de estas respuestas. Usted debería reducir el alcance para cumplir con la fecha de entrega. O bien, usted debería duplicar el costo y los recursos para lograr el alcance y cumplir con la fecha de entrega (casi nunca es una buena idea el ajustar la calidad).

Si usted es afortunado, la parte interesada le permitirá responder a las cuatro preguntas (por supuesto, reservándose el derecho de rechazar su propuesta). Pero ¿cómo pueden surgir las buenas respuestas? Creando una *especificación de funciones*, que es un documento que describe exactamente lo que será entregado, cuándo, cómo y por quién. Si bien los detalles que se requieren en una especificación de funciones pueden variar de acuerdo con el dominio de la aplicación y el tamaño del proyecto, los elementos más comunes pueden ser:

1. Introducción

   a) Objetivos de la simulación: Discusión de los objetivos de alto nivel. ¿Cuál es el producto deseado del proyecto?

   b) Identificación de las partes interesadas: ¿Quiénes son las principales personas interesadas en los resultados de este modelo? ¿Qué otras personas también tienen interés? ¿Cómo se usará el modelo y por quién? ¿Cómo aprenderán a usar el modelo?

2. Descripción del sistema y método de modelado: Visión general de los componentes del sistema y de los métodos que se utilizarán para desarrollar el modelo. Incluyendo, aunque no limitándose a, los siguientes componentes:

   a) Equipo: Cada pieza del equipo debe describirse a detalle, incluyendo su comportamiento, aperturas de proceso, disponibilidad programada, confiabilidad y otros aspectos que pudieran afectar al modelo. Incluir las tablas de datos y diagramas que sean necesarios. Si todavía no existe la información debe mencionarse explícitamente.

   b) Tipos de productos: ¿Qué productos se desarrollarán? ¿Cómo se diferencian? ¿Cómo se relacionan entre ellos? ¿Qué nivel de detalle se requiere para cada producto o grupo de productos?

   c) Operaciones: Cada operación debe describirse a detalle, incluyendo su comportamiento, aperturas de proceso, disponibilidad programada, confiabilidad y otros aspectos que pudieran afectar el modelo. Incluir las tablas de datos y diagramas que sean necesarios. Si todavía no existe la información debe mencionarse explícitamente.

   d) Transporte: Tanto la transportación interna como la externa deben describirse con el detalle apropiado.

3. Datos de entrada: ¿Qué datos deben considerarse para modelar la entrada? ¿Quién proporcionará esta información? ¿Cuándo? ¿En qué formato?

4. Datos de salida: ¿Qué datos debe producir el modelo? Para esta sección se puede desarrollar un bosquejo del reporte final para clarificar las expectativas de todas las partes interesadas.

5. Entregables del proyecto: Discutir todos los entregables que fueron acordados. Cuando se terminen de entregar todos los elementos de la lista, el proyecto se considerará terminado.

   a) Documentación: ¿Qué documentación del modelo, instrucciones o manuales de usuario serán entregados? ¿A qué nivel de detalle?

   b) Entrenamiento y software: Si se requiere que el usuario interactúe directamente con el modelo debe discutir el software que será utilizado, qué software, si existe alguno, está incluido en la cotización del proyecto y qué interfaz de usuario, si existe alguna, será entregada. Discutir qué tipo de entrenamiento en el producto o en el proyecto se recomienda o será proporcionado.

   c) Animación: ¿Cuáles son los entregables de animación y con qué propósitos serán utilizados (validación del modelo, convencimiento de las partes interesadas, marketing)? ¿en 2D o en 3D? ¿Existen instalaciones y figuras disponibles y en qué formato? ¿Cuáles recibiremos, por quién y cuándo?

6. Fases del proyecto: Describir cada fase del proyecto (si hubiera más de una), el esfuerzo requerido, la fecha de entrega y el costo de cada fase.

7. Visto bueno: Sección de vistos buenos de las principales partes interesadas.

Al inicio de cada proyecto existe una inclinación natural por empezar a desarrollar el modelo. Existe la presión del tiempo, las ideas fluyen, existe emoción. Es muy difícil detenerse a desarrollar una especificación de funciones. Sin embargo, tenga confianza en que — *hacer una especificación de funciones vale el esfuerzo invertido* —. Regrese a las citas del inicio de esta sección. Detenerse a pensar hacia donde se está dirigiendo y cómo llegará, le puede ahorrar esfuerzos mal dirigidos y pérdida de tiempo.

Recomendamos que la creación de un prototipo y de una especificación de funciones debe tomar, aproximadamente, el 10% del tiempo total estimado para el proyecto. Sí, esto significa que si usted espera que el proyecto le tomará 20 días, debe invertir dos días en estas tareas. Como resultado de estas tareas, usted pudiera encontrar que la ejecución del proyecto requerirá de 40 días — malas noticias por cierto, pero es mucho mejor descubrirlo al inicio, cuando todavía tiene tiempo para considerar las alternativas (cambiar las prioridades de los objetivos, reducir el alcance, incrementar los recursos, etc.) —.

1.4.3 Iteraciones del Proyecto

Los proyectos de simulación se ejecutan mejor como procesos iterativos. Aún en las primeras fases. Usted podría pensar que puede definir sus objetivos, crear una especificación de funciones y desarrollar un prototipo, todo a la primera. Pero mientras está escribiendo la especificación de funciones, probablemente descubra nuevos objetivos; y mientras está desarrollando el prototipo, descubrirá nuevos elementos importantes que deberá agregar a la especificación de funciones.

A medida que usted avanza en el proyecto, el enfoque iterativo se vuelve aún más importante. Un principiante de la simulación por lo general toma una idea y empieza a modelarla, luego sigue agregando elementos al modelo hasta que está completo — y *sólo entonces* corre el modelo —. Pero aún el mejor modelador, usando las mejores herramientas, cometerá errores. Cuando todo lo que se sabe es que el error está "en alguna parte del modelo", es muy difícil encontrarlo y repararlo. Con base en nuestra experiencia colectiva enseñando simulación, éste es un grave problema para los estudiantes nuevos en esta área.

Los modeladores con más experiencia construyen una pequeña parte del modelo, la corren, la prueban, la depuran y verifican que hace lo que el modelador espera que haga. Luego repiten este proceso con otra pequeña parte del modelo. Tan pronto como existan suficientes elementos del modelo para compararlo con la realidad, se valida, tanto como sea posible, que la sección completa del modelo sea congruente con el comportamiento deseado del sistema. Este proceso iterativo se repite hasta completar el modelo. Es más fácil encontrar y corregir los errores en cada etapa del proceso, ya que es más probable que esté en la pequeña parte que se agregó más recientemente. En cada paso se puede grabar la versión bajo un nombre diferente (como `MiModeloV1`, `MiModeloV2` o con fechas completas incluidas en el nombre del archivo) para permitir el regreso a versiones anteriores si fuera necesario.

Otro beneficio de este enfoque iterativo, especialmente para principiantes, es que los problemas potencialmente mayores pueden eliminarse al inicio. Supongamos que se construyó el modelo completo con base en una falsa suposición sobre cómo se agrupan las entidades, y sólo al final del proyecto se descubre el error. En dicho momento se podría requerir de una gran cantidad de composturas para cambiar las bases del modelo. Sin embargo, si el modelo se está desarrollando iterativamente, probablemente habríamos descubierto el error en el momento que se probó el agrupamiento, cuando hubiera sido relativamente fácil tomar una mejor estrategia.

Un beneficio final, aunque extremadamente importante, del enfoque iterativo, es la capacidad para asignar prioridades. *En cada iteración, preste atención a las pequeñas partes restantes que son más importantes.* Lo único predecible en el desarrollo de software de cualquier tipo es que casi siempre toma más tiempo que el esperado. La construcción de modelos de simulación comparte el mismo problema. Si se le está terminando el tiempo para entregar el proyecto, cuando sigue un enfoque no iterativo y el modelo no está funcionando, y mucho menos verificado y validado, usted no tendrá nada útil que mostrar de su esfuerzo. Pero si a usted se le termina el tiempo y está siguiendo un enfoque iterativo, usted tendrá una porción del modelo que está terminada, verificada, validada y lista para ser usada. Si usted ha venido trabajando, en cada iteración, en las tareas más importantes, usted encontrará que la porción que ha sido terminada es suficiente para satisfacer la mayoría de las metas del proyecto (considere la regla 80-20 o el principio de Pareto para entender el porqué).

Aunque podrían variar en algo de acuerdo con el proyecto y el área de aplicación, los pasos generales en un estudio por simulación son:

1. Defina los objetivos de alto nivel e identifique a las partes interesadas.

2. Defina la especificación de funciones, incluyendo las metas detalladas, las fronteras del modelo, el nivel de detalle, el método de modelado y las salidas de la simulación. Diseñe el reporte final.

3. Construya un prototipo. Actualice los pasos 1 y 2 si es necesario.

4. Modele o mejore una parte del sistema que tiene una prioridad alta. Documéntela y verifíquela. Itere.

5. Recopile e incorpore los datos de entrada del modelo.

6. Valide y verifique el modelo. Consulte a las partes interesadas. Regrese al paso 4 si es necesario.

7. Diseñe los experimentos por simulación. Realice las corridas. Consulte a las partes interesadas. Regrese al paso 4 si es necesario.

8. Documente los resultados del modelo.

9. Presente los resultados y reciba el reconocimiento por su esfuerzo.

A medida que usted vaya iterando, no pierda la oportunidad de *comunicarse regularmente con las partes interesadas*; a ellas le desagradan las sorpresas. Si el proyecto está produciendo resultados que difieren de lo que se espera, aprendan juntos por qué está sucediendo. Si el proyecto está retrasado, comuníquelo en su momento a las partes interesadas para evitar serios problemas. No piense que las partes interesadas son simples clientes, y ciertamente no son sus adversarios. Piense que las partes interesadas son sus aliados — ustedes se pueden ayudar mutuamente obteniendo los mejores resultados posibles del proyecto —. Por lo general, estos resultados provienen de la detallada exploración del sistema, que es necesaria para descubrir los procesos reales que están siendo modelados. De hecho, en muchos proyectos, una gran parte del valor agregado se obtiene antes de generar algún "resultado" de la simulación — debido al conocimiento obtenido por el modelador de la exploración temprana del sistema y de la frecuente colaboración con las partes interesadas —.

1.4.4 Agilidad y Administración de Proyectos

Existen muchos aspectos relacionados con el éxito de un proyecto, pero uno de los más obvios es satisfacer la fecha de vencimiento. Un proyecto que arroja resultados después de que se tomaron las decisiones tiene poco valor agregado. Otros aspectos, con frecuencia relacionados, son el costo, los recursos y el consumo de tiempo. Un proyecto que excede el presupuesto puede ser cancelado antes de terminarse. Se debe prestar la atención necesaria a las fechas de vencimiento y a los costos del proyecto. Pero ambos son el resultado de la forma en que se administraron día con día los detalles del proyecto.

Un proyecto bien administrado empieza por establecer metas claras y una sólida especificación de funciones para guiar nuestras decisiones. Durante el desarrollo del proyecto tomaremos decisiones grandes o pequeñas, como algunas de las siguientes:

- ¿Con cuánto detalle debemos modelar una determinada sección?

- ¿Qué cantidad de datos de entrada necesitamos recopilar?

- ¿A qué datos de salida debemos prestar más atención?

- ¿Cuándo se considera que el modelo es válido?

- ¿Cuánto tiempo debemos invertir en la animación? ¿en al análisis?

- ¿Cuál es el siguiente paso?

En casi todos los casos, la especificación de funciones debe proporcionar, directa o indirectamente, las respuestas, ya que se han capturado y se han asignado prioridades a los objetivos claves de las partes interesadas. Esta información debe ser la base de las decisiones más importantes.

Uno de los aspectos que deben tener mayor prioridad son las "especificaciones cambiantes" o los requerimientos adicionales de las partes interesadas, llamadas a veces "desviaciones del alcance". Un extremo es adoptar una postura dura y sostener que "si no está en la especificación de funciones, no está en el modelo". Mientras que en algunos casos poco comunes esta respuesta puede ser apropiada y ser necesaria, en la mayoría de los casos no lo es. La simulación es un proceso de exploración y aprendizaje. A medida que usted explora nuevas ideas y aprende más acerca del sistema en estudio, es natural que aparezcan nuevas ideas, nuevos enfoques y nuevas áreas de estudio. Negarse a considerar estos cambios puede limitar severamente el valor potencial de la simulación (y el suyo como proveedor de soluciones).

Otro extremo es adoptar la postura de que la parte interesada siempre tiene la razón y si ella le pide trabajar en algo nuevo, entonces, *debe* hacerse. Mientras que esta respuesta hará feliz a la parte interesada en el corto plazo, el resultado más probable en el largo plazo será un proyecto tardío o quizá inconcluso — y una parte interesada ¡*muy* descontenta! — Si usted persigue siempre la idea más reciente, usted nunca tendrá el tiempo suficiente para finalizar las tareas prioritarias que son necesarias para producir algún valor agregado.

La clave consiste en aprovechar las oportunidades — esta gestión empieza con una comunicación abierta con las partes interesadas y revisando los elementos de la especificación de funciones y de sus prioridades relativas —. Cuando se agrega algo al proyecto, algo debe cambiar. Quizá el nuevo punto es lo suficientemente importante como para posponer en algo la fecha de vencimiento. Si no lo es, quizá este nuevo punto es más importante que alguna otra tarea que podría eliminarse (o incluirse en la "lista de deseos" que podrían hacerse realidad si las cosas salen mejor de lo esperado). O quizá este nuevo punto debería incluirse en la "lista de deseos".

Nuestra definición de *agilidad* es la habilidad para reaccionar apropiada y rápidamente a los cambios. La habilidad para ser ágiles es un factor importante para lograr el éxito con la simulación.

1.4.5   Cartas de los Derechos de los Desarrolladores y de las Partes Interesadas

Finalizamos este capítulo reconociendo que las partes interesadas tienen expectativas razonables sobre lo que usted hará por ellos (ver la figura 1.3).

Considere cuidadosamente las expectativas de la figura 1.3, con el objetivo de mejorar la efectividad y lograr el éxito en su próximo proyecto. Pero junto con estas expectativas, las partes interesadas también adquieren algunas responsabilidades con usted (figura 1.4). La discusión adelantada de ambos conjuntos de derechos puede mejorar la comunicación y ayudar a asegurar el éxito del proyecto — una situación ganar-ganar que satisface las necesidades de cada uno. Estos "derechos" fueron tomados del blog Success in Simulation [64] en la dirección `www.simio.com/blog` y reproducidos con el permiso correspondiente. Le recomendamos examinar detenidamente los temas de este blog no comercial por su buena variedad de consejos para el éxito y sus interesantes temas de discusión.

Declaración de los Derechos de las Partes Interesadas en una Simulación

A menudo nos referimos a las personas que solicitan, pagan por, usan o son afectadas por un proyecto de simulación y sus resultados como sus partes interesadas. En cualquier proyecto de simulación las partes interesadas deben tener expectativas razonables de las personas que realmente están haciendo el trabajo. Los siguientes son algunos derechos básicos que deberían garantizarse a las partes interesadas.

1. Colaboración – El modelador hará más que proporcionar la información que se le ha requerido. El modelador asumirá cierto compromiso de ayudar a las partes interesadas a determinar los verdaderos problemas e identificar y evaluar las soluciones propuestas.

2. Especificación de Funciones – Al inicio del proyecto se formulará una especificación para ayudar a definir objetivos claros para el proyecto, fechas de entrega, datos, responsablidades, reportes necesarios y otros aspectos del proyecto. Esta especificación será usada como una guía a lo largo del proyecto, especialmente cuando se deban considerar compensaciones.

3. Prototipo – Todos los proyectos, excepto los más simples, tendrán un prototipo para ayudar a las partes interesadas y al modelador a comunicar y visualizar el alcance del proyecto, del enfoque y de los resultados. El prototipo se desarrolla frecuentemente como parte de la especificación de funciones.

4. Nivel de Detalle – El modelo se creará en un nivel de detalle apropiado para considerar los objetivos establecidos. Demasiado o muy poco detalle puede llevar a un modelo incompleto, poco entendible o incluso inservible.

5. Enfoque por Etapas – El proyecto estará dividido en etapas y los resultados parciales deben ser compartidos con las partes interesadas. Esta práctica permite detectar y considerar a tiempo los problemas de enfoque, detalle, información, falta de tiempo o de otras áreas y reduce la posibilidad de una desafortunada sorpresa al final del proyecto.

6. Puntualidad – Si se ha establecido una fecha para una toma de decisiones, se entregarán resultados útiles para esa fecha. Si la terminación del proyecto se ha retrasado, por cualquier razón o culpa, el alcance del modelo será redefinido para que el trabajo existente pueda proporcionar valor y contribuir a una toma de decisiones eficaz.

7. Agilidad – El modelado es un proceso de innovación y a menudo surgen nuevas direcciones sobre la marcha del proyecto. Mientras se tomen en cuenta las limitaciones de nivel de detalle, plazos y otros aspectos de la especificación de funciones, un modelador intentará ajustar apropiadamente la dirección del proyecto para satisfacer las necesidades que se van presentando.

8. Validación y Verificación – El modelador certificará que el modelo se ajusta al diseño de la especificación de funciones y que representa apropiadamente la operación real. Si no hay suficiente espacio para la precisión, no hay suficiente espacio para el esfuerzo de modelado.

9. Animación – Todo modelo merece, por lo menos, una animación simple para ayudar en la verificación y comunicación con las partes interesadas.

10. Resultados Claros y Precisos – Los resultados del proyecto serán resumidos y expresados en una forma y terminología útil para las partes interesadas. Ya que los resultados de la simulación son estimados, se hará un análisis apropiado para que las partes interesadas estén informadas de la precisión de los resultados.

11. Documentación – El modelo será documentado adecuadamente, tanto internamente como externamente, para respaldar tanto los objetivos inmediatos como la viabilidad del modelo a largo plazo.

12. Integridad – Los resultados y recomendaciones se basarán únicamente en hechos y en el análisis. No estarán influenciados por políticas, tanteo u otros factores inapropiados.

Nota: Esta declaración tiene como complemento la *Declaración de los Derechos del Desarrollador de una Simulación*, en la que se da una idea de las expectativas razonables que pudiera tener el modelador de un proyecto de simulación. Para leer más sobre este tema visite nuestra página web — www.simio.com —.

Figura 1.3: Carta de los Derechos de las Partes Interesadas en una Simulación.

Declaración de los Derechos del Desarrollador de una Simulación

El complemento *Declaración de los Derechos de las Partes Interesadas en una Simulación* propuso algunas expectativas razonables que puede tener un usuario de un proyecto de simulación. Pero los derechos no son unilaterales. El modelador o desarrollador de una simulación debe tener también algunas expectativas razonables.

1. Objetivos Claros – Un desarrollador puede ayudar a las partes interesadas a descubrir y clarificar sus objetivos, pero realmente las partes interesadas deben estar de acuerdo en los objetivos del proyecto. Los objetivos primarios deben permanecer firmes durante el proyecto.

2. Participación de las Partes Interesadas – Las personas que conocen el sistema deben proporcionar cooperación y un acceso adecuado, tanto en las etapas tempranas como a lo largo del proyecto. Las partes interesadas deberán involucrarse periódicamente para evaluar el progreso y resolver asuntos pendientes.

3. Datos Oportunos – La especificación de funciones debe describir qué datos se van a requerir, cuándo serán entregados y por quién. Los datos atrasados, perdidos o de baja calidad pueden tener un impacto negativo en un proyecto.

4. Apoyo Administrativo – El coordinador del desarrollador debe apoyar el proyecto como sea necesario, no sólo en asuntos relacionados con las herramientas y la capacitación, discutidos abajo, sino también protegiendo al desarrollador de desgastantes asuntos políticos y burocráticos.

5. Costo de la Agilidad – Si las partes interesadas piden cambios en el proyecto, deben ser flexibles en otros aspectos tales como fecha de entrega, nivel de detalle, alcance o costo del proyecto.

6. Revisión Oportuna/ Retroalimentación – Las actualizaciones internas deben ser revisadas inmediatamente y detenidamente por las personas adecuadas para que se pueda obtener una retroalimentación significativa y para que cualquier cambio de rumbo necesario pueda hacerse al instante.

7. Espectativas Razonables – Las partes interesadas deben reconocer las limitaciones de la tecnología y las restricciones del proyecto para no tener expectativas poco realistas. Un proyecto basado en la suposición del requerimiento de largas jornadas de trabajo es un proyecto que ha sido mal administrado.

8. "No le dispares al mensajero" – El modelador no debe ser criticado si los resultados arrojan conclusiones inesperadas o poco deseables.

9. Herramientas Apropiadas – Un desarrollador debe ser provisto del hardware y software más apropiado para el proyecto. Mientras que "las mejores y últimas" herramientas no siempre son requeridas, un desarrollador no debería perder el tiempo debido al uso de software anticuado o inapropiado y de hardware ineficiente.

10. Capacitación y Apoyo – No debe esperarse que un desarrollador "salga adelante" utilizando software y aplicaciones desconocidas y sin capacitación. Deben proporcionarse la capacitación y el apoyo adecuados.

11. Integridad – Un desarrollador debe estar libre de coerción. Si una de las partes interesadas "sabe" la respuesta correcta antes de que se inicie el proyecto, entonces no tiene sentido empezar el proyecto. Si no es así, entonces debe respetarse la objetividad del análisis sin la obligación de cambiar el modelo para producir los resultados deseados.

12. Respeto – Un buen desarrollador puede, algunas veces, hacer que el trabajo parezca fácil, pero no debe darse por sentado. Un proyecto a menudo "parece" fácil sólo porque el desarrollador hizo todo bien, una hazaña que por sí misma es muy difícil. Si algunas veces un proyecto parece fácil es sólo porque otros no han visto las noches y los fines de semana involucrados.

Figura 1.4: Carta de los Derechos del Desarrollador de una Simulación.

Capítulo 2

Fundamentos de la Teoría de Colas

Muchos de los modelos de simulación (no todos) corresponden a sistemas *de espera* que representan una gran variedad de situaciones del mundo real. Por ejemplo, los pacientes llegan a una clínica para tratamientos de urgencia (es decir, ellos llegan sin ningún tipo de cita) y deben registrarse primero, posiblemente después de esperar en una línea de espera (o *cola*) por algún tiempo, ver la figura 2.1. Luego de firmar en la entrada, el paciente puede pasar al registro o, en caso de sufrir de algún daño severo, a una sala de traumatología; en ambos casos el paciente podría tener que esperar en una cola antes de ser atendido. Los pacientes que se registran, a continuación se atienden en una sala de exámenes para pasar por revisiones necesarias (pudiendo tener que esperar por la atención). Luego de pasar por la sala de exámenes, los pacientes pueden salir del sistema o pueden pasar a una sala de tratamientos (podrían tener que esperar en una cola) y luego salir del sistema. Los pacientes que tienen algún daño severo, y que ingresaron a una sala de traumatología, pasarán necesariamente a una sala de tratamientos (podrían también esperar en la cola), y luego salen del sistema. Algunas de las preguntas necesarias para diseñar y operar este servicio pueden ser: ¿cuánto personal de cada tipo debe estar laborando en cada periodo de operación? ¿qué tan grande debe ser la sala de espera? ¿cómo se vería afectada la permanencia de los pacientes en la sala de espera si los doctores y las enfermeras disminuyen o incrementan los tiempos de atención de los pacientes? ¿qué sucedería si se incrementa la llegada de pacientes en un 10%? y ¿cuál sería el impacto de atender a los pacientes en un orden de

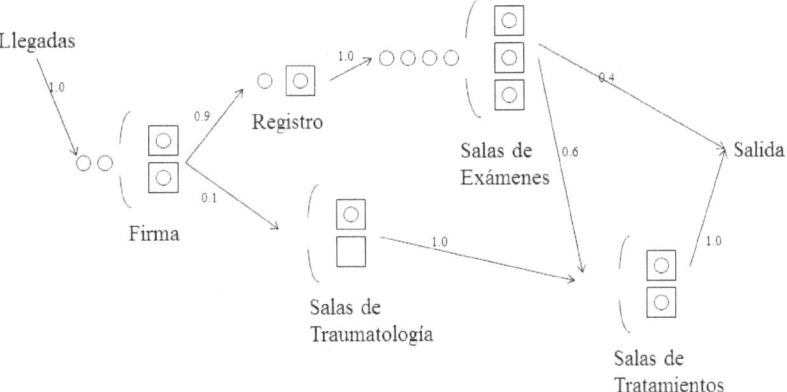

Figura 2.1: Un sistema de espera que representa una clínica para tratamientos de urgencia.

acuerdo a alguna medida de la gravedad de su condición, en lugar de primer llegado, primer servido?

Este pequeño capítulo cubre los fundamentos de la teoría de colas (no la *simulación* de colas), debido a que la familiaridad con este material y su terminología son importantes para desarrollar muchos modelos de simulación. Las fórmulas básicas de la teoría de colas (del inglés *queueing theory*) son relativamente simples y pueden ser valiosas para la *verificación* de los modelos de simulación de colas (ayudando a determinar si las simulaciones son correctas). Los modelos de la teoría de colas pueden ayudar proporcionando un punto de referencia contra el cual se pueden comparar los resultados de la simulación, *si* el modelo de simulación se simplifica (probablemente de manera irrealista) para ajustarse a las suposiciones más exigentes de la teoría de colas (e.g., asumiendo distribuciones de probabilidad exponenciales aun si no es cierto para el sistema real que se está simulando). Si el modelo de simulación (simplificado) está de acuerdo (aproximadamente) con los resultados teóricos de la teoría de colas, tendremos mayor confianza en que al menos la lógica del modelo de simulación es correcta. Haremos esto repetidamente, a medida que desarrollemos nuestros modelos de simulación en capítulos posteriores, lo cual es de ayuda, ya que el "código" de una simulación puede ser complejo y difícil de verificar.

La teoría de colas es un campo enorme y ha sido estudiada matemáticamente por lo menos desde 1909, en sus inicios por A. K. Erlang para estudiar cómo diseñar y operar el recientemente inventado sistema "telefónico" de Copenhage, Dinamarca ([9], [10]). Existen muchos libros completos sobre este tema (e.g., [18], [32]) así como vastos capítulos en libros más generales sobre probabilidades y procesos estocásticos (e.g. [54]) o sobre otros temas de orientación aplicada como la manufactura (e.g. [2]); una búsqueda del término "queueing theory" por internet puede regresar más de medio millón de resultados. Por estas razones, *no* intentaremos proporcionar ningún tipo de tratamiento completo sobre el tema; más bien trataremos de introducir alguna terminología, algunos resultados básicos, comparar la teoría de colas con la simulación por medio de sus fortalezas y debilidades relativas y proporcionar algunas fórmulas específicas que utilizaremos en capítulos posteriores para ayudar a verificar nuestros modelos de simulación en Simio.

En este capítulo (en realidad, en todo el libro) asumiremos que el estudiante está familiarizado con los conceptos básicos de la probabilidad, incluyendo:

- Las ideas básicas de un *experimento* aleatorio, el *espacio muestral* de un experimento y los *eventos*.

- *Variables aleatorias* (VAs) , las *discretas* y las *continuas*.

- *Distribuciones* de VAs, *funciones de probabilidad* (FPs) para discretas, *funciones de densidad* (FDs) para continuas, y *funciones de distribución acumulativas* (FDAs) para ambas.

- *Esperanzas* de VAs (también llamadas valores esperados o medias), *varianzas* y el uso de FPs, FDs y FDAs para calcular las probabilidades de que las VAs tomen valores en algún intervalo o conjunto.

- *Independencia* (o falta de) de VAs.

Si no es así, el estudiante debería revisar primero estos temas antes de continuar con la lectura.

En este capítulo y en otras partes del libro, haremos referencia a ciertas distribuciones de probabilidad como la exponencial, la uniforme, la triangular, etc. En días pasados, los libros que utilizaban nociones de proba-bilidad contenían muchas páginas con información sobre las distribuciones, como definiciones de FPs, FDs, FDAs, esperanzas, varianzas y otros detalles para muchas distribuciones. Sin embargo, este libro no presenta tal compendio debido a que este material está disponible en otras fuentes, incluyendo la documentación de Simio (descrita en la sección 6.1.3) y en sitios web como `en.wikipedia.org/wiki/List_of_probability_distributi ons`, donde podemos encontrar vínculos a páginas web sobre más de 100 distribuciones univariadas específicas. Se han editado enciclopedias como [25], [26], [24] y [11]. En la sección 6.1.3 proporcionamos más referencias sobre las distribuciones, así como una discusión sobre algunas de sus propiedades, como el rango.

En la sección 2.1 describimos la estructura básica, terminología y notación de los sistemas de espera. En la sección 2.2 presentamos algunas relaciones importantes entre las diferentes medidas de desempeño de muchos sistemas de espera. En la sección 6.1.3 citaremos algunos resultados específicos sobre las salidas de los sistemas de espera y en la sección 2.4 discutiremos brevemente cómo tratar con las redes de colas. Finalmente, en la sección 2.5 presentaremos una comparación entre la teoría de colas y la simulación como herramientas de análisis. Mostraremos que cada una tiene ventajas y desventajas que se complementan armoniosamente una con la otra (aunque al final preferimos la simulación).

2.1 Terminología y Estructura de los Sistemas de Espera

Un *sistema de espera* es un sistema al que llegan ciertas entidades (clientes, pacientes, trabajos o mensajes), se atienden, ya sea en una estación o en varias estaciones en secuencia, pueden esperar por la atención en una o más estaciones, y pueden salir (si salen el sistema es llamado *abierto*, pero si nunca salen y continúan circulando en el sistema, éste es llamado *cerrado*).

La clínica para tratamientos de urgencia descrita en la figura 2.1 se modela como un sistema de espera abierto. Existen cinco estaciones de servicio diferentes (Firma, Registro, Salas de Exámenes, Salas de Traumatología y Salas de Tratamientos), cada una de las cuales sería llamada un *nodo* en una red de *nodos de colas multiservicio* (el registro tiene un solo servidor, pero es un caso especial de multiservicio). Si existen varios servidores individuales en paralelo en el nodo de un sistema de espera (e.g., tres salas de exámenes), una sola cola los "alimenta" a todos ellos, en lugar de tener una cola diferente para cada servidor, y también asumimos que cada uno de los servidores en paralelo tienen la misma capacidad y la misma tasa de servicio. Los números en los arcos de la figura 2.1 indican la probabilidad de que el paciente tome la ruta del arco correspondiente. Necesitamos conocer estas probabilidades cuando el paciente sale de una estación y debe decidir hacia dónde dirigirse a continuación (luego de la firma o de una sala de exámenes). Cuando el paciente sale de una estación que tiene por delante una sola posibilidad (luego de la llegada, el registro, una sala de traumatología o una sala de tratamientos), las probabilidades 1.0 indicadas en los arcos son obvias, pero de cualquier forma las estamos indicando por completitud. Aunque la terminología puede variar, diremos que una entidad está *en la cola* si está esperando en la línea y no está recibiendo atención, por ejemplo, en las salas de exámenes de la figura 2.1 existen cuatro pacientes en cola, siete pacientes *en el sistema* y tres pacientes *recibiendo atención*.

Cuando un servidor termina la atención de una entidad y hay otras entidades en la cola del nodo, necesitamos decidir cuál será la entidad en la cola que será seleccionada para salir y recibir atención — la regla (o mecanismo) que permite tomar esta decisión es llamada la *disciplina de atención* —. Sin duda, a usted le es familiar el término *primer llegado, primer servido* (conocido en inglés como *first-in, first-out* o FIFO), que es muy común y parece ser lo más "justo". Sin embargo, se pueden utilizar otras disciplinas de atención como *último en llegar, primer servido* (del inglés *last-in, first-out*: LIFO), que podría representar la experiencia de los platos recién lavados en la pila de espera en una barra de ensaladas; ya que los platos limpios se colocan en la entrada de la pila y los clientes los toman también de la entrada. Algunas disciplinas de atención utilizan *prioridades* para tomar en cuenta las diferencias entre las entidades que están en la cola, como *trabajo más corto primero* (del inglés *shortest-job-first*, SJF), algunas veces llamado *menor tiempo de proceso* (del inglés *shortest processing time*, SPT). Bajo una disciplina de atención SJF, la entidad de la cola que se escoje a continuación es la que tiene un tiempo de proceso igual o menor que el de cualquier otra entidad en la cola (necesitaríamos conocer los tiempos de proceso por anticipado y asignarlos a las correspondientes entidades), con la finalidad de atender rápidamente a los trabajos que requieren poco tiempo de atención en lugar de hacerlos esperar detrás de los trabajos que requieren un tiempo de atención elevado, esperando mejorar (reducir) el tiempo promedio en la cola considerando todas las entidades. Mala suerte para los trabajos grandes, ya que podrían quedarse retrasados al final de la cola por mucho tiempo; si la disciplina SJF es "mejor" que FIFO podría depender de si a uno le interesa más el tiempo promedio en el sistema o el máximo (peor) tiempo en el sistema. Algo opuesto a la disciplina SJF consistiría en asignar valores a cada entidad (por ejemplo, ganancia al terminar el servicio) y seleccionar al trabajo en la cola que tiene el mayor valor (usted sabe, el tiempo es dinero). En un sistema para el cuidado de la salud como el de la figura 2.1, se podría clasificar al inicio a cada paciente en algún nivel de severidad de su dolencia y luego seleccionar al paciente en la cola con el nivel de severidad más serio; para romper los empates dentro de cada nivel de severidad, se podría utilizar alguna otra disciplina, como FIFO.

Las siguientes *medidas de desempeño* (o *métricas de salida*) de los sistemas de espera podrían ser de interés:

- El *tiempo en la cola* es, como podríamos adivinar, el tiempo que una entidad permanece esperando en la cola (excluyendo el tiempo de atención). En una red de colas como la de la figura 2.1, podríamos referirnos al tiempo en la cola en cada una de las estaciones por separado, o sumar para cada paciente los tiempos en la cola de todas las estaciones en las que recibió atención, desde su llegada al sistema por la esquina superior izquierda hasta su salida por la derecha.

- El *tiempo en el sistema* es el tiempo en cola más el tiempo de atención. Nuevamente, en una red, podríamos referirnos al tiempo en el sistema en cada estación por separado, o al tiempo total de atención desde la llegada hasta la salida.

- El *número en cola* (o *longitud de la cola*) es el número de entidades en cola (nuevamente, sin contar las entidades que podrían estar siendo atendidas), ya sea en cada estación por separado o el total en todo el sistema. En la figura 2.1 hay dos pacientes en cola en la estación de la firma, uno en registro, cuatro en las salas de exámenes y ninguno en las salas de tratamiento o de traumatología; existen 7 pacientes en cola en todo el sistema.

- El *número en el sistema* es el número de entidades en cola *más* el número de entidades que están siendo atendidas, ya sea en cada estación o el total en todo el sistema. En la figura 2.1 hay cuatro pacientes en el sistema en la estación de la firma, dos en registro, siete en las salas de exámenes y dos en las salas de tratamiento; hay 16 pacientes en todo el sistema.

- La *utilización* de un servidor (o grupo de servidores idénticos en paralelo) es el promedio (en el tiempo) del número de servidores que están ocupados, dividido entre el número total de servidores del grupo. Por ejemplo, en las salas de exámenes hay tres servidores, y si denotamos por $B_E(t)$ al número de salas de exámenes que están ocupadas al tiempo t, la utilización es

$$\frac{\int_0^h B_E(t)dt}{3h}, \tag{2.1}$$

donde h es el lapso (*horizonte*) de tiempo durante el cual hemos observado la operación del sistema.

Con muy pocas excepciones, los resultados disponibles de la teoría de colas son para condiciones de *estado estable* (o de *largo plazo*, o de *horizonte infinito*), a medida que el tiempo (real o simulado) tiende a infinito, y frecuentemente sólo para *promedios* (o *medias*) de estado estable. A continuación presentamos una notación común (aunque no universal) para las métricas que usaremos:

- W_q = el tiempo promedio (de las entidades) en cola, en estado estable (excluyendo los tiempos de atención), ya sea en cada estación de una red por separado o el total en toda la red.

- W = el tiempo promedio (de las entidades) en el sistema, en estado estable (incluyendo los tiempos de atención), nuevamente, en cada estación por separado o el total.

- L_q = el número promedio de entidades en cola, en estado estable (en cada estación por separado, o el total). Notar que éste es un promedio *en el tiempo*, no el típico promedio sobre una lista discreta de números, por lo que pudiera requerirse una explicación adicional. Sea $L_q(t)$ el número de entidades en cola al instante t, y en consecuencia $L_q(t) \in \{0, 1, 2, \ldots\}$. Imaginemos una gráfica de $L_q(t)$ sobre el tiempo t, ésta sería una curva constante por tramos, tomando valores en 0, 1, 2, ... con saltos hacia arriba o hacia abajo en los instantes en los que las entidades entran o salen de la(s) cola(s). En el horizonte finito de tiempo $[0, h]$, el promedio (en el tiempo) del número de entidades en cola (o la *longitud promedio de la cola* si fuera una sola cola) sería $\overline{L_q}(h) = \int_0^h L_q(t)dt/h$, que es un promedio *ponderado* de los niveles 0, 1, 2, ... de $L_q(t)$, donde los pesos son la proporción del tiempo que $L_q(t)$ permanece en cada nivel. Luego, $L_q = \lim_{h \to \infty} \overline{L_q}(h)$.

- L = el número promedio de entidades en el sistema, en estado estable (en cada estación por separado o el total). Como L_q, éste es un promedio *en el tiempo*, y se define de una forma similar a L_q, con $L(t)$ igual al número de entidades *en el sistema* (en cola más en servicio) al tiempo t, para luego tomar el promedio en el tiempo como antes.

- ρ = la utilización de un servidor o grupo de servidores idénticos en paralelo, en estado estable. Para cada estación por separado, se define como se hizo en la ecuación (2.1) para las salas de exámenes, pero tomando $h \to \infty$.

Durante el transcurso de varias décadas, la teoría de colas se ha dedicado a deducir los valores de estas cinco métricas promedio del estado estable, lo que está fuera del alcance de este libro. Sin embargo, mencionaremos que debido a su propiedad especial de la falta de memoria, la distribución exponencial es fundamental en muchas demostraciones. Por ejemplo, en los modelos de colas más simples, frecuentemente se asume que los tiempos entre llegadas (lapso de tiempo entre las llegadas sucesivas de dos entidades) siguen una distribución exponencial, así como los tiempos de atención que experimentan las entidades. En modelos más avanzados, estas distribuciones se pueden generalizar a variaciones de la distribución exponencial (por ejemplo la distribución de Erlang, que es la suma de VAs exponenciales, independientes e idénticamente distribuidas (IID)) o aún para distribuciones arbitrarias; sin embargo, con cada paso de la generalización, los resultados son más difíciles de obtener y de aplicar.

Finalmente, existe una notación estandarizada para describir a las estaciones multiservicio, conocida como la *notación de Kendall*, y utilizaremos esta notación por ser compacta y conveniente:

$$A/B/c/k.$$

La letra A se refiere al proceso de llegadas o a la distribución del tiempo entre llegadas, mientras que la letra B indica la distribución de los tiempos de atención. El número de servidores idénticos en paralelo se denota por c (por ejemplo, $c = 3$ para las salas de exámenes de la figura 2.1 y $c = 1$ para el registro). La capacidad (es decir, el límite superior) del sistema (incluyendo en cola y en servicio) se denota por k; si la capacidad es ilimitada (es decir, $k = \infty$) generalmente se omite el símbolo $/\infty$ al final de la notación. En algunas ocasiones, la notación de Kendall se expande para indicar la naturaleza de la población de entidades que puede ingresar al sistema (la *población atendida*) y la disciplina de atención, pero no necesitaremos usar esta expansión. Conviene remarcar algunos casos notables para A y B. M (por Markoviano) significa siempre una distribución exponencial, tanto para tiempos entre llegadas como para tiempos de atención. Es así que la cola $M/M/1$ tiene tiempos entre llegadas exponenciales, tiempos de atención exponenciales (independientes de los tiempos entre llegadas) y un solo servidor; la notación $M/M/3$ describiría el componente de las salas de exámenes en la figura 2.1 si supiéramos que los tiempos entre llegadas a las salas (saliendo del registro) y los tiempos de atención siguen distribuciones exponenciales. La notación usada para una VA Erlang, que es la suma de m VAs exponenciales e IID, es E_m, por lo que un sistema $M/E_3/2/10$ tendrá tiempos entre llegadas exponenciales, tiempos de atención 3-Erlang, dos servidores idénticos en paralelo y un máximo de diez entidades en el sistema (es decir, un máximo de ocho entidades en cola). La notación G frecuentemente se usa para A (o para B) cuando deseamos permitir cualquier distribución para los tiempos entre llegadas (o para los tiempos de atención).

2.2   La Regla de Little y Otras Relaciones

Existen varias relaciones importantes entre las métricas promedio de estado estable W_q, W, L_q y L, definidas en la sección 2.1, que permiten calcular de manera simple el resto de ellas si conocemos (o podemos estimar) el valor de alguna de ellas. En esta sección consideramos, en principio, una única estación multiservicio (como las salas de exámenes de la figura 2.1 por separado). Necesitamos la notación adicional de $\lambda =$ la *tasa de llegadas* (que es el inverso de la esperanza de la distribución del tiempo entre llegadas), y $\mu =$ la *tasa de atención* de un servidor individual, no del grupo de servidores idénticos en paralelo (es decir, $\mu = 1/E(S)$, donde S es una VA que representa el tiempo de atención en un único servidor).

La más importante de estas relaciones es la *regla de Little*, cuya primera versión fue obtenida en [40], pero ha sido generalizada en varias ocasiones, e.g. [62]; recientemente se celebró su 50 aniversario ([41]). En términos sencillos, la regla de Little establece que

$$L = \lambda W$$

utilizando nuestra notación previa. En nuestras aplicaciones consideramos esta relación para una sola estación multiservicio, pero estamos conscientes de que se puede aplicar en situaciones más generales. Algo remarcable sobre la regla de Little es que relaciona un promedio en el *tiempo* (L en el lado izquierdo) con un promedio de observaciones de las *entidades* (W en el lado derecho).

De manera similar, pero considerando sólo la cola (y no los servidores) en una estación, tenemos que

$$L_q = \lambda W_q.$$

Una relación más intuitiva que la regla de Little es la relación

$$W = W_q + E(S),$$

donde estamos asumiendo que conocemos al menos la esperanza $E(S)$ de la distribución del tiempo de atención, si no es que toda la distribución. Esta relación indica que el tiempo esperado en el sistema es la suma del tiempo esperado en cola más el tiempo esperado de atención. Esta relación, junto con $L = \lambda W$ y $L_q = \lambda W_q$, nos permite obtener cualquiera de las métricas W_q, W, L_q y L conociendo sólo una de ellas. Por ejemplo, si conocemos (o podemos estimar) W_q, una simple sustitución nos permite calcular $L = \lambda(W_q + E(S))$; similarmente, si conocemos L, luego de algo de álgebra obtenemos $W_q = L/\lambda - E(S)$.

2.3 Resultados Específicos para Algunas Estaciones Multiservicio

En esta sección revisaremos fórmulas de la literatura para algunas estaciones multiservicio, como las salas de espera de la figura 2.1, más que para toda la red como la que se ilustra en la figura completa. Recordemos que podemos usar la regla de Little y las otras relaciones de la sección 2.2 para obtener las otras métricas promedio de estado estable. En lo que sigue, $\rho = \lambda/(c\mu)$ es la utilización de los servidores en su conjunto (recordar que c es el número de servidores idénticos en paralelo en la estación); valores altos de ρ generalmente indican mayor congestión. Para la validez de estos resultados (y de los de la mayoría de la teoría de colas) debemos asumir que $\rho < 1$ ($\rho \leq 1$ no es suficiente), debido a que estos resultados aplican al estado estable y debemos asegurar que el sistema no "explotará" en el largo plazo con el número de entidades presentes creciendo sin límite — los servidores, en su conjunto, deben ser capaces de atender a las entidades por lo menos tan rápido como llegan —.

Además de las fórmulas para los cuatro modelos que se presentan a continuación, existen otras fórmulas y resultados para otros modelos de colas que están disponibles en la vasta literatura sobre teoría de colas mencionada al inicio de este capítulo. Sin embargo, éstas tienden a complicarse demasiado pronto y en algunos casos no son realmente fórmulas explícitas, sino ecuaciones que relacionan a las métricas de interés, que necesitan "resolverse" usando métodos numéricos y aproximaciones (como es el caso del cuarto ejemplo que presentaremos más adelante).

2.3.1 $M/M/1$

Probablemente el modelo más simple de un sistema de espera, los tiempos entre llegadas son exponenciales, los tiempos de atención son exponenciales y solamente un único servidor.

El número promedio en el sistema, en estado estable, es $L = \rho/(1-\rho)$. Recordar que ρ es la tasa de llegadas (λ) dividida entre la tasa de atención (μ) si existe sólo un servidor. Ciertamente, L puede expresarse de diferentes maneras, como

$$L = \frac{\lambda}{1/E(S) - \lambda}.$$

Si conocemos L, podemos usar las relaciones de la sección 2.2 para calcular las otras métricas W_q, W y L_q.

2.3.2 $M/M/c$

Nuevamente, los tiempos entre llegadas y los tiempos de atención siguen distribuciones exponenciales, pero ahora tenemos c servidores idénticos en paralelo alimentados por una sola cola.

Sea $p(n)$ la probabilidad de tener n entidades en el sistema, en estado estable. El único de estos valores que realmente necesitamos es la probabilidad de que el sistema esté vacío en estado estable, la cual resulta ser

$$p(0) = \frac{1}{\frac{(c\rho)^c}{c!(1-\rho)} + \sum_{n=0}^{c-1} \frac{(c\rho)^n}{n!}},$$

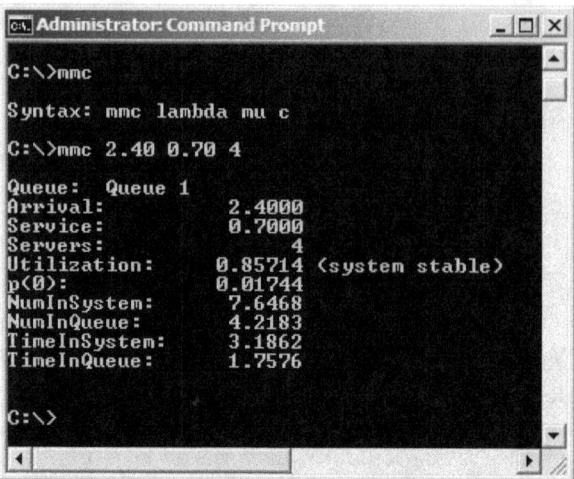

Figura 2.2: Uso del programa para obtener métricas de estado estable para el modelo $M/M/4$ con tasa de llegadas $\lambda = 2.4$ por unidad de tiempo y tasa de servicio $\mu = 0.7$ por unidad de tiempo.

una fórmula algo complicada, pero que puede calcularse, a lo mejor utilizando una hoja de cálculo, ya que c es finito y a menudo pequeño. Recordar que para cualquier entero positivo j, $j! = j \times (j-1) \times (j-2) \times \cdots \times 2 \times 1$, y se pronuncia "$j$ factorial". Por conveniencia, $0!$ se *define como 1*. Luego,

$$L_q = \frac{\rho(c\rho)^c p(0)}{c!(1-\rho)^2},$$

de donde podemos deducir, por ejemplo, $L = L_q + \lambda/\mu$, así como cualquiera de las otras métricas, utilizando las ecuaciones de la sección 2.2.

Si bien las fórmulas anteriores para el modelo $M/M/c$ tienen una forma explícita (es decir, basta con reemplazar los valores en el lado derecho), ellas son algo complicadas, especialmente la suma en el denominador de la expresión para $p(0)$, a menos que c sea muy pequeño. Por esta razón ponemos a su disposición un pequeño programa ejecutable desde la ventana de comandos (mmc.exe), que usted puede descargar (incluyendo el código fuente en C) desde la sección para estudiantes en el sitio web de este libro (consulte el Prefacio para obtener la dirección, usuario y contraseña). El programa permite obtener las métricas promedio a partir de los valores que se ingresen para la tasa de llegadas λ, la tasa de servicio μ y el número de servidores c. Para correr el programa mmc.exe debemos abrir la ventana de comandos de Microsoft Windows Command (generalmente desde la carpeta de código "Accesorios" que se encuentra en la opción de "Todos los Programas"). Probablemente sea más fácil mover el archivo mmc.exe a la "raíz" del disco principal (usualmente C:) de su sistema e ingresar cd .. repetidamente en la ventana de comandos, hasta llegar a la raíz y en la ventana se lea C:\ >. Si ahora usted ingresa mmc en la ventana, obtendrá un mensaje indicándole cómo es la sintaxis para obtener resultados del programa, como se indica en la parte superior de la figura 2.2. Luego, debe ingresar mmc seguido de los valores que usted desea para λ, μ y c, separados por cualquier cantidad de espacios en blanco. El programa responderá mostrando el valor de las métricas de estado estable para este modelo, si es que los valores que ingresó son factibles (es decir, se cumple que $\rho < 1$). Las métricas resultantes son para el estado estable, bajo cualquier unidad de tiempo que usted esté usando (por supuesto, λ y μ deben estar en la misma unidad de tiempo, pero ésta puede ser cualquiera y el programa `mmc.exe` no la necesita).

2.3.3 $M/G/1$

Nuevamente, este modelo tiene tiempos entre llegadas exponenciales, pero la distribución del tiempo de atención puede ser cualquiera; sin embargo, regresamos a un solo servidor. Este modelo podría ser más realista que el modelo $M/M/1$ ya que los tiempos de servicio exponenciales, con una moda (valor más probable) de cero, generalmente están muy lejos de la realidad.

Sea σ la desviación estándar de la VA S que representa al tiempo de servicio, entonces σ^2 es su varianza; recordar que $E(S) = 1/\mu$. Se cumple que

$$W_q = \frac{\lambda(\sigma^2 + 1/\mu^2)}{2(1 - \lambda/\mu)}.$$

A partir de esta ecuación (conocida como la fórmula de *Pollaczek-Khinchine*), podemos usar la regla de Little y las otras ecuaciones de la sección 2.2 para obtener otras métricas de salida, como $L =$ el número promedio de entidades en el sistema, en estado estable.

Notar que W_q depende de la *varianza* σ^2 de la distribución del tiempo de servicio, y no solamente de su esperanza $1/\mu$; σ^2 más grande implica que W_q sea más grande. Aunque sean poco frecuentes, los tiempos de servicio demasiado grandes pueden bloquear al servidor y, en consecuencia, al sistema, las nuevas entidades que llegan al sistema durante estos periodos largos de atención generan congestión en el sistema (medida por W_q y por las otras métricas). Una mayor varianza del tiempo de servicio está asociada a una cola en la derecha más larga para la distribución del tiempo de servicio y, en consecuencia, mayores posibilidades de encontrar tiempos de servicio demasiado grandes.

2.3.4 $G/M/1$

Este último modelo es como el anterior, pero al revés, en el sentido que ahora los tiempos entre llegadas siguen cualquier distribución (por supuesto que deben ser positivos para tener sentido), pero los tiempos de atención son exponenciales. Acabamos de decir que los tiempos de atención exponenciales tienen poco sentido, pero esta suposición, especialmente la falta de memoria, es necesaria para obtener los resultados que se mencionan a continuación (y todavía hay un solo servidor). Este modelo tiene un análisis más complejo, ya que a diferencia de los otros tres modelos, el conocer el número de entidades en el sistema no es suficiente para obtener las probabilidades de los estados en el futuro, debido a que el tener tiempos entre llegadas no exponenciales (sin falta de memoria) implica que necesitamos conocer el tiempo que ha transcurrido desde la llegada más reciente. Una consecuencia de esta complejidad es que la "fórmula" no es en realidad una fórmula explícita. Para conocer más detalles sobre la demostración de este resultado ver, por ejemplo, [18] o [54].

Sea $g(t)$ la función de densidad de la distribución de los tiempos entre llegadas; asumiremos que la distribución es continua (lo que es razonable) y que toma sólo valores positivos. Recordar que μ es la tasa de atención (exponencial) y, en consecuencia, la esperanza del tiempo de atención es $1/\mu$. Sea z un número entre 0 y 1 que satisface la *ecuación integral*

$$z = \int_0^\infty e^{-\mu t(1-z)} g(t) dt. \tag{2.2}$$

Se puede probar que

$$L = \frac{1}{\mu(1-z)},$$

de donde, como antes, podemos obtener las otras métricas usando las ecuaciones de la sección 2.2.

Ahora, la pregunta es ¿cuál es el valor de z que satisface la ecuación (2.2)? Desafortunadamente, para resolver la ecuación (2.2) en z, generalmente necesitamos aplicar algún método numérico, como el método iterativo de Newton-Raphson o algún otro algoritmo para encontrar raíces de una ecuación. La tarea se complica un poco debido a que el lado derecho de (2.2) contiene una integral ¡con la misma variable z que estamos buscando!

Es así que en general, ésta no es exactamente una "fórmula" para L, pero para algunos casos particulares de la distribución del tiempo entre llegadas podríamos lograr algo. Por ejemplo, si los tiempos entre llegadas siguen una distribución uniforme (continua) en el intervalo $[a, b]$ (con $0 \leq a < b$), entonces su FD es

$$g(t) = \left\{ \begin{array}{ll} 1/(b-a) & \text{si } a \leq t \leq b \\ 0 & \text{en otro caso} \end{array} \right. .$$

Sustituyendo en la ecuación (2.2) obtenemos

$$z = \int_a^b e^{-\mu t(1-z)} \frac{1}{b-a} dt,$$

que, luego de algo de álgebra y cálculo, resulta en

$$z = -\frac{1}{\mu(b-a)(1-z)} \left[e^{-\mu(1-z)b} - e^{-\mu(1-z)a} \right], \tag{2.3}$$

y esta ecuación puede "resolverse" para z utilizando algún método numérico.

El complemento *Buscar objetivo* de Microsoft Excel es básicamente un método numérico para encontrar raíces y podría funcionar. En Excel 2007, *Buscar objetivo* es una opción del botón *Análisis Y si* de la cinta *Datos*; en otras versiones de Excel podría estar localizado en alguna otra parte. En el archivo `Cola_Uniforme_M_1.xls`, que puede descargarse de la sección de estudiantes del sitio web de este libro (consultar el Prefacio para obtener la dirección, usuario y contraseña), hemos ajustado la hoja para el modelo Uniforme/M/1 (ver la figura 2.3). La fórmula de la celda D10 (mostrada en la parte superior de la figura) contiene la ecuación (2.3), escribiendo el lado izquierdo menos el lado derecho, de manera que usamos *Buscar objetivo* para encontrar el valor de z (en la celda D9) que haga que esta diferencia sea (aproximadamente) 0. En la figura se muestra el diálogo completo de la opción *Buscar objetivo* y los resultados de la izquierda son los que se obtienen luego de la corrida. Luego de calcular el valor aproximado para z y de confirmar que el valor de la celda D10 es (cercano a) 0, se calculan en la hoja de cálculo las métricas promedio en estado estable. El texto en la parte inferior contiene instrucciones más detalladas para utilizar este modelo de hoja de cálculo.

2.4 Redes de Colas

Las *redes de colas* se componen de *nodos*, cada nodo representa una estación multiservicio (como el registro o las salas de tratamiento en la clínica para tratamientos de urgencia de la figura 2.1) y están conectados por *arcos*, que son posibles caminos para que las entidades se muevan de un nodo a otro (o desde el exterior hacia un nodo o de un nodo hacia el exterior para abandonar el sistema). Las entidades pueden entrar desde el exterior del sistema hacia cualquier nodo, aunque en nuestro ejemplo de la clínica ellas entran sólo por el nodo de la firma. Las entidades también pueden salir por cualquier nodo, como lo hacen por los nodos de las salas de exámenes o de las salas de tratamientos en nuestra clínica. Dentro del sistema, cuando una entidad sale de un nodo, ella puede ir a cualquier otro nodo con ciertas probabilidades, como en la figura 2.1;

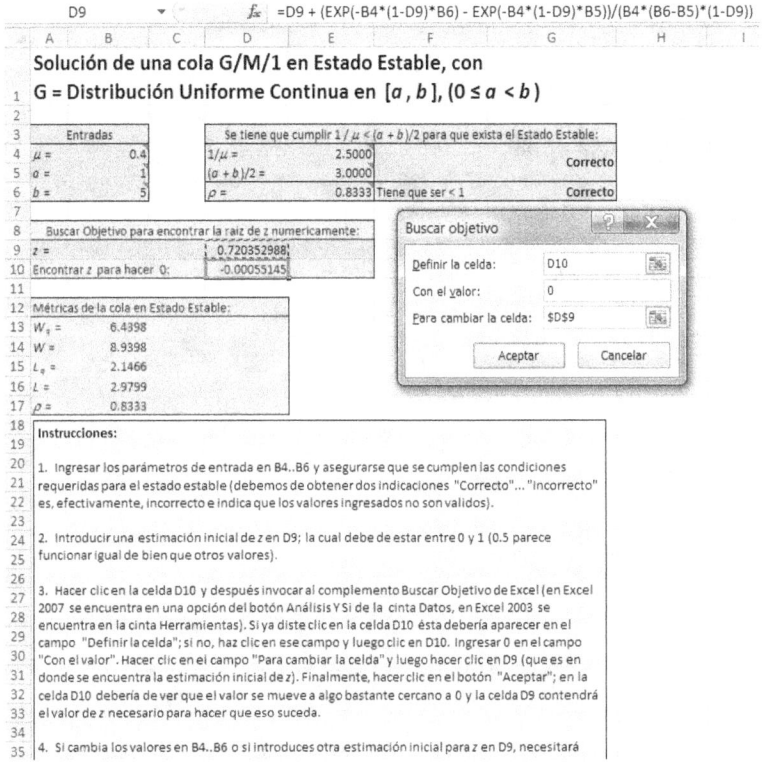

Figura 2.3: Hoja de cálculo `Cola_Uniforme_M_1.xls` usando *Buscar objetivo* para calcular las métricas de estado estable del modelo Uniforme/M/1.

desde la firma pueden ir al registro con probabilidad 0.9 y a las salas de traumatología con probabilidad 0.1, etc. Es posible que todas las entidades que abandonan cierto nodo vayan al mismo sitio, como es el caso de las que salen de los nodos que corresponden al registro y a las salas de traumatología.

Asumiremos que todos los procesos de llegadas desde el exterior son independientes entre sí con tiempos entre llegadas exponenciales (cada proceso recibe el nombre de *proceso de Poisson* debido a que el número de entidades que llegan en algún periodo determinado de tiempo sigue una distribución de Poisson); en nuestra clínica tenemos sólo una fuente de llegadas desde el exterior y todas las entidades llegan al nodo de la firma. Asumiremos también que el tiempo de atención en cualquier nodo sigue una distribución exponencial, independientemente de cualquier otro y de los procesos de llegadas. Más aún, asumiremos que todas las colas tienen capacidad infinita. Finalmente, asumiremos que la utilización (también llamada *intensidad de tráfico*) ρ en cada nodo es estrictamente menor que 1, para que el sistema no explote en el largo plazo. Bajo estas suposiciones, esta red recibe el nombre de *red de Jackson* (desarrollada inicialmente en [23]), de la cual se tiene mucha información.

En nuestra clínica, el nodo de la firma es una cola $M/M/2$, cuya tasa de llegadas denotaremos por λ_{Firma} (los tiempos entre llegadas son exponenciales IID con esperanza $1/\lambda_{\text{Firma}}$) y debemos conocer su valor. Es de remarcar que, en estado estable, la salida de una estación $M/M/c$ es también un proceso de Poisson con la misma tasa del proceso de entrada, λ_{Firma} en este caso. En otras palabras, si observamos la salida de la estación de la firma, veremos el mismo comportamiento probabilístico que en la entrada de la estación. A continuación el flujo se ramifica hacia dos rutas diferentes y podemos asumir que cada entidad escoge (independientemente) su ruta de acuerdo con las probabilidades dadas; en este caso, puede ir a registro con probabilidad 0.9 o a las salas de traumatología con probabilidad 0.1. Se puede mostrar que los dos flujos son procesos de Poisson independientes (esto es llamado la *descomposición* de un proceso de Poisson) con tasas de $0.9\lambda_{\text{Firma}}$ para el registro y $0.1\lambda_{\text{Firma}}$ para las salas de traumatología. En consecuencia, la estación de registro puede analizarse como una cola $M/M/1$ con tasa de llegadas $0.9\lambda_{\text{Firma}}$ y las salas de traumatología pueden analizarse como una cola $M/M/2$ con tasa de llegadas $0.1\lambda_{\text{Firma}}$. Más aún, cada uno de los tres nodos discutidos hasta el momento (firma, registro y salas de traumatología) son probabilísticamente independientes entre sí.

Procediendo de manera similar con los otros nodos, podemos analizar todos los nodos de la red de la siguiente manera:

- Firma: $M/M/2$ con tasa de llegadas λ_{Firma}.

- Registro: $M/M/1$ con tasa de llegadas $0.9\lambda_{\text{Firma}}$.

- Salas de traumatología: $M/M/2$ con tasa de llegadas $0.1\lambda_{\text{Firma}}$.

- Salas de exámenes: $M/M/3$ con tasa de llegadas $0.9\lambda_{\text{Firma}}$.

- Salas de tratamientos: $M/M/2$ con tasa de llegadas

$$(0.9)(0.6)\lambda_{\text{Firma}} + 0.1\lambda_{\text{Firma}} = 0.64\lambda_{\text{Firma}}.$$

El proceso de llegadas a las salas de tratamientos es conocido como una *superposición* de dos procesos de Poisson independientes, en cuyo caso simplemente sumamos las tasas de los procesos iniciales para obtener la tasa del proceso resultante (y el proceso superpuesto es nuevamente un proceso de Poisson).

De esta manera, podemos utilizar las fórmulas del modelo $M/M/c$ (o el programa `mmc.exe`) de la sección 2.3 para encontrar los tamaños y tiempos promedio en cola y en el sistema, en estado estable, para cada nodo en particular.

Podemos proceder de manera similar para obtener las utilizaciones (intensidades de tráfico) en cada nodo por separado. Como ya conocemos la tasa de entrada para cada nodo, sólo necesitamos conocer la tasa de servicio de cada servidor individual (en el nodo), para poder calcular la correspondiente utilización del nodo. Por ejemplo, sea μ_{Examen} la tasa de servicio de cada uno de los tres servidores independientes en paralelo de las salas de exámenes. Entonces, la intensidad de tráfico "local" en las salas de exámenes es $\rho_{\text{Examen}} = 0.9\lambda_{\text{Firma}}/(3\mu_{\text{Examen}})$. En verdad, el cálculo de estas utilizaciones sigue siendo válido para cualquier distribución de los tiempos entre llegadas y cualquier distribución de los tiempos de atención (no sólo exponenciales), teniendo en cuenta que las *tasas* de llegadas y de atención se definen como el inverso de la esperanza de la VA que representa el tiempo entre llegadas y el inverso de la esperanza de la VA que representa el tiempo de atención, respectivamente.

Como ya mencionamos, aunque no es el caso de nuestro ejemplo de la clínica para tratamientos de urgencia, podrían haber más procesos de Poisson que generen llegadas directamente hacia cualquiera de los nodos; la tasa efectiva de entrada para un nodo en particular es la suma de las tasas de entrada de los procesos que llegan a dicho nodo. También podrían generarse algunos ciclos (rutas que empiezan y terminan en el mismo nodo), por ejemplo, luego de salir de una sala de tratamientos, podría suceder que sólo el 80% de los pacientes abandonen el sistema y el 20% restante regresarán nuevamente a alguna sala de tratamientos (probablemente para recibir un tratamiento adicional); en este caso, será necesario resolver un sistema de ecuaciones líneales para encontrar la tasa $\lambda_{\text{SalasDeTratamientos}}$. Sin embargo, para que nuestro análisis en esta sección

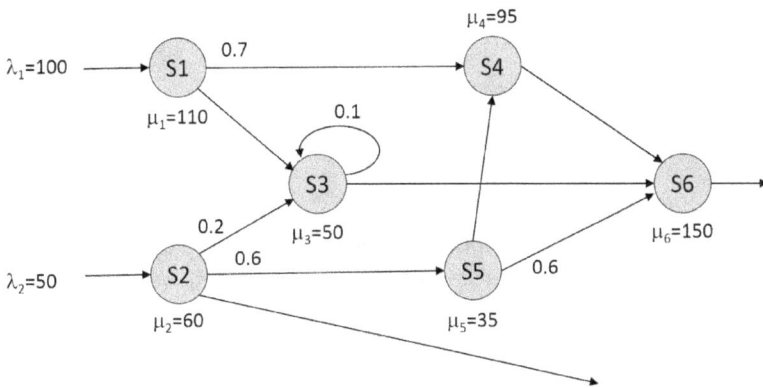

Figura 2.4: Ejemplo de red de colas. Se asume que $c = 1$ para todas las estaciones.

Tabla 2.1: Soluciones para las estaciones de la red de la figura 2.4.

	1	2	3	4	5	6
λ_i	100.00	50.00	44.44	82.00	30.00	140.00
μ_i	110.00	60.00	50.00	95.00	35.00	150.00
ρ_i	0.91	0.83	0.89	0.86	0.86	0.93
L_i	10.00	5.00	8.00	6.31	6.00	14.00
W_i	0.10	0.10	0.18	0.08	0.20	0.10

sea válido, necesitamos que la intensidad de tráfico "local" en cada nodo sea estrictamente menor que 1. A continuación se presenta un ejemplo de una red con estas características.

Considere la red de colas de la figura 2.4. Estamos interesados en determinar los valores de estado estable para el número de entidades en el sistema(L), el tiempo promedio que una entidad permanece en el sistema (W) y las intensidades de tráfico de los servidores (ρ_i). Para ello, primero se hallan las tasas de llegadas para cada servidor. Si la intensidad de tráfico de un servidor es estrictamente menor que 1, la tasa de salidas es exactamente la tasa de llegadas – por ahora asumiremos que éste es el caso para todos los servidores y lo verificaremos a medida que avanzamos. Las tasas de llegadas pueden calcularse como:

$$\lambda_1 = 100$$
$$\lambda_2 = 50$$
$$\lambda_3 = \left(\frac{1}{0.9}\right)(0.3\lambda_1 + 0.2\lambda_2)$$
$$\lambda_4 = 0.7\lambda_1 + 0.4\lambda_5$$
$$\lambda_5 = 0.6\lambda_2$$
$$\lambda_6 = \lambda_4 + 0.9\lambda_3 + 0.6\lambda_5$$

Dadas estas tasas de llegadas, las tasas de atención de la figura 2.4, y asumiendo que $c = 1$ para todos los servidores, podemos aplicar las fórmulas de la Sección 2.3 para encontrar L_i, W_i, y ρ_i para cada servidor i (ver la tabla 2.1). Como todas las intensidades de tráfico son estrictamente menores que 1 (suposición que hicimos para encontrar las tasas de llegadas), podemos encontrar el número promedio de entidades en el sistema, L y el tiempo promedio de permanencia en el sistema W, en esta red, como:

$$L = \sum_{i=1}^{6} L_i$$

$$W = \frac{L}{\lambda_1 + \lambda_2}$$

Como veremos más adelante, este tipo de análisis es muy útil para la verificación del modelo, aún si las suposiciones de la red de colas no se satisfacen para el sistema que pretendemos simular.

2.5 Teoría de Colas versus Simulación

Algo bueno de los resultados analíticos de la teoría de colas es que son exactos, es decir, no están sujetos a algún tipo de variación estadística (aunque en los casos en los que se utiliza algún método numérico para encontrar la solución, como en el modelo $G/M/1$ de la sección 2.3.4, podrían haber errores de aproximación). Como veremos pronto, los resultados de la simulación no son exactos y *sí* están asociados a una incertidumbre estadística, que *sí* necesitamos reconocer, medir y abordar apropiadamente.

Pero la teoría de colas también tiene sus desventajas, la mayoría de ellas giran alrededor de las suposiciones que debemos hacer para obtener fórmulas como las de la sección 2.3. En muchas situaciones de la vida real estas suposiciones simplemente no se cumplen y es difícil discernir qué impacto podrían tener sobre la validez de los resultados y, en consecuencia, sobre la validez del modelo. Asumir *tiempos de atención exponenciales* parece particularmente no realista en la mayoría de las situaciones, ya que la moda de la distribución exponencial es *cero* — digamos que usted debe pasar la inspección de seguridad en un aeropuerto, ¿cree usted que su tiempo de atención más probable esté cerca de cero? — y, como ya mencionamos, tales resultados son válidos sólo para métricas de desempeño de estado estable, por lo que no nos dan mucha información si estamos interesados en el desempeño del *corto plazo* (o de *horizonte finito* o *transitorio*). Por último, estas fórmulas no están disponibles para todas las distribuciones de los tiempos entre llegadas y de los tiempos de atención (recordemos la conveniencia matemática de la falta de memoria de la distribución exponencial), aunque ciertos métodos de aproximación pueden ser bastante precisos.

La simulación, por otro lado, puede trabajar fácilmente con marcos de tiempo de corto plazo (o de horizonte finito). A decir verdad, el estado estable es más difícil para la simulación, ya que debemos tener tiempos de corrida muy grandes y preocuparnos por el sesgo que inducen las condiciones iniciales de la corrida que son poco comunes en el estado estable. Cuando simulamos, podemos utilizar las distribuciones para los tiempos entre llegadas y para los tiempos de atención que parezcan ser las más apropiadas para ajustarse a los datos del sistema real que estamos estudiando (ver las secciones 6.1 y 6.2) y, en particular, no tenemos que asumir que *algo* tenga una distribución exponencial, a menos que pareciera ser así con los datos reales. De esta manera, sentimos que los modelos de simulación tienen mejores posibilidades de ser modelos más realistas y, en consecuencia, modelos más válidos de la realidad, sin mencionar que su estructura puede ir mucho más lejos que los modelos estándar de la teoría de colas, con grandes niveles de complejidad que dejan sin esperanza a cualquier tipo de análisis matemático exacto. La única desventaja que debemos tener en cuenta es que los resultados de la simulación son estimaciones estadísticas, por lo que deben analizarse usando las técnicas estadísticas adecuadas para obtener conclusiones precisas y justificadas; regresaremos a este punto más adelante en este libro. De hecho, la clínica para tratamientos de urgencia de la figura 2.1, discutida en este capítulo, será simulada (y analizada con las técnicas estadísticas adecuadas, por supuesto) usando Simio, bajo una marco más realista en el capítulo 9.

2.6 Problemas

1. En una cola $M/M/1$ con tiempo promedio entre llegadas de 1.25 minutos y tiempo promedio de atención de 1 minuto, encontrar las medidas W_q, W, L_q, L y ρ. Interprete con sus propias palabras cada una de ellas. Asegúrese de mencionar (¡siempre!) sus unidades y el marco de tiempo relevante de operación.

2. Repita el problema 1, pero asuma que los tiempos de atención no se distribuyen exponencialmente, sino uniformemente (continua) $a = 0.1$ y $b = 1.9$. Notar que la esperanza de esta distribución uniforme es $(a + b)/2 = 1$, igual al tiempo esperado de atención en el problema 1. Compare sus cinco resultados numéricos con los del problema 1 y explique intuitivamente los cambios obervados como respuesta al cambio en la *distribución* de los tiempos de atención (pero no en el *valor esperado* que permanece en 1). *Sugerencia*: En caso de que lo haya olvidado, o que todavía no lo haya encontrado en la web, la desviación estándar de la distribución uniforme (continua) entre a y b es $\sqrt{(b - a)^2/12}$ (es correcto, siempre se divide entre 12 independientemente de los valores particulares para a y b ... el cálculo simplemente funciona de esta manera).

3. Repita el problema 1, pero asuma que los tiempos de atención siguen una distribución triangular entre $a = 0.1$ y $b = 1.9$, con moda de $m = 1.0$. Compare sus cinco resultados con los de los problemas 1 y 2. *Sugerencia*: El valor esperado de una distribución triangular entre a y b, con moda m $(a < m < b)$, es $(a + m + b)/3$ y la desviación estándar es $\sqrt{(a^2 + m^2 + b^2 - am - ab - bm)/18}$ ... ¿cree usted que es tiempo de desempolvar su viejo libro de cálculo (o, por lo menos, afinar sus habilidades de búsqueda en la web)?

4. En cada uno de los problemas 1, 2 y 3, suponga que deseamos investigar qué sucedería si la tasa de llegadas se incrementara en pequeños saltos; pensando que una peluquería con un solo servidor desea incrementar su demanda utilizando propaganda o cupones de descuento. Utilice una hoja de cálculo o cualquier otro programa (en el caso que no lo haya hecho para resolver los problemas anteriores) y evalúe nuevamente las cinco medidas W_q, W, L_q, L y ρ, pero incrementando la tasa de llegadas en un 5% sobre su valor original, luego en un 15% sobre su valor original, luego 20% sobre su valor original y así sucesivamente hasta llegar a un 100% sobre su valor original (es decir, duplicando la tasa de llegadas). Construya una gráfica de cada una de las cinco métricas como función del porcentaje de incremento en la tasa de llegadas y discuta los resultados.

5. Repita el problema 1, pero ahora para una cola $M/M/3$ con tiempo promedio entre llegadas de 1.25 minutos y tiempo promedio de atención de 3 minutos en cada servidor. *Sugerencia*: Considere la utilización de una hoja de cálculo o de algún otro programa de cómputo o use `mmc.exe`.

6. En el problema 5, incremente la tasa de llegadas para los mismos porcentajes del problema 4 y evalúe nuevamente las cinco medidas W_q, W, L_q, L y ρ en cada paso. Si encuentra alguna dificultad en algún momento, ¿cuántos servidores (adicionales a los tres que ya existen) serían necesarios para arreglar el problema?

7. Muestre que la fórmula para L_q en la cola $M/M/c$ de la sección 2.3 incluye a la cola $M/M/1$ como caso particular.

8. Muestre que la fórmula para W_q en la cola $M/G/1$ de la sección 2.3 incluye a la cola $M/M/1$ como caso particular. *Sugerencia*: La desviación estándar de una distribución exponencial con esperanza β es β ... nuevamente, se puede comprobar por cálculo o búsqueda en la web (si no es aficionado a las matemáticas).

9. Encuentre las cinco métricas de desempeño de estado estable para una cola $M/D/1$, donde D denota a la "distribución determinística", es decir, la VA asociada (en este caso a los tiempos de atención) es una constante (algunas veces se le llama distribución *degenerada*). Establezca las condiciones que deben imponerse a los parámetros para que sus resultados sean válidos; utilice el mismo significado dado en este capítulo para λ, μ y ρ. Compare sus resultados con los que hubiera obtenido si D fuera reemplazada por una distribución con esperanza igual a la constante original D, sólo que podría tener alguna variabilidad.

10. Considere una cola $D/D/1$, donde D representa a la distribución determinística (o degenerada), ver el problema 9. Por supuesto que los tiempos entre llegadas no tienen que ser iguales a los tiempos de atención. Encuentre las cinco métricas de desempeño de estado estable y establezca las condiciones que deben imponerse a los parámetros para que sus resultados sean válidos; utilice el mismo significado dado en este capítulo para λ, μ y ρ. *Sugerencia*: Este caso no se ajusta a ninguno de los resultados de los modelos considerados en la sección 2.3 por lo que no debe molestarse en buscar una fórmula para reemplazar valores.

11. Muestre que la fórmula para L en la cola $G/M/1$ de la sección 2.3 incluye a la cola $M/M/1$ como un caso particular. No se requieren de aproximaciones numéricas, es decir, se puede demostrar analíticamente. *Sugerencia*: Recordar que z debe estar entre 0 y 1.

12. En la clínica para tratamientos de urgencia de la figura 2.1, suponga que los pacientes llegan del exterior hacia la clínica (viniendo desde la esquina superior izquierda de la figura y siempre hacia la estación de registro) con tiempos entre llegadas que se distribuyen exponencialmente con promedio de 6 minutos. El número de servidores individuales en cada estación, así como las probabilidades de ramificación, son como en la figura 2.1. Los tiempos de atención en cada nodo se distribuyen exponencialmente con promedios (todos en minutos) de 3 para el registro, 5 para la inspección, 90 para las salas de traumatología, 16 para las salas de exámenes y 15 para las salas de tratamientos. Para cada una de las cinco estaciones, calcule la intensidad de tráfico "local" $\rho_{Estacion}$. ¿Podrá "funcionar" esta clínica, es decir, será capaz de atender la carga de pacientes externos? ¿Por qué o por qué no? *Sugerencia*: A menos que le guste usar una calculadora, una hoja de cálculo o un programa podrían servir, o quizá el programa `mmc.exe`.

13. En el problema 12, para cada una de las cinco estaciones, calcule W_q, W, L_q, L y ρ e interprételas con sus propias palabras. ¿Todavía tomaría las mismas decisiones que en el problema 12 sobre dónde agregar recursos adicionales? ¿Por qué o por qué no? (Recuerde que los clientes son personas enfermas, algunas de ellas con serias dolencias, no piezas que se ensamblan en una planta). *Sugerencia*: A menos que a usted realmente, *realmente*, **realmente** le guste usar una calculadora, una hoja de cálculo o algún otro programa podrían ser *muy* útiles, o a lo mejor puede usar `mmc.exe`.

14. En los problemas 12 y 13 (sin las unidades adicionales de recursos) la tasa de llegadas era de diez por hora, que es lo mismo que decir que los tiempos entre llegadas tienen un promedio de 6 minutos. ¿Cuánto más podría aumentar esta tasa de llegadas para que la clínica pueda todavía "funcionar" (es decir, ser capaz de soportar la carga de pacientes externos), aún a duras penas? No haga más cálculos de los necesarios para resolver este

problema. Si le gustaría obtener una respuesta exacta, podría considerar el uso de un método para encontrar raíces y programarlo en su computadora (o de repente ya desarrolló el programa) o usar el complemento *Buscar objetivo* de Excel (si ya creó la hoja de cálculo).

15. En los problemas 12 y 13 (sin las unidades adicionales de recursos) ha habido un recorte de presupuesto y debemos eliminar uno de los diez servidores individuales de la clínica; sin embargo, debemos mantener al menos un servidor en cada estación. ¿Dónde se puede hacer este recorte causando el menor daño posible a la operación del sistema? ¿Podríamos eliminar dos servidores y esperar que el sistema todavía "funcione"? ¿Más de dos?

Capítulo 3

Tipos de Simulación

La simulación es un área muy amplia y diversa. Existen muchos tipos de simulaciones y enfoques para llevarlas a cabo. En este capítulo discutiremos algunos de estos enfoques e introduciremos una terminología apropiada.

En la sección 3.1 presentamos una clasificación de varios tipos de simulaciones considerando varias dimensiones, y luego en la sección 3.2 presentamos tres ejemplos de simulación estática estocástica (también llamada simulación de *Monte Carlo*). En la sección 3.3 se consideran dos tipos (manual y en hoja de cálculo) de simulaciones dinámicas sin utilizar un software (como Simio) especialmente diseñado para simulaciones dinámicas (ninguno de ellos es muy atractivo). A continuación, en la sección 3.4 se discuten las opciones de softwrae para realizar simulaciones dinámicas; en la sección 3.4.1 se describe brevemente cómo un lenguaje de propósito general como C++, Java y Matlab podrían utilizarse para conducir el tipo de lógica para simulaciones dinámicas ejecutadas manualmente como en la sección 3.3.1. Finalmente, la sección 3.4.2 describe brevemente las características de un software de simulación de propósito específico como Simio.

3.1 Clasificación de las Simulaciones

"Simulación" es una palabra maravillosa ya que abarca muchos diferentes tipos de metas, actividades y métodos. Pero esta amplitud puede a veces atribuirle al término "simulación" un significado vago, casi sin sentido. En esta sección esbozamos los diferentes tipos de simulación con respecto a la estructura del modelo y proporcionamos algunos ejemplos. Aunque hay otras maneras de clasificar las simulaciones, nos es conveniente considerar modelos *estáticos* versus modelos *dinámicos*; modelos de *cambio continuo* versus modelos de *cambio discreto* (sólo para modelos dinámicos) y modelos *determinísticos* versus modelos *estocásticos*. Nuestro enfoque en este libro será fundamentalmente en los modelos dinámicos, de cambio discreto y estocásticos.

3.1.1 Modelos Estáticos versus Modelos Dinámicos

Un modelo de simulación *estático* es uno en el cual el transcurso del tiempo no juega un papel activo o significativo en la operación y ejecución del modelo. Algunos ejemplos son el uso de generadores de números aleatorios para simular un juego de apuestas o una lotería o la estimación del valor de una integral o la inversa de una matriz o la evaluación de un estado de pérdidas y ganancias financieras. Mientras que puede existir alguna noción de tiempo en el modelo, a menos que su transcurso afecte la estructura u operación del modelo, el modelo sigue siendo estático; un ejemplo de este tipo de situación es la simulación del inventario de un solo periodo usando una hoja de cálculo, que presentaremos en la sección 3.2.3.

En un modelo de simulación *dinámica*, el transcurso del tiempo (simulado) es una parte esencial y explícita de la estructura y operación del modelo; es imposible construir o ejecutar el modelo sin representar el transcurso del tiempo simulado. Las simulaciones de los sistemas de espera son casi siempre dinámicas, ya que debe representarse el tiempo transcurrido para permitir la ocurrencia de ciertos eventos como llegadas de entidades y terminaciones de atenciones. Una simulación de inventarios podría ser dinámica si existe un vínculo lógico entre los cambios (de un periodo de tiempo al otro) que experimentan ciertos estados como podrían ser los niveles de inventario, las políticas de reorden o el movimiento de reposiciones. Un modelo de una cadena de suministro que incluye la transportación y la logística típicamente es un modelo dinámico, ya que necesitamos representar la llegada, movimiento y salida de las órdenes sobre el tiempo.

Un ingrediente clave de cualquier simulación dinámica es el *reloj* de la simulación, el cual es justamente la variable que representa el valor actual del tiempo simulado, éste se incrementa a medida que avanza la simulación y está disponible globalmente para todo el modelo. Por supuesto, debemos tener cuidado en ser consistentes con las unidades de tiempo en que está registrado el reloj de la simulación. En los software modernos de simulación, el reloj es una variable de *valor real* (o, en la terminología de cómputo, una variable de *punto flotante*) de manera que los instantes de tiempo en los que suceden las cosas se representan exactamente, o al menos tan exacto como lo permite la aritmética de punto flotante (que es *muy* exacta). Mencionamos estos detalles sólo porque algunos software antiguos de simulación y, desafortunadamente todavía algunos simuladores en uso de propósito específico para aplicaciones como el modelado de combates, requieren que el modelador seleccione un "pequeño" *intervalo de tiempo* (o *paso* o *incremento* de tiempo), digamos que de un minuto para los propósitos de nuestra discusión. El reloj de la simulación avanza y se detiene únicamente en estos intervalos de tiempo, donde evalúa la situación para investigar si ha sucedido algo que obligue a actualizar las variables del modelo, en nuestro ejemplo, minuto a minuto. Existen dos problemas con este enfoque. En primer lugar, se podría desperdiciar mucho tiempo de cómputo solamente inspeccionando minuto a minuto, para investigar si sucedió algo; si no sucedió nada, no se actualiza nada y se desperdicia el esfuerzo. En segundo lugar, si en realidad las cosas pueden suceder en *cualquier* instante del tiempo, esta manera de operar fuerza a que las cosas sucedan solamente al final de cada minuto, lo que introduce un error en el modelo por distorsión del tiempo. Ciertamente, esta distorsión puede reducirse escogiendo un intervalo de tiempo de un segundo o de un nanosegundo, pero esto simplemente ocasiona un problema con el tiempo de corrida. En consecuencia, los modelos de incrementos en el tiempo o de relojes con valores enteros, tienen serias desventajas, sin ventajas particulares para la mayoría de simulaciones.

Las simulaciones estáticas por lo general se pueden ejecutar en una hoja de cálculo, facilitadas por medio de algún complemento para simulaciones estáticas como @RISK o Crystal Ball (ver la sección 3.2) o por medio de lenguajes de propósito general como C++, Java o Matlab. Sin embargo, las simulaciones dinámicas por lo general requieren de software más poderosos, creados específicamente para ellas. En la sección 3.3.1 se ilustra la simulación dinámica de cambio discreto (que creemos es la más importante), de manera manual, utilizando una hoja de cálculo para registrar los datos y efectuar los cálculos (aunque no es ningún *modelo* de simulación por sí mismo). Como se verá en la sección 3.3.2, podemos simular un modelo de colas *muy* simple en una hoja de cálculo, pero no mucho más. Por muchos años se han utilizado lenguajes de propósito general para construir modelos de simulaciones dinámicas (y todavía, ocasionalmente, como parte de un modelo de simulación si se desea incorporar alguna lógica complicada o poco común) pero este enfoque es muy tedioso, incómodo, tardado y propenso a errores para los problemas grandes y complejos que a menudo se quieren simular. Este tipo de modelos realmente necesitan desarrollarse usando algún software para simulaciones dinámicas como Simio.

3.1.2   Modelos Dinámicos de Cambio Continuo versus de Cambio Discreto

En los modelos dinámicos existen por lo general *variables de estado* que en su conjunto, describen el estado del sistema simulado en cualquier instante (simulado) del tiempo. En un sistema de espera, estas variables pueden incluir las longitudes de las colas, los tiempos de llegada de los clientes a esas colas y el estado de los servidores (ocioso, ocupado o no disponible). En una simulación de inventarios algunas variables de estado pueden ser los niveles de inventario y las cantidades de producto ordenadas.

Si las variables de estado en un modelo de simulación pueden cambiar continuamente en el tiempo, se dice que el modelo tiene aspectos de *cambio continuo*. Por ejemplo, el nivel de agua en un tanque (una variable de estado) puede cambiar continuamente (es decir, con pequeños incrementos/disminuciones infinitesimales), y en cualquier punto continuo del tiempo, a medida que el agua entra y sale del tanque. A menudo, estos modelos se describen por ecuaciones diferenciales, luego de especificar las tasas de cambio de los estados en el tiempo, quizá dependientes del nivel del mismo estado o de los niveles o tasas de otros estados. Algunas veces, ciertos fenómenos que realmente son discretos, como el flujo de tráfico de vehículos individuales, se aproximan por modelos de cambio continuo, en este caso, tratando el tráfico como un fluido. Otro ejemplo de estados que son discretos en el sentido estricto, pero que se modelan como continuos, son las famosas *ecuaciones diferenciales de combate de Lanchester*. En las ecuaciones de Lanchester, $x(t)$ y $y(t)$ denotan los tamaños (o *niveles*) de las fuerzas opositoras (por ejemplo, el número de soldados) en el instante t de un combate. Existen muchas versiones y variaciones de las ecuaciones de Lanchester, pero una de las más sencillas es el llamado modelo *moderno* (o *objetivo fuego*), donde cada lado está atacando al otro y la *tasa* de desgaste (una derivada con respecto del tiempo) de cada lado en un instante particular del tiempo es proporcional al tamaño (nivel) del bando opositor en dicho instante:

$$\frac{dx(t)}{dt} = -ay(t)$$

$$\frac{dy(t)}{dt} = -bx(t)$$

(3.1)

donde a y b son constantes positivas. La primera ecuación en (3.1) dice que la tasa de cambio de la fuerza x es proporcional al tamaño de la fuerza y, donde a mide la efectividad (letalidad) de la fuerza y — la fuerza y es más letal a medida que a es más grande, en cuyo caso la fuerza x se desgasta más rápido —. Por supuesto, la segunda ecuación en (3.1) dice que lo mismo ocurre para el desgaste simultáneo de la fuerza y, donde la constante b representa la letalidad de la fuerza x. En la forma presentada, estas ecuaciones de Lanchester pueden resolverse analíticamente, por lo que la simulación no es necesaria, pero algunas versiones más elaboradas podrían no tener solución analítica, en cuyo caso la simulación sería requerida.

Si las variables de estado sólo pueden cambiar en instantes discretos, separados en el tiempo, el modelo dinámico es llamado de *cambio discreto*. La mayoría de los modelos de simulación son de este tipo, ya que las variables de estado, como las longitudes de las colas o los descriptores del estado de los servidores, pueden cambiar sólo *en* los instantes en que ocurren eventos discretos como la llegada de un cliente, la terminación de una atención, la falla o interrupción de un servidor, etc. En los modelos de cambio discreto, el tiempo simulado ocurre sólo en los instantes de ocurrencia de estos eventos discretos — ni siquiera observamos lo que ocurre entre eventos sucesivos (porque nada está sucediendo) —. Por esta razón, el reloj de la simulación salta desde el instante de ocurrencia de un evento hacia el instante de ocurrencia del siguiente y, en cada uno de estos puntos el modelo de simulación debe evaluar lo que está sucediendo y qué cambios experimentan las variables de estado (y otros tipos de variables como las que describimos en la sección 3.3.1, calendarios de eventos y registros estadísticos).

3.1.3 Modelos Determinísticos versus Modelos Estocásticos

Si todos los valores de entrada que gobiernan un modelo de simulación son constantes (fijas, no aleatorias), decimos que el modelo es *determinístico*. Por ejemplo, una línea de manufactura representada por un sistema de espera, con tiempos de atención fijos para cada parte y tiempos entre llegadas de partes fijos (sin fallas u otro tipo de eventos aleatorios), sería determinístico. En una simulación determinística, obtendremos obviamente el mismo resultado en corridas repetidas del modelo, a menos que decidamos cambiar alguna de las constantes de entrada.

Un modelo como éste le puede parecer algo descabellado, y a nosotros también. La mayoría de los modelos son *estocásticos*, donde al menos algunos de los valores de entrada no son constantes fijas, sino más bien *ocurrencias* aleatorias (o *muestras* aleatorias o *realizaciones* aleatorias) de distribuciones de probabilidad que, en la línea de manufactura, caracterizan la variabilidad de los tiempos entre llegadas y de los tiempos de atención. La especificación de estos procesos y distribuciones de probabilidad de entrada es parte de la construcción del modelo y será discutida en el capítulo 6, donde también cubriremos la generación, durante la simulación, de estas muestras aleatorias de distribuciones de probabilidad. Como un modelo estocástico está gobernado, en sus raíces, por algún tipo de generador de números aleatorios, una sola corrida del modelo le dará una sola muestra de lo que *podría* suceder con la salida — así como cuando observa la línea de producción real (no simulada) por un día y registra la producción de *ese* día o, como cuando lanza un dado una vez y observa que obtuvo 4 en *esa* tirada —. Claramente, usted nunca concluirá, de la observación de esa única corrida de producción de la línea, que lo que ocurrió en ese día particular ocurrirá todos los días, o que el 4 que usted obtuvo en una única tirada del dado significa que todas las caras del dado tienen también el 4. En consecuencia, nos gustaría correr la línea de producción, o tirar el dado, muchas veces para aprender del comportamiento de los resultados (e.g., qué tan probable es que la línea de producción alcance una meta, o si el dado está cargado o no). Similarmente, necesitamos correr un modelo de simulación muchas veces (o, dependiendo de nuestro objetivo, correr el modelo de simulación una sola vez, pero por un periodo de tiempo muy largo) para aprender sobre el comportamiento de sus resultados (e.g. ¿qué valor tienen la media, la desviación estándar y el rango de una medida de desempeño importante?), tema que discutiremos en los capítulos 4 y 5.

Esta aleatoriedad o incertidumbre en la salida de las simulaciones estocáticas puede parecer una molestia, y podríamos estar tentados a eliminarla al reemplazar las distribuciones de entrada por sus promedios, lo que no es una idea poco razonable, a veces llamada *análisis de valor medio*. De esta manera la salida de la simulación ya no es incierta, pero también es cierto que estará equivocada. La incertidumbre es parte de nuestra realidad, incluyendo la incertidumbre en las medidas de desempeño. Más aún, la variabilidad de las entradas del modelo tienen también impacto en las *medias* de las métricas de salida. Por ejemplo, consideremos una cola con un servidor, con tiempos entre llegadas exponenciales con promedio de un minuto, y tiempos de atención exponenciales con promedio de 0.9 minutos. Por teoría de colas (ver el capítulo 2), sabemos que en estado estable (en el largo plazo), el tiempo promedio de espera antes de recibir atención es de 8.1 minutos. Sin embargo, si reemplazamos los tiempos entre llegadas y los tiempos de atención exponenciales por sus promedios (exactamente 1 minuto y 0.9 minutos, respectivamente), es obvio que ningún cliente tendría que esperar, es decir, el tiemo promedio de espera antes de recibir atención sería de 0 (no 8.1 minutos). Intuitivamente, la variabilidad de los tiempos entre llegadas y de los tiempos de atención es la que origina la posibilidad de muchos pequeños tiempos entre llegadas seguidos, o muchos tiempos de atención grandes seguidos (o quizá sólo uno), generando congestión y la posibilidad de que los clientes experimenten largas esperas. Éste es uno de los puntos que Sam Savage remarca en su libro *The Flaw of Averages: Why We Underestimate Risk in the Face of Uncertainty* [55].

Quienes empiezan a utilizar software de simulación pueden quedar sorprendidos de que al correr un modelo de simulación por segunda vez pueden obtener los mismos resultados numéricos. Si el modelo está usando un generador de números aleatorios, podríamos pensar que no debería suceder. Sin embargo, como veremos en el capítulo 6, la mayoría de generadores de números aleatorios no son realmente aleatorios y producen siempre la misma secuencia de números "aleatorios". Lo que necesitamos hacer es *repetir* el modelo muchas veces dentro de la *misma* ejecución, lo que ocasiona que sigamos avanzando en la secuencia fija de números aleatorios de una repetición a otra. De esta manera, produciremos diferentes salidas (aleatorias) para cada repetición y obtendremos información importante sobre la incertidumbre de nuestros resultados. El hecho de poder reproducir la secuencia de números aleatorios que gobierna la simulación es en verdad deseable, para depurar y para mejorar la precisión de las salidas por medio de *técnicas de reducción de varianza* que se discuten en libros conocidos de simulación como [3] y [34].

3.2 Simulaciones Estáticas Estocásticas (Monte Carlo)

Las aplicaciones más tempranas de la simulación estocástica por computadora aparecen en modelos de sistemas en los que no se simula el paso del tiempo, por lo que no se considera esta dimensión. Estos modelos son llamados *de Monte Carlo*, o *estáticos de Monte Carlo*, en homenaje al paraíso (o purgatorio, dependiendo de su opinión sobre el juego y los casinos) mediterráneo del juego. En esta sección discutiremos tres modelos simples de este tipo. El primero (Modelo 3-1) es la suma obtenida luego de lanzar dos dados. El segundo (Modelo 3-2) consiste en usar este tipo de simulación para estimar el valor de una integral que es analíticamente intratable. El tercero (Modelo 3-3) es el modelo de un problema clásico de inventarios de un sólo periodo para un producto perecible.

A propósito, a lo largo de este libro, "Modelo x-y" hace referencia al y-ésimo modelo del capítulo x. Los archivos correspondientes de la sección para estudiantes del sitio web del libro, descrito en el Prefacio, serán llamados `Modelo_x_y.algo`, donde tanto x como y incluyen un cero a la izquierda si fuera necesario para tener dos dígitos (prometemos no tener más de 99 capítulos o más de 99 modelos en cada capítulo); y `algo` será la extensión apropiada del archivo, como `xls` para los archivos de Excel de este capítulo y `spfx` para los archivos de proyectos de Simio que usaremos en capítulos posteriores. De esta manera, el Modelo 3-1, que estamos por discutir, está acompañado del archivo `Modelo_03_01.xls`.

Para los ejemplos de esta sección usaremos Microsoft Excel®, por su disponibilidad y familiaridad, pero este tipo de simulaciones puede programarse fácilmen-te en lenguajes de programación como C++, Java, o Matlab.

3.2.1 Modelo 3-1: Lanzamiento de dos dados

Si lanzamos dos dados bien balanceados, y sumamos los resultados de sus caras superiores, cada dado tiene probabilidad $1/6$ de producir cada uno de los enteros $1, 2, \ldots, 6$, por lo que la suma será alguno de los enteros $2, 3, \ldots, 12$. El problema de encontrar la distribución de probabilidades de esta suma es sencillo, y puede encontrarse resuelto en libros elementales sobre probabilidad, por lo que, en verdad, no es necesario simular este juego, pero lo haremos para ilustrar la idea de la simulación estática de Monte Carlo.

En `Modelo_03_01.xls` (ver la figura 3.1) proporcionamos una simulación de este juego en

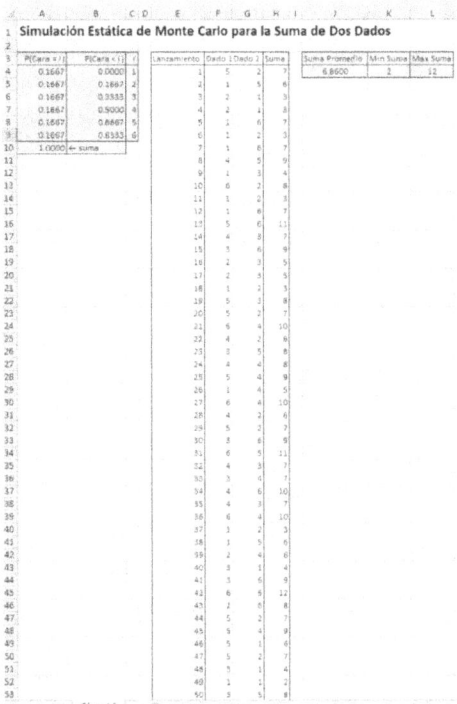

Figura 3.1: Simulación estática de Monte Carlo para la suma luego de lanzar dos dados, usando la hoja de cálculo `Modelo_03_01.xls`.

Excel, simulando 50 lanzamientos del par de dados, obteniendo 50 valores para la suma. Los posibles valores para los dados están en las celdas C4..C9, las probabilidades para cada valor están en las celdas A4..A9, y las correspondientes probabilidades de que el dado muestre un valor estrictamente menor están en las celdas B4..B9 (como veremos en un momento, es conveniente tener estas probabilidades de valores estrictamente menores en las celdas B4..B9 para simular los lanzamientos de cada dado). El número del lanzamiento está en la columna E, los resultados para cada dado están en las columnas F y G, y la correspondiente suma en la columna H. En las celdas J4..L4 se muestran algunas estadísticas básicas para estas 50 sumas. Si abre la hoja de cálculo `Modelo_03_01.xls` (que esperamos así lo haga), notará que los resultados son diferentes a los de la figura 3.1, debido a que la generación de números aleatorios en Excel (a discutir en el siguiente párrafo) es *volátil*, esto significa que produce "nuevos" números aleatorios cuando se re-calcula la hoja de cálculo (lo que ocurre cuando se abre el archivo).

La clave de esta simulación es la generación, o "simulación" de los resultados de los dados en las celdas F4..G53; lo que explicaremos en dos pasos. El primer paso es notar que Excel dispone de un *generador de números aleatorios*, `ALEATORIO()` en la versión en español (se requieren los paréntesis, pero sin nada dentro de ellos), esta función genera valores que pueden asumirse como observaciones independientes de una distribución uniforme entre 0 y 1. Decimos "asumirse como" debido a que, por supuesto que el algoritmo no puede generar una aleatoriedad "verdadera", aunque las observaciones sí "parecen" (en el sentido de pasar las pruebas estadísticas) estar distribuidas uniformemente entre 0 y 1, y parecen ser independientes. Estos valores son llamados números *pseudoaleatorios*, término curioso, por lo que sólo los llamaremos *números aleatorios*. En el capítulo 6 trataremos sobre el funcionamiento de estos generadores de números aleatorios, y por el momento sólo decimos que han sido desarrollados a través de investigación con sólidos fundamentos matemáticos. Aunque el método utilizado por Excel ha sido sujeto de críticas, será suficiente para el propósito demostrativo de este ejemplo, aunque estaríamos más confiados usando un mejor generador de números aleatorios, como el que proporciona Palisade Corporation a través del complemento @RISK® (`www.palisade.com`) para Excel, o como el que proporciona un simulador muy versátil como Simio.

Como segundo paso, se transforma una observación U de `ALEATORIO()`, distribuida uniformemente en $[0, 1]$, en uno de los enteros $1, 2, \ldots, 6$, cada uno con probabilidad $1/6$, asumiendo que el dado no está cargado. Aunque los conceptos para generar observaciones de variables aleatorias (llamadas *random variates* en la literatura en inglés) se discuten en el capítulo 6, utilizaremos un método intuitivo y fácil. Si dividimos el intervalo $[0, 1]$ en seis intervalos contiguos, cada uno de ancho $1/6$: $[0, 1/6), [1/6, 2/6), \ldots, [5/6, 1]$; teniendo en cuenta que U es uniforme en $[0, 1]$, caerá en cada uno de estos subintervalos con probabilidad $1/6$, por lo que generamos un valor de 1 si el número aleatorio cae en el primer subintervalo, o un valor de 2 si éste cae en el segundo subintervalo, y así sucesivamente. Este procedimiento se implementa con las fórmulas de las celdas F4..G53 (es la misma para todas las celdas),

$$= \texttt{BUSCARV(ALEATORIO(), \$B\$4:\$C\$9, 2, VERDADERO)}.$$

La función `BUSCARV` de Excel, con su último argumento en `VERDADERO`, regresa el valor de la segunda columna (lo que indica el tercer argumento 2) del rango de celdas B4..C9 (el segundo argumento) en la fila correspondiente de los valores de la primera columna de B4..C9 en que cae `ALEATORIO()` (el primer argumento). Los `$` en `$B$4:$C$9` sirven para permitir que estas celdas permanezcan fijas cuando se copia la fórmula en las columnas F y G. De esta manera, regresamos C4 (que es 1) si `ALEATORIO()` está entre B4 y B5, i.e. entre 0 y 0.1667, que es nuestro primer subintervalo de ancho (aproximadamente) $1/6$, como deseamos. Si `ALEATORIO()` no cae en este primer subintervalo, `BUSCARV` va al segundo subintervalo, entre B5 y B6, es decir, entre 0.1667 and 0.3333, y regresa C5 (que es 2) se `ALEATORIO()` está entre estos dos valores, lo que ocurre con probabilidad $0.3333 - 0.1667 = 1/6$ (aproximadamente). El proceso continúa hasta llegar al último subintervalo si es necesario (i.e., si `ALEATORIO()` está entre 0.8333 y 1, con ancho de aproximadamente $1/6$), en cuyo caso obtenemos C9 (que es 6). Para mayor información sobre la función `BUSCARV` se puede consultar la ayuda de Excel.

Las estadísticas del resumen reportado en J4..L4 son razonables, ya que sabemos que la suma está entre 2 y 12, y que la verdadera suma esperada es de 7. Debido a que la función `ALEATORIO()` es volátil, cada instancia se regenera cada vez que se re-calcula la hoja de cálculo, lo que puede forzarse presionando F9 (también hay otras maneras de forzar el ré-cálculo). Se sugiere probar este re-cálculo y notar cómo los valores de los dados cambian, así como la suma promedio reportada en J4 (ocasionalmente también la suma mínima o la máxima reportadas en K4 y L4).

Estas ideas se pueden extender a cualquier distribución discreta que toma un número finito de valores (en nuestro ejemplo son seis valores), y para probabilidades diferentes (por ejemplo, para dados "cargados", que no tienen iguales probabilidades para las seis caras). El problema 1 presenta extensiones de esta simulación del lanzamiento de dados.

3.2.2 Modelo 3-2: Integración de Monte Carlo

Supongamos que desea evaluar el valor numérico de una integral $\int_a^b h(x)dx$ (para $a < b$), que es el área bajo $h(x)$ entre a y b, pero suponga que, debido a su forma, es difícil (o imposible) encontrar la anti-derivada de $h(x)$ para encontrar el valor exacto de la integral. Por simplicidad asumimos que $h(x) \geq 0$ para todo x, aunque no es necesario para que nuestro procedimiento funcione. El método clásico de integración *numérica* consiste en dividir el intervalo $[a, b]$ en pequeños subintervalos del mismo ancho, para luego aproximar el área bajo $h(x)$ en cada subintervalo, usando como aproximación rectángulos, trapezoides, u otras fórmulas, y finalmente sumar estas aproximaciones. A medida que el ancho de los subintervalos se hace más pequeño, este método numérico aproxima con mayor precisión el verdadero valor de la integral. Sin embargo, también es posible diseñar una simulación estática de Monte Carlo para obtener una *estimación estadística* para el valor numérico de esta integral.

Con este objetivo, primero generamos el valor de una variable aleatoria X distribuida uniformemente entre a y b. Aunque en el capítulo 6 recién discutiremos los métodos para generar valores de variables aleatorias, en este ejemplo lo haremos de manera intuitiva. Como $U =$ `ALEATORIO()` se distribuye uniformemente entre 0 y 1, si "escalamos" el rango de U multiplicándolo por $(b - a)$, no crearemos una distorsión de la uniformidad de esta distribución, de manera que el nuevo rango se distribuirá uniformemente entre 0 and $(b - a)$. Si ahora agregamos el valor a, el nuevo rango se habrá trasladado a $[a, b]$, con ancho de $(b - a)$, como deseábamos, y todavía estará uniformemente distribuido (si $a > 0$ decimos que es un "traslado hacia la derecha", y si $a < 0$, sería un "traslado hacia la izquierda").

A continuación consideramos $Y = (b - a)h(X)$, donde X es uniforme en $[a, b]$. Si h fuera una función constante, para cualquier valor generado de X, Y sería exactamente igual al área bajo h entre a y b (es decir, $\int_a^b h(x)dx$), ya que sería el área del rectángulo correspondiente. Como sabemos que h no es necesariamente constante, generamos (o *simulamos*) un número grande de valores independientes para X, calculamos $Y = (b-a)h(X)$ (el área del rectángulo de ancho $(b - a)$ y altura $h(X)$) para cada valor, y luego promediamos todos estos valores para Y. Podemos imaginar que algunas de estas áreas retangulares (valores para Y) serán más grandes que el área deseada $\int_a^b h(x)dx$, mientras que otras serán más pequeñas, y quizá el promedio será una buena aproximación. En verdad, se puede probar usando conceptos básicos de probabilidad, y la definición de *valor esperado* de variables aleatorias, que el valor esperado de Y, denotado $E(Y)$ es igual a $\int_a^b h(x)dx$; ver las sugerencias del problema 3 para probar este resultado.

Como ejemplo de prueba, sea $h(x)$ funcion de densidad de una variable aleatoria distribuida normalmente con media μ y desviación estándar $\sigma > 0$, denotada $\phi_{\mu,\sigma}(x)$, y dada por

$$\phi_{\mu,\sigma}(x) = \frac{1}{\sigma\sqrt{2\pi}} e^{-\frac{(x-\mu)^2}{2\sigma^2}}$$

para cualquier valor real x. No existe una expresión analítica para la anti-derivada of $\phi_{\mu,\sigma}(x)$ (que es el porqué algunos libros antiguos de Estadística tenían las tablas de probabilidades de la distribución normal en sus páginas finales), por lo que este ejemplo servirá como una buena prueba para la integración de Monte-Carlo, y podemos obtener aproximaciones precisas para los valores de estas antiguas tablas (o para aproximaciones más modernas, como las de la función `DISTR.NORM` de Excel). Por ejemplo, tomemos $\mu = 5.8$, $\sigma = 2.3$, $a = 4.5$, y $b = 6.7$. En `Modelo_03_02.xls` (ver la figura 3.2) proporcionamos la simulación en Excel para este ejemplo, donde simulamos 50 valores para X (denotados X_i para $i = 1, 2, \ldots, 50$), distribuidos uniformemente entre $a = 4.5$ y $b = 6.7$ (columna E), que proporcionan 50 valores para $(6.7 - 4.5)\phi_{5.8,2.3}(X_i)$ en la columna F; hemos usado la función `DISTR.NORM` para evaluar la densidad $\phi_{5.8,2.3}(X_i)$ en la columna F. Le sugerimos examinar las fórmulas de las columnas E y F para asegurarse de entenderlas. El promedio de los 50 valores de la columna F está en la celda H4, y en la celda I4 está el valor exacto del integral usando nuevamente la función `DISTR.NORMD`. Presione la tecla F9 varias veces para apreciar la aleatoriedad de los resultados simulados.

Actualmente la simulación de Monte Carlo casi no se usa para la evaluación de integrales uni-dimensionales como ésta, debido a que los métodos numéricos no estocásticos como el mencionando anteriormente son más eficientes y precisos; sin embargo, la integración de Monte Carlo

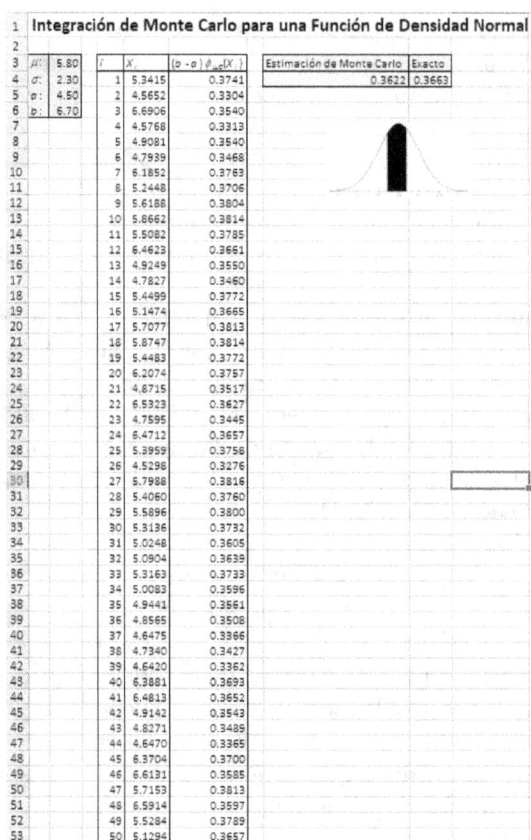

Integración de Monte Carlo para una Función de Densidad Normal

μ:	5.80			
σ:	2.30			
a:	4.50			
b:	6.70			

Estimación de Monte Carlo	Exacto
0.3622	0.3663

i	X_i	$(b-a)\phi_{\mu,\sigma}(X_i)$
1	5.3415	0.3741
2	4.5652	0.3304
3	6.6906	0.3540
4	4.5768	0.3313
5	4.9081	0.3540
6	4.7939	0.3468
7	6.1852	0.3763
8	5.2448	0.3706
9	5.6188	0.3804
10	5.8662	0.3814
11	5.5082	0.3785
12	6.4623	0.3661
13	4.9249	0.3550
14	4.7827	0.3460
15	5.4499	0.3772
16	5.1474	0.3665
17	5.7077	0.3813
18	5.8747	0.3814
19	5.4483	0.3772
20	6.2074	0.3757
21	4.8715	0.3517
22	6.5323	0.3627
23	4.7595	0.3445
24	6.4712	0.3657
25	5.3959	0.3758
26	4.5298	0.3276
27	5.7988	0.3816
28	5.4060	0.3760
29	5.5896	0.3800
30	5.3136	0.3732
31	5.0248	0.3605
32	5.0904	0.3639
33	5.3163	0.3733
34	5.0083	0.3596
35	4.9441	0.3561
36	4.8565	0.3508
37	4.6475	0.3366
38	4.7340	0.3427
39	4.6420	0.3362
40	6.3881	0.3693
41	6.4813	0.3652
42	4.9142	0.3543
43	4.8271	0.3489
44	4.6470	0.3365
45	6.3704	0.3700
46	6.6131	0.3585
47	5.7153	0.3813
48	6.5914	0.3597
49	5.5284	0.3789
50	5.1294	0.3657

Figura 3.2: Integración de Monte Carlo para la función de densidad normal usando `Modelo_03_02.xls`.

sí se utiliza para estimar integrales en dimensiones grandes, y sobre dominios de integración de formas irregulares. Para análisis y extensiones de este ejemplo de integración de Monte Carlo, ver los problemas 3 y 4.

3.2.3 Modelo 3-3: Ganancias por Inventarios de un Solo Periodo

El equipo de su barrio acaba de ganar el campeonato y, como propietario de varias tiendas de artículos deportivos en la ciudad, usted debe decidir cuántas gorras con el logo del equipo debe ordenar. Con base en experiencias pasadas, su mejor estimado de la demanda D para el siguiente mes (el periodo pico) estará entre $a = 1000$ y $b = 5000$ gorras. Como esto es lo más que usted puede decir de la demanda, usted asume una distribución uniforme; debido a que el número de gorras es una variable discreta, se deduce que el vender cualquier número de gorras en $a = 1000, 1001, 1002, \ldots, 5000 = b$ es un evento con probabilidad $1/(b+1-a) = 1/(5000 + 1 - 1000) = 1/4001 \approx 0.000249938$. Su proveedor le venderá las gorras en el precio unitario al por mayor de $w = \$11.00$ y durante el periodo pico usted las venderá en el precio al por menor de $r = \$16.95$. Si usted vende todas las gorras durante el periodo pico, no tiene oportunidad de re-ordenar, por lo que usted simplemente perderá cualquier demanda adicional (y la ganancia correspondiente) que hubiera aprovechado con un tamaño de orden más grande. Por otro lado, si usted todavía tiene gorras no vendidas al final del periodo pico, las podrá rematar al precio de $c = \$6.95$ incurriendo en la pérdida correspondiente; asuma que usted venderá todas las gorras restantes en dicho precio de remate ¿Cuántas gorras h deberá usted ordenar para maximizar su ganancia esperada?

Cada gorra que usted venda durante el periodo pico proporciona un beneficio de $r - w = \$16.95 - \$11.00 = \$5.95$, por lo que a usted le gustaría ordenar suficiente para satisfacer toda la demanda del periodo pico. Pero por cada gorra que usted *no* venda durante el periodo pico, usted pierde $w - c = \$11.00 - \$6.95 = \$4.05$, y es por ello que a usted tampoco le gustaría ordenar demasiado e incurrir en este riesgo de pérdida. A usted le gustaría esperar hasta que ocurra la demanda y ordenar exactamente el número de gorras demandadas, pero los clientes no esperan, y la producción tiene una demora, por lo que usted debe ordenar antes de la ocurrencia de la demanda. Éste es un problema clásico del análisis de inventarios perecibles, conocido con el nombre de *problema del voceador*, pensando en los periódicos *impresos* (si todavía existen cuando usted esté leyendo este libro), en lugar de gorras, que prácticamente no tienen valor al final del día. Este problema tiene otras aplicaciones como la venta de comestibles frescos, tiendas de jardinería o incluso bancos de sangre. Se han desarrollado soluciones analíticas para ciertos casos especiales, pero nosotros desarrollaremos un modelo válido (y sencillo) de simulación en una hoja de cálculo que puede adaptarse fácilmente a diferentes situaciones.

En primer lugar, necesitamos desarrollar una fórmula para las ganancias, expresada en función de $h = $ el número de gorras que ordenaríamos al proveedor. D es la demanda pico y es una variable aleatoria discreta que sigue una distribución unifome en los enteros $\{a = 1000, 1001, 1002, \ldots, b = 5000\}$. El número de gorras vendidas en el precio al por menor de $r = \$16.95$ será $\min(D, h)$, y el número de gorras vendidas luego de la temporada pico en el precio de remate de $c = \$6.95$ será $\max(h - D, 0)$. Para verificar estas fórmulas, pruebe algunos valores de h y D, tanto para $D \geq h$, cuando se le acaban las gorras, como para $D < h$, cuando se quedan algunas gorras sin vender que tendrán que rematarse luego del periodo de demanda pico. La ganancia $Z(h)$ es (ingreso total) – (costo total):

$$Z(h) \quad = \quad \underbrace{r \min(D, h)}_{\text{Ingreso en el periodo pico}} \quad + \quad \underbrace{c \max(h - D, 0)}_{\text{Ingreso por la oferta}} \quad - \quad \underbrace{wh}_{\text{Costo total}} \quad . \tag{3.2}$$

$$\underbrace{}_{\text{Ingreso total}}$$

Notar que la ganancia es por sí misma una variable aleatoria, ya que contiene a la variable aleatoria D como parte de su definición; también depende del número h de gorras ordenadas, que está incluida en su notación.

Antes de ir a la hoja de cálculo, hay un detalle más que debemos discutir — cómo generar (o "simular") observaciones de la variable aleatoria D que representa la demanda —. Nuevamente usaremos el generador de números aleatorios, `ALEATORIO()` para generar observaciones independientes de una distribución continua uniforme entre 0 y 1, como en la sección 3.2.1. Dados dos números enteros a y b con $a < b$ (en nuestro ejemplo, $a = 1000$ y $b = 5000$), ¿cómo transformamos un número aleatorio U uniformemente distribuido entre 0 y 1 en una observación de una variable aleatoria discreta uniformemente distribuida sobre los enteros $\{a, a+1, \ldots, b\}$? En el capítulo 6 discutiremos este tema, pero por ahora confiaremos en nuestra intuición. En primer lugar, $a + (b + 1 - a)U$ se distribuirá continua e uniformemente entre a y $b+1$ (reemplazar los valores extremos $U = 0$ y $U = 1$ para confirmar el rango) y como ésta es una simple transformación lineal, debería preservarse la uniformidad. Tome ahora el valor truncado, es decir, el entero inferior, función que a veces es llamada la *parte entera* y se denota $\lfloor \cdot \rfloor$, para obtener

$$D = \lfloor a + (b + 1 - a)U \rfloor. \tag{3.3}$$

Éste será un entero entre a y b, incluyendo los dos extremos (obtendríamos $D = b + 1$ sólo si $U = 1$, que es un evento con probabilidad cero y lo podemos ignorar). La probabilidad de que D

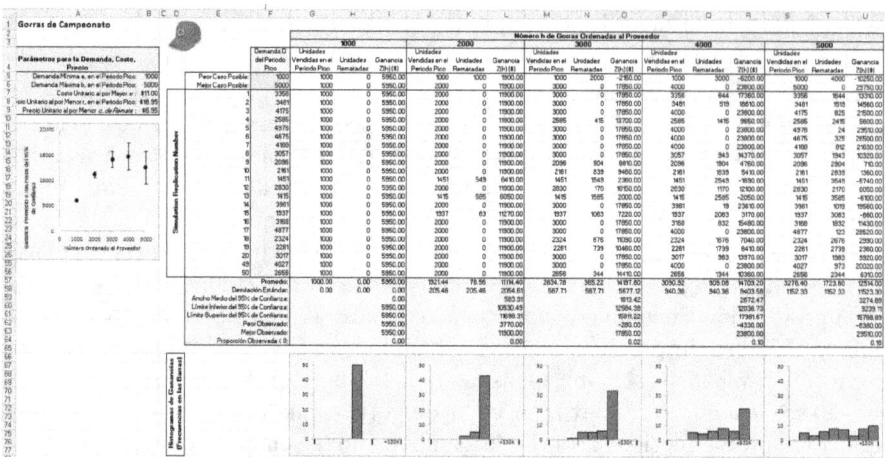

Figura 3.3: Simulación en hoja de cálculo de los inventarios de un solo periodo usando sólo funciones de Excel (primera hoja del archivo `Modelo_03_03.xls`).

sea igual a cualquiera de estos enteros, digamos i, es la probabilidad de que $i \leq a+(b+1-a)U < i+1$, que luego de algo de álgebra resulta

$$\frac{i-a}{b+1-a} \leq U < \frac{i+1-a}{b+1-a}. \tag{3.4}$$

Notar que los dos extremos de la desigualdad están en el intervalo $[0,1]$. Como U es continua y uniformemente distribuida entre 0 y 1, la probabilidad del evento definido en (3.4) es justamente el ancho del subintervalo,

$$\frac{i+1-a}{b+1-a} - \frac{i-a}{b+1-a} = \frac{1}{b+1-a} = \frac{1}{5000+1-1000} = \frac{1}{4001} \approx 0.000249938,$$

exactamente como queríamos. Excel tiene la función parte entera bajo el nombre `ENTERO` y, en consecuencia, la fórmula en Excel para generar una observación de la demanda pico D definida en (3.3) es

$$= \texttt{ENTERO}(a + (b + 1 - a)*\texttt{ALEATORIO}()), \tag{3.5}$$

donde las letras a y b serán reemplazadas por la referencia absoluta a las celdas que contienen sus valores numéricos (absoluta porque estaremos copiando esta fórmula hacia abajo en la misma columna).

La primera hoja (ver nombres al final de la hoja) del archivo `Modelo_03_03.x` `ls` contiene nuestra simulación utilizando sólo las herramientas de Excel. La figura 3.3 muestra la mayor parte de la hoja de cálculo (para ahorrar espacio se ocultaron las filas 27-54 y no se muestran los valores correspondientes a las tablas de distribuciones de frecuencias al final de la hoja), pero es mejor si usted mismo abre el archivo Excel y lo inspecciona mientras lee, prestando particular atención a las fórmulas que se ingresaron en las celdas. Las celdas A4..B9, sombreadas en azul, contienen los parámetros de entrada del modelo. Es conveniente ingresar los valores de los parámetros como aquí, en alguna otra parte, y después usarlos en las fórmulas, en lugar de "amarrarlos" en el modelo de Excel, de esta forma se facilita la ejecución de posibles experimentos del tipo "qué pasaría si", para medir el impacto de cambiar algunos de estos valores; en este caso, necesitaremos cambiar sólo los valores de las celdas en azul, en lugar de navegar por toda la hoja buscando dónde se encuentran. De forma arbitraria, decidimos crear

50 repeticiones IID del modelo (cada fila es una repetición), el número de la repetición se indica en la columna E. Empezando de la fila 7 hacia abajo, el área sombreada de color naranja en la columna F contiene los 50 valores de la demanda D del periodo pico, generados de acuerdo con (3.5), en cada una de estas celdas se encuentra la fórmula

```
=ENTERO($B$5 + ($B$6 + 1 - $B$5)*ALEATORIO()),
```

ya que a está en B5 y b está en B6. Usamos los símbolos $ para forzar las referencias absolutas a estos valores, debido a que primero ingresamos la fórmula en la celda F7 y la copiamos hacia abajo. Arriba de las demandas simuladas, ingresamos el peor valor posible ($a = 1000$) y el mejor valor posible ($b = 5000$) para la demanda del periodo pico D, con la finalidad de apreciar los peores y los mejores valores posibles para cada valor de prueba de $h =$ número de gorras ordenadas, junto con los 50 valores obtenidos para la ganancia, correspondientes a cada uno de los 50 valores generados para la demanda del periodo pico D, para cada valor de prueba de h. Si usted tiene abierta la hoja de cálculo, sin duda observará valores numéricos diferentes a los que se muestran en la figura 3.3 debido a que la función `ALEATORIO()` de Excel es *volátil*, que significa que cada número aleatorio se vuelve a generar cada vez que ocurre cualquier cambio en la hoja de cálculo. Usted puede forzar una nueva generación de estas funciones volátiles presionando la tecla F9 de su teclado, si lo hace podrá apreciar que todos los números cambian (y también las gráficas). Aun cuando tenemos 50 repeticiones, podrá apreciar que todavía existe una variación considerable de un conjunto de 50 repeticiones a otro, luego de presionar la tecla F9. Esta variación sirve para enfatizar la importancia de conducir adecuadamente el diseño estadístico y el análisis de los experimentos por simulación, como también hacer algo para tratar de encontrar un adecuado tamaño de muestra.

Hemos tomado el camino de probar ciertos valores para h (1000, 2000, 3000, 4000 y 5000) cubriendo el rango de los posibles valores de la demanda del periodo pico D bajo nuestras suposiciones. Para cada uno de estos valores de h, calculamos la ganancia para cada una de las 50 repeticiones de la demanda del periodo pico bajo cada uno de los valores de h y luego presentamos un resumen estadístico utilizando gráficas y estimadores puntuales.

Si ordenamos $h = 1000$ gorras (columnas G-I), de seguro venderemos 1000 gorras en el precio del periodo pico, debido a que con seguridad $D \geq 1000$, dejando siempre una ganancia de $(r - w)D = (\$16.95 - \$11.00) \times 1000 = \$5950$ — no existe la posibilidad de dejar alguna gorra para vender al precio de remate (la columna H contiene sólo ceros) y no existe ningún riesgo de obtener una ganancia menor que ésta —. Tampoco existe la oportunidad de ganar algo *más* que $5950 aunque, por supuesto, si $D > 1000$, que ocurre con una alta probabilidad $(1 - 1/(5000 + 1 - 1000) \approx 0.999750062)$, estamos dejando de ganar dinero con tan pequeña, conservadora y totalmente opuesta al riesgo elección de h.

Moviéndonos hacia la derecha de la hoja de cálculo, vemos que para valores más grandes de h, las ganancias promedio (fila 57) alcanzan su mayor valor en algún punto alrededor de $h = 3000$ o 4000 y luego decae para $h = 5000$ debido al relativamente gran número de gorras que tienen que ser rematadas luego del periodo pico; este hecho se ilustra en la gráfica de la columna A donde los puntos sólidos indican el valor de las medias muestrales, y las pequeñas rayas verticales identifican los intervalos del 95% de confianza para las medias poblacionales. A medida que h crece existe también una mayor variabilidad de la ganancia (observe las desviaciones estándar en la fila 58) debido a que existe una mayor variabilidad, tanto en las unidades vendidas en el periodo pico como en las unidades vendidas a precio de remate (notar que la suma siempre es h, lo que se refleja en el modelo). Este comportamiento de la variabilidad hace crecer a los intervalos del 95% de confianza de las ganancias esperadas (ver filas 59-61 y la gráfica de la columna A) y también hace que la dispersión de los datos en los histogramas de las ganancias (filas 66-77) sea más alta (es importante que la escala de los histogramas sea la misma), lo cual

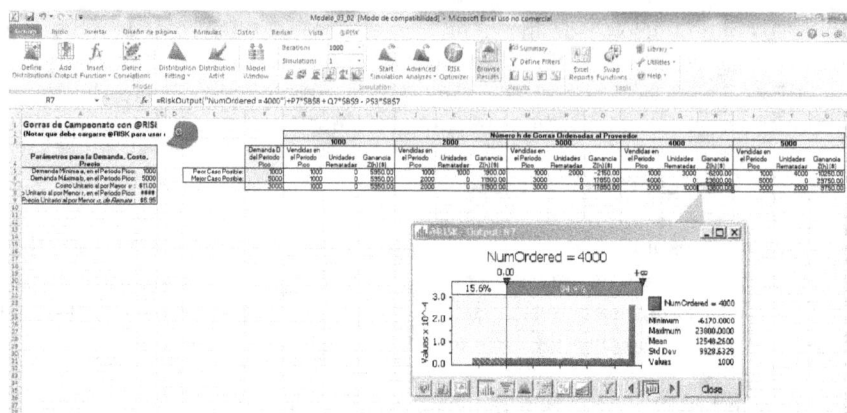

Figura 3.4: Simulación en hoja de cálculo de los inventarios de un solo periodo usando @RISK (segunda hoja de `Modelo_03_03.xls`).

es bueno y malo — lo bueno es que existe la posibilidad, aunque pequeña, de obtener ganancias muy altas; pero lo malo es que existe una posibilidad creciente de que se pierda dinero (ver fila 64 y las áreas a la izquierda del marcador rojo del cero en los histogramas) — ¿Qué opina usted del riesgo, recorriendo los histogramas tanto hacia la izquierda como hacia la derecha?

La segunda hoja de cálculo de `Modelo_03_03.xls` contiene el mismo modelo de simulación pero usando el complemento para simulación @RISK de Palisade Corporation; ver la figura 3.4 con la cinta @RISK en la parte de arriba aunque, nuevamente, es mejor si usted abre el archivo con esta hoja. Para ejecutar esta hoja (o aun para apreciarla apropiadamente) debe tener instalado el complemento @RISK. No intentaremos dar una descripción detallada de @RISK, ya que su uso está bien documentado en otras fuentes, e.g. [1]. Pero a continuación mencionamos los puntos más importantes, así como las diferencias en comparación con usar sólo las capacidades básicas de una hoja de cálculo como Excel:

1. Todavía tenemos que desarrollar el modelo básico, las partes más importantes son las áreas de la entrada (zona azul) y las fórmulas de la fila 7 para las salidas (ganancias en este modelo).

2. Sin embargo, ya no necesitamos copiar la fila única de la simulación hacia abajo, contando una fila por cada repetición.

3. @RISK tiene la capacidad para generar un gran número de distribuciones de entrada, incluyendo la distribución uniforme discreta que necesitamos para la demanda del periodo pico. La distribución se ingresa en la celda F7 por medio de la fórmula `=RiskIntUniform( 1000,5000)` de @RISK, que puede ingresarse fácilmente posicionándose primero en la celda y haciendo un clic en el botón *Define Distributions*, en el extremo izquierdo de la cinta de @RISK, para acceder a la galería de distribuciones desde la cual se pueden seleccionar e ingresar los parámetros de la distribución deseada (en este modelo tenemos sólo una entrada aleatoria).

4. El número de repeticiones (o "Iterations", como son identificadas en @RISK) simplemente se ingresa (o se selecciona) en el campo que está por el medio de la cinta de @RISK. Nosotros seleccionamos 1000, que equivale a tener 1000 filas explícitas en nuestro modelo anterior de simulación en hoja de cálculo, usando sólo las funciones de Excel.

5. Necesitamos identificar las celdas donde se definen las salidas que deseamos observar; éstas son las celdas de las ganancias I7, L7, O7, R7 y U7. Para ello, basta con posicionarnos en cada celda, una por una, y luego hacer clic en el botón *Add Output* que está cerca del extremo izquierdo de la cinta de @RISK y, opcionalmente, podemos cambiar el nombre de la celda para una mejor identificación. Hemos sombreado estas celdas en color verde.

6. Para correr la simulación, hacer clic en el botón *Start Simulation*, a la derecha del campo con las iteraciones, en la cinta de @RISK.

7. No necesitamos hacer algo más para colectar y resumir las salidas (como hicimos anteriormente con las medias, intervalos de confianza e histogramas) ya que @RISK lleva registro de las salidas y genera los resúmenes necesarios.

8. Existen muchas maneras diferentes para apreciar las salidas usando @RISK. Quizá una de las más útiles es un histograma de los resultados. Para obtener el histograma (mostrado en la figura 3.4) debemos posicionarnos en la celda de la salida deseada (como en R7, la ganancia para el caso en que $h = 4000$), luego hacemos clic en el botón *Browse Results* de la cinta de @RISK. Podemos mover los separadores verticales de las barras hacia la derecha o hacia la izquierda para obtener el porcentaje de observaciones entre los separadores (como 15.6% para ganancias negativas, o pérdidas, en este caso), y en las colas hacia la derecha o hacia la izquierda, más allá de los separadores. A la derecha de los histogramas se muestran también algunas estadísticas básicas como son la media, la desviación estándar, el mínimo y el máximo.

Está claro que los complementos como @RISK facilitan grandemente la tarea de llevar a cabo simulaciones estáticas en una hoja de cálculo. Otra ventaja es que proporcionan generadores de números aleatorios que son mucho mejores que la función `ALEATORIO()` de Excel. Algunos complementos que compiten para llevar a cabo simulaciones estáticas en Excel son Crystal Ball® de Oracle (`www.oracle.com/crystalball/`) y Risk Solver® de Frontline Systems (`www.solver.com/platform/risk-solver-pro`).

3.2.4   Modelo 3-4: Modelo para la Decisión sobre Nuevo Producto

Esta sección presenta un modelo de Monte Carlo que caracteriza la ganancia esperada de un proyecto relacionado con la producción y venta de un nuevo producto. Presentamos dos implementaciones de este modelo – one utilizando Excel, similar a los modelos previos de este capítulo, y la otra utilizando un enfoque de programación implementado en Python. Este problema está basado en un problema similar desarrollado por Anthony Sun (usado bajo permiso[1]) en el cual una empresa está considerando la manufactura y mercadeo de un nuevo producto, y se desea pronosticar la ganancia potencial asociada con el producto.

La ganancia total del proyecto está dada por el ingreso total por ventas menos el costo total por la manufactura y está dado por la ecuación:

$$TP = (Q \times P) - (Q \times V + F) \tag{3.6}$$

donde TP es la ganancia total, Q es la cantidad vendida, P es el precio de venta, V es el costo variable (marginal), y F es el costo fijo incurrido al liberar las instalaciones para la producción. Notar que estamos ignorando la tasa de descuento y otros factores para simplificar el modelo, pero se podrían considerar fácilmente para agregar más realismo al modelo. Como la empresa

---

[1]La dirección web original es http://www.geocities.com/WallStreet/9245/vba12.htm. Esta dirección parece ya no estar activa, pero la incluimos por completitud de la cita.

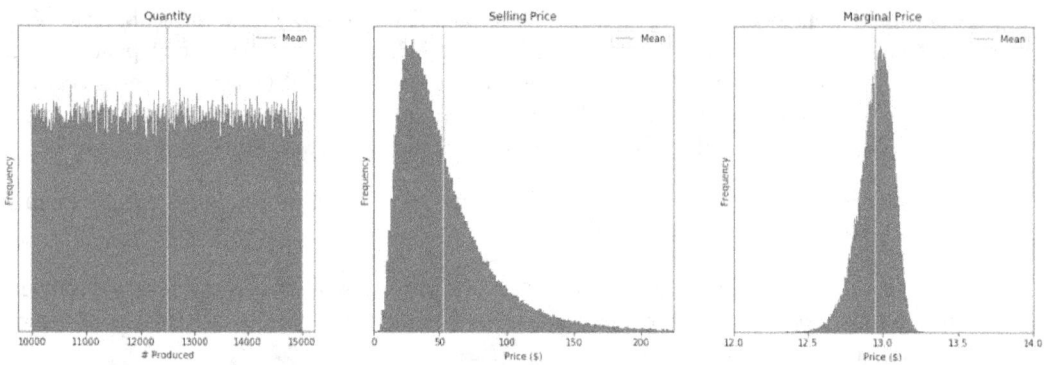

Figura 3.5: Muestras de las distribuciones de Q, P, y V, respectivamente, generadas por la versión en Python del Modelo 3-4.

está *pronosticando* lo que sucedería si producen el producto en el futuro, algunos de los componentes de la ecuación de ganancias son inciertos. En particular, se asume que Q, P, y V son *variables aleatorias* con las siguientes distribuciones:

- $Q \sim \text{Uniforme}(10000, 15000)$,

- $P \sim 1 + \text{Lognormal}(3.75, 0.65)$,

- $V \sim 12 + \text{Weibull}(10)$,

y F está fijo en $\$150,000$. La pregunta importante es si la empresa debe tomar el proyecto de producir y vender el nuevo producto. Como Q, P, y V son variables aleatorias, la ganancia total, TP será también una variable aleatoria. Para apoyar al tomador de decisiones de la empresa, desearíamos estimar la distribución de probabilidades de esta variable aleatoria. Usando dicha distribución, podríamos estimar parámetros de interés como la media, la desviación estándar, y percentiles de la ganancia.

La figura 3.5 illustra las distribuciones de Q, P, y V, respectivamente, utilizando histogramas con base en $250,000$ observaciones de cada una de las "verdaderas" distribuciones. Una pregunta natural es "¿De dónde salieron estas distribuciones?" Si bien es posible que la empresa tenga datos históricos para ajustar estas distribuciones de probabilidad (ver la sección 6.1), es más probable que alguien o algún grupo con conocimiento del dominio la haya estimado. En nuestro caso, hemos querido modelar la significativa incertidumbre en la cantidad vendida – la distribución uniforme sería como decir "algo entre $10,000$ y $15,000$," sin información adicional. Como el precio de venta está determinado por el mercado, también asumimos incertidumbre, pero sentimos que tenemos alguna intuición sobre la tendencia central y quisimos permitir que el producto sea un éxito (con un alto precio de venta), o un fracaso (y la empresa tenga que bajar el precio a un valor cercano a 1, que es el mínimo valor para la distribución lognormal especificada). Finalmente, tenemos confianza en que la empresa tendrá control sobre el costo variable, pero dejamos cierta incertidumbre para tomar en cuenta factores como la materia prima y el costo de la mano de obra. Las distribuciones lognormal y Weibull proporcionan estas consideraciones en las características de su forma.

Como en nuestros ejemplos previos de Monte Carlo, nuestro proceso requiere de la generación de observaciones de cada una de estas variables aleatorias para luego usar la ecuación 3.6 y calcular la correspondiente observación de la variable aleatoria ganancia total, repitiendo el

Tabla 3.1: Fórmulas para generar observaciones de Q, P, y V para el Modelo 3-4. L y U son los límites inferior y superior para la distribución uniforme, μ y σ son la media y la desviación estándar de la distribución normal usada para las variables aleatorias lognormales, α es el parámetro de forma de la distribución de Weibull, y n es el número de observaciones a generar.

	Fórmula Excel	Función Python (NumPy)
Q	`RANDBETWEEN(L, U)`	`np.random.randint(L, U, n)`
P	`LOGNORM.INV(RAND(),`μ,σ`)+1`	`np.random.lognormal(`μ, σ, `n) + 1`
V	`((-(LN(RAND())))`$\wedge$`(1/`α`))+12`	`np.random.weibull(`α, `n) + 12`

proceso. El pseudo-código para nuestro modelo de Monte Carlo se muestra en el Algoritmo 1 (notar que hemos reacomodado la ecuación 3.6 para reducir los cálculos).

Algorithm 1 Muestreo de TP

$n = 250,000$
$F = 150,000$
$tp = []$
for i $= 1$ to n **do**
   sample P
   sample V
   sample Q
   ganancia $= Q(P - V) - F$
   tp.append(ganancia)
end for

Luego de la ejecución del código correspondiente tp será un arreglo de observaciones de la ganancia total y podemos utilizar estos valores para estimar los parámetros de nuestro interés.

La parte central del Algoritmo 1 es el muestreo de las observaciones de Q, P, y V, y el algoritmo puede implementarse fácilmente utilizando cualquier otra herramienta/lenguaje que permita la generación de observaciones de estas distribuciones (como explicaremos en la sección 6.4, estas observaciones son llamadas *random variates* en inglés, indicando que son valores simulados de distribuciones de variables aleatorias). El tema de la generación de valores observados para variables aleatorias se cubre en la sección 6.4, pero para nuestras versiones del Modelo 3-4 en Excel y Python, usaremos las fórmulas de la tabla 3.1 (para la validez de estas fórmulas, ver las secciones 6.3 y 6.4). La figura 3.6 muestra la parte computacional de la versión en Python del Modelo 3-4 junto con el histograma generado para la ganancia total (TP) con base en $250,000$ repeticiones. La figura 3.7 muestra una parte de la versión en Excel del Modelo 3-4 (que usa 100,000 repeticiones). Ambas versiones del modelo generan el arreglo de observaciones de la ganacia total descrita en el Algoritmo 1 y luego se calculan el resumen de las estadísticas descriptivas, y se genera el histograma que estima la distribución de probabilidades.

Con los resultados de las corridas del Modelo 3-4 estamos listos para responder nuestra pregunta – ¿Debería la empresa tomar el proyecto? Las estadísticas descriptivas y el histograma (mostrados en las figuras 3.7 y 3.6) proporcionan información útil. Mientras que la ganancia esperada es de $\$360,000$, hay una probabilidad aproximada de 19% de tener pérdidas. Además, la desviación estándar ($\$482,000$) y los percentiles del 25% y 75% ($\$41,000$ y $\$524,000$, respectivamente) proporcionan información adicional sobre el riesgo *risk* al tomar el proyecto. En el capítulo 4 fuimos algo más allá con los conceptos de *risk* y *error* para este contexto. Por supuesto que la decisión de tomar o no el proyecto dependerá de la tolerancia al riesgo de la empresa, el retorno esperado del capital, otras oportunidades, etc., pero está claro que la información

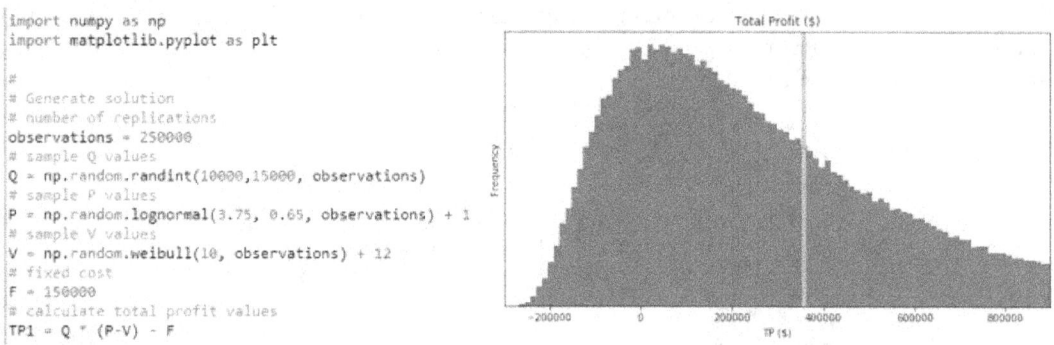

```
import numpy as np
import matplotlib.pyplot as plt

#
# Generate solution
# number of replications
observations = 250000
# sample Q values
Q = np.random.randint(10000,15000, observations)
# sample P values
P = np.random.lognormal(3.75, 0.65, observations) + 1
# sample V values
V = np.random.weibull(10, observations) + 12
# fixed cost
F = 150000
# calculate total profit values
TP1 = Q * (P-V) - F
```

Figura 3.6: La parte computacional de la versión en Python del Modelo 3-4 y el histograma de la ganancia total.

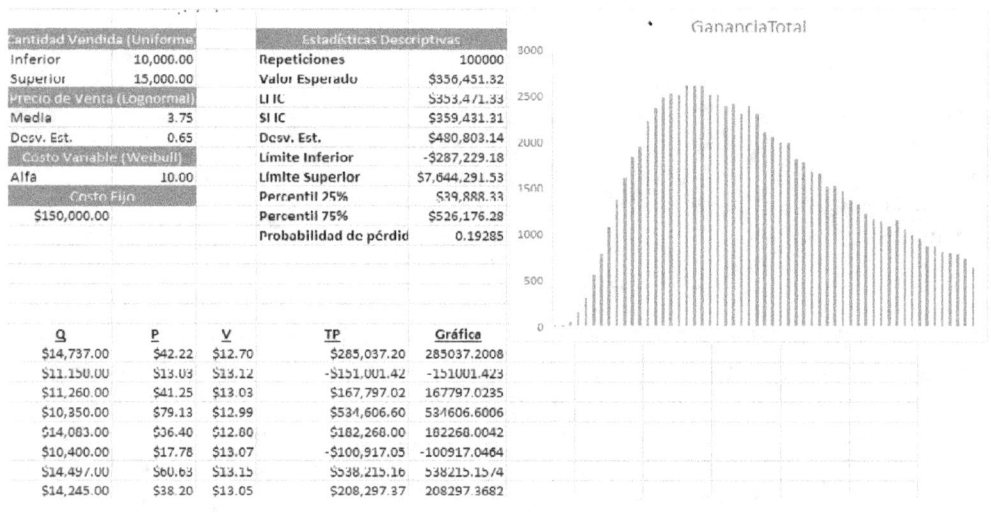

Cantidad Vendida (Uniforme)		Estadísticas Descriptivas	
Inferior	10,000.00	Repeticiones	100000
Superior	15,000.00	Valor Esperado	$356,451.32
Precio de Venta (Lognormal)		LI IC	$353,471.33
Media	3.75	SI IC	$359,431.31
Desv. Est.	0.65	Desv. Est.	$480,803.14
Costo Variable (Weibull)		Límite Inferior	-$287,229.18
Alfa	10.00	Límite Superior	$7,644,291.53
Costo Fijo		Percentil 25%	$39,888.33
$150,000.00		Percentil 75%	$526,176.28
		Probabilidad de pérdid	0.19285

Q	P	V	TP	Gráfica
$14,737.00	$42.22	$12.70	$285,037.20	285037.2008
$11,150.00	$13.03	$13.12	-$151,001.42	-151001.423
$11,260.00	$41.25	$13.03	$167,797.02	167797.0235
$10,350.00	$79.13	$12.99	$534,606.60	534606.6006
$14,083.00	$36.40	$12.80	$182,268.00	182268.0042
$10,400.00	$17.78	$13.07	-$100,917.05	-100917.0464
$14,497.00	$60.63	$13.15	$538,215.16	538215.1574
$14,245.00	$38.20	$13.05	$208,297.37	208297.3682

Figura 3.7: Versión en Excel del Modelo 3-4.

proporcionada por el modelo es una información útil para el tomador de decisiones.

3.3   Simulación Dinámica sin Software Especializado

En esta sección ilustraremos cómo se podrían conducir simulaciones dinámicas sin el beneficio de un software para el propósito especial de la simulación dinámica como Simio. En la sección 3.3.1 se lleva a cabo una simulación manual (i.e., sin computadora) de una cola simple con un servidor, usando una hoja de cálculo como ayuda para la aritmética y el registro de eventos, aunque éste no es, de ninguna manera, un "modelo". En la sección 3.3.2 se desarrolla un modelo en hoja de cálculo para *parte* de una cola con un servidor, explotando una relación muy especial que no está disponible para simulaciones dinámicas de colas más complejas.

3.3.1 Modelo 3-5: Simulación Dinámica Manual

Aunque no podrá apreciarlo con los lenguajes de alto nivel como Simio, todas las simulaciones dinámicas de cambio discreto funcionan más o menos de la misma manera. En esta sección describiremos cómo funcionan ya que, aún usando software de alto nivel como Simio, es importante entender estos conceptos, aunque usted nunca tuviera (afortunadamente) que hacer una simulación de esta manera. Esta lógica es también la que necesitaríamos implementar para generar el código de una simulación dinámica de cambio discreto utilizando un lenguaje de programación de propósito general como C++, Java o Matlab.

Nuestro sistema será una cola simple con un único servidor. Las *entidades* (que pueden representar clientes en la prestación de un servicio, partes en un sistema de manufactura o pacientes en un sistema para el cuidado de la salud) aparecen en instantes de llegada que, por ahora, serán asumidos como salidos de alguna fuente mágica[2] (asumiremos que la primera llegada ocurre en el instante 0) y requieren tiempos de atención que simplemente son dados; todos los tiempos están en minutos y la disciplina de atención es primer llegado, primer servido (FIFO). La simulación terminará abruptamente en 8 minutos, aún si hubiera entidades en cola o siendo atendidas en ese momento. Las salidas de la simulación serán la utilización del servidor (proporción o porcentaje de tiempo ocupado), así como el promedio, mínimo y máximo, de (*a*) el tiempo total en el sistema, (*b*) el tiempo de las entidades en cola (sólo tiempo de espera en cola, sin contar el tiempo de atención), (*c*) el número de entidades en el sistema y (*d*) el número de entidades en cola. Los promedios en (*a*) y (*b*) son simples promedios de una lista de números, pero los promedios en (*c*) y (*d*) son promedios *en el tiempo*, es decir, las áreas bajo las gráficas de dichas variables en el tiempo, divididas por el tiempo total de corrida, 8. Para ser más precisos, si $L_q(t)$ es el número de entidades en cola en el instante t, el número promedio de entidades en la cola es $\int_0^8 L_q(t)dt/8$, que es justamente el promedio ponderado de los posibles valores de la longitud de la cola $(0, 1, 2, \ldots)$, donde los pesos son las proporciones del tiempo que la gráfica permanece en los niveles $0, 1, 2, \ldots$. Similarmente, si $B(t)$ es la función de ocupación del servidor (0 si está ocioso al instante t, 1 si está ocupado al instante t) y $L(t)$ es el número de entidades en el sistema (en cola más recibiendo atención) al instante t, la utilización del servidor es $\int_0^8 B(t)dt/8$, y el número promedio de entidades en el sistema es $\int_0^8 L(t)dt/8$.

Registraremos lo que sucede, y haremos la aritmética, en la hoja de cálculo llamada `Modelo` `_03_04.xls` que mostramos en la figura 3.8. El archivo puede descargarse siguiendo el procedimiento descrito en el Prefacio. Las celdas B5..B14 y D5..D14 de la zona azul claro contienen los tiempos dados para las llegadas y las atenciones. Debido a que nos resulta más conveniente trabajar con los tiempos *entre llegadas*, más que con los tiempos de llegadas, hemos calculado los tiempos entre llegadas en las celdas C6..C14. Notar que el tiempo entre llegadas en una fila es la diferencia entre el tiempo de llegada de la entidad de dicha fila menos el tiempo de llegada de la entidad de la fila precedente (lo que explica por qué no hay tiempo entre llegadas para la entidad 1, que llega en el instante 0).

En una simulación dinámica de cambio discreto, primero identificamos los diferentes *eventos* que ocurren durante la simulación y que pueden cambiar el estado del sistema. En nuestro sencillo ejemplo, los eventos serán la *llegada* de una entidad, el final de la atención de una entidad y su *abandono* inmediato del sistema, y el *final de la simulación* (que puede parecer un evento "artificial", pero es una manera de detener una simulación que debe correr por un tiempo determinado — "correremos" la nuestra por 8 minutos —). En simulaciones más complejas, los eventos adicionales pueden ser la falla de una máquina, el final de la reparación de una máquina, la mejoría de un paciente que hace que cambie su nivel de gravedad, el regreso de un trabajador luego de su refrigerio, la salida de un vehículo desde un origen, el arribo de

---

[2]Mejor consulte la sección 4.2.1.

Simulación Manual de una Cola con un Servidor (con aritmética asistida por la hoja de cálculo)

Tiempos de Llegada y de Atención (en minutos)

Número de la entidad	Instante de Llegada	Tiempo entre Llegadas	Tiempo de Atención
1	0.000000		0.486165
2	1.965834	1.965834	0.665121
3	2.275418	0.309584	0.354917
4	2.909957	0.634539	0.563653
5	4.033363	1.123406	0.051575
6	5.136229	1.102866	2.652734
7	6.539427	1.403198	0.379540
8	6.744513	0.205086	0.330272
9	7.845616	1.101103	2.985174
10	9.330407	0.484791	0.290218

No se han usado los últimos tres tiempos de atención

Las celdas de abajo en rosado no tienen una forma general, es decir, las fórmulas dependen de los valores particulares dados de los tiempos de llegadas y de atención, por lo que esta hoja no se actualizará correctamente con otros valores para los tiempos de llegadas y de servicio.

Instante de Ocurrencia del Evento	Tipo de Evento	Número de la Entidad	Estado del Servidor	Número en el Sistema	Número en Cola	Siendo atendido	Primero en Cola	Segundo en Cola	Siguiente Llegada	Siguiente Abandono	Terminación de la Simulación	Tiempo en el Sistema	Tiempo en Cola	Ocupación del Servidor	Número en el Sistema	Número en Cola
0.000000	Inicialización		0	0	0				0.000000		8.000000			0.000000	0.000000	0.000000
0.000000	Llegada	1	1	1	0	0.000000			1.965834	0.486165	8.000000		0.000000	0.000000	0.000000	0.000000
0.486165	Abandono		0	0	0				1.965834		8.000000	0.486165		0.486165	0.486165	0.000000
1.965834	Llegada	2	1	1	0	1.965834			2.275418	2.630955	8.000000		0.000000	0.000000	0.000000	0.000000
2.275418	Llegada	3	1	2	1	1.965834	2.275418		2.909957	2.630955	8.000000			0.309584	0.309584	0.000000
2.630955	Abandono	2	1	1	0	2.275418			2.909957	2.985672	8.000000	0.665121	0.355537	0.355537	0.711074	0.355537
2.909957	Llegada	4	1	2	1	2.275418	2.909957		4.033363	2.985672	8.000000			0.279002	0.279002	0.000000
2.985672	Abandono	3	1	1	0	2.909957			4.033363	3.549525	8.000000	0.710454	0.075915	0.075915	0.151830	0.075915
3.549525	Abandono	4	0	0	0				4.033363		8.000000	0.639568		0.563653	0.563653	0.000000
4.033363	Llegada	5	1	1	0	4.033363			5.136229	4.084938	8.000000		0.000000	0.000000	0.000000	0.000000
4.084938	Abandono	5	0	0	0				5.136229		8.000000	0.051575		0.051575	0.051575	0.000000
5.136229	Llegada	6	1	1	0	5.136229			6.539427	7.788963	8.000000		0.000000	0.000000	0.000000	0.000000
6.539427	Llegada	7	1	2	1	5.136229	6.539427		6.744513	7.788963	8.000000			1.403198	1.403198	0.000000
6.744513	Llegada	8	1	3	2	5.136229	6.539427	6.744513	7.845616	7.788963	8.000000			0.205086	0.410172	0.205086
7.788963	Abandono	6	1	2	1	6.539427	6.744513		7.845616	8.168503	8.000000	2.652734	1.249536	1.044450	3.133350	2.088900
7.845616	Llegada	9	1	3	2	6.539427	6.744513	7.845616	8.330407	8.168503	8.000000			0.056653	0.113306	0.056653
8.000000	Fin de la simulación		1	3	2	6.539427	6.744513	7.845616	8.330407	8.168503	8.000000			0.154384	0.463152	0.308768

Promedio (Necesitamos promedios en el tiempo, no simples promedios (O36...Q36)): 0.9676 | 0.2401 | 0.6232 | 1.0095 | 0.3864
Mínimo: 0 | 0 | 0.0516 | 0.0000
Máximo: 1 | 3 | 2 | 2.6527 | 1.2495

Los promedio en O36, Q36 son promedios en el tiempo, no simples

Figura 3.8: Simulación manual de una cola con un servidor, usando la hoja de cálculo `Modelo_03_04.xls` para guardar los datos y efectuar los cálculos. Las celdas de la zona rosada contienen fórmulas que son específicas para este conjunto particular de tiempos de atención y de llegadas, por lo que esta hoja de cálculo no es un modelo general en sí que funcionará para cualquier conjunto de tiempos de atención y de llegadas.

un vehículo a su destino, etc. La identificación de los eventos en un modelo complejo puede ser difícil y se puede hacer de diferentes maneras. Por ejemplo, en nuestra cola de un solo servidor, *podríamos* introducir otro evento, el inicio de la atención de una entidad. Sin embargo, podría ser innecesario debido a que este evento de "inicio de atención" ocurriría sólo cuando termina la atención de una entidad y existen otras entidades en la cola o cuando una entidad con suerte llega y encuentra que la cola está vacía y el servidor está desocupado, recibiendo atención inmediatamente; por lo tanto, este "evento" estaría cubierto por los eventos de llegada y abandono de las entidades.

Como ya mencionamos en la sección 3.1.2, el reloj de la simulación en un modelo dinámico de cambio discreto es una variable que salta desde el instante de ocurrencia de un evento hacia el instante de ocurrencia del siguiente, con la finalidad de avanzar la simulación. El *calendario de eventos* (o *lista de eventos*) es una estructura de datos, de algún tipo, que contiene información sobre los eventos que están por ocurrir. Mientras que la forma y tipo específico de la estructura de datos puede variar, el calendario de eventos incluirá información sobre el instante en que ocurrirá el evento, qué tipo de evento es y, frecuentemente, qué entidad está asociada al evento. Luego de identificar el siguiente (es decir, el más próximo) evento en el calendario de eventos, la simulación avanza el reloj a dicho instante de ocurrencia y ejecuta la lógica apropiada para efectuar todos los cambios necesarios en las variables de estado del sistema, en las variables de registro estadístico que son necesarias para producir las salidas de la simulación, y se actualiza apropiadamente el calendario de eventos.

Para cada tipo de evento, necesitamos identificar la lógica que debe ser ejecutada, que puede depender del estado del sistema en el instante en que ocurre el evento. Para este modelo en particular, mostramos básicamente lo que necesitamos hacer cuando ocurre cada uno de nuestros eventos:

- **Llegada**. En primer lugar, debemos registrar el instante de la siguiente llegada, actualizando el espacio para la siguiente llegada en el calendario de eventos (columna J en `Modelo_03_04.xls` y figura 3.8). Para registrar las salidas de la simulación, debemos calcular las áreas de los rectángulos bajo $B(t)$, $L(t)$ y $L_q(t)$ entre los instantes de ocurrencia del evento pasado y del actual, registrando dichas áreas en la fila correspondiente de las columnas O-Q. Lo que hagamos a continuación depende del estado:

  - Si el servidor está ocioso, la entidad que llega recibe atención inmediatamente (debemos escribir el tiempo de llegada en la fila correspondiente de la columna G para poder calcular el tiempo en el sistema) y debemos programar la terminación de la atención de esta entidad, sumando el siguiente tiempo de atención de la lista más el tiempo actual, y pasarlo a la fila correspondiente de la columna K. También debemos registrar un tiempo en cola de 0 para esta afortunada entidad, en la fila apropiada de la columna N.

  - Si el servidor está ocupado, debemos poner el tiempo de llegada de la entidad al final de una lista que representa la cola de entidades que esperan para recibir atención, en la fila apropiada de las columnas H-I (la longitud de la cola para esta simulación nunca es mayor que dos, por lo que necesitamos sólo dos columnas para almacenar los tiempos de llegada de las entidades en cola, pero en otros casos podríamos necesitar más columnas si la cola resulta más larga). Necesitamos registrar estos tiempos de llegada para calcular más adelante los tiempos en cola y en el sistema. Como éste es el inicio de la permanencia de la entidad en la cola, y todavía no sabemos cuándo abandonará la cola, todavía no podemos registrar, en la columna N, el tiempo en cola para esta entidad.

- **Abandono** (luego de la terminación de una atención). Como en los eventos de llegadas, debemos calcular y registrar las áreas de los rectángulos bajo $B(t)$, $L(t)$ y $L_q(t)$ entre los instantes de ocurrencia del evento pasado y del actual, en la fila correspondiente de las columnas O-Q. Además, debemos calcular y registrar, en la fila correspondiente de la columna M, el tiempo en el sistema de la entidad saliente (reloj actual de la simulación menos tiempo de llegada de esta entidad, ahora en la columna G). Lo que hagamos a continuación depende de si existen o no entidades esperando en la cola:

  - Si existen otras entidades esperando en la cola, debemos empezar la atención de la primera entidad en la fila de espera (copiar el tiempo de llegada de esta entidad, de la columna H a la siguiente fila en la columna G). Programar la salida de esta entidad (en la columna K) sumando el valor actual del reloj más el siguiente tiempo de atención. Calcular también el tiempo en cola de esta entidad (valor actual del reloj menos tiempo de llegada que acabamos de poner a la columna G) y registrarlo en la fila correspondiente de la columna N.

  - Si no existen otras entidades esperando en la cola, simplemente cambiamos el valor de la variable del estado del servidor (columna D debajo de la fila 18) a 0 por ocioso y dejamos en blanco la entrada del calendario de eventos correspondiente al próximo abandono (columna K).

- **Fin de la Simulación** (ocurre a los 8 minutos de haberse iniciado la simulación). Debemos calcular las áreas de los rectángulos bajo $B(t)$, $L(t)$ y $L_q(t)$ entre los instantes de ocurrencia del evento pasado y del actual, y registrarlas en las columnas O-Q, para finalmente calcular el resumen de las medidas de desempeño de salida en las filas 36-38.

Es importante reconocer que, aunque el procesamiento de un evento ciertamente tomará tiempo de *cómputo*, el tiempo de la *simulación* no avanza durante la ocurrencia de un evento — se mantiene el tiempo que indica el reloj de la simulación —. Un consejo práctico para esta simulación manual, es que probablemente deba marcarse (de alguna manera) a los tiempos de atención y a los tiempos entre llegadas que ya se usaron, para estar seguros de seguir la lista y no pasar por alto, o utilizar de nuevo, alguno de ellos.

Las filas 19-35 de la hoja de cálculo `Modelo_03_04.xls` y de la figura 3.8 siguen la simulación desde el inicio en el instante 0 (fila 19), hasta la terminación a los 8 minutos (fila 35), tomando una fila para la ejecución de cada evento. La columna A contiene el reloj t de la simulación en el instante de ocurrencia del evento, la columna B indica el tipo de evento y la columna C el número de la entidad asociada al evento. Las entradas de las celdas en una fila representan los valores apropiados *luego* de ejecutar el evento correspondiente a dicha fila y las celdas en blanco son lugares donde no aplica ninguna entrada. Las columnas D-F indican el estado del servidor (0 para ocioso y 1 para ocupado), el número de entidades en el sistema y el número de entidades en la cola (que en este sistema siempre es el número de entidades en el sistema menos el estado del servidor ... piénselo por un momento). La columna G contiene el tiempo de llegada de la entidad que está siendo atendida, y las columnas H-I contienen los tiempos de llegada de las primeras dos entidades en cola (no hemos necesitado una longitud de la cola de más de dos en este ejemplo).

El calendario de eventos está en las columnas J-L y el próximo evento se determina tomando el mínimo de estos tres valores, que es la razón por la que estamos usando la función `=MIN` en la columna A de la siguiente fila. Una estructura de datos alternativa para este calendario de eventos consiste en tener una lista (o una estructura de datos más sofisticada como un árbol o una pila) de registros o filas de la forma [número de entidad, tiempo de ocurrencia del evento, tipo de evento] y, cuando se programa un nuevo evento, se inserta en la lista de tal manera que la lista de registros sigue ordenada en orden no decreciente del tiempo de ocurrencia del evento, de esta manera, el siguiente evento siempre será el primero de la lista. Este procedimiento es muy parecido al que utiliza un software de simulación y tiene la ventaja de que podemos tener muchos eventos del mismo tipo programados, así como de ser muy rápido (especialmente cuando se usa la estructura de pila), lo que puede tener un alto impacto en la velocidad de corrida de las simulaciones grandes, con diferentes tipos de eventos y listas de eventos más largas. Sin embargo, la estructura sencilla de las columnas J-L hace bien su trabajo en este ejemplo.

Cuando ocurre una observación del tiempo en el sistema (luego de una salida) o del tiempo en cola (cuando empieza una atención), se calcula el valor correspondiente (el valor actual del reloj de la columna A menos el tiempo de llegada) y se registra en la columna M o en la N. Finalmente, las columnas O-Q registran las áreas de los rectángulos entre los instantes de ocurrencia del evento más reciente y del actual, con la finalidad de calcular los tiempos promedio en el sistema y en la cola.

La simulación empieza con la inicialización en la columna 19, correspondiente al tiempo 0. Ésta podría explicarse por sí sola, excepto que debemos notar que la ocurrencia del evento de terminación de la simulación se ha establecido en 8 minutos en la celda L19 (algo así como quemar el fusible en 8 minutos) y el próximo abandono se ha dejado en blanco (por suerte, Excel interpreta este registro vacío como un valor muy grande, de manera que `=MIN` en A20 funciona).

La fórmula `=MIN(J19:L19)` en A20 encuentra el valor más pequeño (el más pronto) en el calendario de eventos de la fila precedente, el cual es 0, que hace referencia a la llegada de la entidad 1 en el instante 0. En D20 cambiamos el estado del servidor a 1 (por ocupado), mientras que en E20 establecemos que el número en el sistema es 1 y en F20 el número en cola permanece en 0. Ingresamos el valor 0 en G20 para registrar el tiempo de llegada de esta entidad, que recibe atención inmediatamente, y como la cola está vacía, no hay entradas para el rango H20..I20. Se actualiza el calendario de eventos en J20..L20 considerando que la siguiente llegada ocurrirá en el instante cero (ahora) más el siguiente tiempo entre llegadas (1.965834), y que el siguiente abandono ocurrirá en el instante cero más el siguiente tiempo de atención (0.486165); el evento de terminación de la simulación no se altera, sólo se copia directamente desde arriba. Como éste es un evento de llegada, no estamos observando la finalización de una atención, por lo que no anotamos nada en la celda M20; sin embargo, como ésta es la llegada de una entidad afortunada que recibe atención inmediatamente, registramos un tiempo en cola de 0 en N20. Las celdas O20..Q20 contienen las áreas de los rectángulos bajo las gráficas de $B(t)$, $L(t)$ y $L_q(t)$ desde la ocurrencia del último evento, que son todas cero en este caso, ya que todavía estamos en el instante cero.

La fila 21 ejecuta el siguiente evento: el abandono de la entidad 1 en el instante 0.486165. Como éste es un abandono, debemos registrar el tiempo en el sistema e ingresarlo en la celda M21. Calculamos las áreas de los rectángulos en O21..Q21; por ejemplo, la celda P21 tiene la fórmula `=E20*($A21-$A20)`, que multiplica el valor previo del número de entidades en el sistema (1) por la magnitud `$A21-$A20` del intervalo de tiempo entre la ocurrencia del evento anterior (A21) y el reloj actual (A20); los símbolos `$` mantienen la columna A fija para que podamos copiar la fórmula en las columnas O-Q (desde el valor original en la columna O). Notar que el instante de ocurrencia de la siguiente llegada en J21 es el mismo que en J20, ya no es necesario programar otra llegada; y como no existe nadie en la cola que pueda iniciar su atención, dejamos en blanco la celda K21, que corresponde al instante en el que ocurrirá el siguiente abandono.

El siguiente evento es la llegada de la entidad 2, que ocurre en el instante 1.965834 y la registramos en la fila 22. Como ésta es la llegada de una entidad cuando el sistema está vacío, la acción es similar a la llegada de la entidad 1 en el instante 0, por lo que omitimos los detalles y lo invitamos a examinar detenidamente la hoja de cálculo, especialmente las celdas que contienen fórmulas.

A continuación ocurre la llegada de la entidad 3 en el instante 2.275418. Como la entidad está llegando a un sistema que no está vacío, por primera vez el número en cola es diferente de cero (1 en este caso) y registramos el tiempo de llegada de esta entidad en H23 (lo copiamos de la celda A23), para poder calcular el tiempo en cola y el tiempo en el sistema de esta entidad. Como no estamos observando la terminación de un tiempo en cola o de un tiempo de atención, no ingresamos ningún valor en las celdas M23 o N23. Calculamos las nuevas áreas bajo las gráficas en las celdas O23..Q23, con base en los valores de la columna precedente.

El siguiente evento es el abandono de la entidad 2 en el instante 2.630955, en la fila 24. La entidad 3 se mueve desde el inicio de la cola para recibir atención, por lo que copiamos el instante de llegada de la entidad de H23 a G24 y calculamos en N24 el tiempo en cola de la entidad 3 como `=A24-G24` $= 2.630955 - 2.275418 = 0.355537$.

La simulación continúa de esta manera (hemos comentado sobre las tres diferentes situaciones que pueden suceder, por lo que dejamos al estudiante la tarea de proseguir con los pasos restantes de la simulación) hasta que el reloj alcance la terminación de la simulación en el minuto 8 (nunca ocurrirá la llegada programada de la entidad 9, en el instante 8.330407, ni el abandono de la entidad 7 en el instante 8.168503). En este momento, lo único que debemos hacer es calcular las áreas finales de los rectángulos en las celdas O35..Q35. La figura 3.9 muestra las gráficas de las curvas $B(t)$, $L(t)$ y $L_q(t)$ durante la simulación.

En las filas 36-38 hemos calculado las medidas de desempeño de salida, utilizando las funciones `=PROMEDIO`, `=MIN`, `=MAX` y `=SUMA` de Excel (inspeccionar las fórmulas en las celdas correspondientes). Notar que los promedios (en el tiempo) de las celdas O36..Q36 se han calculado por división de la suma de las áreas de los rectángulos entre el reloj final de la simulación (8), que está en la celda A35. Como ejemplos de medidas de desempeño de salida, vemos que el

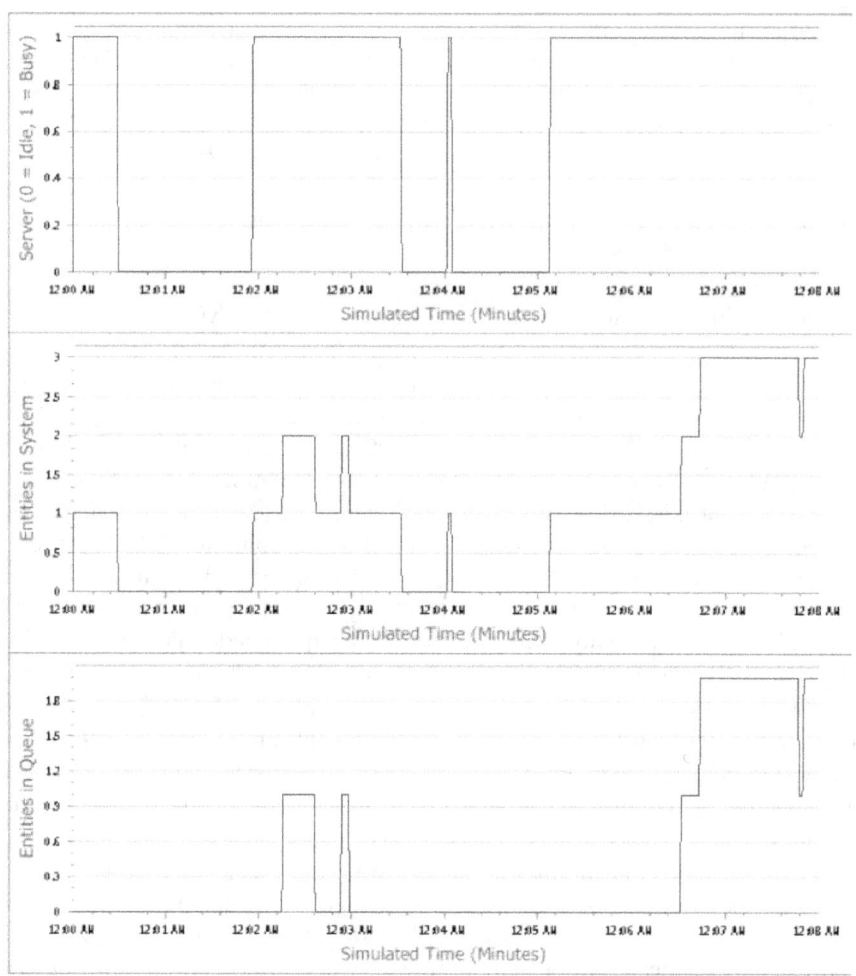

Figura 3.9: Gráficas de las curvas $B(t)$, $L(t)$ y $L_q(t)$ para la simulación manual.

servidor estuvo ocupado el 62.32% del tiempo (O36), los tiempos promedio en el sistema y en cola fueron de 0.8676 minutos y 0.2401 minutos (M36 y N36), respectivamente, y la longitud promedio de la cola es de 0.3864 entidades (Q36). En el capítulo 4 desarrollaremos este modelo en Simio (que es realmente la fuente de los tiempos entre llegadas y de atención "dados") y confirmaremos que se obtienen las mismas medidas de desempeño de salida.

Si todavía está alerta (o siquiera despierto luego de la narrativa anterior), quizá se preguntará por qué no calculamos las desviaciones estándar, usando la función =DESVEST de Excel, para las observaciones de las columnas M y N, para complementar sus medias, mínimos y máximos (hacer esto para los valores en las columnas O-Q no tendría sentido porque necesitan ponderarse por las longitudes de los intervalos de tiempo). Después de todo, hemos mencionado la variación en las salidas, y usted puede observar en las columnas M y N que existe variación en los tiempos observados en el sistema y en la cola. En verdad, nada nos detiene de agregar una fila y calcular las desviaciones estándar, pero esto es un ejemplo de algo que podríamos hacer sólo porque *podemos*, sin pensar si es *correcto* (como producir gratuitamente los bonitos diagramas de barras en 3D de datos en dos dimensiones, que algunas veces sirven sólo para ofuscar) ¿Cuál es el problema con calcular estas desviaciones estándar? Bueno, si no hemos olvidado nuestras clases de estadística básica, la varianza muestral (el cuadrado de la desviación estándar) es un estimador *insesgado* de la varianza poblacional *sólo si* las observaciones individuales son estadísticamente *independientes* entre sí — en alguna parte de la prueba se debe reemplazar la esperanza del producto de dos observaciones por el producto de sus esperanzas, y este paso requiere de independencia —. Nuestros tiempos en el sistema (y en la cola) están, sin embargo, *correlacionados* entre sí, posiblemente correlacionados *positivamente*, ya que corresponden a entidades en secuencia que dependen físicamente una de la otra. Si el sistema es el cajero de un banco y usted, desafortunadamente, está justo detrás (o varios clientes detrás) de una persona con un cubo lleno de monedas para depositar, esta persona estará por un largo rato en el sistema ¡y *usted también* debido a que estaría esperando por su culpa! Este comentario ilustra la correlación positiva. En consecuencia, mientras que la desviación estándar se puede calcular fácilmente, tendería a subestimar a la desviación estándar de la población, es decir, la desviación estándar muestral sería un estimador sesgado *por debajo* (quizá severamente) y estaríamos subestimando la verdadera variabilidad de nuestros resultados. El problema es que las observaciones están ligadas cada una con la otra, no ligadas *exactamente* con una rígida barra de acero, pero quizá con bandas de goma, para no variar mucho una de cada otra, como sería el caso si cortáramos la banda de goma y las hiciéramos independientes; mientras más fuerte sea la correlación (más gruesa la banda de goma), más severo será el sesgo hacia abajo del estimador de la varianza. Esto debe evitar que creamos que tenemos resultados más precisos de lo que realmente son — una zona peligrosa, especialmente si usted no sabía que estaba en dicha zona —. Por esta misma razón (autocorrelación) nos hemos abstenido de construir histogramas para los tiempos de permanencia en la cola o en el sistema (como hicimos para las ganancias mensuales, independientes e idénticamente distribuidas, del `Modelo_03_03.xls`), ya que las observaciones positivamente correlacionadas crean el riesgo de que el histograma esté desviado hacia la derecha o hacia la izquierda, a menos de que la corrida haya sido lo suficientemente larga para haber "muestreado" apropiadamente de muchas partes de la distribución.

Un comentario adicional sobre la forma en que desarrollamos nuestra hoja de cálculo: en las columnas M-Q calculamos *y registramos*, en cada columna de un evento, los valores *individuales* de los tiempos en el sistema y en cola observados así como las áreas *individuales* de los rectángulos bajo las curvas $B(t)$, $L(t)$ y $L_q(t)$ entre cada par de eventos sucesivos. Este procedimiento funcionó bien en este ejemplo sencillo, ya que nos permitió utilizar las funciones de Excel en las filas 36-38 para obtener las medidas de desempeño finales de manera conveniente y fácil. Sin embargo, desde el punto de vista computacional, este procedimiento puede ser ineficiente para una simulación larga (con cientos de miles de filas de eventos en lugar de 17) o para una simulación que se repite muchas veces, debido a que tendríamos que almacenar y luego recuperar todos estos valores *individuales* para obtener las medidas de salida. Lo que realmente se hace en un software de simulación (o si usted utilizara un lenguaje de propósito general en lugar de una hoja de cálculo) es crear variables llamadas *acumuladores estadísticos*, en las cuales sumamos cada valor a medida que lo observamos y, de esta manera, no tenemos que almacenar y luego llamar a cada valor individual; podemos también incluir la lógica para llevar el registro del valor máximo y el valor mínimo de cada salida, comparando cada nueva observación con el valor extremo correspondiente para ver si esta nueva observación es un nuevo extremo. Como podrá apreciar, este procedimiento sería mucho más eficiente desde el punto de vista computacional y en términos del uso de memoria.

Finalmente, la hoja de cálculo `Modelo_03_04.xls` de la figura 3.8 no es del todo general, es decir, *no* necesariamente será siendo válida si cambiamos los datos de la zona en azul, correspondiente a los diferentes valores para los tiempos entre llegadas sucesivas y de atención. La razón para esta falta de completa generalidad es que las fórmulas en muchas celdas (la zona rosada) son válidas sólo para el tipo de evento y situación correspondientes (e.g., la lógica de un evento de abandono depende de si la cola está vacía o no). En realidad, las hojas de cálculo son poco adecuadas para llevar a cabo simulaciones dinámicas de cambio discreto, que es la razón por la que casi nunca se usan en situaciones reales; en este ejemplo hemos utilizado la hoja de cálculo sólo para almacenar los datos y realizar la aritmética, no para construir algún tipo de modelo general robusto y flexible por sí mismo. En la sección 3.4.1 discutiremos brevemente el uso de lenguajes de programación de propósito general para implementar simulaciones dinámicas de cambio discreto aunque, en verdad, el uso de algún software como Simio es necesario para desarrollar modelos de alguna complejidad, que es lo que cubriremos en la mayor parte del resto del libro.

3.3.2   Modelo 3-6: Demoras en Colas con un Solo Servidor

Las hojas de cálculo están muy difundidas, y todo el mundo sabe algo acerca de ellas, por lo que puede preguntarse sobre cómo construir *modelos dinámicos* de simulación completos, generales y flexibles en hojas de cálculo. Hemos usado hojas de cálculo para simulaciones estáticas y estocásticas de Monte Carlo en la sección 3.2, pero las hubiéramos ralizado más eficientemente utilizando algún lenguaje de programación. En la sección 3.3.1 *utilizamos* una hoja de cálculo para registrar valores y realizar la aritmética en una simulación dinámica manual, pero debido a que las fórmulas en la hoja de cálculo dependían de datos de entrada particulares, (tiempos entre llegadas y de servicio), el modelo no parece ser un *modelo realista* completo, general o flexible. Aunque es difícil (si no es que prácticamente imposible), utilizar una hoja de cálculo para construir un modelo de simulación dinámica que no sea muy simple, las hojas de cálculo sí se usan frecuentemente para simulaciones estáticas como las de la sección 3.2 (vea la sección 3.1.1 para revisar las diferencias entre simulación estática y dinámica).

Mientras que en el problema de inventarios de un solo periodo de la sección 3.2.3 discutimos el paso del tiempo (el primer mes fue el periodo pico, y el siguiente fue el periodo del precio de remate), el tiempo no tuvo una importancia explícita en el modelo. Podríamos imaginar al periodo pico como si fuera un solo instante, seguido inmediatamente de otro instante para el remate. En consecuencia, éste realmente fue un modelo *estático* en términos del papel que tuvo el paso del tiempo (no tuvo un papel relevante). En esta sección simularemos un modelo *dinámico* muy simple, de una cola con un solo servidor, donde el paso del tiempo juega un papel central en la operación del modelo. Sin embargo, el poder hacer esta simulación, dentro de las limitaciones de una hoja de cálculo, depende estrechamente del hecho de que existe una relación de recurrencia sencilla para este caso especial, la cual nos permite simular el proceso de salidas que nos interesa: los tiempos en cola (sin contar sus tiempos de atención) de las entidades. A diferencia de la simulación manual de la sección 3.3.1, con este procedimiento no seremos capaces de calcular directamente cualquiera de las otras salidas.

Una cola con un solo servidor empieza vacía en el instante 0 y la primera entidad llega en el instante 0. Sea A_i el lapso de tiempo entre la llegada de la entidad $i-1$ y la entidad i (para $i = 2, 3, \ldots$). Denotemos por S_i al tiempo de atención que requiere la entidad i (para $i = 1, 2, \ldots$). Notar que las A_i's y las S_i's serán VAs que siguen ciertas distribuciones de probabilidad de los tiempos entre llegadas, y de los tiempos de atención, respectivamente; aunque, a diferencia del capítulo 2, no necesitamos imponer condiciones a estas distribuciones ya que, aplicaremos la simulación y no necesitamos obtener soluciones analíticas. Nuestro proceso de salidas de interés es el *tiempo de espera* (o *demora*) en la cola $W_{q,i}$ de la i–ésima entidad que llega al sistema; este tiempo de espera no incluye el tiempo de atención, únicamente el tiempo de espera (desperdiciado) en la línea de espera. Como ya mencionamos, el tiempo de espera en la cola de la primera entidad es 0 ya que, cuando esta afortunada entidad llegó al sistema (en el instante 0), encontró el sistema vacío de otras entidades y el servidor estaba desocupado, por lo que sabemos con seguridad que $W_{q,1} = 0$. Sin embargo, no sabemos cuáles serán los siguientes tiempos de espera en cola $W_{q,2}, W_{q,3}, \ldots$ debido a que sus valores particulares dependen de los valores que tomarán las A_i's y las S_i's. Aunque en este caso, una vez que se observan los valores particulares de los tiempos entre llegadas y de los tiempos de atención, existe una relación que permite conocer los $W_{q,i}$'s, que se conoce con el nombre de *relación de recurrencia de Lindley* ([39]):

$$W_{q,i} = \max(W_{q,i-1} + S_{i-1} - A_i, 0), \text{ para } i = 2, 3, \ldots, \tag{3.7}$$

con la condición inicial $W_{q,1} = 0$. Si podemos tener una manera de generar observaciones de las distribuciones de los tiempos entre llegadas y de los tiempos de atención, podemos "programar" esta relación de recurrencia en una hoja de cálculo, utilizando una fila para cada entidad.

Para facilitar la comparación con los resultados teóricos, asumiremos que estas distribuciones son exponenciales, con promedio entre llegadas sucesivas de 1.25 minutos y promedio de atención de 1 minuto; asumiremos también que todas las observaciones son independientes entre sí, dentro de la misma distribución y entre distribuciones diferentes. Necesitamos de un procedimiento para generar observaciones de una distribución exponencial con promedio dado, digamos que $\beta > 0$. Se puede demostrar (como discutiremos en la sección 6.4) que podemos obtener un procedimiento para generar (o tratar de generar) muestras de una VA X, imponiendo la condición $U = F(X)$, donde U es un número aleatorio distribuido continua y uniformemente entre 0 y 1 y F es la FDA de la VA X. A continuación, debemos tratar de resolver esta ecuación para X para obtener una fórmula que nos permita generar la observación de X, dado el número aleatorio U. Para el caso de distribución exponencial con promedio β, su FDA es

$$F(x) = \begin{cases} 1 - e^{-x/\beta} & \text{si } x \geq 0 \\ 0 & \text{de otra forma} \end{cases}. \tag{3.8}$$

Imponiendo $U = F(X)$ en (3.8) y resolviendo para X obtenemos, luego de algunas líneas de álgebra,

$$X = -\beta \ln(1 - U) \tag{3.9}$$

donde ln es la función logaritmo natural (en base e).

Luego de esta discusión, disponemos de la relación de recurrencia de Lindley (3.7) y de la fórmula para generar observaciones de una distribución exponencial (3.9), además de nuestro práctico (si no es que crudo) generador de números aleatorios de Excel `ALEATORIO()`, por lo que estamos en condiciones de simular en Excel el proceso de tiempos de espera (o por un rato, de cualquier forma) de una cola con solo servidor, con tiempos entre llegadas y tiempos de atención exponenciales. La figura 3.10 muestra el archivo `Modelo_03_05.xls`, ocultando las filas 26-101 para ahorrar espacio (abra el archivo para inspeccionar las filas y, más importante, las fórmulas de las celdas). Las celdas A4..B6 en azul contienen los parámetros de entrada del modelo, la intensidad de tráfico ρ y el tiempo esperado en cola (en estado estable) W_q están calculados en A8..B9 (ver el capítulo 2 para recordar las fórmulas para esta cola $M/M/1$). Los números de las entidades $i = 1, 2, \ldots, 100$ están en la columna D (arbitrariamente decidimos "correr" la simulación para los tiempos de espera en cola de 100 entidades) y cada una de estas filas representa una entidad que termina su espera en la cola. En la columna E generamos los tiempos entre llegadas A_i utilizando la fórmula `=-$B$5*LN(1 - ALEATORIO())`, donde la celda B5 contiene el tiempo promedio entre llegadas; similarmente en la columna F generamos los tiempos de atención (`LN` es la función de Excel para el logaritmo natural). En la columna G hemos implementado la relación de recurrencia de Lindley (3.7); por ejemplo, la celda G20 contiene (para la entidad $i = 17$) la fórmula `=MAX(G19 + F19 - E20, 0)` para calcular $W_{q,17}$ a partir de $W_{q,16}$ en la celda G19, S_{16} en la celda F19 y A_{17} en la celda E20. Notar que *no* tenemos el símbolo `$` en la referencia a estas celdas, debido a que *sí deseamos* que las filas

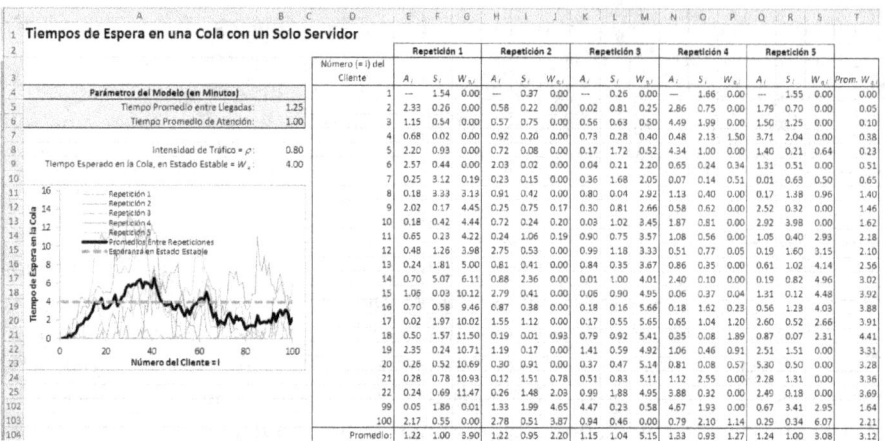

Figura 3.10: Simulación de los tiempos de espera en la cola utilizando Excel (`Modelo_03_05.xls`).

cambien a medida que copiamos estas fórmulas hacia abajo; esta relación ilustra la dependencia (autocorrelación) entre los tiempos de espera en la cola, un comportamiento que es importante tener en cuenta para desarrollar métodos apropiados para el análisis estadístico de las salidas de una simulación (no podemos tratar a las observaciones sucesivas de la salida de una simulación como si fueran independientes, a diferencia del análisis estadístico clásico y tradicional, como discutiremos al final de esta sección 3.3.1).

A continuación, hemos copiado las columnas E-G hacia la derecha cuatro veces, para tener un total de cinco *repeticiones* independientes de esta simulación, en hoja de cálculo, de 100 tiempos de espera en cola; estos bloques de tres columnas tienen por única diferencia el hecho de estar utilizando muestras independientes del volátil generador de números aleatorios `ALEATORIO()`. En la columna T hemos calculado los promedios, para cada $i = 1, 2, \ldots, 100$, de los cinco valores de $W_{q,i}$ a lo largo de las cinco repeticiones, es decir, esta columna contiene el promedio *entre repeticiones* de los tiempos de espera de la primera, segunda, ..., 100–ésima entidad en llegar al sistema. La fila 104 contiene los promedios (por columna) de los valores de las A_i's y S_i's; estos promedios son estimadores de las esperanzas de los tiempos entre llegadas y de los tiempos de atención ingresadas en las celdas B5 y B6 y sólo confirman la validez de nuestro generador de VAs exponenciales. Para las $W_{q,i}$'s, estos valores son promedios *dentro de repeticiones* de los tiempos de espera en cola, para cada una de las cinco repeticiones por separado. La gráfica de la izquierda muestra los tiempos de espera para cada repetición (líneas ligeras con picos), los promedios entre repeticiones del proceso de tiempos de espera (línea gruesa con picos, aunque menos pronunciados que los de las líneas ligeras) y el tiempo esperado de espera en la cola, en estado estable (línea punteada horizontal).

Presione la tecla F9 varias veces para apreciar la volatilidad de la función `ALEATORIO()` y preste atención a los cambios en los tiempos entre llegadas, de atención y de espera, como podrá observar, las líneas de la gráfica se modifican (los ejes verticales de la gráfica se re-escalan como respuesta al cambio en el tiempo de espera máximo, al volverse a generar todos los números aleatorios) Notar:

- Todas las gráficas de los tiempos de espera empiezan en 0, confirmando que la primera entidad en llegar al sistema tiene la fortuna de no tener que esperar en la cola. Aunque, generalmente, a medida que avanza el tiempo (medido aproximadamente por el número de la entidad en el eje horizontal), los tiempos de espera tienden a crecer, aunque ciertamente no monótonamente ni suavemente, debido a la variabilidad de los tiempos entre llegadas y de los tiempos de atención.

- La línea gruesa tiene picos menos pronunciados que las líneas ligeras, debido a que es el promedio de dichas líneas, y la existencia tanto de valores grandes como pequeños entre repeticiones tiende a compensar los promedios, disminuyendo la magnitud de los saltos.

- Tanto las líneas ligeras como la gruesa, tienen la característica de "arrastrar" el valor anterior. Es decir, aunque son ciertamente aleatorias, a medida que seguimos una línea hacia la derecha, los nuevos valores están "ligados", al menos aproximadamente, a los valores que ocurrieron cerca de ellos. Esta observación confirma la autocorrelación (positiva) de los tiempos de espera dentro de cada repetición, misma que se puede apreciar en la relación de recurrencia de Lindley en (3.7), como discutimos al final de la sección 3.3.1.

- Mientras que algunas pruebas con la tecla F9 le podrían sugerir una convergencia razonable de los tiempos promedio de espera al valor esperado en estado estable (línea punteada horizontal), la mayoría no sugiere la convergencia, indicando que (a) existe mucha perturbación aleatoria en este sistema y, (b) podría tomar mucho más de 5 repeticiones el tratar de tener estimadores cercanos al promedio de estado estable.

Prosiga probando diferentes valores para el tiempo promedio entre llegadas y para el tiempo promedio de atención en B5 y B6, pero cuidando que el tiempo promedio entre llegadas sea siempre mayor que el tiempo promedio de atención, de otra forma, la fórmula en B9 para el tiempo esperado en cola W_q, en estado estable, no será válida (aunque la simulación todavía es válida). Observe cómo cambian los resultados, especialmente cuando el tiempo promedio entre llegadas y el tiempo promedio de atención tiene valores cercanos (y la intensidad de tráfico ρ en B8 se acerca a 1 y W_q sigue creciendo y creciendo).

Queremos enfatizar que el haber podido desarrollar esta simulación dinámica *particular* en una hoja de cálculo ha sido posible gracias a la disponibilidad de la relación de recurrencia de Lindley (3.7). Notar también que el proceso de salidas es un proceso de tiempos de espera en una cola simple y no es algo más complicado, aun con este sistema de colas de un servidor (como la longitud de la cola o la utilización del servidor, ver la simulación manual de la sección 3.3.1). En general, para sistemas dinámicos complejos no disponemos de algo parecido a la relación de recurrencia de Lindley, por lo que la simulación de sistemas dinámicos realistas en una hoja de cálculo es completamente impracticable y casi siempre imposible. Ésta es la razón por la que necesitamos utilizar un software como Simio, especialmente diseñado para simulaciones dinámicas.

3.4 Opciones de Software para Simulación Dinámica

En la sección 3.3 nos esforzamos usando dos diferentes maneras (manual y en una hoja de cálculo) para realizar simulaciones dinámicas, ninguno de estos esfuerzos es aceptable para propósitos serios. En esta sección describimos dos maneras más realistas para construir simulaciones dinámicas.

3.4.1 Lenguajes de Programación de Propósito General

La lógica de la simulación manual descrita y laboriosamente llevada a cabo en la sección 3.3.1 puede ser expresada de manera más eficiente y general por medio de un lenguaje de programación de propósito general como C++, Java o Matlab, en lugar de una hoja de cálculo. Históricamente, ésta es la forma en que se hacían las simulaciones antes de la aparición de software para el propósito específico de la simulación. Todavía se usan en algunas situaciones, cuando el modelo es relativamente simple o existe la necesidad de una gran velocidad de cómputo. Sin embargo, es un procedimiento muy laborioso (aunque no tan malo como la simulación manual con hoja de cálculo de la sección 3.3.1), de lento desarrollo y propenso a cometer errores; aunque tiene la ventaja de lograr una casi completa flexibilidad para modelar comportamientos muy peculiares, que podrían no haber sido previstos por los desarrolladores de software de alto nivel para el propósito específico de la simulación.

Cuando usted utiliza un lenguaje de propósito general para una simulación dinámica de cambio discreto, todavía necesita identificar los eventos, y definir la lógica para cada uno de ellos. Para ello, usted escribe un subprograma (o función) para llevar a cabo la acción correspondiente a cada tipo de evento (en verdad, aún la sangría de las viñetas de la sección 3.3.1 que usamos para la lógica de los eventos de llegada y de abandono sugieren cómo deberían estar estructurados estos subprogramas). Los subprogramas de los eventos están ligados a través de algún tipo de programa principal o función que determina el siguiente evento, y dirige la ejecución del correspondiente subprograma de eventos, y cuida de hacer todo lo que se hizo en la simulación manual de la sección 3.3.1, como la actualización del calendario de eventos. Al final, usted debe programar el resumen estadístico apropiado y crear su reporte. Usted también necesita preocuparse de los generadores de números aleatorios (para las simulaciones estocásticas), de cómo generar observaciones de las distribuciones de probabilidad de entrada y de llevar el registro de las variables de estado del modelo en algún tipo de estructura de datos. Como puede imaginar, esto puede acarrear una gran cantidad de trabajo para los modelos con mucha complejidad, puede tomar mucho tiempo de análisis y se pueden cometer errores, algunos de los cuales pueden ser muy difíciles de detectar.

Sin embargo, todavía se construyen estos procedimientos en algunas ocasiones, quizá como módulos peculiares de simulaciones estándar más grandes. Para obtener mayor información sobre este tipo de programación ver, por ejemplo, [3], [34] o [59].

3.4.2   Software para el Propósito Específico de la Simulación

En este capítulo usted ha tenido la oportunidad de apreciar varios enfoques para llevar a cabo diferentes tipos de simulaciones. Hemos incluido una simulación "manual", ayudados por una hoja de cálculo, para llevar el registro de los datos y efectuar la aritmética y, al implementar la lógica de esta simulación, hemos aprovechado para discutir cómo podría usarse un lenguaje de programación de propósito general para programar una simulación. Finalmente, hemos construido modelos generales de simulación (aunque sencillos) dentro de una hoja de cálculo, ayudados de complementos específicos para la simulación.

Usted ha podido también apreciar que todos estos enfoques para simular, tienen serios inconvenientes, desde diferentes puntos de vista. Es obvio que la simulación manual es definitivamente impracticable para cualquier simulación real. Mientras que los lenguajes de propósito general se han usado para implementar simulaciones (y en cierta medida todavía se usan) que tienen la ventaja de su casi completa flexibilidad para modelar así como de su rapidez de ejecución, la programación de simulaciones dinámicas no triviales "desde cero" difícilmente es un camino práctico que pueda usarse ampliamente, debido al tiempo de analistas requerido y al alto riesgo de cometer errores de programación. Posiblemente las hojas de cálculo se continuarán usando ampliamente para simulaciones estáticas, especialmente con la ayuda de un complemento para la simulación, pero ellas simplemente no pueden adaptarse a la lógica, a la estructura de datos o a las necesidades de generalidad que requieren las simulaciones dinámicas de gran escala.

En verdad, desde hace mucho tiempo (mucho antes que aparecieran las hojas de cálculo) se reconoce la necesidad de contar con software de alto nivel, y relativamente fácil de usar, para desarrollar simulaciones dinámicas y, específicamente, para simulaciones dinámicas de cambio discreto. Recordando los años 1960s, se desarrollaron lenguajes de propósito específico para la simulación como GPSS ([56], [57]), SIMSCRIPT ([31]) y SIMULA ([5]), algunos de los cuales fueron ejemplos tempranos del paradigma *orientado a objetos* que usa Simio, aunque no se llamaban así en esa época. Se desarrollaron extensiones para lenguajes de programación de propósito general como FORTRAN, notablemente GASP ([51]). Estos desarrollos permitieron la aparición de lenguajes de simulación autosuficientes como SLAM ([52]) y SIMAN ([49]). Sin embargo, todos estos lenguajes de simulación fueron realmente eso, *lenguajes*, que usaban comandos en líneas de texto y sintaxis engorrosa, por lo que no eran especialmente amigables o intuitivos, ya sea para usarlos o para interpretarlos. Se han desarrollado interfaces gráficas para el usuario, frecuentemente con animación integrada, que abrieron la puerta a muchos más usuarios; dentro de estos paquetes de software se incluyen Arena ([29]), ExtendSim (`www.extendsim.com`), Promodel (`www.pmcorp.com`), Flexsim (`www.flexsim.com`), Simul8 (`www.simul8.com`) y otros. Para obtener mayor información sobre el software de simulación, consultar [3], [34] y especialmente [45] si está interesado en una revisión exhaustiva.

Simio es un producto relativamente reciente (este libro utiliza la versión 4 de Simio) que aprovecha las últimas capacidades para el modelado y desarrollo de software. Aunque es relativamente nuevo, Simio ha sido desarrollado por los mismos pioneros que desarrollaron SIMAN y Arena, por lo que hay mucha experiencia detrás de su desarrollo. Está centrado en torno a *objetos inteligentes* y proporciona un nuevo paradigma orientado a objetos que cambia radicalmente la manera de construir y utilizar los objetos. Los objetos de Simio se crean por medio de sencillos flujos gráficos de procesos que no necesitan de programación. Estos procedimientos permiten fácilmente la construcción de nuestros propios objetos para el modelado y librerías orientadas a la aplicación. La mayor parte de este libro le enseñará a usar la simulación, específicamente Simio, para resolver problemas prácticos de una manera efectiva.

3.5 Problemas

1. Extienda la simulación del lanzamiento de dos dados de la sección 3.2.1 en cada una de las siguientes maneras (una a la vez, no acumulativamente):

   a) En lugar de 50 lanzamientos, amplíe la hoja de cálculo para simular 500 lanzamientos. Compare los resultados. Presione la tecla F9 para obtener un "nuevo" conjunto de números aleatorios y, en consecuencia, un nuevo conjunto de resultados.

   b) Cargue los dados para que las probabilidades de las diferentes caras ya no sean uniformes (1/6 para cada cara) Sea cuidadoso asegurando que las probabilidades sumen 1.

   c) Utilice @RISK (ver la sección 3.2.3), u otro complemento interno de Excel para simulación estática de Monte Carlo en hojas de cálculo, para simular 10,000 lanzamientos del par de dados bien balanceados. Compare sus resultados con las verdaderas probabilidades de obtener una suma igual a $2, 3, \ldots, 12$ así como el verdadero valor esperado de 7.

2. En la simulación del lanzamiento de dos dados de la sección 3.2.1, obtenga (usando teoría de probabilidad elemental) la probabilidad de que la suma de los dos dados sea $2, 3, \ldots, 12$. Use estas probabilidades para encontrar el (verdadero) valor esperado y la desviación estándar de la suma de los dos dados. Compare el resultado con la media (muestral) de la celda J4; agregue a la hoja de cálculo la desviación estándar (muestral) de la suma de los dos dados y compárelo con el valor analítico de la desviación estándar. Mantenga el número de lanzamientos en 50.

3. Pruebe rigurosamente, usando teoría de probabilidad y la definición de valor esperado de una variable aleatoria que, en la sección 3.2.2, $E(Y) = \int_a^b h(x)dx$. Empiece escribiendo $E(Y) = E[(b - a)h(X)] = (b - a)E[h(X)]$, luego utilice la propiedad de valor esperado para una función de una variable aleatoria, y finalmente recuerde que X se distribuye como uniforme continua en $[a, b]$, por lo que tiene función de densidad $f(x) = 1/(b - a)$ para $a \le x \le b$.

4. Use @RISK, u otro complemento interno de Excel para simulación estática en hojas de cálculo, para extender el ejemplo de la sección 3.2.2 a 10,000 valores de X_i, en lugar de sólo 50 valores como en el `Modelo_03_02.xls` de la figura 3.2. Compare sus resultados con los del `Modelo_03_02.xls`, así como con los valores (casi) exactos de la integración numérica.

5. En la integración de Monte Carlo de la sección 3.2.2, agregue a la hoja de cálculo la desviación estándar de los 50 valores individuales, y utilícelos, junto con la media calculada en la celda H4, para calcular un intervalo del 95% de confianza para el valor exacto de la integral de la celda I4 ¿Contiene, o "cubre" su intervalo de confianza al valor exacto de la integral? ¿Con qué frecuencia (presione F9 repetidamente y lleve la cuenta manualmente)? Repita este ejercicio, pero con un intervalo del 90% de confianza, y luego con un intervalo del 99% de confianza.

6. En la simulación manual de la sección 3.3.1 y el archivo Excel `Modelo_03_01.xls`, acelere el servicio disminuyendo los tiempos de atención en un 20%. ¿Cuál es el efecto en el mismo conjunto de medidas de desempeño de salida? Discuta sus resultados.

7. Repita el problema 6, excepto que ahora haga más lento el servicio por medio de un aumento en los tiempos de atención del 20%. Discuta sus resultados.

8. En la simulación manual de la sección 3.3.1 y el archivo `Modelo_03_01.xls`, cambie la disciplina de atención, de FIFO a *trabajo más corto primero* (del inglés *shortest-job-first*, SJF), es decir, cuando el servidor se desocupa y hay entidades en la cola, la entidad con el menor tiempo de atención es la siguiente en ser atendida. Esta disciplina también es llamada *menor tiempo de proceso* (del inglés *shortest-processing-time*, SPT), ver la sección 2.1. Para hacer esto, usted deberá "asignar" el tiempo de atención (posiblemente futura) a cada entidad a medida que llega y luego usarlos para determinar quién sale primero de la cola. ¿Cuál es el efecto en el mismo conjunto de medidas de desempeño de salida? Usted podría implementar el procedimiento (a) insertar las nuevas entidades en la cola de manera que se mantengan ordenadas en orden no decreciente de sus tiempos de atención (y la entidad con el menor tiempo de atención estará siempre al inicio de la cola) o bien (b) insertar las nuevas entidades al final de la cola (si es que no pueden ingresar directamente a recibir atención) sin considerar su tiempo de atención y, cuando el servidor se desocupe, buscar en la cola la entidad que tiene el menor tiempo de atención — los resultados deben ser idénticos, pero ¿cuál procedimiento será más rápido computacionalmente (piense en una cola larga, no necesariamente en este pequeño ejemplo)?

9. En la simulación de inventarios de la hoja de cálculo de la sección 3.2.3 y el archivo Excel `Modelo_03_03.xls`, hemos decidido, arbitrariamente, crear 50 repeticiones (50 filas) y nuestros estimados de la ganancia promedio tienen ciertos anchos medios para sus intervalos de confianza (fila 59), a partir de la muestra de tamaño 50. Cambie los datos del archivo `Modelo_03_02.xls` para crear 200 repeticiones (el cuádruple) y, como usted esperaría, los anchos medios se hacen más pequeños — ¿por qué factor? —. Mida este factor lo mejor que pueda a partir de sus salidas (lo que será retador debido a la volatilidad del generador

de números aleatorios de Excel). Busque en algún libro de estadística la fórmula para el ancho medio de un intervalo de confianza (para la media, usando el enfoque tradicional de las distribuciones normal y t) e interprete sus resultados empíricos a la luz de esta fórmula. ¿Alrededor de cuántas repeticiones necesitaría para reducir estos anchos medios (en comparación con los originales de la hoja de cálculo con 50 repeticiones) por un factor de diez (es decir, sus estimadores del promedio tendrían un dígito significativo más de precisión estadística)?

10. En la simulación de inventarios de la hoja de cálculo de la sección 3.2.3 y el archivo Excel `Modelo_03_03.xls`, el *mismo* valor numérico de la demanda del periodo pico (en la columna F) fue usado, en cada repetición (fila), para calcular la ganancia para los cinco valores de prueba de h. En lugar de ello, usted podría generar una columna de valores independientes de la demanda para cada valor de h — cambie los datos del archivo `Modelo_03_02.xls` para hacerlo de esta manera, que también es válida —. Teniendo en cuenta que nuestro interés radica en las *diferencias* entre las ganancias para diferentes valores de h, ¿es "mejor" este nuevo método? Recuerde que existe "ruido" (variabilidad estadística) asociado a sus estimadores de la ganancia promedio y, a medida que exista menos ruido, más precisos serán sus estimadores, tanto los estimadores de la ganancia promedio para valores dados de h, como las diferencias entre beneficios que corresponden a diferentes valores de h.

11. En la simulación de inventarios de la hoja de cálculo de la sección 3.2.3 y el archivo Excel `Modelo_03_03.xls`, suponga que usted puede decidir entre contratar a un negociador cuya gestión le permitiría reducir el costo unitario al por mayor del proveedor, de $9.00 a $11.00 o contratar a una agencia de publicidad que pudiera mejorar la imagen de las tiendas, permitiendo que se puedan vender las gorras al por menor en un precio de $18.95 en lugar de $16.95 durante el periodo pico (asuma que el precio de remate al por menor permanece en $6.95). ¿Qué alternativa sería mejor? ¿Está usted seguro? Establezca su conclusión sobre la base del que pareciera ser el mejor valor (el de mayor ganancia) de h para cada una de las dos alternativas (que pudiera o no ser el mismo valor de h). Trate de considerar, por lo menos, algún tipo de análisis estadístico de sus resultados.

12. En el problema 11, en lugar de solicitar a la agencia una campaña para poder incrementar el precio de las gorras ¿sería mejor solicitar una campaña para incrementar la demanda máxima del periodo pico de 5000 a 6000? Asuma que su costo al por mayor sigue siendo $11.00 y que sus precios unitarios al por menor siguen siendo de $16.95 para el periodo pico y de $6.95 en la temporada de remate. Establezca su conclusión sobre la base del que pareciera ser el mejor valor (el de mayor ganancia) de h para cada una de las dos alternativas (que pudiera o no ser el mismo valor de h).

13. En la simulación de inventarios de la hoja de cálculo de la sección 3.2.3 y el archivo Excel `Modelo_03_03.xls`, en lugar de *vender* las gorras (con pérdida) que quedaron del periodo pico, usted podría *donarlas* a una institución de caridad y podría deducir el costo de las gorras donadas en su declaración de impuestos; asuma que ahorraría en impuestos el 34% de este costo. Aparte de sentirse bien por ayudar con una obra de caridad ¿obtendría un mejor resultado final? Establezca su conclusión sobre la base del que pareciera ser el mejor valor (el de mayor ganancia) de h para cada una de las dos alternativas (que pudiera o no ser el mismo valor de h).

14. En la versión original del Modelo 3-4 de la sección 3.2.4 se usaron las siguientes distribuciones para las variables aleatorias de entrada: $Q \sim$ Uniforme$(8000, 12000)$; $P \sim$ Normal$(10, 3)$, truncada por la izquierda en 2.0; y $V \sim$ Normal$(7, 2)$, por la izquierda

en 3.5 y por la derecha en 10.0. Los truncamientos son límites para los valores de P y V. Desarrolle un modelo que utilice estas distribuciones originales y realice nuevamente el análisis de la sección 3.2.4 con este nuevo modelo.

15. En la simulación de colas de la hoja de cálculo de la sección 3.3.2 y el archivo Excel `Modelo_03_05.xls`, "corra" el modelo para generar 1000 tiempos de espera en la cola, en lugar de sólo 100. Compare sus resultados con el tiempo esperado en la cola W_q, en estado estable, en comparación con la corrida más corta de 100 clientes. Explique.

16. En la simulación de colas de la hoja de cálculo de la sección 3.3.2 y el archivo Excel `Modelo_03_05.xls` (con una longitud de "corrida" de 100, como se hizo originalmente), suba la tasa de llegadas disminuyendo el tiempo promedio entre llegadas de 1.25 minutos a 1.1 minutos y compare sus resultados con los datos originales del ejemplo. Incremente aún más la tasa de llegadas disminuyendo el tiempo promedio entre llegadas a 1.05, y luego a 1.01, y observe cómo se ven afectados los resultados, tanto los de su simulación como el tiempo esperado en cola W_q, en estado estable.

17. Continúe con el problema 16 y reduzca el tiempo promedio entre llegadas a 1.00, luego 0.99, luego 0.95, luego 0.88 y finalmente 0.80 (¡sea valiente!) ¿Qué está sucediendo? A la luz de las discusiones sobre "estabilidad" del capítulo 2 ¿tienen sus resultados algún "sentido" (cualquiera que sea en este contexto)? Sería aconsejable considerar sus respuestas a esta pregunta sobre "sentido" en forma separada para el tiempo esperado en cola W_q, en estado estable, y para los resultados de la simulación de 100 clientes.

18. Walter tiene un puesto al costado de la carretera donde vende avena, guisantes, frijoles y cebada. Él compra los productos al por mayor, al precio por libra de $1.05, $3.17, $1.99 y $0.95, respectivamente; los vende al por menor, al precio por libra de $1.29, $3.76, $2.23 y $1.65, respectivamente. En cada día las cantidades demandadas (en libras) pueden ser tan pequeñas como cero para cada producto y tan grandes como 10, 8, 14 y 11 para avena, guisantes, frijoles y cebada, respectivamente; Walter vende sólo libras completas, sin fracciones. Asuma una distribución discreta uniforme para la demanda diaria de cada producto en el rango correspondiente; asuma también que Walter siempre tiene suficiente inventario para satisfacer toda la demanda. Esta temporada de venta de verano tiene 90 días y la demanda en cada día es independiente de la demanda de los otros días. Desarrolle una simulación en hoja de cálculo que le permita simular el costo total, el beneficio total y la ganancia total de Walter, para cada día y para toda la temporada.

19. Un auto nuevo tiene un precio de lista (el precio del concesionario) de US$22,000. Sin embargo, existen varias opciones para el cliente (transmisión automática, bocinas de lujo, faros para neblina, auto-regulación para espejos retrovisores, quemacoco) que pueden agregar entre US$0 y US$2000 al precio de venta del auto, dependiendo de las opciones que escoge el cliente; asuma que el costo total de las opciones del cliente se distribuye uniformemente continua en dicho rango. Por otro lado, muchos clientes negocian una rebaja sobre el precio del auto; asuma que esta rebaja se distribuye uniformemente continua entre US$0 y US$3000, y es independiente de las opciones. El precio de venta del auto será de $22,000 más el costo total de las opciones, menos la rebaja.

   a) Construya una simulación en Excel que calcule el precio de venta de los próximos 100 autos vendidos, usando sólo las capacidades que vienen cpn Excel, i.e., no use @RISK o algún otro complemento para Excel. Calcule la media muestral, la desviación estándar, el mínimo y el máximo de sus 100 precios de venta. Construya un intervalo del 95% de confianza para el precio de venta esperado de muchas ventas futuras (no

Tabla 3.2: Opciones para autos nuevos en el problema Problem 20.

Opción	Precio	% de clientes que elijen la opción
Transmisión automática	$1000	60
Bocinas de lujo	$120	10
Faros para neblina	$200	30
Auto-regulación para espejos retrovisores	$180	20
Quemacoco	$500	40

sólo las próximas 100), utilizando Excel (*Sugerencia*: inspeccione la función TINV de Excel, cuidando de entender los parámetros de entrada). Además, construya un histograma de sus 100 precios de venta, ya sea repitiendo lo que se hizo con el Modelo 03-04, o utilizando la cinta para Análisis de Datos que trae Excel (podría necesitar instalar la cinta con Archivo > Opciones > Complementos, y luego al final de la ventana seleccione Complementos para análisis, y presione el botón Ir, luego seleccione Herramientas para análisis, y finalmente Aceptar) y la opción de Histograma (puede usar la ayuda de Excel para este fin). Utilice sólo Excel, i.e., no use calculadoras o tablas estadísticas, etc.

b) En una segunda hoja de cálculo (pestaña) de su mismo archivo de Excel, repita la parte a), excepto que ahora utilice @RISK u otro complemento para simulación en hojas de cálculo; incluya funciones del complemento para generación de variables aleatorias, en lugar de sus propias fórmulas para generar los valores de las distribuciones uniformes; asímismo, no calcule los intervalos de confianza para el precio de venta esperado. En lugar de 100 autos, simule 10,000 autos para obtener mejores estimadores para el precio de venta esperado, y un histograma más suave (utilice los histogramas de @RISK). Nuevamente, repita todo con Excel (sin usar @RISK).

20. Para refinar el problema 19, en la tabla 3.2 se presentan los precios de las cinco opciones disponibles, y los porcentajes de clientes que elijen cada opción. (por ejemplo, existe una probabilidad de 0.6 de que un cliente dado elija la opción de transmisión automática, etc.). Asuma que cada cliente elije una opción independientemente de las otras. Repita el inciso a) del problema 19, pero con esta estructura de precios, donde cada cliente elije o no elje cada opción; la rebaja ocurre como en el problema 19, y es independiente de las opciones elegidas por el cliente. Haga la simulación con Excel, es decir, no use @RISK. *Sugerencia 1*: La probabilidad de que un número aleatorio en $[0, 1]$ sea menor que 0.6 es 0.6. *Sugerencia 2*: La función de Excel =SI(condición, x, y) regresa x si la condición es verdadera, y y si la condición es falsa.

Capítulo 4

Los Primeros Modelos en Simio

El objetivo principal de este capítulo es presentar el proceso de construcción de modelos de simulación utilizando Simio. La construcción de modelos de simulación va de la mano con el análisis estadístico de los resultados de la salida de la simulación, de modo que, al mismo tiempo que construimos nuestros modelos, los ejecutamos y analizamos para aprender a hacer inferencias válidas acerca del sistema que está siendo modelado. El capítulo comenzará con la construcción de un modelo completo en Simio y presentará los conceptos de verificación, experimentación y análisis estadístico de los datos de salida de la simulación de dichos modelos. Mientras que el proceso básico de la construcción de modelos y el proceso de análisis no son en sí mismos específicos para Simio, nos enfocaremos en Simio como un vehículo de implementación.

El modelo inicial utilizado en este capítulo es muy simple y, excepto por la longitud de la corrida, es básicamente el mismo que el Modelo 3-1, simulado manualmente en la sección 3.3.1, y el Modelo 3-3, simulado en hoja de cálculo en la sección 3.3.2. La familiaridad y simplicidad de este modelo nos permitirá enfocarnos en el proceso y en los conceptos fundamentales de Simio, más que en el modelado. Luego haremos algunas modificaciones sencillas al modelo inicial para mostrar conceptos adicionales de Simio. Posteriormente, en los siguientes capítulos extenderemos el modelo progresivamente para incorporar capacidades adicionales de Simio y técnicas de modelado de simulación para construir modelos más complejos. Éste es un sistema de colas de un solo servidor con una tasa de llegadas $\lambda = 48$ entidades/hora y tasa de atención $\mu = 60$ entidades/hora (figura 4.1). Este sistema podría representar a una máquina en un complejo de manufactura, a un cajero en un banco, a un cajero en un restaurante de comida rápida o a una enfermera atendiendo en una sala de emergencias, entre muchas otras situaciones.

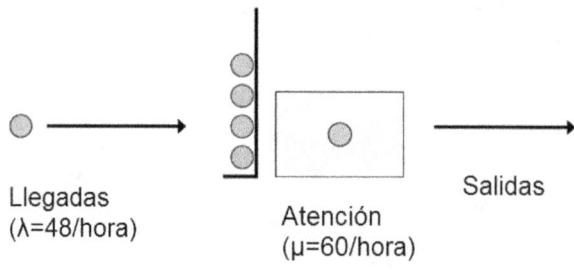

Figura 4.1: Ejemplo de una cola con un solo servidor.

Para nuestros propósitos, realmente no importa lo que está siendo modelado — al menos por el momento —. Asuma inicialmente que el proceso de llegadas es Poisson (i.e., los tiempos entre llegadas están distribuidos exponencialmente y son independientes entre ellos), que los tiempos de atención son exponenciales e independientes (entre ellos y con respecto a los tiempos entre llegadas), que la cola tiene capacidad infinita y que la disciplina de atención será primer llegado, primer servido (FIFO por sus siglas en inglés). Nuestro interés radica en las métricas típicas relacionadas con las colas como: el número de entidades en la cola (tanto máximo como promedio), el tiempo que una entidad permanece en la cola (tanto máximo como promedio, nuevamente), la utilización del servidor, etc. Si tuviéramos interés en el largo plazo o en el comportamiento en estado estable, este sistema podría analizarse fácilmente utilizando métodos analíticos estándar para el análisis de colas (como se describe en el capítulo 2), pero nuestro interés, en este caso, es modelar el sistema utilizando Simio.

Este capítulo describe dos métodos alternativos para modelar el sistema de colas utilizando Simio. El primer método utiliza la ventana *Facility* y los objetos de Simio de la librería estándar (en adelante *Standard Library*, ver la sección 4.2). El segundo método utiliza procesos de Simio (*Processes*, ver sección 4.3) para construir el modelo en un nivel más bajo, lo cual, en ocasiones, es necesario para modelar adecuadamente o con mayor detalle. Estos dos métodos no están completamente separados — los objetos de la *Standard Library* se construyen utilizando procesos de Simio —. Los objetos preconstruidos de la *Standard Library* proporcionan una interfaz de alto nivel, más natural para la construcción del modelo y para combinar la animación con la funcionalidad básica de los objetos. Los procesos personalizados proporcionan una interfaz con Simio de nivel bajo y son típicamente utilizados por modelos que requieren procesos que constituyen a los objetos de la *Standard Library*, pero éste es un tema para un capítulo posterior.

El capítulo comienza con un recorrido por la ventana de Simio y por la interfaz del usuario en la sección 4.1. Como se mencionó anteriormente, la sección 4.2 lo guía a través del proceso de construcción de un modelo del sistema en la ventana *Facility*, utilizando objetos de la *Standard Library*, posteriormente procede a experimentar un poco con este modelo , al mismo tiempo que presenta conceptos importantes como repeticiones estadísticamente independientes, calentamiento, simulaciones de estado estable vs. simulaciones transitorias y la verificación de la validez de su modelo. La sección 4.3 reconstruye el primer modelo con procesos de Simio en lugar de objetos. La sección 4.4 le agrega contexto al modelo inicial y modifica las distribuciones de los tiempos entre llegadas y de los tiempos de atención. Las secciones 4.5 y 4.6 muestran cómo utilizar enfoques innovadores, implementados por Simio, para el análisis estadístico de los datos de salida de una simulación. La sección 4.8 describe las características básicas de la animación en Simio e incorpora animación a los modelos. A medida que sus modelos empiezan a ser más interesantes, empezará a encontrar comportamientos inesperados. Por ello, finalizamos el capítulo con la sección 4.9 en la que describimos el procedimiento básico para encontrar y corregir errores. A pesar de que los sistemas modelados en este capítulo son bastante simples, después de haber revisado su contenido, usted tendrá las bases suficientes para comprender no sólo cómo construir modelos en Simio sino también cómo utilizarlos.

4.1 La Interfaz Básica del Usuario de Simio

Antes de comenzar a construir modelos, haremos un rápido recorrido por la interfaz del usuario de Simio para presentar las capacidades disponibles y la forma de navegar entre los componentes de modelado.

Al cargar Simio, aparecerá un nuevo modelo de Simio — el comportamiento por defecto — o el más reciente modelo que se haya abierto previamente, si ha activado la caja "Load most recent project at startup" de la página de la cinta File. La figura 4.7 muestra la vista inicial por defecto

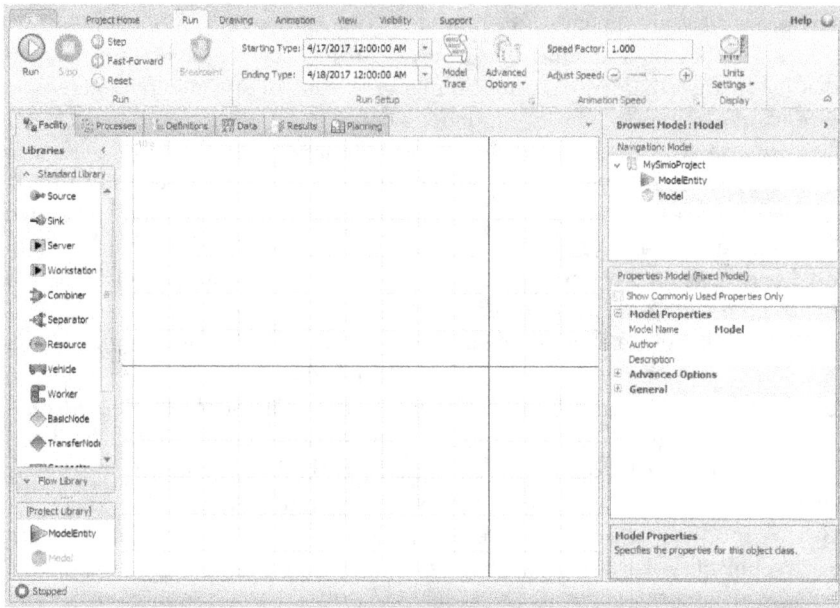

Figura 4.2: Ventana Facility en el nuevo modelo.

de un nuevo modelo de Simio. Aunque tendrá una inclinación natural por empezar a construir el nuevo modelo inmediatamente, le recomendamos que tome su tiempo para explorar la interfaz y los recursos que proporciona Simio en la cinta Support ribbon (descrita más adelante). Estos recursos le pueden ahorrar una gran cantidad de tiempo.

Cintas

Las cintas son un innovador componente de interfaz introducidas en Microsoft® Office 2007 para reemplazar al estilo antiguo de menús y barras de herramientas. Las cintas le ayudarán a completar tareas rápidamente a través de la combinación de una organización intuitiva con un ajuste automático de contenidos. Los comandos están organizados por grupos lógicos, los cuales están agrupados bajo pestañas. Cada pestaña se relaciona con algún tipo de actividad, tal como correr un modelo o dibujar un símbolo. Las pestañas se despliegan automáticamente o se traen al frente, dependiendo de la actividad que se esté realizando. Por ejemplo, cuando se está trabajando con un símbolo se resalta la pestaña de símbolos. Notar que las cintas específicas que están disponibles, dependen de "dónde se encuentra" en el proyecto (es decir, qué elementos se han seleccionado en los diferentes componentes de la interfaz).

Cinta *Support*

La cinta *Support* de Simio (ver la figura 4.3) incluye muchos de los recursos disponibles para aprender y obtener lo mejor de Simio, y también cómo contactar a la gente de Simio por ideas, preguntas o problemas. Información adicional está disponible por medio del vínculo al Soporte Técnico de Simio (http://www.simio.com/resources/technical-support/) donde encontrará una descripción de las políticas de soporte técnico y vínculos al *Simio User Forum* y otros grupos relacionados con Simio. La versión de Simio y la información sobre la licencia también está disponible en la cinta *Support*. Esta información es importante si contacta al Soporte de Simio.

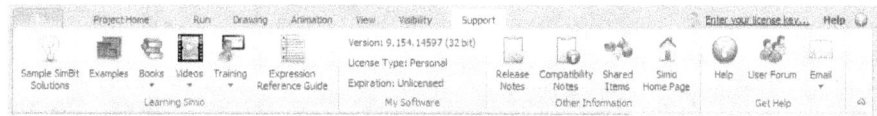

Figura 4.3: Cinta *Support* de Simio.

Simio incluye una ayuda exhasutiva, disponible con sólo pulsar la tecla F1 o el ícono "?" en la parte superior derecha de la ventana de Simio. Si prefiere la versión imprimible, encontrará un vínculo a la *Simio Reference Guide* (un archivo tipo .pdf). La ayuda y la guía de referencia proveen recursos de búsqueda asociados a un índice que describen las características básicas y avanzadas de Simio. Para acceder a oportunidades adicionales de capacitación, también encontrará vínculos a tutoriales y a otros recursos disponibles en línea. La cinta Support también tiene vínculos directos para abrir ejemplos de proyectos y *SimBits* (descritos más adelante) y para acceder a libros relacionados con Simio, nodos de liberación y compatibilidad, y el *Simio User Forum*.

Pestañas de Modelado de Proyectos

Además de las pestañas de la cinta, ubicadas en la parte superior de la ventana, si tiene un proyecto de Simio abierto, verá un segundo grupo de pestañas justo debajo de la cinta. Éstas son pestañas de modelado de proyectos utilizadas para seleccionar entre varias ventanas que están asociadas con el modelo o con el experimento activo. Las ventanas disponibles dependerán de la clase de objeto a la que pertenece el modelo seleccionado, pero generalmente se incluyen *Facility, Processes, Definitions, Data, Dashboard* y *Results*. Si está usando la licencia Enterprise de Simio, también encontrar+a la pestaña *Planning*. Cada una de éstas será discutida en detalle posteriormente, pero, inicialmente, usted pasará la mayor parte del tiempo en la ventana *Facility*, donde se desarrolla la mayor parte del desarrollo, prueba y corridas interactivas del modelo.

Librerías de Objetos

Las *librerías de objetos* de Simio son colecciones de definiciones de objetos, relacionadas con algún tema o dominio común de modelado. A continuación haremos una breve introducción a las librerías — en la sección 5.1.1 se presentan detalles adicionales sobre los objetos, librerías, modelos, y las relaciones entre ellos. Las librerías en el lado izquierdo de la ventana *Facility*. Bajo la instalación estándar de Simio, las librerías *Standard Library* y *Flow Library* aparecen por defecto, y la librería *Project Library* forma parte integral del proyecto. Las librerías *Standard* y *Flow* se abren haciendo clic en sus correpondientes nombres, en la base de la ventana de librerías (sólo se abre una a la vez). La librería *Project* permanece abierta y puede expandirse/comprimirse haciendo clic y arrastrando sobre el separador '....' . Otras librerías pueden agregarse usando el botón *Load Library* de la cinta *Project Home*.

La *Standard Library* (librería estándar de objetos), ubicada en el lado izquier-do de la ventana *Facility*, es un grupo de objetos de propósito general que se incluyen de manera estándar con Simio. Cada uno de estos objetos representa un objeto físico, un instrumento o un elemento que podría encontrar dentro de la instalación que está siendo modelada. En muchos casos, usted construirá la mayor parte de su modelo arrastrando objetos de la *Standard Library* a la ventana *Facility*. La tabla 4.1 enlista los objetos de Simio en la *Standard Library*.

La librería *Project Library* incluye los objetos definidos en el proyecto. Como tal, cualquier nueva definición de objeto, creada en el proyecto, aparece en la librería *Project Library* de dicho proyecto. Los objetos de la *Project Library* se definen/actualizan desde la ventana *Navigation*

Tabla 4.1: Objetos de la *Standard Library* de Simio (tomadas con autorización del libro *Introduction to Simio*).

Objeto	Descripción
Source	Genera entidades de un tipo y un patrón de llegadas específico.
Sink	Destruye entidades que han completado su proceso dentro del modelo.
Server	Representa un proceso capacitado como una máquina u operación de servicio.
Workstation	Modela una estación de trabajo completa con fases de apertura de proceso, procesamiento y terminación, así como recursos secundarios y requerimientos de materiales.
Combiner	Combina múltiples entidades con una entidad matriz.
Separator	Desagrupa un conjunto de entidades o genera copias de alguna entidad.
Resource	Un objeto genérico que puede ser capturado y liberado por otros objetos.
Vehicle	Un transportador que puede seguir una ruta fija o seguir rutas a solicitud para recoger/entregar.
Worker	Modela actividades asociadas con personas. Puede ser utilizada como un objeto móvil o como un transportador y puede acatar horarios/turnos.
BasicNode	Modela una intersección simple entre varios vínculos.
TransferNode	Modela una intersección compleja para cambiar el destino y el modo de viaje.
Connector	Un vínculo simple entre dos nodos con tiempo de recorrido igual a cero.
Path	Un vínculo sobre el cual las entidades pueden moverse independientemente y a su propia velocidad.
TimePath	Un vínculo que tiene un tiempo de recorrido específico para todas las entidades.
Conveyor	Un vínculo que modela bandas de transporte acumulativas o no acumulativas.

(que se describe a continuación) y pueden usarse (colocarse en la ventana *Facility*) desde la *Project Library*. Para simplificar el modelado, la *Project Library* contiene por defecto el objeto *ModelEntity*. La librería *Flow Library* incluye un conjunto de objetos para el modelado de sistemas con procesamiento de flujos. Consulte la ayuda de Simio para mayor información sobre el uso de esta librería. Otras librerías de dominio específico están disponibles en el *Simio User Forum* y pueden accederse presionando el botón *Shared Items* de la cinta *Support*. Los métodos para que pueda crear objetos y librerías propios serán discutidos en el capítulo 11.

Ventana *Properties*

La ventana *Properties*, en el costado inferior derecho de la pantalla, despliega las propiedades (características) de cualquier objeto o elemento que esté seleccionado en ese momento. Por ejemplo, si un servidor ha sido ubicado en la ventana *Facility*, cuando éste sea seleccionado, usted podrá desplegar y cambiar sus propiedades allí mismo. Las barras grises indican categorías o agrupaciones de propiedades similares. Por defecto, las categorías modificadas más a menudo

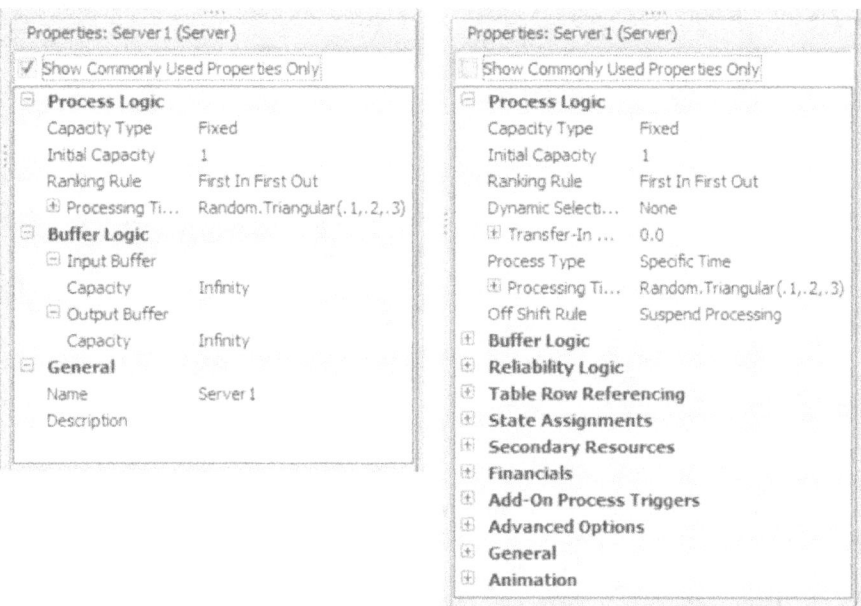

Figura 4.4: 'Show Commonly Used Properties Only' option.

son expandidas para que usted pueda apreciar todas las propiedades. Las categorías menos cambiadas son colapsadas por defecto, pero usted puede expandirlas haciendo clic con el signo de "+" ubicado a la izquierda. Si usted cambia el valor de la propiedad, éste será desplegado en negrita y su categoría será expandida para facilitar el cambio. Para regresar una propiedad a su valor por defecto, haga clic derecho en el nombre de la propiedad y seleccione *Reset*.

Simio tiene la opción de desplegar sólo las 'propiedades usadas frecuentemente' para el objeto seleccionado. La figura 4.4 muestra la ventana de propieda-des para el objeto *Server* con esta opción seleccionada y no seleccionada. Notar que esta opción no cambia el comportamiento de las instancias del objeto; sólo oculta algunas de las propiedades para simplificar la interfaz y resaltar las propiedades usadas con más fercuencia. Si no puede ubicar una propiedad deseada mientras modela, asegúrese de que la caja no está seleccionada, para que pueda ver el conjunto completo de las propiedades del objeto.

Ventana *Navigation*

Un proyecto (*project*) en Simio consiste de uno o más modelos (*models*) u objetos (*objects*), así como de otros componentes como símbolos (*symbols*) y experimentos (*experiments*). Usted puede navegar entre los componentes utilizando la ventana *Navigation* en la esquina superior derecha. Cada vez que seleccione un nuevo componente, usted podrá apreciar el cambio en las pestañas y cintas, de acuerdo con su selección. Por ejemplo, seleccione *ModelEntity* en la ventana *Navigation* y tendrá disponible un conjunto de pestañas de modelado del proyecto ligeramente diferentes, luego podría seleccionar la pestaña *Definitions* para agregar un estado a dicho objeto. Posteriormente, seleccione el objeto *Model*, ubicado en la ventana *Navigation*, para continuar editando el modelo principal. Si en algún momento duda acerca de cuál es el objeto con el que está trabajando, observe la barra de título en la parte superior de la ventana *Navigation* o la barra resaltada dentro de la ventana *Navigation*. Los objetos que aparecen en la librería y en la ventana *Navigation* pueden confundir a los nuevos usuarios — sólo recuerde que los objetos se

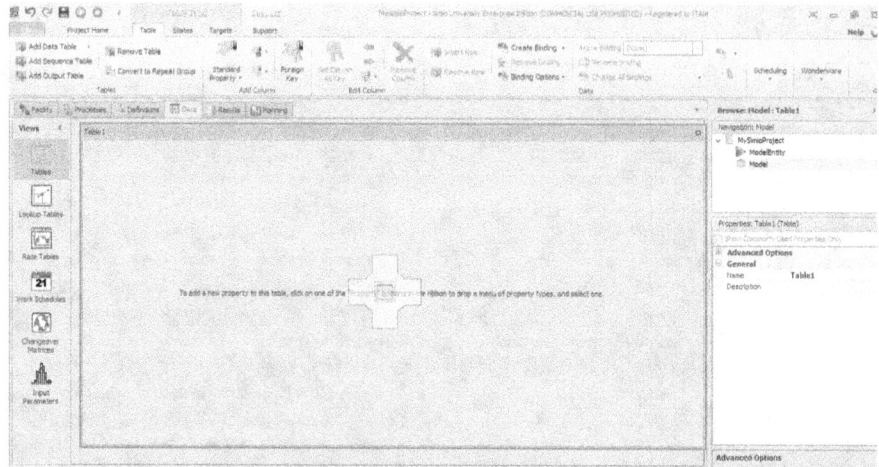

Figura 4.5: Arrastrando la ventana de una pestaña hacia una nueva posición.

arrastran desde la librería y se *definen/editan* desde la ventana *Navigation*. En la sección 5.1.1 se proporcionan detalles adicionales.

SimBits

Una capacidad de Simio que seguramente querrá explotar es la librería de *SimBits*. Los *SimBits* son modelos pequeños y bien documentados que ilustran un concepto de modelado o explican cómo resolver un problema común. La documentación completa para cada uno se encuentra en un archivo tipo .pdf que se carga automáticamente, así como en la ayuda en línea. Mientras que pueden ser cargados directamente del menú *Open*, probablemente la mejor manera de encontrar un *SimBit* útil es buscando en la página *SimBit* ubicada en la parte superior de la ventana *Navigation*. Allí encontrará una lista categorizada de todos los *SimBits*, equipada con un filtro, que le permitirá encontrar rápidamente *SimBits* de interés (en este caso, cargando una segunda copia de Simio, conservando su propio espacio de trabajo). *SimBits* es una ayuda importante para aprender nuevas técnicas de modelado, objetos, y elaboraciones ingeniosas.

Configuración de Ventanas y Pestañas

Las explicaciones previas se refieren a las posiciones por defecto de las ventanas, pero la posición de algunas de las ventanas puede ser cambiada fácilmente. Muchas ventanas y pestañas de diseño y experimentación (por ejemplo, la ventana *Process* o las pestañas individuales de tablas de datos) pueden ser cambiadas de sus posiciones por defecto, ya sea dando clic derecho sobre ellas o arrastrándolas. Al arrastrar una ventana aparecerán dos grupos de flechas: un grupo cerca del centro de la ventana y un grupo cerca del perímetro de la ventana. Por ejemplo, la figura 4.5 ilustra los objetivos del movimiento justo antes de que usted empiece a arrastrar la ventana de una tabla. Soltando la pestaña de la tabla en alguna de las flechas hará que la tabla se despliegue en una nueva ventana (en dicha posición).

Usted puede arreglar las ventanas en grupos de pestañas horizontales y verticales haciendo clic derecho en cualquier pestaña y seleccionando la opción deseada. También puede arrastrar algunas ventanas (*Search, Watch, Trace, Errors* y *object Consoles*) fuera de la aplicación Simio, incluso a otro monitor, de modo que pueda aprovechar toda la superficie de su pantalla. Si se lamenta de su arreglo de ventanas o si pierde alguna ventana (se debería desplegar pero no la

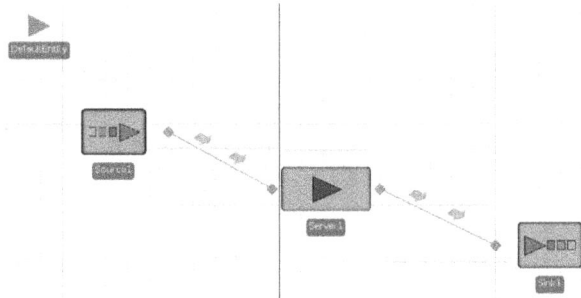

Figura 4.6: Modelo en Simio de un sistema de colas con un solo servidor (Modelo 4-1).

encuentra) use el botón *Reset* de la cinta *Project Home* para restablecer la configuración de ventans por defecto.

4.2 Modelo 4-1: Primer Proyecto Utilizando Objetos de la *Standard Library*

En esta sección construiremos en Simio el modelo básico antes descrito y haremos un poco de experimentación y análisis con él: la sección 4.2.1 lo guiará en la construcción del modelo en Simio, en lo que llamamos la vista *Facility* usando la *Standard Library*, haremos una sola corrida y revisaremos los resultados. Posteriormente, en la sección 4.2.2 utilizaremos esta primera corrida para hacer un poco de experimentación inicial e informal con el sistema, comparando los resultados con lo que predice la teoría estándar de colas. La sección 4.2.3 presenta las nociones relacionadas con la replicación y el análisis estadístico de los resultados de la salida, así como las facilidades que tiene Simio para ayudar a conducir este análisis. En la sección 4.2.4 discutiremos acerca de lo que, de manera general, se entiende como simulación de largo plazo vs. de corto plazo y por qué podríamos necesitar "calentar" el modelo si estamos interesados en su comportamiento de largo plazo. La sección 4.2.5 retoma algunas de las mismas preguntas surgidas en la sección 4.2.2, específicamente con el objetivo de verificar que nuestro modelo sea válido, pero ahora armados con mejores herramientas como el calentamiento y el análisis estadístico de los datos de la salida. Toda nuestra discusión se restringe al caso en el que tenemos un solo escenario (configuración del sistema) de interés. En la sección 5.5 del capítulo 5, discutiremos el objetivo más frecuente de comparar escenarios alternativos y presentaremos herramientas estadísticas adicionales para lograr tal objetivo.

4.2.1 Construyendo el Modelo

La utilización de los objetos contenidos en la *Standard Library* es el método más usado para construir modelos en Simio. Estos objetos prefabricados serán suficientes para los sistemas más comunes. La figura 4.6 muestra el modelo terminado de un sistema de colas usando la vista *Facility* (note que la pestaña *Facility* está resaltada en el área de pestañas correspondiente al objeto *Model*). En los siguientes párrafos mostraremos cómo construir este modelo paso a paso. El modelo de colas incluye entidades, un proceso de llegadas de las entidades, un proceso de atención y un proceso de salida. En la vista Facility de Simio, estos procesos pueden ser modelados usando los objetos *Source*, *Server* y *Sink*. Para comenzar la construcción del modelo, inicie la aplicación de Simio y cree un nuevo modelo haciendo clic en el ícono *New* de la página *File* (accesible desde la cinta *File*). Una vez que se abra el nuevo modelo, haga clic en la

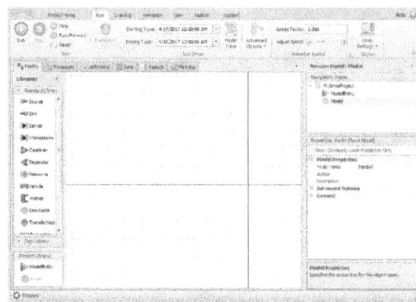

Figura 4.7: Modelo nuevo visto desde la vista *Facility*.

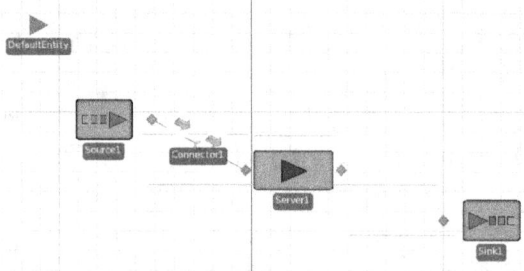

Figura 4.8: Uso de un *Connector* para asociar al objeto *Source* con el objeto *Server* en el Modelo 4-1.

pestaña *Facility* para asegurarse de que la vista *Facility* esté abierta, asegúrese también de que la *Standard Library* esté visible, haciendo clic en el encabezado de la *Standard Library* a la izquierda de la pantalla; como lo ilustra la figura 4.7. En primer lugar, añada un objeto del tipo *ModelEntity* haciendo clic sobre el objeto *ModelEntity* en el panel *ProjectLibrary*, luego arrastre el objeto a la ventana *Facility* (en realidad estamos arrastrando una *instancia* de él, ya que la definición del objeto está en el panel *ProjectLibrary*). Posteriormente, haga clic en el objeto *Source* de la *Standard Library* y arrástrelo a la ventana *Facility*. Similarmente, seleccione y arrastre hacia la ventana *Facility* una instancia del objeto tipo *Server* y del objeto tipo *Sink*. El siguiente paso es conectar los objetos *Source*, *Server* y *Sink* en nuestro modelo. Utilizaremos el objeto de conexión estándar *Connector*, el cual transfiere entidades entre nodos (*nodes*) en un tiempo de simulación de cero. Para utilizar este objeto, seleccione el *Connector* de la *Standard Library*. Después de seleccionar el objeto *Connector*, el cursor toma forma de cruz. Con este nuevo cursor, seleccione el nodo de salida (*Output Node*) del objeto *Source* (este nodo se encuentra del lado derecho del objeto) y posteriormente seleccione el nodo de entrada (*Input Node*) del objeto *Server*, que se encuentra al lado izquierdo del objeto. Esta acción le indica a Simio que las entidades fluyen instantáneamente del objeto *Source* al objeto *Server*. Siga el mismo proceso para añadir un *Connector* desde el nodo de salida del objeto *Server* hacia el nodo de entrada el objeto *Sink*. La figura 4.8 muestra el modelo con el *Connector* descrito desde el objeto *Source* hacia el objeto *Server*. No está de más recordarle que éste sería un buen momento para guardar su modelo ("guarde temprano y guarde a menudo", como seguramente ya lo sabe). Escogimos el nombre `Modelo_05_01.spfx` siguiendo la convención de nomenclatura, presentada en la sección 3.3.1, para nuestros archivos de los ejemplos (`spfx` es la extensión por defecto para los archivos de proyectos de Simio). Como se describió en el Prefacio, todos los archivos de los ejemplos están disponibles en el sitio web del libro.

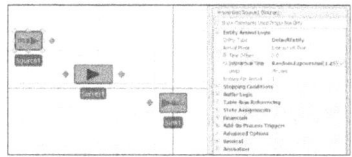

Figura 4.9: Estableciendo la distribución del tiempo entre llegadas para el objeto *Source*.

Antes de continuar con la construcción de nuestro modelo, es necesario mencionar que los objetos de la *Standard Library* incluyen varias colas por defecto. Estas colas están representadas por las líneas verdes horizontales de la figura 4.8. Simio utiliza filas donde las entidades[1] posiblemente *esperan*, es decir, permanecen en el mismo lugar lógico dentro del modelo por un periodo de tiempo de la simulación. El Modelo 4-1 incluye a las siguientes colas:

- *OutputBuffer.Contents* en `Source1`. Utilizada para almacenar las entidades que esperan para salir del objeto *Source*.

- *InputBuffer.Contents* en `Server1`. Utilizada para almacenar las entidades que esperan para entrar al objeto *Server*.

- *Processing.Contents* en `Server1`. Utilizada para almacenar las entidades que están siendo procesadas por el objeto *Server*.

- *OutputBuffer.Contents* en `Server1`. Utilizada para almacenar las entidades que esperan para salir del objeto *Server*.

- *InputBuffer.Contents* en `Sink1`. Utilizada para almacenar entidades que esperan para entrar al objeto *Sink*.

En nuestro sistema de colas de un solo servidor, mostrado en la figura 4.1, se presenta una sola cola que corresponde a la cola *InputBuffer.Contents* del objeto `Server1`. La cola *Processing.InProcess* del objeto `Server1` almacena a la entidad que está siendo procesada en cualquier momento del tiempo de simulación. Las otras colas dentro de nuestro sencillo modelo no son utilizadas (de hecho, las entidades simplemente se mueven instantáneamente a través de dichas colas, en un tiempo de simulación nulo). Cuando extendamos nuestro modelo para incorporar detalles adicionales del sistema, describiremos dónde y cuando se utilizan el resto de las colas. Ahora que la estructura básica del modelo está completa, añadiremos los parámetros de modelado a los objetos. En el caso de nuestro modelo, necesitamos especificar las distribuciones de probabilidad que gobiernan los tiempos entre llegadas y los tiempos de atención de las entidades que ingresan al sistema. El objeto *Source* crea entidades que irán llegando de acuerdo con el proceso de llegadas especificado. Para el proceso de llegadas, deseamos un proceso de Poisson con una tasa de $\lambda = 48$ entidades por hora, de modo que le indicaremos a Simio que el tiempo entre llegadas está distribuido exponencialmente con una media de 1.25 minutos ($= 60/48$ de modo que sea la misma *tasa* de 48/hora). Dentro de Simio, el tiempo entre llegadas es una *propiedad* del objeto *Source*. Las propiedades de los objetos son establecidas y editadas en la ventana *Properties* — seleccione el objeto *Source*, haciendo clic sobre él, y se desplegará la ventana *Properties* en el panel de la derecha (ver la figura 4.9) —. La distribución del tiempo entre llegadas asociada al objeto *Source* se establece asignando el valor `Random.Exponential(1.25)` a la propiedad *Interarrival Time* y el valor *Minutes* a la propiedad *Units*; haga clic en el símbolo

---

[1]Técnicamente, las fichas (*tokens*) más que las entidades son las que esperan en las colas, pero discutiremos este tema con mayor detalle en el capítulo 5.

+ a la izquierda de *"Interarrival Time"* para desplegar la propiedad *Units* y seleccione *Minutes*. Esta acción le indica a Simio que, cada vez que se crea una entidad, deberá tomar un valor aleatorio de una distribución exponencial con una media de 1.25 que le indicará cuánto tiempo falta para crear la *siguiente* entidad, de acuerdo con la tasa de $\lambda = 60 \times (1/1.25) = 48$ entidades/hora, como establecimos. Las VAs disponibles vía la palabra clave *"Random"* serán discutidas más adelante en la sección 4.4. La propiedad de desfase *Time Offset* (usualmente inicializada en cero) determina cuándo se creará la primera entidad. Por ahora, las otras propiedades asociadas con la lógica de llegadas (*Arrival Logic*) pueden ser dejadas en sus valores por defecto. Con estos parámetros, las entidades se crean recursivamente durante la corrida de la simulación.

El nombre por defecto de un objeto (por ejemplo, `Source1` para el primer objeto tipo *Source*) puede cambiarse de varias maneras: haciendo doble clic en la etiqueta con el nombre debajo del objeto, modificando la propiedad *Name* de la categoría *General* (en la ventana de propiedades del objeto) o bien (como en la mayoría de los elementos de Simio) seleccionando el objeto y presionando la tecla F2. Notar que la categoría *General* también incluye la propiedad *Description* para el objeto, la cual puede ser muy útil para la documentación del modelo y es recomendable que usted tome el hábito de incluir una descripción relevante para cada uno de los objetos del modelo; lo que usted incluya en esta propiedad se desplegará en una nota tipo *popup* cuando pase el cursor sobre el objeto.

Para completar la lógica de colas de nuestro modelo, necesitamos establecer el proceso de atención para el objeto *Server*. La propiedad *Processing Time* de este servidor se utiliza para especificar los tiempos de procesamiento para las entidades. Esta propiedad debe establecerse en `Random.Exponential(1)`, con la propiedad *Units* en *Minutes*. El paso final para nuestro modelo inicial es ordenar a Simio que corra el modelo por un lapso de 10 horas. Para hacerlo, seleccione la cinta *Run*, luego seleccione la opción *Run Length* para el campo *Ending Type* e indique que el modelo corra por 10 horas. Antes de correr nuestro modelo inicial, estableceremos la velocidad de la corrida para el modelo.

El factor de velocidad (campo *Speed Factor*) se utiliza para controlar explícita-mente la velocidad de ejecución interactiva. Cambiar el factor de velocidad a 5.0 (simplemente escriba 5.0 en el campo *Speed Factor* de la cinta *Run*) para fijar una velocidad que sea visualmente más atractiva para este modelo. El factor de velocidad "óptimo" para una corrida interactiva dependerá del modelo, de los parámetros del objeto y de las preferencias individuales, así como de la velocidad de su computadora, por lo que se recomienda experimentar con el factor de velocidad para cada modelo.

En este punto, es posible correr el modelo haciendo clic en el ícono *Run* de la parte superior izquierda de la cinta. El modelo estará corriendo en modo interactivo. Mientras el modelo corre, el tiempo de la simulación y el porcentaje de avance se muestran en una sección al pie de la aplicación. Usando el factor de velocidad que se establece por defecto, el tiempo de simulación avanzaría con relativa lentitud, pero éste puede modificarse mientras se corre el modelo. Cuando el tiempo de la simulación alcance las 10 horas que establecimos, la corrida del modelo se detendrá automáticamente.

En el modo interactivo, los resultados del modelo pueden ser vistos en cualquier momento, terminando o deteniendo la corrida y haciendo clic en la pestaña *Results* de la barra de pestañas. Corra el modelo hasta que alcance 10 horas y revise los resultados. Simio le proporciona dos maneras diferentes de ver los resultados del modelo, la tabla pivote (ícono *Pivot Grid*) y los reportes (ícono *Reports*). Las opciones están en el panel izquierdo y se puede seleccionar el ícono correspondiente para cambiar entre vistas. La figura 4.10 muestra los resultados en formato *Pivot Grid* para el Modelo 4-1 detenido después de 10 horas transcurridas[2]. El formato *Pivot*

---

[2]Como se mencionó en el Prefacio, Simio utiliza un ágil proceso de desarrollo con frecuentes actualizaciones menores y ocasionalmente con actualizaciones mayores. Por lo tanto, cuando usted corra los ejemplos interactiva-

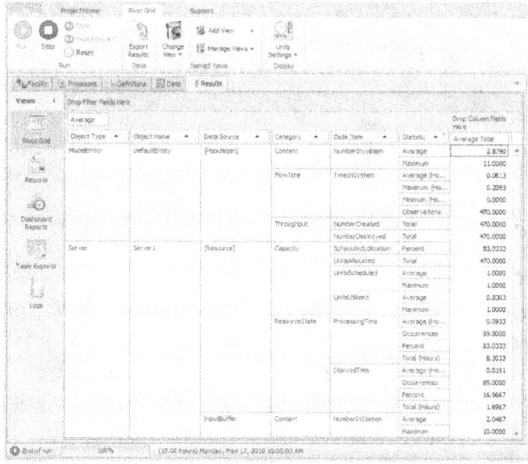

Figura 4.10: Resultados del Modelo 4-1 en el formato *Pivot Grid*

Grid es extremadamente flexible y proporciona un método muy rápido para buscar resultados específicos. Si usted no está habituado a este tipo de reportes, el formato puede lucir abrumador al inicio, pero conforme trabaje con él, rápidamente aprenderá a apreciarlo. Los resultados en este formato pueden ser exportados a un archivo de texto tipo CSV (por *comma-separated values*, valores separados por comas), el cual puede ser importado en Excel y otras aplicaciones. Cada fila del reporte *Pivot Grid* incluye un valor de salida basado en:

- Tipo del objeto (*Object Type*)

- Nombre del objeto (*Object Name*)

- Fuente de los datos (*Data Source*)

- Categoría (*Category*)

- Tipo de dato (*Data Item*)

- Estadística (*Statistic*)

De este modo, en la figura 4.10, el valor promedio (*Average* en la categoría *Statistic*) para el tiempo en el sistema (*TimeInSystem* en la categoría *Data Item*) de la entidad (*DefaultEntity* en la categoría *Object Name*) del modelo (*ModelEntity* en la categoría *Object Type*) es de 0.0613 horas (0.0613 horas × 60 minutos/hora = 3.6780 minutos). Notar que las unidades en el *Pivot Grid* para los tiempos, duraciones y tasas pueden ser establecidas utilizando los campos *Time Units*, *Length Units* y *Rate Units* de la cinta; si cambia a minutos, el tiempo promedio en el sistema es 3.6753, de modo que nuestro valor de 3.6780, calculado a mano, tiene un pequeño error de redondeo. El tipo de dato *TimeInSystem* pertenece a la categoría tiempo de flujo

---

mente, es posible que no obtenga *exactamente* los valores de salida que se muestran en el libro. Como comentamos en la sección 1.3, estas variaciones pueden deberse a pequeñas variaciones en el comportamiento de bajo nivel entre versiones, por ejemplo, el orden en que se procesaron los eventos simultáneos. Independientemente de la razón para estas diferencias, su existencia enfatiza la necesidad de trabajar en el diseño estadístico y en el análisis de los experimentos por simulación y no en correr el modelo una sola vez para obtener "la respuesta". En este punto insistiremos a lo largo de este libro.

(*FlowTime*) y, como el valor está basado en entidades (objetos dinámicos), la fuente de los datos (*Data Source*) es el conjunto de objetos dinámicos (*Dynamic Objects*).

Si está viendo el reporte en su computadora (si no lo está, es recomendable que lo haga), al moverse a través del *Pivot Grid* apreciará muchas medidas de desempeño de los datos de salida, incluso en un modelo pequeño como éste. Por ejemplo, tres filas por debajo del tiempo promedio en el sistema de 0.0613 horas, podemos ver (en la categoría *Throughput*) que un total de 470 entidades fueron creadas (i.e., introducidas en el modelo por el objeto *Source*). En la siguiente fila vemos que 470 entidades fueron destruidas (i.e., eliminadas del modelo a través del objeto *Sink*). Aunque no siempre es de este modo, en esta corrida del modelo en particular, todas las entidades introducidas en el modelo fueron destruidas durante las 10 horas de la corrida, de modo que al final de la simulación no había entidades presentes. Esto se puede verificar observando la animación cuando se detiene la corrida en la décima hora (cambie el tiempo de la corrida, por ejemplo, a 9 horas y luego a 11 horas, para observar los cambios, revisando la animación al final y los datos bajo *NumberCreated* y NumberDestroyed en la categoría *Throughput*)[3]. De este modo, en nuestra corrida de 10 horas, el valor de salida de 0.0613 horas para el tiempo promedio en el sistema, es el promedio simple de los tiempos individuales de las 470 entidades en el sistema.

El *Pivot Grid* permite tres tipos de manipulación de datos:

1. Agrupamiento: Arrastrando el encabezado de una columna a una ubicación relativa diferente, cambiará la agrupación de los datos.

2. Ordenamiento: Haciendo clic sobre el encabezado de una columna reordenará las filas a partir de los datos de dicha columna.

3. Filtrado: Posicionando el cursor sobre la esquina superior derecha del encabezado de una columna, expondrá un ícono con la forma de un filtro. Seleccionando este ícono, aparecerá una lista desplegable que permite el filtrado de datos. Si ya se aplicó un filtro en una columna cualquiera, el ícono del filtro ya estará visible (en este caso no habrá necesidad de posicionar el cursor sobre el encabezado). El filtrado de los datos le permitirá revisar rápidamente los datos específicos en que está interesado, independientemente de la cantidad de datos incluidos en la salida.

El reporte *Pivot Grid* también permiten que el usuario pueda guardar varias *vistas* filtradas, agrupadas u ordenadas. Estas vistas son muy útiles para monitorear algún conjunto específico de medidas de desempeño. La sección de documentación de Simio para el reporte *Pivot Grid*, incluye mucho más detalle acerca de cómo utilizar sus capacidades específicas. El formato *Pivot Grid* es extremadamente útil para encontrar información cuando la salida incluye muchas filas.

El formato *Reports* proporciona los resultados de la corrida interactiva en un reporte detallado, adecuado para ser impreso, exportado a otros formatos o enviado vía correo electrónico (las opciones para dar formato, imprimir y exportar están disponibles en la cinta de la pestaña *Print Preview*). La figura 4.11 muestra el formato de los reportes desplegando la cinta de la pestaña *Print Preview*. El valor *"TimeInSystem - Average (Hours)"* muestra un valor de 0.06126, el mismo (aunque sin redondeo) que vimos para esta medida de desempeño en el reporte *Pivot Grid* de la figura 4.10.

---

[3]Cuando experimente con la longitud de la corrida, pruebe cambiarla a 8 *minutos* y compare algunos de los resultados del *Pivot Grid* con los obtenidos en la simulación manual de la sección 3.3.1, ilustrada en la figura 3.8. Ahora podemos confesar que los tiempos entre llegadas y los tiempos de atención para la simulación manual, que lucían mágicos, fueron generados en esta corrida de Simio, y que los grabamos con la ayuda de la capacidad *Model Trace* del sistema.

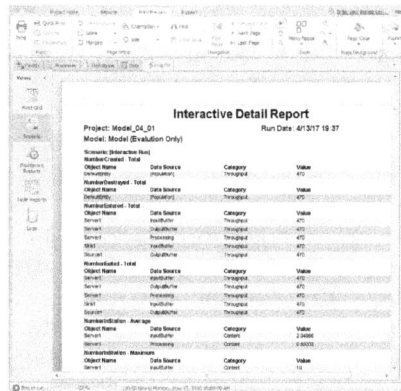

Figura 4.11: Vista del reporte estándar para el Modelo 4-1.

Tabla 4.2: Comparación de los resultados analíticos de colas y los resultados del primer modelo de simulación.

Métrica	Colas	Modelo
Utilización (ρ)	0.800	0.830
Número en el sistema (L)	4.000	2.879
Número en la cola (L_q)	3.200	2.049
Tiempo en el sistema (W)	0.083	0.061
Tiempo en la cola (W_q)	0.067	0.044

4.2.2 Experimentación Inicial y Análisis

Ahora que hemos completado nuestro primer modelo en Simio, haremos con él un poco de experimentación y análisis informal para entender el sistema de colas que pretendemos modelar. Como mencionamos anteriormente, el desempeño de largo plazo (en estado estable) de nuestro sistema puede ser determinado analíticamente utilizando teoría de colas (recordar el capítulo 2). Notar que para cualquier modelo, exceptuando los más simplificados, no es posible efectuar este tipo de análisis exacto (de hecho, ésta es la razón por la cual usamos simulación). La tabla 4.2 presenta los resultados analíticos de estado estable del sistema de colas y los resultados de la simulación tomados del reporte *Pivot Grid* de la figura 4.10.

Notará inmediatamente que los números de la columna *Colas* no son iguales a los números de la columna *Modelo*, como podríamos esperar. Antes de discutir las posibles razones para estas diferencias, debemos discutir un tema que es más importante y en ocasiones preocupante. Si usted regresa a la ventana *Facility* (haciendo clic en la pestaña *Facility* justo debajo de la cinta), reinicia el modelo (haciendo clic en el ícono *Reset* en la cinta *Run*), corre nuevamente el modelo hasta llegar a las 10 horas y finalmente revisa el reporte *Pivot Grid*, notará que los resultados son idénticos a los de la corrida anterior (mostrados en la figura 4.10). Si usted repite el proceso una y otra vez, siempre obtendrá los mismos valores de salida. Para la mayoría de las personas que se inician en la simulación, como mencionamos en la sección 3.1.3, esto parece un poco extraño si consideramos que se supone que estamos utilizando valores aleatorios para los tiempos entre llegadas y de atención en el modelo. Estos resultados ilustran los siguientes puntos críticos en la simulación por computadora:

1. Los números *aleatorios* utilizados no son realmente aleatorios, desde el punto de vista de que son predecibles, como se mencionó en la sección 3.1.3 y se explicó en el capítulo 6 —

se trata de valores *pseudoaleatorios*, lo cual, en nuestro contexto, significa que la secuencia precisa de los números generados es determinística (entre otras cosas) —.

2. A través del proceso de generación de variables aleatorias, discutido en el capítulo 6, el *software* de simulación puede controlar la generación de números pseudoaleatorios y nosotros podemos aprovecharnos de esta situación.

Inicialmente, el concepto de que los *números supuestamente aleatorios* en realidad son predecibles, puede causar mucha angustia a los simuladores novatos (ya que, le guste o no, en eso se está convirtiendo). Sin embargo, para la simulación, esta predictibilidad es, en realidad, algo bueno. No solamente facilita la labor de calificar las tareas (importante para los autores) sino que (ya hablando en serio) es útil durante la depuración del modelo. Por ejemplo, cuando usted hace un cambio en el modelo que *debiera* tener un efecto predecible en los datos de salida, es conveniente utilizar los *mismos* datos de entrada y reusarlos para los mismos propósitos en la simulación, de modo que los cambios (o la falta de ellos) en los datos de salida puedan ser directamente atribuidos a los cambios en el modelo, y no al hecho de haber obtenido valores aleatorios diferentes como entradas. Conforme se vaya adentrando en el modelado, utilizará una parte significativa de su tiempo depurando sus modelos de modo que esta predictibilidad podrá serle de utilidad. Además, esta predictibilidad puede ser utilizada para reducir el tiempo de corrida requerido, a través de una serie de técnicas llamadas de reducción de varianza, las cuales son discutidas en textos generales de simulación (como por ejemplo [3] o [34]). El comportamiento por defecto de Simio consiste en utilizar la misma secuencia de valores aleatorios iniciales (valores u observaciones en valores de entrada que detonan el modelo, como los tiempos entre llegadas o de atención) cada vez que se corre un modelo. Como resultado, luego de correr o luego de reiniciar y correr de nuevo un modelo se obtendrán resultados idénticos, a menos que el modelo sea explícitamente codificado para comportarse de otro modo.

Ahora podemos regresar a la pregunta de por qué nuestros resultados iniciales por simulación no son iguales a los resultados analíticos de la tabla 4.2. Existen tres explicaciones posibles para esta diferencia:

1. Nuestro modelo en Simio es incorrecto, i.e., tenemos un error en algún sitio dentro del modelo mismo.

2. Nuestra expectativa es incorrecta, i.e., nuestra suposición de que los resultados de la simulación *debieran* coincidir con los resultados analíticos es incorrecta.

3. Error de muestreo, i.e., los resultados del modelo de simulación coinciden con la expectativa en un sentido probabilístico, pero no hemos corrido el modelo por un periodo lo suficientemente largo, no hemos repetido la simulación (corridas separadas e independientes, comenzando en el mismo estado pero utilizando diferentes números aleatorios) un suficiente número de veces o estamos interpretando los resultados de manera incorrecta.

De hecho, si los resultados de la simulación no coinciden con nuestra expectativa, es *siempre* por alguna o varias de estas posibilidades, independientemente del modelo. En nuestro caso, veremos que nuestra expectativa es incorrecta y que no hemos corrido el modelo por un periodo suficientemente largo (recuerde, los resultados teóricos son para el largo plazo, en estado estable, i.e., después de que el modelo ha corrido por un lapso esencialmente infinito, sin embargo, lo corrimos por tan solo 10 horas, lo cual, evidentemente, no está suficientemente cerca del infinito para este modelo). Desarrollar expectativas, comparar expectativas con los resultados de la simulación e iterar hasta que estos converjan es un componente muy importante de la verificación y validación del modelo, en la sección 4.2.5 retomaremos este tema.

4.2.3 Repeticiones y Análisis Estadístico de los Datos de Salida

Como sugerimos recientemente, una *repetición* es una corrida del modelo con un conjunto determinado de condiciones de inicio y de terminación utilizando una secuencia específica, separada y no traslapada de números y valores de entrada aleatorios (los tiempos entre llegadas y de atención distribuidos exponencialmente en nuestro caso). Por ahora, asuma que las condiciones de inicio y de terminación están definidas por los tiempos de inicio y de terminación (aunque, como veremos más adelante, hay otros posibles tipos de condiciones de inicio y de terminación). Así, empezar nuestro modelo vacío y desocupado y correrlo por 10 horas, equivale a correr la *misma* repetición nuevamente, usando los *mismos* valores aleatorios de entrada y, obviamente, brindando los *mismos* resultados (como se demostró anteriormente). Para correr una repetición *diferente*, necesitamos un grupo de números aleatorios de entrada que sean diferentes, separados y que no se traslapen. Afortunadamente, Simio maneja este proceso de manera transparente para nosotros, pero no podemos correr repeticiones múltiples en el modo interactivo. Para ello, necesitamos crear y correr un experimento *(Experiment)*.

Los experimentos de Simio nos permiten correr nuestro modelo de simulación por el número de repeticiones requeridas por el usuario, donde Simio garantiza que las variables aleatorias generadas son tales que las repeticiones son estadísticamente independientes entre ellas, ya que los números aleatorios subyacentes no se traslapan de una repetición a otra. Esta garantía de independencia es crítica para la validez del análisis estadístico que debemos efectuar. Para iniciar un experimento, vaya a la cinta *Project Home* y haga clic en el ícono que genera experimentos nuevos *(New Experiment)*. Simio creará un nuevo experimento y cambiará a la vista de diseño de experimentos (*Experiment Design*) que se muestra en la figura 4.12, donde hemos cambiado el número de repeticiones requeridas (campo *Required* en la primera fila) y las repeticiones por defecto (propiedad *Default Replications* de la ventana de la derecha) del valor sugerido de 10 a 5. Para correr el experimento, seleccione la fila correspondiente al escenario 1 (el nombre que le fue asignado por defecto es `Scenario1`) y haga clic en el ícono *Run* (nos referimos al ícono con dos flechas blancas que corresponde al objeto *Experiment*, no al que tiene una sola flecha apuntando hacia la derecha, que corresponde al objeto *Model*). Después de que Simio corra las 5 repeticiones, seleccione el reporte *Pivot Grid* (mostrado en la figura 4.13). En comparación con el reporte *Pivot Grid* que obtuvimos al correr el modelo en el modo interactivo (figura 4.10), ahora vemos columnas adicionales de resultados para el mínimo (*Minimum*), el máximo (*Maximum*) y el ancho medio (*Half Width*) del intervalo de confianza del 95%. El nivel de confianza puede ser editado en la ventana de propiedades del objeto `Experiment1`. Estas estadísticas reflejan el hecho de que ahora tenemos cinco observaciones independientes para cada salida de la simulación.

Para entender lo que son estas estadísticas de salida que consideran todas las repeticiones; enfoquémonos en los valores correspondientes al tiempo en el sistema (*TimeInSystem*, en las filas 3-5) de las entidades. Por ejemplo:

- El número 0.0762 para el promedio de promedios del tiempo en el sistema (sí, quisimos utilizar la palabra promedio dos veces) es el promedio de cinco números, cada uno de los cuales es un promedio de los tiempos en el sistema *dentro de la repetición* (y el primero de estos cinco números es 0.0613, proveniente de la primera repetición reportada en el *Pivot Grid* de la figura 4.2.1). El intervalo del 95% confianza es 0.0762±0.0395, o [0.0367, 0.1157] (en horas), que contiene, con 95% de confianza, al tiempo promedio *esperado* en el sistema, dentro de cada repetición, el cual puede concebirse como el resultado de hacer un número infinito de repeticiones de este modelo (no sólo 5), cada una con una duración de 10 horas y promediando todos los tiempos promedio en el sistema observados en cada repetición. Otra interpretación de lo que está tratando de cubrir el intervalo de confianza (IC), corresponde

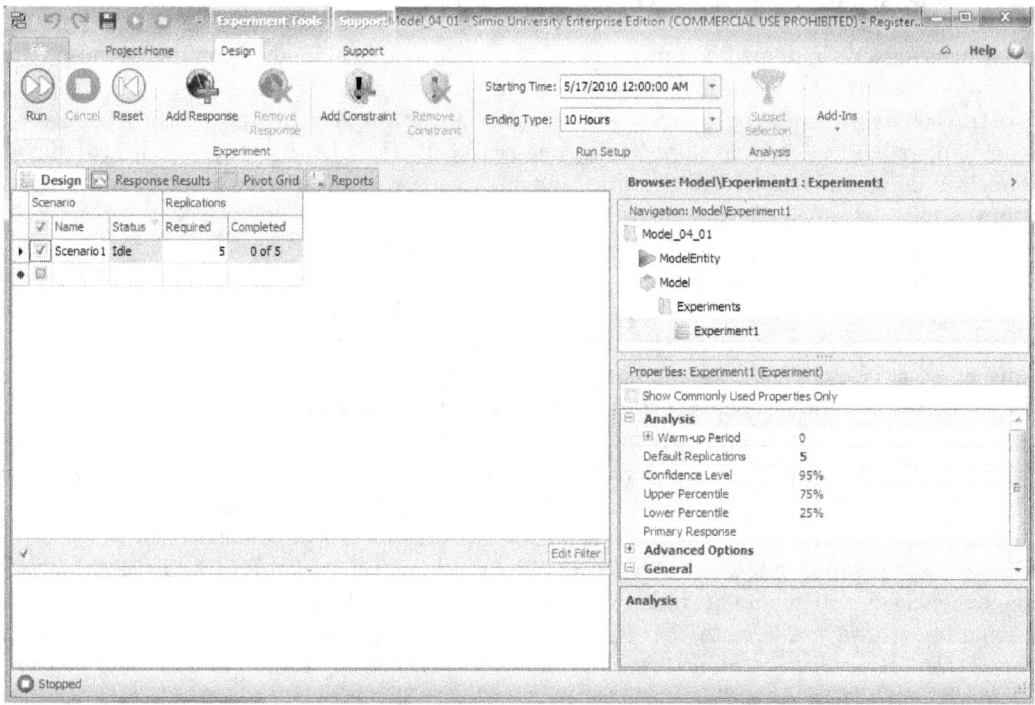

Figura 4.12: Diseño inicial de experimentos para correr 5 repeticiones de un modelo.

Object Type	Object Name	Data Source	Category	Data Item	Statistic	Scenario1 Average	Scenario1 Minimum	Scenario1 Maximum	Scenario1 Half Width
ModelEntity	DefaultEntity	[DynamicObjects]	Content	NumberInSystem	Average	3.6592	2.2958	6.7441	2.2029
					Maximum	15.8000	11.0000	28.0000	8.6636
			FlowTime	TimeInSystem	Average (Ho...	0.0762	0.0489	0.1306	0.0395
					Maximum (H...	0.2888	0.2018	0.5096	0.1601
					Minimum (Ho...	0.0003	0.0000	0.0009	0.0005
			Throughput	NumberCreated	Total	471.8000	448.0000	507.0000	26.7909
				NumberDestroyed	Total	464.4000	446.0000	479.0000	15.5208
Server	Server1	[Resource]	Capacity	ScheduledUtilization	Percent	78.7339	76.3323	83.0333	3.2689
				UnitsAllocated	Total	465.2000	447.0000	480.0000	15.3912
				UnitsScheduled	Average	1.0000	1.0000	1.0000	0.0000
					Maximum	1.0000	1.0000	1.0000	0.0000
				UnitsUtilized	Average	0.7873	0.7633	0.8303	0.0327
					Maximum	1.0000	1.0000	1.0000	0.0000
			ResourceState	ProcessingTime	Average (Ho...	0.0794	0.0578	0.0933	0.0166
					Occurrences	101.4000	89.0000	132.0000	21.7982
					Percent	78.7339	76.3323	83.0333	3.2689
					Total (Hours)	7.8734	7.6332	8.3033	0.3269
				StarvedTime	Average (Ho...	0.0214	0.0181	0.0243	0.0034
					Occurrences	100.6000	89.0000	131.0000	21.5851
					Percent	21.2661	16.9667	23.6677	3.2689
					Total (Hours)	2.1266	1.6967	2.3668	0.3269
		InputBuffer	Content	NumberInStation	Average	2.8718	1.5325	5.9590	2.2020
					Maximum	14.8000	10.0000	27.0000	8.6636
			HoldingTime	TimeInStation	Average (Ho...	0.0593	0.0327	0.1148	0.0401
					Maximum (H...	0.2668	0.1500	0.5058	0.1764
					Minimum (Ho...	0.0000	0.0000	0.0000	0.0000

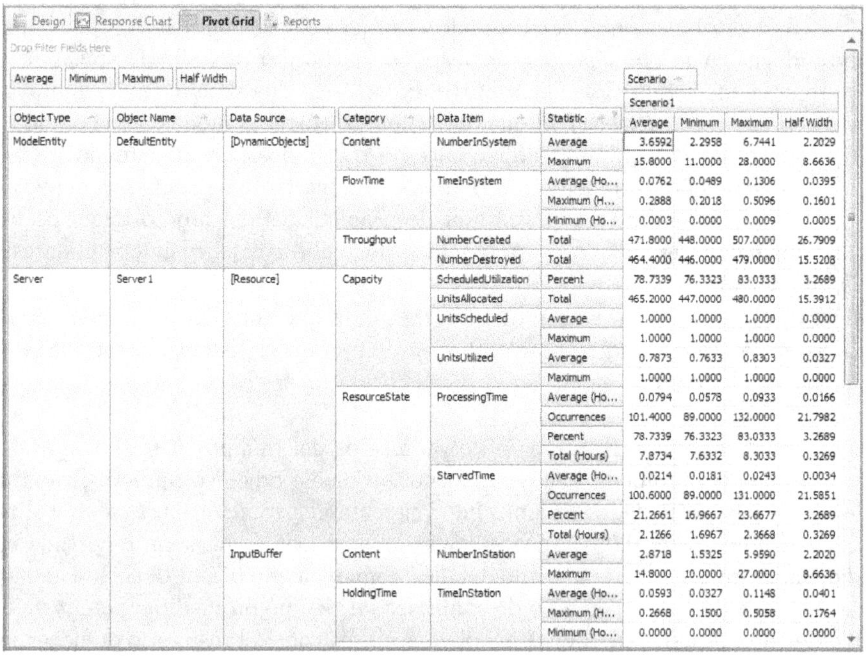

Figura 4.13: Reporte *Pivot Grid* del experimento para las 5 repeticiones del modelo.

Tabla 4.3: Datos de cinco repeticiones para el primer modelo.

Métrica estimada	Repetición					Prom	DEst
	1	2	3	4	5		
Utilización (ρ)	0.830	0.763	0.789	0.769	0.785	0.787	0.026
Número en el sist. (L)	2.879	2.296	3.477	2.900	6.744	3.659	1.774
Número en la cola (L_q)	2.049	1.532	2.688	2.131	5.959	2.872	1.774
Tiempo en el sist. (W)	0.061	0.049	0.075	0.065	0.131	0.076	0.032
Tiempo en la cola(W_q)	0.044	0.033	0.058	0.048	0.115	0.059	0.032

al valor esperado de la distribución de probabilidad de la VA de salida que representa el tiempo promedio en el sistema, dentro de cada repetición (discutiremos algo más sobre intervalos de confianza con los datos de la tabla 4.4).

- Continuando en la fila correspondiente al promedio en horas (`Average (Hours)`), el valor 0.1306 es el máximo de estos cinco tiempos promedio en el sistema dentro de cada repetición. En otras palabras, considerando las cinco repeticiones, el mayor de los cinco promedios de los valores de *TimeInSystem* fue 0.1306, de modo que éste es el promedio máximo.

- ¿Alguien sabe qué significa el promedio de los máximos? En la siguiente fila, correspondiente al máximo en horas (*Maximum (Hours)*), el valor 0.2888 a la izquierda es el promedio de cinco números, cada uno de los cuales es el máximo tiempo que una entidad permaneció en el sistema dentro de cada repetición. El intervalo del 95% de confianza 0.2888 ± 0.1601 está tratando de cubrir el tiempo máximo esperado en el sistema, i.e., el tiempo máximo en el sistema promediando un número infinito de repeticiones, en lugar de sólo cinco.

- El valor de 0.5096 horas, que es el máximo entre los cinco tiempos máximos de cada repetición, quizá sea más significativo como un caso de tiempo en el sistema *realmente* malo.

La tabla 4.3 presenta las métricas de colas para cada una de las cinco repeticiones de este modelo, así como la media muestral (*Prom*) y la desviación estándar muestral (*DEst*) de las cinco repeticiones para cada métrica. Para acceder a los valores de salida de las repeticiones individuales, haga clic en el ícono *Export Details* de la cinta *Pivot Grid*; en cambio, haga clic en *Export Summaries* para obtener los resultados entre repeticiones como las medias y desviaciones estándar, como se muestra en el reporte *Pivot Grid* mismo. El archivo exportable generado está en el formato CSV, el cual puede ser leído por una gran variedad de aplicaciones, entre ellas Excel. Lo primero que podemos notar en esta tabla es que los valores pueden variar de manera significativa entre repeticiones (en particular, L y L_q). Esta variación es el motivo específico por el cual no podemos hacer inferencias a partir de los resultados de una sola repetición.

Como las entradas de nuestro modelo son aleatorias (tiempo entre llegadas y de atención para cada entidad), las métricas de desempeño de los datos de salida (estimados por simulación de ρ, L, L_q, W y W_q, que denotaremos por $\widehat{\rho}$, $\widehat{L}$, $\widehat{L_q}$, $\widehat{W}$ y $\widehat{W_q}$, respectivamente) son variables aleatorias también. La solución analítica del sistema proporciona los valores exactos en estado estable de ρ, L, L_q, W y W_q. Debido a la manera como corremos las repeticiones (el mismo modelo, pero con variables de entrada aleatorias separadas e independientes), cada repetición genera una observación de $\widehat{\rho}$, $\widehat{L}$, $\widehat{L_q}$, $\widehat{W}$ y $\widehat{W_q}$. En términos estadísticos, correr n repeticiones genera n observaciones independientes, idénticamente distribuidas (IID) de cada variable aleatoria. Esto nos permite estimar la media de los valores de las variables aleatorias utilizando los promedios entre repeticiones. Así, los valores en la columna *Prom* de la tabla 4.3 son estimados de los

Tabla 4.4: Comparación de 5 repeticiones con 50 repeticiones.

Métrica siendo estimada	5 Repeticiones		50 Repeticiones	
	Prom	h	Prom	h
Utilización (ρ)	0.787	0.033	0.789	0.014
Número en el sistema (L)	3.659	2.203	3.794	0.433
Número en la cola (L_q)	2.872	2.202	3.004	0.422
Tiempo en el sistema (W)	0.076	0.040	0.078	0.008
Tiempo en la cola (W_q)	0.059	0.040	0.062	0.008

valores esperados de la variable aleatoria correspondiente. Lo que no podemos saber, de la información contenida en esta tabla, es qué tan *buenos* son nuestros estimados. Sin embargo, lo que sí sabemos es que, conforme incrementamos el número de repeticiones, nuestros estimados mejoran, ya que la media muestral es un estimador *consistente* (su propia varianza disminuye con n), de acuerdo con la *ley de los grandes números* (mientras $n \to \infty$, la media muestral entre repeticiones $\to$ al valor esperado de la variable aleatoria correspondiente, con probabilidad 1).

La tabla 4.4 muestra los resultados de los experimentos por simulación con 5 repeticiones y con 50 repeticiones, respectivamente. Cuando corremos más repeticiones de nuestro modelo, esperamos que los estimadores sean mejores, pero los promedios siguen sin darnos información específica acerca de la *calidad* (o *precisión*) de nuestros estimadores. Lo que necesitamos es una *estimación por intervalo* que nos de una idea acerca del error de muestreo (los promedios son meramente *estimadores puntuales*). La columna h proporciona tales estimaciones. Esta columna proporciona el ancho medio de los intervalos del 95% de confianza, construidos a partir del enfoque usual de la distribución normal (utilizando la desviación estándar muestral y la distribución t de Student con $n - 1$ grados de libertad, como se presenta en cualquier texto básico de estadística).

Considere los intervalos del 95% de confianza para L basados en 5 y 50 repeticiones, respectivamente:

$$5 \text{ repeticiones} : 3.659 \pm 2.203 \text{ o } [1.456, 5.862]$$
$$50 \text{ repeticiones} : 3.794 \pm 0.433 \text{ o } [3.361, 4.227]$$

Con base en 5 repeticiones, tenemos una *confianza* del 95% de que la media verdadera (el valor esperado o la media poblacional) de $\widehat{L}$ está entre 1.456 y 5.862, mientras que con base en 50 repeticiones, tenemos una *confianza* del 95% de que la media verdadera está entre 3.361 y 4.227. Estrictamente hablando, la interpretación es que los intervalos del 95% de confianza construidos de esta manera, considerando las repeticiones, cubrirán la media verdadera desconocida. Así, el IC para la media de una variable de salida nos proporciona una medida del error de muestreo y, por lo tanto, de la calidad (precisión) de nuestro estimador de la media verdadera de la variable aleatoria. Incrementando el número de repeticiones (tamaño de la muestra) podemos hacer que el ancho medio disminuya. Por ejemplo, al correr 250 repeticiones obtenemos un IC de $[3.788, 4.165]$ — estamos claramente más cómodos con nuestro estimado de la media basado en 250 repeticiones que con uno basado en 5 repeticiones —. En casos donde hacemos repeticiones independientes, los anchos medios del IC nos dan una guía acerca de cuántas repeticiones debemos correr si estamos interesados en obtener un estimador preciso de la media verdadera; debido al término $\sqrt{n}$ que aparece en el denominador de la fórmula para el ancho medio del intervalo de confianza, necesitamos hacer alrededor de cuatro veces el número de repeticiones para disminuir el ancho del IC a la mitad y alrededor de 100 veces el número de repeticiones para hacer que el ancho del intervalo sea $1/10$ de su tamaño actual. Desafortunadamente, no hay una regla específica que determine "qué tan cerca es suficientemente cerca", i.e., qué valores de h son aceptablemente pequeños para un modelo de simulación y una situación dados, es necesario que el analista o el cliente tomen una decisión en el contexto del proyecto.

Existe una clara relación entre el tiempo de corrida en la computadora y la reducción del error de muestreo. Como se mencionó previamente, podemos hacer h arbitrariamente pequeño corriendo un número suficiente de repeticiones, pero el costo es tiempo de corrida en la computadora. Para decidir si se justifican más repeticiones, los siguientes dos temas son importantes:

1. ¿Cuál es el costo de tomar una decisión equivocada debido al error de muestreo?

2. ¿Tengo tiempo para correr más repeticiones?

Así, la primera respuesta a por qué los resultados de la simulación mostrados en la tabla 4.2 no coinciden con los resultados analíticos es que estábamos usando resultados de *una sola repetición* de nuestro modelo. Esta situación es similar a tirar un dado, observar un 4 (o cualquier otro valor) y declarar que ese valor es el *valor esperado* si se tirara el dado un gran número de veces. Es evidente que ésta sería una conclusión mal fundamentada, independientemente de la observación individual. Desafortunadamente, usar los resultados de una sola repetición es un error muy común de los simuladores novatos, a pesar del riesgo significativo que ello implica. De aquí en adelante, nuestro enfoque general será correr múltiples repeticiones y usar promedios muestrales como estimados de la media de las variables de salida y utilizar anchos medios de intervalos del 95% de confianza para ayudarnos a determinar el número apropiado de repeticiones, si estamos interesados en estimar la verdadera media. Así que, en lugar de utilizar sólo promedios (estimaciones puntuales) también usaremos intervalos de confianza (estimaciones por intervalo) cuando analicemos los resultados. El reporte estándar (*Pivot Grid*) para experimentos de Simio (ver la figura 4.13) apoya automáticamente este enfoque proporcionando el promedio muestral y el correspondiente ancho medio del intervalo del 95% de confianza para todas las variables de salida.

La segunda razón para la diferencia entre nuestras expectativas y los resultados del modelo es un poco más sutil e implica la necesidad de un periodo de calentamiento *(warm-up period)* para nuestro modelo. Discutiremos este tema a continuación.

4.2.4 Estado Estable vs. Simulaciones Transitorias

Generalmente, cuando comenzamos a correr un modelo de simulación que incluye colas o elementos de una red de colas, el modelo comienza en un estado llamado "vacío y desocupado", lo que quiere decir que no hay entidades en el sistema y que todos los servidores están desocupados.

Considere nuestro modelo sencillo de colas con solo servidor. La primera entidad en llegar *nunca* tendrá que esperar por un servidor. De manera similar, la segunda entidad en llegar, probablemente pasará menor tiempo en la cola (en promedio) que la centésima entidad en llegar (debido a que la única entidad que podría estar antes de la segunda, es la primera entidad). Dependiendo de las características del sistema que estén siendo modeladas (en nuestro caso, la utilización esperada del servidor), la distribución y el valor esperado de los tiempos en la cola para las entidades que lleguen en tercer, cuarto, quinto lugar, etc., pueden ser significativamente diferentes a los valores de la distribución y valor esperado de los tiempos en la cola en *estado estable*, i.e., después de un largo rato, suficiente para que los efectos de las condiciones de vacío y desocupado se hayan reducido significativamente. El periodo de tiempo entre el inicio de la corrida y el punto en el que el modelo "esencialmente" alcanza el estado estable (una determinación que se hace a juicio del analista) es llamado el *periodo transitorio inicial*, el cual discutiremos a continuación.

El análisis básico de colas que utilizamos para obtener la tabla 4.2 (ver capítulo 2) proporciona los resultados de valor esperado exactos para los sistemas *en estado estable*. Como discutimos anteriormente, la mayoría de los modelos de simulación que incluyen redes de colas pasan por un periodo transitorio inicial antes de efectivamente alcanzar el estado estable. El registrar estadísticas del modelo durante el periodo transitorio inicial para luego usar estas observaciones en el resumen estadístico de las repeticiones puede conducirnos a un *sesgo de inicio*, i.e., $E(\widehat{L})$ puede no ser igual a L. A manera de ejemplo, hemos corrido cuatro experimentos con las longitudes de corrida de: 2, 5, 10, 20 y 30 horas, considerando 500 repeticiones en cada caso. Los estimados de L obtenidos (junto con sus intervalos del 95% de confianza) fueron:

$$2 \text{ horas} : 3.232 \pm 0.168 \text{ o } [3.064, 3.400]$$
$$5 \text{ horas} : 3.622 \pm 0.170 \text{ o } [3.622, 3.962]$$
$$10 \text{ horas} : 3.864 \pm 0.130 \text{ o } [3.734, 3.994]$$
$$20 \text{ horas} : 3.888 \pm 0.096 \text{ o } [3.792, 3.984]$$
$$30 \text{ horas} : 3.926 \pm 0.080 \text{ o } [3.846, 4.006]$$

Para las corridas de 2, 5, 10 y 20 horas, parece bastante claro que los resultados están sesgados, hacia abajo, con respecto del estado estable (el valor de estado estable es $L = 4.000$). En la corrida de 30 horas, la media sigue estando un poco baja, pero el intervalo de confianza ya incluye el valor 4.000, de modo que no estamos seguros. Al correr más repeticiones, probablemente se reduciría el ancho del IC y 4.000 *podría* quedar fuera de él, de modo que concluiríamos que el sesgo sigue siendo significativo con una corrida de 30 horas, aunque aún no estamos seguros. También es posible que al correr repeticiones adicionales no tengamos evidencia de que el sesgo de inicio es significativo— esa es la naturaleza del muestreo estadístico —. Por suerte, a diferencia de muchos experimentos científicos y sociológicos, estamos en control total de las repeticiones y la longitud de la corrida, por lo que podemos experimentar hasta que estemos satisfechos (o hasta que se nos acabe el tiempo de computadora o la paciencia). Antes de continuar, es importante enfatizar que usted no puede deshacerse del sesgo de inicio simplemente aumentando las repeticiones. El periodo transitorio inicial es una característica del sistema y no es un componente de la aleatoriedad o del error de muestreo resultante.

En lugar de correr el modelo por un periodo suficientemente largo dentro de cada corrida, para diluir el sesgo de inicio de manera puramente aritmética, podemos utilizar un periodo de calentamiento (del inglés *warm-up period*). Aquí, el periodo de corrida del modelo está dividido de modo que no se registran las estadísticas durante este periodo inicial de calentamiento; el modelo estará corriendo de manera "normal" durante este periodo, simplemente no estará siendo "observado". Después del periodo de calentamiento, se registran las estadísticas como de costumbre. La idea es que el modelo estará en un estado cercano al estado estable cuando empecemos a recolectar las estadísticas (si hemos escogido un periodo de calentamiento apropiado, algo que en la práctica puede no ser especialmente sencillo). En nuestro modelo sencillo, el número esperado de entidades en la cola cuando la primera entidad llega, después del periodo de calentamiento, debería estar cerca de 3.2 ($L_q = 3.2$ en estado estable). Como ejemplo, corrimos tres experimentos adicionales, donde establecimos la longitud de corrida y los periodos de calentamiento como sigue: $(20, 10)$, $(30, 10)$ y $(30, 20)$, respectivamente (en Simio, esto se hace estableciendo el valor de la propiedad *Warm-up Period* del experimento en n horas, donde n es la longitud deseada del periodo de calentamiento). Los resultados cuando estimamos $L = 4.000$ son:

$$(\text{Longitud de corrida, calentamiento}) = (20, 10) : 4.033 \pm 0.155 \text{ o } [3.978, 4.188]$$
$$(\text{Longitud de corrida, calentamiento}) = (30, 10) : 4.052 \pm 0.103 \text{ o } [3.949, 4.155]$$
$$(\text{Longitud de corrida, calentamiento}) = (30, 20) : 3.992 \pm 0.120 \text{ o } [3.872, 4.112]$$

Parece que el periodo de calentamiento ha "ayudado" a reducir o eliminar el sesgo de inicio en todos los casos y que no hemos incrementado el tiempo total de la corrida más allá de 30 horas. Así, hemos mejorado nuestros estimados sin incrementar nuestros requerimientos computacionales utilizando el periodo de calentamiento. En este punto, la pregunta natural es: "¿qué tan largo debiera ser el periodo de calentamiento?". En general, no es nada fácil determinar, incluso de manera aproximada, cuándo es que un modelo alcanza el estado estable. Un enfoque directo, aunque heurístico, consiste en insertar gráficos animados tipo *Status Plots* en la vista *Facility* (en la vista *Facility* seleccione la cinta *Animation* debajo de *Facility Tools*) y simplemente tome una determinación a su juicio acerca de cuándo comienza a parecer que ha dejado de tener una tendencia sistemática; de cualquier modo esto puede estar bastante "distorsionado" (i.e., variable) ya que sólo se muestra una repetición a la vez durante la animación. Solamente haremos notar lo siguiente acerca de la labor de establecer periodos de calentamiento:

- Si el periodo de calentamiento es demasiado corto, los resultados seguirán teniendo sesgo de inicio (lo cual es potencialmente malo).

- Si el periodo de calentamiento es muy largo, nuestro error de muestreo será más grande de lo necesario, ya que al incrementar la longitud del periodo de calentamiento, disminuimos la cantidad de datos que registramos como resultados.

Como resultado, el enfoque más seguro es hacer el periodo de calentamiento largo e incrementar la longitud total de la corrida y el número de repeticiones de modo que alcancemos niveles aceptables de error de muestreo (medido por los anchos medios de los intervalos de confianza). Utilizando este método probablemente utilizaremos un poco más del tiempo de cómputo absolutamente necesario, pero el tiempo de cómputo es barato estos días (y el sesgo es peligroso, porque en la práctica ¡no se le puede medir!).

Por supuesto, la discusión de los periodos de calentamiento en los párrafos anteriores asume que usted realmente *quiere* valores de estado estable; pero quizá no los quiera. Ciertamente es posible (y común) que en realidad usted esté interesado en el comportamiento del sistema en el corto plazo, durante el periodo transitorio inicial; por ejemplo, para la venta de boletos en el mismo día de un evento deportivo (con un sistema vacío y disponible), que se detiene en cierto tiempo predeterminado (antes del evento), no existe en absoluto un "estado estable" de relevancia. En estos casos, usualmente llamados *simulaciones transitorias*, simplemente ignoramos el periodo de calentamiento en la experimentación (i.e., se lleva a cabo con su valor por defecto de cero). En este caso, lo que la simulación produce es una apreciación insesgada del comportamiento del sistema durante el periodo de tiempo de interés y depende de las condiciones iniciales del modelo.

Determinar si se tiene una meta de estado estable o transitoria es usualmente una cuestión de la intención del estudio, más que una cuestión de la estructura del modelo. Lo que sí diremos es que, las simulaciones transitorias son mucho más sencillas de estructurar, correr y analizar, ya que las reglas de inicio y de terminación en cada repetición son simplemente parte del modelo mismo y no están sujetas al criterio del analista. El único tema a determinar será cuántas repeticiones serán necesarias para alcanzar una precisión estadística aceptable en sus resultados.

4.2.5 Verificación del Modelo

Ahora que hemos atendido el tema de las repeticiones y del posible periodo de calentamiento, si lo que queremos estimar es el comportamiento en estado estable, revisaremos nuestra comparación original de los resultados analíticos con nuestros resultados de simulación actualizados (500 repeticiones del modelo con corridas de 30 horas y un periodo de calentamiento de 20 horas). La tabla 4.5 muestra ambos grupos de resultados. En comparación con los resultados mostrados

Tabla 4.5: Comparación de los resultados analíticos con nuestro experimento final.

Métrica estimada	Analítico	Simulación
Utilización (ρ)	0.800	0.800 ± 0.004
Número en el sistema (L)	4.000	3.992 ± 0.120
Número en la cola (L_q)	3.200	3.192 ± 0.117
Tiempo en el sistema (W)	0.083	0.083 ± 0.002
Tiempo en la cola (W_q)	0.067	0.066 ± 0.002

en la tabla 4.2, estamos mucho más seguros que nuestro modelo es "correcto". En otras palabras, tenemos una fuerte evidencia de que nuestro modelo está *verificado* (i.e., que se comporta como esperamos que lo haga). Notar que no es posible *comprobar* la verificación de un modelo. En vez de ello, lo único que podemos hacer es recolectar evidencia hasta que encontremos errores, o bien, estemos convencidos de que el modelo es correcto.

Recapitulando el proceso que hemos seguido:

1. Desarrollamos un conjunto de *expectativas* acerca de los resultados de nuestro modelo (los resultados analíticos).

2. Desarrollamos y corrimos un modelo, comparando los resultados del modelo con nuestras expectativas (Tabla 4.2).

3. Como nuestros resultados no coincidieron, consideramos tres posibles explicaciones:

   a) Nuestro modelo en Simio es incorrecto (i.e., tenemos un error en algún sitio del modelo mismo) — esta posibilidad la ignoramos —.

   b) Nuestra expectativa es incorrecta (i.e., nuestra suposición de que los resultados por simulación *debieran* coincidir con los resultados analíticos es incorrecta) — encontramos que era necesario que el modelo tuviera un periodo de calentamiento para eliminar de manera efectiva el sesgo de inicio (i.e., nuestra expectativa de que el análisis, incluyendo el periodo transitorio inicial, debería coincidir con los resultados del estado estable era incorrecta) — este problema fue corregido añadiendo un periodo de calentamiento —.

   c) Error de muestreo (i.e., los resultados de simulación del modelo coinciden con las expectativas en el sentido probabilístico, pero no hemos corrido el modelo por un periodo suficientemente largo, o bien, estamos interpretando los resultados de manera incorrecta) — encontramos que era necesario *repetir* el modelo e incrementar la longitud de la corrida teniendo en cuenta la aleatoriedad en las salidas del modelo —.

4. Finalmente quedamos cómodos con un modelo que pensamos que es correcto.

Es recomendable seguir este proceso básico de verificación en todos los estudios por simulación. Mientras que en general no nos será posible calcular los resultados exactos que estamos buscando (de ser así ¿para qué querríamos simular?), siempre es posible desarrollar *algunas* expectativas, incluso si están basadas en una versión abstracta del sistema que está siendo modelado. Posteriormente podemos utilizar estas expectativas y el proceso recién descrito para converger en un modelo (y un conjunto de expectativas) del que nos podemos sentir altamente confiados.

Ahora que hemos cubierto las bases de la verificación y la experimentación de modelos en Simio, cambiaremos de tema y discutiremos conceptos adicionales de modelado en Simio en lo que resta del capítulo. De cualquier modo, revisaremos estas bases a lo largo del libro.

4.3 Modelo 4-2: Primer Modelo Utilizando Procesos de Simio

Aunque el modelado utilizando objetos de Simio de alto nivel (como lo son los objetos de la *Standard Library*) es intuitivo y fácil de utilizar para la mayoría de la gente, frecuentemente, encontraremos situaciones en las que es necesario utilizar los procesos de Simio de nivel más bajo para llevar a cabo un modelado más detallado (que no es posible con los objetos de alto nivel) o para reducir los tiempos de corrida si éste es un problema. Para utilizar los procesos de Simio (*Simio Processes*) se requiere de un entendimiento detallado de Simio y de las metodologías de la simulación de evento discreto. Esta sección ilustrará un ejemplo sencillo, pero fundamental, de un modelo que será contruido con procesos de Simio y que está basado en el sistema de colas con un solo servidor. En los capítulos siguientes, entraremos en más detalle acerca del uso de procesos de Simio, cuando el modelo lo requiera.

Simio utiliza la lógica *Captura-Demora-Libera* (del inglés *Seize-Delay-Release*) para modelar sistemas con recursos limitados en los que las entidades compiten por un servicio (por ejemplo, un servidor en el sistema de colas sencillo). Éste es un enfoque estándar de la simulación de evento discreto y muchas otras herramientas de simulación utilizan un modelo similar. Es esencial entender este modelo básico para utilizar los procesos de Simio de manera efectiva. El modelo consiste en:

- Definir un recurso con capacidad c, esto es, el recurso cuenta con una capacidad de c unidades (arbitrarias) que se pueden asignar simultáneamente a una o más entidades en un punto dado en el tiempo.

- Cuando una entidad requiere de la atención de un recurso, la entidad *captura* un número (digamos s) de unidades de capacidad del recurso.

- Si el recurso tiene s unidades de capacidad que no están actualmente asignadas a otras entidades, se asignarán inmediatamente s unidades de capacidad a la entidad y dicha entidad inicia una *demora* que representa el tiempo de atención, durante el cual s unidades permanecen asignadas a la entidad. Si el recurso no tiene unidades de capacidad disponibles, la entidad es enviada inmediatamente a la cola, donde esperará hasta que la capacidad requerida esté disponible.

- Cuando se completa el tiempo de atención para una entidad, dicha entidad *libera* las s unidades de capacidad del recurso y continúa con el siguiente paso del proceso. Si existen entidades esperando por el recurso y las unidades libres son suficientes para llevar a cabo la atención de la siguiente entidad en espera, dicha entidad se retira de la cola y las unidades deseadas del recurso se asignan a esta entidad.

Desde la perspectiva del modelado, cada entidad simplemente atraviesa la lógica de *Captura-Demora-Libera* y la herramienta de simulación administra las entidades en la cola y la asignación de recursos a las entidades. Además, la mayoría de los programas de simulación (incluyendo Simio) registran automáticamente las estadísticas de la cola, las que corresponden al uso de los recursos y las que están relacionadas con las entidades mientras se corre la simulación. La figura 4.14 muestra el proceso básico *seize-delay-release*. En esta figura, el "Tiempo entre llegadas" es el tiempo entre entidades sucesivas y el "Tiempo de proceso" es el tiempo que una entidad se detiene para recibir el proceso de atención. *Número en Sistema* lleva el registro del número de entidades en el sistema en cualquier punto del tiempo de corrida, y el *marcado* y registro del *Tiempo de llegada* y del *Tiempo en el sistema* de las entidades, permiten registrar los tiempos que las entidades permanecen en el sistema.

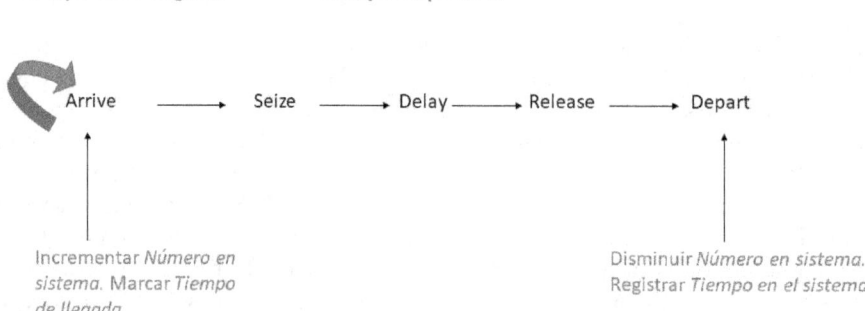

Figura 4.14: Proceso básico para el modelo *seize-delay-release*.

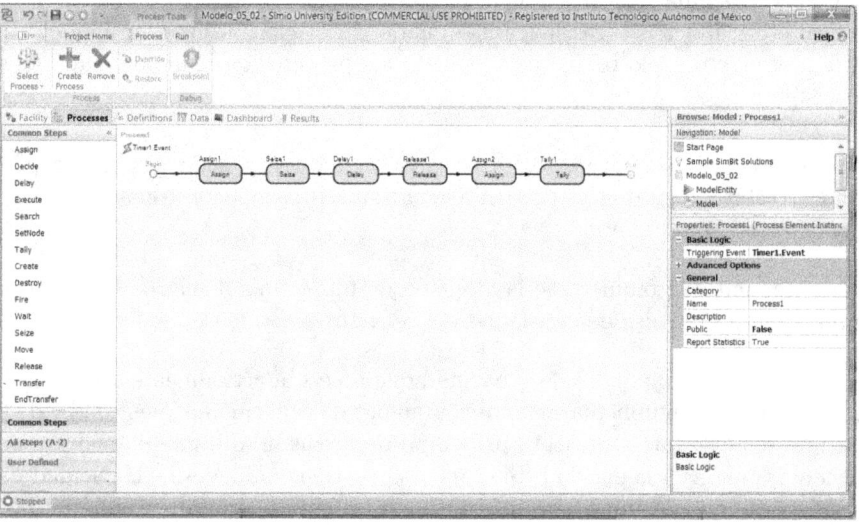

Figura 4.15: Vista del Modelo 4-2 correspondiente a la pestaña *Processes*.

Para nuestro modelo de colas con un servidor, simplemente fijamos $c = 1$ y $s = 1$ (para todas las entidades). De esta forma, nuestro modelo es una implementación básica de la lógica *Captura-Demora-Libera*. La creación de este modelo utilizando procesos de Simio es un poco más elaborada que utilizando objetos de la *Standard Library*, pero es de utilidad, ya que los procesos de Simio permiten un mayor control del usuario sobre el desarrollo del modelo y sobre las herramientas para recolectar estadísticas. Los pasos para implementar este modelo en Simio (ver la figura 4.15) son:

1. Abra Simio y cree un nuevo modelo (*New Model*).

2. Incluya un objeto para representar a un recurso. Para ello, seleccione el objeto *Resource* de la *Standard Library* y arrastre el objeto hasta la ventana *Facility*. En la ventana de propiedades del objeto, revise las propiedades bajo la categoría *Process Logic* (lógica del proceso). En esta categoría, verifique que la capacidad inicial del recurso sea fija (el valor de *Initial Capacity Type* sea *Fixed*) y que la capacidad sea de una sola unidad (el valor de

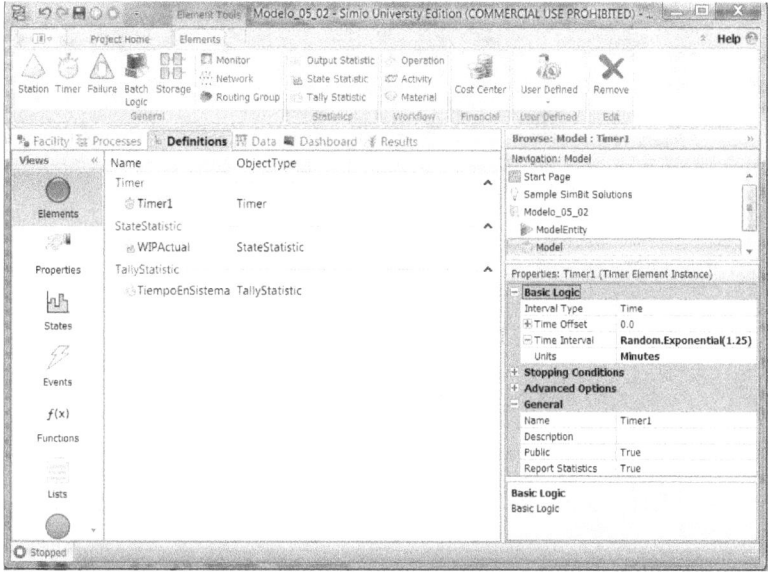

Figura 4.16: Elemento temporizador para el Modelo 4-2.

la propiedad *Capacity* sea 1). Notar (en la sección *General*) que el nombre por defecto de esta entidad es `Resource1`.

3. Asegúrese de que el modelo esté seleccionado en el panel *Navigation* y vaya a la ventana de definiciones haciendo clic en la pestaña *Definitions*. Seleccione el ícono *States*. Esto nos prepara para añadir un estado al modelo.

4. Defina un nuevo estado discreto (entero) haciendo clic en el ícono *Integer* de la cinta *States*. Cambie el nombre por defecto del estado de `IntegerState1` a `WIP`. Estos estados se utilizan para registrar valores numéricos enteros. En este caso, estamos creando un lugar, usando un estado *Integer*, para almacenar el número actual de entidades en el modelo (el *Número en Sistema* de la figura 4.14).

5. Haga clic en el ícono *Elements* y cree un elemento temporizador haciendo clic en el ícono *Timer* de la cinta *Elements* (ver la figura 4.16). Este temporizador será utilizado para el monitoreo de llegadas al sistema. Para este modelo, deseamos modelar llegadas Poisson con una tasa de $\lambda = 48$ entidades/hora (equivalente a tiempos entre llegadas exponencial con media de $1/0.8 = 1.25$ minutos). Para ello, fije la propiedad *Time Interval* (intervalo de tiempo) en `Random.Exponential(1.25)` y asegúrese que las unidades sean minutos (*Minutes*).

6. Genere las estadísticas para el estado haciendo clic en el ícono *State Statistic* en la sección *Statistics* en la cinta *Elements*. En la propiedad *State Variable Name* seleccione al estado `WIP` definido previamente, e ingrese el nombre `WIPActual` (en la propiedad *Name*). De esta forma le estamos indicando a Simio que monitoree el valor del estado `WIP` a través del tiempo y que registre las estadísticas (en función del tiempo) para este valor.

7. Defina un estadístico de lista haciendo clic en el ícono *Tally Statistic* en la sección *Statistics* de la cinta *Elements*. Ingrese el nombre `TiempoEnSistema` (en la propiedad *Name*) y

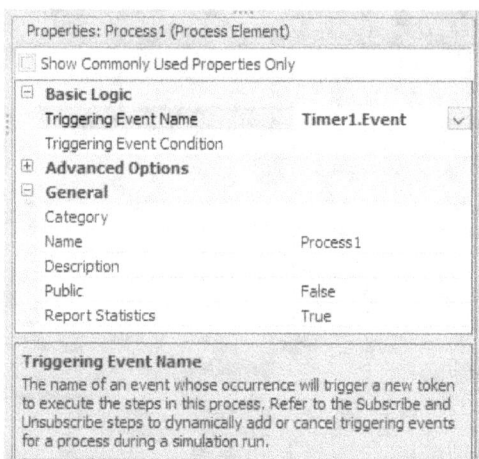

Figura 4.17: Estableciendo el detonador del proceso con la propiedad *Triggering Event*.

seleccione `Time` (tiempo) para el tipo de unidades (propiedad *Unit Type*). Los estadísticos de lista se utilizan para almacenar estadísticas de observaciones (i.e., en tiempo discreto).

8. Regrese a la ventana *Processes* y genere un nuevo proceso haciendo clic en el ícono *Create Process* en la cinta *Process*.

9. A continuación, defina el evento detonador modificando la propiedad *Triggering Event*. Seleccione el elemento temporizador creado anteriormente (ver figura 4.17). Esta selección le indica a Simio que ejecute el proceso cada vez que ocurra el evento generado por el temporizador.

10. Incluya un paso de asignación arrastrando el ícono *Assign* del panel *Common Steps* hacia la ventana del proceso, colocándolo a la derecha del indicador *Begin* (el indicador de inicio del proceso). Ingrese el nombre `WIP` en la propiedad *State Variable Name* e ingrese `WIP + 1` en la propiedad *New Value*, indicando que cuando ocurra el evento, deseamos incrementar el valor de variable para reflejar la entrada de una entidad al sistema (el "incremento" de la de la figura 4.14).

11. A continuación, añada el paso *Seize* (Captura) a la derecha del paso *Assign*. Deseamos indicar que el recurso `Resource1` debe de ser capturado por la entidad entrante al sistema; para ello haga clic en el botón "..." a la derecha de la propiedad *Resource Seizes* en la categoría *Basic Logic*. Aparecerá una nueva ventana. Haga clic en el botón *Add* y seleccione el recurso `Resource1` (ver la figura 4.18).

12. Añada el paso *Delay* (demora) inmediatamente después del paso *Seize* e introduzca `Random. Exponential(1)` en la propiedad *Delay Time* (tiempo de demora). Asegúrese que la unidad sea minutos.

13. Añada el paso *Release* inmediatamente después del paso *Delay* y asegúrese que la propiedad *Releases* contenga `Resource1`. Este paso libera el recurso `Resource1`.

14. Añada otro paso *Assign* junto al paso *Release* e ingrese el nombre `WIP` en la propiedad *State Variable Name*. Ingrese `WIP - 1` en la propiedad *New Value* indicando que, cuando

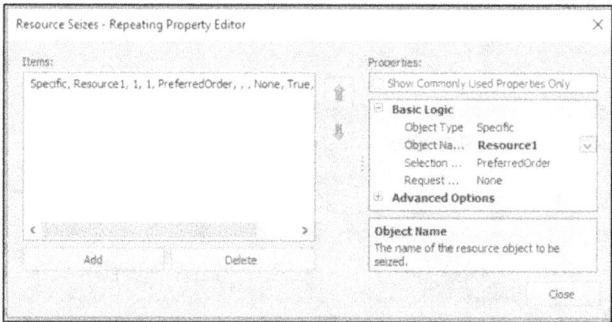

Figura 4.18: Configuración de las propiedades del paso *Seize* para el recurso `Resource1`.

la entidad libera el recurso, deseamos disminuir el valor de la variable de estado para reflejar el hecho de que la entidad sale del sistema.

15. Añada el paso *Tally* e ingrese `TiempoEnSistema` en la propiedad *TallyStatisticName* (nombre del estadístico) y `TimeNow - Token.TimeCreated` en la propiedad *Value* para indicar que el valor debe ser igual al tiempo de corrida actual de simulación menos el tiempo de ingreso al sistema de la última entidad. De esta forma, este intervalo representa el tiempo actual de la entidad en el sistema. El paso *Tally* implementa la función "Registrar" de la figura 4.14. Notar que hemos usado le estado Token.TimeCreated para *marcar* el tiempo de llegada como se indica en la figura 4.14.

16. Finalmente, regrese a la ventana *Facility* y fije los parámetros de corrida (por ejemplo, fije el parámetro *Ending Type* en un tiempo de corrida de 1000 horas).

Notar que, en el capítulo 5, discutiremos los componentes *States*, *Properties* y *Tokens*, así como otros componentes de Simio.

Ahora estamos listos para probar nuestro modelo. Haga clic en el ícono *New Experiment* en la cinta *Project Home* para crear un nuevo experimento. La figura 4.19 muestra los resultados para una corrida de 10 repeticiones. Notar que el reporte incluye la categoría *UserSpecified* (creada por el usuario) que incluye las estadísticas de *WIPActual* y *TiempoEnSistema* (a diferencia de los estadísticas de *NumberInSystem* y *TimeInSystem* que Simio generó automáticamente en el modelo de la sección 4.2). Es sumamente importante poder crear estadísticas personalizadas, debido a que las estadísticas por defecto no son suficientes en los modelos más complejos. La variable *WIPActual* es un ejemplo de una variable *dependiente del tiempo*. Para crear estas estadísticas en nuestro modelo definimos un estado (paso 4), utilizamos lógica de procesos para actualizar el valor del estado cuando era necesario (paso 10 y paso 14) y le indicamos a Simio que monitoree el valor del estado en el tiempo y que reporte el resumen estadístico (en este caso de $\widehat{L}$). Las estadísticas sobre *TiempoEnSistema* son un ejemplo de estadísticas de una lista de valores *observables*. En este caso, cada entidad que ingresó al sistema en la simulación proporciona una sola observación (el tiempo que la entidad permanece en el sistema) y Simio monitorea y reporta el resumen estadístico para estos valores (en este caso para $\widehat{W}$). El paso 7 genera las estadísticas y el paso 15 registra cada observación.

Otro detalle interesante del modelo que utiliza procesos de Simio es que el tiempo de corrida es significativamente menor, en comparación con el correspondiente modelo que utiliza objetos de la *Standard Library* (para verificar este último punto, simplemente incremente los tiempos de corrida de ambos modelos y compare los resultados). La diferencia en velocidad se debe a que

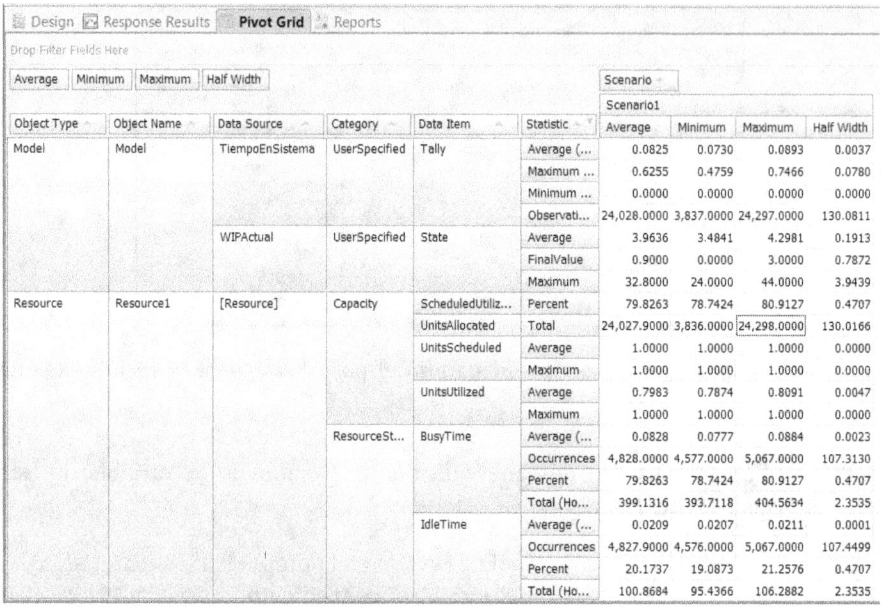

Object Type	Object Name	Data Source	Category	Data Item	Statistic	Average	Minimum	Maximum	Half Width
Model	Model	TiempoEnSistema	UserSpecified	Tally	Average (...	0.0825	0.0730	0.0893	0.0037
					Maximum ...	0.6255	0.4759	0.7466	0.0780
					Minimum ...	0.0000	0.0000	0.0000	0.0000
					Observati...	24,028.0000	3,837.0000	24,297.0000	130.0811
		WIPActual	UserSpecified	State	Average	3.9636	3.4841	4.2981	0.1913
					FinalValue	0.9000	0.0000	3.0000	0.7872
					Maximum	32.8000	24.0000	44.0000	3.9439
Resource	Resource1	[Resource]	Capacity	ScheduledUtiliz...	Percent	79.8263	78.7424	80.9127	0.4707
				UnitsAllocated	Total	24,027.9000	3,836.0000	24,298.0000	130.0166
				UnitsScheduled	Average	1.0000	1.0000	1.0000	0.0000
					Maximum	1.0000	1.0000	1.0000	0.0000
				UnitsUtilized	Average	0.7983	0.7874	0.8091	0.0047
					Maximum	1.0000	1.0000	1.0000	0.0000
			ResourceSt...	BusyTime	Average (...	0.0828	0.0777	0.0884	0.0023
					Occurrences	4,828.0000	4,577.0000	5,067.0000	107.3130
					Percent	79.8263	78.7424	80.9127	0.4707
					Total (Ho...	399.1316	393.7118	404.5634	2.3535
				IdleTime	Average (...	0.0209	0.0207	0.0211	0.0001
					Occurrences	4,827.9000	4,576.0000	5,067.0000	107.4499
					Percent	20.1737	19.0873	21.2576	0.4707
					Total (Ho...	100.8684	95.4366	106.2882	2.3535

Figura 4.19: Resultados del Modelo 4-2.

la computadora requiere más trabajo para ejecutar las funciones automatizadas que requieren los objetos de la *Standard Library* (como la generación automática de estadísticas, animación, etc.).

Como mencionamos anteriormente, los objetos de la *Standard Library* son lo suficientemente flexibles para modelar la gran mayoría de los modelos que nos interesan y es improbable que alguien requiera construir un modelo de Simio utilizando sólo los objetos de los procesos de Simio (de la ventana *Processes*). Sin embargo, el uso de esta capacidad es fundamental para Simio y es importante entender cómo funciona. Retomaremos este tema con mayor detalle en la sección 5.1.4 pero, por ahora, regresaremos a nuestro modelo inicial utilizando los objetos de la *Standard Library*.

4.4 Modelo 4-3: Cajero Automático

En los modelos de Simio de las secciones anteriores nos hemos enfocado en un sistema de colas arbitrario con *entidades* y *servidores* — hasta ahora muy simple y aburrido —. Nuestro enfoque en esta sección así como en la sección 4.8, será añadir un poco de contexto a estos modelos para que reflejen más acertadamente los modelos de sistemas "reales" en los que es común el uso de la simulación como herramienta de modelado. Continuaremos mejorando los modelos al ir explorando las características de Simio y los conceptos de modelado por simulación. En los modelos 5-1 y 5-2 utilizamos observaciones de una distribución exponencial para modelar los tiempos entre llegadas y los tiempos de atención. Hicimos este supuesto para poder explotar las propiedades matemáticas del modelo $M/M/1$ resultante y demostrar los fundamentos básicos de aleatoriedad en la simulación. Sin embargo, en el mundo real encontraremos tiempos entre llegadas y tiempos de atención que no siguen un distribución exponencial. La mayoría de los paquetes de simulación (incluyendo Simio) pueden muestrear de una gran variedad de distribuciones. Los modelos 5-3 y 5-4 de las siguientes secciones utilizarán la distribución triangular para modelar los tiempos de atención. Además, los modelos del capítulo 5 ilustrarán el uso

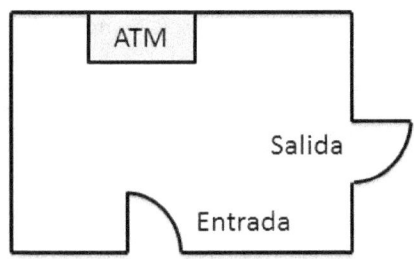

Figura 4.20: Cajero Automático.

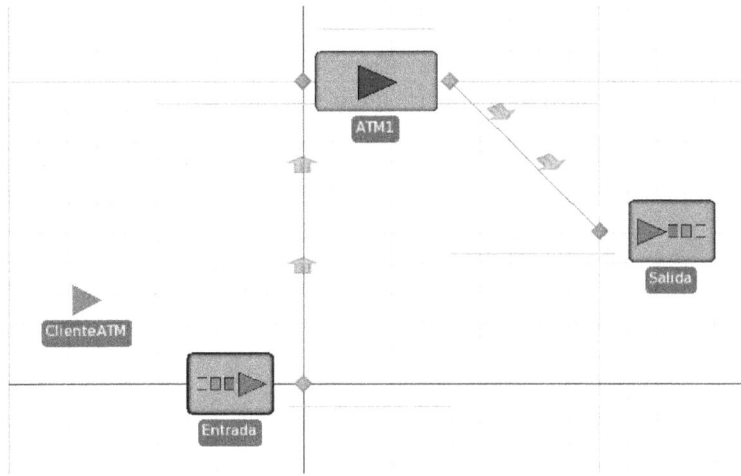

Figura 4.21: Modelo 4-3: Modelo del cajero automático.

de otra variedad de distribuciones estándar. En la sección 6.1 se muestra cómo determinar la distribución de probabilidades de entrada en la práctica, para que el modelo de simulación represente válidamente la situación que se pretende modelar.

El Modelo 4-3 simulará un cajero automático como el que se muestra en la figura 4.20. Los clientes entran a través de la puerta marcada como **Entrada**, caminan hacia el cajero, utilizan el cajero, caminan a la puerta marcada como **Salida** y salen del sistema. Para este modelo, asumiremos que el cuarto que alberga al cajero es lo suficientemente grande para contener a los clientes que esperan para utilizar el cajero (hará el modelo un poco más sencillo, pero no es obligatorio, más adelante retomaremos el uso de colas con capacidad limitada). Bajo esta suposición, estamos modelando básicamente una cola con un servidor, similar al modelo de la figura 4.1. Por esta razón, comenzaremos con el Modelo 4-1, el cual modificaremos para obtener nuestro modelo de cajero automático (asegúrese de utilizar la opción *Save Project As* para guardar el Modelo 4-3 sin borrar el archivo del Modelo 4-1). El modelo completo del cajero automático se muestra en la figura 4.21. Las modificaciones requeridas para construir este modelo son las siguientes:

1. Actualice los nombres de los objetos para reflejar el nuevo contexto del modelo (**ClienteATM** para las entidades, **Entrada** para el objeto *Source*, **ATM1** para el objeto *Server* y **Salida** para el objeto *Sink*).

2. Reacomode el modelo para que se vea similar al modelo de la figura.

3. Cambie el vínculo *Connector* y los objetos que representan entidades para que el modelo incluya los tiempos de traslado de los clientes.

4. Cambie la distribución del tiempo de atención del cajero por una distribución triangular con parámetros (0.25, 1.00, 1.75) minutos (esto es, entre 0.25 y 1.75 minutos, con una moda de 1.00 minuto).

Al actualizar los nombres de los objetos no afectamos los parámetros de corrida del modelo ni su desempeño. Sin embargo, al darles nombre a los objetos hacemos el modelo más legible (esto es de especial utilidad en modelos grandes o complejos). Por ello, es un buen hábito nombrar los objetos y añadir descripciones útiles en la propiedad *Description*. Podemos cambiarle el nombre a los objetos, ya sea seleccionando al objeto, presionando F2 e ingresando el nuevo nombre (o editando la propiedad *Name* del objeto). Reacomodar el modelo para que se vea como el sistema que deseamos modelar es sencillo — Simio mantiene los vínculos entre objetos al arrastrar dichos objetos a otra posición —. Notar que, además de los objetos, puede mover libremente los nodos de entrada y de salida.

En nuestro modelo de colas inicial (Modelo 4-1) asumimos que las entidades simplemente "aparecían" en el servidor al entrar al sistema. El objeto *Connector* de Simio implementa este tipo de transferencia de la entidad. Es evidente que éste no es el caso del modelo del cajero automático, en el que los clientes primero caminan desde la entrada del cajero y posteriormente desde el cajero a la salida. Afortunadamente, Simio cuenta con diversos objetos de la *Standard Library* que facilitan el modelado del movimiento de entidades:

- *Connector*: transfiere entidades entre objetos instantáneamente (tiempo de simulación igual a cero).

- *Path*: transfiere entidades entre objetos utilizando la distancia entre los objetos, así como la velocidad de la entidad, para determinar el tiempo de movimiento.

- *TimePath*: transfiere entidades entre objetos utilizando la especificación del tiempo que tarda el movimiento (proporcionado por el usuario).

- *Conveyor*: modela bandas de transportación.

Exploraremos cada uno de estos objetos en los capítulos siguientes, sin embargo, empezaremos utilizando el vínculo *Path* en el modelo del cajero automático (notar que la *Guía de Referencia de Simio* proporciona una explicación detallada de estos objetos). Debido a que partimos del Modelo 4-1 como base, los objetos ya cuentan con vínculos del tipo *Connector*. La forma más sencilla de cambiar un *Connector* por un *Path* es haciendo clic derecho en el *Connector* y seleccionando la opción *Path* en el sub-menu *Convert to Type*. Alternativamente, podríamos borrar el objeto *Connector* y añadir el objeto *Path* manualmente, seleccionando el ícono *Path* de la *Standard Library* y seleccionando los nodos de entrada y de salida para el objeto *Path*.

El tiempo de traslado de una entidad a lo largo del objeto *Path* está determinado por la longitud del camino y la velocidad de la entidad. Por defecto, los modelos de Simio se dibujan a escala, así que cuando añadimos un camino entre dos nodos[4]. La propiedad *Length* en el grupo *Physical Characteristics/Size* de la sección *General* section proporciona la distancia actual del objeto *Path*. La longitud del objeto también puede ser estimada utilizando la cuadrícula o puede ser introducida manualmente. Para ello, asegúrese que la propiedad *Drawn to Scale* sea *False*

---

[4]Siempre que Usted *ingrese* longitudes u otras propiedades con unidades, el + desplegará un campo donde podrá ingresar las unidades de entrada. El botón sobre la cinta *Run*, que sirve para establecer unidades, le permite cambiar las unidades desplegadas en una *output*, como son las etiquetas de la ventana such as in the *facility*, los números en el *pivot-grid*, y salidas para rastreo.

e introduzca la longitud deseada en la propiedad *Logical Length*. La velocidad de la entidad se fija a través de la propiedad *Initial Desired Speed* de la categoría *Travel Logic* (en la ventana de propiedades de la entidad). En el Modelo 4-3, la distancia entre la entrada y el cajero es de 10 metros, la distancia entre el cajero y la salida es de 7 metros, y la velocidad de la entidad es de 1 metro/segundo. Con estos valores, una entidad requiere 10 segundos de tiempo simulado para moverse de la entrada al cajero y 7 segundos para moverse del cajero a la salida. Las longitudes de los caminos y la velocidad de la entidad pueden modificarse fácilmente de acuerdo a las características que dicte el sistema.

La última modificación a nuestro modelo del cajero automático requiere que cambiemos la distribución del tiempo de atención para el servidor. Las características de la distribución exponencial probablemente no son ideales para modelar una transacción en un cajero automático. Específicamente, la distribución exponencial se caracteriza por proporcionar muchos valores relativamente pequeños y unos cuantos valores extremadamente grandes, debido a que la moda de la función de densidad es cero. Dado que todos los clientes deben insertar su tarjeta en el cajero, ingresar correctamente su PIN y seleccionar su transacción, teniendo en cuenta que el tipo de transacciones que pueden realizarse es limitado, una distribución acotada es una mejor opción. Utilizaremos la distribución triangular con parámetros 0.25, 1.00 y 1.75 minutos. La determinación de la distribución (o distribuciones) apropiada (*análisis de entrada*) se cubrió en el capítulo 6. Por ahora, asumiremos que las distribuciones proporcionadas son las adecuadas. Para cambiar la distribución de los tiempos de atención, simplemente introducimos `Random.Triangular(0.25, 1, 1.75)` en la propiedad *Processing Time* (asegúrese que la unidad sea minutos fijando la propiedad *Units* en *Minutes*). Al utilizar la palabra clave *Random*, podemos generar observaciones estadísticamente independientes de 19 distribuciones comunes (a la fecha de publicación de este libro) así como distribuciones continuas y discretas empíricas para los casos en que ninguna de las distribuciones estándar proporcione el ajuste adecuado. Estas distribuciones, sus parámetros y la forma de sus funciones de densidad (o probabilidad en el caso discreto) se discuten detalladamente en la subsección *Distributions* de la sección *Expressions Editor, Functions and Distributions* en la parte *Modeling in Simio* de la *Guía de Referencia de Simio* (*Simio Reference Guide*). Los métodos computacionales que Simio utiliza para generar números aleatorios y valores de variables aleatorias se discuten en las secciones 6.3 and —refsec:RVG.

Ahora que hemos completado el Modelo 4-3, debemos *verificar* nuestro modelo, como se discutió en la sección 4.2.5. El proceso de verificación requiere del desarrollo de una serie de expectativas, diseñar y correr el modelo y asegurarse que los resultados del modelo concuerden con nuestras expectativas. Cuando existen diferencias entre nuestras expectativas y los resultados del modelo, debemos buscar y arreglar los problemas que pueden existir en el modelo, en nuestras expectativas o en ambos. Para el Modelo 4-1, el proceso de desarrollo de expectativas fue relativamente simple — modelamos una cola $M/M/1$ para poder calcular los valores exactos de las medidas de desempeño del sistema —. El proceso no es tan simple para el Modelo 4-3, debido a que no contamos con tiempos de proceso exponenciales y añadimos tiempos de traslado para las entidades entre la llegada y el servicio, y entre el servicio y la salida del sistema. Además, estas dos modificaciones tenderán a compensarse en el cálculo de las métricas de la cola. Por un lado, redujimos la variación en el tiempo de proceso, así que esperamos que se reduzca el número de entidades en el sistema y en la cola (en relación al Modelo 4-1). Sin embargo, también añadimos los tiempos de traslado de las entidades, así que esperamos que el número de entidades en el sistema y el tiempo que permanecen en el sistema incremente. De esta forma, no contamos con una serie de expectativas que podamos probar (éste será generalmente el caso cuando diseñemos modelos más complejos). De cualquier manera, todavía debemos realizar algún tipo de verificación del modelo.

Tabla 4.6: Resultados del Modelo 4-3 (versión modificada).

Métrica Estimada	Simulación
Utilización (ρ)	0.800 ± 0.004
Número en el sistema (L)	4.232 ± 0.146
Número en la cola (L_q)	3.205 ± 0.143
Tiempo en el sistema (W)	0.088 ± 0.003
Tiempo en cola (W_q)	0.066 ± 0.003

Tabla 4.7: Resultados del Modelo 4-3.

Métrica Estimada	Simulación
Utilización (ρ)	0.801 ± 0.003
Número en el sistema (L)	2.833 ± 0.069
Número en la cola (L_q)	1.805 ± 0.066
Tiempo en el sistema (W)	0.059 ± 0.001
Tiempo en la cola (W_q)	0.037 ± 0.001

Se puede adoptar la estrategia de desarrollar un *modelo modificado*, sobre el cual sea fácil desarrollar una serie de expectativas, para luego utilizarlo durante la verificación. Tomaremos este enfoque para el Modelo 4-3. Existen dos opciones naturales para modificar el modelo: fijar el tiempo de traslado de las entidades en 0 y utilizar las métricas de una cola $M/G/1$ (descritas en el capítulo 2) como aproximación, o bien, cambiar la distribución del tiempo de proceso a una distribución exponencial. En este ejemplo, escogimos la segunda opción y cambiamos la propiedad *Processing Time* del cajero automático a `Random.Exponential(1)`. Debido a que simplemente estamos añadiendo 17 segundos al tiempo de traslado de cada entidad, esperamos que ρ, L_q y W_q concuerden con los valores de la cola $M/M/1$ (tabla 4.2) y que W sea 17 segundos mayor al valor de la cola $M/M/1$. Los resultados de correr 500 repeticiones del modelo por 30 horas, con un periodo de calentamiento de 20 horas (las mismas condiciones utilizadas en la sección 4.2.5) se muestran en la tabla 4.6. Estos resultados concuerdan con nuestras expectativas (de no estar convencidos con la comparación de los resultados de la simulación y nuestras expectativas, podríamos alargar el tiempo de corrida de cada repetición o simplemente correr repeticiones adicionales, pero dejaremos esta decisión a su criterio). Si asumimos que hemos verificado correctamente el modelo modificado, la única razón para que el Modelo 4-3 no esté verificado es que hayamos cometido un error al ingresar la propiedad de *Processing Time* o si la implementación de Simio del generador de la variable aleatoria Triangular sea incorrecta. En este punto nos aseguraremos que ingresamos los valores de la propiedad correctamente, y que el generador de Simio funciona correctamente. La tabla 4.7 muestra los resultados del experimento para el Modelo 4-3 (500 repeticiones, 30 horas de corrida, 20 horas de calentamiento). Como es de esperarse, el número de entidades en la cola y el tiempo en el sistema ha bajado para ambas métricas (este resultado era de esperarse debido a que redujimos la variación en el tiempo de servicio). Es importante reiterar un punto mencionado en la sección 4.2.5: en general, no es posible *probar* que el modelo ha sido verificado. En lugar de ello, solamente podemos recolectar evidencia hasta que estamos convencidos que el modelo ha sido verificado (posiblemente encontrando y arreglando errores en el camino).

4.5   Más Allá de la Media: Gráficas MORE (SMORE) de Simio

A lo largo del libro hemos enfatizado en que los resultados de los experimentos por simulación estocástica son aleatorios en sí mismos, por lo que deben ser analizados por medio de métodos estadísticos. Hasta ahora, nos hemos enfocado en las medias — utilizando los promedios de las medidas de desempeño de la simulación para estimar las medias de la población (o del valor esperado de las variables aleatorias de las respuestas de salida de interés) —. Sin embargo, los intervalos de confianza también son una herramienta valiosa para el análisis de los resultados de experimentos por simulación. Hemos mostrado cómo Simio incorpora intervalos de confianza en el resumen estadístico de un experimento. El concepto de esperanza es muy importante, pero raramente cuenta toda la historia debido a que es, por definición, el promedio de un número infinito de repeticiones de una variable aleatoria de interés (como el tiempo promedio en el sistema, el tamaño máximo de la cola o la utlzación de un recurso), sin embargo, no dice nada sobre la variabilidad ni sobre los valores más probables. Este es uno de los puntos tratados por Sam Savage en su libro *The Flaw of Averages: Why We Underestimate Risk in the Face of Uncertainty*[55]. En la simulación de la sección 3.2.3, y en especial en la figura 3.3, además de los promedios, discutimos histogramas de los resultados para apreciar los riesgos que pueden existir con respecto a la utilidad y, en particular, el riesgo de tener una pérdida en vez de ganancias. Ninguno de estos problemas se pueden tratar con promedios o medias, ya que, si en el ejemplo ordenábamos 5000 sombreros, era muy probable tener una ganancia *promedio* positiva (el intervalo de confianza del 95% era $9662.40 \pm $3248.20), sin embargo, existía un *riesgo* del 28% en incurrir en una pérdida (ganancia negativa).

Así que, además de los reportes proporcionados por Simio en el *Pivot Grid* (que contiene intervalos de confianza), Simio incluye un nuevo tipo de gráfica para reportar las estadísticas de interés. La gráfica *Simio MORE* (*SMORE*) es una combinación de un *diagrama de cajas* (descrito por primera vez por John Tukey en 1977 [65]), un histograma y una gráfica de dispersión de las respuestas de cada repetición. La gráfica SMORE está basada en las gráficas *MORE* (por *Measure of Risk and Error*) desarrolladas por Barry Nelson en [47]. La figura 4.22 muestra un plano que resume algunos de sus elementos. Una gráfica SMORE es una representación visual del resultado de las corridas para una variable de desempeño, como el tiempo promedio en el sistema, el número máximo de entidades en cola o la utilización de un recurso. Es similar a un diagrama de cajas en su configuración, pero además, despliega el valor mínimo y máximo observado, el promedio muestral, la mediana muestral y el percentil "superior" e "inferior". En este caso, la "muestra" está compuesta de los valores de las variables de desempeño a través de múltiples repeticiones, no de observaciones individuales *dentro* de cada repetición, así que la intención principal es describir los resultados de muchas repeticiones de una simulación transitoria o de simulaciones de estado estable en las que se ha fijado un tiempo de calentamiento y el modelo corre considerando dicho tiempo de calentamiento en cada repetición. Una gráfica SMORE puede, opcionalmente, desplegar intervalos de confianza de la media, intervalos de confianza de los percentiles superior e inferior, un histograma de los valores observados y las respuestas correspondientes a cada repetición.

Las gráficas SMORE se generan automáticamente a partir de las *respuestas* del experimento. Por ejemplo, para el Modelo 4-3, podríamos estar interesados en el tiempo promedio (durante una repetición) que los clientes permanecen en el sistema (i.e., el intervalo de tiempo entre la llegada del cliente al cajero y su salida del sistema). Simio monitorea esta estadística automáticamente y podemos accesar el valor promedio en cada repetición utilizando la expresión `ClienteATM.Population.TimeInSystem.Average`. Para añadir esta expresión como una respuesta, haga clic en el ícono *Add Response* de la cinta *Design* (en la ventana *Experiment*), especifique el nombre `PromTiempoEnSistema` en la propiedad *Name* (para etiquetar la respuesta) e ingrese la expresión `ClienteATM.`

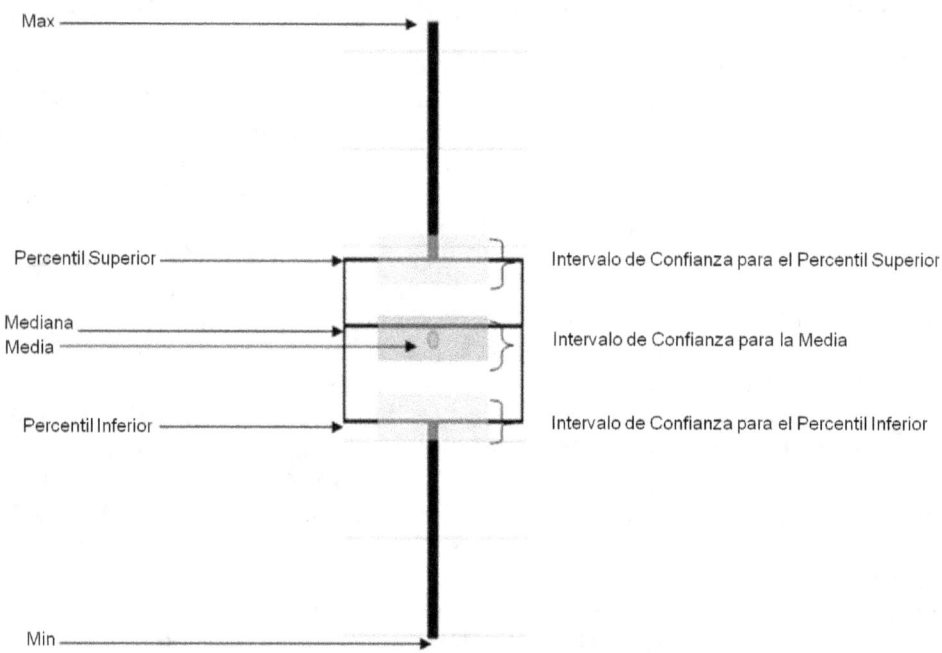

Figura 4.22: Componentes de una Gráfica SMORE (adaptado de *Simio Reference Guide*).

`Population.TimeInSystem.Average` en la propiedad *Expressions* (ver la figura
4.23). Una pregunta válida que usted se podría estar haciendo es: "¿por qué tendría que saber
cómo construir la expresión `ClienteATM.Population.TimeIn`
`System.Average` que ingresamos en la propiedad *Expressions*?". Buena pregunta; Simio proporciona ayuda construida de acuerdo al contexto para desarrollar la expresión.

Si hace clic en la propiedad *Expressions*, verá a la derecha una flecha que apunta hacia
abajo; al hacer clic en esta flecha, verá otro campo con una X roja y una marca √ en verde a
la derecha; éste es el constructor de expresiones (*Expression Builder*) de Simio que se discutirá
con detalle en la sección 5.1.7. Esta herramienta se muestra en la figura 4.24. Por ahora,
experimentemos un poco con esta herramienta. Comience por hacer clic en el campo en blanco
y pulse en su teclado la flecha de navegación hacia abajo para abrir un menú con las distintas
formas de empezar a construir una expresión. En la lista que aparece a continuación, encuentre
`ClienteATM` (el nombre que utilizamos para las entidades) y haga doble clic en ella, note que el
nombre se copia en el campo de la expresión. A continuacón ingrese un punto a la derecha de
`ClienteATM` y note que una nueva lista aparece con las opciones disponibles. En nuestro caso,
estamos buscando una estadística sobre la población total de entidades del tipo `ClienteATM`
(no de una entidad en particular) por lo que hacemos doble clic en *Population*. Nuevamente,
se le abrirá una lista de alternativas, haga doble clic en *TimeInSystem* (i.e., el tiempo en el
sistema, que es lo que deseamos conocer sobre las entidades `ClienteATM`) al final de la lista. Si
en cualquier momento pierde la lista, simplemente presione la tecla de navegación hacia abajo
nuevamente. Como antes, ingrese un punto a la derecha de la expresión, y haga doble clic en
Average en la lista que aparece (i.e., el promedio, ya que deseamos el promedio en el sistema de
las entidades `ClienteATM`, en lugar del máximo o del mínimo). De esta forma, terminamos la
expresión (lo que puede comprobar viendo que nada sucede al ingresar un punto o al presionar

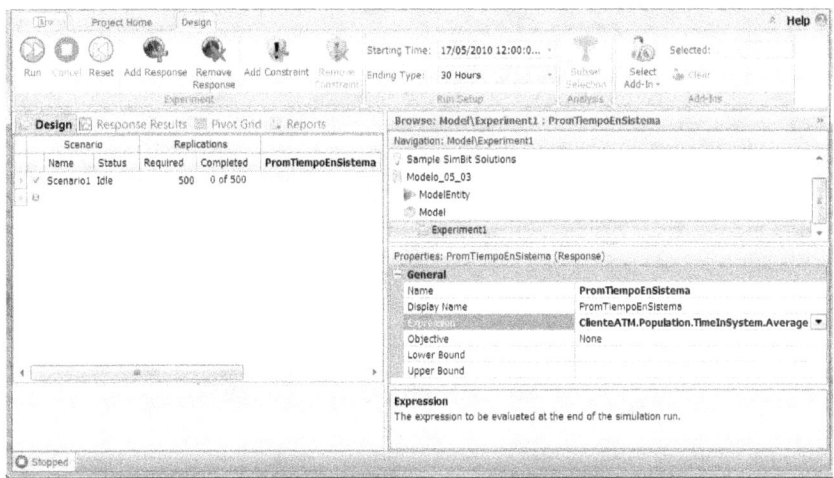

Figura 4.23: Definición de la respuesta para el tiempo promedio en el sistema en el experimento del Modelo 4-3.

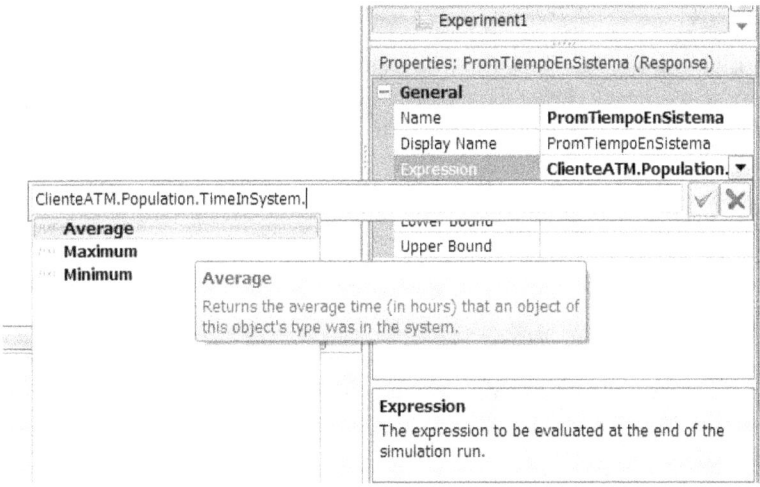

Figura 4.24: Uso del constructor de expresiones de Simio para definir un gráfica SMORE del tiempo promedio en el sistema.

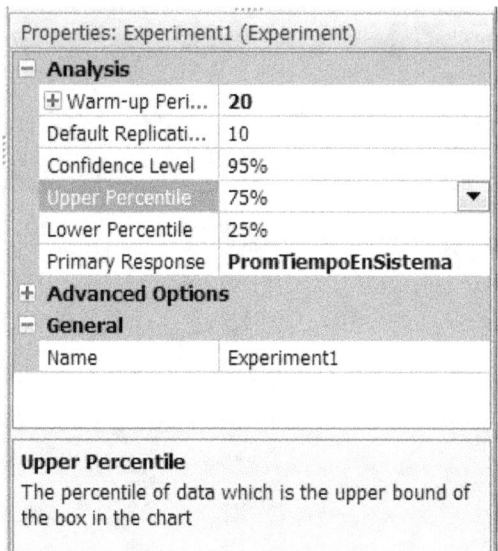

Figura 4.25: Definición de los porcentajes para los percentiles y el intervalo de confianza.

la tecla de navegación hacia abajo) y hemos indicado que deseamos el tiempo promedio de las entidades en el sistema. Una vez que termine, haga clic en la marca √ en verde (a la derecha) para establecer lo que escribió como su expresión.

Puede añadir respuestas adicionales haciendo clic en el ícono de *Add Response* y, al inspeccionar las gráficas SMORE, podrá alternar entre las respuestas utilizando la lista desplegable que contiene los nombres de las respuestas. Añada dos respuestas más: la primera con el nombre MaxLongitudCola y la expresión ATM1.AllocationQueue.MaximumNumberWaiting, y la segunda con el nombre UtilizacionRecurso y la expresión ATM1.ResourceState.Percen tTime(1). Le invitamos a que juegue con el constructor de expresiones para descubrir estas expresiones y, en particular, el (1) en la última expresión (note que al navegar sobre las opciones de la lista desplegable del constructor de expresiones, aparecerán notas aclaratorias, como en la figura 4.24, describiendo lo que representa cada símbolo, incluyendo (1)). Los porcentajes para los percentiles y los límites del intervalo de confianza se pueden definir utilizando las propiedades del experimento correspondientes (ver la figura 4.25). Por defecto, los porcentajes para los percentiles son de 25 % y 75 %, respectivamente (i.e., el cuartil inferior y superior), como en los diagramas de caja tradicionales. Sin embargo, puede cambiarlos para hacer la caja más pequeña o más grande.

Para observar más gráficas SMORE, seleccione la pestaña *Response Chart* de la ventana *Experiment*. La figura 4.26 muestra la gráfica SMORE del tiempo promedio en el sistema para una corrida de 500 repeticiones del Modelo 4-3 con los parámetros descritos anteriormente (30 horas de corrida y 20 horas de calentamiento por repetición). En la figura mostramos los intervalos de confianza y los histogramas, pero no las observaciones individuales de cada repetición, y dejamos los percentiles en sus valores por defecto de 25 % y 75 %. El botón *Rotate Plot* permite observar la gráfica horizontalmente en vez de verticalmente. Los valores numéricos utilizados para generar la gráfica SMORE, así como los límites del intervalo de confianza, están disponibles al hacer clic en la pestaña *Raw Data* al final de la ventana de la gráfica SMORE. En la figura 4.26 podemos apreciar que el tiempo esperado en el sistema es algo menor que 0.058 horas (3.5 minutos), la mediana es todavía un poco menor. Este resultado es consistente

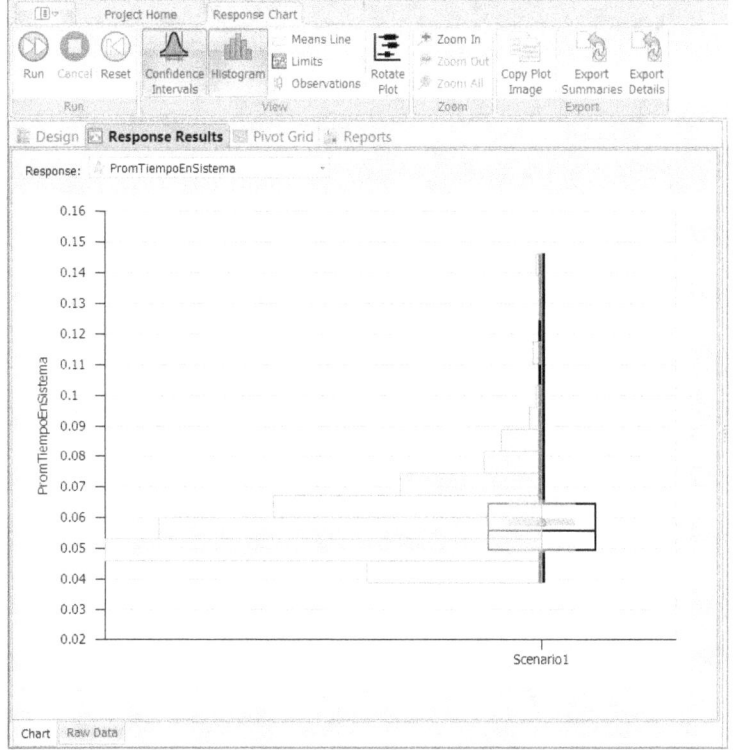

Figura 4.26: Gráficas SMORE para el tiempo promedio en el sistema en el Modelo 4-3 (Percentil Superior = 75%, Percentil Inferior = 25% para la frontera de la caja).

con el sesgo hacia la derecha que presenta la forma del histograma. Adicionalmente, el límite superior del diagrama de cajas (percentil del 75%) es aproximadamente de 0.064 horas (3.8 minutos), indicando que existe una probabilidad del 25% de que el tiempo promedio en el sistema, en una repetición, sea mayor que 3.8 minutos. Por último, los intervalos de confianza lucen razonablemente angostos, indicando que las 500 repeticiones que realizamos son suficientes para establecer conclusiones precisas.

La figura 4.27 muestra la gráfica SMORE para el máximo número de entidades en la cola; notar que en la figura hemos movido temporalmente el percentil superior de 75% a 90%. Debido a que estamos observando el *máximo* número de entidades en cada repetición (no el promedio), éste es un buen indicador del espacio que necesitaríamos en el cajero para albergar las entidades en el transcurso de una repetición. Basado en la gráfica si, por ejemplo, proporcionamos espacio para 14 o 15 personas en el recibidor del cajero automático, siempre tendremos espacio para soportar la cola en el 90% de las repeticiones. Juegue un poco con los parámetros para el percentil superior e inferior en la ventana *Experiment Design*. Como era de esperarse, al ir moviendo los percentiles hacia los límites de 0% y 100%, las esquinas de las cajas también se mueven, sin embargo, lo que es más interesante es el hecho que los intervalos de confianza se vuelven más anchos, es decir, menos precisos. Esto se debe a que los percentiles más extremos son inherentemente más variables, ya que son calculados basados en los escasos puntos de la cola de la distribución y, en consecuencia, son más difíciles de estimar. De esta forma, los intervalos de confianza más anchos reflejan lo que honestamente sabemos (o en este caso, lo que no sabemos) respecto al "verdadero" valor de los percentiles.

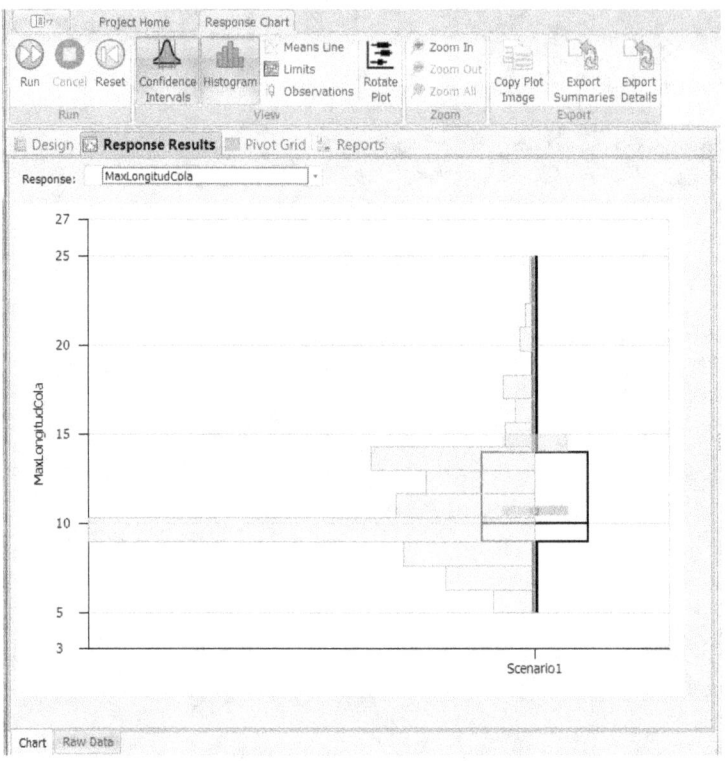

Figura 4.27: Gráfica SMORE del máximo número de entidades en cola para el Modelo 4-3 (Percentil Superior = 90%, Percentil Inferior = 25% para la frontera de la caja).

La distribución de la utilización observada del servidor, en la figura 4.28, muestra que la utilización estará entre 77% y 83% la mitad del tiempo. Este resultado concuerda con la utilización esperada en el modelo de colas teórico de:

$$\frac{\text{E(tiempo de servicio)}}{\text{E(tiempo entre llegadas)}} = \frac{(0.15 + 1.00 + 1.75)/3}{1.25} = 0.80,$$

el valor esperado de la distribución triangular con parámetros min, $mode$, max es $(min + mode + max)/3$, que se puede consultar en la guía de referencia de Simio. Sin embargo, existe la posibilidad de que la utilización sea tan alta como 90%, como se puede apreciar en el histograma (la utilización máxima en 500 repeticiones fue de 90.87%, como se puede apreciar en la pestaña *Raw Data* de la parte inferior de la ventana).

Como se describe originalmente en [47], las gráficas SMORE proporcionan una representación gráfica fácil de interpretar del *riesgo* y del *error* de muestreo del sistema asociado a la simulación — tiene más información que el promedio de las repeticiones, o incluso que un intervalo de confianza sobre el promedio —. Los intervalos de confianza en una gráfica SMORE muestran el error de muestreo en la estimación de percentiles y de la media — incrementando el número de repeticiones podemos reducir el ancho del intervalo de confianza (y en consecuencia, el error de muestreo) —. Visualmente, si las bandas del intervalo de confianza en una gráfica SMORE son demasiado anchas, debemos correr más repeticiones del experimento por simulación. Una vez que los intervalos de confianza son suficientemente angostos (i.e., estamos cómodos con el error de muestreo), podemos utilizar los valores del percentil superior e inferior para tener una

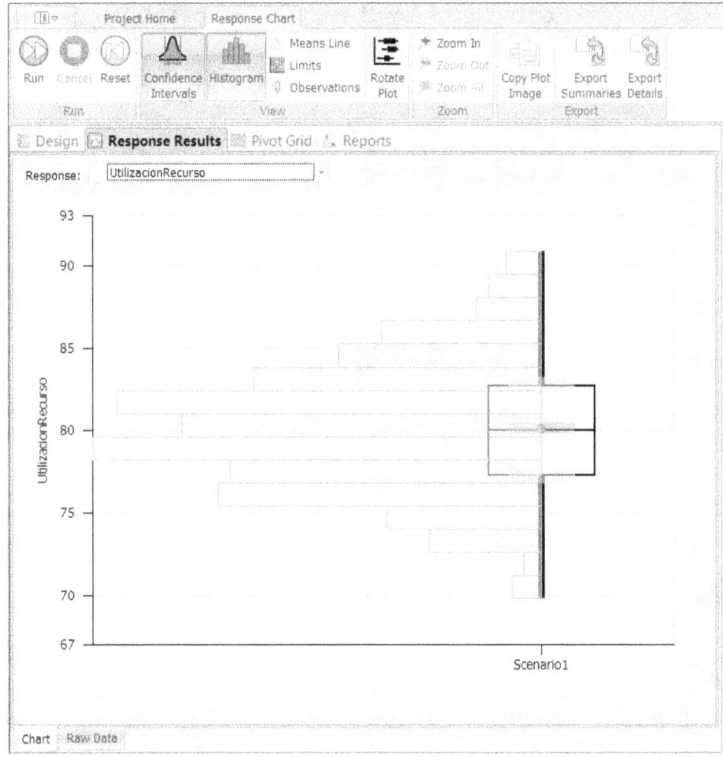

Figura 4.28: Gráfica SMORE de la utilización del servidor para el Modelo 4-3 (Percentil Superior = 75%, Percentil Inferior = 25% para la frontera de la caja).

idea de la variabilidad asociada con la respuesta. Podemos también utilizar el histograma para darnos una idea sobre la forma de la distribución de la respuesta (e.g., en las figuras 4.26-4.28 se puede apreciar que las distribuciones del tiempo promedio en el sistema y del número máximo de entidades en el sistema están sesgadas hacia la derecha, pero la distribución de la utilización es simétrica). Como veremos en el capítulo 5, las gráficas SMORE son útiles para apreciar las diferencias en la variable de desempeño bajo diferentes escenarios, no sólo en la media, sino también en términos de su variabilidad relativa y de su distribución.

4.6 Exportación de Datos de Salida para Realizar Análisis Adicional

Simio es un paquete de simulación, no un paquete de análisis estadístico. Aunque cuenta con ciertas herramientas para el análisis estadístico (como los intervalos de confianza y las gráficas SMORE que ya hemos explorado), Simio permite además exportar los resultados del experimento por simulación a un archivo CSV que se puede leer fácilmente por una variedad de paquetes estadísticos como SAS, JMP, SPSS, Stata, S-PLUS o R, entre muchos otros. Para análisis sencillos, Simio puede generar un archivo CSV que se puede importar a Excel para hacer uso de sus funciones (como =AVERAGE, =STDEV, etc.), del complemento para Análisis de Datos que viene con el software o también de complementos estadísticos más poderosos como de Palisade Corporation. Con las respuestas de cada repetición exportadas en este formato sencillo, podemos utilizar casi cualquier paquete estadístico para llevar a cabo análisis populares como pruebas de hipótesis, análisis de varianza o regresiones. Como recordará, en cada repetición obtenemos un

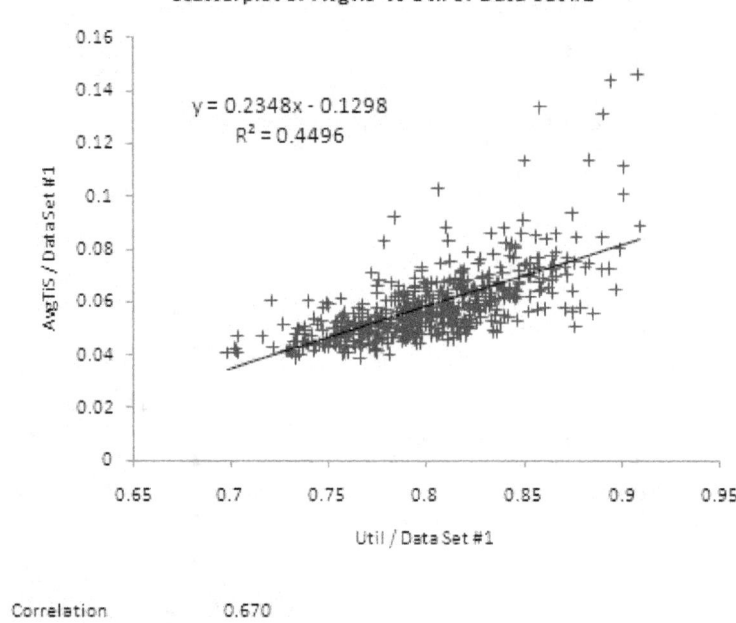

Figura 4.29: Diagrama de dispersión del tiempo promedio en el sistema vs. la utilización del servidor en el Modelo 4-3 utilizando StatTools.

valor de la variable de desempeño de interés (e.g., el tiempo promedio en el sistema, el máximo número de entidades en cola o la utilización de un recurso), no resultados individuales de cada entidad[5] durante cada repetición. Además, estos valores son observaciones independientes e idénticamente distribuidas, por lo que se pueden aplicar métodos estadísticos convencionales; el tamaño de la muestra en estos casos es el número de repeticiones utilizadas para correr el modelo.

Ya hemos visto cómo exportar datos a un archivo CSV en la sección 4.2.3; desde la ventana *Experiment* se usa el ícono *Export Details* de la ventana *Pivot Grid*. Dependiendo del tamaño del modelo y del número de repeticiones, el archivo CSV a exportar puede ser relativamente grande y puede requerir de ciertas modificaciones para obtener los resultados deseados. Sin embargo, una vez personalizados, estos datos pueden ser utilizados para una gran variedad de análisis estadísticos.

Por ejemplo, con las 500 repeticiones que llevamos a cabo para crear las gráficas SMORE de la sección 4.5, exportamos los datos y registramos los 500 tiempos promedio en el sistema (en la primera columna) y las 500 utilizaciones del servidor (en la segunda columna). De esta forma cada fila contenía los resultados de una repetición del experimento por simulación. A continuación utilizamos el complemento StatTools para producir los diagramas de dispersión y de correlación que se muestran en la figura 4.29. Podemos observar que el tiempo promedio en el sistema tiende a ser más alto cuando la utilización del servidor es alta, pero hay bastantes excepciones debido a la presencia de "ruido". Utilizamos la herramienta *Excel Chart Tools* para aplicar un modelo de regresión lineal a los datos y mostramos su ecuación, así como el valor de R^2, confirmando que existe una correlación positiva entre el tiempo promedio en el sistema y la

---

[5]Es posible colectar observaciones de entidades individuales manualmente con el paso *Write* o con la personalización de un objeto de la *Standard Library* de Simio, como se describe en la sección 11.4.

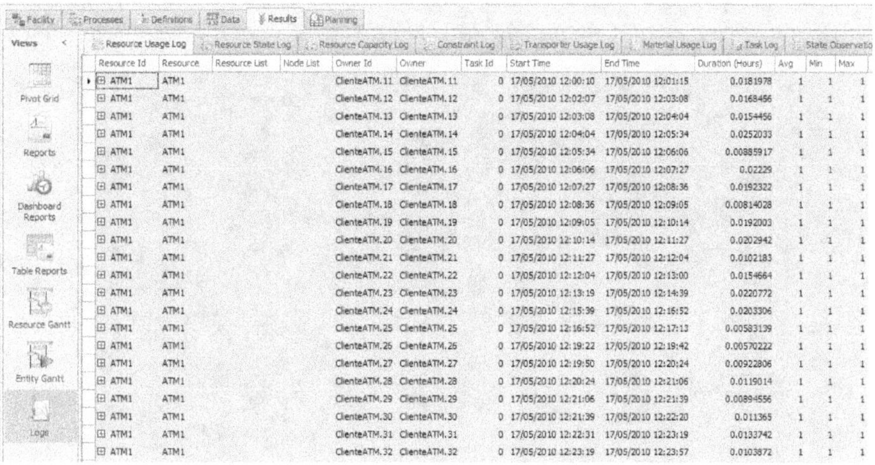

Resource Id	Resource	Resource List	Node List	Owner Id	Owner	Task Id	Start Time	End Time	Duration (Hours)	Avg	Min	Max
ATM1	ATM1			ClienteATM.11	ClienteATM.11	0	17/05/2010 12:00:10	17/05/2010 12:01:15	0.0181978	1	1	1
ATM1	ATM1			ClienteATM.12	ClienteATM.12	0	17/05/2010 12:02:07	17/05/2010 12:03:08	0.0168456	1	1	1
ATM1	ATM1			ClienteATM.13	ClienteATM.13	0	17/05/2010 12:03:08	17/05/2010 12:04:04	0.0154456	1	1	1
ATM1	ATM1			ClienteATM.14	ClienteATM.14	0	17/05/2010 12:04:04	17/05/2010 12:05:34	0.0252033	1	1	1
ATM1	ATM1			ClienteATM.15	ClienteATM.15	0	17/05/2010 12:05:34	17/05/2010 12:06:06	0.00885917	1	1	1
ATM1	ATM1			ClienteATM.16	ClienteATM.16	0	17/05/2010 12:06:06	17/05/2010 12:07:27	0.02229	1	1	1
ATM1	ATM1			ClienteATM.17	ClienteATM.17	0	17/05/2010 12:07:27	17/05/2010 12:08:36	0.0192322	1	1	1
ATM1	ATM1			ClienteATM.18	ClienteATM.18	0	17/05/2010 12:08:36	17/05/2010 12:09:05	0.00814028	1	1	1
ATM1	ATM1			ClienteATM.19	ClienteATM.19	0	17/05/2010 12:09:05	17/05/2010 12:10:14	0.0192003	1	1	1
ATM1	ATM1			ClienteATM.20	ClienteATM.20	0	17/05/2010 12:10:14	17/05/2010 12:11:27	0.0202942	1	1	1
ATM1	ATM1			ClienteATM.21	ClienteATM.21	0	17/05/2010 12:11:27	17/05/2010 12:12:04	0.0102183	1	1	1
ATM1	ATM1			ClienteATM.22	ClienteATM.22	0	17/05/2010 12:12:04	17/05/2010 12:13:00	0.0154664	1	1	1
ATM1	ATM1			ClienteATM.23	ClienteATM.23	0	17/05/2010 12:13:19	17/05/2010 12:14:39	0.0220772	1	1	1
ATM1	ATM1			ClienteATM.24	ClienteATM.24	0	17/05/2010 12:15:39	17/05/2010 12:16:52	0.0203306	1	1	1
ATM1	ATM1			ClienteATM.25	ClienteATM.25	0	17/05/2010 12:16:52	17/05/2010 12:17:13	0.00583139	1	1	1
ATM1	ATM1			ClienteATM.26	ClienteATM.26	0	17/05/2010 12:19:22	17/05/2010 12:19:42	0.00570222	1	1	1
ATM1	ATM1			ClienteATM.27	ClienteATM.27	0	17/05/2010 12:19:50	17/05/2010 12:20:24	0.00922806	1	1	1
ATM1	ATM1			ClienteATM.28	ClienteATM.28	0	17/05/2010 12:20:24	17/05/2010 12:21:06	0.0119014	1	1	1
ATM1	ATM1			ClienteATM.29	ClienteATM.29	0	17/05/2010 12:21:06	17/05/2010 12:21:39	0.00894556	1	1	1
ATM1	ATM1			ClienteATM.30	ClienteATM.30	0	17/05/2010 12:21:39	17/05/2010 12:22:20	0.011365	1	1	1
ATM1	ATM1			ClienteATM.31	ClienteATM.31	0	17/05/2010 12:22:31	17/05/2010 12:23:19	0.0133742	1	1	1
ATM1	ATM1			ClienteATM.32	ClienteATM.32	0	17/05/2010 12:23:19	17/05/2010 12:23:57	0.0103872	1	1	1

Figura 4.30: Carga de la utilización del recurso para el Modelo 4-3.

utilización del servidor, en la que el 45% de la variación en el tiempo promedio en el sistema es explicada por la variación en la utilización del servidor. Éste es sólo un pequeño ejemplo de lo que se puede hacer exportando los resultados de Simio a un archivo CSV, extrayendo los datos de interés e introduciendo los datos a una herramienta estadística poderosa para aprender más acerca del modelo de interés.

4.7 Cargas Interactivas y Reportes en el Tablero

Simio[6] tiene capacidades para cargar diferentes tipos de datos durante corridas interactivas y permite usar estos datos para crear *reportes en el tablero*. Notar que las capacidades de Simio para cargar y reportar en el tablero son muy amplias, aunque demostraremos sólo un caso simple. En la ayuda de Simio o en *Simbits* se pueden encontrar descripciones y detalles adicionales.

Para este ejemplo, usaremos el Modelo 4-3 y *cargaremos* la utilización del recurso *ATM* para crear un reporte en el tablero. Primero le diremos a Simio que *cargue* las utilizaciones del recurso del *server* ATM. Los pasos para ello son los siguientes:

1. Activar la carga automática seleccionando *Enable Interactive Logging* del ícono *Advanced Options* de la cinta *Run*.

2. Activar la carga de la utilización para el objeto *server* ATM. Para hacer esto, seleccione la instancia del objeto ATM, expanda el grupo *Advanced Options* y seleccione *True* para la propiedad *Log Resource Usage*.

3. Correr el modelo en el modo *fast-forward*.

4. Hacer clic en el ícono *Logs* de la pestaña *Results* y seleccionar *Resource Usage Log* (si es que no está ya seleccionado). La figura 4.30 muestra parte de la vista de la carga de la utilización del recurso para la carga recientemente creada.

La carga de la utilización del recurso registra, cada vez que se "usa" el recurso correspondiente, la entidad, el tiempo de inicio, el tiempo de terminación, y la duración de la utilización.

[6]Todos los tipos de licencia otorgan capacidades limitadas para cargar datos, aunque las licencias *Enterprise*, *Team*, y *Education* otorgan capacidades adicionales.

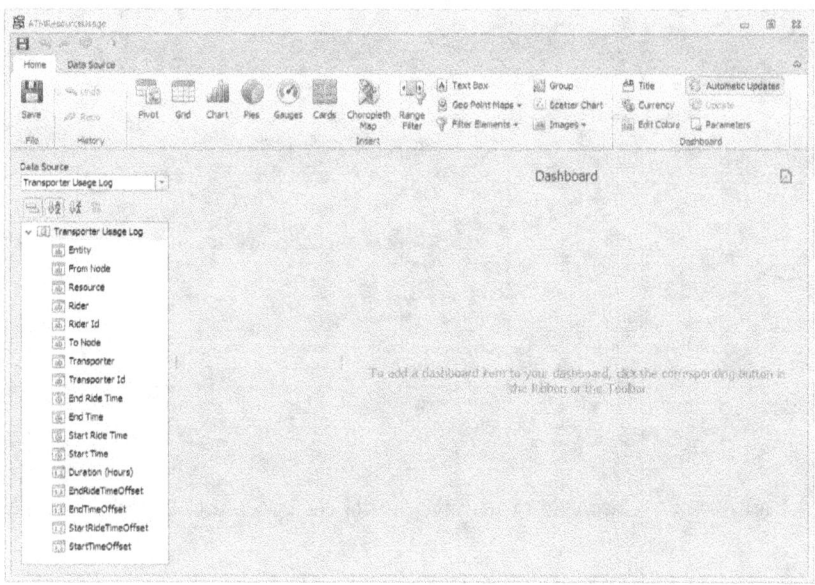

Figura 4.31: Caja de diálogo inicial para el nuevo reporte en tablero.

Ahora que las utilizaciones del recurso individual están cargadas, crearemos un reporte sencillo en el tablero para graficar las duraciones de las utilizaciones durante el tiempo de la simulación. Los pasos son los siguientes:

1. Seleccionar el ícono *Dashboard Reports* de la pestaña *Results*, hacer clic en el ícono *Create* de la cinta, e ingrese un nombre para su tablero en la caja de diálogo *Add Dashboard*. La figura 4.31 muestra la caja de diálogo inicial para el nuevo tablero. Seleccionar la opción *Resource Usage Log* de la caja *Data Source*.

2. Hacer clic en el ícono *Chart* de la cinta *Chart Tools* para crear una nueva gráfica. La figura 4.32 muestra la gráfica recién creada en el nuevo reporte de tablero. A continuación, diseñamos nuestra gráfica arrastrando objetos desde la columna de opciones *Resource Usage Log* hacia los componentes de la columna *DATA ITEMS*.

3. Arrastrar la duración *Duration (Hours)* hacia el componente *Values (Pane 1)*.

4. Hacer clic en el símbolo de diagrama de barras a la derecha del componente recientemente agregado, y cambie el tipo de gráfica a *Line* (de *Point/Line*.

5. Arrastrar el tiempo de inicio *Start Time* hacia el componente *Arguments*.

6. Seleccionar la opción *Date-Hour-Minute* de la caja de opciones del componente recientemente agregado. La figura 4.33 muestra la gráfica completa de la utilización del recurso. La gráfica muestra las duraciones de la utilización del recurso desde los tiempos de inicio de estas utilizaciones.

7. Hacer clic en el ícono *Save* de la cinta para guardar el tablero recientemente creado.

Como hemos mencionado, las capacidades de Simio para cargar datos en el tablero son muy amplias y le animamos a experimentar con estas capacidades consultando los *SimBits* relacionados.

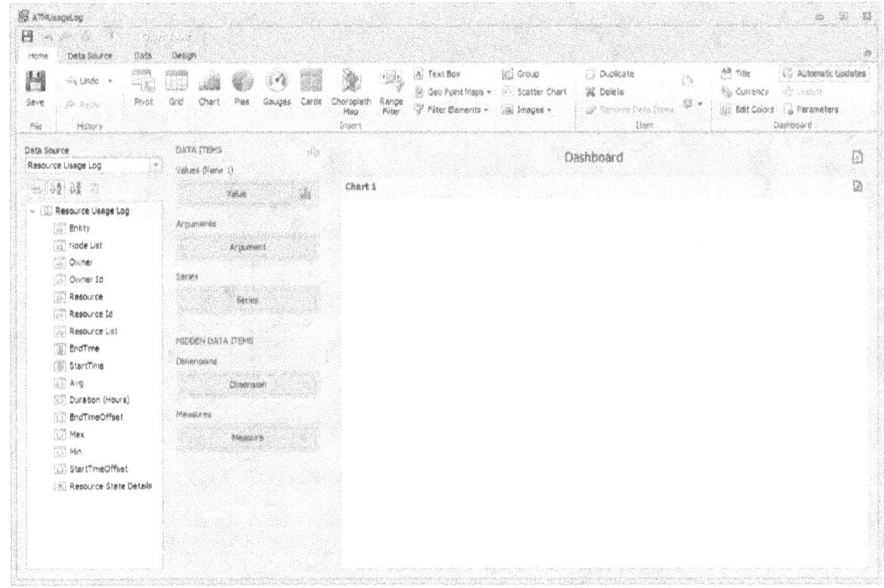

Figura 4.32: Carta recién creada para el tablero.

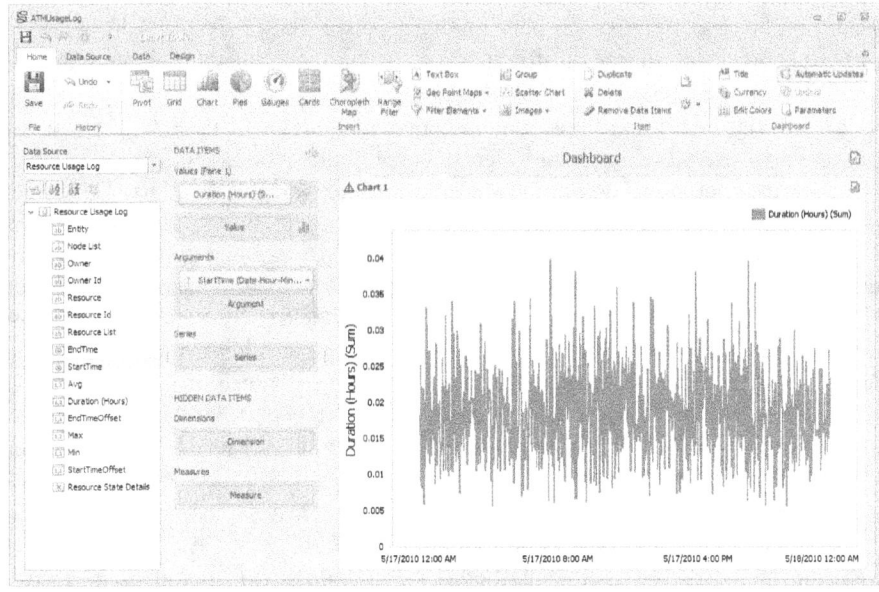

Figura 4.33: Gráfica final de la utilización en el tablero.

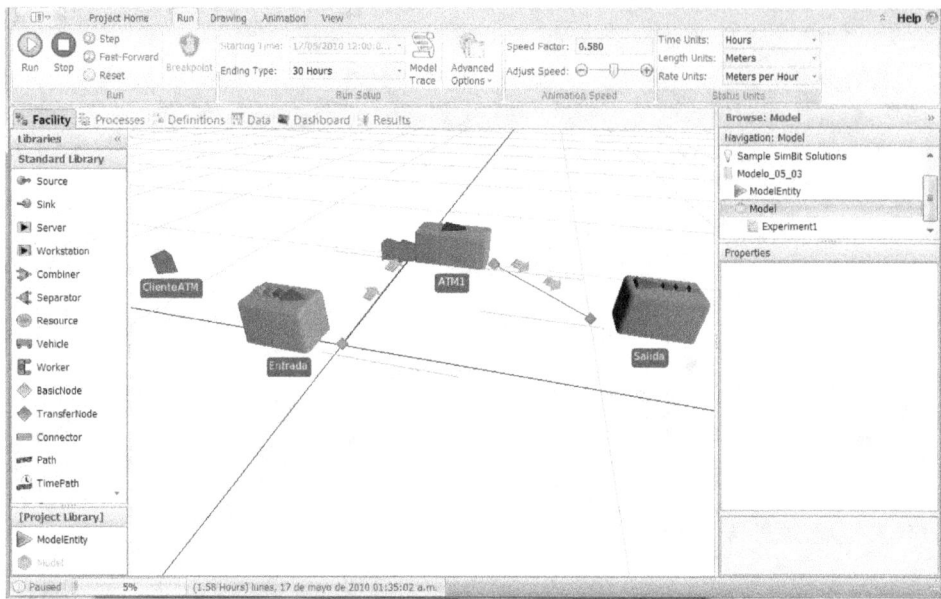

Figura 4.34: Modelo 4-3 en modo 3D.

4.8   Animación Básica

Hasta ahora, apenas hemos mencionado el concepto de animación, pero ya hemos empezado a crear animaciones útiles. En esta sección introduciremos los conceptos básicos de la animación en Simio. Revisaremos animaciones con mayor detalle en el capítulo 8. La animación generalmente se lleva a cabo en la vista *Facility*. Si hace clic en la vista *Facility* y pulsa la tecla "H", podrá ver consejos para mover la animación utilizando el teclado y el ratón. Tal vez quiera dejar esta ayuda habilitada como un recordatorio, hasta que se familiarice con la interfaz.

Una de las ventajas de Simio es que cuando contruye modelos utilizando la *Standard Library*, automáticamente contruye la animación mientras crea el modelo. Los modelos de las figuras 4.9 y 4.21 se despliegan en el modo de animación en dos dimensiones (2D). Otra de las ventajas de Simio es que los modelos se crean también automáticamente en 3D, a pesar de que comúnmente se utiliza el panorama en 2D para la creación del modelo. Para cambiar entre los modos 2D y 3D, simplemente alterne entre las teclas 2 y 3 del teclado o seleccione la cinta *View* y haga clic en la opciones 2D o 3D. La figura 4.34 muestra el Modelo 4-3 en modo 3D. En este modo, los botones del ratón pueden utilizarse para desplegar, acercar/alejar o rotar la vista en 3D. El modelo mostrado en la figura 4.34 muestra una entidad en el servidor (mostrado en la cola de *Processing.Contents* unida al objeto `ATM1`), cinco entidades esperando en la cola para el cajero (mostrado en la cola de *InputBuffer.Contents* para el objeto `ATM1`) y dos entidades en el trayecto de la entrada a la cola para el cajero.

Vamos a mejorar nuestra animación modificando el Modelo 4-3 a lo que llamaremos el Modelo 4-4. Claro, debe comenzar por guardar el archivo `Modelo_05`
`_03.spfx` con un nuevo nombre, digamos `Modelo_05_04.spfx`; la opción *Save As* de Simio se encuentra en la pestaña amarilla de la cinta, a la izquierda de la pestaña *Project Home*.

Si hace clic en cualquier símbolo u objeto, aparecerá la cinta *Symbols* al frente de las demás cintas. Esta cinta permite cambiar los colores o la textura aplicada al símbolo, añadir símbolos adicionales y poner a su disposición diversas maneras para seleccionar un símbolo que reemplace

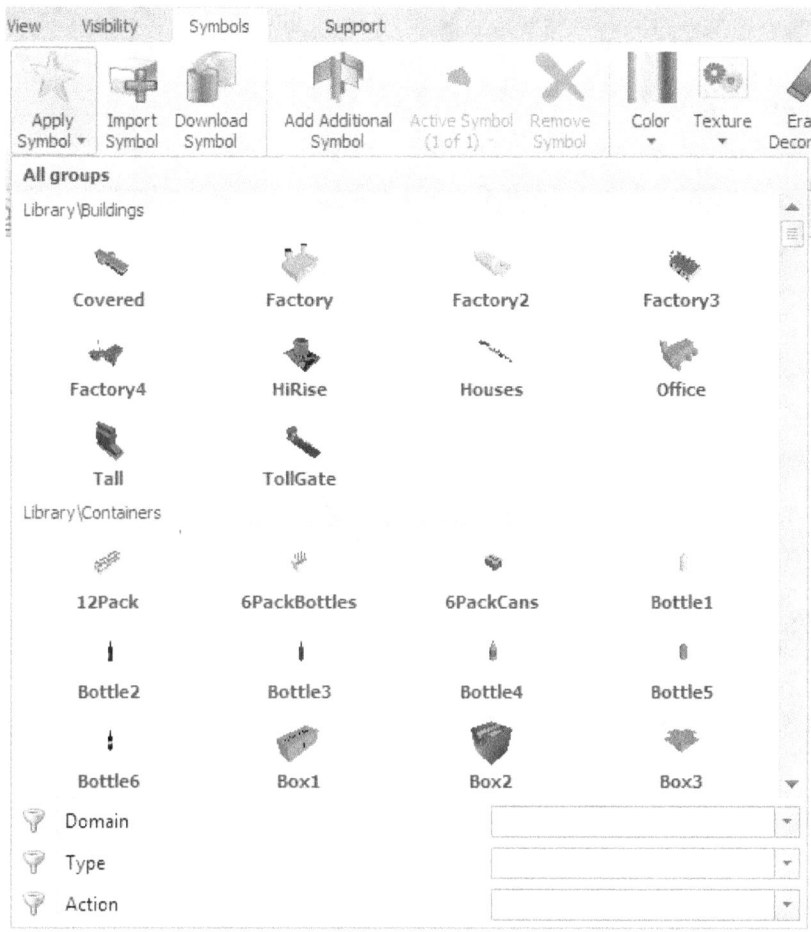

Figura 4.35: Navegando en la librería de símbolos de Simio.

al símbolo por defecto. Comenzaremos con la tarea más sencilla — seleccionar un nuevo símbolo de la librería de símbolos de Simio —. En particular, modifiquemos la figura de la entidad del tríangulo verde por la figura de una persona.

Comience por hacer clic en el objeto *Entities* que nombramos `ClienteATM`. En la cinta *Symbols* que se despliega a continuación, busque la categoría *Project Symbols*, como se ilustra en la figura 4.35. La librería completa consiste de alrededor de 300 símbolos organizados en 27 categorías. Para hacer más sencilla la búsqueda de un símbolo en particular, se proporiconan tres filtros al final: *Domain*, *Type*, y *Action*. Se puede usar cualquier combinación de estos filtros para disminuir las opciones de búsqueda. Por ejemplo, si usa el filtro *Type* y selecciona sólo la opción *People*, obtendrá una lista de todas las personas en la librería. Cerca del borde superior apreciará una categoría "Library People".   Si mueve el ratón (todavía no haga clic) sobre el símbolo, podrá ver una vista magnificada para ayudarle con la selección. Haga clic en uno de los símbolos "Female" para seleccionarlo, y aplíquelo como nuevo símbolo para el objeto seleccionado — la entidad. La entidad de su modelo debería lucir como en la figura 4.36. Notar que en la carpeta *People* existe una carpeta con el nombre *Animated* que contiene símbolos para personas con animación incorporada, como caminando, corriendo, o conversando. El uso de estas animaciones proproporciona un mayor realismo a la animación, pero puede ser demasiado

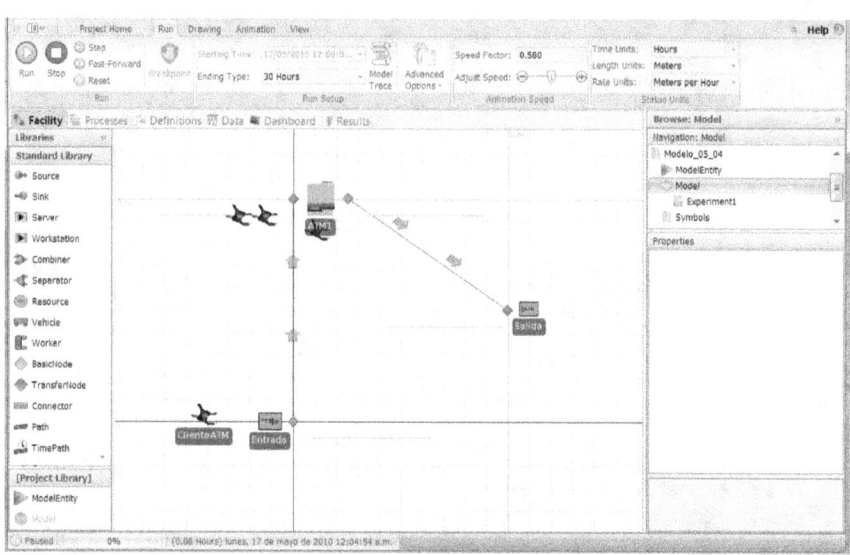

Figura 4.36: Modelo 4-4 con los símbolos de una mujer y de un cajero automático en vista 2D.

para nuestro pequeño modelo de ATM.

Notará que la figura 4.36 también contiene un símbolo para un cajero automático. Desafortunadamente, este símbolo no está disponible en la librería. Si cuenta con el símbolo de un cajero automático en su computadora, lo podría importar. De otra forma, Simio proporciona otra solución: descargar el símbolo de la librería en 3D de Google (*Google 3D Warehouse*). Esta herramienta consiste de un gran repositorio de símbolos que están disponibles gratuitamente, y Simio proporciona un enlace directo a este repositorio. Cambiemos la figura de nuestro servidor a un cajero automático.

Empiece haciendo clic en el objeto *Server* que llamamos ATM1. Ahora vaya a la cinta *Symbol* y haga clic en el ícono *Download Symbol*. Ingrese ATM en la caja de búsqueda y haga clic en el botón de búsqueda. Verá una gran variedad de símbolos que tienen el nombre o descripción de un cajero automático (ATM), incluyendo uno como el que se muestra en la figura 4.37. Notar que aunque se puede apreciar una gran variedad de máquinas en los resultados de búsqueda, al menos uno de estos símbolos satisface nuestra búsqueda de un cajero automático. Haga clic en el símbolo deseado (nosotros escojimos uno de *Compo*) y si desea lo puede observar con mayor detalle (incluso en 3D). Cuando esté satisfecho con su elección, haga clic en la opción *Download Model*. En unos momentos verá el símbolo desplegado en una ventana en la que puede cambiar el nombre del símbolo (a ATM1 si lo desea), añadir una descripción o cambiar su orientación. Una de las tareas más importantes es verificar que el tamaño del símbolo sea el correcto (en metros). No puede cambiar la proporción de las dimensiones, pero puede cambiar cualquier valor único si el tamaño es incorrecto. En nuestro caso, el cajero tiene aproximadamente las dimensiones de 1 metro de ancho y 1.5 metros de alto, que satisfacen nuestros requerimientos. Haga clic en la opción *OK* y hemos terminado de cambiar el símbolo de nuestro servidor.

Ahora, el Modelo 4-4 se debe ver parecido al de la figura 4.36, en vista de 2D. Si cambia a la vista en 3D (tecla "3") verá que sus símbolos también lucen bien en 3D, como se muestra en la figura 4.38.

Como se imaginará, apenas hemos tocado el tema de la animación. Para completar este modelo, podríamos dibujar paredes (ver la cinta *Drawing*) o añadir objetos como puertas y plantas. Podemos incluso importar planos u otros fondos para que el modelo se vea más realista.

Figura 4.37: Resultados de la búsqueda de un cajero automático utilizando el *Google 3D Warehouse*.

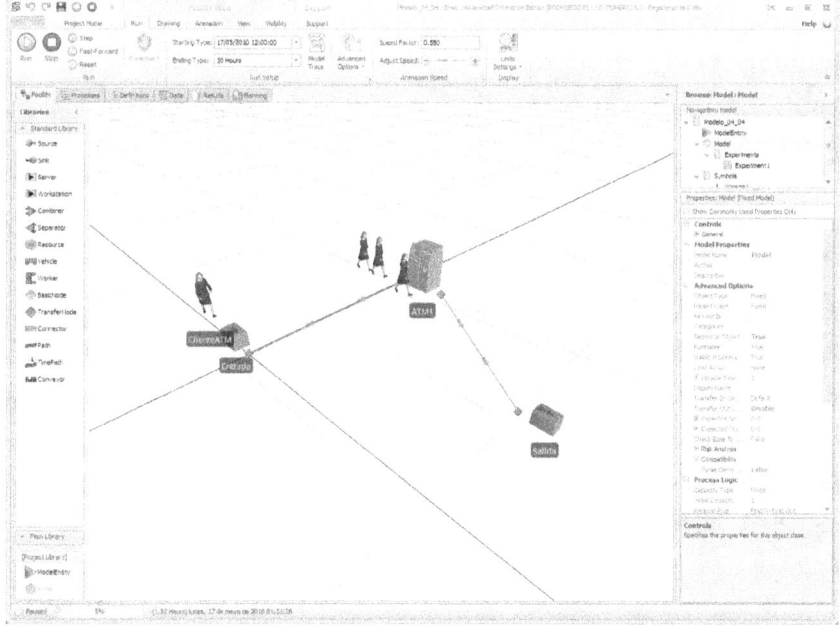

Figura 4.38: Modelo 4-4 con los símbolos de una mujer y de un cajero automático en vista 3D.

Puede experimentar ahora con estas opciones si lo desea, sin embargo, regresaremos a este tema en el capítulo 8.

4.9 Depuración del Modelo

Aunque resulte difícil de aceptar, las personas cometemos errores. Cuando estos errores ocurren en software, en inglés se les refiere como "bugs." Muchas cosas pueden generar un bug, incluyendo un error tipográfico (escribir un 2 en lugar de un 3), un malentendido sobre el funcionamiento del software, o un problema con el software. Aún los programadores más experimentados pueden encontrar bugs. En la práctica, *una parte significativa del trabajo de modelado se dedica a la resolución de bugs* — es una consecuencia natural del uso de software complejo para modelar con precisión un sistema complejo. Es casi seguro que uno tendrá al menos unos pocos bugs con el primer modelo desarrollado. Cómo reconocer y arreglar efectivamente los bugs puede determinar la efectividad de un modelador. En esta sección le daremos una visión apropiada para mejorar sus capacidades para la depuración.

El mejor camino para minimizar el impacto de los bugs es el de seguir técnicas de desarrollo iterativas (ver la sección 1.4.3). Si Usted trabaja sin descanso por varias horas para verificar que su modelo está corriendo satisfactoriamente, puede esperar un bug complejo y difícil de encontrar. En su lugar, mejor tome descansos para verificar su modelo, de esta manera, cuando encuentre un problema, tendrá una mejor idea de la causa del problema y será capaz de ubicarlo y arreglarlo más rápidamente.

La reacción más frecuente hacia un bug es la de asumir que es un error de software. Aunque es cierto que la mayoría de los software complejos, sin importar cuán bien escrito o bien probado esté, tiene bugs, también es cierto que la gran mayoría de los problemas son debidos al usuario. Haga suyo el problema, asumiendo que es su error, hasta que se pruebe lo contrario, y éste será el primer paso para solucionarlo.

4.9.1 Descubriendo Problemas Sutiles

¿Cómo sabe uno siquiera que tiene un problema? Muchos problemas son obvios — presiona *Run* y, o bien no sucede nada o bien sucede algo inesperado. Pero los peores problemas son los sutiles — se tiene que trabajar en ello para descubrir siquiera si es un problema.

- En la sección 4.2.2 discutimos la importancia de desarrollar expectativas antes de correr el modelo. Comparar los resultados del modelo con nuestras expectativas es el primer y mejor camino para descubrir problemas. En la sección 4.2.5 también discutimos sobre el proceso básico para la verificación del modelo. Los pasos siguientes extienden esta verificación para hacerla más profunda.

- Observe la animación ¿Se están moviendo las cosas como se piensa que deberían moverse? Si, no ¿Porqué no?

- Mejore la animación para hacerla más informativa. Utilice etiquetas flotantes y etiquetas de piso para proporcionar más información sobre las entidades y sobre otros objetos.

- Examine las estadísticas de salida cuidadosamente ¿Son coherentes los resultados y las relaciones entre ellos? Por ejemplo ¿es razonable que tenga una cola larga para un recurso con baja utilización? Agregue estadísticas personalizadas para obtener más información cuando sea necesario.

- Finalmente, las mismas herramientas de depuración que describiremos a continuación, para resolver un problema, pueden usarse para determinar si existe algún problema.

4.9.2 El Proceso de Depuración

Ok, Usted está convencido de que tiene un bug, y ha tomado la responsabilidad asumiendo (por ahora) que el bug se debe a algún error que ha cometido y ¿ahora qué? Existen muchas acciones diferentes que puede tomar, dependiendo del problema.

- Revise todos sus objetos, especialmente los que ha agregado o cambiado recientemente.

  - Revise todas las propiedades que *han* sido cambiadas de su valor por defecto (en Simio, éstas estan en negrita y sus categorías están expandidas). Asegúrese de que cambió voluntariamente cada una de éstas y que hizo el cambio adecuadamente.

  - Revise todas las propiedades que *no han* sido cambiadas de su valor por defecto. Asegúrese de que el valor por defecto tiene sentido, frecuentemente no lo tiene.

- Minimice el flujo de entidades. Limite su modelo a sólo una entidad y observe si puede reproducir el problema. Si no puede, agregando un número mínimo de entidades puede ayudar a que las otras herramientas y procesos de depuración trabajen mejor. En Simio, esta limitación puede hacerse mejor estableciendo el valor de la propiedad *Maximum Arrivals* de cada *source* en 0, 1, o 2.

- Minimice el modelo. Guarde una copia de su modelo, y empiece a borrar componentes del modelo que Usted piensa que no tienen impacto. Si Usted borra demasiado, simplemente desahágalo, y borre algo diferente.Mientras má pequeño sea su modelo, será más fácil encontrar y solucionar el problema.

- Si encuentra algún error o advertencia, regrese e inspecciónelo cuidadosamente. Algunas veces los mensajes no son muy claros, pero contienen información valiosa; trate de decodificarlos.

- Persiga a sus entidades paso por paso. Entienda muy bien porqué están haciendo lo que están haciendo. Si ellas no están haciendo o que deberían ¿las dirigió erróneamente por accidente? ¿o quizás no las dirigió del todo? Examine los resultados de la salida para obtener más pistas.

- Cambie sus perspectivas. Trate de ver el problema desde una dirección totalmente diferente. Si está examinando propiedades, empiece del final en lugar del inicio. Si está examinando objetos, empiece por el que examinaría normalmente al final. Esta técnica puede abrir nuevas vías de raciocinio o visión y podría ser capaz de observar algo de lo que no se percató la primera vez[7].

- Reclute un amigo. Si puede darse el lujo de tener un compañero que conoce del dominio de su modelo, él o ella podría ser de gran ayuda para resolver su problema. Pero podría también recibir ayuda de alguien que no tiene experiencia del dominio o de la simulación — sólo explíquele en voz alta el proceso en detalle. De hecho, se puede usar esta técnica aún si uno está sólo — explíqueselo a su pez de colores o a su mascota. Si bien puede parecer tonto, en verdad funciona. Explicar su problema *en voz alta* lo fuerza a pensar en él desde una perspectiva diferente, y puede ayudarlo a encontrar y resolver su propio problema.

---

[7]En banca, frecuentemente el personal hace la verificación con una persona que lee los dígitos de un número de izquierda a derecha, y una segunda persona que lee los mismos dígitos de derecha a izquierda. Este proceso quiebra el ciclo de reconocimiento de patrones que hace que las personas observen lo que ellos esperan o desean ver, en lugar de lo que realmente es.

- LEAM - Lea El (um, er) Amigable Manual. Ok, a nadie le gusta leer manuales. Pero ai todo falla, puede ser el momento de hojear el libro de texto, la guía de referencia, o la ayuda interactiva, y buscar cómo es que se supone que algo realmente funciona.

Los pasos anteriores no necesariamente se tienen que seguir en dicho orden. En verdad, se pueden obtener mejores resultados si empieza por el final o se salta algo. Pero definitivamente, utilice las herramientas que a continuación mencionamos para su proceso de depuración.

4.9.3   Herramientas de Depuración

Aunque la animación y las salidas numéricas constituyen un inicio para la depuración, los mejores productos para la simulación proporcionan un conjunto de herramientas que ayudan a los modeladores a entender lo que está pasando en su modelo. Las herramientas básicas incluyen las herramientas para *Rastreo, Pausa, Observación, Paso a Paso, Perfilado,* y la ventana de *Búsqueda.*

El *Rastreo* proporciona una descripción detallada de lo que sucede a medida que se ejecuta el modelo. Generalmente describe el flujo de entidades, así como los eventos y los efectos secundarios que ocurren. El rastreo con Simio está en el nivel de los Pasos de Proceso (*Process Step*) — cada Paso de un proceso genera una o más declaraciones. Antes de aprender acerca de los procesos, el rastreo de Simio puede parecer difícil de leer, pero una vez que haya entendido los pasos, empezará a apreciar la información detallada que se le proporciona. El ratreo de Simio puede ser filtrado para su mejor uso, así como exportado a un archivo externo para su análisis posterior.

La *Pausa* es una vía para detener la simulación en un punto determinado. La capacidad más básica es la detención en un punto determinado del tiempo. Algo más útil es la habilidad para detenerse cuando una entidad llega a un punto especificado (como la llegada a un *server*). Capacidades más sofisticadas permiten detenciones condicionadas como "la tercera entidad que llega al punto A" o "la primera entidad que llega después del tiempo 125." La funcionalidad básica para crear una pausa en Simio puede encontrarse haciendo clic derecho sobre el objeto o paso. La creación de pausas más sofisticadas está disponible en Simio a través de la ventana *Break.*

La *Observación* es una vía para explorar el estado del sistema en un modelo. Típicamente, cuando se detiene una simulación, se pueden observar los estados del modelo o de un objeto para obtener un mejor entendimiento de cómo y porqué están ocurriendo las acciones y decisiones en el modelo, y los efectos secundarios. En Simio, la capacidad de observación se encuentra haciendo clic derecho en cualquier objeto. Simio proporciona el acceso a las propiedades, estados, funciones, y otros aspectos de cada objeto, así como la habilidad para "profundizar" en la jerarquía de un objeto.

El *Paso a Paso* (*Step*) permite controlar la ejecución del modelo moviendo el tiempo por una pequeña cantidad llamada un paso (*step*). Esto le permite examinar las acciones y sus efectos secundarios más cuidadosamente. Simio proporciona dos modos de ejecucióm paso a paso. Cuando está en la vista *Facility*, el botón *Step* mueve la entidad activa hacia su próximo evento en el tiempo. Cuando está en la vista *Process*, el botón *Step* mueve la entidad (ficha) hacia el siguiente paso del proceso.

El *Perfilado* es útil cuando su problema está relacionado con la velocidad de ejecución . Proporciona un anáisis interno de lo que está deteniendo la velocidad de ejecución. La identificacion de un paso particular que es intensivo en proceso puede indicar un problema del modelo o una oportunidad para mejorar la velocidad de ejecución utilizando un enfoque de modelado diferente.

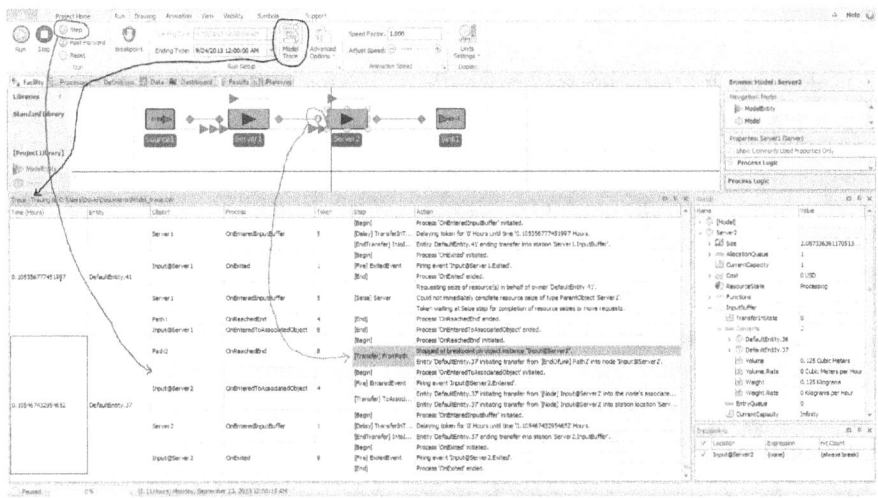

Figura 4.39: Uso de las ventanas *trace*, *watch*, y *break* en una disposición personalizada.

La ventana de *Búsqueda(Search)* proporciona una vía interactiva para encontrar cada lugar de su proyecto en el que aparece una palabra o cadena de caracteres (como el nombre de un símbolo). Pudiera ser que desea encontrar cada lugar en el que se referencia al objeto llamado "Cajero"; o quizás ha utilizado un estado de nombre "Conteo" en varios lugares y desea cambiar las expresiones en las que lo ha usado.

Rastreo, Pausa, Observación, y Paso a Paso pueden utilizarse simultáneamente para tener un poderoso conjunto de herramientas de depuración. La combinación de estas herramientas con el proceso de depuración descrito constituyen un buen mecanismo para un mejor entendimiento de su modelo y para que produzca mejores resultados.

Las ventanas para activar estas herramientas (*Trace*, *Errors*, *Breakpoints*, *Watch*, *Search*, y *Profile*) pueden accederse desde la cinta *Project Home*. En muchos casos, estas ventanas se activan automáticamente como resultado de alguna acción. Por ejemplo, cuando se activa el rastreo de la cinta *Run*, aparece la ventana *Trace*. Si se comete un error de sintaxis al escribir una expresión, aparece la ventana *Errors*. Pero también puede usar estos botones para reabrir una ventana que ha cerrado (e.g. la ventana *Errors*), o abrir una ventana adicional (e.g., la ventana *Breakpoints*).

La figura 4.39 ilustra el uso de estas ventanas. El círculo negro indica el botón utilizado para desplegar la ventana *Trace* y activar el ratreo del modelo. Se puede apreciar el rastreo del modelo hasta que se detenga la ejecución automáticamente debido a un *Break point* puesto en el nodo de entrada del *Server2* (círculo rojo). En dicho momento se presionó el botón *Step* (círculo azul) y se produjeron 11 líneas adicionales de rastreo, que fueron generadas a medida que la entidad se movía hacia su siguiente evento (sombreado en amarillo). La ventana *Watch* en el lado derecho ilustra la observación de la instancia *Server2* para inspeccionar el buffer de entrada y cada entidad en dicho buffer.

En su disposición por defecto, estas ventanas de depuración se despliegan como varias pestañas sobre la misma ventana. Se pueden arrastrar y soltar las ventanas individuales para reproducir la disposición de la figura 4.39, o cualquier disposición que satisfaga sus necesidades (como se discute en la sección 4.1). Como estas ventanas pueden posicionarse en otras pantallas, algunas veces pudiera "perder el rastro" de alguna ventana. En este caso, presione el botón *Reset* de la cinta *Project Home* y restablecerá estas ventanas a sus disposiciones por defecto.

4.10   Resumen

En este capítulo hemos introducido el software de Simio, haciendo uso de esta herramienta para construir modelos sencillos usando la *Standard Library* y procesos de Simio. En el camino, integramos el análisis estadístico de los resultados de nuestros experimentos por simulación con conceptos como repeticiones, tiempos de corrida, calentamiento, verificación del modelo y el análisis de las poderosas gráficas SMORE. Comenzamos con un modelo de colas abstracto y posteriormente añadimos un contexto interesante al modelo, que nos permitió representar un modelo de colas de manera más realista. En el proceso, también discutimos el uso del vínculo *Path* de Simio para modelar el movimiento de entidades, así como los conceptos básicos de animación. Toos estos temas relacionados con Simio y la simulación serán cubiertos con mayor detalle en los capítulos siguientes, con modelos más interesantes.

4.11   Problemas

1. Diseñe un modelo similar al Modelo 4-1, pero utilizando una tasa de llegadas (λ) de 120 entidades por hora y una tasa de atención (μ) de 190 entidades por hora. Corra el modelo por 100 horas y reporte el número de entidades creadas, el número de entidades atendidas y el tiempo promedio que se permanece en el sistema.

2. Desarrolle un modelo de colas basado en el modelo de Simio del problema 1 y calcule los valores teóricos de estado estable del tiempo que permanecen las entidades en el sistema y del número esperado de entidades procesadas en 100 horas.

3. Utilizando el modelo del problema 1, diseñe un experimento que corra por 100 repeticiones. Observe la gráfica *SMORE* para el tiempo que permanecen las entidades en el sistema. Experimente con las diversas opciones de la gráfica *SMORE* — revise el histograma, rote la gráfica, altere los valores para el percentil superior e inferior —.

4. Si corre el experimento del problema 3 cualquier número de veces, obtendrá el mismo resultado a pesar de que los tiempos entre llegadas y los tiempos de servicio son supuestamente aleatorios. ¿Por qué ocurre esto?

5. Imagine que ha desarrollado el modelo de un sistema. Como parte del proceso de verificación del modelo, usted ha desarrollado ciertas expectativas sobre los resultados que espera. Sin embargo, al correr el modelo, los resultados no concuerdan con sus expectativas ¿Cuáles son las posibles razones por las que esto sucede?

6. En el contexto del modelado por simulación, ¿qué es una *repetición*? y, en general, ¿cómo determina el número de repeticiones que deben correrse para un modelo dado?

7. ¿Cuál es la diferencia entre una simulación de *estado estable* y una simulación *transitoria*?

8. En una simulación de estado estable, ¿qué quieren decir los términos de *periodo transitorio inicial* y *periodo de calentamiento*?

9. Repita el modelo del problema 1 utilizando procesos de Simio (es decir, sin utilizar objetos de la *Standard Library*). Compare los tiempos de corrida con el modelo original del problema 1 para 50 repeticiones de 100 horas de duración.

10. Corra el modelo del cajero automático (Modelo 4-3) para 10 repeticiones de 240 horas de duración (10 días). ¿Cuál es el número máximo de clientes en el sistema y el promedio del máximo número de clientes en el sistema? Recuerde que nuestro modelo no contempla

el hecho de que existe un espacio limitado en el interior de la sucursal. ¿Es este supuesto razonable?

11. Describa cómo las gráficas *SMORE* dan visibilidad al *riesgo* que existe en el sistema y al *error de muestreo* asociado con correr el modelo por simulación.

12. Desarrolle una animación para el modelo del problema 1, asumiendo que modela al cajero de un restaurante de comida rápida — las entidades son clientes y el servidor representa al cajero en la caja registradora —. Utilice los símbolos estándares de Simio para la animación.

13. Modifique el modelo del problema 1 asumiendo que modela un proceso de manufactura que incluye el taladro de hoyos en una placa de acero. El taladro puede tener hasta 3 placas ($c = 3$) esperando en la cola. La tasa de llegadas es de 120 placas por hora y la tasa de atención es de 50 placas por hora. Utilice el *Google 3D Warehouse* para encontrar los símbolos adecuados para las entidades (placas de acero) y el servidor (un taladro). Añada una etiqueta en la animación para mostrar las partes que se están procesando mientras corre el modelo.

14. Desarrolle modelos de Simio para los cuatro sistemas siguientes, cuyas métricas de estado estable están basadas en la teoría de colas (ver la sección 2.3). Recuerde que los modelos de Simio se deben inicializar sin entidades en el sistema y deben producir resultados que están sujetos a variación estocástica, así que, diseñe y corra los experimentos de Simio para lidiar con ambos problemas. Defina los tiempos de corrida, el número de repeticiones y el periodo de calentamiento, como resultado de un proceso de prueba y error. En cada caso, calcule los valores teóricos de estado estable para las métricas W_q, W, L_q, L y ρ de la sección 2.3 y compare estos valores con los resultados estimados por simulación, considerando sus intervalos de confianza. Todas las unidades deben estar en minutos.

   a) Cola $M/M/1$ con tasa de llegadas $\lambda = 1$ por minuto y tasa de atención $\mu = 1/0.9$ por minuto.

   b) Cola $M/M/4$ con tasa de llegadas $\lambda = 2.4$ por minuto y tasa de atención $\mu = 0.7$ por minuto para los cuatro servidores (son los mismos parámetros utilizados en el programa `mmc.exe` mostrado en la figura 2.2).

   c) Cola $M/G/1$ con tasa de llegadas $\lambda = 1$ por minuto y el tiempo de atención se distribuye como gamma(2.00, 0.45) (parámetros de forma y escala, respectivamente). Deberá investigar las propiedades de la distribución gamma, una buena referencia son los vínculos que se encuentran en la sección 6.1.3.

   d) Cola $G/M/1$ con una distribución del tiempo entre llegadas uniforme continua entre 1 y 5 y tasa de atención $\mu = 0.4$ por minuto (similar a la situación de la figura 2.3).

15. Desarrolle un modelo en Simio que valide los resultados de la teoría de colas, en estado estable, para las observaciones de la cola $M/D/1$ del problema 9 en el capítulo 2. Recuerde que su modelo en Simio debe inicializarse sin entidades en el sistema y debe producir resultados que están sujetos a variación estocástica, así que diseñe y corra el experimento en Simio para lidiar con ambos problemas. Defina los tiempos de corrida, el número de repeticiones y el periodo de calentamiento, como resultado de un proceso de prueba y error. Para cada una de las cinco métricas de la teoría de colas, en estado estable, calcule los valores teóricos para W_q, W, L_q, L y ρ basándose la solución del problema 9 del capítulo 2 y compare los valores obtenidos con las estimaciones por simulación, considerando los

intervalos de confianza. Todas las unidades deben estar en minutos. Asuma que la tasa de llegadas es $\lambda = 1$ por minuto y que la tasa de atención es de $\mu = 1/0.9$ por minuto.

16. Repita el problema 15, pero utilizando el modelo de colas $D/D/1$ del problema 10 del capítulo 2.

17. En el modelo basado en procesos de la sección 4.3, usamos el estado Token.TimeCreated para determinar el tiempo en el sistema. Desarrolle un modelo similar donde debe *marcar* manualmente el tiempo de llegada (como se ilustra en la figura 4.14) y use este valor para registrar el tiempo en el sistema. Sugerencia: Puede crear una ficha (*token*) personalizada con una variable de estado para guardar el valor y utilizarlo en un paso *Assign* para almacenar el tiempo de corrida cuando se crea la ficha.

Capítulo 5

Modelado Intermedio con Simio

El objetivo de este capítulo es avanzar sobre la base de los conceptos básicos de análisis y modelado vistos en el capítulo 4, de manera que podamos empezar a desarrollar y a experimentar con modelos de sistemas más realistas. Empezaremos discutiendo un poco más acerca de cómo funciona Simio y sobre su estructura general. Luego continuaremos con el modelo de colas de un solo servidor, desarrollado en el capítulo previo, e iremos agregando más características de manera sucesiva, incluyendo el modelado de procesadores múltiples, ramificaciones y uniones condicionales, etc. A medida que desarrollamos estos modelos continuaremos introduciendo y utilizando nuevas características de Simio. También resumiremos nuestra investigación sobre cómo preparar y analizar estadísticamente nuestros experimentos por simulación, aunque esta vez consideramos el objetivo común de realizar la comparación de varios escenarios alternativos. Al final de este capítulo, usted deberá tener un buen entendimiento sobre cómo modelar y analizar sistemas de complejidad intermedia utilizando Simio.

5.1 Estructura de Simio

Hasta el momento hemos considerado un buen número de conceptos específicos de Simio. En esta sección proporcionamos detalles adicionales sobre muchos de estos conceptos y ponemos a su disposición algunas piezas faltantes que usted necesita para entender las próximas secciones. Mientras que algunas partes de esta sección pueden parecer algo detalladas (en especial para quienes no tienen experiencia de programación), con suerte podremos conectar las piezas sueltas al final del capítulo y a través del resto del libro.

5.1.1 Introducción a los Objetos

En el mundo de la programación de computadoras, muchos profesionales creen que la *programación orientada a objetos* (POO) es un estándar *de facto* para el desarrollo del software moderno — lenguajes muy populares como C++, Java y C# soportan todos un enfoque orientado a objetos —. La *simulación de evento discreto* (SED) se mueve en la misma dirección. Muchos productos para la SED se están desarrollando bajo el paradigma de la POO pero, lo que es más importante para los usuarios de la simulación, algunos productos también ponen los beneficios de objetos reales al alcance del proceso de desarrollo del modelo de simulación. Simio (www.simio.com), AnyLogic (www.xjtek.com), FlexSim (www.flexsim.com) y Plant Simulation (www.plm.automation.sieme ns.com) son cuatro productos populares para la SED que proporcionan una verdadera caja de herramientas de POO para los modeladores.

Usted puede preguntarse por qué le debe importar. La POO está revolucionando la industria de la simulación por muchas de las mismas razones por las que la POO está revolucionando la industria de software. El uso de objetos le permite descomponer un problema grande en problemas más pequeños y más manejables. Los objetos ayudan a mejorar la confiabilidad, robustez, reusabilidad, extensibilidad y mantenimiento de sus modelos. Como resultado, se han mejorado significativamente la flexibilidad y la potencia de modelado y, en algunos casos, se ha disminuido la experiencia de modelado requerida.

En lo que queda de esta sección exploraremos qué son los objetos de Simio así como alguna terminología importante. Luego continuaremos discutiendo, con cierto detalle, las características de los objetos de Simio. Mientras que algo de este material le pudiera parecer poco familiar, en ésta su primera exposición al uso de objetos, el dominio de este tema es importante para entender y para utilizar efectivamente el paradigma de la POO.

¿Qué es un Objeto?

Simio emplea un enfoque de objetos para el modelado mediante el cual los modelos se construyen combinando objetos que representan los componentes físicos de los sistemas. Un *objeto* es una estructura auto-contenida para el modelado que define sus características, datos, comportamiento, interfaz con el usuario y animación. Los objetos son las estructuras más comunes que se usan para construir los modelos. Usted ha utilizado objetos cada vez que construye un modelo utilizando la *Standard Library* (el conjunto de objetos de propósito general que viene con Simio). Los modelos 5-1, 5-3 y 5-4 demostraron el uso de los objetos *Source*, *Server*, *Sink*, *Connector* y *Path* de la *Standard Library* de Simio.

Un objeto tiene un comportamiento propio que responde a los *eventos* del sistema, mismos que están definidos por su modelo interno. Por ejemplo, un modelo de una línea de producción se construye utilizando objetos que representan máquinas, bandas transportadoras, montacargas y pasillos, mientras que un hospital podría modelarse utilizando objetos que representan el personal, salas de los pacientes, camas, equipo para tratamientos y salas de operaciones. Además de construir sus modelos utilizando los objetos de la *Standard Library*, usted también puede construir sus *propias* librerías de objetos que están personalizados para áreas específicas de aplicación. Como podrá apreciar dentro de poco, usted puede modificar y extender el comportamiento de los objetos de la *Standard Library* utilizando lógica de procesos. Los métodos para construir sus propios objetos serán discutidos en el capítulo 11.

Terminología de Objetos

Hasta el momento hemos utilizado la palabra "objeto" de forma casual. Agreguemos un poco más de precisión a nuestra terminología relacionada con los objetos, empezando con los tres niveles de la jerarquía de objetos de Simio:

Definición de Objeto : una definición de objeto establece (o define) cómo luce y se comporta el objeto y cómo interacciona con otros objetos. Está conformada por sus *propiedades*, *estados*, *eventos*, *vista externa* y *lógica*. Una definición de objeto puede ser parte de su proyecto o parte de una librería. *Server* y *ModelEntity* son ejemplos de definiciones de objeto. Para editar una definición de objeto, primero debe seleccionar el objeto de la ventana *Navigation*, y todas las otras ventanas del modelo (e.g., las ventanas *Processes* y *Definitions*) corresponderán a dicho objeto.

Instancia de Objeto : una instancia de objeto se crea cuando arrastra un objeto dentro de su modelo. Una instancia de objeto incluye los valores de sus propiedades y puede definir uno o más símbolos, pero se remite a la correspondiente definición de objeto para todos

Definición de la Entidad
- ▷ Comportamiento
- ▷ Propiedades/Estados
- ▷ Símbolos por defecto

Instancias de la Entidad
- ▷ Símbolo(s)
- ▷ Valores de las propiedades

Adulto   Niño

LLegada

Salida

Espacio de Ejecución de la Entidad Dinámica
- ▷ Valores de estados que pueden cambiar (e.g., salario)
- ▷ Símbolos que pueden cambiar
- ▷ ID único

Figura 5.1: Los tres niveles del objeto *Entity*.

los otros aspectos de la definición de objeto. Una instancia de objeto existe sólo en su modelo, pero usted puede tener muchas instancias que corresponden a la misma definición de objeto. `Server1`, `ATM1`, `DefaultEntity` y `ATMCustomer` son todos ejemplos de instancias de objetos. Para editar una instancia de objeto debe seleccionar la instancia desde la vista *Facility* y luego puede cambiar los valores de sus propiedades y su animación.

Espacio de Ejecución de Objeto : un espacio de ejecución de objeto (tambi-én llamado una *realización de objeto*) es un tercer nivel de objetos que contienen los valores actuales de los estados de un objeto. Cada uno tiene un único identificador (ID) y puede hacer referencia a un símbolo cuyo estado puede cambiar. Los espacios de objeto se crean cuando empieza una corrida y, en algunos casos, pueden crearse dinámicamente y destruirse durante una corrida. Todas las instancias de objeto se destruyen cuando finaliza la corrida. Un estado en el espacio de un objeto dinámico (e.g., una entidad) puede ser referenciado usando la terminología *NombreInstancia[IDInstancia].NombreEstado*. Por ejemplo, `Montacarga[2].Priority` haría referencia a la prioridad (estado *Priority*) del segundo `Montacarga`.

Los tres niveles del objeto *Entity* se ilustran en la figura 5.1. Tenemos una única definición de objeto, en este caso una *persona*. Las instancias de la entidad se introducen en el modelo, en este caso, cada una puede ser una persona `Adulto` o una persona `Niño`. Cuando se corre el modelo, podríamos crear muchos espacios de ejecución para instancias `Adulto` e instancias `Niño`, que contienen los estados de las entidades dinámicas que se han creado.

Seríamos descuidados si no mencionamos otros tres términos que se utilizan frecuentemente cuando discutimos sobre objetos:

Modelo : un modelo es otro nombre para hacer referencia a una definición de objeto. Cuando usted está construyendo un modelo de su sistema o subsistema, usted está construyendo un objeto y viceversa. Tendemos a usar la palabra objeto cuando describimos a un componente (tal como el objeto *Server*) y usamos la palabra modelo cuando nos referimos a objetos del más alto nivel (tal como el nombre `Modelo_05_03` o Modelo 5-3 del capítulo previo). Pero como aun el objeto de más alto nivel puede posteriormente ser usado como un componente de otro modelo, en verdad no existe mucha diferencia.

Proyecto : un proyecto es una colección de definiciones de objeto (o modelos). Frecuentemente, los objetos de un proyecto están relacionados por el hecho de haber sido diseñados para trabajar juntos o para trabajar en diferentes niveles jerárquicos. La extensión de los archivos SPFX identifica a archivos de proyectos de Simio. Debido a que es muy común asociar a un proyecto con la "construcción de un modelo", frecuentemente nos referimos a "el modelo" como un medio simplificado de referirnos a lo que es técnicamente "el proyecto". Incluso nuestros proyectos de ejemplo han sido identificados de esta manera (e.g., Modelo 5-1) pero tenemos confianza en que usted lo entenderá.

Librería : una librería es una colección de definiciones de objetos o, de hecho, es simplemente otro nombre para un proyecto. Cualquier archivo de proyecto puede cargarse como una librería utilizando el botón *Load Library* de la cinta *Project Home*.

Estos conceptos claves de Simio facilitan tanto el uso de objetos existentes de Simio como la construcción de sus propios objetos personalizados. En varios de los próximos capítulos, usaremos objetos existentes de Simio para construir modelos y, en el capítulo 11, cubriremos la construcción de objetos personalizados de Simio. Técnicamente, cuando construimos un modelo ya estamos desarrollando la definición de un objeto personalizado de Simio, pero nos referimos a estos objetos simplemente como "modelos". Si para usted estos enfoques orientados a objetos son nuevos, el hecho de que un modelo es una definición de objeto le puede parecer algo extraño, pero esperamos que, una vez que adquiera cierta experiencia con Simio, empezará a tener sentido.

Características de los Objetos

Como hemos discutido, un objeto está definido por sus propiedades, estados, eventos, vista externa y lógica. Discutamos estos conceptos con mayor detalle.

Las **propiedades** son valores de entrada que pueden especificarse cuando usted crea una instancia de objeto en su modelo. Por ejemplo, un objeto que representa a un servidor puede tener una propiedad que especifica su tiempo de atención. Cuando usted arrastra el objeto *Server* hacia la ventana *Facility* de su modelo, usted puede especificar el valor de esta propiedad. En el Modelo 5-1, utilizamos la propiedad *Interarrival Time* del objeto *Source* para especificar la distribución de los tiempos entre llegadas, y la propiedad *Processing Time* del objeto *Server*, para especificar la distribución del tiempo de proceso del servidor, para modelar un sistema de colas M/M/1.

Los **estados** son valores dinámicos que pueden cambiar a medida que se ejecuta el modelo. Por ejemplo, el estado de ocupado o desocupado de un objeto *Server* puede mantenerse en una variable de estado llamada `Estado` cuyo valor es cambiado por el objeto cada vez que se empieza o se termina la atención de un cliente. En el Modelo 5-2, definimos y utilizamos el estado `WIP` para llevar el registro del número de entidades en el sistema. Cuando una entidad llega al sistema, incrementamos el valor del estado y, cuando una entidad abandona el sistema, disminuimos el estado `WIP`. De esta manera, en cualquier instante del tiempo simulado, cada estado específico se constituye en un componente del estado general del objeto. Por ejemplo, en nuestro sistema de colas con un solo servidor, el estado del sistema estaría constituido por el número de entidades en el sistema (especificado por la variable de estado `WIP`) y los instantes de llegada de cada entidad en el sistema (especificados por los estados `Entity.TimeCreated` de las entidades).

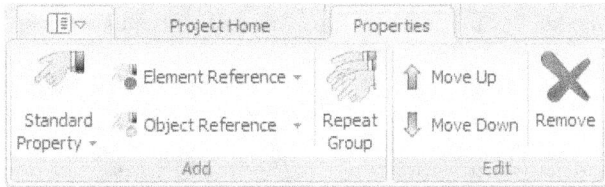

Figura 5.2: Cinta de propiedades correspondiente a la figura *Properties* de la ventana *Definitions*.

Los **eventos** son entes que el objeto puede "lanzar" en instantes seleccionados del tiempo. Anteriormente, en la sección 3.3.1, hemos discutido el concepto de evento de una simulación dinámica. En nuestro modelo de colas de un solo servidor, definimos los eventos de la llegada de una entidad y de la terminación de una atención. En Simio, los eventos están asociados a los objetos. Por ejemplo, un objeto que representa a un servidor podría lanzar un evento cada vez que el servidor completa la atención de un cliente, o un objeto que representa a un tanque de gasolina podría lanzar un evento cada vez que se llena por completo o que se queda vacío. Los eventos son útiles para informar a otros objetos que algo importante ha sucedido y para incorporar cierta lógica personalizada.

La **vista externa** de un objeto es la representación gráfica del objeto en 2D y 3D. Esta vista es la que usted percibirá cuando el objeto se coloca en la ventana *Facility* del modelo. Por ejemplo, cuando usted utiliza algún objeto de la *Standard Library*, usted verá la vista externa del objeto cuando usted agrega una instancia del objeto a su modelo.

Una **lógica** de un objeto define cómo responde el objeto a la ocurrencia de eventos específicos. Por ejemplo, un objeto que representa a un servidor puede especificar las acciones que se tomarán cuando un cliente llegue al servidor. Esta lógica proporciona al servidor un comportamiento único.

Una de las características más poderosas de Simio es que cuando usted construye un modelo de un sistema, usted puede convertir dicho modelo en una definición de objeto simplemente agregando algunas características de entrada como su vista externa. A continuación su modelo puede incluirse como un submodelo dentro de un modelo de nivel más alto. En consecuencia, el modelado jerárquico es muy natural en Simio. Desarrollaremos más este tema en el capítulo 11.

5.1.2 Propiedades y Estados

Acabamos de discutir brevemente sobre las propiedades y los estados pero, debido a que usted probablemente los usará con mucha frecuencia, merecen una discusión adicional.

Propiedades

Las propiedades se definen dentro de un objeto (ver la figura 5.2) para recolectar información del usuario[1] y personalizar el comportamiento del objeto. Para crear o para ver las propiedades de un objeto debe seleccionar el objeto en la ventana *Navigation* (*no* en la ventana *Facility*), luego seleccione la pestaña *Definitions* y finalmente el ícono *Properties*. Las propiedades específicas de este objeto (si tiene alguna) aparecerán en la parte superior de esta ventana. Las propiedades que se heredan de otro objeto aparecen en el área desplegable justo debajo de las otras propiedades.

---

[1]En este contexto el término *usuario* se refiere a la persona que crea la instancia del objeto y completa sus propiedades. En el caso de los objetos de la *Standard Library*, *usted* es el usuario de los objetos creados por los empleados de Simio LLC. Pero en el capítulo 11 usted aprenderá que puede crear sus propios objetos y que el usuario de dichos objetos puede ser otra persona diferente.

Las propiedades pueden ser de muchos tipos diferentes, incluyendo:

- *Standard* (estándar): *Integer* (entera), *Real* (real), *Expression* (expresión), *Boolean* (booleana), *DateTime* (fecha y hora), *String* (cadena de caracteres), ...

- *Element* (elemento): *Station* (estación), *Network* (red), *Material* (material), *TallyStatistic* (estadística de lista), ...

- *Object* (objeto): *Entity* (entidad), *Transporter* (transportador), u otra referencia a un objeto específico o genérico.

- *Repeat Group* (grupo repetido): Un subconjunto de propiedades que pueden repetirse en grupo.

Sugerencia: Cuando usted crea una nueva propiedad, ésta se mostrará en la ventana correspondiente al ícono *Properties*. Algunas veces podría parecer que se le "perdió" alguna propiedad. Debe asegurarse que está mirando la ventana de propiedades del mismo objeto al que le agregó la propiedad (e.g., si usted le agregó una propiedad al objeto *ModelEntity*, no espere que aparezca en el objeto *Model* o en un objeto *Server*). Si usted no ha asignado una categoría a la propiedad, por defecto aparecerá en la categoría *General* (el valor de su propiedad *Category Name* será *General*).

Las propiedades no pueden cambiar su *definición* durante una corrida. Por ejemplo, si el usuario definió un valor de 5.3 para una propiedad *TiempoDeProceso*, siempre regresará el valor 5.3 y no puede cambiarse antes de detener la corrida. Sin embargo, algunas definiciones de propiedades pueden contener variables aleatorias y objetos dinámicos que podrían regresar diferentes valores, pero la definición permanece constante. Por ejemplo, en el Modelo 5-3, asignamos `Random.Triangular(0.25, 1, 1.75)` al valor de la propiedad *Process Time* del objeto *Server*. En este caso, el valor de la propiedad no cambia durante la corrida del modelo (siempre será una distribución triangular con parámetros 0.25, 1 y 1.75) pero regresará una *muestra* individual de la distribución mencionada cada vez que una entidad visita al objeto. Similarmente, podríamos establecer una definición de la propiedad utilizando el nombre de un estado que cambia durante la corrida del modelo, de manera que cada vez que la propiedad es referenciada ésta regresa el valor actual del estado.

El valor de una propiedad es único para cada instancia del objeto (e.g, cada copia del objeto que se ha colocado en la ventana *Facility*). Por ejemplo, usted podría crear tres instancias de *ModelEntity* (llamadas `ParteA`, `ParteB` y `ParteC`) en su modelo, arrastrando tres copias del objeto *ModelEntity* desde la *Project Library* hacia la ventana *Facility*. Cada una de ellas tendrá una propiedad llamada *Initial Desired Speed*, pero cada una podría tener un valor diferente para la propiedad (e.g., el valor de *Initial Desired Speed* para `ParteA` no necesariamente tiene que ser igual al valor correspondiente para `ParteB`). Sin embargo, debido a que las propiedades no pueden cambiar su valor durante una corrida, los valores de estas propiedades pueden almacenarse eficientemente por única vez para la instancia, sin importar cuántas entidades dinámicas (espacios de ejecución) han sido creadas durante la corrida del modelo.

Estados

Los estados se definen dentro de un objeto (ver la figura 5.3) para almacenar el valor de algo que pudiera cambiar durante la corrida del modelo. Existen dos categorías de estado: Discrete (discretos) y Continuous (continuos). Un estado del tipo **Discrete** (o de cambio discreto) puede cambiar su valor sólo en instantes discretos del tiempo (e.g., puede cambiar en el instante 1.2457, y cambiar nuevamente en el instante 100.2). Un estado de tipo **Continuous** (o de cambio

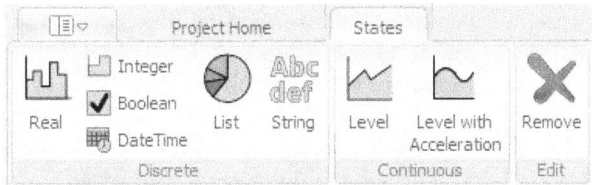

Figura 5.3: Cinta de estados correspondiente al ícono *States* de la ventana *Definitions*.

continuo) cambiará continua y automáticamente cuando tiene tasa o aceleración diferente de cero.

Los estados pueden pertenecer a uno de varios tipos, incluyendo:

- *Real*: es un estado discreto que puede tomar cualquier valor numérico (real).

- *Integer* (entero): es un estado discreto que puede tomar sólo valores enteros.

- *Boolean* (booleano): es un estado discreto que puede tomar sólo el valor *verdadero* (1) o el valor *falso* (0).

- *DateTime* (fecha y hora): es un estado discreto que puede tomar un valor en formato *DateTime* (de fecha y hora).

- *List* (lista): puede tomar un valor entero que corresponde a una de varias entradas de una lista de cadenas de caracteres (se discuten en la sección 7.5), frecuentemente utilizadas para hacer referencia a estadísticas y objetos de animación.

- *String* (cadena de caracteres): es un estado discreto que puede tomar un valor de cadena de caracteres (e.g., "Hola") y puede manipularse utilizando funciones para *expresiones de cadena de caracteres* como *String.Length*.

- *Element Reference* (referencia a Element): es un estado discreto al que se le puede asignar el valor de una referencia a un *Element* de Simio (e.g., un *TallyStatistic* o un *Material*).

- *Object Reference*: es un estado discreto al que se le puede asignar el valor de una referencia a un objeto de Simio (e.g., un objeto genérico o un tipo de objetp como una entidad).

- *Level* (nivel): es un estado continuo que tiene una parte real (el nivel) y una tasa de cambio. El estado puede cambiar continuamente cuando la tasa de cambio es diferente de cero. La tasa puede cambiar sólo de forma discreta.

- *Level with Acceleration* (nivel con aceleración): es un estado continuo que tiene un valor real (el nivel), una tasa de cambio y una aceleración. El estado puede cambiar continuamente en el tiempo, en función de su tasa de cambio y su aceleración. La tasa puede cambiar continuamente cuando la aceleración es diferente de cero. Tanto la tasa como la aceleración pueden cambiar de forma discreta.

Cualquier objeto puede tener estados asociados. Frecuentemente, el estado de una entidad se identifica como un *atributo* de la entidad. Un estado de un modelo puede identificarse como una variable global del modelo (e.g., la variable de estado WIP que se utilizó en el Modelo 5-2). Pero usted puede tener estados en otros objetos para cumplir con tareas como el registro de producción, costos o contenido actual.

Los estados *no* aparecen en la ventana *Properties* del objeto, aunque una propiedad que se ha utilizado para especificar el valor inicial de un estado a menudo *sí* aparece en la ventana *Properties*. Por ejemplo, para agregar un estado al objeto *ModelEntity*, primero haga clic en el ícono *ModelEntity* de la ventana *Navigation*. Una vez que seleccionó el objeto apropiado, puede seleccionar la pestaña *Definitions* y finalmente el ícono *States*. Los estados específicos para este objeto (si hay alguno) aparecerán en la parte inferior de la ventana. Los estados que se han heredado de otro objeto aparecerán en el área expandible justo por arriba de los otros estados.

El valor de un estado es único para cada espacio de ejecución del objeto (es decir, las copias del objeto que se han generado dinámicamente durante la corrida) pero no es el mismo para cada instancia del objeto. Por ejemplo, se ha creado una instancia de *ModelEntity* en su modelo (llamada **ParteA**) que tiene una propiedad llamada *Initial Desired Speed* que es común para todas las instancias del tipo **ParteA**. Pero todas las instancias de *ModelEntity* tienen también un estado llamado *Speed*. Debido a que el valor de este estado puede cambiar a medida que la entidad se mueve a través del modelo, cada entidad creada (el espacio de ejecución dinámico) puede tener un valor diferente para su estado *Speed*. De esta manera, el valor del estado *Speed* debe almacenarse en el espacio de ejecución de la entidad dinámica. Debido a la cantidad adicional de memoria que requiere un estado, usted debería utilizar una propiedad en lugar de un estado, a menos que realmente necesite la capacidad de poder cambiar los valores durante la corrida.

Edición de las Propiedades de un Objeto

Cada vez que usted selecciona un objeto de la ventana *Facility* (haciendo clic sobre él), las propiedades del objeto seleccionado se muestran para su edición en la ventana *Properties* de la derecha. Por ejemplo, si usted selecciona una instancia del objeto *Server*, las propiedades del objeto *Server* se muestran en la ventana *Properties*. Las propiedades están organizadas en categorías que pueden expandirse o colapsarse. En el caso del *Server* de la *Standard Library*, la categoría *Process Logic* inicialmente se muestra expandida y todas las otras están inicialmente colapsadas. Haciendo clic en +/- expandirá o colapsará una categoría, respectivamente. Cuando usted selecciona una propiedad, aparece su descripción en la parte inferior de la ventana *Properties*. Como hemos discutido anteriormente, las propiedades pueden ser de diferentes tipos como cadenas de caracteres, números, selecciones de una lista y expresiones; a menudo el tipo se refleja en la edición de la propiedad. Por ejemplo, el valor de la propiedad *Ranking Rule* del objeto *Server* puede seleccionarse de una lista desplegable y la propiedad *Processing Time* tiene que ser especificada como una expresión. Si escribe una entrada inválida en el campo de una propiedad, el campo adquiere un color salmón y se abre inmediatamente la ventana de reporte de errores en la parte inferior. Si hace doble clic en el error de la ventana de errores, automáticamente se ubicará en el campo de la propiedad donde existe el error. Una vez que usted corrige el error, la ventana se cerrará automáticamente.

Como es usual en el ambiente de la POO, Simio utiliza una notación de "punto" para apuntar a los datos del objeto. La forma general es "xxx.yyy" donde yyy es un componente de xxx. Esta convención se puede repetir por varios niveles cuando tenemos sub-componentes, o incluso sub-sub-componentes. Por ejemplo, **Server1.Capacity.Allocated.Average** proporciona la capacidad asignada (*allocated capacity*) promedio (*average*) del objeto **Server1**. Cuan-do usted inspecciona la ventana *Properties*, esta notación está oculta, pero podrá apreciarla en algunas listas desplegables y, sin duda, podrá también observarla cuando utiliza el constructor de expresiones (*expression builder*) (discutido brevemente en la sección 4.5 y que será analizado con mayor detalle en la sección 5.1.7) para construir y editar expresiones. A medida que adquiere más experiencia, podría tomar la decisión de escribir directamente la notación de punto en lugar de utilizar el constructor de expresiones.

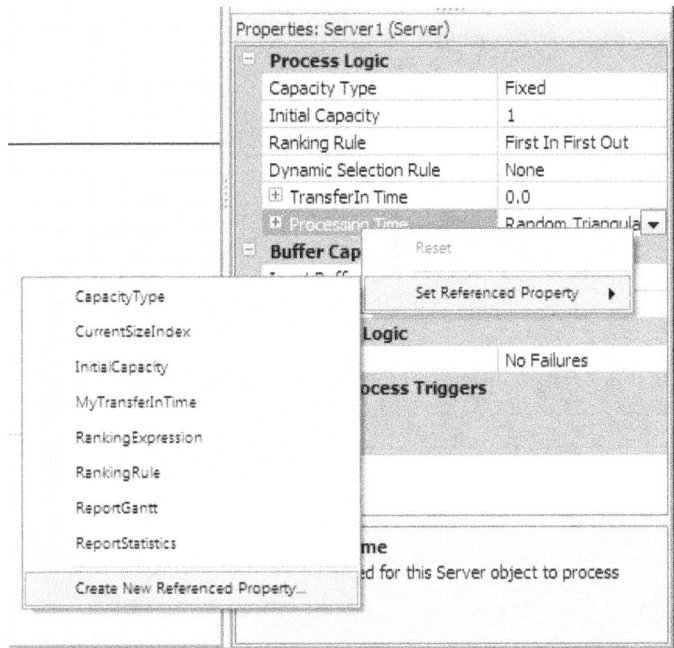

Figura 5.4: Definición de una nueva propiedad referenciada.

Propiedades Referenciadas

Las propiedades referenciadas son una aplicación especial de las propiedades que generalmente se utilizan en la definición de otras propiedades. Por ejemplo, usted puede definir una propiedad referenciada llamada `TiempoDePintado` y luego puede utilizar `TiempoDePintado` como la definición de la propiedad *Processing Time* de un objeto *Server*. Usted puede utilizar cualquier propiedad existente de esta manera o puede crear una propiedad referenciada haciendo clic derecho en cualquier propiedad, como se muestra en la figura 5.4.

Existen tres razones principales por las que podría utilizar propiedades referenciadas:

- Cuando otras personas están usando su modelo, usted podría desear que algunos parámetros sean fáciles de encontrar y de cambiar. Todas las propiedades referenciadas aparecen como propiedades de su modelo (haga clic derecho en *Model* de la ventana *Navigation* y luego seleccione la opción *Properties*). También puede personalizar cómo se muestra una propiedad, cambiando los valores de su *Default Value*, *Display Name*, *Category Name* y otros aspectos de su definición que aparecen en su ventana *Properties* (luego de seleccionar la pestaña *Definitions*).

- Las propiedades referenciadas proporcionan un camino fácil para compartir propiedades. Por ejemplo, usted puede especificar el valor una sola vez en una propiedad y luego puede utilizarla (o referenciarla) en muchos lugares. Esto simplifica la experimentación para probar diferentes valores para las propiedades.

- Cuando usted experimenta con su modelo utilizando la ventana *Experiment*, las propiedades referenciadas se muestran automáticamente[2] como controles del experimento. Estos con-

---

[2]Usted puede evitar que una propiedad se muestre en la ventana *Experiment* editando la definición de la propiedad y cambiando el valor de propiedad *Visible* a `False` (falso).

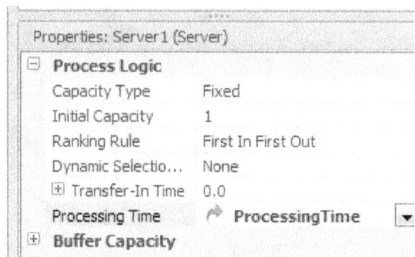

Figura 5.5: Ejemplo del uso de propiedades referenciadas.

Tabla 5.1: Diferencias claves entre propiedades y estados.

	Propiedades	Estados
Tipos de datos	Más de treinta (varios)	Cuatro (sólo numéricos)
¿Cambian en la corrida?	No	Sí
¿Dónde se almacenan?	Instancia del objeto	Espacio de ejecución
Ejemplo con *Server*	Tiempo de atención	Entidades atendidas
Ejemplo con *Entity*	Velocidad inicial	Velocidad actual
Ejemplo con costos	Costo por hora	Costo acumulado
Ejemplo con fallas	Tasa de fallas	Instante de la última falla
Ejemplo con lotes	Tamaño deseado	Tamaño actual del lote

troles son los parámetros que usted desearía cambiar para definir sus escenarios alternativos, por ejemplo, diferentes capacidades de los servidores, como ilustraremos en la sección 5.5.

Las propiedades referenciadas se despliegan con una marca verde de flecha cuando se usan como valores de propiedades (ver la figura 5.5). Cuando se corre un modelo interactivamente, los valores de las propiedades se establecen en la ventana *Properties*. Cuando se corren experimentos, los valores especificados en la ventana *Properties* se ignoran y se utilizan los valores asociados con cada escenario, los cuales están especificacdos en la ventana *Experiment Design*. Usted podrá apreciar ejemplos ilustrativos del uso de propiedades referenciadas en los modelos tanto del presente capítulo como de capítulos posteriores.

Resumen sobre Propiedades y Estados

La tabla 5.1 resume algunas de las diferencias entre propiedades y estados. Notar que los principiantes a menudo confunden las propiedades con los estados y, en particular, cuando utilizan uno en lugar del otro. Con suerte iremos despejando esta confusión natural a medida que desarrollemos modelos con más y más componentes y características, y discutamos el uso de sus propiedades y estados.

5.1.3   Fichas y Entidades

Muchos paquetes de simulación tienen el concepto de una entidad — generalmente es un ente físico que se mueve dentro del sistema, como una persona o una pieza —. Pero se requiere de algo más para implementar la lógica de bajo nivel, donde podría no tener que involucrarse a una entidad (como lógica de control del sistema) o donde una entidad podría estar realmente efectuando varias acciones al mismo tiempo (como esperando por la ocurrencia de un evento

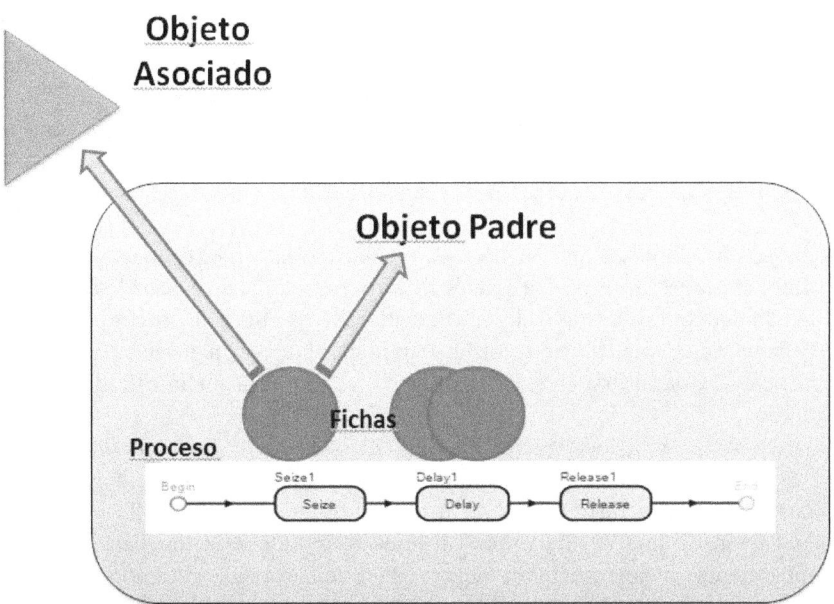

Figura 5.6: Relaciones entre fichas, objetos y procesos.

durante el tiempo que está recibiendo una atención). Simio proporciona fichas (del inglés *tokens*) para permitir esta flexibilidad adicional.

Fichas

Una *ficha* es la representante de un objeto que ejecuta los pasos de un proceso. Una ficha se crea al inicio de un proceso y se destruye al final del mismo proceso. A medida que la ficha se mueve a través del proceso, ejecuta las acciones especificadas en cada paso. Un mismo proceso puede tener muchas fichas activas moviéndose a través de él en paralelo, y el mismo objeto puede tener muchas fichas que lo están representando.

Una ficha puede también llevar sus propias propiedades y estados. Por ejemplo, una ficha pudiera tener un estado que lleva la cuenta del número de veces que la ficha ha pasado por un punto específico de la lógica. En la mayoría de los casos usted puede utilizar, por defecto, la ficha que proporciona Simio, pero si usted requiere de una ficha con sus propias propiedades y estados, usted puede crear una utilizando el panel *Tokens* de la pestaña *Definitions*.

Cada ficha lleva una referencia tanto para su objeto padre como para su objeto asociado (figura 5.6). El *objeto padre* es una instancia del objeto en el que se definió el proceso. Por ejemplo, un proceso que ha sido definido dentro de un objeto *Server* apuntaría a una instancia de este objeto (quizá `Server1`) como su padre. El *objeto asociado* es el objeto relacionado (diferente del objeto padre) que ha provocado la ejecución de este proceso. Por ejemplo, un proceso que ha sido provocado por la llegada de una entidad a un objeto tendrá a dicha entidad como su objeto asociado. La lógica del proceso puede tomar en cuenta las propiedades, estados y funciones de ambos objetos, el padre y el asociado. Por ejemplo, la ficha podría hacer referencia a la entidad que llega para especificar un lapso de demora utilizando el paso *Delay*. Para hacer referencia al objeto asociado es necesario que, antes del nombre de la propiedad o estado, se escriba el nombre de la clase a la que pertenece el objeto. Por ejemplo, `ModelEntity.TimeCreated` regresaría el valor de la función *TimeCreated* para el objeto asociado del tipo *ModelEntity*.

Entidades

En Simio, las entidades (*entities*) son parte de un modelo de objeto y pueden tener su propio desempeño inteligente. Ellas pueden tomar decisiones, rechazar pedidos, decidir si tomar un descanso, etc. Las entidades tienen definiciones de objeto como cualquier otro objeto en el modelo. Las instancias de una entidad pueden crearse y destruirse dinámicamente, moverse en una red de vínculos y nodos, moverse en el espacio en 3D y moverse hacia adentro y fuera de objetos fijos.

Algunos ejemplos de objetos que pueden ser entidades son: clientes, pacientes, partes y piezas en proceso. Las entidades no fluyen a través de procesos como lo hacen las fichas, en lugar de ello se crea una ficha como delegado de la entidad para ejecutar el proceso. El movimiento de las entidades hacia adentro y fuera de objetos pudiera lanzar un evento, que a su vez podría ejecutar un proceso. Cuando se ejecuta el proceso, se crea una ficha que fluye a través de los pasos del proceso.

Las entidades tienen una localización física dentro de la ventana *Facility* y pueden residir ya sea en el espacio libre (*Free Space*), en una estación (*Station*), en un vínculo (*Link*) o en un nodo (*Node*) (que serán discutidos con más detalle en el capítulo 8). Cuando nos referimos a la localización de una entidad, nos estamos refiriendo a la localización de su punto de inicio. Algunos ejemplos de estaciones dentro de Simio son: la estación de estacionamiento (*parking station*) de un nodo (`TransferNode1.ParkingStation`), el buffer de entrada de un objeto *Server* (`Server1.InputBuffer`) y la estación de procesamiento de un objeto *Workstation* (`Workstation1.Processing`).

5.1.4   Procesos

En la sección 4.3 construimos un modelo completo utilizando nada más que procesos. Éste fue un caso extremo del uso de procesos. En verdad, los modelos utilizan procesos porque la lógica de todos los objetos se especifica utilizando procesos. En el capítulo 11 discutiremos más sobre este tema. Pero todavía existe otro uso común de los procesos, como un proceso complementario, que discutiremos a continuación.

Un *proceso* es un conjunto de acciones que ocurren en el tiempo, estas acciones pueden cambiar el estado del sistema. Un proceso en Simio se define a través de un diagrama de flujo que utiliza pasos (*steps*) que son ejecutados por fichas y que pueden cambiar el estado de uno o más elementos. Considerando nuevamente la figura 5.6, usted podrá notar que existe un objeto (el objeto padre) que contiene un proceso que consta de tres pasos. Las flechas sobre la primera ficha azul indican que ésta tiene referencias tanto sobre su objeto padre (e.g., un servidor) como sobre su objeto asociado (e.g., una entidad que inicia la ejecución de este proceso). Notar que las otras fichas azules de la figura también tienen referencias similares.

Los procesos pueden ser provocados de varias maneras:

- Los procesos definidos por Simio (*Simio-defined processes*) se ejecutan automáticamente por la maquinaria de Simio. Por ejemplo, el proceso llamado *OnInitialized* lo ejecuta Simio cada vez que inicializa un objeto.

- Los procesos provocados por eventos (*event-triggered processes*) son procesos definidos por el usuario, que son provocados por un evento que lo lanza dentro del modelo.

- Los procesos complementarios (*add-on processes*) se incorporan a la defini-ción de un objeto para permitir que el usuario de un objeto introduzca lógica personalizada para modificar el comportamiento "estándar" del objeto.

Por ahora, discutamos un poco más los procesos complementarios.

Procesos Complementarios

Como se sabe, las herramientas basadas en objetos son fáciles de usar, sin embargo, generalmente tienen una desventaja importante. Si un objeto no ha sido construido para adaptarse perfectamente a su aplicación (y raramente lo es) entonces o bien ignora la discrepancia (poniendo en riesgo la validez o el uso de los resultados) o bien cambia el objeto o construye el suyo (ambas alternativas pueden ser muy difíciles en algunos software). Para evitar este problema, Simio ha introducido el concepto de *procesos complementarios*, que le permiten incorporar comportamiento adicional a la lógica estándar del objeto. Los detonadores de los procesos complementarios son parte de todos los objetos de la *Standard Library*. Ellos existen para proporcionar un alto grado de flexibilidad a los modeladores.

Un proceso complementario es similar a los otros procesos, pero es lanzado por otro objeto. El objeto que lanza el proceso contiene un conjunto de detonadores de procesos complementarios donde usted puede ingresar el nombre del proceso que usted desea ejecutar. Frecuentemente, estos procesos son muy simples, pero agregan una flexibilidad increíble. Por ejemplo, el objeto *Server* permite varios tipos de fallas, pero ninguna de ellas toma en cuenta la disponibilidad de un recurso externo (e.g., un electricista) antes de que se pueda empezar la reparación. Usted podría ignorar esta restricción (probablemente inapropiado), o crear su propio objeto (quizá tedioso) o simplemente agregar dos procesos con un paso cada uno para implementar esta capacidad. El objeto *Server* tiene un detonador de proceso complementario identificado bajo el nombre *Repairing* donde usted puede agregar un proceso con el paso *Seize* para capturar al electricista antes de iniciar la reparación. El objeto *Server* también tiene un detonador de proceso complementario llamado *Repaired* donde usted puede agregar un proceso con el paso *Release* para liberar al electricista cuando se haya terminado la reparación.

La creación de estos procesos es realmente fácil. Si se desea compartir o referenciar al mismo proceso desde diferentes objetos, usted puede hacer clic en la pestaña *Processes* para crear el proceso y completar su lógica. Pero si está utilizando un proceso una sola vez, existe una manera todavía más fácil. Ilustraremos esta manera continuando el ejemplo anterior.

Crear un nuevo modelo y colocar un *Source*, un *Server* (Server1) y un *Sink*, conectados por vínculos *Path* y agregue un *Worker* (Worker1) al modelo. Seleccione Server1 y cambie la propiedad *Failure Type* (tipo de falla) a Calendar Time Based (con base en el tiempo transcurrido), establezca en 10 minutos el tiempo hasta la falla ingresando 10 en la propiedad *Uptime Between Failures* y seleccionando Minutes para la propiedad *Units* y, similarmente, establezca en 1 minuto el tiempo de reparación (propiedad *Time To Repair*). Deje todas las propiedades de los otros objetos en sus valores sugeridos por defecto. Hasta este momento tenemos un modelo simple que incorpora fallas utilizando los objetos de la *Standard Library*. Ahora vamos a personalizar el comportamiento de Server1 para que utilice a Worker1 durante las reparaciones.

1. En la categoría *Add-on Process Triggers* de Server1 hacer doble clic en la propiedad *Repairing*. Simio creará automáticamente el proceso complementario llamado Server1 _Repairing dentro de la categoría de procesos para Server1 y estará usted ubicado en la ventana *Processes*, listo para editar su proceso.

2. Arrastre un paso *Seize* dentro del proceso creado.

3. Complete las propiedades del paso *Seize*: seleccione la propiedad *Resource Seizes* y obtenga la ventana de diálogo de los recursos haciendo clic en la pestaña de la derecha, luego haga clic en el botón *Add* para agregar una fila para el recurso a capturar. Seleccione Worker1 para la propiedad *Object Name* en la ventana de la derecha. Haga clic en el botón *Close*.

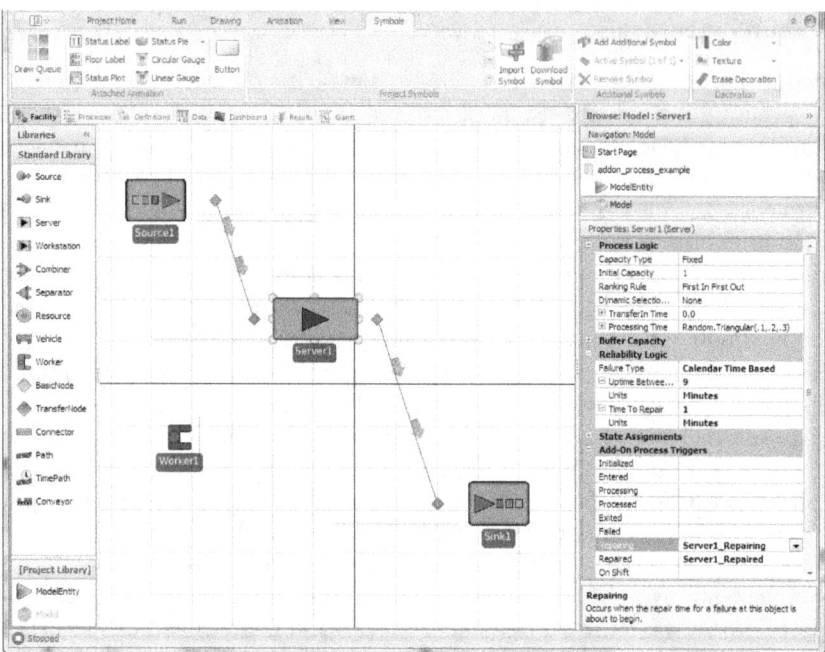

Figura 5.7: Uso de un proceso complementario para agregar un recurso de reparación.

4. Regrese a las propiedades de **Server1** desde la ventana *Facility*, hacer doble clic en la propiedad *Repaired* de la categoría *Add-on Process Triggers*. Note nuevamente el comportamiento automático que lo llevará a la ventana *Processes*.

5. Arrastre un paso *Release* dentro del proceso **Server1_Repaired**.

6. Complete las propiedades del paso *Release*: seleccione la propiedad *Resource Releases* y obtenga la ventana de diálogo de los recursos haciendo clic en la pestaña de la derecha, luego haga clic en el botón *Add* para agregar una fila para el recurso a liberar. Seleccione **Worker1** para la propiedad *Object Name* en la ventana de la derecha. Haga clic en el botón *Close*.

Su modelo debería lucir como el de la figura 5.7. Si usted corre el modelo y observa los resultados interactivamente, usted podrá apreciar que **Server1** falla aproximadamente 10% del tiempo y seguramente **Worker1** utiliza un 10% de su tiempo. Por supuesto, el modelo sería más interesante si el *Worker* hiciera otras cosas cuando no está ocupado. Después aprenderemos cómo mover al *Worker* entre tareas considerando, incluso, su localización en el proceso. Por ahora, esperamos que usted haya aprendido que la utilización de un proceso complementario puede agregar mucha flexibilidad y no es tan difícil de construir.

5.1.5 Recursos como Objetos

En secciones precedentes hemos discutido el concepto de *recurso* que representa una restricción en el sistema. En un modelo anterior, hemos utilizado específicamente el objeto *Resource* de la *Standard Library*. Este objeto ha sido incluido en la librería, para su conveniencia, pero usted no está limitado a la utilización de este objeto en particular. En verdad, *cualquier objeto de Simio puede utilizarse como un recurso* (el constructor de objetos puede inhabilitar esta característica específica estableciendo la propiedad *Resource Object* en *False* (falso) u ocultando algunas o todas las propiedades relacionadas con los recursos).

Pudiendo ser utilizado como un recurso, el objeto tiene la capacidad de:

- Tener una restricción de capacidad.

- Tener una cola para que las fichas esperen hasta encontrar capacidad disponible.

- Tener estadísticas automáticas sobre su capacidad programada o su capacidad asignada.

- Interaccionar de manera inteligente con los objetos que tratan de capturarlo.

Exploremos cada una de estas capacidades con un poco más de detalle.

Los recursos tienen una restricción de capacidad. La capacidad puede ser 0 (no está disponible), infinita (no hay restricción) o cualquier entero positivo. La capacidad puede también seguir un programa que puede estar basado en un calendario. Los programas basados en calendarios pueden definirse seleccionando la pestaña *Data* y luego haciendo clic en el ícono *Schedules* para que aparezca la ventana correspondiente. En esta ventana usted puede configurar programas recurrentes (diarios o semanales) y también puede programar excepciones a dichos programas, tales como feriados o sobretiempos programados.

Para obtener una flexibilidad definitiva, la capacidad de un recurso puede ser controlada utilizando lógica de procesos y asignándoles ciertos pasos. Este enfoque le permite ajustar la capacidad de manera dinámica, en reacción a las situaciones del modelo, y también para tomar en cuenta cualquier regla de transición deseada (e.g., qué sucede cuando empieza el descanso de un recurso que está ocupado).

Los recursos tienen una cola donde las fichas esperan hasta encontrar capacidad disponible. Las entidades no capturan directamente la capacidad de un recurso. En lugar de ello, una entidad tiene una ficha que ejecuta el paso *Seize* dentro de un proceso para solicitar que un recurso le asigne capacidad a la entidad. Todas las fichas esperan por el recurso específico en su cola de asignación. Si el recurso solicitado no está disponible, la ficha (y la entidad asociada) deben esperar. Una entidad que desea capturar más de un recurso, o alguno de una lista de recursos, puede generar una ficha que espera en la cola de asignación de cada recurso solicitado.

La disciplina de atención en las colas de asignación puede especificarse utilizando reglas tanto estáticas como dinámicas. Las reglas estáticas incluyen *First In First Out* (primer llegado, primer servido), *Last In First Out* (último en llegar, primer servido), *Smallest Value First* (menor valor primero) y *Largest Value First* (mayor valor primero). Las últimas dos reglas requieren de una expresión (*Ranking Expression*) para poder aplicarse, que a menudo es un estado como *Entity.Priority*. Esta expresión se evalúa, cuando se ingresa a la cola, para determinar la prioridad adecuada. Mientras que las reglas estáticas son muy eficientes[3], las reglas dinámicas permiten una flexibilidad superior que es necesaria para determinar en tiempo real la "mejor" estrategia de asignación. Cuando se intenta hacer una asignación, las reglas dinámicas examinan a cada entidad en espera. Además de *Smallest Value First* y de *Largest Value First* se incluyen reglas más sofisticadas como *Campaign*[4] *Up* (campaña hacia adelante), *Campaign Down* (campaña hacia atrás) y *Campaign Cycle* (ciclo de campaña). Muchas reglas como la del cociente crítico pueden implementarse utilizando la expresión y la regla dinámica apropiada, pero los usuarios avanzados también tienen la capacidad de reglas de asignación dinámica (ver el capítulo 11).

---

[3]Debido a que las reglas dinámicas deben examinar a la entidad cada vez que se toma una decisión, cuando las colas son muy largas, puede causar una velocidad de ejecución más lenta.

[4]Las campañas (*Campaigns*) a menudo se utilizan en actividades empresariales como la pintura o el laminado, donde la secuencia exacta de procesamiento es muy importante, como pintar sucesivamente todos los colores oscuros o laminar sucesivamente tiras de lámina más delgadas de acero.

Los recursos tienen estadísticas automáticas sobre su capacidad programada o su capacidad asignada. Estas estadísticas también pueden obtenerse con estadísticas de estado (e.g., *Idle* (desocupado), *Busy* (ocupado), *Blocked* (bloqueado), *Failed* (con falla), ...). Cada recurso lleva registro del promedio, mínimo y máximo número de unidades de capacidad programadas y de unidades de capacidad asignadas. Muchos de los objetos de la *Standard Library* toman ventaja de su lista de estados para llevar el registro de algunos detalles adicionales basados en sus estados. Por ejemplo, el objeto *Resource* lleva el registro de los siguientes estados:

- **Idle** (desocupado): el recurso no tiene asignada ninguna tarea.

- **Busy** (ocupado): el recurso tiene capacidad asignada a una o más tareas.

- **Failed** (con falla): el recurso ha experimentado una falla y no tiene asignada ninguna tarea.

- **OffShift** (fuera de turno): el recurso está fuera de turno y no tiene asignada ninguna tarea.

- **FailedBusy** (ocupado con falla): el recurso tiene una falla, pero está asignado a una o más tareas, y todavía se asume que está "ocupado" pero con falla.

- **OffShiftBusy** (ocupado fuera de turno): el recurso está fuera de su turno, pero está asignado a una o más tareas, y todavía se asume que está "ocupado" pero fuera de su turno.

Además de las estadísticas de salida, usted puede también desplegar gráficas circulares de estos datos en su modelo o en su pantalla.

Un recurso puede interaccionar de manera inteligente con los objetos que tratan de capturarlo. Esta característica proporciona una gran capacidad de modelado. Debido a que los objetos pueden tener un comportamiento autónomo, esto permite el concepto de recursos "inteligentes". En Simio, el proceso de capturar un recurso es una negociación entre dos objetos — ambos objetos "se ponen de acuerdo" antes de que ocurra la captura —. Un recurso puede escoger si, y cuándo, permitirá que lo capturen. Por ejemplo, un recurso puede evitar que lo capturen cerca del final de un turno. O pudiera ocurrir que el recurso decide permanecer desocupado debido a que es consciente de que pronto recibirá una solicitud que tiene una alta prioridad. O quizá sólo considere solicitudes que están cerca de su localización actual.

Como puede apreciar, se puede construir una inteligencia significativa en un recurso. Se puede incorporar un control inteligente de las asignaciones agregando lógica al proceso estándar *OnEvaluatingAllocation*. Algunos objetos de la *Standard Library* tienen también el detonador de proceso complementario denominado *Evaluating Seize Request*. Usted aprenderá cómo aprovechar este detonador en el capítulo 11.

5.1.6 Alcance de los Datos

La definición de un objeto no puede saber nada sobre el objeto que lo podría contener, o de los otros objetos que están contenidos junto con él en el mismo objeto, debido a que en el momento de su definición no se sabía cómo será utilizado, o en qué objeto sería colocado. Por ejemplo, si usted ha definido el estado `DiaDeLaSemana` en su modelo, los objetos en su modelo no pueden referenciar directamente a `DiaDeLaSemana`. Este problema puede solucionarse pasando el valor por medio de una propiedad que permite una referencia indirecta. De hecho, ésta es la finalidad de la mayoría de las propiedades de los objetos de la *Standard Library*.

Figura 5.8: Extracto de las alternativas para el constructor de expresiones.

Sólo la información que un objeto decide hacer pública es la que está disponible fuera del objeto. Por ejemplo, suponga que usted tiene un objeto que está diseñado para inspeccionar el calendario y contiene un estado llamado `DiaDelAño`. Si este estado se define como público, el modelo y los otros objetos serían capaces de referenciarlo. Si `DiaDelAño` no es público, sólo el objeto que inspecciona el calendario será capaz de hacer referencia al valor del estado.

Los procesos complementarios están en el alcance del objeto que los contiene. Esto significa que los pasos en un proceso complementario pueden hacer referencia directa a la información del modelo que los contiene (e.g., el modelo principal), así como a la información del objeto asociado y del objeto padre. Esto también significa que los asuntos relacionados con el alcance de los datos le podrían parecer algo raros, hasta que usted empiece a construir sus propios objetos en el capítulo 11.

5.1.7 El Constructor de Expresiones

Para los campos donde se deben ingresar expresiones (e.g., *Processing Time*), Simio le proporciona un constructor de expresiones (*expression builder*) que simplifica el proceso de escritura de las expresiones complicadas. En la sección 4.5 lo hemos guiado en su uso por medio de algunos ejemplos, pero a continuación le daremos algunos detalles adicionales. Cuando usted hace clic en un campo para una expresión, aparece un pequeño botón a la derecha, con una flecha hacia abajo. Al hacer clic en este botón, se abre el constructor de expresiones, con una X en rojo y una marca $\sqrt{}$ en verde a la derecha.

El constructor de expresiones es muy similar al IntelliSense de la familia de productos de Microsoft y trata de encontrar palabras claves o nombres que coinciden con lo que está escribiendo, a medida que utiliza la notación de punto, discutida en la sección 5.1.2. Muchas veces la lista de opciones para la expresión tiene sub-opciones que pueden ser opcionales o requeridas. Las opciones que tienen sub-opciones se identifican con un >> a su derecha, indicando que existen más opciones disponibles. Una opción que *no* está en negrita indica que todavía no es una opción válida — usted no puede detenerse ahí esperando tener una expresión válida sino que debe seleccionar una sub-opción —. Si la opción por sí misma está en negrita, ello indica que *sí* es una opción válida — o bien no tiene sub-opciones o bien tiene sub-opciones que sólo son opcionales —. Por ejemplo, en la figura 5.8 usted podrá apreciar que *Agent*, *DefaultEntity* y *Entity* no son opciones válidas, debido a que no están en negrita — usted tendría que seleccionar una sub-opción para utilizar alguna de estas opciones —. Las otras cinco opciones están en negrita, por lo que son opciones válidas. De éstas, las primeras dos (*AllocationQueue* y *Capacity*) tienen sub-opciones que son opcionales, como lo indican la flechas. Las otras tres opciones en negrita no tienen sub-opciones.

Puede utilizar los operadores matemáticos $+$, $-$, $*$, $/$ y $\hat{}$, para formar expresiones, y paréntesis como sean necesarios para controlar el orden de los cálculos como: $2*(3+4)\hat{}(4/3)$. Las expresiones lógicas pueden construirse utilizando $<$, $<=$, $>$, $>=$, $!=$, $==$, $\&\&$, $||$, y $!$. Las expresiones lógicas regresan un valor numérico de 1 cuando son verdaderas, y de 0 cuando son falsas. Por ejemplo, $10*(A > 2)$ regresa un valor de 10 si A es mayor que 2; de otra forma regresa un valor de 0. Los arreglos (hasta de 10 dimensiones) comienzan en 1 (es decir, el subíndice del primer elemento es 1, no 0) y se indican con corchetes (e.g., `B[2,3,1]` hace referencia a un elemento del estado `B` que es un arreglo tri-dimensional). Las propiedades del modelo principal (*Model*) pueden referenciarse por el nombre de la propiedad. Por ejemplo, si `Hora1` y `Hora2` son propiedades que usted ha agregado a su modelo, puede ingresar una expresión como `(Hora1 + Hora2)/2`.

Un uso común del constructor de expresiones es el de ingresar distribuciones de probabilidad. Estas expresiones se especifican en Simio utilizando el formato `Random.NombreDistribucion(Parametro1, Parametro2,..., ParametroN)`, donde el número y significado de los parámetros depende de la distribución. Por ejemplo, `Random.Uniform(2,4)` regresará una muestra aleatoria de una distribución uniforme continua entre 2 y 4. Para ingresar esta expresión usando el constructor de expresiones, empiece por escribir "Random". A medida que vaya escribiendo, la lista desplegable saltará al término Random. Escribiendo un punto completará el término y se desplegarán todos los posibles nombres de distribuciones. Al escribir una "U" saltará a Uniform(min, max). Presionando la tecla `Enter` se agregará la expresión automáticamente. Usted puede ahora escribir los valores numéricos para reemplazar los nombres "min" y "max". Notar que si sombrea con su cursor el nombre de una distribución, puede obtener automáticamente una descripción de la misma. Aunque no aparece en los argumentos del constructor de expresiones, todas las distribuciones tienen un parámetro final que identifica a la cadena de números aleatorios. La mayoría dejará este parámetro en su valor por defecto, pero en algunos casos usted podría especificar el número de la cadena que desea utilizar.

Las funciones matemáticas como seno (*Sin*), coseno (*Cos*), logaritmo (*Log*), etc., se pueden accesar de manera similar utilizando la palabra clave `Math`. Empiece por escribir "Math" y luego escriba un punto para completar el término y obtener una lista de todas las funciones matemáticas disponibles. Al sombrear una función matemática de la lista, automáticamente tendrá una descripción de la función.

Las funciones de los objetos pueden también referenciarse por su nombre. Una función es un valor que Simio mantiene internamente, o que lo calcula y puede entonces utilizarse en una expresión, aunque no puede ser asignado. Por ejemplo, todos los objetos tienen una función llamada *ID* que regresa un entero que es diferente para cada uno de los objetos activos en el modelo. Notar que en el caso de las entidades dinámicas, los números de *ID* pueden reusarse para evitar la generación de números muy grandes. Otro ejemplo corresponde a los objetos que son recursos, que traen una función llamada *ResourceState* que regresa un número indicando el estado actual del recurso. Por ejemplo, cuando *Server1* está "Procesando", la expresión *Server1.ResourceState* regresa el valor 1. Al resaltar la función *ResourceState* mostrará sus posibles valores.

La funciones matemáticas y de los objetos se describen en detalles en la ayuda de Simio y en la guía de referencia (ver la cinta *Support*). La guía de referencia para expresiones (*Expression Reference Guide*), también en la cinta *Support*, proporciona ayuda basada en html para describir todos los componentes que se encuentran en su modelo.

5.1.8   Costeo

Un objetivo importante del modelado es la predicción del costo esperado, o la comparación de escenarios con base en su costo. En algunos casos, esto se puede lograr comparando la inversión de capital asociada a un escenario con la de otro. Estos casos sencillos se pueden modelar con unos pocos estados para capturar los costos, o quizás calculando los costos fuera del modelo. En muchos casos, sin embargo, se tiene la necesidad de medir los costos de operación de cada escenario. En estos casos, se podrían tener costos directos e indirectos, y producciones muy diferentes, en términos de mezcla de producción, y de niveles de producción totales y en los subsistemas. Para estos casos más complejos podemos tomar ventaja de un enfoque denominado *Costeo Basado en Activdades* (*ABC, por Activity-Based Costing*). El método ABC consiste en costos a los productos o servicios con base en el consumo de recursos, y nos ayuda a reconocer a los costos como directos, más que como indirectos, proporcionando un entendimiento más preciso de cómo generan costos las manufacturas y servicios que se producen individualmente, bajo diferentes escenarios.

La simulación es la herramienta ideal para implementar el método ABC porque las actividades se pueden modelar con el mismo detalle con el que se cuantifican los costos. El modelo típicamente "conoce" qué recursos están siendo utilizados por cada entidad y por cuánto tiempo. En algunos software de simulación, el método ABC debe implementares añadiendo lógica y datos para detectar cada costo en el momento en que se incurre. Algunos productos más elaborados tienen incorporado el método ABC, y Simio está en esta última categoría.

La mayoría de los objetos de la *Standard Library* tienen una categoría de propiedades llamada *Financials*. Estas propiedades dependen de la complejidad y de las características del objeto. Puede ser tan simple como tener un costo de ocupación por unidad de tiempo (*Usage Cost Rate*), pero puede ser más complicado como para poder calcular todos los costos de manera precisa. Por ejemplo, algunos trabajadores (no todos) podrían recibir un salario por el tiempo que están esperando (no trabajando) por la siguiente carga de trabajo (*Idle Cost rate*). Algunos recursos incurren en un costo fijo cada vez que reciben un trabajo (*Cost Per Use*); y algunos recursos o entidades (como un avión) incurren en un costo aún estando en descanso (*Holding Cost Rate*). En muchos casos, no sólo se contabiliza localmente el costo, sino que se elevan al departamento correspondiente (*Parent Cost Center*).

En la figura 5.9 puede apreciar que tanto el *Server* como el *Worker* tienen propiedades similares para calcular los costos de los recursos (e.g., el costo de capturar y ocupar al *Server* o al *Worker* y los costos por estar ocioso mientras están programados para trabajar). El *Server* también tiene propiedades para calcular el costo incurrido mientras se espera en los buffers de entrada y de salida. El objeto *Worker* no tiene costo por espera en buffer. En su lugar, se tiene un costo por cada vez que lleva una entidad, así como un costo de transporte mientras se está moviendo. Es raro que una instancia de algún objeto tenga todos estos costos – típicamente, un recurso puede tener por su utilización mientras que otro puede tener costos por unidad de tiempo ocupado u ocioso.

En el lado izquierdo de la figura 5.9 se ilustra una máquina de empacado automático (un *Server*) que requiere de un costo de capital de 33,500 EUR, pero el único de utilización es de 13.852 EUR por cada vez que se utiliza. Los costos de empacado se reportan al centro de costos de la Estación de Empaque (*Shipping Center*. En el lado derecho de la figura 5.9 se ilustra un operador de montacargas (un *Worker*) que recibe un salario de 20 USD por hora sin importar que esté ocupado u ocioso. Pero cuando el operador usa el montacargas para transportar algo, se incurre en un costo adicional de 31.50 USD por hora, que es costo del vehículo. Los costos del operador del montacargas se reportan al centro de costos de Transportación (*Transportation*).

Un comentario final es que en las empresas y proyectos multinacionales se pueden realizar trabajos en diferentes países y, en consecuencia, se utilizan diferentes monedas. Simio reconoce

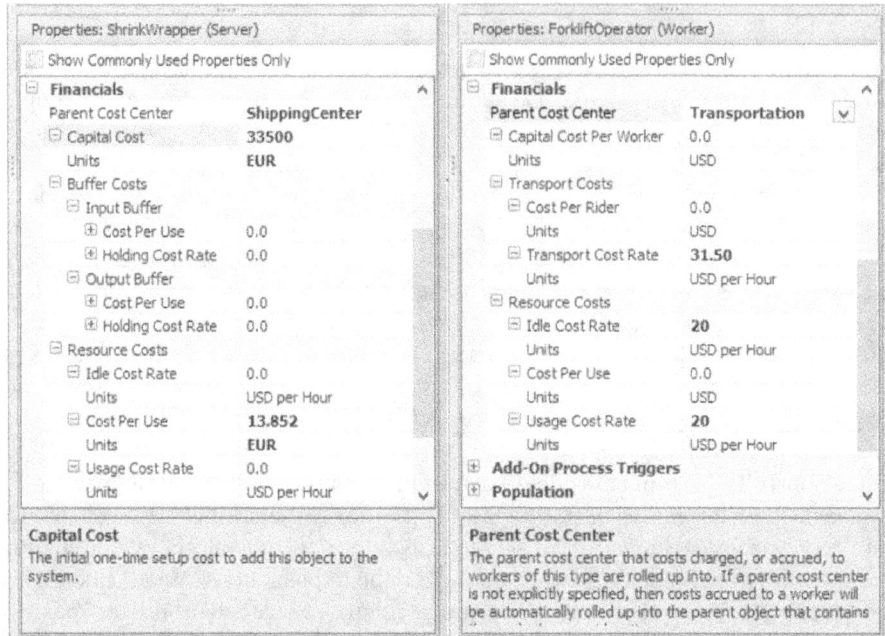

Figura 5.9: Propiedades financieras para los objetos *Server* (izquierda) y *Worker*.

las monedas más comunes (todavía no reconoce Bitcoins). La categoría *Financials* de la pestaña *Advanced Options* de la cinta *Run* le permite especificar las tasas de cambio para las monedas que desea utilizar, así como la moneda (por defecto) que utilizará en los reportes.

5.2 Modelo 5-1: Ensamble de PCB

Ahora que tenemos un mejor entendimiento de la estructura de Simio, nos enfocaremos en el modelado y en el análisis. Los modelos de este capítulo se relacionan con una operación simplificada de ensamble de tableros de circuitos impresos (PCBs por *Printed Circuit Board*). Los PCBs son los componentes principales de virtualmente cualquier producto electrónico. El ensamblado de un PCB básicamente consiste en agregar componentes electrónicos, de varios tipos, a un tablero especialmente diseñado para facilitar la comunicación entre componentes. La figura 5.10 muestra un ejemplo de PCB. El ensamblado de un PCB generalmente requiere de la ejecución de varios pasos del proceso en secuencia, y de operaciones de inspección y de reparación. A lo largo de este capítulo iremos agregando estas operaciones sucesivamente en nuestros modelos aunque, por ahora, empezaremos con una modificación rápida de nuestros modelos de colas de un solo servidor del capítulo 4.

El Modelo 5-1 se enfoca en dos operaciones, en la primera, ciertos componentes de montaje superficial (por ejemplo, los componentes que se muestran en el tablero de la figura 5.10) se montan sobre el tablero y, en la segunda, se ejecuta la inspección. Los tableros llegan a la máquina de montaje a una tasa de 10 tableros por hora (asuma, por el momento, que el proceso de llegadas es Poisson, es decir, los tiempos entre llegadas se distribuyen exponencialmente). Los tiempos de procesamiento en la máquina de montaje se distribuyen triangularmente con parámetros (en minutos) de (3, 4, 5). Luego de montar los componentes, los tableros se inspeccionan para estar seguros que todos los componentes se montaron correctamente. Un técnico realiza la in-

Figura 5.10: Ejemplo de un tablero de circuitos impresos (cortesía del Center for Advanced Vehicle Electronics (CAVE) de Auburn University: `cave.auburn.edu`).

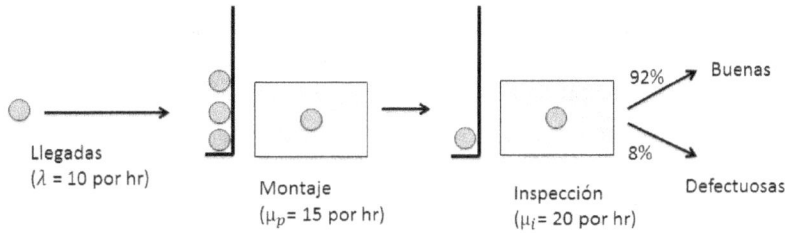

Figura 5.11: Modelo de colas del Ejemplo 5-1.

spección y los tiempos de inspección se distribuyen uniformemente entre 2 y 4 minutos. Los registros históricos indican que el 92% de los tableros inspeccionados se encuentran "bien" y que el restante 8% están "mal". Debido a que los tiempos entre llegadas, los tiempos de montaje de los componentes y los tiempos de inspección son aleatorios, esperamos que exista alguna congestión y nos gustaría estimar las longitudes de las colas y las utilizaciones de la máquina de montaje y del inspector. Estimaremos también el tiempo que los tableros permanecen en nuestro sistema y cuánto de este tiempo corresponde a las esperas en colas. Además, contaremos el número de tableros buenos y el número de tableros malos.

En este momento, podríamos pasar directamente a la construcción del modelo (y algunos de ustedes lo harán) pero es conveniente invertir un pequeño esfuerzo en desarrollar algunas *expectativas* acerca de nuestro sistema, ya que (como se discutió en la sección 4.2.5) debemos verificar nuestro modelo antes de que podamos usarlo para estimar las métricas de desempeño que nos interesan. Recuerde que el proceso de verificación más básico consiste en comparar los resultados de su modelo con lo que espera de él. La figura 5.11 muestra el modelo básico de colas de nuestro sistema inicial de ensamble de PCBs. Dadas la tasa de llegadas ($\lambda = 10$) y las correspondientes tasas de atención ($\mu_p = 15$ y $\mu_i = 20$) en tableros por hora, podemos calcular las utilizaciones de los servidores en estado estable (las utilizaciones son independientes de la distribución particular de los tiempos entre llegadas o de los tiempos de atención). Como

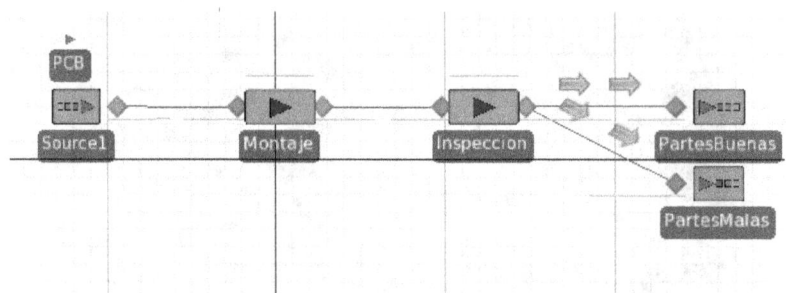

Figura 5.12: Modelo 5-1.

$\rho_p = \lambda/\mu_p = 0.667 < 1$, sabemos que la tasa de llegadas al inspector será exactamente 10 tableros/hora (¿por qué?) y en consecuencia, $\rho_i = \lambda/\mu_i = 0.500$. Como ambas utilizaciones son estrictamente menores que 1, nuestro sistema es *estable* (podemos procesar entidades a una tasa más rápida que la de sus llegadas, por lo que el sistema no "explotará" experimentando un incremento sin límite para el número de tableros en el sistema). Si asumimos que los tiempos de montaje e inspección se distribuyen exponencialmente, podemos calcular el número esperado de tableros en nuestro sistema, $L = 3.000$ y el tiempo esperado que los tableros permanecen en el sistema, $W = 0.3000$ horas (ver los detalles en el capítulo 2), por supuesto, ambos en estado estable. Si bien los tiempos no se distribuyen exponencialmente, como vimos en el capítulo 4, es fácil introducir esta suposición en nuestro modelo, con el propósito de verificarlo.

Considerando nuestras expectativas, podemos empezar a construir el modelo en Simio. En relación a nuestros modelos del capítulo 4, nuestro Modelo 5-1 tiene dos mejoras básicas: *procesamiento secuencial* (la inspección sigue a la inserción de componentes) y *ramificación* (luego de la inspección, algunos tableros son clasificados como "buenos" y otros son clasificados como "malos"). Ambas mejoras son muy frecuentes y son muy fáciles de implementar en Simio. La figura 5.12 muestra el modelo completo en Simio, que consiste de un modelo de entidad (PCB), un objeto *Source* (Source1), dos objetos *Server* (Montaje e Inspeccion) y dos objetos *Sink* (PartesBuenas y PartesMalas). Hemos usado vínculos *Connector* para establecer el flujo de las entidades de un objeto a otro. Recordar que un *Connector* transfiere una entidad desde un nodo de salida de un objeto hacia el nodo de entrada de otro objeto en cero unidades de tiempo simulado. Nuestros procesos secuenciales han sido modelados conectando de manera simple los dos objetos *Server* (los tableros que salen de Montaje se transfieren automáticamente a Inspeccion). La ramificación se modela por medio de dos vínculos *Connector* que salen del mismo nodo (los tableros que salen de Inspeccion pueden ir a PartesBuenas o a PartesMalas). Para indicarle a Simio cómo seleccionar la ruta para cada entidad, debemos especificar la lógica de ruteo (*Routing Logic*) para el nodo, como se ilustra en la figura 5.13. Como puede apreciarse, se ha seleccionado el nodo de salida del objeto Inspeccion y se ha asignado el valor By Link Weight para la propiedad *Outbound Link Rule* de la categoría *Routing Logic*. Esta opción hace que Simio escoja uno de los vínculos aleatoriamente, pero asignando probabilidades a los vínculos que son proporcionales al valor correspondiente de su propiedad *Selection Weight*. Como en nuestro sistema se indica que el 92% de los tableros son buenos, hemos fijado en 0.92 el valor de la propiedad *Selection Weight* para el objeto PartesBuenas (ver la figura 5.14) y en 0.08 para el objeto PartesMalas. Este mecanismo basado en pesos nos permite modelar fácilmente una ramificación aleatoria con n posibles vínculos de salida, por medio de una asignación apropiada de los pesos relativos en cada vínculo. Notar que hemos podido utilizar pesos de 92 y 8 o de 9.2 y 0.8 o cualquier otra pareja de valores proporcionales — como en una receta

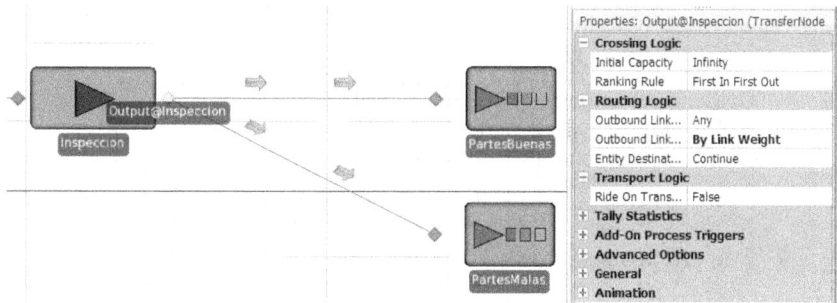

Figura 5.13: Lógica de ruteo para el nodo de salida.

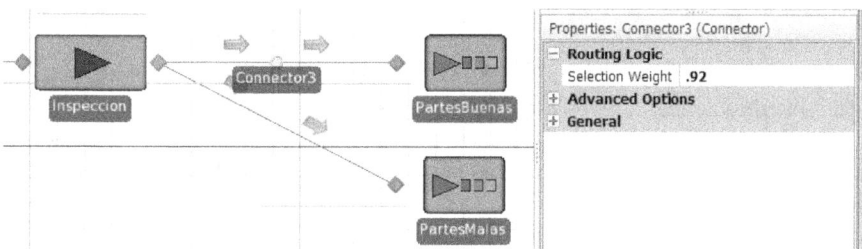

Figura 5.14: Propiedad *Selection Weight* para el vínculo entre los objetos `Inspeccion` y `PartesBuenas`.

Tabla 5.2: Resultados iniciales para el Modelo 5-1 (usando tiempos de procesamiento exponenciales).

Métrica estimada	Simulación
Utilización de `Montaje` (ρ_p)	0.667 ± 0.003
Utilización de `Inspeccion` (ρ_i)	0.500 ± 0.003
Número promedio en el sistema (L)	2.995 ± 0.050
Tiempo promedio en el sistema (W)	0.299 ± 0.004
Número promedio de partes "buenas"	9223.760 ± 37.768
Número promedio de partes "malas"	790.200 ± 7.614

de bizcocho: 5 partes de harina, 2 partes de azúcar, 1 parte de levadura, etc. —. Simio utiliza los pesos especificados para determinar la proporción de entidades a dirigir por cada camino. Simio incluye otros métodos para especificar la lógica de ruteo — los exploraremos en modelos posteriores — pero, por ahora, utilizaremos sólo ruteo aleatorio. El último paso para completar el Modelo 5-1 consiste en especificar las distribuciones de los tiempos entre llegadas y de los tiempos de atención utilizando las propiedades *Interarrival Time* y *Processing Time* como en nuestros modelos del capítulo 4. Para verificar el modelo, inicialmente asignamos distribuciones exponenciales para los tiempos de procesamiento, lo que nos permitirá comparar nuestros resultados con los de estado estable. La tabla 5.2 proporciona los resultados de 25 repeticiones de 1200 horas cada una, con un periodo de calentamiento de 200 horas. Los resultaos fueron leídos del reporte *Pivot Grid* como se describe en la sección 4.2. Nuestras expectativas están dentro de los intervalos de confianza de nuestros resultados, por lo que tenemos una sólida evidencia de que nuestro modelo se comporta como esperábamos (es decir, está verificado). Ahora podemos cambiar las distribuciones de nuestros tiempos de procesamiento de acuerdo con los datos

Tabla 5.3: Resultados iniciales del Modelo 5-1.

Métrica estimada	Simulación
Utilización de Montaje (ρ_p)	0.668 ± 0.002
Utilización de Inspeccion (ρ_i)	0.501 ± 0.002
Número promedio en el sistema (L)	1.857 ± 0.020
Tiempo promedio en el sistema (W)	0.185 ± 0.001
Número promedio de partes "buenas"	9207.600 ± 34.706
Número promedio de partes "malas"	813.720 ± 10.858

proporcionados y habremos completado nuestro modelo. La tabla 5.3 muestra los resultados basados en las mismas condiciones de corrida que nuestra corrida de verificación. Notar que, como esperábamos, las utilizaciones y las proporciones de partes buenas y partes malas no han cambiado significativamente[5], pero nuestros estimados por simulación del número promedio de entidades (L) y del tiempo promedio en el sistema (W) disminuyeron. Notar que deberíamos esperar estas disminuciones, debido a que se han reducido las variabilidades de los tiempos de procesamiento al cambiar de la distribución exponencial a la distribución triangular y a la uniforme, respectivamente (ambas distribuciones están acotadas por la derecha, a diferencia de la exponencial).

5.3   Modelo 5-2: Ensamble de PCB Mejorado

En esta sección, mejoraremos nuestro modelo de ensamble de PCBs agregando algunas características que frecuentemente se encuentran en los sistemas reales. Dentro de estas nuevas características se incluyen:

- *Reparación.* Asumiremos que el 26% de los tableros inspeccionados requieren de reparación en una estación especial donde un operador extrae todos los componentes. Estos tableros para reparación salen de los tableros considerados como buenos, de manera que del total que salen de la inspección, 66% están completamente "bien", 8% están "mal" sin esperanza y el 26% necesitan reparación. Asumiremos que los tiempos de reparación se distribuyen triangularmente con parámetros (en minutos) de (2, 4, 6). Luego de la reparación, los componentes se envían nuevamente a la estación Montaje para su procesamiento. Los tableros reparados son tratados exactamente como los tableros nuevos en la estación Montaje y tienen las mismas probabilidades de ser buenos, de ser malos o de necesitar reparación, luego de la correspondiente inspección (notar que no existe límite al número de veces que un tablero dado pudiera necesitar reparación, y pasar nuevamente por el montaje de componentes y por la inspección).

- *Programas de Trabajo.* Las operaciones de inspección y de reparación son ejecutadas por operadores humanos, y consideraremos explícitamente el horario de trabajo, incluyendo los "descansos por refrigerio". La inspección se hace durante toda la jornada laboral, pero la reparación se hace sólo durante el "segundo turno". Continuamos asumiendo que el montaje de componentes está automatizado y no necesita de algún operador humano.

- *Fallas de la Máquina.* La máquina de montaje es automática, pero está sujeta a *fallas* aleatorias que requieren de atención para su reparación.

---

[5]Mientras que los valores *numéricos* cambiaron, nuestros *estimados* no cambiaron en un sentido probabilístico — recuerde que los promedios y los anchos medios de los intervalos de confianza son observaciones de variables aleatorias —.

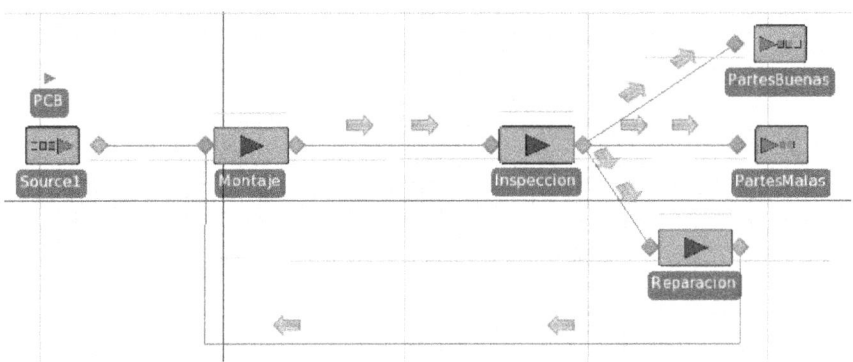

Figura 5.15: Modelo 5-2.

Como hemos introducido el concepto de programas de trabajo en nuestro modelo, debemos definir explícitamente la *jornada laboral*. En el Modelo 5-2, asumimos que la jornada laboral es de 24 horas al día y correremos nuestro modelo de manera continua por 600 de estos días.

5.3.1 Adición de una Estación de Reparación

La figura 5.15 muestra el modelo completo. Para agregar la nueva estación de reparación simplemente hemos agregado un objeto *Server* (`Reparacion`), hemos establecido el valor correspondiente de las propiedades *Processing Time* y *Name* y hemos vinculado el nodo de salida de `Inspeccion` con el nodo de entrada de `Reparacion`, formando un proceso de ramificación de tres rutas luego de la inspección (asegúrese de actualizar adecuadamente los pesos de los vínculos). Como los tableros que salen de la reparación deben ser enviados nuevamente a la máquina de montaje, hemos conectado el nodo de salida del objeto `Reparacion` con el nodo de entrada del objeto `Montaje`. Éste es nuestro primer ejemplo de un proceso de *convergencia*. En este caso tenemos dos "flujos" diferentes de entidades que ingresan al objeto `Montaje` — uno que viene del objeto `Source1` (tableros nuevos) y el otro que viene del objeto `Reparacion` (tableros que han sido procesados, no pasaron la inspección y pasaron a reparación). El objeto `Montaje` (y su nodo de entrada) tratarán a las entidades que llegan de la misma manera, sin importar si vienen de `Source1` o de `Reparacion`. En un modelo posterior, mostraremos cómo distinguir a las entidades que llegan y cómo tratarlas de manera diferente dependiendo de su estado.

Dada la estructura de nuestro sistema (y del modelo) es posible que algunos PCBs puedan recibir reparación, debido a que no distinguimos entre tableros nuevos y tableros reparados en las estaciones de montaje y de inspección. Por esta razón, nos gustaría llevar la cuenta del número de veces que cada tablero se procesa en la máquina de montaje y reportar estadísticas de este valor (notar que es igual de fácil llevar la cuenta del número de veces que un tablero recibe reparación ya que, en este caso, el mínimo sería 0 en lugar de 1). Éste es un ejemplo de una estadística definida por el usuario (*user-defined statistic*) — un valor en el que estamos interesados, pero que Simio no lo reporta automáticamente —. Para agregar esta capacidad en nuestro modelo, necesitamos seguir los siguientes pasos:

1. Definir un estado (*state*) para la entidad, que llevará el registro del número de veces que la entidad ha sido procesada en la máquina de montaje.

2. Agregar lógica para incrementar el valor del estado en uno cuando la entidad ha finalizado su procesamiento en la máquina de montaje.

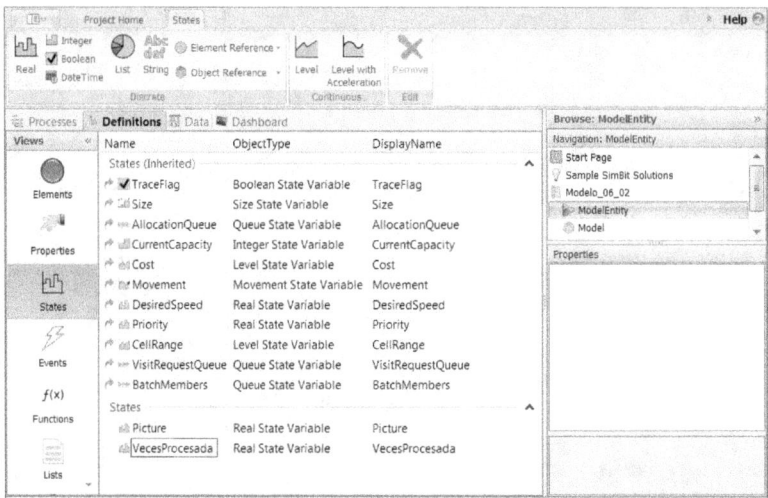

Figura 5.16: Creación del estado `VecesProcesada` para la entidad.

3. Crear una estadística de lista (*Tally Statistic*) para reportar el resumen estadístico al final de la corrida.

4. Agregar lógica para registrar un valor en la lista cada vez que una entidad abandona el sistema (sea buena o mala).

Notar que este procedimiento es similar al que implementamos en la sección 4.3 para la estadística *TimeInSystem*. Ambos son ejemplos de *estadísticas de observaciones* (también llamadas *procesos en tiempo discreto*) donde cada entidad produce una observación — en este caso, el número de veces que una entidad pasa por el montaje de componentes y, en el Modelo 5-2, el tiempo que la entidad permanece en el sistema — y la estadística de lista reporta un resumen estadístico que incluye el promedio y el máximo[6] de todas las observaciones (en ambos casos, entidades).

Un *estado* se define dentro de un objeto y almacena un valor que cambia durante la corrida de la simulación (ver la sección 5.1.2), por lo que es exactamente lo que necesitamos para llevar la cuenta del número de veces que una entidad pasa por el montaje de componentes — cada vez que la entidad sale del objeto `Montaje` incrementamos el valor del estado —. En este caso necesitamos definir el estado para la entidad, por lo que seleccionamos *ModelEntity* en la ventana *Navigation*, luego seleccionamos la pestaña *Definitions*, seleccionamos el ícono *States* del panel y hacemos clic en la opción *Real* de la cinta (ver la figura 5.16). En este modelo, hemos asignado el nombre `VecesProcesada` al estado. Cada instancia de una entidad del tipo *ModelEntity* tendrá ahora un estado llamado `VecesProcesada` y podemos actualizar su valor durante la corrida. En nuestro caso, necesitamos incrementar el valor en uno al final del proceso de montaje de componentes. Existen varias maneras para implementar esta lógica en Simio. En este modelo utilizaremos la propiedad *State Assignments* de los objetos *Server*. Esta propiedad nos permite cambiar el valor de uno o más estados cuando una entidad entra o sale del *Server*; ver la figura 5.17. En esta ocasión, hemos seleccionado el objeto `Montaje`, hemos seleccionado *Before Exiting* en la categoría *State Assignments* y finalmente agregamos una fila con la asignación que incrementa el valor del estado `VecesProcesada`. Estas instrucciones le indican a Simio el conjunto de asignaciones de estado que necesitamos (en nuestro caso, una

---

[6]Aunque *no* la desviación estándar, ver la sección 3.3.1 para recordar por qué el estimador sería sesgado (e inválido), aunque podríamos calcularlo fácilmente.

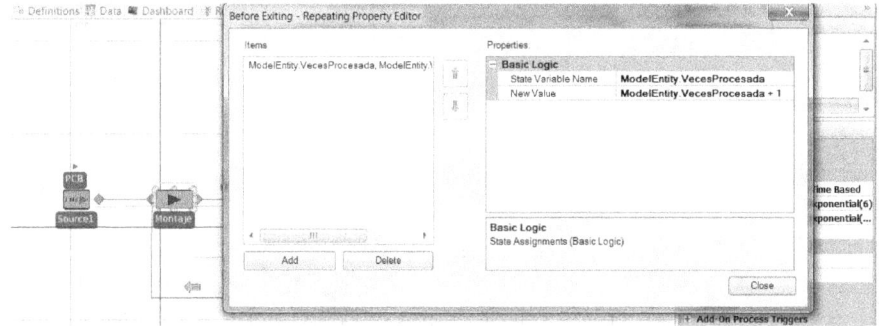

Figura 5.17: Propiedad *State Assignments* para el objeto `Montaje`.

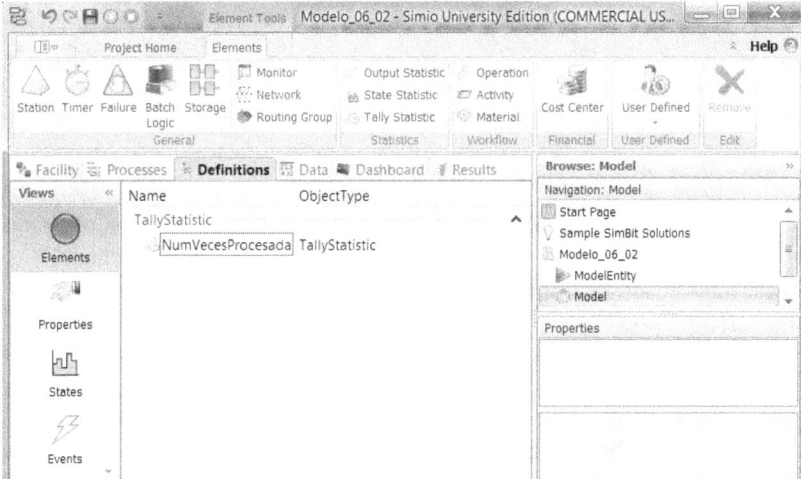

Figura 5.18: Creación de la estadística de lista `NumVecesProcesada`.

sola asignación) inmediatamente antes de que la entidad abandone el objeto. En este instante del tiempo simulado, el estado `VecesProcesada` de la entidad indica el número de veces que la entidad ha completado su procesamiento en el objeto `Montaje`.

A continuación, necesitamos indicarle a Simio que nos gustaría registrar los valores del estado `VecesProcesada` como una estadística de observaciones (de lista) inmediatamente antes que las entidades abandonen el sistema. Este procedimiento se hace en dos pasos:

1. Definir la estadística de lista.

2. Registrar el valor (almacenado en el estado `VecesProcesada` de la entidad) en el sitio apropiado del modelo.

Primero definiremos la estadística de lista seleccionando el modelo en la ventana *Navigation*, haciendo clic en la pestaña *Definitions* y, luego de seleccionar el ícono *Elements*, hacer clic en la pestaña *Tally Statistic* de la cinta para agregar la estadística (ver la figura 5.18). Notar que hemos llamado `NumVecesProcesada` a la estadística de lista estableciendo el valor correspondiente para la propiedad *Name*. Finalmente, demostraremos dos métodos diferentes para registrar los valores de la lista, Bajo ell primero usaremos procesos complementarios (*add-on processes*) para registrar el valor del estado `VecesProcesada` en la estadística de lista, y bajo

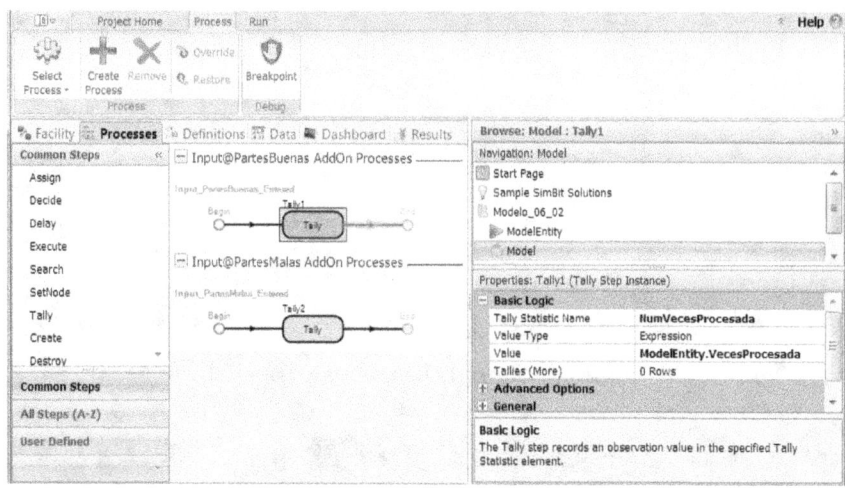

Figura 5.19: Procesos complementarios para los dos nodos donde las entidades abandonan el sistema.

el segundo usaremos la propiedad *Tally Statistics* del nodo de entrada del objeto *Sink* (aunque demostraremos ambos métodos, en la práctica se debe usar sólo uno de ellos).

Primero usaremos procesos complementarios para las entidades que llegan a la instancia *Sink* PartesBuenas. El proceso será ejecutado cuando una entidad ingresa al nodo de entrada correspondiente. Para crear el primer proceso complementario, seleccione el nodo de entrada del objeto PartesBuenas y expanda la categoría *Add-On Process Triggers* en la ventana de propiedades del objeto. Encontrará tres detonadores: *Initialized* (al inicio), *Entered* (luego de ingresar) y *Exited* (al salir). Como las entidades están dejando el sistema cuando llegan a este objeto *Sink*, podemos utilizar cualquiera de estos tres detonadores para nuestro propósito. Hemos escogido *Entered*. Podemos ingresar el nombre que queramos para el proceso complementario, pero Simio tiene un buen atajo para definir un proceso complementario. Simplemente haga doble clic en el nombre del detonador (en este caso, *Entered*) y Simio definirá un nombre apropiado y abrirá la ventana de la pestaña *Processes* con el proceso recién creado. En este caso, los procesos complementarios son muy sencillos — sólo un único paso para registrar el valor observado en la estadística de lista correspondiente —. Utilice el paso (*step*) *Tally* (como se muestra en la figura 5.19). Para agregar el paso, simplemente seleccione y arrastre el paso *Tally* desde el panel *Common Steps* hacia el proceso y colóquelo entre los nodos *Begin* y *End*. Las propiedades importantes para el paso *Tally* son *TallyStatistic Name*, donde ingresamos el nombre que corresponde a la variable de lista definida anteriormente (NumVecesProcesada) y *Value*, donde especificamos el valor que debe ser registrado (en este caso, el estado VecesProcesada de la entidad). También hacemos que el valor de la propiedad *Value Type* sea Expression para indicar que estemos evaluando y registrando una expresión.

El segundo método utiliza la propiedad *Tally Statistics* de cualquier *Basic Node* y usaremos este método para PartesMalas. En la figura 5.20) se ilustra este método. Primero se selecciona el nodo de entrada de PartesMalas y se expande la categoría *Tally Statistics* (parte superior de la figura). Luego se abre el editor de la propiedad *On Entering*y se agrega la lista, como se muestra en la parte inferior de la figura. Notar que usamos el mismo estadístico de lista para ambos tipos de partes debido a que deseamos registrar el número de veces procesada para todas las partes. Si hubiéramos deseado registrar la estadística por tipo de parte (Buena y Mala), bastaría con utilizar dos estadísticos de lista diferentes. Cuendo corramos nuestro modelo,

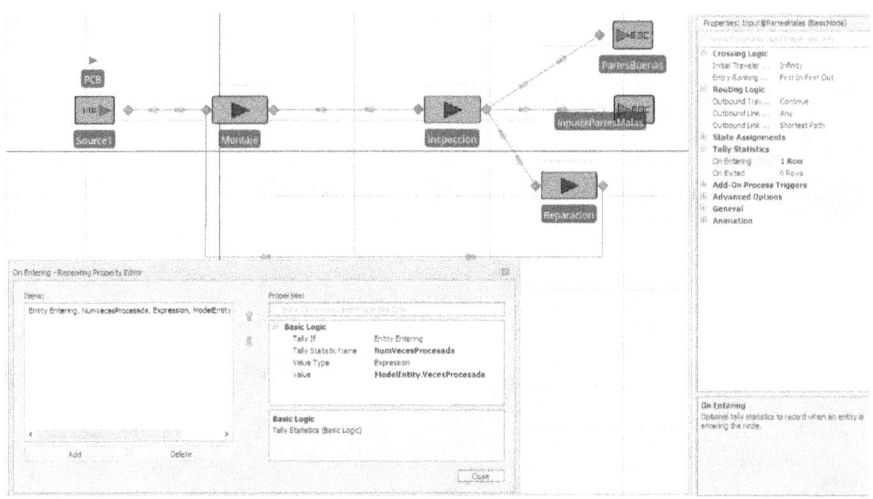

Figura 5.20: Uso de la propiedad *Tally Statistics* para el nodo de entrada de la instancia PartesMalas.

nuestras estadísticas de lista estarán reportadas en las pestañas de *Pivot Grid* y *Reports*, y los valores estarán disponibles para el caso en que se quieran utilizar.

El proceso que acabamos de describir, para crear estadísticas de observaciones definidas, es un ejemplo de un proceso general que usaremos frecuentemente y que podemos sintetizar de la siguiente manera:

1. Identificar la expresión (*expression*) a ser observada. Este paso frecuentemente incluye la definición de un nuevo estado para el modelo o para la entidad, donde podemos calcular y almacenar la expresión a ser observada (como en el ejemplo previo).

2. Agregar la lógica para calcular el valor de la expresión para cada observación, si es que todavía no es parte del modelo.

3. Crear la estadística de lista (*Tally Statistic*).

4. Indicarle a Simio dónde registrar el valor de la expresión utilizando el paso *Tally* en un proceso complementario, en el lugar apropiado del modelo.

Seguiremos este procedimiento general cada vez que incorporemos estadísticas de observaciones definidas por el usuario.

5.3.2   Uso de Expresiones con Pesos para los Conectores

Antes de continuar con el Modelo 5-2, demostraremos el uso de *expresiones* para conectores usando sus pesos (emphlink weights). Este método es bastante efectivo para simplificar la lógica asociada con la selección de rutas. Anteriormente habíamos introducido probabilidades para los posibles resultados de la inspección (buena: 66%, reparación: 26%, mala: 8%) y establecimos los pesos de los conectores apropiadamente. Supongamos que deseamos limitar el número de veces que un circuito puede procesarse. Por ejemplo, supongamos que tenemos las sigientes reglas:

1. Los circuitos pueden procesarse hasta dos veces. Si un circuito se procesó por tercera vez, debe ser rechazado;

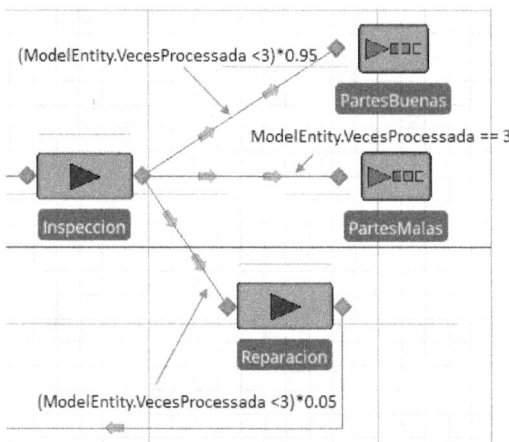

Figura 5.21: Ejemplo del uso de expresiones con pesos para conectores.

2. 95% de los circuitos inspeccionados son buenos;

3. 5% de los circuitos inspeccionados son malos.

y deseamos implementar esta lógica en nuestro modelo. En este caso, la selección de la ruta no es totalmente probabilística. Ahora existe una condición que determina si el circuito debe ser rechazado (tuvo un tercer reproceso) y, de otra forma, se utilizan probabilidades para elegir entre las otras dos alternativas. La figura 5.21 muestra una manera sencilla de implementar esta lógica usando expresiones con pesos para los conectores. Notar que las expresiones entre paréntesis se evaluarán como 0 ó 1, de manera que las probabilidades se aplicarán sólo si el circuito ha sido procesado menos de tres veces y, de otra forma, el circuito será rechazado.

Este ejemplo sencillo ilustra la conveniencia de utilizar expresiones para la regla de selección del conector. Los usuarios inexpertos pueden recurrir al uso de procesos complementarios complicados para implementar este tipo de lógica. Le animamos a estudiar este ejemplo con cuidado, ya que le podría ayudar a simplificar mucho el desarrollo de su modelo. Por supuesto que para implementar este sistema, nos gustaría rechazar el circuito *antes* de que se procese por tercera vez – i.e., immediateamente después que falla la segunda inspección, pero antes del tercer reproceso. Dejamos este caso como un ejercicio para el lector (ver el problema 7 al final del capítulo).

5.3.3   Programación de Recursos

Las operaciones de reparación y de inspección de nuestro sistema de ensamble de PCBs son ejecutadas por operadores humanos (el montaje de componentes todavía está automatizado). Los operadores humanos generalmente trabajan en *turnos* y toman descansos durante su jornada laboral. Antes de describir cómo se establecen los programas de los trabajadores en Simio, debemos primero describir cómo rastrea Simio la hora del día en el tiempo simulado. Las corridas de Simio están basadas en un reloj de 24 horas, donde cada "día" empieza a las 12:00 a.m. (medianoche) por defecto. En nuestros modelos previos, nos hemos enfocado en las longitudes de la corrida y del periodo de calentamiento, pero no hemos discutido cómo se divide cada día en 24 horas.

Tabla 5.4: Programa de capacidad para el recurso de la inspección.

Periodo de Tiempo	Capacidad del Recurso
12:00 a.m. – 4:00 a.m.	1
4:00 a.m. – 5:00 a.m.	0
5:00 a.m. – 12:00 p.m.	1
12:00 p.m. – 1:00 p.m.	0
1:00 p.m. – 8:00 p.m.	1
8:00 p.m. – 9:00 p.m.	0
9:00 p.m. – 12:00 a.m.	1

En nuestro ejemplo de PCBs, asumiremos que la planta opera tres turnos de 8 horas por día. Cada turno tiene una hora adicional de descanso para refrigerio (la jornada de un trabajador es de 9 horas incluyendo el descanso). Los turnos son como sigue.

- Primer turno: 8:00 a.m. – 12:00 p.m., 12:00 p.m. – 1:00 p.m. (descanso para refrigerio), 1:00 p.m. – 5:00 p.m.

- Segundo turno: 4:00 p.m. – 8:00 p.m., 8:00 p.m. – 9:00 p.m. (descanso para refrigerio), 9:00 p.m. – 1:00 a.m.

- Tercer turno: 12:00 a.m. – 4:00 a.m., 4:00 a.m. – 5:00 a.m. (descanso para refrigerio), 5:00 a.m. – 9:00 a.m.

Asumiremos también que, para las operaciones de varios turnos (en nuestro caso, inspección) la primera hora del operario se consume en trámites y preparación del turno, de manera que hay un solo operario realizando la inspección durante los periodos de superposición de los turnos.

Dado el programa de trabajo descrito, la operación de inspección trabaja 24 horas al día con tres descansos de 1 hora (12:00 p.m. – 1:00 p.m., 8:00 p.m. – 9:00 p.m., y 4:00 a.m. – 5:00 a.m.). Este programa corresponde a tener tres técnicos de inspección, cada uno de ellos operando 8 horas al día. Como Simio utiliza un reloj de 24 horas, que empieza a las 12:00 a.m., este programa para la inspección se traduce en el *programa de capacidad del recurso* que se muestra en la tabla 5.4. Con este programa de trabajo, esperaríamos que los tableros esperen en la cola de la estación de inspección durante los tres "periodos de descanso", cuando no hay inspectores trabajando. Una vez que completemos el modelo, podremos ver este comportamiento de las colas en la animación. Existen varias maneras de especificar este tipo de programa de capacidad de los recursos en Simio — para nuestro Modelo 5-2 usaremos la tabla *Schedules* de Simio —. Para usar esta tabla, primero definimos el programa y después le indicamos al objeto `Inspeccion` que utilice el programa para determinar la capacidad del recurso del objeto.

Para crear el programa de trabajo, seleccione el modelo en la ventana *Navigation*, seleccione la pestaña *Data* y luego el ícono *Schedules* del panel *Data*. Usted verá dos pestañas, bajo la pestaña *Work Schedules* apreciará que se ha creado una muestra de programa llamada `StandardWeek` y, bajo la pestaña *Day Patterns*, apreciará que se ha creado una muestra de día llamada `StandardDay`.

Empezaremos bajo la pestaña *Day Patterns* (patrones diarios) para definir el ciclo de trabajo diario, indicándole a Simio los valores de la capacidad durante el día. Podemos elegir o bien revisar el patrón de muestra, o bien reemplazarlo. Seleccione `StandardDay` y haga clic en *Remove* para borrar el patrón existente, luego haga clic en *Day Pattern* en la categoría *Create* de la cinta para crear un nuevo patrón. Asigne a este patrón el nombre `DayPattern1` (propiedad *Name*) y haga clic en "+", a la izquierda, para expandir la definición de los periodos de trabajo (*Work Periods*). En la fila del primer periodo de trabajo, escriba o use la flecha para ingresar `12:00:00`

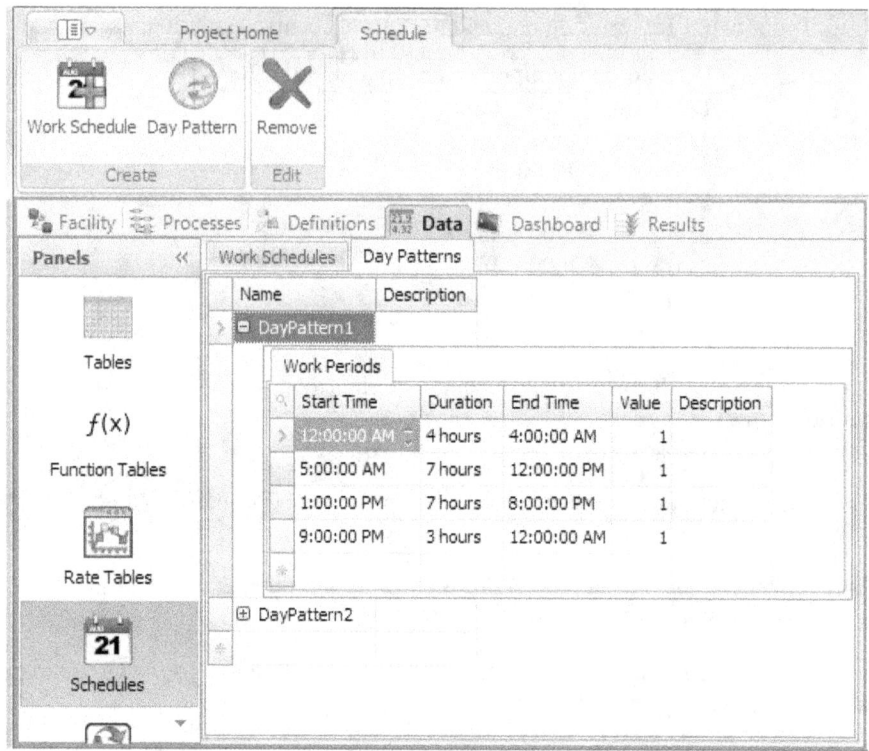

Figura 5.22: Definición del patrón de día para la inspección.

AM en *Start Time* y luego ingrese el valor 4 para *Duration* (la duración). Podrá apreciar que automáticamente se actualiza el valor de *End Time* y que el valor de *Value* (capacidad del recurso) se hace 1 por defecto. Continúe de la misma forma para agregar las otras tres filas correspondientes a los periodos con capacidad positiva, como se indica en la tabla 5.4. Su patrón de día (*Day Pattern*) debe lucir como el de la figura 5.22.

Regresemos ahora a la pestaña *Work Schedules* (patrones de trabajo). Nuevamente, podríamos eliminar el programa de muestra y crear un nuevo programa, pero esta vez sólo lo cambiaremos de acuerdo a nuestras necesidades. Cambie la propiedad *Name* a `ProgramaInspeccion` y cambie la propiedad *Description* a `Programa diario para inspectores`. En nuestro modelo, el patrón de trabajo es el mismo para todos los días, por lo que el valor de la propiedad *Days* será 1 para indicar que el mismo patrón se repite cada (un) día. Finalmente, como eliminamos el patrón `StandardDay` que estaba referenciado originalmente aquí, la columna *Day 1* indica un error, que puede corregirse seleccionando el nuevo patrón `DayPattern1` de la lista desplegable. Su programa de trabajo completo debe lucir como el de la figura 5.23.

Ahora que hemos definido el programa, debemos indicarle al objeto `Inspecc ion` que utilice el programa para establecer su capacidad. Para ello, seleccione el objeto `Inspeccion` y asigne el valor `WorkSchedule` a la propiedad *Capacity Type* y el valor `ProgramaIns peccion` a la propiedad `WorkSchedule` (ver la figura 5.24). Similarmente, debemos especificar el programa de capacidad para el operador de las reparaciones. Como vimos, la operación de reparación trabaja sólo en el segundo turno, en horarios de 4:00 p.m. – 8:00 p.m., 8:00 p.m. – 9:00 p.m. (descanso) y 9:00 p.m. – 1:00 a.m. Como antes, creamos un nuevo patrón de día (`DayPattern2`), lo referenciamos en un nuevo programa de trabajo (`ProgramaReparacion`)

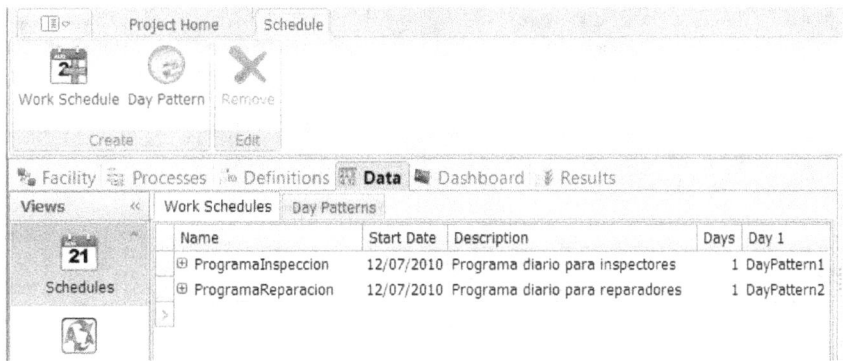

Figura 5.23: Programa de inspección.

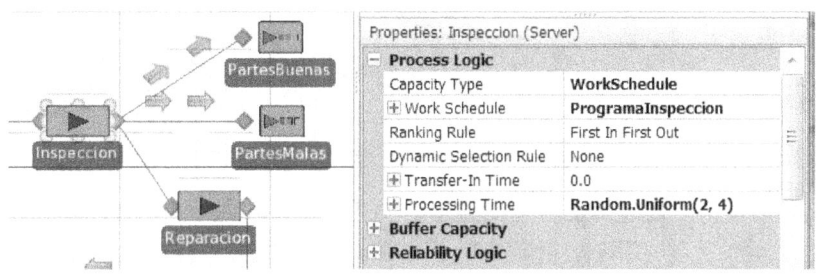

Figura 5.24: Asignación de un programa de trabajo para el objeto Inspeccion.

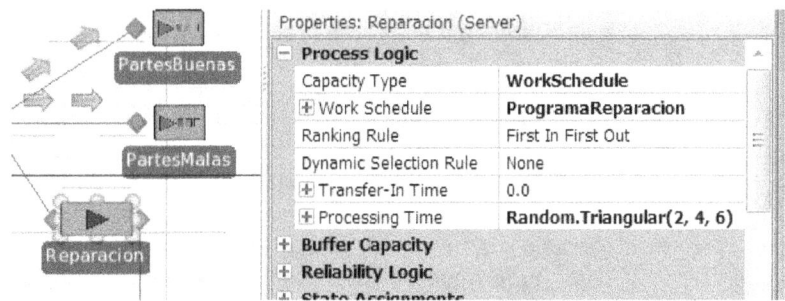

Figura 5.25: Asignación de un programa de trabajo para el objeto Reparacion.

y luego le indicamos al objeto Reparacion que utilice el programa (ver la figura 5.25). Los programas serán discutidos con mayor detalle en la sección 7.2.

Antes de incorporar las fallas de la máquina de montaje, es conveniente investigar cómo es que la incorporación de los programas de capacidad de los recursos afecta las estadísticas de utilización de los servidores. En nuestros modelos previos hemos definido la utilización como la proporción del tiempo que el servidor está ocupado (o el porcentaje resultante luego de multiplicar por 100). En los casos previos, la capacidad de los recursos no cambió durante toda la corrida. Ahora que las capacidades de los recursos cambian durante las corridas, el cálculo de la utilización es algo más complicado — de hecho, la *interpretación* de la utilización ya no es directa —. En particular, no está claro cómo llevar la cuenta del tiempo "fuera de turno" de los recursos. Por ejemplo, asuma que el operador de reparación ha estado ocupado 6.28 horas en un

[Resource]	Capacity	ScheduledUtilization	Percent	77.3324	76.3331	78.2596	0.2262
		UnitsAllocated	Total	32,468.7600	32,029.0000	32,917.0000	100.0532
		UnitsScheduled	Average	0.8750	0.8750	0.8750	0.0000
			Maximum	1.0000	1.0000	1.0000	0.0000
		UnitsUtilized	Average	0.6767	0.6679	0.6848	0.0020
			Maximum	1.0000	1.0000	1.0000	0.0000
	ResourceState	OffShift Time	Average (Ho...	1.0000	1.0000	1.0000	0.0000
			Occurrences	300.0000	300.0000	300.0000	0.0000
			Percent	12.5000	12.5000	12.5000	0.0000
			Total (Hours)	300.0000	300.0000	300.0000	0.0000
		Processing Time	Average (Ho...	0.0927	0.0913	0.0944	0.0003
			Occurrences	17,520.3600	17,220.0000	17,756.0000	43.6879
			Percent	67.6659	66.7915	68.4771	0.1979
			Total (Hours)	1,623.9805	1,602.9952	1,643.4507	4.7501
		Starved Time	Average (Ho...	0.0275	0.0264	0.0289	0.0003
			Occurrences	17,315.9600	17,019.0000	17,541.0000	42.4014
			Percent	19.8341	19.0229	20.7085	0.1979
			Total (Hours)	476.0195	456.5493	497.0048	4.7501

Figura 5.26: Sección del reporte *Pivot Grid* para los recursos del objeto `Inspeccion`.

Tabla 5.5: Estadísticas sobre la utilización para el objeto `Inspeccion`.

Categoría	Estadística	Valor
Capacity	*ScheduledUtilization* (en %)	77.3324
	UnitsScheduled (promedio)	0.8750
	UnitsUtilized (promedio)	0.6767
ResourceState	*Offshift Time* (en %)	12.5000
	Processing Time (en %)	67.6659
	Starved Time (en %)	19.8341

día particular. Un método para calcular la utilización podría ser dividir el tiempo ocupado entre la longitud del día (24 horas), dando una utilización de 26.17%. Sin embargo, si usted fuera el operador de reparación, probablemente diría "Un momento, yo he estado más ocupado". El problema (desde el punto de vista del operador) es que el cálculo de la utilización no ha tomado en cuenta que el operador ha estado *disponible* sólo 8 horas de cada día de 24 horas (es decir, durante el segundo turno). Como un segundo método de cálculo, podríamos dividir el tiempo ocupado entre las 8 horas que el operador ha estado realmente disponible, dando una utilización de 78.50% — un valor con el que el operador estará de acuerdo —. Notar que ninguna de estas interpretaciones es técnicamente "incorrecta", simplemente son dos interpretaciones diferentes del concepto de utilización de un recurso, y Simio proporciona ambas como parte de sus salidas estándar.

La figura 5.26 muestra una parte del reporte estándar *Pivot Grid* sobre una corrida de 25 repeticiones del Modelo 5-2 (sin las fallas de la máquina de montaje) con 125 días de corrida y 25 días de calentamiento por repetición. Esta parte del reporte corresponde a las estadísticas del recurso del objeto `Inspeccion`. Los valores sobre utilización en los que estamos particularmente interesados se muestran en la tabla 5.5. Las estadísticas se definen de la siguiente manera:

- *ScheduledUtilization* (utilización programada). El porcentaje de utilización de la capacidad programada del objeto durante la corrida, calculada por la expresión $100 * (Capacity.Utilized.Average/Capacity.Average)$.

- *UnitsScheduled* (unidades programadas). El promedio de la capacidad programada del

Tabla 5.6: Estadísticas de utilización para el objeto Inspeccion modificado.

Categoría	Estadística	Valor
Capacity	*ScheduledUtilization* (en %)	77.4332
	UnitsScheduled (promedio)	1.7500
	UnitsUtilized (promedio)	1.3551
ResourceState	*Offshift Time* (en %)	12.5000
	Processing Time (en %)	82.5262
	Starved Time (en %t)	4.9738

objeto durante la corrida.

- *UnitsUtilized* (unidades utilizadas). El número promedio de unidades de capacidad de este objeto que han sido utilizadas durante la corrida.

- *Offshift Time* (tiempo fuera de turno). El porcentaje del tiempo de corrida durante el cual el recurso está en el estado *Offshift* (fuera de turno).

- *Processing Time* (tiempo de procesamiento). El porcentaje del tiempo de corrida durante el cual el recurso está en el estado *Processing* (procesando).

- *Starved Time* (tiempo ocioso). El porcentaje del tiempo de corrida durante el cual el recurso está en el estado *Starved* (ocioso). Notar que, en este contexto, *ocioso* significa que el recurso está disponible, pero no hay entidades disponibles para procesarlas.

En nuestro ejemplo anterior del operador de reparaciones, la medición 26.17% equivale a *UnitsUtilized* ∗ 100 y el 78.50% es equivalente a *ScheduledUtilization*. Similarmente, los valores de la tabla 5.5 nos indican que los operadores de inspección están ocupados el 77.3% del tiempo que están disponibles y que hay un operador de inspección ocupado el 67.7% del día completo. El valor de 0.8750 para *UnitsScheduled* se explica en el hecho de que tres descansos de 1 hora al día para los inspectores significa que están disponibles 21 de cada 24 horas (o 0.8750 del día).

Notar que no siempre se cumplen las mismas relaciones entre los valores de la capacidad y los estados de los recursos. En particular, las siguientes relaciones se cumplen debido a que la capacidad programada ha sido 0 ó 1.

$$Prom.\ Unidades\ Programadas = \frac{\%\ Tiempo\ Procesando + \%\ Tiempo\ Ocioso}{100}$$

$$Prom.\ Unidades\ Utilizadas = \frac{\%\ Tiempo\ Procesando}{100}$$

Si las capacidades del recurso son mayores que 1 en un programa (e.g., si algunos turnos tienen 2 o 3 inspectores trabajando), los valores de los estados del recurso son independientes del número de unidades del recurso que están ocupadas, mientras que los valores de la capacidad toman en cuenta el número específico de unidades de capacidad del recurso. Por ejemplo, si disminuimos a la mitad la tasa de procesamiento (fijamos en *Random.Uniform*(4, 8) la propiedad *Processing Time*) y cambiamos el programa para tener 2 inspectores (en lugar de 1) durante los ciclos de trabajo, obtenemos los resultados que se muestran en la tabla 5.6. En este modelo, la utilización programada y el tiempo fuera de turno no cambian (como esperaríamos ¡asegúrese de entender por qué!), pero los otros valores cambian. El porcentaje del tiempo de procesamiento subió porque mide el porcentaje de tiempo que alguna de las unidades de capacidad está ocupada. Similarmente, el porcentaje de tiempo ocioso bajó porque ahora las dos unidades de capacidad deben estar ociosas para que el recurso del objeto Inspeccion esté en el estado ocioso.

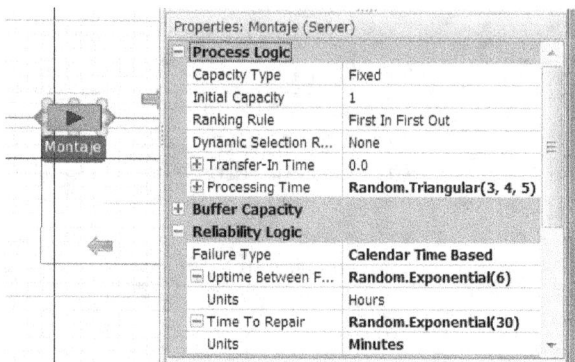

Figura 5.27: Definición de las fallas para el objeto `Montaje`.

5.3.4 Fallas de la Máquina

La última mejora para el Modelo 5-2 consiste en incorporar fallas aleatorias para la máquina de montaje (notar que también vimos un ejemplo de fallas de máquina en la sección 5.1.4). Como en la mayoría de los dispositivos mecánicos complejos, la máquina de montaje está sujeta a fallas y debe ser reparada antes de que pueda continuar procesando tableros. El objeto *Server* de la *Standard Library* permite programar tres diferentes tipos de fallas:

- *Calendar Time Based* (basadas en tiempo de calendario): el tiempo hasta la falla se basa en tiempo de calendario transcurrido y usted puede especificar el tiempo operativo entre fallas.

- *Event Count Based* (basadas en el conteo de eventos): el tiempo hasta la falla se basa en el número de veces que ocurre un evento y usted puede especificar el número de eventos.

- *Processing Count Based* (basadas en el conteo de entidades procesadas): el tiempo hasta la falla se basa en el número de veces que el servidor procesa una entidad y usted puede especificar el número de veces que el servidor procesa entre fallas.

Para nuestra máquina de montaje, usaremos fallas basadas en tiempo de calendario. Los registros históricos muestran que nuestra máquina falla luego de 6 horas de operación (en promedio) y que el tiempo requerido para reparar la máquina, luego de una falla, es de 30 minutos (en promedio). Ya que tanto los tiempos entre fallas como los tiempos de reparación son muy variables, asumiremos que siguen distribuciones exponenciales. Para incorporar este modelo de fallas en el Modelo 5-2, seleccionamos el objeto *Montaje* y hacemos que la propiedad *Failure Type* tome el valor *Calendar Time Based*, que la propiedad *Uptime Between Failures* tome el valor *Random.Exponential*(6) (en horas) y que *Time To Repair* tome el valor *Random.Exponential*(30) (en minutos, ver la figura 5.27). Cuando corramos el modelo (usando los mismos parámetros de la sección previa), podremos apreciar que la categoría *ResourceState* para el objeto `Montaje` incluye una sección para el tiempo de falla (ver la figura 5.28) y que nuestros estimados del porcentaje de tiempo que la máquina permanece en el estado de falla es aproximadamente 7.63%.

Las fallas basadas en tiempo de calendario se utilizan con mayor frecuencia para modelar fallas mecánicas aleatorias, donde el tiempo entre fallas depende del tiempo transcurrido. Las fallas basadas en el conteo de entidades procesadas son más usadas para modelar fallas donde el tiempo entre fallas depende del número de veces que se utiliza la máquina. El reemplazo de

ResourceState	Failed Time	Average (Mi...	30.1609	25.2118	31.4205	1,341.7422
		Occurrences	182.4000	172.0000	192.0000	5.0938
		Percent	7.6324	6.5831	9.6811	0.6448
		Total (Minutes)	5,495.3416	4,739.8099	5,592.8473	244,466.2059
	Processing Time	Average (Mi...	139.2685	133.3260	139.1878	6,195.5234
		Occurrences	476.4000	349.0000	574.0000	53.5915
		Percent	89.9698	88.6505	90.8264	0.5266
		Total (Minutes)	64,778.2442	65,329.7631	64,722.3171	,881,724.9950
	Starved Time	Average (Mi...	5.8229	6.2676	5.7113	259.0390
		Occurrences	298.3000	162.0000	403.0000	57.5357
		Percent	2.3978	1.4917	3.3770	0.4623
		Total (Minutes)	1,726.4143	1,930.4270	1,684.8356	76,801.9860

Figura 5.28: Reporte de las fallas para el objeto `Montaje`.

materia prima es una situación donde podría ocurrir este tipo de falla. En este caso, la máquina tiene un inventario de materia prima que puede agotarse luego de procesar las partes. Cuando se agota el inventario de materia prima, la máquina no puede continuar su trabajo hasta que se le agregue inventario de materia prima. Las fallas basadas en el conteo de eventos se basan en el conteo de las ocurrencias de un evento, que puede ser un evento estándar de Simio o un evento definido por el usuario.

5.3.5 Verificación del Modelo 5-2

Antes de usar el modelo para analizar nuestro sistema, necesitamos tener cierta confianza en que nuestro modelo es "correcto". En el contexto actual, significa que verifiquemos que nuestro modelo se comporta como esperamos (es decir, que hemos traducido correctamente las especificaciones a nuestro modelo en Simio). Cuando verificamos el Modelo 5-1 y los modelos del capítulo 4, nuestra estrategia fue desarrollar algunas expectativas para comparar la salida del modelo. Sin embargo, en dichos modelos, el análisis de colas que utilizamos para desarrollar nuestras expectativas fue muy directo. Con el Modelo 5-2 estamos empezando a agregar componentes que son difíciles de incorporar en un modelo estándar de colas, aunque el Modelo 5-2 todavía es muy sencillo. Por supuesto que esperábamos esto — si pudiéramos analizar por completo un sistema utilizando colas (u otro método analítico), no habría necesidad de usar la simulación —. Los dos componentes que complican nuestro análisis de colas para el Modelo 5-2 son:

1. Flujo re-entrante: como los tableros que dejan la estación de reparación regresan nuevamente al proceso, la tasa de llegadas al objeto `Montaje` es más grande que la tasa de llegadas externas de 10 tableros/hora.

2. Recursos que cambian su capacidad durante la corrida: con la incorporación de programas de capacidad para los recursos y de fallas de la máquina, las capacidades de los recursos de `Montaje`, `Inspeccion` y `Reparacion` varían en el tiempo.

Consideraremos estos puntos uno a la vez. Como la tasa de llegadas al objeto `Montaje` será más grande que los 10 tableros/hora que teníamos en el Modelo 5-1, esperamos que la utilización del recurso `Montaje` sea también más grande. Para estimar la nueva utilización, necesitamos determinar (o estimar) la nueva tasa de llegadas. La figura 5.29 ilustra el flujo re-entrante. Si denotamos por λ' a la *tasa efectiva de llegadas* (es decir, la tasa de llegadas que realmente

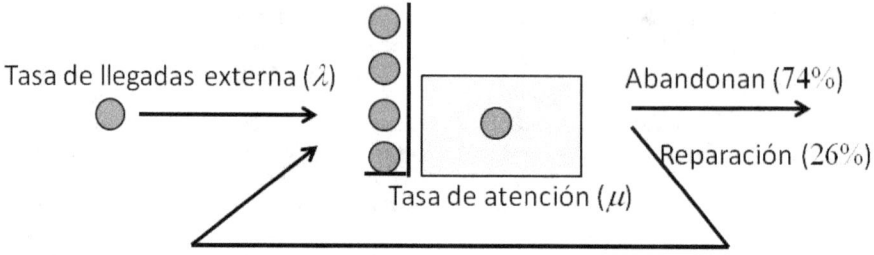

Figura 5.29: Flujo re-entrante.

experimenta el proceso) entonces:

$$\lambda' = \lambda + 0.26 \times \lambda'$$

Resolviendo para λ', luego de algo de álgebra, obtenemos:

$$\lambda' = \lambda/(1 - 0.26)$$
$$= 1.3514 \times \lambda$$

Ignorando por ahora las fallas de la máquina, esperaríamos que la utilización de la máquina de montaje sea de 13.514/15 = 0.9019. Como la utilización es estrictamente menor que 1, la tasa de salidas es igual a la tasa de llegadas y la utilización esperada para la estación de inspección será de 13.514/20 = 0.6757 (ignorando el programa de capacidad del recurso). Similarmente, como la utilización en inspección es estrictamente menor que 1, la utilización esperada en la estación de reparación será de (13.514 × 0.26)/15 = 0.2342 (nuevamente, ignorando el programa de capacidad del recurso). Si usted corre el Modelo 5-2, los programas de capacidad de los recursos y las fallas de la máquina, podrá apreciar que el modelo se ajusta a nuestras expectativas.

Los programas de capacidad de los recursos y las fallas de la máquina tendrán el efecto de reducir las capacidades de los recursos. Para los programas de capacidad de los recursos, es conveniente considerar las tasas de atención y de llegadas *diaria* para las operaciones de inspección y de reparación. Como los operadores de la inspección trabajan 21 horas/día en conjunto (debido a los tres descansos), la tasa diaria de procesamiento es de 21 × 20 = 420 y la utilización esperada es de (24 × 13.514)/420 = 0.7722. Similarmente, como el operador de inspección trabaja sólo durante el segundo turno, la tasa de procesamiento diaria es de 8 × 15 = 120 y la utilización esperada es de (24 × 13.514 × 0.26)/120 = 0.7027.

Tomaremos un enfoque diferente para las fallas de la máquina. Recordar que el tiempo operativo sin fallas de la máquina de montaje es de 6 horas y que el tiempo esperado de reparación es de 30 minutos. Como tal, la máquina está en reparación aproximadamente por 30 minutos cada 390 minutos, o 7.692% de su tiempo. Como el porcentaje de tiempo que la máquina está ociosa ((1 − 0.9010) × 100 = 9.91%) es mayor que el porcentaje de tiempo que está en reparación, esperamos que el sistema sea estable.

La tabla 5.7 proporciona los resultados de 50 repeticiones de corridas de 600 días con calentamiento de 100 días. Como estos valores parecen ajustarse a nuestras expectativas, tenemos evidencia de que nuestro modelo está correcto (verificado) y podemos utilizar el modelo para analizar el sistema.

Tabla 5.7: Resultados de la verificación del Modelo 5-2.

Métrica estimada	Simulación
Utilización de `Montaje` (ρ_p)	0.9013 ± 0.0743
Utilización de `Inspeccion` (ρ_i)	0.7778 ± 0.0647
Utilización de `Reparacion` (ρ_4)	0.7029 ± 0.1219
Porcentaje de tiempo de la máquina en reparación	7.6662 ± 0.0707

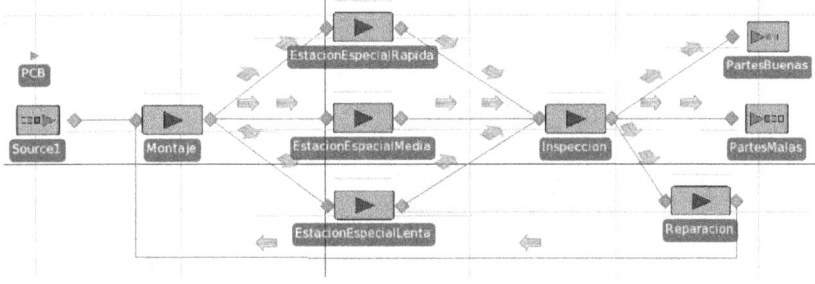

Figura 5.30: Modelo 5-3.

5.4 Modelo 5-3: Modelo de PCB con Proceso de Selección

La última mejora en nuestro modelo de PCBs consistirá en agregar una segunda operación de montaje luego de nuestra operación actual en la máquina de montaje. En la segunda operación se agregarán componentes *especiales* al PCB. Debido a que el montaje de estos componentes debe tener una ubicación muy precisa, la nueva operación toma significativamente más tiempo que la operación actual de montaje. Por tal razón, usaremos tres máquinas de montaje en *paralelo* para que el montaje especial sea capaz de soportar la velocidad de las operaciones actuales de montaje, inspección y reparación. La figura 5.30 muestra el modelo completo. Notar que esta configuración es común para los sistemas de producción en serie que incluyen el procesamiento en estaciones con diferentes velocidades.

Para hacer el modelo más interesante, asumiremos que las tres máquinas de montaje especial no son idénticas. Específicamente, asumiremos que tenemos una máquina rápida, una de velocidad media y otra que es lenta, con tiempos de procesamiento aleatorios, de acuerdo con las siguientes distribuciones:

- Rápida: Triangular(8, 9, 10).

- Media: Triangular(10, 12, 14).

- Lenta: Triangular(12, 14, 16).

Finalmente, asumiremos que la máquina rápida está sujeta a fallas aleatorias con tiempos de operación sin fallas distribuidos según una distribución exponencial con media de 3 horas y tiempos de reparación exponenciales con media de 30 minutos. Notar que en este modelo asumimos que las máquinas media y lenta no fallan.

Como se muestra en la figura 5.30, hemos eliminado el vínculo entre los objetos `Montaje` e `Inspeccion` y hemos agregado tres nuevos objetos *Server* que representan las máquinas de montaje especial (`EstacionEspecialRapida`, `EstacionEspecialMedia` y `EstacionEspecialLenta`). Hemos asignado a la propiedad *Capacity Type* el valor `Fixed` y a la propiedad `Initial Capacity` el valor 1 para cada una de las nuevas estaciones y hemos especificado las distribuciones antes

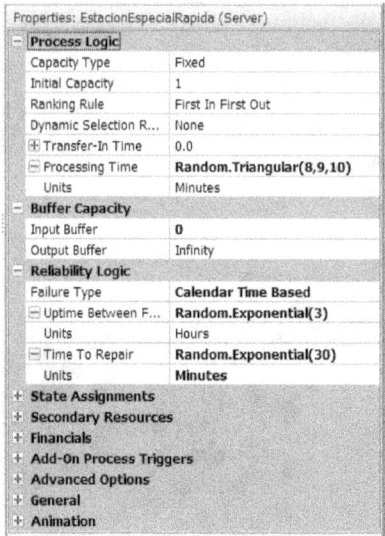

Figura 5.31: Propiedades del objeto `EstacionEspecialRapida`.

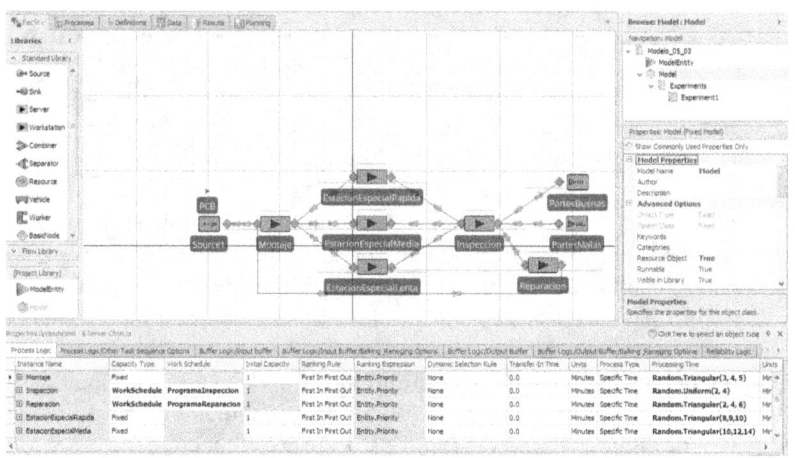

Figura 5.32: Vista de propiedades en hoja de cálculo para el Modelo 5-3.

mencionadas para las propiedades *Processing Time*. Para el objeto `EstacionEspecialRapida`, también agregamos las fallas (ver la figura 5.31). A continuación hemos conectado el nodo de salida del objeto `Montaje` con cada uno de los nodos de entrada de los tres nuevos objetos *Server* usando objetos *Connector* (*ramificación*) y similarmente, hemos conectado los nodos de los objetos de salida de los tres objetos *Server* con el nodo de entrada del objeto `Inspeccion` (*convergencia*).

El modelo tiene ahora cinco instancias del objeto *server* y es el momento oportuno para demostrar el uso de la vista de propiedades en hoja de cálculo (*properties spreadsheet view*). Esta vista presenta las propiedades comunes de todas las de todas las instancias de un objeto dado en el formato familiar de hoja de cálculo. La figura 5.32 muestra el Modelo 5-3 con la vista de propiedades en hoja de cálculo abierta. Se puede abrir la vista de propiedades en hoja de cálculo haciendo clic derecho en la instancia del objeto y escogiendo la opción "*Open properties*

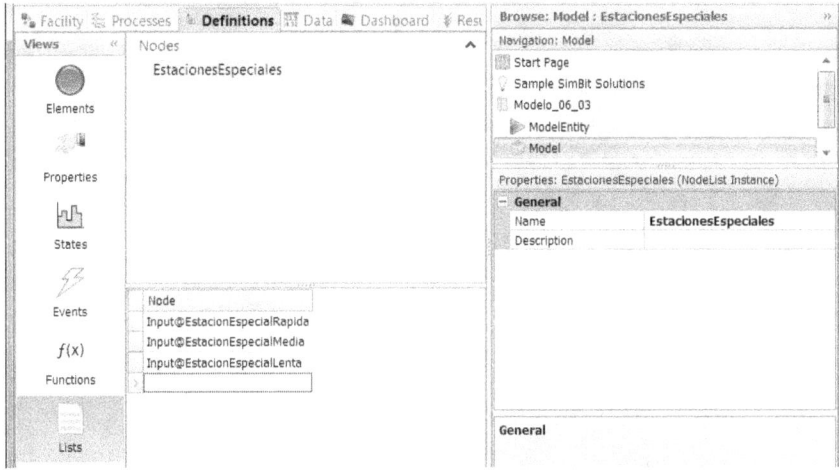

Figura 5.33: Lista de nodos `EstacionesEspeciales`.

spreadsheet view for all objects of this type ..." en el menú correspondiente. También se puede abrir (o cerrar) esta vista presionando el ícono *Properties* de la cinta *Project Home*. La vista de propiedades en hoja de cálculo permite las opciones estándar de filtrado y ordenamiento que permiten otras vistas de hoja de cálculo, y puede ser muy útil en modelos que tienen varias instancias de los mismos objetos.

En nuestro primer ejemplo de ramificación de la sección 5.2, utilizamos *pesos* en los vínculos para seleccionar aleatoriamente entre los diferentes destinos disponibles para las entidades. Fácilmente podríamos utilizar este tipo de lógica para seleccionar la máquina de montaje especial, pero es probablemente lo que no deseamos. En lugar de seleccionar la máquina de forma aleatoria, nos gustaría seleccionar la "primera máquina disponible". Utilizaremos una lista de nodos (*node list*) de Simio para implementar esta lógica. Para utilizar esta lista, primero debemos definir la lista y luego indicarle al nodo de salida del objeto `Montaje` que utilice esta lista para determinar el destino de las entidades PCB. Para definir esta lista, seleccione el modelo en la ventana *Navigation*, seleccione la pestaña *Definitions* y el ícono *Lists* del panel de *Definitions*. Notar que Simio tiene las opciones *String*, *Object*, *Node* y *Transporter lists*. Hacer clic en el ícono *Node* de la cinta para crear una nueva lista de nodos y luego ingrese los nodos de los tres objetos para el montaje especial (`Input@EstacionEspecialRapida`, `Input@EstacionEspecialMedia` e `Input@EstacionEspecialLenta`) en la lista de nodos, en la parte inferior de la ventana principal (ver la figura 5.33). Notar que cada uno de los elementos de la lista de nodos del panel es miembro de una lista desplegable que incluye a todos los nodos del modelo.

Luego de definir la lista, debemos indicarle a Simio cómo seleccionar uno de los elementos de la lista. En el sistema real, nos gustaría enviar el tablero a la primera máquina que esté disponible. Como los tiempos de procesamiento son aleatorios y las máquinas están sujetas a fallas aleatorias, no estamos seguros cuál estará disponible primero, por lo que utilizaremos una medida sustituta — seleccionaremos la máquina con el menor número de tableros en ruta o esperando por la máquina —. Para implementar esta lógica, seleccione el nodo de salida del objeto `Montaje` e ingrese los valores de los parámetros que se muestran en la figura 5.34. Las propiedades *Entity Destination Type* y *Node List Name* le indican a Simio que use la lista `EstacionesEspeciales` (figura 5.33) y la propiedad *Selection Goal* le indica que use el valor más pequeño de *Selection Expression*. En consecuencia, cuando una entidad llega al nodo, Simio evaluará la expresión para cada uno de los nodos candidatos de la lista y enviará la entidad hacia

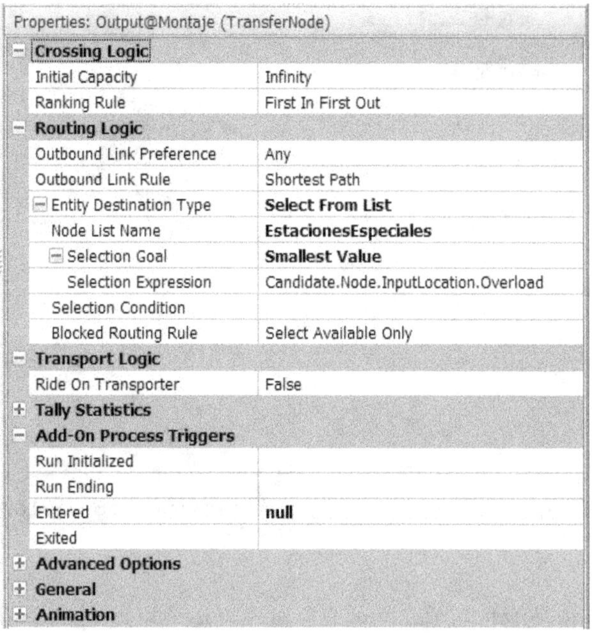

Figura 5.34: Propiedades para el nodo de salida del objeto `Montaje`.

el nodo con el menor valor de la expresión.

El valor de la expresión `Candidate.Node.InputLocation.Overload` requiere de alguna explicación. La palabra clave *Candidate.Node.InputLocation* indica que deseamos una propiedad de las localizaciones de la lista de nodos que son candidatos. En nuestro caso, las localizaciones de los nodos candidatos (los nodos de entrada de los objetos que representan a las máquinas de montaje especial) son los objetos *Server* por sí mismos. Finalmente, la propiedad *Overload* se define en la guía de referencia de Simio (*Simio Reference Guide*) como (traducción del inglés):

> Para un nodo de entrada externo, regresa la diferencia entre la "carga" y la capacidad (una diferencia positiva que indica una "sobrecarga") para las localidades que están en la estación que corresponde al nodo de entrada del objeto asociado.

> La "carga" de la estación asociada se define como la suma de las entidades en ruta hacia el nodo, con la intención de ingresar al objeto asociado, más el número de entidades que han llegado, pero están esperando para ingresar al objeto asociado, más el número de entidades que ocupan las estaciones. Esta función regresa la diferencia entre la carga y la capacidad de la estación (Sobrecarga = Carga - Capacidad).

Cuando una entidad llega al nodo de salida del objeto `Montaje`, Simio seleccionará el nodo de entrada de la máquina de montaje especial que tiene la menor sobrecarga (en nuestro contexto, una medida de la carga de trabajo que está esperando por la máquina) y dirige la entidad a dicho nodo. Si existen varios nodos con la misma sobrecarga (por ejemplo, cuando llega el primer tablero y las tres máquinas están libres), Simio seleccionará el primer nodo de la lista (es decir, el primer nodo con el valor más pequeño). En nuestro caso, hemos puesto la máquina rápida en primer lugar para que tenga prioridad en caso de empate. Además de la sobrecarga, Simio soporta las siguientes propiedades adicionales para *InputLocation* (usted puede apreciar las alternativas abriendo el constructor de expresiones y utilizando la flecha para listar las posibilidades):

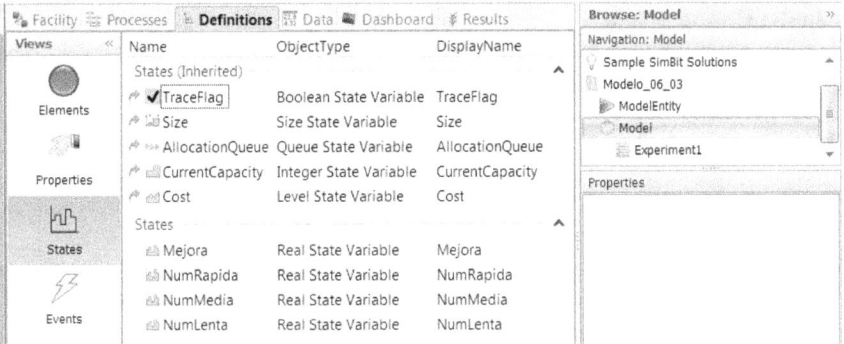

Figura 5.35: Definición de los estados del modelo para contar los tableros procesados en las máquinas de montaje especial.

1. *AssociatedStation.Capacity* (capacidad): para un nodo de entrada externo, regresa la capacidad de la localización del objeto asociado al que se están enviando entidades.

2. *AssociatedStation.Capacity Remaining* (capacidad restante): para un nodo de entrada externo, regresa la capacidad disponible (sin utilizar) de la localización del objeto asociado al que se están enviando entidades.

3. *AssociatedStation.Contents* (contenido): para un nodo de entrada externo, regresa el número de entidades que están esperando en la estación.

Luego de incorporar la lógica para la operación de montaje especial en nuestro modelo, agregaremos un conjunto más de estadísticas definidas por el usuario para rastrear la proporción de las veces que se selecciona la máquina rápida, la media y la lenta, respectivamente. Hacemos esto por dos razones: primero, para verificar el modelo — esperamos que aproximadamente el 38%, 33% y 29% del proceso sea hecho por la máquina rápida, media y lenta, respectivamente (ver el problema 8 al final del capítulo)— y, segundo, para mostrar cómo establecer otra estadística definida por el usuario. Los pasos para crear la estadística definida por el usuario son:

1. Definir un *estado del modelo* para registrar el número de veces que se utiliza cada máquina para procesar un tablero.

2. Incrementar el estado correspondiente cuando una máquina para montaje especial termina el procesamiento de un tablero.

3. Indicar a Simio que reporte una estadística de salida (*Output Statistic*) para cada proporción.

Para el primer paso, seleccione el modelo de la ventana *Navigation*, seleccione la pestaña *Definitions* y el ícono *States* del panel *Definitions*. A continuación agregue los tres estados discretos (*Discrete*) `NumRapida`, `NumMedia` y `NumLenta` (ver la figura 5.35). Notar que cuando definimos la estadística para contar el número de tableros procesados en la máquina de montaje (sección 5.3.1) usamos un estado de la entidad en lugar de un estado del modelo. Esto ocurrió porque estábamos registrando una característica de la *entidad*, mientras que ahora estamos registrando una característica del *modelo*. Esta diferencia es muy importante cuando estamos creando estadísticas definidas por el usuario. Para el segundo paso, utilizaremos el mismo método de la sección 5.3.1 — usaremos la propiedad *State Assignments* asociada a los objetos *Server* e incrementaremos los estados `NumRapida`, `NumMedia` y `NumLenta` en el correspondiente detonador *BeforeExiting* —. Finalmente, seleccione el ícono *Elements* de la pestaña *Definitions* del modelo y agregue las tres estadísticas de salida (*Output Statistics*) para calcular la proporción de tableros procesados por cada máquina. Recordar que una estadística de salida reporta el valor de una expresión al final de la repetición. La expresión que utilizamos para la máquina rápida es:

```
NumRapida/(NumRapida+NumMedia+NumLenta)
```

Esta expresión le indica a Simio que calcule la expresión al final de cada repetición y que lleve el registro y reporte la estadística a lo largo de las repeticiones. Las estadísticas de salida para las máquinas media y lenta se definen de manera similar, excepto que se reemplaza `NumRapida` en el numerador por `NumMedia` y `NumLenta`, respectivamente.

Pudimos haber llevado el registro de las estadísticas de proporciones usando el conteo de entidades procesadas de Simio. En particular, la propiedad de Simio

```
EstacionEspecialRapida.Processing.NumberExited
```

proporciona el número de entidades que salen del objeto `EstacionEspecialRapida`. Las mismas proporciones que especificamos anteriormente se hubieran obtenido con las expresiones

```
EstacionEspecialRapida.Processing.NumberExited /
(EstacionEspecialRapida.Processing.NumberExited+
 EstacionEspecialMedia.Processing.NumberExited+
 EstacionEspecialLenta.Processing.NumberExited)
```

Comparando estos dos métodos, el beneficio de utilizar sus propios estados es que usted conoce *exactamente* cómo han sido registrados los valores y usted puede personalizarlos a su manera, pero el uso de los estados de Simio es algo más fácil (ya que usted no tiene que definir o incrementar estados). Es importante saber cómo usar ambos métodos — definir sus propios estados o usar los estados proporcionados por Simio —.

5.5   Modelo 5-4: Comparación de Varios Escenarios Alternativos

Uno de los usos primarios de la simulación es evaluar diferentes diseños de los sistemas. Por ejemplo, suponga que estamos considerando la compra de máquinas adicionales para montaje especial para nuestro sistema de ensamble de PCBs y que nos gustaría saber si nos conviene comprar una máquina rápida, una media o una lenta (probablemente tengan costos diferentes). En esta sección, modificaremos el Modelo 5-3 para crear el Modelo 5-4 que nos permita comparar el desempeño del sistema bajo los diferentes escenarios con diseños alternativos. Mientras que podríamos modificar el modelo para agregar capacidad a las estaciones de montaje especial, corriendo el modelo, guardando los resultados, repitiéndolo dos veces (cambiando la capacidad de cada estación de montaje especial, cada vez) y comparando los resultados obtenidos en cada alternativa, lo haremos de manera diferente para demostrar la capacidad de las facilidades de Simio para correr experimentos. El primer paso consiste en definir propiedades referenciadas (*Referenced Properties*) (ver la sección 5.1.2) para las propiedades *Initial Capacity* de los tres objetos que corresponden a las máquinas de montaje especial, para que podamos manipular las capacidades de estos objetos en nuestros experimentos.

La figura 5.36 muestra las propiedades del objeto `EstacionEspecialRapida` estableciendo a la propiedad referenciada `CapacidadInicialRapida` como la expresión para la propiedad

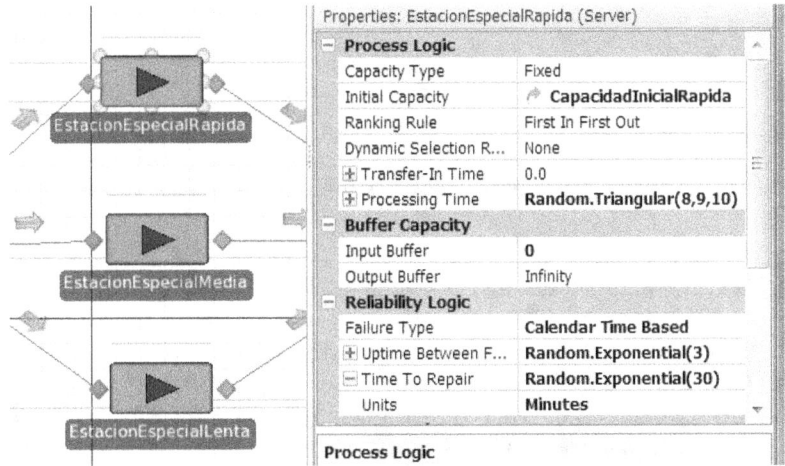

Figura 5.36: Propiedad referenciada para el objeto correspondiente a la máquina rápida de montaje especial.

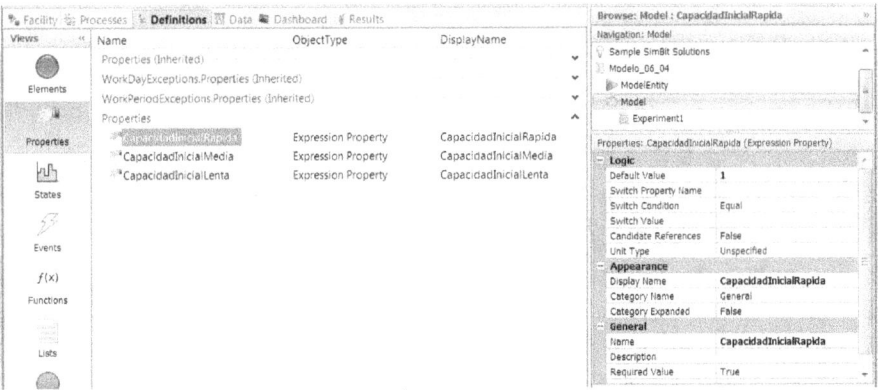

Figura 5.37: Propiedades referenciadas para el Modelo 5-4.

Initial Capacity. Para definir la capacidad inicial del servidor como una propiedad referenciada en un sólo paso, simplemente haga clic derecho en la propiedad *Initial Capacity* de la ventana de propiedades del objeto (asegúrese que está en el campo y no en la propiedad) seleccione *Set Referenced Property* del menú y seleccione *Create New Referenced Property* del botón del menú. Se abrirá una ventana de diálogo donde podrá ingresar el valor de la propiedad referenciada (hemos usado CapacidadInicialRapida). Siga el mismo procedimiento para definir las propiedades referenciadas de las máquinas media y lenta.

Luego de definir las tres propiedades referenciadas, seleccione el modelo de la ventana *Navigation*, seleccione la pestaña *Definitions* y el ícono *Properties* para desplegar las nuevas propiedades referenciadas (ver la figura 5.37). En este momento establecemos el valor de la propiedad *Default Value* (en 1 para el Modelo 5-4). El siguiente paso es definir el experimento que nos permita comparar los tres escenarios alternativos. Antes de definir el experimento, ajustaremos las propiedades *Processing Time* de las tres estaciones de montaje especial para que los desempeños no sean exageradamente diferentes (sólo por demostración). Las nuevas distribuciones para los tiempos de procesamiento son Triangular(8,9,10), Triangular(18,20,22) y

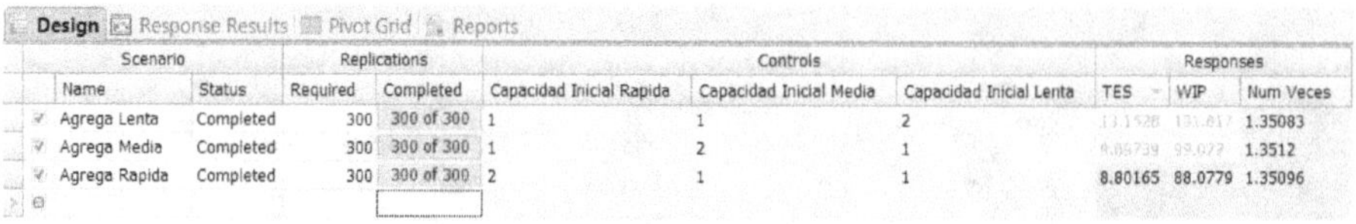

Scenario		Replications		Controls			Responses		
Name	Status	Required	Completed	Capacidad Inicial Rapida	Capacidad Inicial Media	Capacidad Inicial Lenta	TES	WIP	Num Veces
Agrega Lenta	Completed	300	300 of 300	1	1	2	11.1528	151.817	1.35083
Agrega Media	Completed	300	300 of 300	1	2	1	9.86739	99.022	1.3512
Agrega Rapida	Completed	300	300 of 300	2	1	1	8.80165	88.0779	1.35096

Figura 5.38: Diseño del experimento para el Modelo 5-4 mostrando las propiedades referenciadas.

`Triangular(22,24,26)` para los servidores rápido, medio y lento, respectivamente.

El diseño del experimento para nuestro nuevo modelo se muestra en la figura 5.38. En este momento, deberíamos discutir tres aspectos de nuestro experimento: los controles (*Controls*), las respuestas (*Responses*, columnas de la tabla del experimento) y los escenarios (*Scenarios*, filas de la tabla del experimento). Hemos introducido las respuestas en la sección 4.5, donde mostramos cómo se usan las gráficas MORE (SMORE) de Simio. En el Modelo 5-4 hemos definido las siguientes respuestas:

1. TES (tiempo en el sistema): El tiempo promedio que una entidad (PCB) permanece en el sistema. Simio registra automáticamente esta estadística para cada tipo de entidad (`PCB.Population.TimeInSystem.Average` para los objetos PCB).

2. WIP (trabajo en proceso): El número promedio de entidades (PCBs) en el sistema. Simio registra automáticamente esta estadística para cada tipo de entidad (`PCB.Population.Num berInSystem.Average` para los objetos PCB).

3. NumVeces: El promedio de veces que una entidad es procesada en una máquina de montaje. Definimos la correspondiente estadística de lista en la sección 5.3.1 y usamos la expresión `NumVecesProcesada.Average` para acceder al valor promedio.

Como puede apreciar en la figura 5.38, los valores de las respuestas se muestran en las corridas de los experimentos. Las columnas de los controles incluyen las propiedades referenciadas que creamos y utilizamos para definir las capacidades iniciales de las máquinas de montaje especial. En un experimento, los valores de estas propiedades se pueden establecer, para cada escenario, y podemos definir un escenario indicando el número de repeticiones y los valores de cada una de las tres propiedades referenciadas. Como se muestra en la figura 5.38, hemos definido los tres escenarios utilizando las propiedades referenciadas — uno para agregar una máquina rápida, uno para agregar una máquina media y uno para agregar una máquina lenta (con los nombres correspondientes) —. Cuando se tienen varios escenarios, usted puede controlar cuáles desea seleccionando/desactivando las casillas de la columna de la izquierda en la tabla del experimento. Dependiendo del tipo de procesador de su máquina, Simio puede correr uno o varios escenarios simultáneamente.

La figura 5.39 muestra la pestaña *Response Chart* (la gráfica SMORE introducida en la sección 4.5) para nuestro experimento de tres escenarios seleccionando la respuesta TES. Notar que las tres gráficas SMORE se muestran en la misma escala para facilitar la comparación directa. Para estas gráficas SMORE hemos especificado el percentil superior 90% y el percentil inferior en 10%, para que la gráfica *caja en la caja* contenga el 80% central de las respuestas de las 300 repeticiones; optamos también por mostrar las gráficas con los valores en el eje horizontal, usando el botón *Rotate Plot* de la cinta *Response Chart*. Como podríamos esperar, el escenario `Agrega Rapida` parece ser el mejor (menores tiempos en el sistema) y `Agrega Media` parece ser mejor que `Agrega Lenta`; encontrará un patrón similar para la respuesta WIP seleccionándola de la lista desplegable cerca de la parte superior de la izquierda de la gráfica (no se muestra). La figura 5.40 muestra la gráfica SMORE para el número de veces que una entidad es procesada en

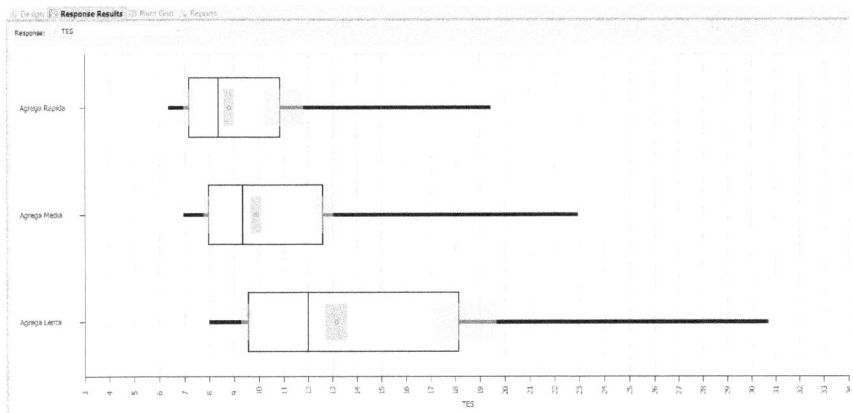

Figura 5.39: Gráfica SMORE para la respuesta del tiempo promedio en el sistema del Modelo 5-4.

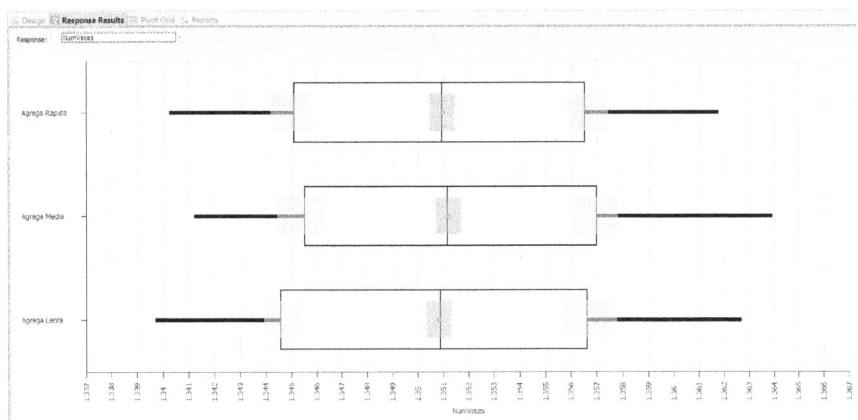

Figura 5.40: Gráfica SMORE para la respuesta NumVeces del Modelo 5-4.

una máquina de montaje (la respuesta NumVeces). Como esperaríamos, el número de veces que un tablero es procesado no parece depender de si adquirimos una máquina de montaje especial rápida, media o lenta.

Mientras que algunos escenarios pueden "parecer" mejores que otros en las gráficas SMORE para las respuestas TES y WIP, debemos tener el cuidado de hacer comparaciones estadísticamente válidas antes de extraer conclusiones formales. Una manera de hacerlo puede ser utilizando la capacidad de Simio para exportar detalles de la salida (discutida en la sección 4.6) para crear un archivo CSV con las respuestas de cada repetición y luego importarlas en algún paquete estadístico que tenga métodos para realizar pruebas estadísticas de comparación. Uno de estos métodos para comparar *promedios* es el método clásico de la prueba de t para datos pareados[7], para construir un intervalo de confianza para la diferencia de medias de los *dos* escenarios, o efectuar una prueba para la diferencia entre *dos* medias. Notar que estos métodos permiten

---

[7]Usaríamos la prueba de *datos pareados-t*, en lugar de la prueba de t para *dos muestras*, debido a que se han utilizado los mismos números aleatorios para correr todos los escenarios, por lo que no son independientes. La prueba de datos pareados tolera esta dependencia, en cambio, la prueba de dos muestras requiere de independencia entre las muestras, es decir, diferentes números aleatorios entre escenarios.

la comparación de sólo *dos* escenarios a la vez. En una situación como la nuestra, con más de dos escenarios, podríamos efectuar todas las comparaciones por pares (rápido contra medio, rápido contra lento, lento contra medio), pero necesitamos recordar que el nivel de confianza conjunto se deteriora cuando hacemos comparaciones múltiples de esta manera. Existen métodos alternativos como el análisis de varianza (*ANOVA*) para comparar todas las medias y métodos para efectuar comparaciones múltiples (Tukey, Scheffé, Bonferroni, etc.). Consulte cualquier texto estándar de estadística para ver los detalles.

Como la comparación de varios escenarios es muy común en las aplicaciones de la simulación, se han desarrollado métodos especiales. Si usted se fija con cuidado en la columna de la respuesta TES de la figura 5.38, usted notará que los valores de las respuestas están en gris para los escenarios Agrega Media y Agrega Lenta, pero no para el escenario Agrega Rapida. Este reporte obedece al análisis de selección de escenarios que utiliza Simio, el cual aplica métodos estadísticos (desarrollados por Barry Nelson) para seleccionar el conjunto de escenarios que son "posiblemente mejores" de acuerdo a sus medias — los que (o el que, en este ejemplo) no están en gris, y los que no están en gris son "rechazados", con base en las 300 repeticiones de cada escenario —. Para obtener este reporte, primero debe seleccionar la respuesta TES en la ventana *Design* de Experiment1 y seleccionar Minimize para la propiedad *Objective* (utilizando la lista desplegable de la derecha), debido a que los valores más pequeños son mejores. A continuación, en la cinta *Design* de Experiment1, hacer clic en el ícono *Subset Selection* del grupo *Analysis* y el algoritmo decidirá cuáles escenarios son "posiblemente mejores" (Agrega Rapida, que no está en gris) y cuáles son "rechazados" (Agrega Media y Agrega Lenta, que están en gris). Puede repetir el procedimiento para la respuesta WIP, donde nuevamente se prefiere el valor más pequeño, por lo que escoge Minimize para la propiedad Objective y encontrará el mismo subconjunto de "posiblemente mejores" y de "rechazados" que obtuvo para la respuesta TES, aunque no siempre ocurrirá esta concordancia entre respuestas diferentes. No efectuamos selección de escenarios para la respuesta NumVeces porque no estamos seguros si queremos una respuesta pequeña o una grande.

En la selección de escenarios, los resultados no siempre son tan concluyentes como en este ejemplo, ya que el conjunto de escenarios "posiblemente mejores" pudiera contener más (o mucho más) de un escenario. Para este caso, Simio proporciona otro complemento, "Select Best Scenario using KN" disponible bajo el ícono Select Add-In de la cinta Experiment, que nuevamente está basado en promedios. Este complemento utiliza el algoritmo desarrollado en [30] para controlar la corrida del experimento, incrementando el número de repeticiones para ciertos escenarios, con la finalidad de identificar el escenarios que es posiblemente "el mejor" para la respuesta que seleccionó (sólo se puede consi-derar una respuesta a la vez). Debe proporcionar el nivel de confianza para su selección y una zona de indiferencia (*indifference zone*, un valor pequeño que usted considera irrelevante para considerar si un escenario es el mejor, de acuerdo con la media), así como el límite de repeticiones que usted podría establecer con base en sus experimentos iniciales con el modelo. Para mayor información sobre la implementación de este procedimiento en Simio, vea el tema "Select Best Scenario Using KN Add-In" en la guía de referencia de Simio y por supuesto [30] para una descripción del método; en la sección 9.1.2 usamos el complemento interno KN para seleccionar el mejor escenario en un ejemplo más grande.

5.6   Resumen

En este capítulo hemos avanzado en el modelado intermedio con varios nuevos conceptos de Simio, sobre una base más sólida de la definición de Simio orientada a objetos. También hemos discutido sobre el análisis estadístico para comparar diferentes escenarios por simulación. Estos conceptos proporcionan una base sólida para proseguir el estudio de la simulación con Simio,

Tabla 5.8: Parámetros de los tiempos de procesamiento para el problema 4.

Proceso	Distribución del tiempo de procesamiento
Recepción/solicitud	Triangular(5, 8, 11)
Examen de la vista	Triangular(2, 4, 6)
Examen escrito	Triangular(15, 15, 20)

incluyendo los modelos de datos, la animación y las técnicas de modelado avanzado, a ser cubiertos en los capítulos siguientes.

5.7 Problemas

1. ¿Cuál es la diferencia entre la *propiedad* de un objeto y el *estado* de un objeto?

2. Considere un proceso asociado con el objeto *Server*, ¿cuál es la diferencia entre una ficha del objeto *padre* y su objeto *asociado*?

3. Desarrolle un modelo de colas que le proporcione los valores correspondientes al estado estable para las medidas de la tabla 5.2 (Modelo 5-1 con tiempos de procesamiento exponenciales en ambas estaciones).

4. Considere una oficina donde los clientes vienen a gestionar sus licencias de manejo. El proceso consiste de tres pasos: recepción/solicitud, un examen de la vista y un examen escrito. Asuma que los clientes llegan de acuerdo con un proceso de Poisson con tasa de 6 por hora (es decir, los tiempos entre llegadas se distribuyen exponencialmente con media de 10 minutos). Las distribuciones de los tiempos de procesamiento para los tres procesos se proporcionan en la tabla 5.8. La oficina tiene una persona responsable de la recepción/solicitud y una persona responsable de administrar los exámenes de la vista. El examen escrito se toma en una computadora y existen tres estaciones donde los clientes pueden tomar el examen. Desarrolle un modelo en Simio para este sistema. Asuma que la oficina abre a las 9:00 a.m. y cierra a las 5:00 p.m. Las métricas de desempeño que nos interesan incluyen el tiempo que los clientes permanecen en el sistema, la utilización de los empleados y de las estaciones de cómputo y el promedio y el máximo número de clientes en la cola de recepción/solicitud, en la cola del examen de la vista y en la cola del examen escrito. ¿Cuántas repeticiones se requieren para tener confianza en sus resultados? Justifique su respuesta.

5. Anime el modelo del problema 4. Si todavía no lo ha hecho, construya una disposición apropiada para la oficina y utilice objetos *Path* para animar el movimiento de los clientes dentro de la oficina. Asegúrese de que las distancias entre las estaciones sean razonables para una oficina de licencias de manejo y que las velocidades sean apropiadas para simular la caminata de las personas.

6. En el Modelo 5-2, asumimos que los turnos de los técnicos de la inspección no se superponen (es decir, nunca hay dos inspectores trabajando al mismo tiempo). Modifique el modelo para que la última hora de cada turno se superponga con la primera hora del siguiente. Compare los resultados de los dos modelos. ¿La superposición de horarios ayuda en algo?

7. En la descripción del Modelo 5-2 asumimos que no hay límite en el número de veces que un tablero puede necesitar reparación. Modifique el Modelo 5-2 para que si un tablero no pasa la inspección más de dos veces, sea rechazado como malo. Cuente el número de tableros que son rechazados por no haber pasado la inspección 3 o más veces.

Tabla 5.9: Datos de llegadas y personal para el problema 9. C es el número de cajeros, P es el número de farmacéuticos, λ_1 es la tasa de llegadas de recetas por fax y λ_2 es la tasa de llegadas de los clientes.

Periodo de tiempo	C	P	λ_1	λ_2
8:00 a.m. - 11:00 a.m.	1	2	10	12
11:00 a.m. - 3:00 p.m.	2	3	10	20
3:00 p.m. - 7:00 p.m.	2	2	10	15
7:00 p.m. - 10:00 p.m.	1	1	5	12

8. En la descripción del Modelo 5-3, como parte de la verificación de nuestro modelo, pronosticamos las proporciones de tableros que irían a las máquinas de montaje especial rápida, media y lenta (38%, 33% y 29%, respectivamente). Desarrolle un modelo de colas para estimar estas proporciones.

9. Considere una farmacia a la que los clientes llegan para comprar los medicamentos de sus recetas. Los clientes podrían haber enviado previamente sus recetas por fax, para recoger sus medicamentos posteriormente, o podrían llegar con sus recetas y esperar a que sea surtida. Las recetas por fax son atendidas por un farmacéutico que prepara la orden y las deja en una bandeja cerca de la caja, para que la recoja el cliente.

   Los registros históricos muestran que el 59% de los clientes envían sus recetas por fax y los tiempos de preparación de la orden por el farmacéutico se distribuyen triangularmente con parámetros (en minutos) (2,5,8). Cuando llega un paciente que ha enviado su receta por fax, un cajero recupera la orden de la bandeja, la entrega al cliente y efectúa el cobro. Los registros históricos muestran que los tiempos requeridos por el cajero para recuperar la orden y procesar el cobro se distribuyen triangularmente con parámetros (en minutos) (2,4,6). Si un cliente no ha enviado su receta por fax, el cajero procesa el cobro y pide al farmacéutico que prepare el surtido de los medicamentos. Las distribuciones de los tiempos de atención del cajero y del farmacéutico son las mismas que para las recetas enviadas por fax (triangular(2,4,6) y triangular(2,5,8), respectivamente). Las tasas de llegadas de los fax y de los clientes varían durante el día, así como la cantidad de empleados en la farmacia. La tabla 5.9 proporciona los datos de tasas y personal para el problema.

   Desarrolle un modelo en Simio para esta farmacia. Las medidas de desempeño que nos interesan incluyen el tiempo promedio que toma el surtido de las recetas por fax, el tiempo promedio que los clientes permanecen en el sistema y las utilizaciones programadas (*scheduled utilizations*) de los cajeros y de los farmacéuticos. Asuma que la farmacia abre a las 8:00 a.m. y cierra a las 10:00 p.m. y que usted puede ignorar los faxes y los clientes que todavía están en el sistema al momento del cierre (¡probablemente no es el mejor servicio al cliente!). Utilice 500 repeticiones para su análisis y genere las gráficas SMORE para las métricas de desempeño que nos interesan.

10. Desarrolle un modelo en Simio para el sistema de manufactura en serie de la figura 5.41) . Asuma que las partes llegan al sistema a la tasa de 120 por hora de acuerdo con un proceso de Poisson. En la tabla 5.10 se presentan las características de cada máquina. Su modelo debe incluir las siguientes características:

   a) Las partes (entidades) deben moverse de máquina a máquina ins-tantáneamente (tiempo de simulación 0).

   b) Asigne a cada instancia de su modelo un nombre que tenga un significado coherente.

c) Incorpore un *estadístico definido por el usuario* que registre el número de "retrabajos", donde un "retrabajo" corresponde a cualquier parte que ha recibido al menos un retrabajo (i.e., ha pasado por S1 más de una vez).

d) Genere una gráfica de estado (*status plot*) que despliegue (1) el número actual de entidades en el sistema, (2) el número promedio de entidades en el sistema, y (3) el número actual de retrabajos (como en la definición dada) en el sistema . El rango de tiempo para la gráfica debe ser de 25 horas.

e) Desarrolle una animación interesante para su modelo.

f) Desarrolle un experimento con las siguientes condiciones:

  i. Tiempo de corrida — 200 horas;

  ii. Calentamiento — 50 horas;

  iii. 20 repeticiones.

g) Incorpore respuestas (*experiment responses*) para cada una de las siguientes medidas de desempeño:

  i. Número promedio de partes en el sistema;

  ii. Máximo número de retrabajos en el sistema;

  iii. Tiempo promedio(en minutos) que las partes permanecen en el sistema;

  iv. Utilización de S4;

  v. Tasa a la cual se producen las partes buenas (en partes por hora);

  vi. Tasa a la cual las partes salen del sistema por S3 (en partes por hora).

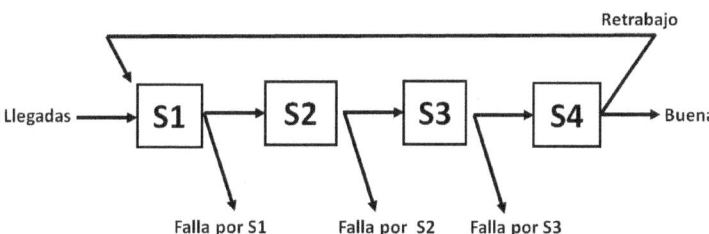

Figura 5.41: Sistema de manufactura en serie para el problema 10.

Tabla 5.10: Características de las máquinas para el problema 10 (Notar que "TS" es la distribución del tiempo de atención y que "F/R prob." es la probabilidad de falla (o retrabajo) para la máquina correspondiente).

	S1	S2	S3	S4
TS (seg.)	unif(10, 20)	tria(20, 30, 40)	unif(60, 84)	expo(40)
Servidores (c)	1	1	2	1
F/R prob.	0.15	0.30	0.33	0.08

Capítulo 6

Análisis de la Entrada

En los modelos de hoja de cálculo del capítulo 3 tuvimos la necesidad de especificar distribuciones de probabilidad de entrada, como parte del proceso de modelado. En el Modelo 3-2 asumimos que la demanda de gorras era una VA discreta uniforme en los enteros $\{1000, 1001, ..., 5000\}$. En los modelos 3-5, 4-1, and 4-2 establecimos que los tiempos entre llegadas al sistema de colas tenían una distribución exponencial con media de 1.25 minutos y que los tiempos de atención se distribuían exponencialmente con media de 1 minuto; en los modelos 4-3 y 4-4 cambiamos la distribución de los tiempos de atención a triangular entre 0.25 y 1.75, con moda de 1.00, que probablemente tiene una forma más realista que la distribución exponencial (que tiene moda de 0). En los modelos del capítulo 5 usamos distribuciones exponencial, triangular, y uniforme para representar tiempos entre llegadas, y tiempos de proceso, inspección, y retrabajo. En los modelos de los capítulos que siguen se encontrarán muchos lugares donde necesitamos especificar distribuciones de probabilidad para una gran variedad de entradas, que sentimos serán modeladas mejor incluyendo cierta incertidumbre, en lugar de tomarlas como constantes fijas.

Esta necesidad da lugar a las siguientes dos preguntas:

1. ¿Cómo podemos determinar estas distribuciones de entrada en la práctica (en lugar de tomarlas como dadas, que es algo que autores como nosotros frecuentemente hacemos, aunque sólo para demostrar algunas ideas y explicar algunos temas)?

2. Una vez que, de alguna manera, se han determinado las distribuciones de entrada ¿cómo hacemos para "generar" valores de estas distribuciones para llevar a cabo la simulación?

En este capítulo discutiremos estas preguntas, con énfasis en la primera de ellas, debido a que está relacionada con las tareas que *usted* tiene que hacer como parte de la construcción del modelo. Afortunadamente, la respuesta a la segunda pregunta ha sido cubierta por los software de simulación como Simio; aunque es conveniente que usted entienda los fundamentos básicos de estos procedimientos, para que pueda diseñar y analizar adecuadamente sus experimentos por simulación.

Asumiremos en este capítulo (y en general, en el resto del libro) que usted conoce y utiliza con comodidad los fundamentos básicos de probabilidad y estadística, incluyendo:

- Todos los temas de probabilidad enumerados al inicio del capítulo 2.

- *Muestreo aleatorio* y *estimación* de medias, varianzas y desviaciones estándar.

- Datos provenientes de observaciones y VAs *independientes e idénticamente distribuidas* (IID).

- *Distribuciones de muestreo*, para los estimadores de medias y varianzas.

- *Estimación puntual* de medias, varianzas y desviaciones estándar, incluyendo el concepto de estimador *insesgado*.

- *Intervalos de confianza* para medias y otros parámetros de la población, y cómo se interpretan.

- *Pruebas de hipótesis* para medias y otros parámetros de la población, aunque en este capítulo discutiremos brevemente un tipo particular de prueba de hipótesis que es de nuestro interés, las *pruebas de bondad de ajuste*, incluyendo el concepto de *valor-p* (también llamado nivel de significación observado) de una prueba de hipótesis.

Si no está familiarizado con alguno de estos conceptos, le sugerimos que desempolve sus viejos libros de probabilidad/estadística e invierta algo de tiempo revisándolos antes de proseguir. No necesita aprender muchas fórmulas ni memorizar las tablas de la distribución normal o de la distribución de t, pero sí necesita estar familiarizado con los conceptos. En verdad existen muchos más conceptos de probabilidad y estadística que los listados anteriormente, como cadenas de Markov y otros tipos de procesos estocásticos, regresiones, análisis causal, minería de datos y muchos otros temas, pero los que están en la lista son los que realmente necesitamos.

En la sección 6.1 discutiremos métodos para especificar entradas que son distribuciones de probabilidad *univariadas*, es decir, cuando a través del modelo nos interesan sólo variables aleatorias independientes de valor real, una a la vez. En la sección 6.2 exploramos de manera más general los tipos de entrada de un modelo de simulación, incluyendo entradas correlacionadas, multivariadas y procesos estocásticos (un ejemplo importante es el *proceso de Poisson no estacionario* para representar tasas que varían en el tiempo). En la sección 6.3 regresaremos a la generación de *números aleatorios* (observaciones distribuidas uniforme y continuamente entre 0 y 1), que parece ser más curioso de lo que muchos creen, y discutiremos el (excelente) generador de números aleatorios que está implementado en Simio. En la sección 6.4 mostramos cómo se transforman estos números aleatorios en *observaciones* (o *realizaciones* o *muestras*) de las distribuciones y procesos que usted ha decidido utilizar como entradas en sus modelos. Finalmente, en la sección 6.5 se describe el uso de las técnicas para el análisis de la entrada disponibles a través del ícono *Input Parameters* de Simio.

6.1 Identificación de las Distribuciones de Probabilidad Univariadas de Entrada

En esta sección discutiremos la frecuente tarea de especificar la distribución de una variable aleatoria univariada que se requiere para la entrada de una simulación. En la sección 6.1.1 describimos nuestra táctica, en términos generales, y en la sección 6.1.2 mencionamos algunas opciones para aprovechar datos observados de la realidad. En las secciones 6.1.3 y 6.1.4 trataremos de la selección de una o más distribuciones candidatas, y luego del ajuste de estas distribuciones a nuestro conjunto de datos observados. La sección 6.1.6 discute algunos temas generales sobre la especificación de distribuciones como entradas de experimentos por simulación.

6.1.1 Visión General

La mayoría de las simulaciones tienen muchos lugares donde necesitamos especificar distribuciones de probabilidad para representar entradas numéricas aleatorias, como la demanda de gorras, tiempos entre llegadas, tiempos de atención, tiempos hasta la falla y/o de reparación de máquinas, tiempos de viaje o tamaños de lote, entre muchos otros ejemplos. Para cada una de

	A	B	C	D	E
1	34.2				
2	28.4	47 observaciones de tiempos reales de			
3	26.9	atención			
4	23.5				
5	21.9				
6	21.5				
7	32.6				

Figura 6.1: Extracto de `Datos_04_01.xls` con 47 tiempos de atención observados (en minutos).

estas entradas necesitamos identificar una distribución de probabilidades *univariada* (es decir, una VA que toma valores en un subconjunto de los reales, no una VA multivariada, que toma valores en un espacio de más de una dimensión). Asumimos por ahora que estas distribuciones de entrada son *independientes* entre sí dentro del modelo de simulación (aunque en la sección 6.2.2 discutiremos brevemente la posibilidad y la importancia de permitir en una simulación las entradas que podrían ser vectores aleatorios que contienen variables univariadas y correlacionadas entre sí).

Por ejemplo, en la mayoría de las simulaciones de sistemas de espera necesitamos especificar distribuciones para los tiempos de atención, que podrían representar el procesamiento de la pieza de una máquina en un sistema de manufactura o la inspección de un paciente en una clínica para tratamientos de urgencia. Es muy frecuente que tengamos datos reales sobre estos tiempos, ya sea que estén disponibles o que su recolección sea parte del proyecto de simulación. La figura 6.1 muestra una parte del archivo de la hoja de cálculo `Datos_04_01.xls` de Excel (que se puede descargar desde la sección para estudiantes del sitio web del libro, como se describe en el Prefacio) que contiene una muestra de 47 tiempos de atención, en minutos, uno por fila en la columna A. Asumiremos que nuestros datos son observaciones IID de los tiempos de atención reales y que fueron tomados durante un periodo de interés estable y representativo. Deseamos una distribución de probabilidades que represente nuestros datos observados, en el sentido en que la distribución ajustada "pase" las pruebas de hipótesis estadísticas de bondad de ajuste que se ilustran a continuación. Cuando corramos la simulación, "generaremos" *variables* aleatorias (observaciones, muestras o realizaciones de la correspondiente VA tiempo de atención) de esta distribución ajustada para llevar a cabo la simulación.

6.1.2   Alternativas para Utilizar Datos de Observaciones Reales

Usted podría preguntarse por qué no tomamos lo que parece ser el enfoque más natural de utilizar directamente los datos reales de tiempos de atención observados, ingresándolos directamente a la simulación, en lugar de tomar este enfoque indirecto de ajustar una distribución de probabilidad y luego generar los valores aleatorios a partir de la distribución ajustada. Existen varias razones:

- Como veremos en capítulos posteriores, típicamente deseamos correr simulaciones por un periodo largo de tiempo, y repetirlas para un número grande de *repeticiones* IID, con el objetivo de extraer conclusiones válidas y precisas de las salidas del modelo de simulación y, bajo estas condiciones, es muy fácil que se nos acaben los datos de entrada reales.

- Los datos observados en la figura 6.1 y en el archivo `Datos_04_01.xls` representan sólo lo que sucedió en el momento en que se tomaron los datos. En otros momentos habríamos observado datos diferentes, quizá tan representativos como los que tenemos, pero en particular podrían tener diferentes rangos (mínimos y máximos). Si usamos nuestros datos observados directamente para llevar a cabo la simulación, nuestros resultados estarían estrechamente ligados a los valores que tenemos y no podríamos concluir nada fuera del rango observado. En el caso particular de los tiempos de atención, los valores grandes, aunque poco frecuentes, pueden tener un impacto grande en las medidas de congestión del sistema de espera (como el tiempo promedio en el sistema y la máxima longitud de la cola). El "truncamiento" por la derecha de los posibles tiempos de atención simulados podría sesgar los resultados de nuestra simulación.

- A menos que el tamaño de la muestra sea muy grande, los datos observados pueden dejar vacíos en ciertos rangos que podrían ser factibles, pero que por azar no fueron cubiertos por nuestras observaciones; estos valores no tendrían la oportunidad de ocurrir en nuestra simulación.

Como hemos visto, existen varias razones por las que se aconseja ajustar primero una distribución de probabilidades, y luego generar los valores aleatorios de esta distribución para llevar a cabo la simulación, en lugar de utilizar los datos reales observados de manera directa. Sin embargo, trabajos recientes ([61], [60]) muestran que en algunos casos el muestreo de conjuntos de datos observados puede ser preferible al ajuste de una distribución de probabilidades. En la sección 6.5 discutiremos este tema, y el método que usa Simio para muestrear de conjuntos de datos. Por ahora nuestro trabajo será el de descubrir *cuál* distribución de probabilidades representa mejor nuestros datos observados.

6.1.3 Selección de Distribuciones de Probabilidad

Por supuesto, existe un conjunto amplio de distribuciones de probabilidad dentro del cual usted podría escoger el modelo de entrada aleatoria para su simulación, y probablemente varias de estas distribuciones le son familiares. Entre las distribuciones continuas más conocidas están las distribuciones normal, exponencial, uniforme continua y triangular; entre las discretas que podrían serle familiares están las distribuciones discreta uniforme, binomial, Poisson, geométrica y binomial negativa. No proporcionaremos una referencia completa sobre estas distribuciones, ya que existe una amplia bibliografía al respecto. La documentación de Simio (con la aplicación abierta, presione la tecla F1 o haga clic en el símbolo "?" de la esquina superior derecha) proporciona información básica sobre aproximadamente 20 distribuciones incluidas en el software (es decir, que usted puede especificar dentro de su modelo en Simio y Simio generará las correspondientes VAs en su simulación). Presionando la pestaña *Contenido* (o *Contents*) puede seguir el camino *Modeling in Simio→Expression Editor, Functions and Distributions→ Distributions* y luego selecciona la distribución que desea. La figura 6.2 muestra el camino en el lado izquierdo y la documentación sobre la distribución gamma en el lado derecho, la cual incluye una gráfica de la FD (la curva continua, ya que ésta es una distribución continua), un histograma de posibles datos que podrían ajustarse bien a esta distribución, y alguna información básica en la parte superior, incluyendo la sintaxis y la forma de ingresar los parámetros de la distribución en Simio. Existen también discusiones amplias y capítulos que describen distribuciones de probabilidad que son apropiadas para modelar la entrada de experimentos por simulación, tales como [59] y [34]; más aún, se han escrito libros completos en varios volúmenes (e.g., [25], [26], [24], [11]) que describen con mucha profundidad muchas distribuciones de probabilidad. Por supuesto que también muchos sitios web ofrecen compendios de distribuciones. Una búsqueda en la web del término "distribución de probabilidad" puede regresar más de 5.2 millones de resultados, tales como `es.wikipedia.org/wiki/Distribucion_de_probabilidad`; a su vez, esta página contiene vínculos a páginas web sobre más de 100 distribuciones univariadas específicas,

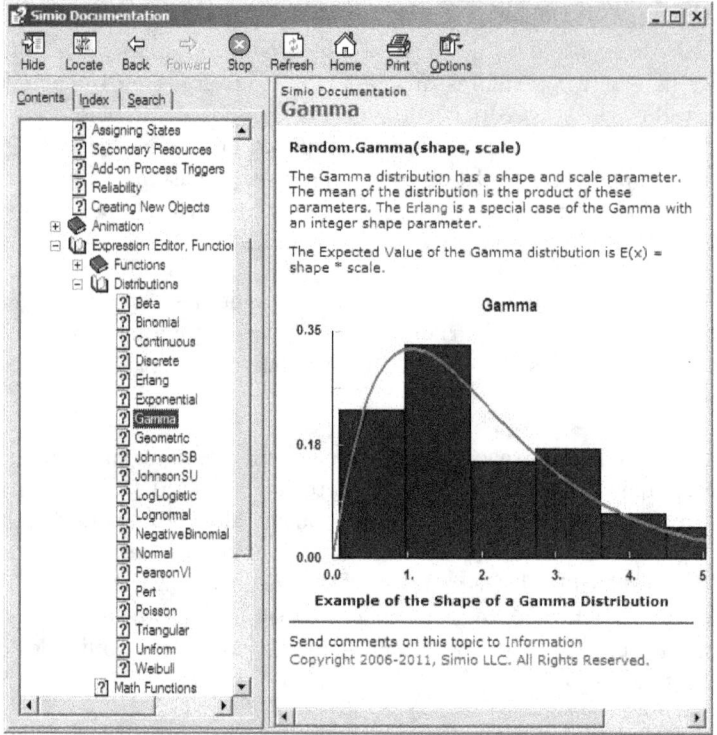

Figura 6.2: Información sobre la distribución gamma en la documentación de Simio.

divididas en categorías basadas en su rango (o "soporte"), tanto para distribuciones discretas como para continuas, como `es.wikipedia.org/wiki/Distribucion_Gamma`, para mencionar el mismo caso de la distribución gamma de la figura 6.2. Debe tener en cuenta que no siempre se indican los parámetros de una distribución de la misma manera, por lo que usted necesita saber cuál es la forma que está utilizando Simio; por ejemplo, aun para la sencilla distribución exponencial algunas veces se utiliza como parámetro su *media* $\beta > 0$, como es en Simio, pero algunas veces se utiliza la *tasa* $\lambda = 1/\beta$ del proceso de Poisson asociado con los eventos que ocurren de acuerdo con la tasa λ por unidad de tiempo, es decir, que sus tiempos entre llegadas sucesivas son exponenciales con media $\beta = 1/\lambda$.

Con tal desconcertante variedad de posiblemente cientos de distribuciones de probabilidad ¿cómo escogemos *una*? En primer lugar, debe tener sentido desde el punto de vista *cualitativo*, lo que implica varias cosas:

- El tipo de distribución, discreta o continua, debe corresponder al tipo de entrada requerido. Un tamaño de lote no debe modelarse como una VA continua (a menos que decida generar una VA continua y la redondee al entero más cercano) y un lapso de tiempo no debe modelarse como una VA discreta.

- Preste atención al rango de posibles valores que puede tomar la distribución, en particular, si está o no acotada por la derecha o por la izquierda y si este rango es apropiado para la entrada que desea modelar. Como ya mencionamos, si la cola por la derecha de una distribución que representa tiempos de atención está acotada, o no, puede ser de mucha importancia para algunas métricas de los sistemas de espera, como el tiempo (o el número) en cola o en el sistema.

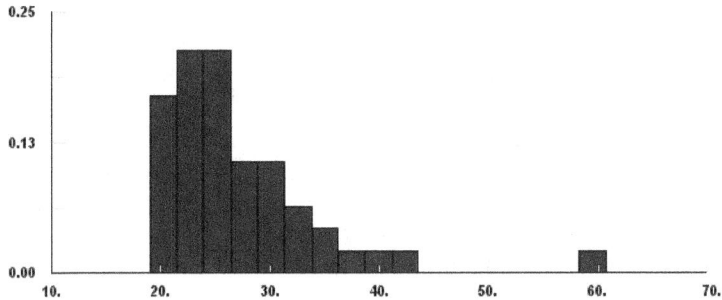

Figura 6.3: Histograma de los 47 tiempos de atención registrados (en minutos) en `Datos_04_01.xls`.

- En relación con el inciso anterior, debemos tener cuidado de usar distribuciones que tienen colas no acotadas por la derecha y, en especial, por la izquierda. Por supuesto que este comentario incluye a la distribución normal (aunque mucha gente la conoce y la usa), ya que la FD de la distribución normal tiene una cola no acotada por la izquierda (y también por la derecha), siempre existirá una probabilidad positiva de que se genere un valor negativo. Esta posibilidad no tiene sentido para entradas como tiempos de atención y otras que representan lapsos de tiempo. Sí, es verdad que si la media está alejada de cero en tres o cuatro veces la desviación estándar, la probabilidad de generar un valor negativo es "pequeña", como lo mencionan los libros de estadística básica, y muchas veces simplemente lo ignoran. Para el caso en que la media se aleja de cero en tres veces la desviación estándar, la probabilidad de obtener un valor negativo es 0.00134990, y ésta es de 0.00003167 para cuatro veces la desviación estándar. Pero debe tener en cuenta que *ésta es una simulación por computadora* donde podemos fácilmente generar cientos de miles, y aun millones, de valores aleatorios para nuestra distribución de probabilidades de entrada, por lo que puede suceder que se genere un valor negativo que, dependiendo de cómo maneja un valor no deseado en su simulación, podría crear resultados no deseados o quizá erróneos (Simio detiene la corrida y genera un mensaje de error para el usuario cuando sucede algo no deseado, lo que parece ser conveniente). Las dos probabilidades anteriores son alrededor de uno en 741 y uno en 31,574, respectivamente, difícilmente fuera de las posibilidades de una simulación. Si usted está pensando usar una distribución normal por la forma de su FD (o quizá porque se ajusta bien a sus datos), debe saber que existen otras distribuciones; cabe remarcar que la distribución de Weibull puede imitar fácilmente la forma de la distribución normal, pero que su FD *no* tiene cola a la derecha de cero, por lo que *no* existe la posibilidad de que genere valores negativos.

Así, establecer la distribución discreta o continua de manera correcta, y el rango de manera correcta, constituye el primer paso, y facilitará la tarea de encontrar la distribución apropiada.

Pero, aun después de este paso, existirán todavía varias distribuciones candidatas, por lo que necesitará seleccionar la que tenga la forma (FP para las VAs discretas o FD para las continuas) que se parezca, al menos aproximadamente, a la forma de un *histograma* de sus datos observados de la realidad. La razón es que el histograma constituye una estimación empírica y gráfica de la correspondiente FP o FD de los datos. La figura 6.3 muestra un histograma (construido con el software para ajustar distribuciones Stat::Fit®, que discutiremos más adelante) de los 47 tiempos de atención observados de la figura 6.1 y del archivo `Datos_04_01.xls`. Como estos datos corresponden a tiempos de atención, debemos considerar una distribución continua con una cola acotada por la izquierda (para evitar la generación de valores negativos) y posiblemente una cola no acotada por la derecha, ante la ausencia de información que establezca una cota superior a la duración de los posibles tiempos de atención. Luego de explorar varias gráficas de posibles FD (en la documentación de Simio citada anteriormente), encontramos que algunas posibilidades pueden ser las distribuciones Erlang, gamma (una generalización de la Erlang), lognormal, Pearson VI o Weibull. Pero cada una de éstas tiene parámetros (como en el caso de la gamma y de la Weibull, de forma y de escala) que debemos estimar; también necesitamos *probar* si tales distribuciones, luego de estimar los parámetros a partir de los datos, proporcionan un ajuste aceptable, es decir, una adecuada representación de nuestros datos. Esta estimación y prueba de la bondad de ajuste es lo que entendemos por *ajustar* una distribución a los datos observados.

6.1.4   Ajuste de Distribuciones a Datos Observados de la Realidad

Debido a que existen varios paquetes de software disponibles para ajustar distribuciones y luego realizar pruebas de bondad de ajuste, Simio no proporciona esta capacidad internamente. Uno de estos paquetes es Stat::Fit® de Geer Mountain Software Corporation (www.geerms.com) y lo hemos seleccionado para su discusión en esta sección, en parte porque tiene una versión "libro de texto" que está disponible para su descarga desde el área para estudiantes del sitio web de este libro, como se describe en el Prefacio. Otra razón por la que seleccionamos Stat::Fit es que puede exportar las especificaciones de la distribución ajustada con la parametrización y sintaxis que utiliza Simio, para copiar e introducir directamente el texto en Simio. En el sitio web de Geer Mountain Software Corporation usted podrá encontrar un tutorial de Stat::Fit, y la versión de libro de texto viene acompañada de un manual que puede descargarse como un archivo .pdf, es por ello que no intentamos proporcionar una descripción completa de las capacidades de Stat::Fit, sino más bien demostrar algunas de sus capacidades básicas. Otros paquetes que incluyen herramientas para el ajuste de distribuciones son @RISK® (Palisade Corporation, www.palisade.com) y ExpertFit® (Averill M. Law & Associates, www.averill-law.com).

A continuación le indicamos cómo instalar la versión libro de texto de Stat::Fit en su computadora. Descargue el archivo zip desde el área de estudiantes del sitio web de este libro y descomprímalo en un carpeta con un nombre apropiado para usted (por ejemplo, C:\StatFit). Usted puede correr Stat::Fit haciendo un doble clic en el archivo **statfit.exe** que acaba de descomprimir, o puede hacer más sencilla la ejecución creando un acceso directo en el escritorio de su computadora: hacer un clic derecho en su escritorio, seleccionar *Nuevo → Acceso directo* y especificar la localización del archivo **statfit.exe** (por ejemplo, C:\StatFit\statfit.exe) o ubicarlo con la ayuda para búsqueda de archivos. No existe un método de instalación especial de Stat::Fit que sea diferente del que se usa para otros software.

El menú de ayuda de Stat:Fit está basado en la ayuda de Windows, un viejo sistema que ya no está disponible en Windows Vista o Windows 7. El sitio web de Microsoft **support.microsoft.com/kb/917607** tiene una explicación completa, así como los vínculos específicos para su sistema operativo de **WinHlp32.exe** que debería resolver el problema de tener acceso al sistema de ayuda de Stat::Fit. Recuerde, existe un archivo .pdf con un manual detallado, el cual está incluido en el mismo archivo zip que usted puede descargar del sitio web de este libro.

La figura 6.4 muestra Stat::Fit, donde nuestros datos de tiempos de atención están ya introducidos en la tabla de datos de la izquierda. Usted puede copiar/pegar directamente desde Excel sus datos observados de la realidad; sólo los primeros 19 de los 47 valores aparecen en la figura, pero los 47 datos están allí y serán usados por Stat::Fit. En la esquina superior derecha de la figura 6.3 aparece el histograma, que se generó desde el menú, siguiendo la ruta *Input → Input Graph* (o el botón *Graph Input* de la barra de herramientas); hemos cambiado el número de intervalos sugerido de 7 a 17 (utilizando *Input → Options* o el botón *Input Options* con la marca *OPS* de la barra de herramientas). En la ventana de la parte inferior derecha apare-

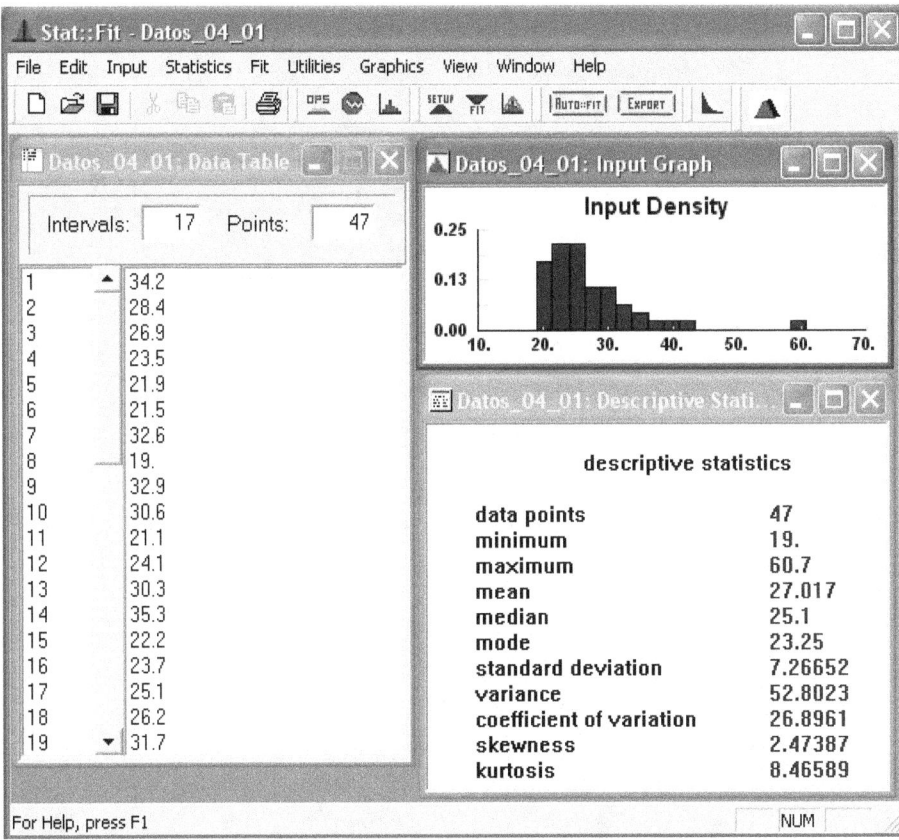

Figura 6.4: Vista de Stat::Fit con archivo de datos, histograma y estadísticas descriptivas (datos en minutos).

cen algunas estadísticas descriptivas básicas de nuestros datos observados se generaron desde el menú, siguiendo la ruta *Statistics → Descriptive*.

Para apreciar las FPs y las FDs de las distribuciones que soporta el software, siga la ruta del menú *Utilities → Distribution Viewer* y luego seleccione la distribución correspondiente utilizando la flecha del campo desplegable en la parte superior derecha de la ventana. Notar que la versión libro de texto de Stat::Fit incluye sólo siete distribuciones (binomial y Poisson para discretas; exponencial, lognormal, normal, triangular y uniforme para continuas) y está limitada a 100 observaciones, pero la versión comercial soporta 33 distribuciones y permite hasta 8000 observaciones.

Deseamos encontrar una distribución continua para modelar nuestros tiempos de atención, y no queremos permitir ni siquiera una "pequeña" posibilidad de generar un valor negativo, por lo que las distribuciones relevantes de la lista son exponencial, lognormal, triangular y uniforme (entre las que están disponibles en la versión libro de texto, por supuesto que la versión comercial incluye muchas otras posibles distribuciones). Aunque la forma del histograma ciertamente excluiría la distribución uniforme, la vamos a considerar sólo para demostrar qué podría suceder cuando ajustamos una distribución que no parece ser apropiada. Para seleccionar estas cuatro distribuciones, siga la ruta del menú *Fit → Setup* o haga clic en el botón *Setup Calculations* (con la marca *SETUP*) de la barra de herramientas, para que aparezca la ventana correspondiente.

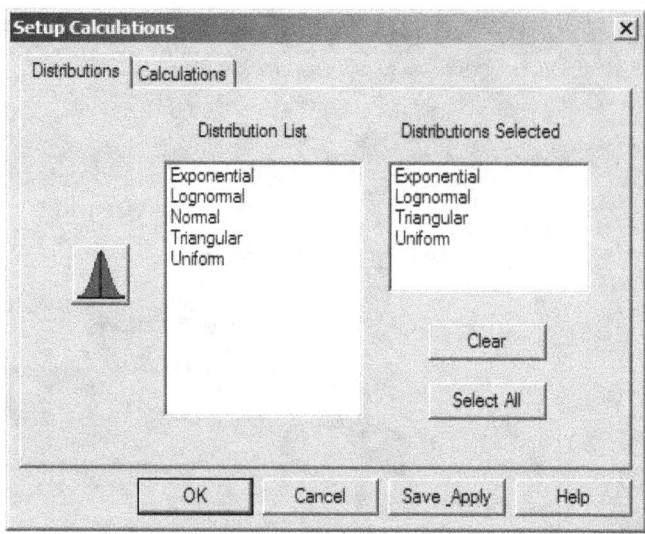

Figura 6.5: Pestaña *Distributions* de la ventana *Setup Calculations* de Stat::Fit.

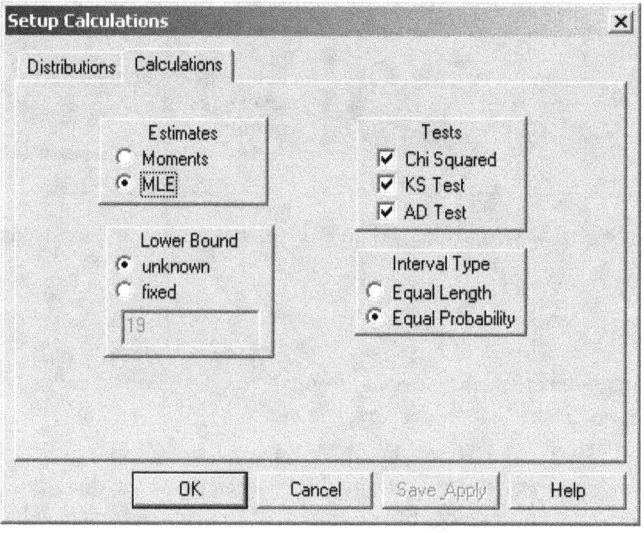

Figura 6.6: Pestaña *Calculations* de la ventana *Setup Calculations* de Stat::Fit.

Seleccionando la pestaña *Distributions* (figura 6.5), hacer clic en las distribuciones de la lista de la izquierda (una a la vez), para seleccionar las distribuciones que desea ajustar, de manera que éstas sean copiadas en la lista de la derecha.

La etiqueta *Calculations* (figura 6.6) tiene varias opciones para seleccionar el método de estimación (MLE identifica al método de máxima verosimilitud, del inglés Maximum Likelihood Estimation, y es el más recomendado), el límite inferior para el rango de la distribución (que puede seleccionar como "unknown", en cuyo caso Stat::Fit escoge el que mejor se ajusta a sus datos, o como "fixed", en cuyo caso usted indica el valor que desea forzar como límite inferior), el tipo de pruebas de bondad de ajuste que desea aplicar (chi cuadrado, Kolmogorov-

Smirnov, Anderson-Darling[1]), y si usted selecciona la prueba de chi cuadrado (*Chi Squared*), debe seleccionar el tipo de intervalo que será aplicado (se recomienda probabilidades iguales, *Equal Probability*).

La especificación del límite inferior del rango requiere de una explicación adicional. Muchas distribuciones, como la exponencial y la lognormal en nuestra lista, frecuentemente tienen al cero como su límite inferior "acostumbrado", pero es posible que se pueda lograr un mejor ajuste a sus datos con un límite inferior diferente de cero, básicamente trasladando la FD a la derecha o a la izquierda (a la derecha para datos positivos como los tiempos de atención) para acomodarse mejor al histograma de sus datos. Si usted selecciona "fixed" podrá decidir por sí mismo qué valor desea como límite inferior de su distribución, en cuyo caso se activa el campo de abajo y usted puede ingresar su valor (el valor sugerido es el mínimo valor de su conjunto de datos). Si usted selecciona "unknown", se desactiva el campo numérico debido a que usted permitirá que Stat::Fit determine el valor que, para obtener un buen ajuste, frecuentemente es algo menor que el valor mínimo de su conjunto de datos. Haga clic en *Save Apply* para guardar y aplicar todas las opciones seleccionadas.

Para ajustar las cuatro distribuciones que hemos seleccionado para representar los datos de tiempos de atención, siga la ruta del menú *Fit → Goodness of Fit* o haga clic en el botón *Fit Data* (marcado como *FIT*) de la barra de herramientas, para producir una ventana con resultados detallados. La primera parte de esta ventana se muestra en la figura 6.7. En la parte superior de la ventana aparece un pequeño resumen, con los estadísticos de prueba correspondientes a las tres pruebas que se aplicaron a cada distribución; para cada una de estas pruebas, un valor más pequeño para el estadístico de prueba indica un mejor ajuste (los valores entre paréntesis para la prueba de chi cuadrado son los grados de libertad). Sin duda, la distribución lognormal proporciona el mejor ajuste, seguida de la exponencial, luego la triangular y la uniforme es la peor (valor más grande para los estadísticos de prueba).

Más abajo, en la sección "detallada", usted encontrará los detalles del ajuste correspondientes a cada distribución; en la figura 6.7 se muestran estos detalles para la distribución exponencial, y más abajo se encuentran los detalles del ajuste para cada una de las otras distribuciones. La información más importante del informe detallado corresponde a los valores de p ("p-value") para cada una de las pruebas que, en el caso del ajuste a la distribución exponencial, son de 0.769 para la prueba de chi cuadrado, de 0.511 para la prueba de Kolmogorov-Smirnov y de 0.24 para la prueba de Anderson-Darling, con la conclusión de no rechazar ("DO NOT REJECT") debajo de cada valor. Recordar que el valor de p (para cualquier prueba de hipótesis) es la probabilidad de que obtenga una muestra más favorable a la hipótesis alternante que su muestra actual, si la hipótesis nula es realmente cierta. Para las pruebas de bondad de ajuste, la hipótesis nula es que la distribución candidata se ajusta adecuadamente a los datos. En consecuencia, valores grandes de p como estos (recuerde que los valores de p son probabilidades, por lo que siempre estarán entre 0 y 1) indica que es bastante fácil obtener una muestra más favorable a la hipótesis alternante que la nuestra, en otras palabras, no estamos muy a favor de la hipótesis alternante con nuestros datos, de manera que la hipótesis nula de un ajuste adecuado por la distribución exponencial parece muy razonable.

Otra manera de considerar al valor de p es en el contexto del protocolo más tradicional de una prueba de hipótesis, donde escogemos un valor predeterminado α (típicamente pequeño, entre 0.01 y 0.10) como la probabilidad de cometer el error tipo I (de rechazar una hipótesis nula que es verdadera) y rechazamos la hipótesis nula si y sólo si el valor de p es menor que α; los valores de p para las tres pruebas de bondad del ajuste exponencial están muy por encima de cualquier valor razonable de α, por lo que ni siquiera estamos cerca de rechazar la hipótesis nula de que la distribución exponencial ajusta bien a los datos. Si usted está siguiendo los pasos con

---

[1]Ver [3] o [34] para obtener la descripción y discusión de algunas de estas pruebas de bondad de ajuste.

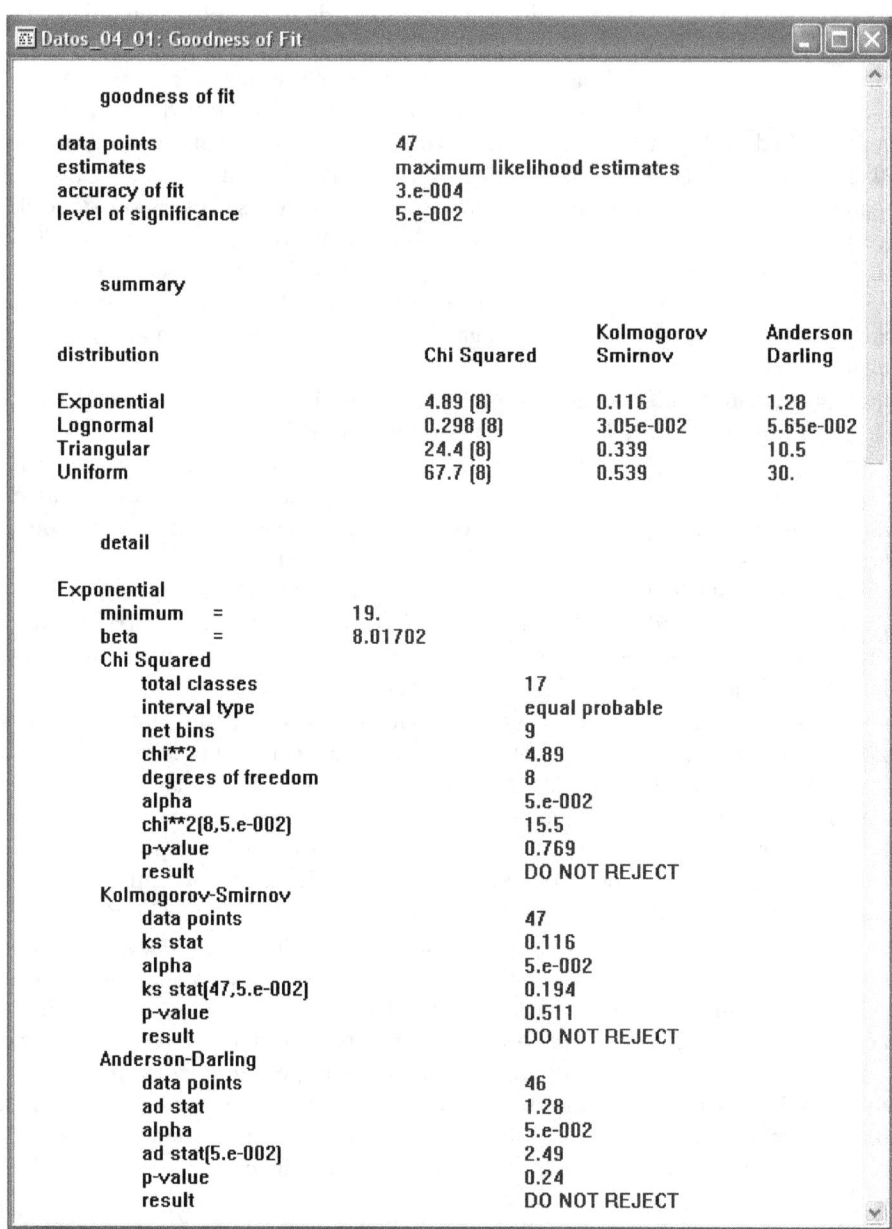

Figura 6.7: Ventana de resultados sobre bondad de ajuste de Stat::Fit (los detalles mostrados corresponden sólo a la distribución exponencial y más abajo, en la misma ventana, se encuentran resultados similares para las distribuciones lognormal, triangular y uniforme).

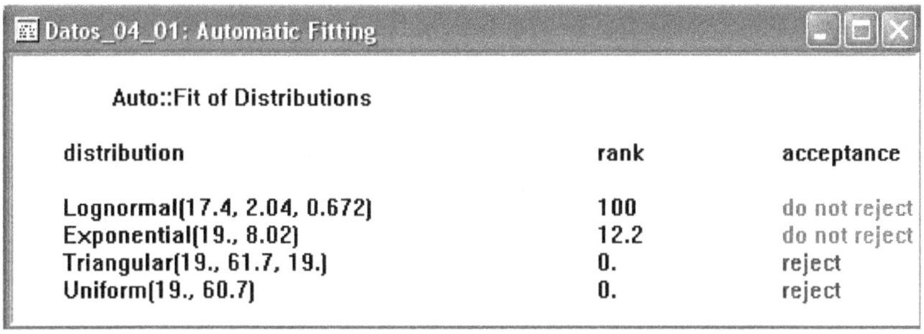

Datos_04_01: Automatic Fitting		
Auto::Fit of Distributions		
distribution	**rank**	**acceptance**
Lognormal(17.4, 2.04, 0.672)	100	do not reject
Exponential(19., 8.02)	12.2	do not reject
Triangular(19., 61.7, 19.)	0.	reject
Uniform(19., 60.7)	0.	reject

Figura 6.8: Resultados de la ventana Auto::Fit de Stat::Fit.

Stat::Fit (que debería estar haciendo), y usted explora más abajo en la pantalla, entonces podrá apreciar que los valores de p para las tres pruebas correspondientes a la distribución lognormal son aún mayores — se llega a mostrar el valor de 1 aunque, por supuesto, ellos realmente son un poco menor que 1 antes del redondeo pero, en cualquier caso, no hay evidencia en contra de que la distribución lognormal proporcione un buen ajuste —. Pero si explora más abajo los detalles de los ajustes a la distribución triangular y a la distribución uniforme, notará que los valores de p son pequeños, indicando que las distribuciones triangular y uniforme ajustan muy mal a los datos (como ya lo intuimos al echar una mirada al histograma de la distribución uniforme, aunque no tanto para la distribución triangular).

Si todo lo que necesita es un resumen rápido de cuáles distribuciones podrían ajustar sus datos y cuáles probablemente no, usted puede seleccionar *Fit → Auto::Fit* o hacer clic en el botón *Auto::fit* de la barra de herramientas, para obtener primero la ventana de diálogo *Auto::Fit* (no se muestra) donde usted debe seleccionar los botones "continuous distributions" y "lower bound" para nuestros datos de tiempos de atención (ya que no queremos una cola no acotada por la izquierda), luego presione *OK* para obtener la ventana de resultados del ajuste automático que se muestra en la figura 6.8. Esta ventana menciona la condición de aceptación (o no) para cada distribución, refiriéndose a la hipótesis nula de un ajuste adecuado, sin indicar el valor de p, y muestra también los parámetros de las distribuciones ajustadas (de acuerdo con la convención de parametrización de Stat::Fit que, como se mencionó anteriormente, no es un consenso universal, y en particular podía no coincidir con la convención de Simio en algún caso). La columna de puntaje ("rank") es una calificación interna de Stat::Fit, donde una calificación mayor indica un mejor ajuste (en nuestro ejemplo, lognormal es la mejor, que es consistente con los resultados de los valores de p-value del reporte detallado).

Se puede disponer de una comparación gráfica de las densidades ajustadas contra el histograma siguiendo la ruta *Fit → Result Graphs → Density* o haciendo clic en el botón *Graph Fit* de la barra de herramientas, como se muestra en la figura 6.9. Haciendo clic en las distribuciones del lado superior derecho de la ventana, usted puede sobreponer la gráfica de la correspondiente FD (en colores diferentes, de acuerdo con la leyenda mostrada en la parte inferior); usted puede eliminar una gráfica haciendo clic en la parte inferior derecha de la ventana. De esta manera obtenemos nuestra "prueba" favorita de bondad de ajuste, la *prueba visual*, y obtenemos una rápida confirmación (y podemos apreciar cuán ridícula es la distribución uniforme para nuestros datos de tiempos de atención, y que la distribución triangular no es mucho mejor).

El paso final consiste en pasar los resultados a una sintaxis que es apropiada para copiar y pegar directamente en los campos para las expresiones de Simio. Este paso se logra siguiendo la ruta del menú *File → Export → Export fit* o haciendo clic en el botón *Export* de la barra de herramientas, que abre la ventana de diálogo *EXPORT FIT* mostrada en la figura 6.10. El

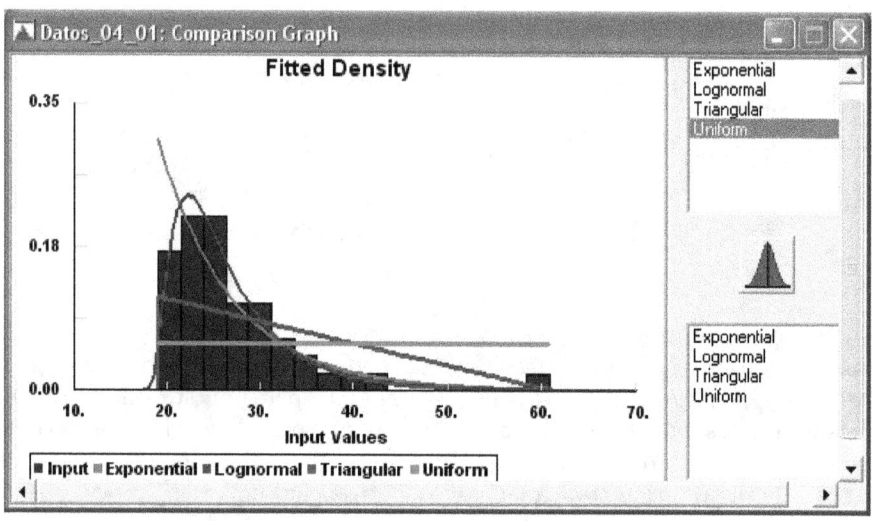

Figura 6.9: Comparaciones de Stat::Fit para las densidades ajustadas vs. el histograma de los datos.

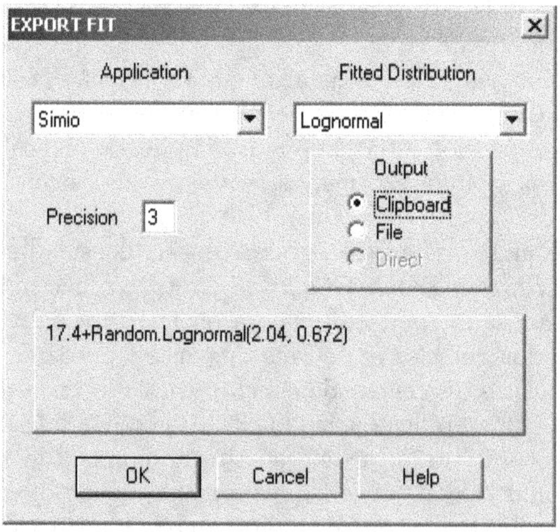

Figura 6.10: Ventana de diálogo *EXPORT FIT* de Stat::Fit.

campo desplegable en la parte superior izquierda contiene una lista de varios paquetes para el modelado de una simulación, Simio está entre ellos y el campo desplegable de la parte superior derecha muestra las distribuciones que usted ha ajustado. Seleccione la distribución que desea, digamos la lognormal ajustada, y luego seleccione el botón *Clipboard*, entonces verá, en el panel de abajo, la expresión `17.4+Random.Lognormal(2.04, 0.672)`, que es la expresión válida para Simio. Esta expresión estará ahora en el portapapeles de Windows, y usted puede ir a la aplicación de Simio en este momento, para pegarla (CTRL-V) en un campo de expresiones que acepta una distribución de probabilidades. Notar que Stat::Fit está recomendando que traslademos la distribución lognormal hacia la derecha por 17.4 con la finalidad de obtener un mejor ajuste a nuestros datos, en lugar de tomar el límite inferior de cero que se acostumbra para la distribución lognormal; este valor de traslado de 17.4 es un poco menor que el valor mínimo de 19.0 en el conjunto de datos y, cuando se generen valores, el menor valor posible será 17.4.

Usted puede guardar todo su trabajo en Stat::Tools work, incluyendo los datos, distribución seleccionada, resultados y gráficas. Como es usual, seleccione del menú *File → Save* o *Save As*, o haga clic en el conocido botón, para grabar el archivo. La extensión de los archivos es .sfp (por Stat::Fit Project); hemos grabado nuestro trabajo en el archivo de nombre `Datos_04_01.sfp`.

6.1.5 Más sobre Medición de la Bondad de Ajuste

En la sección 6.1.4 vimos una versión general del ajuste de distribuciones a datos usando Stat::Fit, y probando qué tan bien se comportan las distribuciones candidatas para representar los datos observados. La bondad de ajuste se puede medir de muchas maneras, mucho más de lo que podemos cubrir; ver [3] o [34] para un mayor detalle. En esta sección comentaremos sobre lo que está detrás de algunos de los métodos que hemos mencionado, incluyendo las pruebas de hipotesis formales así como heurísticas visuales informales. Para la prueba de Anderson-Darling; ver [3] o [34].

Prueba de Bondad de Ajuste de Chi-Cuadrado

Lo que estamos buscando en la figura 6.9, para un buen ajuste, es un buen alineamiento (o, al menos razonable) entre el histograma (las barras azules) y las FDPs de las distribuciones ajustadas (las líneas de varios colores con la leyenda al final); asumiremos que estamos ajustando una distribución continua. Mientras que nuestro objetivo es intuitivo, existe también un explicación matemática.

Sea n el número de observaciones reales ($n = 47$ en nuestro ejemplo), y sea k el número de intervalos del histograma sobre el eje horizontal ($k = 17$ en nuestro ejemplo); por ahora, asumiremos que los intervalos son del mismo ancho w (como están en el histograma), aunque no necesita ser así para la prueba chi-cuadrado, y en muchos casos no debería ser así ... diremos más a continuación. Denotemos a los límites inferiores de los k intervalos be por $x_0, x_1, x_2, \ldots, x_{k-1}$ y sea x_k el límte superior del intervalo k, de manera que el j-ésimo intervalo es $[x_{j-1}, x_j)$ para $j = 1, 2, \ldots, k$. Si O_j de nuestras n observaciones caen en el j-ésimo intervalo (¡ frecuencia *observada* en dicho intervalo), entonces O_j/n es la *proporción* de los datos que caen en el j-ésimo intervalo.

Sea ahora $\widehat{f}(x)$ la FD de la distribución ajustada. Si ésta es la verdadera FD para representar a los datos, la probabilidad de que una observación caiga en el j-ésimo intervalo $[x_{j-1}, x_j)$ sería

$$p_j = \int_{x_{j-1}}^{x_j} \widehat{f}(x)dx,$$

y ésta debería ser (aproximadamente) igual a la proporción observada O_j/n. Si éste es un buen ajuste, esperaríamos $O_j/n \approx p_j$ para todos los intervalos j. Multiplicando por n, esperaríamos que $O_j \approx np_j$ para todos los intervalos j, i.e., las frecuencias *observadas* y *experadas* (si $\widehat{f}$ es realmente la densidad correcta para nuestros datos) en los intervalos estarían "cercanas" una de la otra; si las discrepancias son significativas para muchos intervalos, sospecharíamos que el ajuste es pobre. Esto es realmente lo que nuestra prueba anterior "al ojo" está haciendo.

Pero aún en el caso de un ajuste realmente bueno, no exigiríamos que $O_j = np_j$ (exactamente) para todos los intervalos j, simplemente por las fluctuaciones debidas al muestreo aleatorio. Para formalizar esta idea, calculamos el estadístico de la prueba de chi-cuadrado

$$\chi_{k-1}^2 = \sum_{j=1}^{k} \frac{(O_j - np_j)^2}{np_j},$$

y bajo la hipótesis nula H_0 de que los datos observados siguen la distribución ajustada $\widehat{f}$, χ_{k-1}^2 tiene (aproximadamente[2]) una distribución chi-cuadrado con $k-1$ grados de libertad. Así, rechazaríamos la hipótesis nula H_0 de un buen ajuste si el valor del estadístico de la prueba χ_{k-1}^2 es "demasido grande". Cuánto es "demasiado grande" puede determinarse a partir de las tablas de chi-cuadrado: dado un tamaño α de la prueba, rechazaríamos H_0 si $\chi_{k-1}^2 > \chi_{k-1,1-\alpha}^2$, donde $\chi_{k-1,1-\alpha}^2$ es el valor para el cual la probabilidad de que la distribución chi-cuadrado con $k-1$ grados de libertad tenga un valor más alto es α. Otra manera de establecer la conclusión es obtener el valor-p de la prueba, que es la probabilidad de obtener un valor mayor que el estadístico χ_{k-1}^2 para una distribución chi-cuadrado con $k-1$ grados de libertad; como es usual para valores-p, rechazamos H_0 al nivel α si y sólo si el valor-p-value es menor que α.

Notar que el valor del estadístico de la prueba χ_{k-1}^2, y quizás la conclusión de la prueba, depende de la elección de los intervalos. Cómo escoger estos intervalos es una pregunta que ha recibido considerable investigación, pero no se ha aceptado todavía cuál es la respuesta "correcta". En lo que existe consenso, es que (1) los intervalos deberían ser *equiprobables*, i.e., los valores de las probabilidades p_j son iguales entre sí (o, al menos, aproximadamente), y (2) los valores np_j deben ser al menos (alrededor de) 5 para todos los intervalos j (esta última condición básicamente exige que el tamaño de muestra para la prueba de bondad de ajuste chi-cuadrado no debe ser muy pequeño). Una sugerencia para encontrar los límites superiores de los intervalos es hacer $x_j = \widehat{F}^{-1}(j/k)$, donde $\widehat{F}$ es la FDA de la distribución ajustada, y el superíndice -1 denota la función inversa (no el recíproco aritmético); ello implica resolver la ecuación $\widehat{F}(x_j) = j/k$ para x_j, que puede o no ser trivial, dependiendo de la forma de $\widehat{F}$, podría requerir del uso de algún algoritmo para encontrar una aproximación numérica para la raíz de una ecuación, como el método de la secante o el método de Newton.

La prueba de bondad de ajuste de chi-cuadrado puede también aplicarse para ajustar una distribución discreta a un conjunto de datos cuyos valores deben ser discretos (como tamaños de lote). En este caso, sólo se reemplaza p_j por la *suma* de las probabilidades de los valores ajustados dentro del intervalo j, y el procedimiento es similar. Notar que para el caso de distribuciones discretas podría no ser posible, en general, obtener intervalos exactamente equiprobables.

Prueba de Bondad de Ajuste de Kolmogorov-Smirnov

Mientras que las pruebas de chi-cuadrado comparan la FD (o FP en el caso discreto) de una distribución ajustada a la FD de una distribución "empírica", las pruebas de Kolmogorov-Smirnov (K-S) comparan la FDA ajustada a cierta FDA empírica definida directamente de los

---

[2]Dicho de manera más precisa, *asintóticamente*, i.e., cuando $n \to \infty$.

datos. Una FDA se puede definir de diferentes maneras, y para nuestros propósitos usaremos $F_{emp}(x)$ = proporción de los datos observados que son $\leq x$, para todo x; notar que ésta es una función constante por tramos que es continua por la derecha, con saltos de longitud $1/n$ en cada uno de los datos (ordenados) observados. Como antes, sea $\widehat{F}(x)$ la FDA de la distribución ajustada. El estadístico de la prueba es la discrepancia vertical más grande entre $F_{emp}(x)$ y $\widehat{F}(x)$ a lo largo de todos los posibles valores de x; o en términos matemáticos:

$$V_n = \sup_x \left| F_{emp}(x) - \widehat{F}(x) \right|,$$

donde "sup" es el *supremo*, o la cota superior más pequeña sobre todos los valores de x. La razón para no usar el operador (más común) max (máximo) es que la discrepancia más grande puede ocurrir justo antes del "salto" de $F_{emp}(x)$, en cuyo caso el supremo no corresponde exactamente a un valor particular de x.

En [34] se puede encontrar un algoritmo para calcular el estadístico de la prueba K-S. Sean $X_1, X_2, \ldots, X_n$ los valores de la muestra, y para $i = 1, 2, \ldots, n$ sea $X_{(i)}$ i-ésimo valor más pequeño ($X_{(1)}$ sería la observación más pequeña y $X_{(n)}$ sería la más grande); $X_{(i)}$ es llamado el *i-ésimo estadístico de orden* de los datos observados. El estadístico de la prueba K-S resulta

$$V_n = \max \left\{ \max_{i=1,2,\ldots,n} \left[\frac{i}{n} - \widehat{F}(X_{(i)}) \right], \quad \max_{i=1,2,\ldots,n} \left[\widehat{F}(X_{(i)}) - \frac{i-1}{n} \right] \right\}.$$

Intuitivamente, a mayor valor de V_n, el ajuste será peor. Para saber cuánto es demasiado grande, necesitamos usar tablas de los valores críticos de esta prueba para el tamaño dado de la prueba α, o determinar los valores-p para la prueba. Una desventaja de la prueba K-S es que, a diferencia de la prueba de chi-cuadrado, la prueba K-S requiere de diferentes valores para diferentes tamaños de muestra n (que es la razón para incluir n en la notación V_n para el estadístico de la prueba K-S); para un mayor datalle, ver [15] y [34]. Los paquetes para el ajuste de distribuciones como el Stat::Fit tienen la capacidad para calcular los valores-p para a prueba K-S. Algunas ventajas de la prueba K-S sobre la prueba de chi-cuadrado son que K-S no depende de una elección arbitraria de intervalos, y que es precisa para valores pequeños del tamaño de muestra n (no sólo asintóticamente, cuando $n \to \infty$).

En Stat::Fit, la ruta del menú Fit $\to$ Result Graphs $\to$ Distribution produce la gráfica de la figura 6.11 con la FDA empírica en azul, y varias distribuciones ajustadas en diferentes colores, según la leyenda al final; la adición/eliminación de distribuciones ajustadas funciona como en la figura 6.9. Aunque no se presenta el estadístico de la prueba K-S en la figura 6.11 (para cada distribución ajustada, se puede imaginar como la mayor discrepancia vertical entre la distribución empírica y la distribución ajustada), es fácil apreciar que las distribuciones uniformes y triangulares producen ajustes muy pobres en términos de la máxima discrepancia vertical, y que la distribución lognormal produce un ajuste mucho mejor (de hecho, es difícil distinguir la diferencia entre la FDA ajustada y la distribución empírica en la figura 6.11).

Gráficas P-P

Supongamos por el momento que la FDA $\widehat{F}$ de una distribución ajustada realmente *es* un buen ajuste para la FDA desconocida de los datos observados. Si es así, para cada $i = 1, 2, \ldots, n$, $\widehat{F}(X_{(i)})$ debería estar cercano a la proporción empírica de datos que son iguales o menores que $X_{(i)}$. Esta proporción es i/n, pero sólo por conveniencia computacional no consideramos los valores 0 y 1 (para distribuciones ajustadas con cola a la derecha), por lo que haremos un pequeño ajuste usando en su lugar $(i-1)/n$ para esta proporción empírica. Para verificar heurísticamente (no es una prueba de hipótesis formal) si $\widehat{F}$ es un buen ajuste para los datos, observaremos si $(i-$

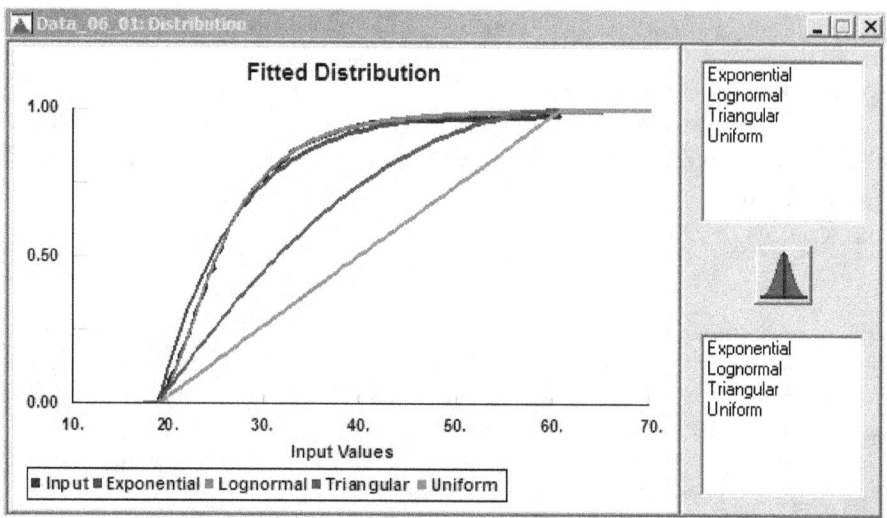

Figura 6.11: Superposición de Stat::Fit de la FDA ajustada y la distribución empírica.

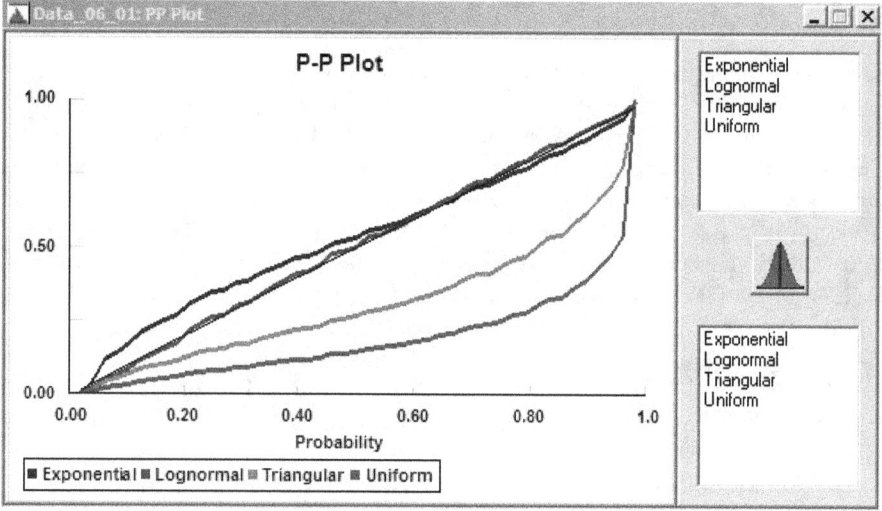

Figura 6.12: Gráfica P-P de Stat::Fit.

$1)/n \approx \widehat{F}(X_{(i)})$ para $i = 1, 2, \ldots, n$, por medio de la gráfica de los puntos $\left((i-1)/n, \widehat{F}(X_{(i)})\right)$ para $i = 1, 2, \ldots, n$; si en verdad tenemos un buen ajuste, estos puntos deben estar cercanos a la línea recta que une $(0,0)$ con $(1,1)$ en esta gráfica. Como tanto la coordenada x como la y de estos puntos son probabilidades (empírica y ajustada, respectivamente), ésta es llamada una *gráfica probabilidad-probabilidad*, o una *gráfica P-P*.

En Stat::Fit, las gráficas P-P están disponibles via la ruta del menú Fit → Result Graphs → PP Plot, y produce la gráfica de la figura 6.12 para nuestros datos de 47 observaciones y nuestras cuatro distribuciones ajustadas. Como en las figuras 6.9 y 6.11, se pueden agregar distribuciones haciendo el clic correspondiente en la caja superior derecha, y se pueden remover haciendo clic en la caja inferior derecha. La gráfica P-P para el ajuste lognormal se ve muy cerca de la línea

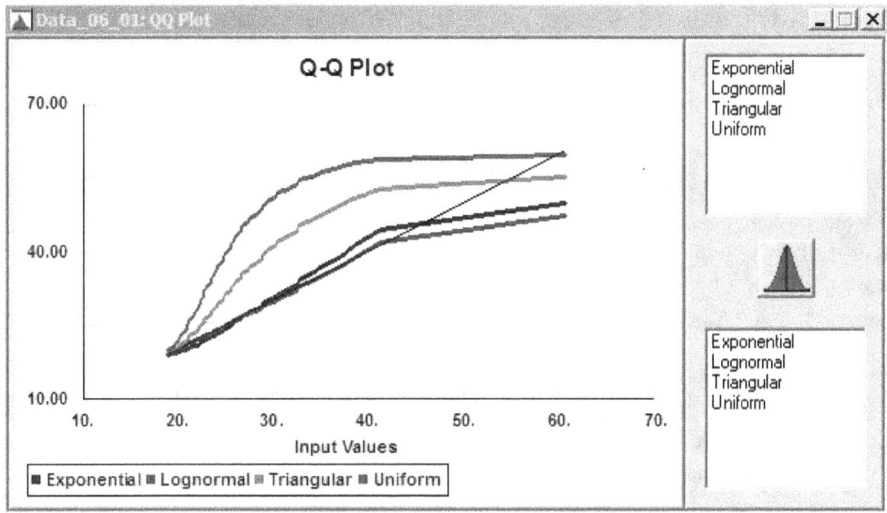

Figura 6.13: Gráficas Q-Q de Stat::Fit Q-Q.

recta, indicando un buen ajuste, y las gráficas P-P para los ajustes triangular y uniforme están muy lejos de la línea recta, indicando un ajuste muy pobre. El ajuste exponencial no parece malo, pero no tan bueno como la lognormal.

Gráficas Q-Q

La idea de la gráfica P-P era la de observar si $(i-1)/n \approx \widehat{F}(X_{(i)})$ para $i = 1, 2, \ldots, n$. Si aplicamos $\widehat{F}^{-1}$ (la inversa funcional de la FDA $\widehat{F}$ de la distribución ajustada) a esta aproximación, obtenemos $\widehat{F}^{-1}((i-1)/n) \approx X_{(i)}$ para $i = 1, 2, \ldots, n$, debido a que $\widehat{F}^{-1}$ y $\widehat{F}$ "se anulan". En esta aproximación, el lado izquierdo es el *cuantil* de la distribución ajustada (valor debajo del cual está cierta proporción o probabilidad, en este caso $(i-1)/n$). Notar que podría no existir una fórmula explícita para $\widehat{F}^{-1}$, por lo que podría necesitarse una aproximación numérica. Si $\widehat{F}$ realmente *es* un buen ajuste para los datos, y graficamos los puntos $\left(\widehat{F}^{-1}((i-1)/n), X_{(i)} \right)$ para $i = 1, 2, \ldots, n$, deberíamos nuevamente aproximarnos a una línea recta, pero no la que une $(0,0)$ con $(1,1)$, sino la que une $\left(X_{(1)}, X_{(1)} \right)$ con $\left(X_{(n)}, X_{(n)} \right)$ (Stat::Fit invierte el orden y grafica los puntos $\left(X_{(i)}, \widehat{F}^{-1}((i-1)/n) \right)$, pero no cambia el hecho de que buscamos una linea recta). Ahora ambas coordenadas, x, y de estos puntos son cuantiles (ajustados y empíricos, respectivamente), por lo que es llamada una *gráfica cuantil-cuantil*, o una *gráfica Q-Q*.

Se pueden hacer gráficas Q-Q en Stat::Fit via Fit $\rightarrow$ Result Graphs $\rightarrow$ QQ Plot, para producir la figura 6.13 para nuestros datos y nuestras distribuciones ajustadas. Como en las figuras 6.9, 6.11, y 6.12, se puede elegir las distribuciones a desplegar. Las gráficas Q-Q para lognormal y exponencial parecen ser las más cercanas a la linea recta, indicando un buen ajuste, excepto para la cola a la derecha, donde ninguna ajusta bien. Las gráficas Q-Q para las distribuciones triangular y uniforme indican ajustes muy pobres, consistente con nuestros resultados anteriores. De acuerdo con [34], las gráficas Q-Q tienden a ser muy sensibles a las discrepancias en las colas para los datos y las distribuciones ajustadas, mientras que las gráficas P-P son más sensibles a las discrepancias en el interior de las distribuciones.

6.1.6   Temas Importantes para el Ajuste de Distribuciones

En esta sección discutiremos brevemente algunos temas y preguntas que frecuentemente aparecen cuando tratamos de ajustar distribuciones a datos observados.

¿Son mis Datos IID? ¿Qué si no lo son?

Una suposición básica e importante de los métodos para el ajuste de distribuciones y para las pruebas de bondad de ajuste discutidas en las secciones 6.1.3–6.1.5 es que los datos reales observados para el modelo son IID: Independientes e Idénticamente Distribuidos. En realidad son dos suposiciones, y ambas deben satisfacerse para que los métodos de las secciones 6.1.3-6.1.5 sean válidos:

- "I": Cada vector de datos es probabilísticamente/estadísticamente independiente de cualquier otro vector de datos del conjunto de datos. Puede haber alguna desconfianza si los datos se recolectaron en secuencia del tiempo (como a menudo es el caso) donde cada observación tiene alguna relación con la siguiente o futuras observaciones, ya sea por una relación causal "física" o por una aparente correlación estadística.

- "ID": El correspondiente proceso o distribución de probabilidades que dio lugar a los datos es el mismo para cada vector de datos. En este caso, puede haber desconfianza si las condiciones durante la recolección de datos cambiaron de manera que afectaran la correspondiente distribución, o si las fuentes de observación son heterogéneas.

Siempre es bueno tener un entendimiento del contexto del sistema que se está modelando, y de la manera en que se recolectaron los datos. Si bien existen pruebas estadísticas formales tanto para la "I" como para la "ID" de IID, nos enfocaremos en algunos métodos gráficos sencillos para verificar estas suposiciones informalmente y, cuando sea posible, sugerir acciones cuando los datos parecen violar alguna de las suposiciones.

Como antes, denotemos por $X_1, X_2, \ldots, X_n$ a los datos observados, pero supongamos ahora que el subíndice i es el orden de la observación en el tiempo, de manera que X_1 es la primera observación en el tiempo, X_2 es la segunda, etc. Un primer paso sencillo para validar IID es una *gráfica de serie de tiempo* de los datos, que es simplemente una gráfica con X_i en el eje vertical vs. la correspondiente i en el eje horizontal; ver la figura 6.14, que muestra la gráfica de los 47 tiempos de atención considerados en las secciones 6.1.1–6.1.5. Esta gráfica se encuentra en el archivo Datos_06_02.xls de hoja de cálculo de Excel; los datos originales del archivo Datos_06_01.xls se repiten en la columna B, con el índice del tiempo i en la columna A (ignore las otras columnas por ahora). Para datos IID, esta gráfica debería lucir sin alguna forma o patrón, como una nube poco interesante de puntos, sin tendencias hacia arriba o hacia abajo y sin periodicidades (que podría ocurrir si se viola la "ID" y la distribución se traslada o es cíclica en el tiempo), o sin relaciones sistemáticas entre puntos sucesivos (que puede ocurir si se viola la "I"), que parecen sí tener estos datos.

Otra gráfica sencilla, específicamente para detectar la falta de independencia entre observaciones adyacentes (llamado *lag-1* en la serie de tiempo analizada), es una *gráfica de dispersión* de los pares de puntos adyacentes (X_i, X_{i+1}) para $i = 1, \ldots, n-1$; ver la figura 6.15 para los 47 tiempos de atención, que está también en Datos_06_02.xls (para crear esta gráfica en Excel hemos creado una nueva columna C para X_{i+1}, para $i = 1, \ldots, n-1$). Si existe una correlación positiva de lag-1 los puntos estarán alrededor de una línea con pendiente positiva (correlación negativa resultará en un agrupamiento alrededor de una línea con pendiente negativa), y los datos independientes no mostrarán ninguna tendencia, como parece ser el caso con estos datos. Stat::Fit puede también proporcionar estas gráficas de dispersión de lag-1 utilizando la ruta del

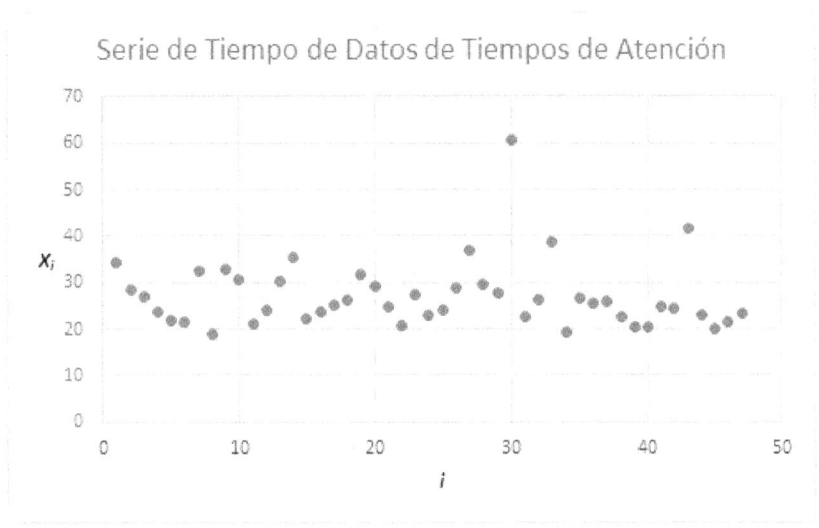

Figura 6.14: Gráfica de Serie de Tiempo para 47 tiempos de atención.

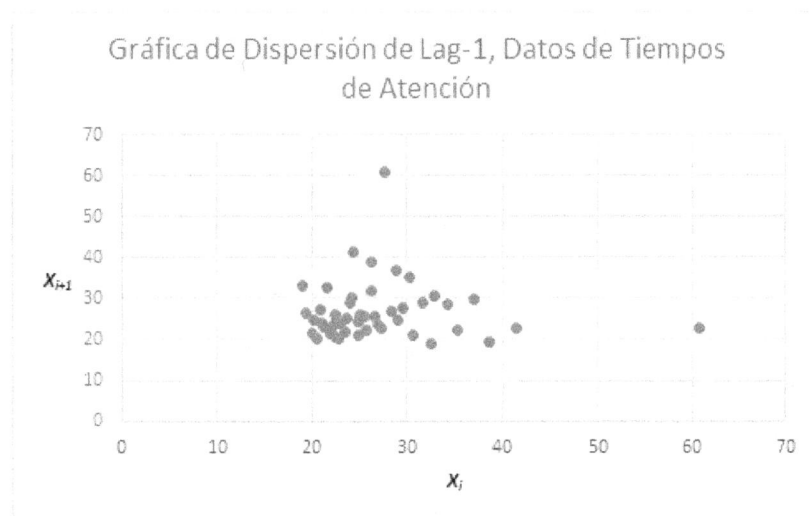

Figura 6.15: Gráfica de dispersión (Lag 1) para los 47 tiempos de atención.

	A	B	C	D	E
1	i	X_i	X_{i+1}	X_{i+2}	X_{i+3}
2	1	34.2	28.4	26.9	23.5
3	2	28.4	26.9	23.5	21.9
4	3	26.9	23.5	21.9	21.5
5	4	23.5	21.9	21.5	32.6
6	5	21.9	21.5	32.6	19.0
7	6	21.5	32.6	19.0	32.9
8	7	32.6	19.0	32.9	30.6
44	43	41.4	22.8	20.0	21.3
45	44	22.8	20.0	21.3	23.2
46	45	20.0	21.3	23.2	
47	46	21.3	23.2		
48	47	23.2			

Figura 6.16: Arreglo en columnas para construir la matriz de autocorrelación de `Datos_06_02.xls`.

menú *Statistics* → *Independence* → *Scatter Plot*. Si desea probar las posibles faltas de independencia para lag $k > 1$, puede construir gráficas similares tomando los pares (X_i, X_{i+k}) para $i = 1, \ldots, n - k$ (Stat::Fit no lo tiene, pero se pueden crear las gráficas con Excel).

Las gráficas de dispersión y de series de tiempo pueden proporcinar una buena intuición visual para una posible falta de independencia, pero también existen medidas numéricas de diagnóstico. La más obvia es la *matriz de autocorrelación* que muestra las autocorrelaciones numéricas (*auto*correlación debido a que se refiere a la misma secuencia de datos) estimadas en varios lags; lo haremos desde lag 1 hasta 3. La mayoría de los paquetes estadísticos pueden hacer esto automáticamente, aunque los haremos también en Excel. La figura 6.16 muestra las columnas A–E of `Datos_06_02.xls`, excepto por las filas 9–43 que están escondidas por brevedad, y puede observarse que las columnas C, D, y E contienen los datos originales de la columna B excepto que están corridos hacia adelante por 1, 2, y 3 filas, respectivamente (representando los lags para la observación en la columna B). Para construir la matriz de autocorrelación, usamos el paquete *Data Analysis* de Excel, usando la pestaña *Data* de la parte superior y luego *Analyze* en el área a la derecha[3]. Una vez en la ventana *Data Analysis*, seleccione *Correlation*, luego OK, y seleccione el rango de entrada \$B\$1:\$E\$45 (las celdas sombreadas en azul, notando que omitimos las últimas tres filas debido a que requerimos autocorrelaciones hasta lag 3), checar *Labels in First Row*, y dónde desea tener los resultados (nosotros seleccionamos la salida en \$G\$37\$). La figura reffig:AutocorrelMatrix muestra los resultados. En realidad existen tres estimaciones de la autocorrelación de lag-1 (debajo de la diagonal), -0.07, -0.06, and -0.05 que son muy parecidas porque están usando los mismos datos (excepto por pocos puntos al final de las secuencias), y todas son muy pequeñas (recuerde que las correlaciones están entre -1 y $+1$). Similarmente, dos estimaciones de la autocorrelación de lag-2, -0.05 and -0.04, nuevamente parecidas y pequeñas. La única autocorrelación estimada de lag-3, $+0.24$, podría indicar alguna correlación positiva entre los datos espaciados en tres lugares, pero es débil de cualquier forma (no estamos probando si alguna de estas autocorrelaciones es estadísticamente diferente de cero).

---

[3]si no puede ver la cinta de *Data Analysis*, debe cargar el paquete *Analysis* utilizando la pestaña *File* de la parte superior, luego *Options* para obtener la ventana de opciones de Excel, luego *Add-ins* en el menú de la izquierda, y finalmente administra los complementos de Excel en la parte inferior

Matriz de Autocorrelaciones hasta Lag 3				
	X_j	X_{j+1}	X_{j+2}	X_{j+3}
X_j	1			
X_{j+1}	-0.07	1		
X_{j+2}	-0.05	-0.06	1	
X_{j+3}	0.24	-0.04	-0.05	1

Figura 6.17: Matriz de autocorrelación de Datos_06_02.xls.

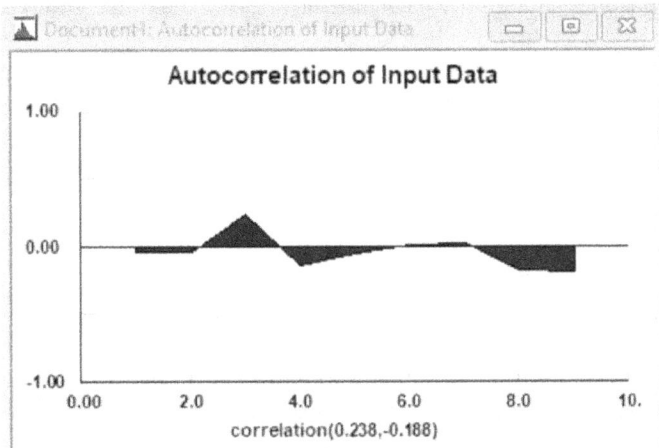

Figura 6.18: Gráfica de autocorrelation usando Stat::Fit en Datos_06_02.xls.

Existe una gráfica para inspeccionar visualmente las autocorrelaciones (llamado *correlograma*, o en el caso de una sola secuencia *autocorrelograma*) con los lags (1, 2, 3, etc.) en el eje horizontal y las correspondientes autocorrelaciones en el eje vertical; Stat::Fit hace esto vía la ruta del menú *Statistics → Independence → Autocorrelation*, con el resultado de la figura fig:AutocorrelPlot indicando lo mismo que la matriz de autocorrelación.

Existen muchas pruebas estadísticas para probar la independencia dentro de un conjunto de datos. Entre ellas están las *pruebas de corridas*, que buscan secuencias de *corridas* en los datos, que son subsecuencias de datos que siempre van hacia arriba (o hacia abajo), y para datos verdaderamente independientes se pueden calcular la frecuencia y longitud esperada de dichas corridas, contra las cuales se pueden comparar la frecuencia y longitud de las corridas encontradas en los datos. Stat::Fit tiene otras dos pruebas de corridas (arriba/debajo de la mediana y puntos de cambio), usando la ruta del menú *Statistics → Independence → Runs Test* (se lo dejamos al lector).

Parece que la suposición de independencia de nuestros 47 tiempos de atención parece razonable, no habiendo encontrado evidencia de lo contrario. Si encontramos que nuestros datos no son independientes nos sugeriría el tomar algunas acciones correctivas, ya sea en términos del modelado o de la recolección de datos. Un caso importante en simulación es el de algún patrón de llegadas en el tiempo, que se discute en la sección 6.2.3, y Simio incluye el modelado de este. En general, el modelado de procesos de entrada no independientes en simulación es difícil, y fuera del alcance de este libro; el lector interesado puede revisar la literatura de series de tiempo (como [14]), donde encontrará métodos para ajustar procesos autoregresivos, pero la generación de ellos generalmente no se incluye en el software de simulación but.

Habiéndonos enfocado en la suposición "I" (Independencia) hasta el momento, consideremos la suposición "ID" de Idénticamente Distribuido. Las desviaciones de esta suposición pueden deberse a datos heterogéneos, tales como tiempos de atención provenientes de diferentes operadores con diferentes niveles de entrenamiento o habilidades. Algunas veces se puede detectar ubicando distintas modas (picos) en el histograma de todos los tiempos de servicio juntos. Una manera de detectar estos casos es tratando de registrar qué operador proporcionó el determinado tiempo de servicio, y luego alterar el modelo de simulación para modelar los diferentes recursos con diferentes distribuciones para los tiempos de atención, dependiendo del nivel de habilidad o de entrenamiento del operador. Otro ejemplo puede ocurrir para la simulación del servicio de emergencia de un hospital, donde los pacientes llegan con diferente grado de severidad en sus condiciones de salud, y el tiempo de atención puede depender del grado de severidad, utilizando diferentes distribuciones para diferentes grados de severidad. Las desviaciones de la suposición "ID" pueden también ocurrir si la distribución cambia en el tiempo; en este caso se pueden identificar los *puntos de cambio* (ya sea por conocimiento del sistema o a partir de los datos) y permitir que el modelo de simulación utilice diferentes distribuciones para diferentes periodos de tiempo.

¿Qué Hacemos si no Ajusta Nada?

El proceso que acabamos de describir en la sección 6.1.4 es un escenario en el mejor de los casos, ya que las cosas no siempre salen tan fácilmente. Puede suceder que, a pesar de su mejor esfuerzo (y el de Stat::Fit) para encontrar una distribución estándar que se ajuste a sus datos, todos sus valores de p son pequeños y usted rechaza todos los ajustes de distribuciones, ¿significa esto que sus datos son inaceptables o que tienen algo de malo? No, por el contrario, significa que la lista de distribuciones "estándar" ha fallado en tener una distribución que se ajuste a sus datos (que, después de todo, constituyen "La Realidad" acerca del fenómeno que ha sido observado, como los tiempos de servicio — las distribuciones deben ajustarse a sus datos, no al revés —).

En este caso, Stat::Fit puede producir una distribución empírica, que es básicamente una versión del histograma, y en una simulación de Simio se pueden generar valores de esta distribución empírica. En los menús de Stat::Fit, siga la ruta *File → Export → Export Empirical* y seleccione el botón *Cumulative* (en lugar del botón sugerido *Density*) para tener compatibilidad con Simio. Esta acción copiará, en el portapapeles de Windows, una secuencia de parejas v_i, c_i, donde v_i es el i-ésimo valor más pequeño de sus datos y c_i es la probabilidad *acumulada* de generar un valor que es *menor o igual que* el correspondiente valor v_i. Lo que exactamente sucede, cuando usted copia esta información en Simio, depende de si usted desea una distribución discreta o una distribución continua. En la documentación de Simio (F1 o símbolo ? en Simio), siga el siguiente camino dentro de la pestaña *Contenido, Modeling in Simio → Expression Editor, Functions and Distributions → Distributions* y luego seleccione *Discrete* (discreta) o *Continuous* (continua), en concordancia con lo que usted desea:

- Si elige *Discrete*, la expresión apropiada para Simio es `Random.Discrete(v1, c1, v2, c2, ...)`, donde la secuencia puede ser tan larga como sea necesario para su conjunto de datos, y se generará cada valor v_i con probabilidad acumulada c_i (por ejemplo, c_4 es la probabilidad de que se genere un valor *menor o igual que* v_4, por lo que se generará un valor *igual a* v_4 con probabilidad $c_4 - c_3$).

- Si elige *Continuous*, la expresión para Simio es `Random.Continuous(v1, c1, v2, c2, ...)` y la FDA de la cual se generarán los valores pasa por cada punto (v_i, c_i) y los conecta con líneas rectas, es decir, será una curva lineal por tramos que conecta los puntos, empezando en el valor 0 para v_1 hasta el valor 1 para el más grande (el último) de los v_i.

Notar que en ambos casos, discreto y continuo, usted tendrá una distribución que está acotada por la izquierda (por el valor más pequeño de sus datos) y por la derecha (por el valor más grande de sus datos), es decir, en ambas direcciones no tiene una cola ilimitada.

¿Qué Hacemos si no Tenemos Datos?

Obviamente, ésta no es una buena situación. Lo que se acostumbra hacer es entrevistar a un "experto" que tiene familiaridad con el sistema (o con sistemas similares) para solicitarle, digamos, el más bajo y el más alto de los valores que son razonablemente posibles; con estos valores se puede especificar una distribución uniforme. Si usted siente que la uniforme asigna demasiado a los valores extremos, usted podría usar más bien una distribución triangular con una moda (pico de la FD, no necesariamente la media) que puede, o no puede, estar en el punto medio del rango, dependiendo de la situación. Una vez que ha efectuado estos ajustes y tiene un modelo que funciona, realmente debe de usar su modelo como una herramienta de análisis de sensibilidad (ver "¿Cuál es la Cantidad Apropiada de Datos?" más abajo) para tratar de identificar qué entradas son más importantes para las salidas e intentar, con mucho empeño, la recopilación de algunos datos sobre (al menos) las entradas importantes, con los cuales podría ajustar las correspondientes distribuciones. La opción *Input Parameters* de Simio, discutida en la sección 6.5, puede también proporcionar una guía sobre las entradas que importan para las métricas claves de desempeño.

¿Qué Hacemos si Tenemos "Demasiados" Datos?

Otra situación extrema ocurre cuando usted tiene un tamaño de muestra muy grande de datos observados, posiblemente muchos cientos o quizá miles. Generalmente somos felices al tener muchos datos, y ciertamente lo estamos ante esta situación. Solamente debemos darnos cuenta que, con un tamaño de muestra muy grande, las pruebas de hipótesis de bondad de ajuste tienen un alto *poder* estadístico (la probabilidad de rechazar la hipótesis nula cuando ésta es falsa que, estrictamente hablando, siempre lo es); por esta razón, es probable que rechacemos los ajustes de todas las distribuciones, aunque parezcan perfectamente razonables a la luz de una prueba visual. En tales casos, debemos recordar que las pruebas de bondad de ajuste, como todas las pruebas de hipótesis, están lejos de ser perfectas, y podríamos preferir seguir adelante y usar una distribución ajustada aun si las pruebas de bondad de ajuste se rechazan con un tamaño de muestra grande, siempre y cuando haya pasado nuestra prueba visual.

¿Cuál es la Cantidad Apropiada de Datos?

Con respecto al tamaño de la muestra, mucha gente se pregunta qué cantidad de datos reales necesitan para ajustar una distribución. Por supuesto que no existe una posible respuesta universal a dicha pregunta. Aunque una manera de abordar la respuesta consiste en utilizar su modelo de simulación como una herramienta para el análisis de sensibilidad, que mida cuán sensibles son las salidas claves a los cambios en sus distribuciones de entrada. Sin duda, ahora usted estará pensando: "pero si no conozco cuáles son las distribuciones de entrada ni siquiera puedo construir mi modelo" y, estrictamente hablando, usted tiene la razón. Sin embargo, usted puede primero construir su modelo, aun antes de recolectar datos reales para ajustar distribuciones de entrada, y utilizar inicialmente distribuciones de entrada especialmente preparadas — no distribuciones arbitrarias o descabelladas pero, en la mayoría de los casos, usted podría hacer suposiciones razonables, digamos una simple distribución de entrada uniforme, o triangular, considerando las sugerencias de alguien a quien le es familiar el sistema —. Luego podría variar estas distribuciones de entrada para investigar cuáles tienen el mayor impacto en la salida del modelo — éstas son las distribuciones de entrada que son críticas, y usted deseará enfocar su recolección de datos en dichas entradas, en lugar de enfocarse en otras que parecen no afectar mucho la salida del modelo. Como en el caso de la falta de datos discutido anteriormente, La opción *Input Parameters* de Simio, discutida en la sección 6.5, puede proporcionar una guía sobre el esfuerzo relativo que debería prestarse a la colección de datos reales sobre las entradas del modelo.

¿Cuál es la Respuesta Correcta?

Un comentario final es que la especificación de distribuciones no es una ciencia exacta. Dos personas pueden tomar el mismo conjunto de datos y elegir diferentes distribuciones, siendo que ambas son perfectamente razonables, es decir, proporcionan un ajuste apropiado de los datos, pero son distribuciones diferentes. En tales casos, usted podría considerar criterios secundarios, por ejemplo, la facilidad para manipular los parámetros para que produzcan cambios en la media de la distribución. Si es más fácil con una distribución que con la otra, usted podría seleccionar la más fácil para probar diferentes medias para la distribución de entrada (por ejemplo, ¿qué pasaría si usted tuviera un servidor que es 20% más rápido, en promedio?).

6.2 Tipos de Entradas

Habiendo discutido el ajuste de distribuciones univariadas en la sección 6.1, deberíamos ahora dar un paso atrás y pensar de manera más general sobre los diferentes tipos de entradas numéricas que puede tener una simulación. Podríamos clasificar estos tipos en dos dimensiones de acuerdo con una clasificación 2×3: determinística versus estocástica y escalar versus multivariada versus proceso estocástico.

6.2.1 Determinísticas versus Estocásticas

Las entradas *determinísticas* son simplemente constantes, como el número de servidores para el registro automático que tiene una aerolínea en cierto aeropuerto. Esta entrada no cambiará durante la corrida de la simulación — a menos, por supuesto, que los servidores estén sujetos a fallas en instantes aleatorios y, cuando éstas suceden, experimenten una reparación que dure un lapso aleatorio de tiempo —. Otro ejemplo de entrada determinística pueden ser los tiempos de llegada pre-determinados de pacientes a un consultorio dental.

Espere un momento, ¿*nunca* ha llegado usted tarde (o temprano) a su cita con el dentista? Los tiempos de llegada podrían modelarse de manera más realista como el instante programado (determinístico) más una VA "desviación" que puede ser positiva para una llegada tardía o negativa para una llegada temprana (y posiblemente con esperanza cero si asumimos que los pacientes son, en promedio, puntuales, aun si no en todos los casos). Éste sería un ejemplo de entrada *estocástica*, que depende de (o simplemente es) una VA. Ciertamente, en este tipo de situaciones es más común la especificación de una distribución para los tiempos entre llegadas, como hicimos en el Modelo 3-3 de colas en una hoja de cálculo.

Frecuentemente, se puede argumentar que la entrada de una simulación puede ser, en algunos casos, determinística y, en otros, estocástica:

- El tiempo de viaje de un pasajero en un aeropuerto, desde el punto de registro hasta el puesto de seguridad. Las distancias son las mismas para todos pero, ciertamente, la velocidad del caminante varía.

- El número real de artículos en un embarque, a diferencia del número de artículos ordenados (determinístico).

- En una planta de estampados, el lapso de tiempo requerido para estampar y cortar un artículo usando una máquina. Este lapso podría ser casi determinístico si la lámina de metal sale del rollo a una tasa constante y el movimiento del dado para estampar ocurre a una tasa constante. Incluir, o no, pequeñas variaciones en el modelo usando VAs sería parte de la pregunta sobre el nivel de detalle que se incluirá en el modelo (a propósito, más detalle no siempre conduce a un "mejor" modelo).

- El tiempo necesario para efectuar un mantenimiento de "rutina" a un vehículo militar. Mientras que el tiempo planeado puede ser determinístico, podríamos modelar el tiempo extra (y aleatorio) que sería necesario si se descubren problemas imprevistos.

El modelar una entrada como determinística, o como estocástica, es una decisión importante. Es evidente que deberíamos asumir lo que más se parece al sistema real, pero podría surgir la interrogante de si realmente es importante para la salida de la simulación.

6.2.2   Escalar versus Multivariada versus Proceso Estocástico

Si una entrada es un simple número, sea determinística o estocástica, es un valor *escalar*. Otro término usado, especialmente si el escalar es estocástico, es *univariado*. La siguiente forma es la más común para modelar las entradas de una simulación — un número escalar (o VA) a la vez, generalmente con varias entradas de este tipo dentro del modelo y, típicamente, las entradas se asumen independientes entre sí —. En nuestra discusión de la sección 6.1, asumimos implícitamente que nuestro modelo funciona de esta manera, considerando que todas las entradas estocásticas son univariadas e independientes entre sí dentro del modelo. En un sistema de manufactura, dichas entradas escalares podrían incluir el tiempo de procesamiento de una pieza y el tiempo subsecuente de inspección de la pieza. En una clínica para tratamientos de urgencia, dichas entradas escalares podrían incluir los tiempos entre las llegadas sucesivas de los pacientes, edad, sexo, cobertura del seguro, tiempo que toma el examen en una sala, código de diagnóstico y estado de atención (como ir a casa, ir a la sala de emergencia de un hospital en un vehículo privado o llamar a una ambulancia para traslado a un hospital).

Pero, en realidad, pudieran haber relaciones entre las diferentes entradas de una simulación, en cuyo caso deberíamos considerarlas como componentes (o coordenadas) de un *vector* de entradas, más que como independientes; si algunos de estos componentes son aleatorios, son llamados un *vector aleatorio*, o una *distribución multivariada*. Es importante remarcar que esto permite la dependencia y la correlación entre las coordenadas del vector aleatorio de entrada, convirtiéndolo en una entrada más realista que si las coordenadas se asumieran independientes — y ello puede afectar la salida de la simulación —. En el ejemplo de manufactura del párrafo anterior, podríamos permitir, digamos, correlación positiva entre los tiempos de proceso y de inspección de la misma pieza, reflejando el hecho de que algunas partes son más voluminosas o problemáticas que otras. Esta disposición también nos permitiría evitar la generación de situaciones absurdas en la clínica para tratamientos de urgencia, como que un niño sufra de artritis (poco probable) o que un varón anciano tenga complicaciones del embarazo (más que poco probable), ambos casos podrían ocurrir si las entradas se generaran de manera independiente, que típicamente es lo que hacemos. Otro ejemplo puede ocurrir en la simulación de una estación de bomberos, donde el número de ambulancias y de camiones de bomberos que se envían a un incendio deberían estar correlacionados positivamente (los incendios grandes podrían requerir de varios camiones y ambulancias, pero un incendio pequeño quizá uno de cada uno); ver [44] para apreciar cómo se modeló e implementó esta situación en un proyecto. Mientras que algunas de estas situaciones se pueden modelar usando el sentido común (e.g., en la clínica para tratamientos de urgencia, primero generamos el sexo y luego lo verificamos, antes de permitir un diagnóstico de complicaciones del embarazo), en otras situaciones podemos modelar las relaciones estadísticamente, con correlaciones o distribuciones de probabilidad conjuntas. Si la falta de independencia está, efectivamente, presente en el sistema real, puede afectar los resultados de la salida de la simulación y podríamos obtener resultados erróneos si ignoramos este hecho y simplemente generamos todas las entradas de manera independiente dentro del modelo.

Un procedimiento para especificar un vector aleatorio de entrada consiste en primero ajustar distribuciones a cada uno de los componentes aleatorios univariados, uno a la vez, como en la sección 6.1; éstas son llamadas las *distribuciones marginales* del vector aleatorio de entrada (como en el caso de los vectores discretos de dos dimensiones, ellas pueden ser tabuladas en los márgenes de la tabla de la distribución conjunta). A continuación se utilizan los datos para estimar las correlaciones, por medio del conocido estimador muestral de correlación lineal, que se discute en los libros de estadística. Notar que la especificación de las distribuciones marginales univariadas y de la matriz de correlación no necesariamente determina de manera única la distribución de probabilidades conjunta del vector aleatorio, excepto en el caso de VAs que siguen una distribución normal multivariada.

Elevando la dimensión del vector aleatorio de entrada a una dimensión de tamaño infinito, podríamos pensar que el modelo de simulación está gobernado por una entrada que es (una realización de) un *proceso estocástico*. Algunos modelos de telecomunicaciones consideran este tipo de entradas, donde el proceso estocástico de entrada representa una cadena de paquetes de información y cada uno llega en un momento específico, con un tamaño específico; en [4] se presenta un método robusto para ajustar un modelo muy general de series de tiempo, que puede ser usado como una entrada en forma de cadena para una simulación.

Para obtener más información sobre tales modelos "no estándar" de la entrada de una simulación, ver, por ejemplo, [27] y [28].

6.2.3   Tasas de Llegadas que Varían en el Tiempo

En muchos sistemas de espera, la tasa de llegadas desde el exterior varía sensiblemente en el tiempo. Algunos ejemplos nos vienen fácilmente a la mente, como el flujo de clientes a un restaurante de comida rápida durante un día, el flujo de pacientes a las salas de emergencia durante un año (temporada de influenza) o el flujo de vehículos en las autopistas durante un día. Así como el ignorar la correlación entre las entradas puede introducir errores en los resultados de la salida, igualmente puede ocurrir si ignoramos la no estacionaridad de las llegadas. Imaginemos el efecto del mal modelado del flujo en una autopista, asumiendo una tasa promedio constante durante las 24 horas del día, que es igual al flujo observado alrededor de las 3:00 a.m., sin duda subestimará gravemente la congestión durante la hora pico (en [19] se ilustra, a través de un ejemplo numérico, el grave error que podemos cometer).

La alternativa más difundida para representar una tasa de llegadas que varía en el tiempo es el uso de un *proceso de Poisson no estacionario* (también llamado un *proceso de Poisson no homogéneo*). Bajo este proceso, la tasa de llegadas es una función $\lambda(t)$ del tiempo simulado t, en lugar de una tasa constante λ. El número de llegadas durante cualquier intervalo de tiempo $[a, b]$ sigue una distribución (discreta) de Poisson con promedio $\int_a^b \lambda(t)dt$. En consecuencia, el número promedio de llegadas es más alto durante los intervalos de tiempo donde la tasa $\lambda(t)$ es más alta, como desearíamos (asumiendo, por supuesto, una igual duración de los intervalos). Notar que si la tasa de llegadas realmente *es* una constante λ, es un caso particular del proceso de Poisson no estacionario con tasa constante λ; que es equivalente a un proceso de llegadas con tiempos entre llegadas que son VAs exponenciales e IID con media $1/\lambda$.

Para modelar un proceso de Poisson no estacionario en una simulación, necesitamos decidir cómo utilizaremos los datos observados para encontrar una estimación de la función $\lambda(t)$. Este tema ha sido objeto de considerable investigación; ver, por ejemplo, [33] y la bibliografía allí referenciada. Un procedimiento directo para estimar $\lambda(t)$ consiste en utilizar una función *constante por tramos*. En este caso asumimos que, durante intervalos de tiempo de una cierta duración (digamos, arbitrariamente, de diez minutos en el ejemplo de la autopista, para permitir una discusión más concreta), la tasa de llegadas realmente *es* constante, pero puede saltar hacia arriba o hacia abajo a un nivel (posiblemente) diferente al final da cada periodo de diez minutos. Usted necesitaría tener información sobre el sistema para saber si es razonable asumir una tasa constante durante cada periodo de diez minutos. Para estimar el nivel de la tasa en cada periodo de diez minutos, simplemente cuente las llegadas durante ese periodo y, con suerte, puede considerar el promedio sobre varios días de la semana para cada periodo por separado, para obtener una mayor precisión (la tasa de llegadas durante un intervalo no tiene que ser entera). Si bien este método constante por tramos para estimar la tasa es relativamente simple, tiene buenas bases teóricas, como se muestra en [37].

Simio tiene incorporado un generador de llegadas de dicho proceso en su objeto *Source* (que se discute a partir del capítulo 4), donde las entidades llegan al sistema especificando el tipo de llegadas (*Arrival Mode*) como `Time Varying Arrival Rate` (tasa de llegadas que varía en el tiempo). La función de llegadas se especifica utilizando la estructura de datos *Rate Table* de Simio. En la sección 7.3 se presenta un ejemplo completo de la implementación de un proceso de llegadas Poisson no estacionario utilizando una tasa de llegadas que es constante por tramos, para la Sala de Emergencia de un hospital. Notar que todas las tasas en Simio deben estar expresadas en unidades por *hora* antes de ingresarlas en la correspondiente tabla de tasas (*Rate Table*); por ejemplo, si sus datos de tasas de llegadas están expresados como el número de llegadas durante cada periodo de diez minutos, tendrá primero que multiplicar por 6 sus tasas estimadas en cada periodo, para convertirlas en tasas de llegadas por *hora*.

6.3 Generadores de Números Aleatorios

Todas las simulaciones estocásticas tienen en su raíz algún método para "generar" *números aleatorios*, término que, específicamente en simulación, significa observaciones distribuidas continua y uniformemente entre 0 y 1; los números aleatorios también necesitan ser independientes entre sí, es lo ideal, aunque no puede alcanzarse en su sentido literal. Con este objetivo, algunos investigadores han desarrollado algoritmos numéricos para producir una cadena de valores entre 0 y 1 que *aparentan* ser independientes y uniformemente distribuidos. Por "aparentan" queremos decir que los números aleatorios generados satisfacen ciertas condiciones teóricas que se pueden probar (como que no se repiten por un periodo bastante largo), así como pasan un arsenal de pruebas, tanto estadísticas como teóricas, de uniformidad e independencia. Estos algoritmos son conocidos como *generadores de números aleatorios* (GNAs).

A usted se le podría ocurrir algún procedimiento raro y esperaría que funcionara bien como un generador de números aleatorios. Ciertamente, ha habido mucha investigación sobre el desarrollo de buenos GNAs, que es mucho más complicado de lo que mucha gente cree. Un método clásico (aunque pasado de moda) es llamado el *generador congruencial lineal* (GCL), que genera una secuencia de enteros Z_i con base en la relación de recurrencia

$$Z_i = (aZ_{i-1} + c)(\mathrm{mod}\ m)$$

donde a, c y m son constantes enteras no negativas (a y m deben ser estrictamente mayores que cero) y necesitan ser escogidas muy cautelosamente; empezamos la secuencia especificando el valor de una *semilla* $Z_0 \in \{0, 1, 2, \ldots, m-1\}$. Notar que mod m significa dividir $(aZ_{i-1} + c)$ entre m y hacer Z_i igual al residuo de esta división. Debido a que es un residuo de una división entre m, cada Z_i será un número entero entre 0 y $m-1$, y como necesitamos que nuestros

	E7	▼ (ⁿ	*fx*	=RESIDUO($B$3*E6+$B$4, $B$5)				
◢	A	B C	D	E	F	G	H	I
1	**Generador Congruencial Lineal de Números Aleatorios**							
2								
3	a:	17	i	Z_i	U_i			
4	c:	8	0	7	n. d.			
5	m:	23	1	12	0.5217			
6	Z_0:	7	2	5	0.2174			
7			3	1	0.0435			
8			4	2	0.0870			
9			5	19	0.8261			
10			6	9	0.3913			
11			7	0	0.0000			
12			8	8	0.3478			
13			9	6	0.2609			
14			10	18	0.7826			
15			11	15	0.6522			
16			12	10	0.4348			
17			13	17	0.7391			
18			14	21	0.9130			
19			15	20	0.8696			
20			16	3	0.1304			
21			17	13	0.5652			
22			18	22	0.9565			
23			19	14	0.6087			
24			20	16	0.6957			

Figura 6.19: Un generador congruencial lineal de números aleatorios implementado en el archivo `Modelo_04_01.xls`, con la función de Excel en la parte superior para la celda E7 (que contiene el valor para Z_3).

números aleatorios U_i estén entre 0 y 1, tomamos $U_i = Z_i/m$; se podría dividir también entre $m-1$, pero en la práctica no importa mucho debido a que m es muy grande. La figura 6.19 muestra parte de la hoja de cálculo de Excel `Modelo_04_01.xls` (que está disponible para su descarga, como se indica en el Prefacio de este libro) que implementa este algoritmo para los primeros 100 números aleatorios; Excel tiene incorporada la función =RESIDUO que regresa el residuo de una división entera en la columna F, como deseamos.

Los parámetros a, c, m y Z_0 del GCL están en las celdas B3..B6, la hoja de cálculo está preparada para que usted pueda cambiar dichos valores si así lo desea, y toda la hoja de cálculo se actualizará automáticamente. Observando los valores generados para los U_i en la columna F, en principio le podrían parecer muy buenos números "aleatorios" (cualquiera que sea su significado), pero si los inspecciona con cuidado, se podría desilusionar. Nuestra semilla fue $Z_0 = 7$ y resulta que $Z_{22} = 7$ también y, a continuación, la secuencia de números generados se repite como al inicio, exactamente en el mismo orden. Trate de cambiar los valores de Z_0 (atrévase) para intentar que su semilla no se repita con tanta rapidez. Como se dará cuenta, no podrá. La razón es que el número de residuos enteros que puede obtener con la operación mod m está limitado (ciertamente, por m), y es así que necesariamente se repetirá una semilla luego de generar m números aleatorios (puede ser antes, dependiendo de los valores de a, c y m); esta secuencia es llamada el *ciclo* del GNA y la longitud del ciclo es llamada su *periodo*. Otras propiedades menos obvias sobre los GCLs son que, aun teniendo periodos largos, necesitamos que parezcan uniformes e independientes, que ciertamente son más difíciles de lograr y cuyo análisis requiere de ciertos conocimientos matemáticos sobre números primos, primos relativos, etc. (*teoría de números*).

Se han creado varios buenos GCLs (i.e., se han encontrado valores aceptables para a, c y m) y se han utilizado con éxito por muchos años desde su desarrollo en 1951, en [38], pero evidentemente con valores mucho mayores de m (frecuentemente $m = 2^{31} - 1 = 2,147,483,547$, en el orden de 10^9). Sin embargo, la velocidad de las computadoras ha crecido mucho desde 1951 y los GCLs ya no son serios candidatos para ser considerados GNAs de una alta calidad; por una razón, un GCL con un periodo aún tan grande como 10^9 puede repetir su ciclo en pocos minutos usando una simple computadora personal de nuestros días. Es por ello que se han desarrollado otros métodos diferentes (aunque muchos de ellos todavía utilizan la operación mod m internamente), con periodos mucho más grandes y mucho mejores propiedades estadísticas (independencia y uniformidad). No podemos describir estos métodos aquí, pero el lector interesado en este tema puede encontrar un resumen de estos métodos en [35] y pruebas de ellos en [36].

El GNA que utiliza Simio es el tornado de Mersenne, conocido en inglés como *Mersenne twister* (ver [43] o visitar el sitio web de su desarrollador `www.math.sci.hiroshima-u.ac.jp/~m` `-mat/MT/emt.html`), que tiene una longitud de ciclo realmente astronómica (10^{6001}, por comparación, se estima que el universo observable contiene alrededor de 10^{80} átomos). Tiene también excelentes propiedades estadísticas (ha probado su independencia y uniformidad hasta en 632 dimensiones). De esta manera, en Simio usted no tiene que preocuparse de al menos dos cosas — que se le terminen los números aleatorios o que se generen números aleatorios de baja calidad —.

Como se ha implementado en Simio, el tornado de Mersenne está dividido en un número muy grande de *secuencias* muy grandes, que son subsegmentos del ciclo completo, y es prácticamente imposible que se superpongan dos cadenas. Mientras que usted no puede acceder a la semilla (realmente es un *vector* de semillas), usted no lo requiere ya que, si usted lo desea, puede especificar la cadena a usar, como un parámetro adicional en la especificación de la distribución. Por ejemplo, si usted desea usar la cadena 28 (en lugar de la cadena sugerida 0) para la distribución lognormal que ajustó Stat::Fit en nuestros datos de tiempos de atención en la sección 6.1, usted ingresaría `17.4+Random.Lognormal(2.04, 0.672, 28)`.

¿Por qué haría usted algo como esto? Una buena razón es que si usted está comparando escenarios alternativos (digamos que dos diferentes disposiciones de planta), desearía tener más confianza en que las diferencias en las salidas que usted observa se deben a las diferencias en las disposiciones, y no debido a que utilizó diferentes números aleatorios. Si usted dedica diferentes cadenas a cada distribución de entrada en su modelo, cuando usted simule los diferentes escenarios de disposición de planta, estará haciendo un mejor trabajo si *sincroniza* el uso de números aleatorios para las diferentes entradas a través de los diferentes escenarios, con el objetivo de que exista una mejor posibilidad de que cada escenario "vea" los mismos trabajos en los mismos instantes, los tiempos de procesos para estos trabajos serían los mismos bajo los diferentes escenarios, etc. De esta manera, estaría removiendo la "variación aleatoria", al menos parcialmente, como explicación de los resultados diferentes a través de los diferentes escenarios.

El re-uso de números aleatorios de esta manera es un tipo de *técnica de reducción de varianza*, de las que hay varias, como se discute en los libros sobre simulación en general, como [3] o [34]; esta particular técnica de reducción de varianza es llamada números aleatorios comunes (del inglés *common random numbers*) debido a que estamos tratando de usar los mismos (comunes) números aleatorios para el mismo propósito a través de los diferentes escenarios. Además de parecer intuitivamente apropiado (comparar peras con peras y manzanas con manzanas), realmente existe un fundamento probabilístico para los números aleatorios comunes. Si Y_A y Y_B son las VAs que corresponden a la misma medida de desempeño (por ejemplo, tiempo total en el sistema) para los escenarios A y B, para compararlos estaremos interesados en $Y_A - Y_B$ y $Var(Y_A - Y_B) = Var(Y_A) + Var(Y_B) - 2Cov(Y_A, Y_B)$, donde Cov denota a la covarianza. Si usamos números aleatorios comunes, esperamos que la correlación entre Y_A y Y_B sea positiva, haciendo que $Cov(Y_A, Y_B) > 0$, reduciendo así la varianza de la diferencia de las salidas $Y_A - Y_B$ con respecto del valor que corresponde a escenarios independientes, en cuyo caso $Cov(Y_A, Y_B) = 0$. Si usted está corriendo múltiples repeticiones para cada escenario, Simio hace que cada una de las repeticiones para cada escenario empiece en el mismo punto para todas las cadenas que esté usando, de tal forma que la sincronización de los números aleatorios comunes permanece intacta aún después de la primera repetición. Similarmente, cuando usted corre múltiples escenarios, Simio empezará a correr cada escenario con el número aleatorio inicial de la cadena que está usando.

Un detalle importante sobre todos los generadores de números aleatorios es que realmente no son nada aleatorios, en el sentido de ser impredecibles. Si usted utiliza el mismo algoritmo y empieza con la misma semilla (o vector de semillas como es el caso del tornado de Mersenne), por supuesto que tendrá exactamente la misma secuencia de números "aleatorios". Por esta razón es que a veces son llamados *pseudoaleatorios*, que técnicamente es un término más correcto. Por ello, con un software de simulación como Simio, si usted vuelve a correr su modelo obtendrá exactamente los mismos resultados numéricos, que a menudo sorprende a los principiantes ya que parecería que ello no debe suceder cuando se utiliza un generador de números "aleatorios". Sin embargo, si usted *repite* la simulación de su modelo varias veces dentro de la misma corrida, estará avanzando en la secuencia de números aleatorios al pasar de una replicación a otra y obtendrá resultados diferentes e independientes, que es lo que se necesita para analizar estadísticamentes las salidas de una simulación. En verdad, el hecho de que usted obtenga el mismo resultado cuando vuelve a correr el mismo modelo es muy útil para depuración.

6.4   Generación de Variables Aleatorias y de Procesos

En las secciones 6.1 y 6.2 discutimos cómo seleccionar distribuciones de probabilidad para las entradas aleatorias de su modelo y en la sección 6.3 describimos cómo se generan los números aleatorios (distribuidos continua y uniformemente entre 0 y 1). En esta sección combinaremos lo anterior y discutiremos cómo transformar los números aleatorios uniformes entre 0 y 1 en valores para las distribuciones de entrada que usted desea en su modelo. Este tema frecuentemente se conoce con el nombre de *generación de variables aleatorias*. Cuando se utiliza Simio, estos detalles se han considerado internamente, al menos para las aproximadamente 20 distribuciones que soporta. Pero, aún así, es importante que entendamos los principios básicos, ya que usted podría, eventualmente, encontrar la necesidad de generar valores para otras distribuciones.

En realidad, ya hemos discutido la generación de variables aleatorias para un par de casos especiales en el capítulo 3. En la sección 3.2.3 tuvimos que generar valores para una distribución discreta uniforme sobre los enteros $1000, 1001, \ldots, 5000$. En la sección 3.2.4 generamos valores para variables aleatorias uniforme continua, lognormal y Weibull, y en la sección 3.3.2 hemos visto cómo generar valores para una distribución exponencial. En cada uno de estos casos, hemos obtenido métodos específicos para las distribuciones y, al menos para el caso de la distribución discreta uniforme, tuvimos una intuición razonable acerca de por qué el método es válido (para el caso de la exponencial simplemente nos referimos a esta sección, así que estamos en ese lugar).

Existen algunos principios generales que nos pueden guiar para entender cómo se transforman los números aleatorios en valores provenientes de las distribuciones de entrada que deseamos. Probablemente, el más importante es el llamado método de la *FDA inversa* debido a que se

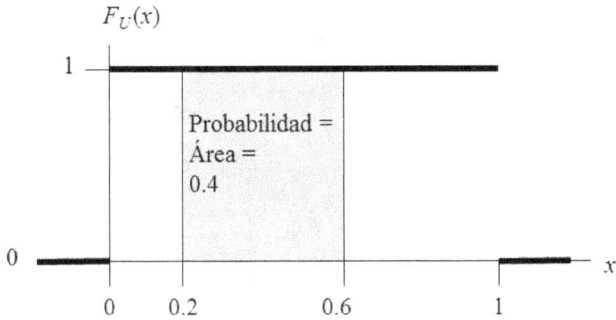

Figura 6.20: FD de la distribución continua uniforme entre 0 y 1 (es decir, de un número aleatorio U) y $P(0.2 \leq U \leq 0.6) = 1 \times (0.6 - 0.2) = 0.4$.

requiere encontrar la función inversa (no el recíproco o la inversa algebráica) de la FDA F_X de la distribución de entrada que usted desea (X es la correspondiente VA; a menudo incluimos a la correspondiente VA en el subíndice de las FDAs, FDs y FPs solamente por claridad). Recordar que la FDA le indica la probabilidad de que la VA asociada sea menor o igual que su argumento, es decir, $F_X(x) = P(X \leq x)$ para una VA X que tiene FDA F_X.

Consideremos primero el caso de una VA X con FDA F_X que es una función continua. La idea básica es generar un número aleatorio U, imponer $U = F_X(X)$ y (tratar de) resolver esta ecuación para X; el valor X de esta solución será un valor aleatorio con FDA F_X, como mostraremos en el siguiente párrafo. La razón por la que mencionamos "tratar de" resolver es que, dependiendo de la distribución, resolver esta ecuación puede, o no, ser fácil. Denotamos esta solución (fácil o no) como $X = F_X^{-1}(U)$, donde F_X^{-1} es la función inversa de F_X, es decir, F_X^{-1} "deshace" cualquier cosa que haya hecho F_X.

¿Por qué funciona este método? Es decir, ¿por qué la solución de $X = F_X^{-1}(U)$ sigue una distribución con FDA F_X? La clave es que U se distribuye continua y uniformemente entre 0 y 1, y necesitamos confiar en la calidad del generador de números aleatorios para garantizar que esto es al menos casi cierto. Si usted toma cualquier subintervalo de $[0,1]$, digamos que $[0.2, 0.6]$, la probabilidad de que el número aleatorio U esté en el subintervalo es el ancho de dicho subintervalo, en este caso $0.6 - 0.2 = 0.4$; para entender el porqué, sólo recuerde que la FDA de U es

$$f_U(x) = \begin{cases} 1 & \text{si } 0 \leq x \leq 1 \\ 0 & \text{en otro caso} \end{cases}$$

y que la probabilidad de que una VA caiga en un intervalo es el área bajo su FD en ese intervalo (ver la figura 6.20). En particular, para cualquier w entre 0 y 1, $P(U \leq w) = w$. Por lo que, a partir del valor "generado" $X = F_X^{-1}(U)$, encontramos la probabilidad de que sea menor o igual

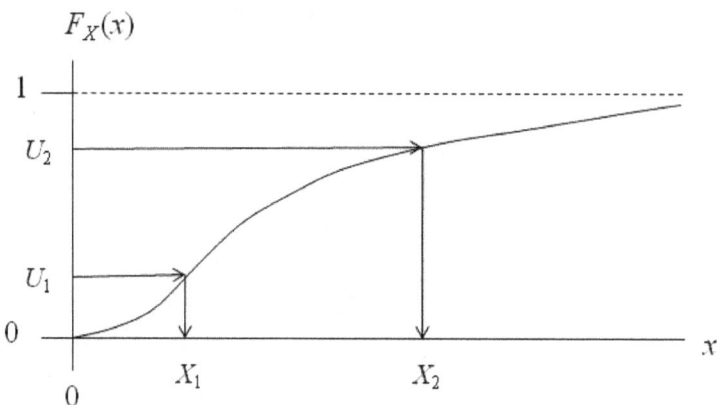

Figura 6.21: Ilustración del método de la FDA inversa para generar valores de variables aleatorias continuas.

que cualquier valor x en el rango de X:

$$P(F_X^{-1}(U) \leq x) \quad = \quad P(F_X(F_X^{-1}(U)) \leq F_X(x)) \qquad \text{(aplicar } F_X\text{, función}$$
$$\text{creciente, a ambos lados)}$$

$$= \quad P(U \leq F_X(x)) \qquad \text{(definición de función}$$
$$\text{inversa)}$$

$$= \quad F_X(x). \qquad (U \text{ se distribuye como}$$
$$\text{uniforme entre 0 y 1, y}$$
$$F_X(x) \text{ está entre 0 y 1)}$$

Esto muestra que la probabilidad de que un valor generado $X = F_X^{-1}(U)$ sea menor o igual que x es $F_X(x)$, es decir, la variable generada tiene FDA $F_X(x)$, exactamente como deseamos. La figura 6.21 ilustra el método de la FDA inversa para el caso continuo, con dos números aleatorios U_1 y U_2 ubicados en el eje vertical (ellos siempre estarán entre 0 y 1, por lo que siempre "caerán" dentro del rango de cualquier FDA en el eje vertical, ya que ella también está entre 0 y 1) y sus correspondientes valores generados X_1 y X_2 están sobre el eje x, en el dominio de la FDA $F_X(x)$ (la FDA en este caso particular parece tener como dominio el conjunto de los números reales positivos, como las distribuciones gamma o lognormal). El método de la FDA inversa, gráficamente equivale a seleccionar el número aleatorio sobre el eje vertical, prolongar una recta horizontal hasta cortar la FDA (que puede ser hacia la izquierda o hacia la derecha, aunque en nuestro ejemplo es hacia la derecha porque la VA X es siempre positiva) y luego bajar hacia el eje x para obtener el valor generado. Notar que los números aleatorios mayores corresponden a valores mayores de la VA (debido a que las FDAs son funciones no decrecientes, sus inversas también lo son). Además, como los números aleatorios se distribuyen entre 0 y 1 sobre el eje vertical, será más probable que "corten" a la FDA cuando está creciendo, cuando su derivada (la FD) es alta — y éste es exactamente el resultado que queremos: las VAs generadas son más probables cuando la FD es alta (que es la razón por la que la FD es llamada función de *densidad*) —. En consecuencia, el método de la FDA inversa "deforma" la distribución uniforme de los números aleatorios de acuerdo con la distribución de la VA X deseada.

Para mostrar un ejemplo en particular, tomemos la misma distribución que usamos en la

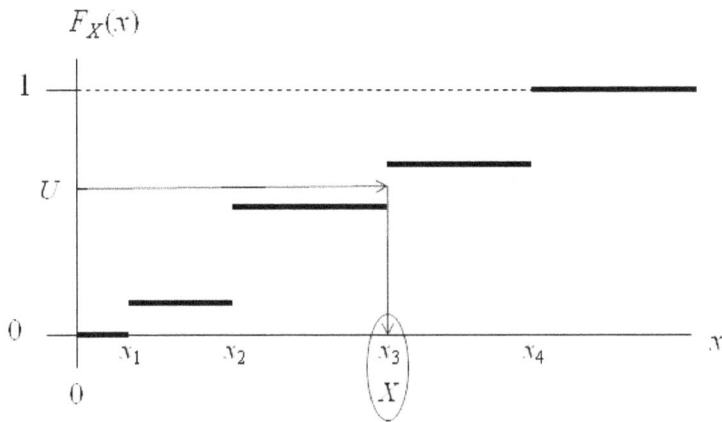

Figura 6.22: Ilustración del método de la FDA inversa para generar valores de variables aleatorias discretas.

sección 3.3.2, supongamos que X tiene una distribución exponencial con media $\beta > 0$. Como puede verificar en cualquier libro de probabilidades/estadística, la FDA de la exponencial es

$$F_X(x) = \begin{cases} 1 - e^{-x/\beta} & \text{si } x \geq 0 \\ 0 & \text{de otra forma,} \end{cases}$$

imponiendo $U = F_X(X) = 1 - e^{-X/\beta}$ y resolviendo para U, luego de unas pocas líneas de álgebra, obtenemos $X = -\beta \ln(1 - U)$ como la receta para la generación del valor de la VA, justo como obtuvimos en la sección 3.3.2. En el caso de la distribución exponencial, todo funcionó bien debido a que *tenía* una expresión explícita para FDA, en primer lugar y, además, la FDA de la exponencial se pudo invertir fácilmente (resolviendo $U = F_X(X)$ para X) utilizando álgebra simple. Con otras distribuciones puede que ni siquiera tengamos una expresión explícita sencilla para la FDA (e.g., la normal), por lo que ni siquiera podríamos empezar a invertirla con álgebra simple. Para otras distribuciones, puede existir una expresión explícita para la FDA, pero no se puede invertir utilizando métodos (e.g., la distribución beta cuando tiene como parámetro de forma un número entero grande). Es así que, mientras que el método de la FDA inversa siempre funciona para el caso continuo, en principio, implementarlo para algunas distribuciones podría requerir del uso de métodos numéricos como algún algoritmo para encontrar raíces.

En el caso discreto, la *idea* del método de la FDA inversa es la misma, con la excepción de que la FDA no es continua — es una función constante por tramos, con puntos de "salto" en los valores donde la correspondiente FP de la VA X es positiva —. La figura 6.22 ilustra el caso discreto, donde los posibles valores de la VA X son x_1, x_2, x_3, x_4. Para la implementación del método, generalmente se requiere de una búsqueda para encontrar los valores de "salto" apropiados. Si usted se imagina la proyección de los valores de los saltos hacia la izquierda, sobre el eje vertical (caen entre 0 y 1, por supuesto), lo que habrá hecho es dividir el intervalo (vertical) $[0, 1]$ en subsegmentos de longitud igual a los valores de la FP. A continuación genere un número aleatorio U, busque en el eje vertical el subintervalo que lo contiene y el correspondiente valor x_i es el que usted regresará como el valor generado para la VA X ($X = x_3$ en el ejemplo de la figura 6.22). En realidad, el método que desarrollamos en la sección 3.2.3 para generar la demanda uniforme discreta *es* el método de la FDA inversa, sólo que implementado de manera más eficiente, a través de una fórmula en lugar de una búsqueda. Estos "trucos" especiales para

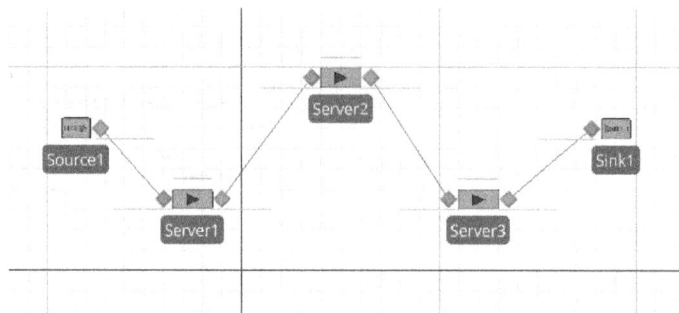

Figura 6.23: Modelo 6-2 - Tres servidores en serie usando *Input Parameters*.

algunas distribuciones son de uso común y algunas veces son equivalentes al método de la FDA
inversa (y otras no).

El método de la FDA inversa es, de alguna manera, el mejor método de generación de valores
para una VA, pero no es el único. Ha habido mucha investigación sobre la generación de VAs,
centrándose en la velocidad, precisión y estabilidad numérica. Se pueden consultar resúmenes
sobre este tema. por ejemplo, en [3] o [34]; también existe un tratado enciclopédico bastante
amplio en [8].

Hemos discutido brevemente sobre la *especificación* de vectores aleatorios y de procesos en
la sección 6.1.6 y, para cada uno de estos casos, necesitamos pensar acerca de la *generación*
(de realizaciones) de ellos. La discusión de estos métodos está muy lejos de las expectativas de
este libro y en muchas situaciones podría consultar las referencias de los párrafos precedentes.
Como mencionamos en la sección 6.2.3, Simio tiene incorporado un método para uno de estos
casos importantes, la generación de procesos de Poisson no estacionarios cuando la tasa es una
función constante por tramos. Sin embargo, en general, el software de simulación todavía no
soporta métodos generales para la generación de VAs correlacionadas, vectores aleatorios con
distribuciones multivariadas o procesos aleatorios generales.

6.5   Uso de la Opción *Input Parameters* de Simio

En esta sección describiremos los métodos de la opción *Input Parameters* de Simio, y como
usarlos para simplificar el modelado y mejorar el análisis de la entrada. *Input Parameters* es un
método alternativo para caracterizar y especificar la entrada de datos, en lugar de ingresar la
expresión directamente en las propiedades de la correspondiente instancia del objeto, como lo
hemos hecho hasta el momento.

Usaremos el Modelo 6-2 de la figura 6.23, que corresponde a tres estaciones en serie, para
demostrar y discutir *Input Parameters* de Simio. las cuatro entradas de interés son los tiempos
entre llegadas sucesivas y los tiempos de proceso en cada uno de los tres servidores. El método
estándar que hemos usado hasta el momento sería el de ingresar las entradas directamente en
las instancias de los objetos — e.g., estableciendo la propiedad *Interarrival Time* para *Source1*
en algo como `Random.Exponential(2.5)` minutos, y las propiedades *Processing Time* para
los `servers` en algo como `Random.Triangular(1, 2.25, 3)` o `1+Random.Lognormal(0.0694,
0.5545)` minutos. En lugar de ello, definiremos los parámetros de la entrada en Modelo 6-2,
primero para cada una de las cuatro entradas, y luego en las correspondientes instancias de los
objetos.

En la figura 6.24 se muestran las definiciones de los parámetros de la entrada para el Modelo
6-2. Notar que el ícono *Input Parameters* y la página de las definiciones están sobre la pestaña

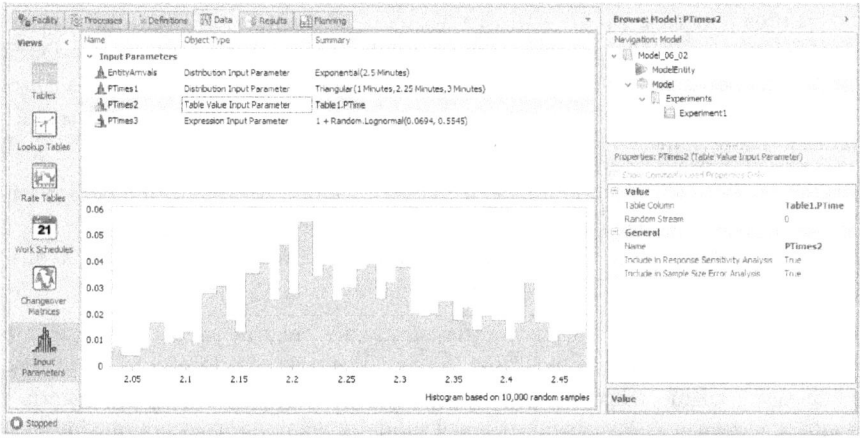

Figura 6.24: Definición de los parámetros de la entrada para el Modelo 6-2.

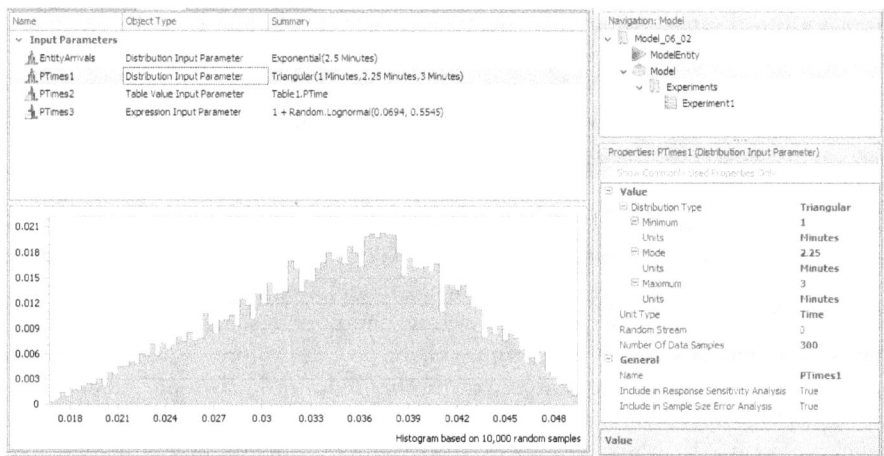

Figura 6.25: Definición del parámetro de entrada *PTimes1* para el Modelo 6-2.

Data tab del objeto *Model*. La ventana principal está dividida horizontalmente — la parte superior muestra los cuatro parámetros de entrada, y la parte inferior muestra un histograma de la muestra para el parámetro seleccionado[4]. La ventana *Properties* muestra las propiedades para el parámetro de entrada. En la figura 6.24, el parámetro *PTimes2* (el tiempo de proceso para *Server2* está seleccionado, por lo que sus propiedades e histograma se muestran en las correspondientes ventanas. En el Modelo 6-2, usaremos EntityArrivals para los tiempos entre llegadas sucesivas. y PTimes1, PTimes2, y PTimes3 para los tiempos de proceso de *Server1*, *Server2*, y *Server3*, respectivamente.

Simio soporta tres diferentes tipos de parámetros de entrada:

- **Distribution.** Permite especificar la distribución y sus correspondientes parámetros. En la figura 6.25 se muestra la definición del parámetro de entrada *PTimes1* para el Modelo 6-2. Este parámetro define una distribución triangular con parámetros (1, 2.25, 3), todos en minutos, y el histograma mostrado en la parte inferior de la ventana está basado en

---

[4]No se desplaga histograma para el parámetro *Expression-type*

10,000 valores generados para esta distribución; el propósito de este histograma es el de proporcionar una visión rápida del rango y de la forma que tendrá la distribución de los datos a generar durante las corridas. La propiedad *Number of Data Samples* es de 300, indicando que usamos 300 observaciones reales para ajustar esta distribución. En la sección 6.5.2 se discutirá esta propiedad y su uso.

El parámetro *EntityArrivals* (sin sus propiedades mostradas) es también un parámetro de entrada que establece que los tiempos entre las llegadas sucesivas de las entidades sigue una distribución exponencial con media de 2.5 minutos, y también se basa en 300 observaciones reales.

En términos de la generación de valores simulados, el uso de parámetros de entrada es equivalente al uso de expresiones directas con la instancia de objeto,como discutimos al empezar este capítulo. Sin embargo, la definición como parámetro de entrada permite el re-uso de la expresión en varias partes del modelo, así como tomar ventaja del Análisis de Sensibilidad y de la estimación error debido al tamaño de muestra, como veremos en las secciones 6.5.1 y 6.5.2.

- **Table Value.** Permite especificar un *table column* (columna de datos) que contiene un conjunto de valores para muestrear. La figura 6.24 muestra el parámetro de entrada (*Input Parameter*) *PTimes1* para el Modelo 6-2. La propiedad *Table Column* determina la tabla de datos (*data table*) y la columna que contiene los datos (`Table1.PTime` en este caso). El histograma para este parámetro se ha generado a partir de los datos que contiene esta columna de datos.

Cuando especificamos este tipo de parámetro de entrada, se generan valores aleatorios *tomados de los valores* de la correspondiente columna, tanto para el histograma como las corridas de la simulación del correspondiente modelo, en lugar de ajustar empíricamente alguna distribución. En este caso, cada valor generado será siempre *igual a* una observación de una distribución discreta (no continua) cuyos posibles valores son los que están definidos en la columna de la tabla de datos, con probabilidades iguales al número de veces que aparece el valor en la columna, dividido entre el número total de datos de la columna (300 en nuestro ejemplo). Si ubica la tabla *Table1* en el Modelo 6-2, y la columna *PTime* (la única), encontrará, por ejemplo, que el valor 2.21 aparece 17 veces,[5] para que 2.21 sea generado con probabilidad $17/300 = 0.0567$ en este histograma y durante la simulación. Por otro lado, el valor 2.48 aparece sólo una vez y será generado con probabilidad $1/300 = 0.0033$. Más aún, el valor 2.48 es el valor más grande de la columna de datos, por lo nunca se generará un valor más grande, que puede ser (o no) una preocupación para el modelador, dependiendo del contexto del modelo, y de si las propiedades de la cola a la derecha de distribución son importantes.

En este caso, no existe un ajuste de distribuciones ni pruebas de bondad de ajuste cuando se utiliza este tipo de parámetro de entrada. Algunos investigadores sugieren [48]usar este enfoque (especialmente cuando no parece existir una distribución que produzca un ajuste de datos aceptable), debido a que no hay que preocuparse por un "ajuste" pobre a los datos, ya que no se está "ajustando" nada, siempre y cuando el número de datos en la columna de datos observados es razonablemente grande, y se piensa que se cubre el rango apropiado para los valores a generar. Sin embargo, si las colas de la distribución son importantes (por ejemplo, en el caso de tiempos de atención para los que la cola derecha de la distribución puede ser importante) limitar los valores generados a ser menores que el

---

[5]Hemos exportado esta columna de datos a una columna de una hoja Excel y la hemos ordenado en orden creciente

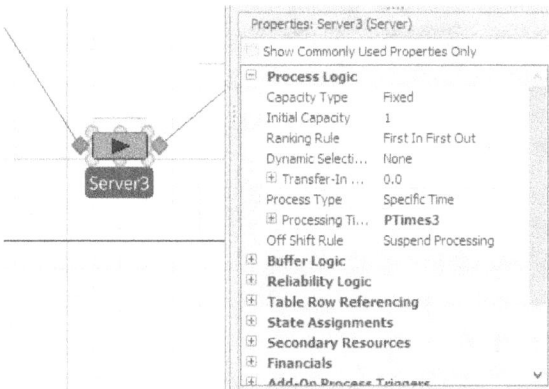

Figura 6.26: *Server3* con el valor *Ptimes3* (nombre del parámetro de entrada) para la propiedad *Processing Time* en el Modelo 6-2.

máximo valor observado puede ser problemático para la validez del modelo, ya que puede sesgar hacia abajo las métricas de congestión del modelo.

- **Expression.** Permite especificar una expresión (*expression*) que será usada para el muestreo. Como se muestra en la figura 6.24 el parámetro *PTimes3* es un parámetro de este tipo que utiliza la expresión `1 + Random.Log` `normal(0.0694, 0.5545)`. Para este tipo de parámetro, se generan las observaciones por muestreo de la expresión correspondiente (en este caso, por muestreo de la distribución lognormal). Notar que no existe un histograma de 10,000 valores muestreados para este tipo de parámetro de entrada.

Para usar un parámetro de entrada *Input Parameter* con una instancia de objeto, simplemente ingrese el nombre del parámetro de entrada como el valor de la propiedad (ver la figura 6.26). Notar que puede también hacer clic derecho en el nombre de la propiedad, y seleccionar el parámetro de entrada de la lista que corresponde a la opción *Set Input Parameter* (método similar al que se usa para establecer una *Reference Property*). En el Modelo 6-2, establecimos las asignaciones de los valores de las propiedades para los parámetros de entrada de las instancias *Source1*, *Server1*, y *Server2*.

El uso de parámetros de entrada puede simplificar el modelado al permitir el uso de un parámetro en diferentes lugares, pero el uso más importante es el que discutiremos en las próximas dos secciones. El análisis de sensibilidad de la respuesta (*Response Sensitivity*) de Simio (sección 6.5.1) permite medir la sensibilidad de cada respuesta del experimento con respecto de cada uno de los parámetros de entrada; este análisis se usaría antes de colectar un número significativo de datos del "mundo real", como una guía para ayudar a distribuir los esfuerzos de recolección de datos (algunas entradas pueden ser más importantes que otras para modelar las respuestas). El análisis de la opción *Sample Size Error Estimation* de Simio (sección 6.5.2) utiliza un enfoque basado en intervalos de confianza para estimar el impacto en la *incertidumbre* de las respuestas del experimento causado por la estimación (i.e., la incertidumbre) de los parámetros de entrada.

6.5.1 Sensibilidad de la Respuesta

El análisis de sensibilidad de la respuesta de Simio ([61], [60]) utiliza regresión lineal para relacionar (aproximadamente) cada respuesta del experimento a un conjunto de parámetros de

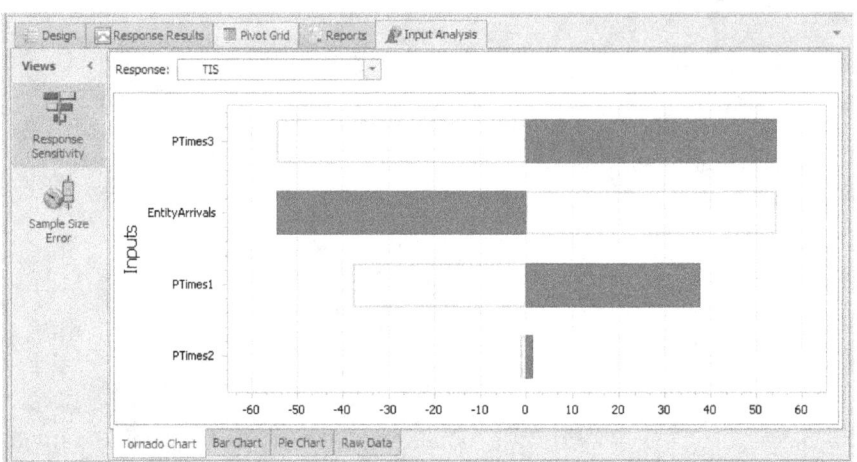

Figura 6.27: Análisis de sensibilidad de la variable TIS en el Modelo 6-2.

entrada. En la terminología de análisis de regresión, la respuesta es la variable dependiente Y que aparece al lado izquierdo de la ecuación de regresión, y los parámetros de entrada son las variables independientes X_j en el lado derecho. Las sensibilidades que se calculan son predicciones aproximadas de cómo cambiaría la variable de respuesta seleccionada debido a un cambio unitario positivo (i.e., cambio igual a $+1$, en las unidades de medida de X_j) en el parámetro de entrada, manteniendo constante los niveles de los otros parámetros de entrada; es decir, estas sensibilidades son los coeficientes $\hat{\beta}_j$ de la ecuación de regresión lineal ajustada, o la "pendiente" estimada. Para que Simio pueda realizar este análisis de sensibilidad, el número de repeticiones del experimento debe ser estrictamente mayor que el número de parámetros de entrada considerados en el modelo de regresión lineal, para asegurar que se tiene un número suficiente de grados de libertad para ajustar el modelo de regresión; sin embargo, no se requieren repeticiones adicionales a las que ya hizo para realizar este análisis (siempre y cuando el número de repeticiones sea mayor que el número de parámetros de entrada), y Simio realiza este análisis automáticamente. Este análisis de sensibilidad se parece a lo que se llama la aproximación de un modelo de simulación por un *metamodelo* de regresión. Este análisis puede ser útil para determinar las entradas a las que se puede prestar más atención o recolección de datos (en situaciones en las que no existen datos "reales" o son limitados).

El Modelo 6-2 incluye dos respuestas en su experimento: NIS (promedio en el tiempo del número de entidades en el sistema) y TIS (tiempo promedio de permanencia en el sistema)[6]. La figura 6.27 muestra la vista de la gráfica *Tornado Chart* para el análisis de sensibilidad de la respuesta TIS en el Modelo 6-2 (con base en un experimento de 100 repeticiones de una simulación de 500 horas cada una). Notar que también existen otras vistas de gráficas como *Bar Chart* (barras), *Pie Chart* (pastel), y *Raw Data* (datos), además de *Tornado Chart* (tornado), que se pueden activar usando la pestaña correspondiente en la parte inferior de la vista. Empezando de arriba hacia abajo, la gráfica tornado ordena los parámetros de entrada en orden decreciente del valor absoluto de la sensibilidad para cada respuesta del experimento, coloreando en azul las barras a la izquierda del valor cero, indicando coeficientes de sensibilidad negativos, y también las barras a la derecha del valor cero, indicando coeficientes de sensibilidad positivos. Si mueve el ratón sobre alguna barra horizontal, se mostrará el valor numérico del

---

[6]Usando `DefaultEntity.Population.NumberInSystem.Average` y
`DefaultEntity.Population.TimeInSystem.Average`

coeficiente de sensibilidad para el parámetro de entrada y la respuesta correspondiente, con base en el ajuste de los modelos de regresión lineal. Las gráficas de barras y de pastel proporcionan la misma información en diferente formato, y la gráfica de datos proporciona acceso a los datos usado para construir las gráficas.

A partir de la gráfica tornado podemos apreciar que la respuesta TIS response es relativamente más sensible (en comparación con los otros paránmetros de entrada) a PTimes3 (tiempo de proceso en Server3), con efecto positivo, i.e., TIS incrementa sustancialmente a medida que PTimes3 crece. TIS es también altamente sensible a EntityArrivals, pero con efecto negativo (i.e., TIS disminuye sustancialmente a medida que EntityArrivals crece). Además, TIS es también sensible a PTimes1 (tiempo de proceso en Server 1) con efecto positivo. Finalmente, TIS es relativamente *poco* sensible a PTimes2 (tiempo de proceso en Server2). En consecuencia, si se puede hacer un mayor esfuerzo para colectar datos reales para mejorar las distribuciones de probabilidad (y con ello la calidad/validez de las medidas de desempeño), la gráfica tornado nos dice que sería mejor dirigir nuestros esfuerzos a obtener datos para mejorar las estimaciones PTimes3 y EntityArrivals, algún esfuerzo para colectar datos de PTimes1, pero no mucho esfuerzo adicional para colectar datos de PTimes2. Estas conclusiones son sólo para la respuesta TIS, pero se puede repetir el análisis para otras respuestas seleccionándolas del menú disponible a la derecha del campo *Responses* ubicado en la parte superior (o seleccionar gráficas de barras o de pastel Bar para apreciar todas las respuestas a la vez).

Como ya mencionamos, si se mueve el ratón sobre la barra azul de la figura 6.27, se mostrarán los valores numéricos de los coeficientes estimados de la línea de regresión lineal para predecir la respuesta TIS:

PTimes3:	54.398
EntityArrivals:	−54.388
PTimes1:	37.674
PTimes2:	1.291

(en el mismo orden como en la figura 6.27). Para interpretar estos valores, es importante tener en mente tanto las unidades de las variables como el significado de los coeficientes de regresión lineal estimados. En este modelo, tanto las cuatro entradas como la respuesta TIS son tiempos, todos en minutos. Por lo que el (meta-)modelo de regresión para esta simulación predice que un *incremento de un minuto* en la entrada PTimes1 produce un incremento en la salida TIS de alrededor de 37.674 minutos; similarmente, un incremento de un minuto en EntityArrivals produce una *disminución* (porque el coeficiente es negativo) en TIS de alrededor de 54.388 minutos. Si cambiamos las unidades de TIS a, digamos, horas, un incremento de un minuto en PTimes1 producirá un incremento en TIS de $37.674/60 = 0.628$ *horas*. Similarmente, si se cambia las unidades PTimes1 a horas, el coeficiente de regresión ajustado cambiará (y también las unidades de los coeficientes $\hat{\beta}_j$) de manera que un incremento de una unidad (ahora una *hora*) en PTimes1 pronostica un incremento en TIS de $60 \times 37.674 = 2260.44$ *minutos*. El *número* 37.674 debe interpretarse en concordancia con las unidades de la respuesta y del parámetro seleccionado. Si existieran otros parámetros de entrada en el modelo que no fueran tiempos, por ejemplo, el tamaño de lote de un trabajo que debe atenderse, el coeficiente estimado $\hat{\beta}_j$ en la regresión se interpretará como el incremento del TIS (en minutos a menos que se cambie de unidades) debido al incremento de una unidad en el tamaño de lote (donde el "tamaño de lote" se mide en estas "unidades"). Sin importar lo que representan los parámetros de entrada (tiempos, tamaño de lote, etc.), el coeficiente de regresión ajustado debe interpretarse como el efecto que produce una unidad de incremento del parámetro de entrada (en las unidades en que esté expresado), en la respuesta (en las unidades esta respuesta). Por supuesto, este efecto es *marginal*, es decir, manteniendo todos los otros parámetros de entrada constantes en su valor actual. Otra precaución a tomar es que estos efectos no se pueden extrapolar para valores muy lejanos de los valores reales observados para los parámetros de entrada, ya que la regresión lineal es una aproximación a una respuesta que puede ser (y en simulación, probablemente *es*) no-lineal. Más aún, estas sensibilidades de las respuestas son predicciones aproximadas de cómo respondería nuestro modelo de simulación a un cambio unitario (uno a la vez) en los parámetros de entrada — si en verdad *corremos* la simulación con este cambio en un parámetro de entrada, probablemente se obtendría algo diferente, la comprobación del cambio requiere de *correr* la simulación muchas veces (lo que podría tomar algún tiempo, especialmente si el modelo es complicado o la corrida muy larga), mientras que las predicciones con base en las estimaciones del análisis de sensibilidad son instantáneas (y gratis en el sentido de que se producen automáticamente con la corrida inicial).

Es conveniente mencionar que los *signos* de las sensibilidades reportadas en la figura 6.27 son muy intuitivos. La respuesta TIS es el tiempo promedio que permanecen las entidades en el sistema, que es una de las medidas de *congestión* de los sistemas de espera (otras medidas de congestión son el promedio en el tiempo de las unidades en el sistema, y la utilización de los servidores). El parámetro de entrada "EntityArrivals" corresponde a los tiempos *entre*-llegadas para las entidades que llegan al sistema (no es la *tasa* de llegadas,, que es más bien el inverso del tiempo promedio entre llegadas), por lo que si estos tiempos se incrementaran (por un cambio de +1 en el parámetro de entrada), las llegadas serían menos frecuentes, lo que naturalmente *disminuiría* (cambio negativo) la congestión en el sistema. Por otro lado, los otros tres parámetros de entrada corresponden a *tiempos de servicio* (no *tasas* de servicio),. por lo que su incremento causaría una mayor congestión en el sistema (cambio positivo). Es así que los signos (positivo o negativo) de estas sensibilidades pueden ser una vía rápida para verificar la validez del modelo (y del "código" en Simio); sin embargo, algunas sorpresas en el signo de las sensibilidades no necesariamente prueban que hay algo incorrecto en el modelo o en el código, pero pueden sugerir la necesidad de alguna investigación (puede ser que si tal "sorpresa," no es el resultado de algún error, pueda enseñarnos algo nuevo sobre el modelo o el sistema). Mientras que puede ser cierto que los *signos* de las sensibilidades pueden ser muy intuitivos o pronosticables, sus *magnitudes* por lo general no lo son, por lo que puede ser muy útil el disponer de estos valores rápidamente.

6.5.2   Estimación del Error por Tamaño de Muestra

El segundo tipo de análisis de la entrada que proporciona la opción *Input Parameters* de Simio es la *estimación del error por tamaño de muestra*. Esta implementación de Simio se basa en el trabajo descrito en [60].

Como ya lo hemos mencionado, ls simulaciones estocásticas (cuyas realizaciones dependen de distribuciones de probabilidad o de procesos aleatorios, no sólo de entradas deterministas y constantes) proporcionan resultados inciertos en sus salidas. Un aspecto importante en un estudio de simulación es la medición de esta incertidumbre en las salidas, y el uso de los métodos estadísticos adecuados para tomarla en cuenta (o reducirla) para producir conclusiones válidas, confiables y precisas acerca del sistema que está siendo simulado. Para este fin, generalmente nos enfocamos en la incertidumbre en nuestros experimentos por simulación (error del muestreo por simulación, ya que no podemos correr infinitas repeticiones) que es inherente al modelo, incluyendo la generación (o *realización*) de los valores para las variables aleatorias a partir de las distribuciones de probabilidad especificadas en el modelo.

Por ejemplo, en el Modelo 6-2 indicamos que el tiempo de proceso en Server2 sea `Triangular(1 Minuto, 2.25 Minutos, 3 Minutos)`, con base en el ajuste de una muestra de 300 observaciones reales de este tiempo de prcceso (ver la figura 6.25). En el análisis de la salida nos enfocamos en las desviaciones estándar (o anchos medios de intervalos de confianza) de una

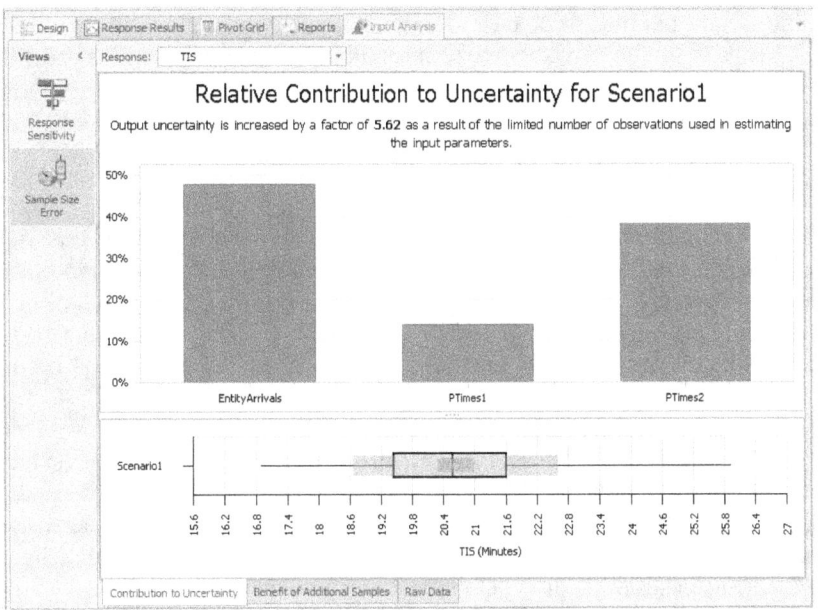

Figura 6.28: Análisis del error por tamaño de muestra para la respuesta TIS en el Modelo 6-2.

medida de desempeño (como TIS, el tiempo promedio en el sistema), y para reducir esta imprecisión podemos hacer más repeticiones del modelo que las 100 simulaciones de 500 horas que hicimos. Pero ello asume que las distribuciones de entrada (como esta distribución triangular con parámetros (1, 2.25, 3) minutos) son *realmente correctas*, incluyendo los valores numéricos (1, 2.25, 3), en el sistema. Estamos haciendo un análisis de incertidumbre *condicionado* a que todas las distribuciones de entrada y sus parámetros son los correspondientes a las estimaciones encontradas y, por supuesto que tales distribuciones de entrada (y sus parámetros) no son *realmente*los correctos. Cuando obtenemos nuestros resultados, alguna incertidumbre corresponde a la aleatoriedad intrínseca de las distribuciones de entrada, que corresponde a la estructura del modelo, y alguna incertidumbre corresponde a que las distribuciones de entrada (incluyendo sus parámetros) no son las correctas (en este ejemplo, tenemos sólo 300 puntos para ajustar la distribución). La opción de Simio para estimación del error por tamaño de muestra *Sample Size Error Estimation* cuantifica esto, y puede guiar nuestros esfuerzos necesarios en términos de más corridas de la simulación, o colección adicional de datos reales, para reducir la incertiduembre incondicional total.

La figura 6.28 muestra el análisis de estimación del error por tamaño de muestra para la respuesta TIS (tiempo promedio en el sistema) en el Modelo 6-2. Notar que, a diferencia del análisis de sensibilidad dicutido anteriormente, el análisis de estimación del error por tamaño de muestra requiere de corridas adicionales y no se efectúa automáticamente como parte de la corrida experimental; debe usarse el ícono *Run Analysis* de la cinta *Sample Size Error* para efectuar este análisis. La salida mostrada en la figura 6.28 incluye tres componentes:

1. El factor de expansión del ancho medio (*Half-Width Expansion Factor*) (este valor es 5.62 para la respuesta TIS en el Modelo 6-2), que significa que tenemos 5.62 veces más incertidumbre por la estimación de la entrada (en lugar del conocimiento con certeza) que la incertidumbre debida al número finito de repeticiones;

2. Una gráfica de barras muestra el porcentaje relativo de incertiduembre incondicional

atribuible a cada parámetro de entrada, donde apreciamos que la incertidumbre debida a
EntityArrivals es la que causa la mayor incertidumbre en relación a las otras dos entradas;

3. Una gráfica expandida SMORE (sombreada) que sobrepone un intervalo de confianza
   expandido (en azul) debido a la incertidumbre causada por la estimación de los parámetros
   de entrada (en lugar del conocimiento con certeza).

El movimiento del ratón sobre el intervalo de confianza estándar de SMORE (la caja sombreada)
proporciona un ancho medio del intervalo de confianza de 0.3518 y moviendo el ratón sobre el
intervalo de confianza expandido (la caja azul) se aprecia un ancho medio del intervalo de
confianza expandido de 1.9762. El factor de expansión muestra que la incertidumbre en la
salida debida a la incertidumbre en la entrada (causada por la estimación de las distribuciones
de entrada, por no conocerlas exactamente) es aproximadamente $1.9762/0.3518 \approx 5.62$ veces
más grande que la incertidumbre experimental (error de muestreo por correr la simulación un
número finito de repeticiones). En consecuencia, nuestro mayor problema no es si hemos repetido
el experimento un número suficiente de repeticiones, sino que nuestro tamaño de muestra de
300 observaciones reales no proporciona una caracterización muy precisa de las distribuciones de
entrada. Nuestra siguiente medida para mejorar la precisión en la estimación de la respuesta TIs
no debería ser correr más repeticiones del modelo de simulación, sino volver al campo y colectar
más datos sobre las distribuciones de entrada, especialmente para EntityArrivals, y refinar las
definiciones de los parámetros de entrada del modelo.

6.6   Problemas

1. El archivo Excel `Problem_Dataset_06_01.xls`, disponible para su descarga desde el sitio
   web del libro, como se describe en el Prefacio, contiene 42 observaciones de tiempos entre
   llegadas (en minutos) a una central telefónica. Use Stat::Fit (u otro software) para ajustar
   una o más distribuciones de probabilidad a estos datos, incluya pruebas de bondad de
   ajuste. ¿Cuál distribución recomendaría usted para ser usada en un modelo de simulación
   con la finalidad de generar estos tiempos entre llegadas? Proporcione la expresión correcta
   en Simio, prestando atención a todos los detalles de la parametrización.

2. El archivo Excel `Problem_Dataset_06_02.xls`, disponible para su descarga desde el sitio
   web del libro, como se describe en el Prefacio, contiene 47 observaciones de duraciones de
   llamadas (en minutos) a la central telefónica del problema 1. Use Stat::Fit (u otro software)
   para ajustar una o más distribuciones de probabilidad a estos datos, incluya pruebas de
   bondad de ajuste. ¿Cuál distribución recomendaría usted para ser usada en un modelo
   de simulación con la finalidad de generar estas duraciones de llamadas? Proporcione la
   expresión correcta en Simio, prestando atención a todos los detalles de la parametrización.

3. El archivo Excel `Problem_Dataset_06_03.xls`, disponible para su descarga desde el sitio
   web del libro, como se describe en el Prefacio, contiene 45 observaciones sobre el número
   adicional de técnicos (sobre el número inicial de técnicos que tomaron la llamada original) que se necesitan para resolver el problema reportado en una llamada a la central
   telefónica de los problemas 1 y 2. Use Stat::Fit (u otro software) para ajustar una o
   más distribuciones de probabilidad a estos datos, incluya pruebas de bondad de ajuste.
   ¿Cuál distribución recomendaría usted para ser usada en un modelo de simulación con la
   finalidad de generar el número adicional de técnicos necesarios para atender una llamada?
   Proporcione la expresión correcta en Simio, prestando atención a todos los detalles de la
   parametrización.

4. Obtenga la fórmula del método de la FDA inversa para generar valores de una distribución continua uniforme entre los números reales a y b $(a < b)$.

5. Obtenga la fórmula del método de la FDA inversa para generar valores de una distribución Weibull. Busque la definición (incluyendo su FDA) en alguna de las referencias, ya sea en un libro o en la web, citadas en este capítulo. Verifique la definición que utiliza Simio en su documentación para estar seguro que ha parametrizado apropiadamente su fórmula.

6. Obtenga la fórmula del método de la FDA inversa para generar valores de una distribución triangular entre a y b con moda m $(a < m < b)$. Tenga cuidado en separar su fórmula en diferentes expresiones, como sea necesario. Verifique la definición que utiliza Simio en su documentación para estar seguro que ha parametrizado apropiadamente su fórmula.

7. Recuerde el método de la FDA inversa para generar valores de una distribución discreta arbitraria, discutido en la sección 6.4 e ilustrado en la figura 6.22. Sea X una VA discreta con posibles valores (o *soporte*) 0, 0.5, 1.0, 1.5, 2.0, 3.0, 4.0, 5.0, 7.5 y 10.0, con probabilidades 0.05, 0.07, 0.09, 0.11, 0.15, 0.25, 0.10, 0.09, 0.06 y 0.03, respectivamente. Calcule exactamente (hasta con cuatro dígitos decimales) la esperanza y la desviación estándar de X. A continuación, escriba un programa en su lenguaje de programación favorito, o utilice Excel, para generar primero $n = 100$ y luego otros $n = 1000$ valores IID de esta VA y para cada valor de n, calcule la media y la desviación estándar *muestrales* y compare sus valores con los valores exactos, tanto por error absoluto como por porcentaje de error; comente. Use cualquier generador de números aleatorios que esté disponible o sea conveniente, que será suficientemente bueno para nuestro propósito. Si utiliza Excel, podría considerar el uso de la función BUSCARV.

8. Desarrolle nuevamente la simulación en hoja de cálculo del puesto de venta (problema 18 del capítulo 3) pero ahora utilice datos más precisos sobre las FPs de la demanda diaria; Walter ha recopilado datos sobre la demanda en años recientes, y ahora permite que los clientes compren sólo en paquetes pre-empacados. Para la avena, utilice la distribución del problema 7 del presente capítulo, notar que los tamaños de los paquetes pre-empacados son (en libras): 0 (significa que un cliente decide no comprar avena), 0.5, 1.0, 1.5, 2.0, 3.0, 4.0, 5.0, 7.5 y 10.0. Para guisantes, los tamaños de los paquetes pre-empacados son de 0, 0.5, 1.0, 1.5, 2.0 y 3.0 libras, con probabilidades de demanda de 0.1, 0.2, 0.2, 0.3, 0.1 y 0.1, respectivamente. Para frijoles, los tamaños de los paquetes pre-empacados son de 0, 1.0, 3.0 y 4.5 libras, con probabilidades de demanda de 0.2, 0.4, 0.3 y 0.1. Para cebada, los tamaños de los paquetes pre-empacados son de 0, 0.5, 1.0 y 3.5 libras con probabilidades de demanda de 0.2, 0.4, 0.3 y 0.1. Considere el problema 7 del presente capítulo para implementar un método para generar las demandas simuladas de cada producto.

9. Escriba, paso por paso, un algoritmo que utiliza como entrada sólo números aleatorios, para generar valores de una VA que representa el interés mensual que se paga en una tarjeta de crédito. Existe una probabilidad del 60% de que el interés sea cero, es decir, el tarjetahabiente paga el balance completo. Si ello no ocurre, el interés que se paga es una VA que se distribuye uniformemente entre \$20 y \$200. A continuación, desarrolle una expresión en Simio que pueda generar valores de esta VA, utilizando las expresiones que tiene incorporadas Simio para generar valores de VAs.

10. Muestre que el algoritmo desarrollado en la sección 3.2.3 para generar demandas de gorras distribuidas uniformemente en los números enteros $1000, 1001, \ldots, 5000$ *es* exactamente

el mismo algoritmo que se obtiene aplicando el método de la FDA inversa para esta distribución, excepto que implementado de manera más eficiente bajo un método apropiado de búsqueda.

Capítulo 7

Incorporación de Datos en el Modelo

Existen muchos diferentes tipos de datos utilizados en un modelo. Hasta ahora hemos introducido la mayoría de nuestros datos directamente en las propiedades de los objetos de la *Standard Library*. Por ejemplo, hemos introducido el tiempo promedio entre llegadas directamente al objeto *Source* e introducido los parámetros de la distribución del tiempo de procesamiento directamente en el objeto *Server*. Mientras que esto es adecuado para ciertos tipos de datos, hay muchos casos en los que es necesario usar otros mecanismos. Algunos tipos específicos de datos, como los patrones de llegadas que varían en el tiempo, requieren de una representación especial de los datos. En otras situaciones, el volumen de los datos es tan grande que es necesario representarlos de una manera más conveniente, e incluso importarlos de una fuente externa. En las situaciones en las que el analista que usará el modelo no es el mismo que modeló el problema, puede ser necesario consolidar los datos en lugar de tenerlos dispersos en el modelo. En este capítulo discutiremos muchos diferentes tipos de datos y exploraremos algunas de las estructuras disponibles en Simio para representarlos de la mejor manera.

7.1 Tablas de Datos

Una tabla de datos (*Data Table*) de Simio es similar a una tabla de una hoja de cálculo. Se trata de una matriz rectangular con columnas de propiedades y filas de datos. Cada columna representa a la propiedad que usted seleccione y puede ser uno de más de treinta tipos de datos disponibles en Simio, incluyendo propiedades estándar (*Standard Properties*) como *Integer* (entero) o *Expression* (expresión), referencias a elementos (*Element References*) como *Tally Statistic* (estadística de lista) o *Station* (estación) y referencias a objetos (*Object References*) como *Entity* (entidad) o *Node List* (lista de nodos). Generalmente, cada fila tiene algún significado, puede representar a los datos para un tipo de entidad en particular, un objeto o bien un criterio para organizar los datos.

Las tablas de datos pueden ser importadas, exportadas e incluso ligadas a un archivo externo (ver la sección 7.1.7). Pueden accesarse secuencialmente, aleatoriamente, directamente e incluso automáticamente. Usted puede crear relaciones entre tablas de modo que una entrada en una tabla puede hacer referencia a los datos contenidos en otra tabla. Además de las tablas básicas, Simio también ofrece la tabla de secuencias (*Sequence Table*) y las tablas de llegadas (*Arrival Tables*), las cuales son especializaciones de la tabla básica. Todos estos temas serán discutidos en esta sección.

Mientras que la lectura y escritura interactiva de datos en archivos, durante una corrida, puede disminuir significativamente la velocidad de ejecución, las tablas mantienen los datos en memoria y se actualizan muy rápidamente. Dentro de Simio, usted puede definir tantas

223

Tabla 7.1: Tipos de datos *Standard Property* para las columnas de una tabla de Simio.

Tipo de Propiedad	Descripción
Boolean	Verdadero (uno o diferente de cero) o Falso (cero)
Date Time	Día y hora específicos (7:30:00 November 18, 2010)
Enumeration	Un conjunto de valores descritos en una enumeración pre-establecida
Event	Evento que detona el lanzamiento de una ficha (*token*) desde un paso
Expression	Expresión que regresa un número real (1.5 + Estado)
Integer	Un número entero (5 o -1)
List	Un conjunto de valores descritos en una lista de cadenas de caracteres
Rate Table	Una referencia a una tabla de tasas
Real	Un número decimal (2.7 o -1.5)
Schedule	Una referencia a una programación
Selection Rule	Una referencia a una regla de selección
Sequence Table	Una referencia a una tabla de secuencias
State	Una referencia a un estado
String	Información en texto ("Rojo", "Azul", etc.)
Table	Una referencia a una tabla de datos o a una tabla de secuencias

tablas como desee y cada tabla puede tener cualquier cantidad de columnas de diferentes tipos. Descubrirá que las tablas son instrumentos invaluables para organizar, representar y utilizar sus datos, así como para interaccionar con datos externos.

7.1.1   Elementos Básicos de las Tablas

Una tabla de datos se define utilizando el panel *Tables* de la ventana *Data*. Para añadir una nueva tabla debe hacer clic en *Add Data Table* en la categoría *Tables* de la cinta *Table*. Una vez que ha añadido una tabla, puede cambiar su nombre y darle una descripción haciendo clic en la pestaña de la tabla y estableciendo sus propiedades en la ventana *Properties*.

Sugerencia: si usted añade varias tablas, cada una tendrá su propia pestaña. Si se tienen muchas tablas, se podrá ver una lista desplegable al lado derecho, mostrando las pestañas que están fuera de la vista. Recuerde la sección 4.1 donde se menciona cómo arreglar ventanas, lo que puede ser particularmente útil para manejar tablas.

Para añadir columnas a una tabla debe seleccionar la tabla, para que se active, y luego hacer clic en algún tipo de propiedad bajo *Standard Property*, *Element Reference*, *Object Reference* o *Foreign Key*. Una columna de datos generalmente corresponde a alguno de los tipos de datos identificados como *Standard Property* que se muestran en la tabla 7.1.

Utilice un *Object Reference* cuando desee que la tabla haga referencia a la instancia de un objeto o a una lista de objetos, como por ejemplo a una entidad (*Entity*), a un nodo (*Node*), a un transporte (*Transporter*) u otro objeto del modelo. Similarmente, use *Element Reference* si desea que una tabla haga referencia a un elemento específico, como *TallyStatistic* o *Material*.

Tabla 7.2: Datos básicos de los pacientes del DE para el Modelo 7-1.

Tipo de Paciente	Prioridad	Tiempo de Tratamiento (Minutos)
De rutina	1	Random.Triangular(3,5,10)
Moderado	2	Random.Triangular(4,8,25)
Severo	3	Random.Triangular(10,15,30)
Urgente	4	Random.Triangular(15,25,40)

7.1.2 Modelo 7-1: Un Departamento de Emergencias que Utiliza una Tabla de Datos

Ilustremos estos conceptos de tablas a través de la representación de los datos de un ejemplo de instalación hospitalaria. Considere el Departamento de Emergencias (DE) de un hospital que tiene datos sobre la atención de sus pacientes de acuerdo con su nivel de gravedad. Específicamente, tenemos cuatro tipos de pacientes, sus prioridades y sus tiempos de tratamiento típicos como se muestran en la tabla 7.2. Los primeros pasos para construir nuestro modelo consisten en definir las entidades del modelo y la tabla de datos:

1. Inicie Simio con un modelo nuevo, como ya lo hemos hecho. Lo primero que haremos será arrastrar cuatro instancias de *ModelEntity* hacia la ventana *Facility* del modelo. Haga clic en cada una de las instancias y utilice la propiedad *Name* o la tecla F2 para asignarles los nombres: `DeRutina`, `Moderado`, `Severo` y `Urgente`, respectivamente.

2. Tomemos algo de tiempo para animar estas entidades, de modo que podamos distinguirlas. Seguiremos el mismo procedimiento descrito en la sección 4.8. Haga clic en una instancia, luego haga clic en la librería de símbolos. Busque en las opciones de la categoría `People` y seleccione `Man6`. Repita este paso utilizando `Man6` para las cuatro instancias. A pesar de que todas las entidades utilizarán el mismo símbolo, podemos distinguirlas dando a cada uno una camisa de un color diferente. Acerque la vista lo suficiente para que vea los símbolos claramente. Haga clic en la entidad `DeRutina`. En el costado derecho de la cinta *Symbols* podrá encontrar el botón *Color*. Al hacer clic en la mitad inferior de este botón se desplegará una paleta de colores. Seleccione el color verde y luego aplíquelo a los pacientes del tipo `DeRutina`, haciendo clic en la camisa del símbolo. Repita este procedimiento para aplicar el color azul claro a los pacientes del tipo `Severo` y rojo a los pacientes del tipo `Urgente`. Dejaremos a los pacientes del tipo `Moderado` con el color que se les asignó por defecto.

3. Ahora crearemos la tabla de datos. Seleccione la pestaña *Data* justo debajo de la cinta, luego seleccione el panel *Tables* en el lado izquierdo, si es que no está seleccionado. Aparecerá la cinta *Table*, aunque la mayor parte de sus elementos no estarán disponibles (las opciones lucirán sombreadas) porque todavía no tenemos una tabla activa. Haga clic en el botón *Add Data Table* para añadir una tabla vacía, luego haga clic en la propiedad *Name* en la ventana de propiedades y cambie el nombre a `DatosPacientes` (note que Simio no permite espacios en los nombres).

4. Ahora añadiremos nuestras tres columnas de datos. Nuestra primera columna hará referencia a instancias de entidades, así que haga clic en *Object Reference* en la cinta y luego seleccione *Entity* de la lista desplegable. Con esta acción ha creado una columna que albergará una instancia de entidad. Vaya a la propiedad *Name* (con cuidado de no confundirla con la propiedad *Display Name*) en la ventana de propiedades y cámbiela a `TipoPaciente`. Nuestra segunda columna representará la prioridad y será un entero,

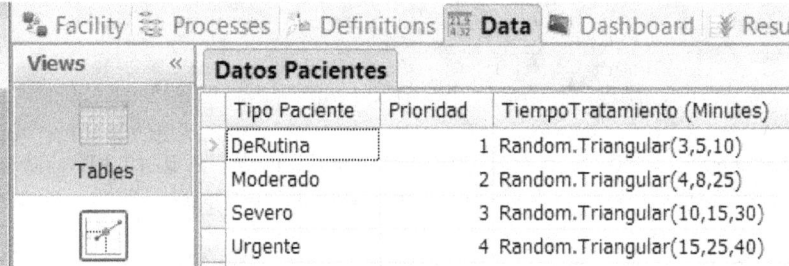

Figura 7.1: Datos básicos de los pacientes del DE para el Modelo 7-1 en una tabla de Simio.

de modo que haga clic en *Standard Property* en la cinta y seleccione *Integer*. Vaya a la propiedad *Name* e ingrese el nombre `Prioridad`. Finalmente, nuestra tercera columna representará el tiempo de tratamiento y será una expresión, así que haga clic en `Standard Property` en la cinta y seleccione `Expression`. Vaya a la propiedad *Name* e ingrese el nombre `TiempoTratamiento`. Como esta última representa tiempo, necesitamos un par de pasos adicionales: en la categoría *Logic* de la ventana de propiedades, especifique el tipo de unidades (*Unit Type*) como `Time` y cambie las unidades por defecto (*Default Units*) a minutos (`Minutes`).

5. Ahora que tenemos la estructura de la tabla, añadiremos nuestras cuatro filas de datos. Puede capturar los datos de la tabla 7.2. Los datos pueden ser capturados por fila o por columna; aquí ilustraremos la primera opción. Haga clic en la celda superior izquierda y verá una lista que contiene nuestros cuatro tipos de entidades (si no aparece esta lista, retroceda dos pasos). Seleccione `DeRutina` como el tipo de paciente (`TipoPaciente`) para la fila 1. Desplace el cursor a la columna `Prioridad` y escriba 1. Mueva el cursor a la columna `TiempoTratamiento` y escriba la expresión `Random.Triangular(3,5,10)` como se muestra en la tabla 7.2. *Sugerencia*: si los valores de sus datos están parcialmente ocultos, puede hacer doble clic en el borde derecho del nombre de la columna y ésta se ampliará a su extensión completa. Mueva el cursor a la siguiente fila de la tabla `DatosPacientes` y siga un proceso análogo para introducir los datos restantes de la tabla 7.2.

Cuando haya terminado, su tabla deberá lucir como en la figura 7.1. Hemos definido los datos de los pacientes que se usarán en nuestro modelo. En la siguiente sección mostraremos cómo acceder a los datos de la tabla.

Creación de Referencias a Tablas de Datos

Los datos de una tabla pueden ser utilizados haciendo referencia explícita al nombre de la tabla, al número de la fila y al nombre de la columna, utilizando la siguiente sintaxis: `NombreTabla[Numero Fila].NombreColumna`. Podríamos continuar construyendo nuestro modelo con esta sintaxis para hacer referencia a los datos de nuestra tabla. Por ejemplo, podríamos utilizar `DatosPacientes[3]`
`.TiempoTratamiento` para referirnos al tiempo de tratamiento para un paciente del tipo `Severo`. Mientras que esta sintaxis es útil para hacer referencia directa a una celda dentro de la tabla, usualmente notamos que una entidad particular *siempre* estará ligada a una fila específica. Por ejemplo, en nuestro caso, identificamos la fila asociada con un tipo de paciente, y luego esa entidad siempre hará referencia a los datos de esa misma fila. Usted podría añadir una propiedad o un estado para llevar el control de esta asociación, pero Simio ya tiene incorporada esta capaci-

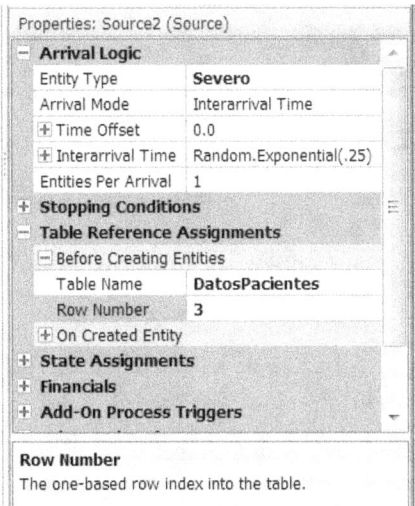

Figura 7.2: Asociación explícita de una entidad con una fila de una tabla.

dad. La manera más fácil de usar esta capacidad es estableciendo la relación en las propiedades de la categoría *Table Reference Assignment* del objeto *Source*. Si tuviéramos un flujo separado de llegadas para cada uno de nuestros cuatro tipos de pacientes, probablemente utilizaríamos esta técnica. Tendríamos un objeto del tipo *Source* diferente para cada uno de los tipos de pacientes. La figura 7.2 ilustra cómo puede configurarse el objeto *Source* para pacientes en estado severo, especificando el nombre de la tabla e indicando explícitamente el número de la fila. Una vez que usted haya indicado esta asociación entre una entidad y una fila específica de la tabla, podrá utilizar una sintaxis ligeramente más simple para hacer referencia a la tabla de datos: `NombreTabla.NombreColumna` porque el número de fila ya se conoce. Por ejemplo, ahora podríamos utilizar `DatosPacientes.TiempoTratamiento` para referirnos al tiempo de tratamiento de *cualquier* tipo de paciente.

Selección del Tipo de Entidad

Antes de terminar nuestro modelo, exploremos un aspecto más de las tablas. Es muy común tener datos en una tabla donde cada fila corresponde a un tipo de entidad, como es el caso de nuestro modelo. También es común que el tipo de entidad se seleccione aleatoriamente. Simio le permite tener ambas opciones dentro de la misma estructura. Usted puede añadir una columna numérica a su tabla que especifique la ponderación de cada fila (o tipo de entidad). Posteriormente, usted puede indicar que seleccionará aleatoriamente una fila en función de los pesos de dicha columna, utilizando la función `NombreTabla.NombreColum na.RandomRow`.

Sigamos ahora los siguientes pasos para terminar nuestro modelo.

1. En nuestro DE, los datos históricos sugieren que la distribución de los pacientes es como sigue: `DeRutina` (40%), `Moderado` (31%), `Severo` (24%) y `Urgente` (5%). Necesitamos añadir estos datos a nuestra tabla. Regrese a la pestaña *Data* y al panel *Tables*. Haga clic en `Standard Property` y seleccione `Real`. Vaya a la propiedad *Name* e ingrese el nombre `MezclaPaci`

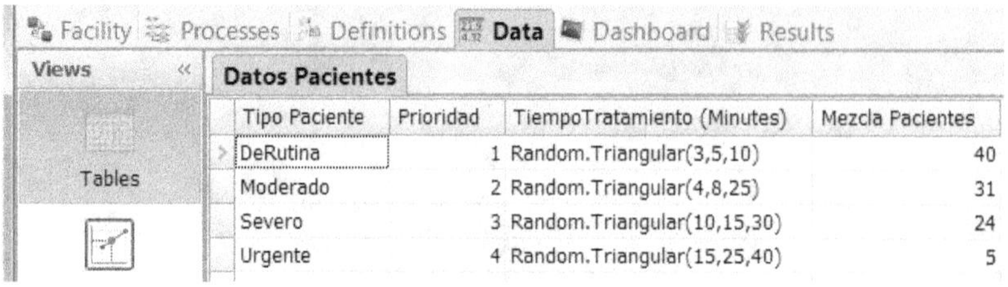

Tipo Paciente	Prioridad	TiempoTratamiento (Minutes)	Mezcla Pacientes
DeRutina	1	Random.Triangular(3,5,10)	40
Moderado	2	Random.Triangular(4,8,25)	31
Severo	3	Random.Triangular(10,15,30)	24
Urgente	4	Random.Triangular(15,25,40)	5

Figura 7.3: Tabla de datos aumentada de los pacientes del DE para el Modelo 7-1.

entes. Luego capture la distribución de los pacientes en esa nueva columna. Cuando haya terminado su tabla deberá lucir como la figura 7.3.[1]

2. Ahora podemos continuar construyendo nuestro modelo. El último cambio que hicimos nos permite tener un solo elemento *Source* que producirá la distribución especificada de nuestros cuatro tipos de pacientes. Añada un objeto *Source* a su modelo y especifique un tiempo entre llegadas de `Random.Exponential(4)` con unidades en minutos (`Minutes`). En lugar de especificar un tipo de paciente en la propiedad *Entity Type*, indicando una fila específica como lo hicimos en la figura 7.2, dejaremos que Simio escoja la fila y luego seleccionaremos el tipo de entidad en función del tipo de paciente (`TipoPaciente`) especificado en esa fila. Es necesario que seleccionemos la fila antes de crear la entidad, porque de otro modo, la entidad ya estaría creada para cuando decidamos de qué tipo sería. Para ello, vayamos a las propiedades de *Before Creating Entities* en la categoría *Table Reference Assignment* e ingresemos el nombre de la tabla (*Table Name*) como `DatosPacientes` y el número de la fila (*Row Number*) como `DatosPacientes.MezclaPacientes.RandomRow`. Luego de seleccionar la fila, el objeto *Source* irá a la propiedad *Entity Type* para determinar qué tipo de entidad creará. Ahí podemos seleccionar `DatosPacientes.TipoPaciente` de la lista desplegable. Este procedimiento se ilustra en la figura 7.4.

3. La terminación de nuestro modelo será relativamente fácil. Añada un servidor, establezca su capacidad inicial en `3` e indique que el tiempo de procesamiento es `DatosPacientes.TiempoTratamiento`. Estamos utilizando los datos de la tabla para el tiempo de procesamiento, pero note que estamos utilizando la sintaxis corta. Como no estamos indicando la fila explícitamente, le estamos indicando a Simio que utilice la fila que ya está asociada con cada entidad específica. Cuando una entidad del tipo `DeRutina` llegue, utilizará la fila número uno y un tiempo de tratamiento generado a partir de la distribución `Random.Triangular(3,5,10)`. Por otro lado, cuando llegue una entidad del tipo `Severo`, utilizará la fila tres y un tiempo de tratamiento generado a partir de la distribución `Random.Triangular(10,15,30)`.

   Añada un objeto *Sink* y luego, utilizando vínculos del tipo *Path*, conecte el objeto *Source* con el objeto *Server* y el objeto *Server* con el objeto *Sink*. Su modelo debe lucir como en la figura 7.5.

Antes de incorporar más elementos a nuestro modelo, haremos un pequeño paso de verificación, de modo que estemos seguros de que hemos implementado correctamente la tabla de

[1]Como indicamos en la sección 5.2, los valores en la distribución de los pacientes son interpretados por Simio con relación a sus proporciones *relativas*. Mientras que hemos capturado los valores pensando en los *porcentajes* de cada tipo de paciente, los valores podrían igualmente haber sido capturados como *probabilidades*(0.40, 0.31, 0.24, 0.05), o como cualquier otro múltiplo positivo de los valores que hemos utilizamos(e.g., 4000, 3100, 2400, 500).

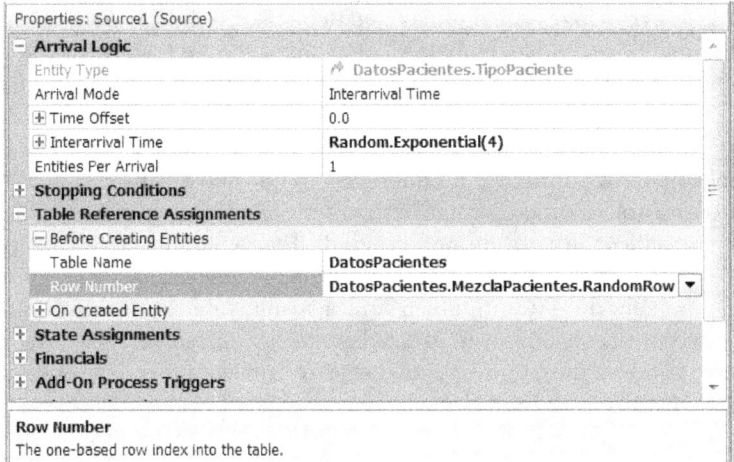

Figura 7.4: Selección del tipo de entidad de una tabla.

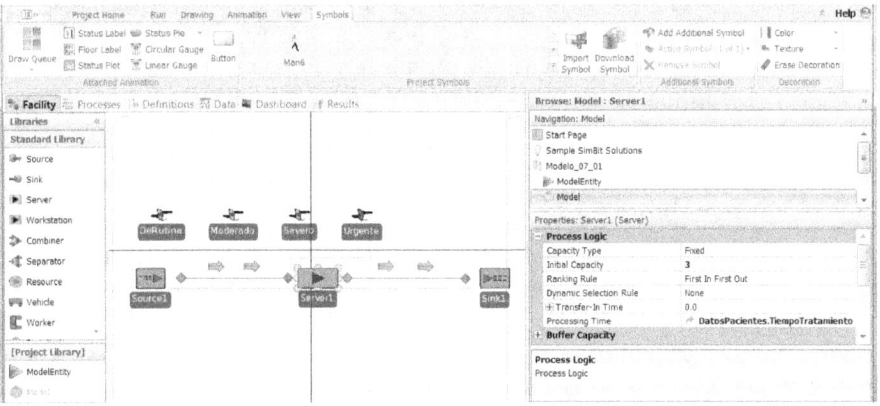

Figura 7.5: Modelo del DE terminado en el Modelo 7-1.

datos. Utilizando la distribución de pacientes y el tiempo de atención esperado para cada tipo de paciente, podemos calcular el tiempo de servicio esperado de todos los pacientes en su conjunto (11.96 minutos). Con la tasa de llegadas global de 15 pacientes/hora, podemos esperar una utilización del servidor, en estado estable, de 99.64%. Corrimos el Modelo 7-1 por 25 repeticiones de 1100 días de longitud y un periodo de calentamiento de 100 días. La utilización programada promedio resultante fue de 99.59% ± 0.0854 (el ancho medio del intervalo del 95% de confianza). Esto ilustra un punto importante acerca de la verificación del modelo — usualmente es mucho más sencillo verificar el modelo conforme lo va construyendo, que esperar a que el modelo esté "terminado" —. Como nuestra utilización resultante coincidió con nuestra expectativa de manera satisfactoria, estamos seguros de que hemos implementado apropiadamente la tabla de datos y podemos seguir haciendo mejoras a nuestro modelo.

7.1.3   Tablas de Secuencias

Una tabla de secuencias (*Sequence Table*) es un tipo especial de tabla de datos, utilizada para especificar una secuencia de destinos para una entidad. En un taller de manufactura, usted podría representar las estaciones o máquinas que deben ser visitadas para completar una pieza (e.g., maquinado, pulido, ensamble, embalaje). Para una red de transporte, la secuencia puede ser una serie de paraderos para completar una ruta (e.g., *CallePrincipal, CalleUno, CalleNueve, Centro*).

Usted puede crear una tabla de secuencias en el panel *Tables* de la ventana *Data*, de manera similar a una tabla de datos "normal". La diferencia es que debe utilizar el botón `Add Sequence Table`. Este botón creará la tabla automáticamente y añadirá una columna llamada *Sequence* (secuencia) para especificar la ruta de una entidad. Esta columna obligatoria es la diferencia más importante entre una tabla normal y una tabla de secuencias. En los demás aspectos, todo lo que aplica a una tabla de datos también aplica a una tabla de secuencias. Las columnas de una tabla de secuencias pueden ser utilizadas con la misma libertad que las propiedades (columnas) de una tabla de datos y se puede hacer referencia a sus datos de la misma manera (e.g., `NombreTabla.NombrePropiedad`).

Existen dos maneras diferentes de configurar tablas de secuencias: tablas de secuencias simples (*Simple Sequence Tables*) y tablas de secuencias relacionales (*Relational Sequence Tables*). Se prefieren las tablas de secuencias simples cuando se utilizan secuencias de manera relativamente aislada, por ejemplo cuando se tiene una sola secuencia o un solo tipo de entidad. Las tablas de secuencias relacionales tienen la ventaja de permitir, con mayor facilidad, un uso más complejo de las secuencias (con el que podría toparse), que incluye el caso de entidades múltiples que siguen diferentes secuencias a través de los mismos objetos. Ambas tablas se utilizan de la misma manera, pero difieren en cómo son configuradas. Comenzaremos explicando cómo configurar y usar tablas de secuencias simples.

Tablas de Secuencias Simples

Cada tabla de secuencias simple define un plan de ruteo. Si usted tiene múltiples planes de ruteo (e.g., varias rutas de autobús), entonces cada una debería estar definida en su propia tabla de secuencias. Cada fila de la tabla de secuencias corresponde a una estación específica. Los datos en esa fila son utilizados usualmente para propiedades específicas de la estación, por ejemplo el tiempo de proceso, prioridad u otras propiedades requeridas en una ubicación en particular.

Después de crear su tabla de secuencias, debe establecer una asociación entre la entidad y la tabla de secuencias (en otras palabras, necesita decirle a la entidad qué secuencia debe seguir). Hay varias maneras de hacerlo, la más sencilla es hacerlo en la entidad que haya puesto en el modelo. La entidad tendrá una propiedad llamada *Inicial Sequence* (secuencia inicial) bajo la categoría *Routing Logic*. Escriba el nombre de la tabla de secuencias en esta propiedad. La entidad comenzará en la fila número uno en esta tabla de secuencias y avanzará fila por fila conforme las estaciones sean visitadas. A pesar de que esto sucede automáticamente, es posible cambiar la fila actual e incluso cambiar la secuencia que se está siguiendo. Esto puede hacerse en cualquier momento utilizando el paso *SetRow* en un proceso complementario (*add-on process*).

En este punto, el lector astuto (como usted) se estará preguntando "¿Pero cómo sabe la entidad cuándo moverse de una secuencia a otra?" Usted debe decirle a la entidad cuándo ir al siguiente paso en su secuencia. La manera más común de hacerlo es en la categoría *Routing Logic* del nodo de transferencia (*Transfer Node*) (recuerde que todos los nodos de salida de cada uno de los elementos de la *Standard Library* son un *Transfer Node*). En dichos nodos debe especificar que el tipo de destino de la entidad (*Entity Destination Type*) es por secuencia (`By Sequence`). Al hacer esto se provocan tres cosas:

1. La siguiente fila de la tabla de secuencias de la entidad se convierte en la fila actual.

2. El destino de la entidad se vuelve aquél especificado en la nueva fila actual.

3. Cualquier otra propiedad de la tabla que haya especificado (e.g., *Processing Time*) obtendrá sus valores de la nueva fila actual.

Como usted está indicando explícitamente a la entidad cuándo moverse a la siguiente secuencia, también tiene la opción de visitar otras estaciones entre secuencias, si así lo decide. Simplemente especifique un valor diferente de `By Sequence` (e.g., `Specific`) en la propiedad *Entity Destination Type*. Puede hacer esto tantas veces como lo desee. La próxima vez que la entidad salga de un objeto y quiera que se mueva secuencialmente, simplemente vuelva a utilizar `By Sequence` y continuará exactamente desde donde se haya quedado.

Tablas Relacionales de Secuencias

Muchos de los conceptos descritos anteriormente aplican de la misma forma a las tablas de secuencias relacionales. En general, las tablas relacionales de secuencias se utilizan del mismo modo que las tablas de secuencias simples, pero se configuran de una manera algo diferente. Una diferencia es que puede combinar varias secuencias diferentes (e.g., el conjunto de visitas de una entidad en particular) en una sola tabla de secuencias y, en vez de establecer la secuencia a seguir en la instancia de la entidad (utilizando la propiedad *Initial Sequence*), puede proporcionar esta información en otra tabla. Ambas posibilidades se consiguen ligando una tabla de datos principal con una tabla relacional de secuencias, utilizando columnas especiales identificadas como *Key* y *Foreign Key*. Esta técnica será presentada en el Modelo 7-2.

7.1.4   Modelo 7-2: DE Mejorado Utilizando Tablas de Secuencias

Mejoremos nuestro modelo del DE (Modelo 7-1) describiendo el sistema con mayor detalle. Todos los pacientes visitan primero una estación de llegadas (`Firma`), luego todos, excepto los pacientes urgentes, pasan a un área de registro (`Registro`). Después de haber sido registrados, los pacientes irán al primer consultorio de revisión (`SalasExamen`) disponible. Después de completar la revisión, los pacientes de rutina abandonan el sistema. Los pacientes urgentes visitan la estación de llegadas pero luego van a una sala de traumatología (`SalasTrauma`), que está equipada para tratar condiciones más serias. Todos los pacientes urgentes permanecerán en la sala de traumatología hasta ser estabilizados, luego serán transferidos a una sala de tratamientos (`SalasTratamiento`) y luego se irán.

Probablemente recuerde que cuando comenzamos el Modelo 7-1, lo primero que hicimos fue crear entidades. De manera más general, comenzamos poniendo en el modelo los objetos a los cuales nuestras tablas harían referencia. Haremos lo mismo ahora. Como las tablas de secuencias hacen referencia a estaciones (específicamente, a nodos de entrada de objetos), comenzaremos por incorporar objetos *Server* que representen a esas estaciones. Posteriormente construiremos nuestra nueva tabla, luego regresaremos para añadir propiedades a nuestro modelo.

1. Comience con el Modelo 7-1. Borre el *Path* que une a los objetos *Server* y *Sink*, porque ya no lo necesitamos. Luego, vaya a las propiedades del `Server1`, haga clic derecho en *Processing Time* y seleccione `Reset`.

2. Haga doble clic en el *Server* de la *Standard Library* y luego haga clic cuatro veces en el modelo para añadir cuatro servidores adicionales. Pulse la tecla `Escape` en su teclado o haga clic derecho para salir del modo de adición de objetos. Nombre a los cinco servidores que tiene ahora: `Firma`, `Registro`, `SalasExamen`, `SalasTrauma` y `SalasTratamiento`. Añada un objeto *Sink*. Asigne a los *Sink* los nombres `SalidaNormal` y `SalidaTrauma`, respectivamente.

3. Vaya a la ventana *Data* y al panel *Tables*. Comenzaremos designando a la columna `TipoPaciente` ya existente como la única llave primaria (*Primary Key*), de modo que nuestra tabla de secuencias pueda hacer referencia a ésta. Seleccione la columna `TipoPaciente` y haga clic en *Set Column as Key* en la cinta. En este momento podemos borrar la columna `TiempoTratamiento` — pronto la reemplazaremos por una columna nueva (`TiempoAtencion`), dependiente de la estación, en una tabla de tratamientos (`Tratamientos`) —. Haga clic en el encabezado de la columna `Tiempo`
`Tratamiento` y luego haga clic en la pestaña *Remove Column* de la cinta.

4. Ahora podemos crear nuestra tabla de secuencias. Haga clic en *Add Sequence Table*. Haga clic en el área de propiedades de la tabla de secuencias y llámela `Tratamientos`. Notará que automáticamente se añade una columna llamada `Sequence` para las estaciones requeridas en la secuencia.

5. Necesitamos añadir otra columna para identificar el tipo de tratamiento. Haga clic en `Foreign Key`. Esta acción creará una columna que identificará de manera única al tipo específico de tratamiento. En nuestro caso el tipo de tratamiento corresponde exactamente al tipo de paciente (`TipoPaciente`) en la tabla `DatosPacientes`. Vaya a las propiedades de esta nueva columna y nómbrela `TipoTratamiento`. Se trata de una referencia externa, esto significa que obtiene sus valores fuera de la tabla. La propiedad *Table Key* especifica de dónde provendrá el valor `TipoTratamie`
`nto`. Seleccione `DatosPacientes.TipoPaciente` de la lista que se despliega.

6. Tenemos una última columna que añadir a nuestra tabla `Tratamientos` — el tiempo de proceso —. Haga clic en *Standard Property* y seleccione *Expression*. Esto creará una propiedad en la que podrá introducir un número o una expresión para ser utilizada mientras se permanezca en la estación. Como ese valor tendrá significados ligeramente diferentes, dependiendo de la estación, iremos a la ventana *Properties* y cambiaremos la propiedad *Name* (no confundirla con la propiedad *Display Name*) a `TiempoAtencion`, un nombre más genérico. Como esta expresión representa un lapso de tiempo, en las propiedades de `TiempoAtencion` (categoría *Logic*) debemos especificar que *Unit Type* es `Time` y que *Default Units* es `Minutes`.

7. Antes de capturar los datos en nuestra tabla, hay una cosa más que podemos cambiar para hacer que la entrada de datos sea más sencilla. Si usted revisa la lista que se despliega en la primera celda bajo la columna `Sequence`, verá una lista de todos los nodos en su modelo, porque `Sequence` le permite especificar a cualquier nodo como destino. Esto es útil cuando se tienen nodos independientes, pero nuestro modelo no los tiene. Sin embargo, podemos tomar ventaja de una opción para limitar el contenido de la lista a solamente los nodos de entrada de los objetos y de hecho esa opción sólo despliega el nombre del objeto, para hacerlo aún más simple. Haga clic en la columna *Sequence* y luego vaya a las propiedades para cambiar el valor de la propiedad *Accepts Any Node* a `False`. Si vuelve a revisar la misma lista verá una lista más corta y más simple.

8. Introduzcamos los datos de la tabla *Tratamientos*. En la fila 1, seleccione `Firma` de la lista que se despliega bajo `Sequence`. Luego seleccione `DeRutina` de la lista que se despliega bajo `Treatment Type`, luego capture 2 bajo `Service Time`. Continúe capturando los datos para las filas restantes hasta que su tabla luzca como la figura 7.6.

9. Ahora que hemos capturado nuestros datos, podemos regresar a la ventana *Facility* y terminar nuestro modelo.

Datos Pacientes	**Tratamientos**	
Sequence	Tipo Tratamiento	TiempoAtencion (Minutes)
Firma	DeRutina	2
Registro	DeRutina	Random.Uniform(3,7)
SalasExamen	DeRutina	Random.Triangular(5,10,15)
SalidaNormal	DeRutina	0.0
Firma	Moderado	2
Registro	Moderado	Random.Uniform(3,7)
SalasExamen	Moderado	Random.Triangular(10,15,20)
SalasTratamiento	Moderado	Random.Triangular(5,8,10)
SalidaNormal	Moderado	0.0
Firma	Severo	1
Registro	Severo	2
SalasExamen	Severo	Random.Triangular(15,20,25)
SalasTratamiento	Severo	Random.Triangular(15,20,25)
SalidaNormal	Severo	0.0
Firma	Urgente	.5
SalasTrauma	Urgente	Random.Triangular(15,25,35)
SalasTratamiento	Urgente	Random.Triangular(15,45,90)
SalidaTrauma	Urgente	0.0

Figura 7.6: Tabla relacional de secuencias para definir los tratamientos en el Modelo 7-2.

10. Como discutimos anteriormente, recuerde que debemos especificar, en el nodo de salida, si la entidad que sale debe seguir una secuencia. Haga clic en el *TransferNode* azul del lado de la salida del objeto *Source*. En la categoría *Routing Logic* cambie la propiedad *Entity Destination Type* a By Sequence. Usted podría repetir este proceso para cada uno de los nodos de salida, pero Simio le ofrece un atajo. En nuestro caso, todos los movimientos se harán en secuencia, así que podemos cambiarlos todos de una sola vez. Haga clic en el nodo azul, luego pulse control y haga clic en cada uno de los nodos de salida, uno a la vez (deberá tener seis en total). Ahora que ha seleccionado los seis nodos de transferencia puede cambiar la propiedad *Entity Destination Type* de los seis nodos al mismo tiempo.

11. Conecte los nodos usando los vínculos *Path* necesarios. Si añade algún *Path* innecesario, aunque no le hará daño al modelo, estará añadiendo "basura" — por ejemplo, un *Path* entre Registro y SalasTrauma nunca sería utilizado porque los pacientes del tipo Urgente no pasan por Registro —.

12. Aún no hemos indicado a los *Server* cuánto tiempo pasarán los pacientes dentro de ellos — la propiedad *Process Time* de los *Servers* —. Para todos los *Server*, la respuesta es la misma — utilice la información especificada en la secuencia asociada al paciente específico y el paso de la secuencia que esté activo —. La sintaxis de la expresión para esta asignación es NombreTabla.NombrePropiedad, o específicamente para este caso es Tratamientos.TiempoAtencion. Capture esta expresión en la propiedad *Process Time* para cada *Server*. Note que la entidad (el paciente) lleva consigo la tabla actual y las asociaciones de las filas.

13. Algunos pacientes son más importantes que otros. No nos referimos a celebridades o personalidades políticas, sino a la gravedad de las condiciones del paciente. Por ejemplo,

Tabla 7.3: Número de servidores en cada área del DE.

Área de Servicio	Capacidad Inicial
Llegada (`Firma`)	1
Registro (`Registro`)	3
Salas de revisión (`SalasExamen`)	6
Salas de tratamientos (`SalasTratamiento`)	6
Salas de traumatología (`SalasTrauma`)	2

Tabla 7.4: Resultados de la verificación del modelo 7-2.

Servidor	Utilización Esperada	Resultados por Simulación
Firma	0.4213	0.4214 ± 0.0371
Registro	0.3358	0.3360 ± 0.0307
SalasTrauma	0.1563	0.1568 ± 0.0443
SalasExamen	0.5604	0.5633 ± 0.0510
SalasTratamiento	0.4032	0.4033 ± 0.0560

no queremos usar el tiempo en tratar a un paciente con un resfriado mientras que otro paciente puede estar sufriendo de un severo ataque al corazón. Ya tenemos la información relativa a las prioridades de los pacientes en una tabla, pero necesitamos cambiar el criterio de selección del *Server* del valor por defecto: primeras entradas, primeras salidas (FIFO por sus siglas en inglés). Para cada *Server* usted necesitará cambiar la propiedad *Ranking Rule* (regla de selección) para que escoja el valor más grande primero (`Largest Value First`). Esta selección expondrá la propiedad *Ranking Expression* (expresión para la selección) que deberá apuntar a nuestra tabla: `DatosPacientes.Prioridad`. Lo anterior garantizará que un paciente tipo `Urgente` (prioridad 4) será tratado antes que todos los demás pacientes (prioridades 1-3).

14. Cada uno de nuestros *Server* representa un área del DE, no solamente a un solo servidor. Necesitamos indicar esta característica especificando la capacidad inicial de cada *Server*. Haga clic en cada *Server* y complete el campo *Initial Capacity* como se indica en la tabla 7.3. La línea verde sobre cada *Server* muestra a las entidades actualmente en el proceso. Usted deberá extender esas líneas y hacerlas lo suficientemente largas para que coincidan con la capacidad establecida. Del mismo modo, la línea a la izquierda de cada *Server* muestra a los pacientes esperando por entrar. Estas líneas también pueden ser extendidas. Usted puede hacer esto mientras el modelo está corriendo para que le sea más fácil encontrar el tamaño adecuado.

Si usted ha seguido todos los pasos anteriores, habrá completado el modelo. Aunque probablemente haya dispuesto los objetos de diferente manera, su modelo deberá lucir muy parecido al de la figura 7.7 (donde se ha colapsado la ventana *Browse*).

Continuando con nuestra estrategia de verificar los modelos conforme los vamos construyendo, utilizaremos un modelo de redes de colas (mostrado en la figura 7.8) para aproximar la utilización esperada, en estado estable, para los cinco servidores. La tabla 7.4 muestra las utilizaciones esperadas del modelo de red de colas junto con los resultados del Modelo 7-2 (con base en 25 repeticiones de longitud 1100 días y un periodo de calentamiento de 100 días). Claramente, los resultados experimentales están de acuerdo con nuestras expectativas, así que nos sentimos seguros acerca de la construcción del modelo y podemos seguir mejorándolo.

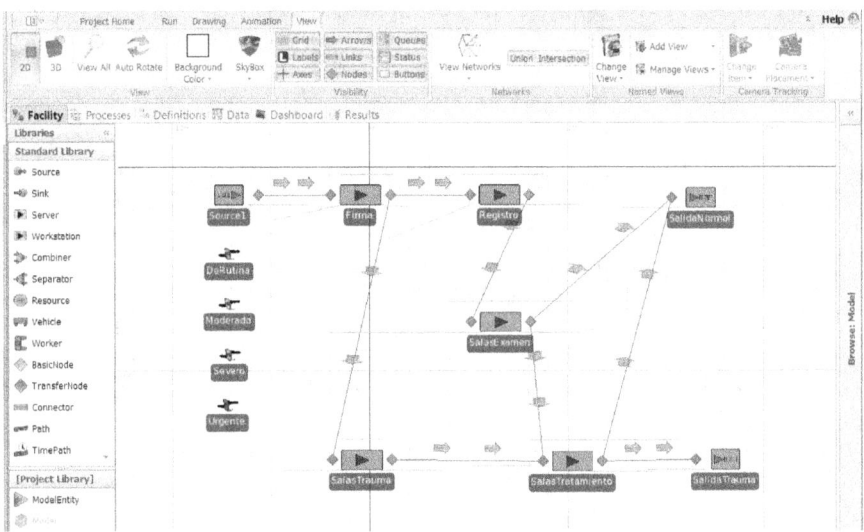

Figura 7.7: Modelo del DE con secuencias terminado en el Modelo 7-2 .

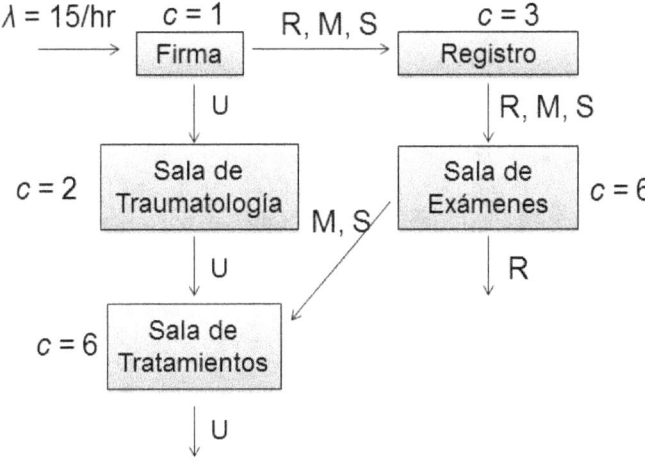

Figura 7.8: Modelo de red de colas para el modelo del DE con secuencias.

7.1.5   Tablas de Llegadas y Modelo 7-3

Otro tipo de tabla que no hemos discutido aún, es la tabla de llegadas (*Arrival Table*). Este tipo de tabla se utiliza con la propiedad *Arrival Mode* del objeto *Source* para generar un grupo específico de llegadas de acuerdo con lo establecido en la tabla. Las llegadas pueden ser estocásticas o determinísticas.

Aunque las llegadas determinísticas no son comunes en un modelo típico de simulación estocástica, tienen dos importantes aplicaciones: la secuenciación y la validación. En una aplicación de secuenciación, usted tiene que realizar un conjunto fijo de tareas y desea determinar el mejor ordenamiento de las tareas para alcanzar los objetivos del sistema. De manera similar, una técnica de validación consiste en correr el modelo bajo un conjunto dado de eventos y analizar las diferencias. En cualquier caso, usted podría utilizar una tabla de llegadas para representar el trabajo entrante u otras actividades como entregas de material. Cada entrada en la tabla corresponde a una entidad que será creada.

La misma tabla puede ser utilizada para *llegadas estocásticas* tomando ventaja de dos propiedades adicionales [2] del objeto *Source*. La propiedad *Arrival Time Deviation* le permite especificar una desviación aleatoria alrededor de un tiempo de llegadas específico. La propiedad *No-Show Probability* le permite especificar la probabilidad de que una llegada en particular no ocurra. Estas propiedades simplifican el modelado de las llegadas, que pueden ser pacientes (como ilustraremos más adelante), insumos o camiones repartidores.

Cualquier tabla puede ser utilizada como una *Arrival Table* siempre y cuando la tabla contenga una columna con la lista de los tiempos de llegadas. Una *Arrival Table* no está limitada a proporcionar tiempos de llegadas; el resto de la tabla puede contener un conjunto de propiedades y datos para determinar la ruta esperada y el criterio de ejecución esperado. Exploremos cómo podríamos utilizar una *Arrival Table* en nuestro modelo del DE. Añadiremos al Modelo 7-2 una tabla con tiempos de llegadas y con el tipo de pacientes.

1. Vaya al panel *Tables* de la ventana *Data* y haga clic en *Add Data Table*. Llame a la tabla `PruebaLlegadas`.

2. Haga clic en *Standard Property* y seleccione *Date Time*. Llame a esta propiedad `TiempoLlegada`.

3. Haga clic en *Foreign Key*. Esto añade una propiedad que identificará al tipo de llegada. Asígnele el nombre `TipoPaciente`, seleccione `DatosPacientes.TipoPaciente` para el valor de la propiedad *Table Key* y `DeRutina` para la propiedad *Default Value*. El uso de *Foreign Key* permite ligar a esta tabla con cualquier otra que hayamos capturado —- no se requiere de ningún esfuerzo adicional —-. De hecho, podemos eliminar la información de las propiedades de la categoría *Table Reference Assignments* que capturamos previamente en el objeto *Source*.

4. Ahora podemos capturar algunos datos muestrales, por ejemplo, las llegadas reales de pacientes del día anterior. Capture los datos como se muestra en la figura 7.9. También es posible capturar los tiempos como tiempo transcurrido desde el inicio de la simulación (a la media noche) si lo prefiere. En lugar de crear una propiedad tipo *Date Time*, cree una propiedad del tipo `Real` y especifique que se trata de tiempo seleccionando `Time` y las unidades de su preferencia (e.g., `Minutes`). No es necesario que las entradas se registren en estricto orden. Los registros serán reordenados de manera ascendente antes de que sean creados.

---

[2]Al igual que otros aspectos del modelo, las capacidades estocásticas se desactivan cuando el modelo se corre en modo determinístico, seleccionando la opción *Disable Randomness* en las opciones avanzadas (*Advanced Options*) de la pestaña *Run*.

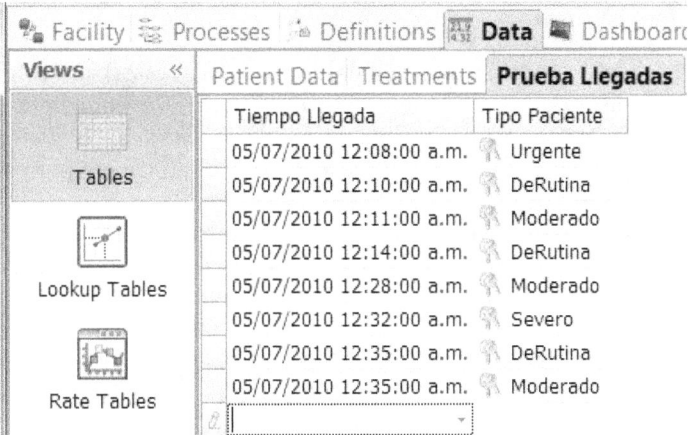

Figura 7.9: Ejemplo de tabla de llegadas.

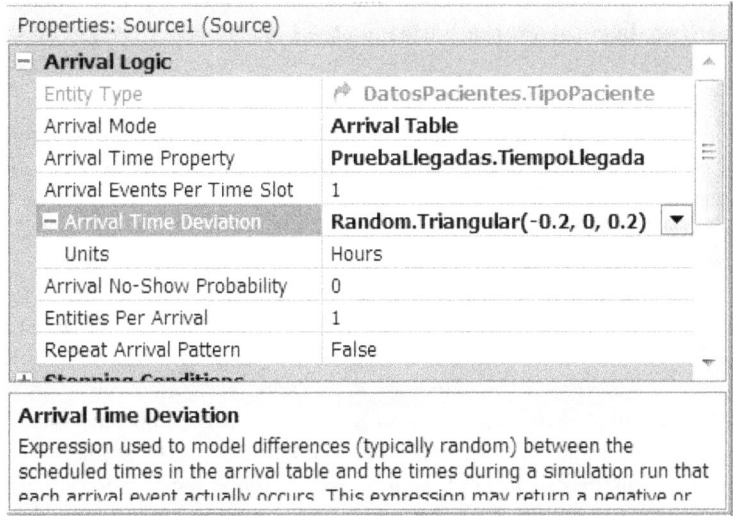

Figura 7.10: Utilización de una tabla de llegadas en el objeto *Source*.

5. Para detonar el uso de esta tabla debemos asociarla a nuestro objeto *Source*. En la propiedad *Arrival Mode* seleccione `Arrival Table`. La propiedad *Arrival Time* es donde usted especifica los nombres de la tabla y de la propiedad que determinará las llegadas — seleccione `PruebaLlegad`
`as.TiempoLlegada` como se muestra en la figura 7.10.

6. Siguiendo con el objeto *Source*, ingrese la expresión `Random.Triangular(`
`-0.2,0,0.2)` en la propiedad *Arrival Time Distribution* para indicar que los tiempos de llegadas serán aleatorios. Esta expresión indica que cada paciente puede llegar hasta 0.2 horas más temprano o hasta 0.2 horas más tarde (i.e., doce minutos más o menos) que el tiempo programado.

7.1.6   Tablas Relacionales

Como su nombre lo indica, las tablas relacionales (*Relational Tables*) son tablas que tienen una relación determinada entre ellas, en lugar de existir de manera independiente. Estas relaciones se definen por medio de las propiedades *Table Key* y *Foreign Key*. El botón *Set Column As Key* le permite indicar que la columna resaltada puede ser referenciada por otra tabla de datos. Este botón convierte a dicha columna en una llave (*Key*) para la tabla y es la que permite ligar a las tablas. Esta columna debe tener exactamente una instancia de cada valor — ninguno de los valores en la columna puede repetirse —. Sin embargo, en una sola tabla usted puede tener varias columnas que sean llaves, siempre y cuando cada una contenga un conjunto de valores que no se repiten.

Cualquier otra tabla, potencialmente varias tablas, puede ligarse a la tabla principal al incluir una columna del tipo *Foreign Key* que identifique a la tabla principal y a su *Table Key*. Una vez que se ha creado la liga, usted puede usar cualquier columna de cualquier tabla ligada sin tener que recorrer la tabla explícitamente. Por ejemplo, en el Modelo 7-2 nuestra tabla `DatosPacientes` especificaba a `TipoPaciente` como *Table Key* que contenía cuatro valores diferentes. Luego creamos la tabla de secuencias `Tratamientos` que utilizaba a `TipoPaciente` como una columna *Foreign Key*. Cuando asociamos una entidad con una fila en particular de la tabla `DatosPacientes`, la entidad automáticamente se asocia con el grupo de filas relacionadas de la tabla `Tratamien`
tos, lo que nos permitió usar el valor `Tratamientos.TiempoAtencion`.

Las tablas relacionales incluyen una vista *Master-Detail*, que permite apreciar las relaciones entre varias tablas. Para las tablas que tienen una columna designada como *Table Key*, usted podrá apreciar, en la vista detallada, al conjunto de filas relacionadas con la fila correspondiente que ha seleccionado en la columna *Table Key*. El pequeño símbolo "+" junto a la fila indica que la vista detallada está disponible. Cuando presione el símbolo "+", se mostrarán los elementos de la tabla asociada (*Related Table*) que tienen relación con la entrada que fue expandida. Podemos apreciar este detalle si regresamos al Modelo 7-3. Si usted observa la tabla `TipoPaciente`, cada entrada bajo `TipoPaciente` está precedida por un símbolo "+". Si usted presiona el símbolo "+" enfrente del paciente `Moderado`, verá algo parecido a la figura 7.11. Bajo la pestaña `Tratamientos` se muestran todas las filas asociadas que están presentes en la tabla `Tratamientos`. En este caso se están mostrando todas las estaciones y la información asociada con la secuencia de tratamientos para un paciente moderado. Notará que también hay una pestaña `PruebaLlegadas`. En esta pestaña encontrará la información para todas las llegadas de pacientes del tipo `Moderado` especificadas en la tabla `PruebaLlegadas`. Haga clic en el símbolo "−" para cerrar la vista detallada; también podrá abrir y cerrar los elementos de la columna *Key* de manera independiente.

Las tablas relacionales ofrecen una capacidad muy importante. Permiten representar a sus datos de manera eficiente y hacer referencia a ellos de manera simple. Además, esta herramienta es muy útil para crear ligas con datos externos. Frecuentemente encontrará que los datos externos requeridos para sustentar su simulación están disponibles en una base de datos relacional (*relational database*). Usted puede representar las mismas relaciones en sus tablas de datos.

7.1.7   Importación y Exportación de Tablas

Confiamos en que para este momento, usted ha comenzado a apreciar el valor y la utilidad de las tablas. Para el pequeño volumen de datos que hemos manejado hasta ahora, capturar los datos manualmente es razonable. Pero conforme el volumen de datos incremente, probablemente deseará tomar ventaja de las opciones *Import* y *Export*.

Figura 7.11: Vista *Master-Detail* de una tabla relacional.

Usted puede exportar una tabla a un archivo tipo CSV (archivo separado por comas) haciendo clic en *Export* de la cinta *Table*. Esta opción es útil para crear un archivo formateado cuando recién empieza a usar la tabla o simplemente para almacenar una tabla existente en un archivo, para edición externa (e.g., en Excel) o como respaldo. También puede importar los datos de un archivo CSV o de Excel a la tabla utilizando la opción *Import From*. Se recomienda que la tabla inicial se genere exportando primero una tabla existente de Simio. Antes de que pueda importar, primero debe *ligar* la tabla al archivo externo usando *Bind To*, lo que le permite indicar el nombre del archivo y cualquier otro parámetro necesario para leer el archivo. Una vez que ha ligado la tabla a un archivo específico, puede establecer las opciones usando *Binding Options*. Las opciones son la de importar los datos manualmente (sólo cuando hace clic en el botón *Import*) o automáticamente cada vez que corre el modelo. Esta última opción es recomendable si el conjunto de datos puede cambiar frecuentemente entre corridas.

También puede utilizar *Bind To* para ligar una tabla a un archivo externo. Si se liga una tabla a un archivo, los datos serán importados a la tabla cada vez que se inicie una corrida. Esto le permite cambiar el contenido de la tabla sin tener que hacer una importación manual cada vez que los datos cambien.

Cuando se importa desde Excel, Simio siempre asume que la primera fila contiene los nombres de las columnas. Note también que la lógica de importación siempre trata de hacer coincidir los nombres existentes de las columnas de la tabla con los nombres de las columnas de los datos. Si Simio no puede encontrar concordancia para el nombre de una columna en Excel con una columna de una tabla existente, descarta los datos para los que no encontró concordancia. Si usted enfrenta este problema, borre todas las columnas de la tabla y haga la importación nuevamente con una tabla de Simio en blanco. También puede utilizar la herramienta copiar y pegar para transferir datos en ambas direcciones. Por ejemplo, puede copiar los datos en Excel, hacer clic en la fila y columna adecuadas de la tabla en Simio y, finalmente, utilizar el comando Ctrl-V para pegar los datos en la tabla de Simio.

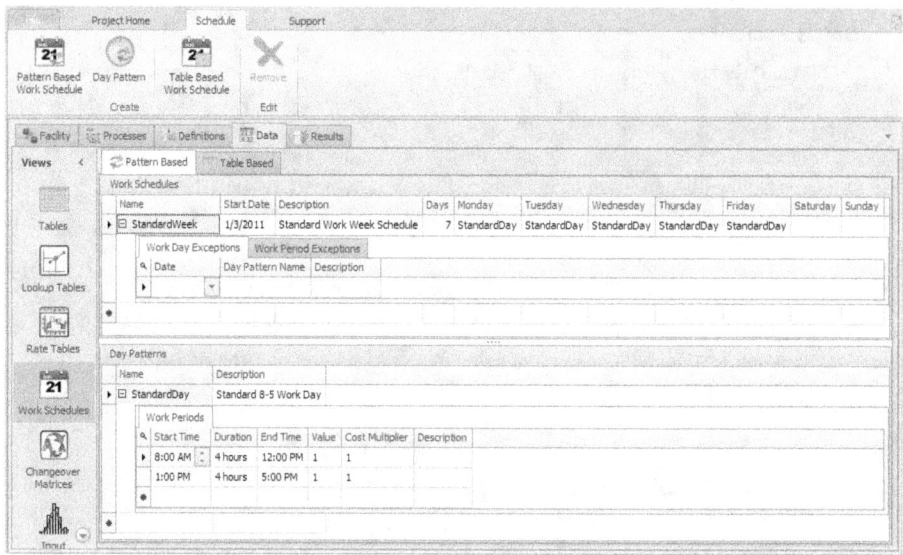

Figura 7.12: Ejemplo de un patrón diario estándar.

7.2 Programaciones

Como notamos en la sección 5.1.5, cualquier objeto puede ser un recurso. Los recursos tienen una capacidad (e.g., el número de unidades disponibles) que puede variar en el tiempo. Como vimos en la sección 5.3.3, una forma de modelar situaciones donde la capacidad de un objeto varía en el tiempo es mediante el uso de *programaciones* (*Schedules*). Muchos objetos pueden seguir una programación que permite cambiar la capacidad del objeto en el tiempo. La capacidad del recurso también se utiliza para determinar si el recurso se encuentra disponible (en el estado *On-Shift*, es decir, cuando la capacidad es mayor que cero) o no disponible (en el estado *Off-Shift*, es decir, cuando la capacidad es cero). Para algunos objetos (como por ejemplo trabajadores) la capacidad solamente puede ser 0 (estado *Off-Shift*) o 1 (estado *On-Shift*). Para la mayoría de los objetos, su programación puede ser de capacidad variable (e.g., cinco en el transcurso de 8 horas, seguido de cuatro en el transcurso de 2 horas y finalmente cero por 14 horas).

7.2.1 Programación de Trabajo Calendarizada

Existen dos tipos de programaciones de trabajo calendarizadas, basadas en patrones y basadas en una tabla. Una programación basada en un patrón tiene tres componentes principales — Patrones Diarios (*Day Patterns*), Programas de Trabajo (*Work Schedules*), y Excepciones (*Exceptions*).

Un *patrón diario* define los periodos de trabajo para un día. Puede definir tantos periodos de trabajo como desee. Se asume que no se trabaja en los periodos no especificados. Simio incluye un ejemplo de un patrón diario (parte inferior de la figura 7.12) llamado **Standard Day**, que tiene dos periodos de trabajo de cuatro horas separados por un descanso para comidas de una hora. Usted puede cambiar este patrón a su gusto. Para cada periodo de trabajo en un patrón diario, debe especificar un tiempo de inicio (en la columna *Start Time*) y ya sea la duración (en la columna *Duration*) o el tiempo de terminación (en la columna *End Time*). Si el número programado (e.g., la capacidad del recurso) no es el valor por defecto de 1, entonces también se debe especificar el valor en la columna *Value*. Se proporciona una columna para un

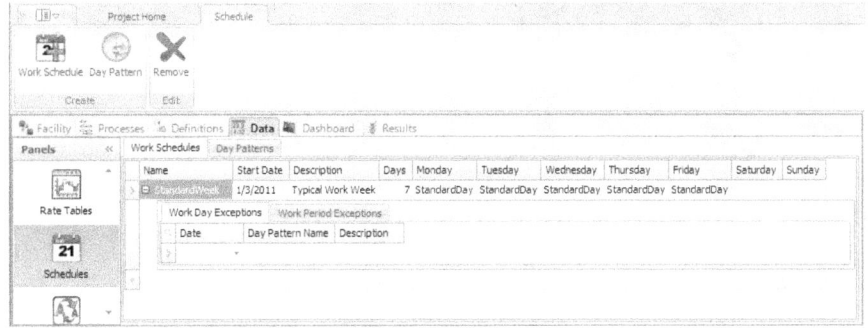

Figura 7.13: Ejemplo de programación para una semana estándar.

multiplicador de costo (*Cost Multiplier*) para cuando el costo por usar el recurso es diferente que el costo normal por ocupación del recurso. Por ejemplo, si agrega 2 horas de sobretiempo a la programación normal, se puede especificar que el multiplicador de costo para esas 2 horas sea, por ejemplo, 1.5.

Simio incluye un ejemplo de programa de trabajo llamado **Standard Week**, que se ilustra en la parte superior de la figura 7.12. Una *programación de trabajo* consiste de una combinación de patrones diarios que constituyen un periodo de trabajo repetitivo. El periodo repetitivo puede durar entre 1 y 28 días; la situación típica es una semana de siete días. Un periodo de trabajo puede comenzar en cualquier día calendario basado en la *fecha de inicio*. Si todas sus programaciones de trabajo son de siete días y comienzan en el mismo día de la semana (e.g., todas comienzan el lunes), entonces las columnas se nombrarán de acuerdo a los días de la semana, como se ilustra en la figura 7.13. Si tiene programaciones que comienzan en diferentes días de la semana (e.g., una comienza en lunes y otra en domingo) o si tiene programaciones que no duran siete días, las columnas se llamarán **Day 1**, **Day 2**, ..., **Day** n. En este caso, los días que no aplican a una programación determinada estarán desactivados para prevenir la introducción de datos.

El tercer componente de una programación calendarizada es una *excepción*. Una excepción reemplaza la programación básica repetitiva durante la duración de la excepción. Las excepciones pueden ser utilizadas para definir horas extras, mantenimientos planeados, periodos de vacaciones, etc. Las excepciones pueden editarse haciendo clic en el signo "+" a la izquierda del nombre de la programación. Existen dos tipos de excepciones. El primero corresponde a una *excepción en día laboral* e indica que en ese día en particular se utilizará un patrón de trabajo que difiere del patrón normal. Por ejemplo, podría definir un patrón diario llamado ViernesAgosto indicando un tiempo de terminación temprano y, a continuación, especificar que en todos los viernes de agosto se utilizará ese patrón de trabajo. El otro tipo de excepción corresponde a la *excepción de periodo de trabajo*. Esta excepción indica que para esa fecha y periodo de tiempo, la programación operará utilizando los valores indicados, sin importar el contenido de la programación. El uso de esta excepción es común en periodos de paro o en periodos de trabajo extendidos.

Si tiene muchos programas, el ingreso de programas basados en patrones puede ser tedioso, especialmente si los datos ya están en la base de datos. Por esta razón, Simio ofrece los Programas de Trabajo Basados en Tablas (*Table-Based Work Schedules*). Estos programas requieren de la misma información que los patrones de día, pero se especifican indicando en qué tabla se debe buscar, y en qué columnas se encuentra la información sobre tiempo de inicio, tiempo de finalización, valor, y multiplicador de costo para cada periodo (ver la figura 7.14).

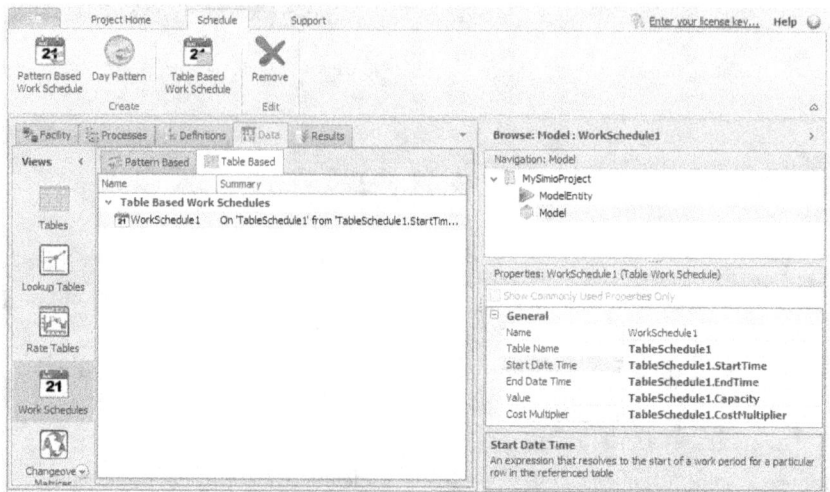

Figura 7.14: Ejemplo de programa de trabajo basado en tabla.

Para obtener una explicación detallada de cómo configurar y utilizar las programaciones de trabajo, busque la palabra clave "Schedule" en la guía de referencia de Simio.

7.2.2 Programaciones Manuales

Mientras que las programaciones calendarizadas son convenientes en algunas aplicaciones, en otras podríamos desear tener mayor control o, simplemente, la simplicidad que proporciona una programación manual. Al nivel más básico, una programación manual puede ser muy sencilla. Simplemente asigna el valor deseado a la capacidad, introduce el tiempo que este valor estará activo y repite si es necesario.

Por ejemplo, si deseamos introducir una programación de trabajo repetitiva de ocho horas al día para `Server1`:

1. Haga doble clic en la propiedad *Run Initialized* de la categoría *Add-On Process Triggers*. Este proceso se ejecutará automáticamente una vez que el objeto *Server* se haya inicializado.

2. Añada un paso *Assign*, un paso *Delay*, otro paso *Assign* y por último otro paso *Delay*. Utilice estos pasos para introducir el valor 1 en la propiedad `Server1.CurrentCapacity`, una demora de 8 horas, el valor 0 en la propiedad `Server1.CurrentCapacity` y una demora de 16 horas, respectivamente.

3. Arrastre el vínculo que sale del último paso *Delay* hacia al primer paso `Assign`, como se ilustra en la figura 7.15. Este procedimiento ocasionará que los cuatro pasos se repitan indefinidamente.

Las programaciones manuales permiten también mucha flexibilidad. Puede añadir tanto detalle como desee, así como lógica para la transición. Por ejemplo, puede implementar una lógica que indique que en el descanso, el recurso dejaría de trabajar o suspendería cualquier trabajo en proceso y que al final del descanso empezaría a trabajar donde se quedó. Puede también implementar cierta lógica para que el recurso deje de aceptar trabajos nuevos 30 minutos antes del final del turno (dejando tiempo para la limpieza), pero que continúe trabajando si

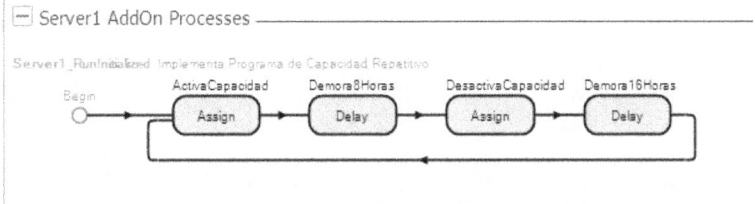

Figura 7.15: Programación de 8 horas de trabajo al día creada manualmente.

todavía no ha completado su trabajo en proceso. Éste fue sólo un ejemplo, pero con la potencia de los procesos de Simio a su disposición, se pueden modelar programaciones sofisticados.

7.3 Tablas de Tasas y Modelo 7-4

La tabla de tasas (*Rate Table*) es una tabla muy diferente a las que hemos discutido hasta ahora — no es una tabla de uso general y no le permite añadir sus propias columnas —. Esta tabla tiene un solo propósito: especificar tasas de llegadas, que varían en el tiempo, para las entidades. Mientras que hasta el momento nuestros modelos sólo han utilizado tasas de llegadas constantes en el transcurso de una corrida, existen numerosas aplicaciones en las que la tasa de llegadas varía en el tiempo, especialmente en la industria de servicios. Por ejemplo, los clientes ingresan a un banco con más frecuencia en ciertos periodos del día y en un centro de soporte técnico, llegan más llamadas en ciertas horas del día.

Para los modelos anteriores, hemos asumido un *proceso de Poisson estacionario*, en el que ocurren llegadas independientes, una a la vez, de acuerdo a un tiempo entre llegadas que se distribuye exponencialmente con una media dada. Para implementar tasas de llegadas que varían en el tiempo, necesitamos un *proceso de Poisson no estacionario*. Para una descripción general de este tipo de proceso de llegadas, consulte la sección 6.2.3. Con fines de validación del modelo, se pueden incluir "picos" y "valles" en la tasa de llegadas del modelo, si es que están presentes en la realidad.

Para modelar una tasa variable en el tiempo, podría estar tentado a utilizar un tiempo entre llegadas que sigue una distribución exponencial y, simplemente, especificar el tiempo promedio entre llegadas como un estado, alterando el valor del estado en puntos discretos en el tiempo. Sin embargo, este procedimiento no es válido. Esta metodología genera resultados incorrectos debido a que no considera adecuadamente la transición de un periodo al siguiente. El uso de una tabla de tasas ofrece el comportamiento correcto para el proceso de llegadas que se requiere.

El objeto *Source* utiliza la tabla de tasas para generar entidades de acuerdo a un proceso de Poisson no estacionario con una tasa de llegadas que varía en el tiempo. Puede especificar el número de intervalos, así como la duración del intervalo. La tabla de tasas consiste de una serie de intervalos de tiempo de igual duración y de la especificación de la tasa media de llegadas en cada intervalo; se asume que esta tasa permanece constante en el transcurso del intervalo, pero puede ser diferente al inicio del siguiente intervalo. Para cada intervalo, la tasa se expresa como llegadas por *hora*, sin importar las unidades de tiempo especificadas para los intervalos de la tabla de tasas (e.g., aunque especifique un intervalo de tiempo de diez minutos, la tasa de llegadas para cada uno de los intervalos de diez minutos debe estar expresada como una tasa por *hora*). Una vez que se llegue al último intervalo de tiempo, la tasa de llegadas se repetirá desde el inicio de la tabla. Aunque puede parecer una limitación que en un modelo se asuma que la tasa de llegadas es una función constante por tramos, se ha demostrado que es una buena aproximación de la verdadera tasa de llegadas (ver [37]).

Tabla 7.5: Datos históricos de las llegadas para el Modelo 7-4.

Periodo de Tiempo	Número Promedio de Llegadas de Pacientes
0:00 to 4:00	49
4:00 to 8:00	31
8:00 to 12:00	38
12:00 to 16:00	36
16:00 to 20:00	60
20:00 to 24:00	70

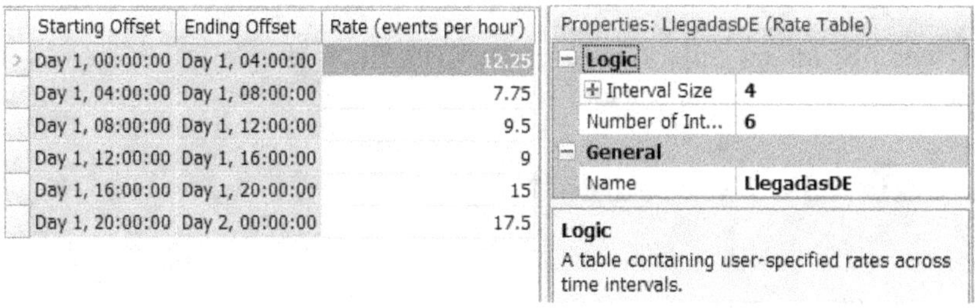

Starting Offset	Ending Offset	Rate (events per hour)
Day 1, 00:00:00	Day 1, 04:00:00	12.25
Day 1, 04:00:00	Day 1, 08:00:00	7.75
Day 1, 08:00:00	Day 1, 12:00:00	9.5
Day 1, 12:00:00	Day 1, 16:00:00	9
Day 1, 16:00:00	Day 1, 20:00:00	15
Day 1, 20:00:00	Day 2, 00:00:00	17.5

Properties: LlegadasDE (Rate Table)

Logic	
Interval Size	**4**
Number of Int...	**6**
General	
Name	**LlegadasDE**

Logic
A table containing user-specified rates across time intervals.

Figura 7.16: Tabla de tasas que muestra las tasas de llegadas (que varían en el tiempo) de los pacientes.

Para que un objeto *Source* estándar utilice una tabla de tasas, fije la propiedad *Arrival Mode* en *Time Varying Arrival Rate* y seleccione el nombre de la tabla de tasas para la propiedad *Rate Table*.

Ilustremos este concepto con nuestro Modelo 7-2, introduciendo un patrón de llegadas más preciso. Mientras que nuestro modelo inicial aproximaba las llegadas por un tiempo promedio entre llegadas fijo de 4 minutos, sabemos que las tasas de llegadas varían en el transcurso del día. Más aún, tenemos datos acerca del número promedio de llegadas en cada periodo de cuatro horas del día, como se muestra en la tabla 7.5. Incorporemos estos datos a nuestro modelo.

1. Comience con el Modelo 7-2. Seleccione la ventana *Data* y el panel *Rate Tables*.

2. Haga clic en el botón *Rate Table* de la cinta para añadir una nueva tabla de tasas. Cambie el nombre a LlegadasDE.

3. Podríamos dejar el patrón por defecto y especificar la tasa de llegadas para los 24 periodos de una hora, pero contamos con información para sólo seis periodos de cuatro horas. Así que fijamos la propiedad *Interval Size* en 4, con *Units* en Hours (cuatro horas) e introducimos 6 para la propiedad *Number of Intervals*.

4. La información con la que contamos es el número promedio de pacientes que llegan en un periodo de *cuatro horas*, pero necesitamos introducir las tasas como pacientes por *hora*. Así que dividimos cada tasa de la tabla 7.5 entre 4 y las introducimos en la tabla de tasas de Simio. Una vez completada, la tabla se debe ver como la de la figura 7.16.

5. Falta completar una última tarea. Necesitamos regresar a la ventana *Facility* e indicar a nuestro objeto *Source* que utilice esta tabla de tasas. Para ello, seleccione Time Varying Arrival Rate para la propiedad *Arrival Mode* y LlegadasDE para la propiedad *Rate Table*, como se muestra en la figura 7.17.

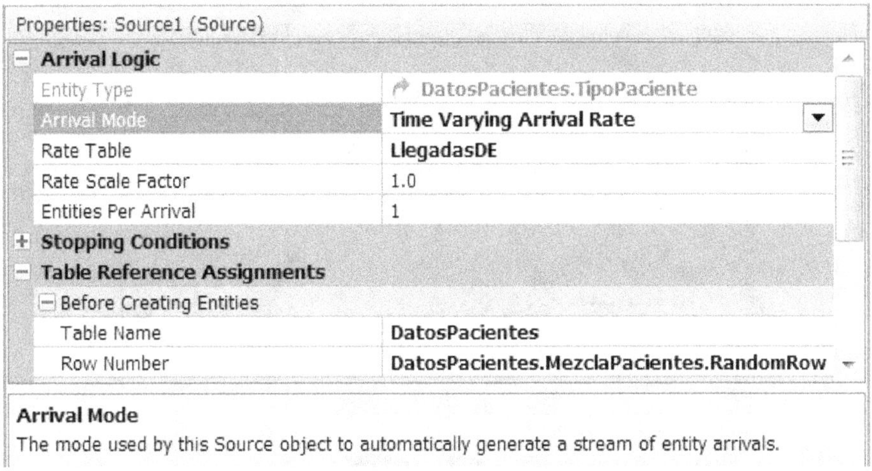

Figura 7.17: Objeto *Source* utilizando una tasa de llegadas que varía en el tiempo.

Si ahora corre el modelo, observará resultados diferentes, no sólo debido a una tasa de llegadas, en general, menor, sino también debido a que ahora el modelo tiene que lidiar con periodos de llegadas pico en los que el número de llegadas es alto.

Aunque no la utilizamos en este modelo, el objeto *Source* también cuenta con la propiedad *Rate Scale Factor* que puede ser utilizada para alterar los valores de la tabla por un factor específico, en vez de alterar los valores por separado. Por ejemplo, para incrementar las tasas en la tabla por un factor del 50%, simplemente ingrese 1.5 en la propiedad del objeto *Source*. Esto facilita la experimentación con diferentes cargas de pacientes (e.g., ¿cómo responderá el sistema si la carga de pacientes se incrementa en un 50%?).

7.4 Tablas de Búsqueda y Modelo 7-5

En algunas ocasiones necesitaremos obtener un valor (e.g., tiempo de procesamiento) que dependerá de algún otro valor (e.g., número de ciclos completados). A veces bastará con introducir una simple fórmula (e.g., `Server1.CycleC`
`ount * 3.5` o `Math.Sqrt( Server1.CycleCount )`) o con realizar una búsqueda directa en una tabla (e.g., `MiTabla[ Server1.CycleCount ].ProcessTime`). En otras ocasiones puede ser de utilidad una tabla de búsqueda no lineal. Una tabla de funciones (*Lookup Table*) es una tabla cuyo propósito es satisfacer este requerimiento. Proporciona la funcionalidad de definir $f(x)$, donde x puede representar el tiempo, un contador o cualquier otra variable o expresión independiente. Un uso común de esta herramienta es para el modelado de curvas de aprendizaje, donde el tiempo requerido para completar una tarea depende del nivel de experiencia de la persona, medido en tiempo o en instancias completadas de la actividad. Otra aplicación puede ser la determinación del tiempo de proceso o la tasa de descarga de una batería con base en el tamaño de la parte o el peso.

Las tablas de búsqueda se pueden crear desde la ventana *Data* mediante el panel *Lookup Tables*. Puede añadir una tabla haciendo clic en la etiqueta `Lookup Table` sobre la cinta. La tabla contiene columnas para los valores de la variable independiente x y para los valores de la variable dependiente $f(x)$. Puede llamar a la tabla de funciones utilizando la sintaxis `NombreTabla[Expres`
`ion_X]`, donde `NombreTabla` es el nombre de la tabla de tasas y `Expresion_X` (una expresión

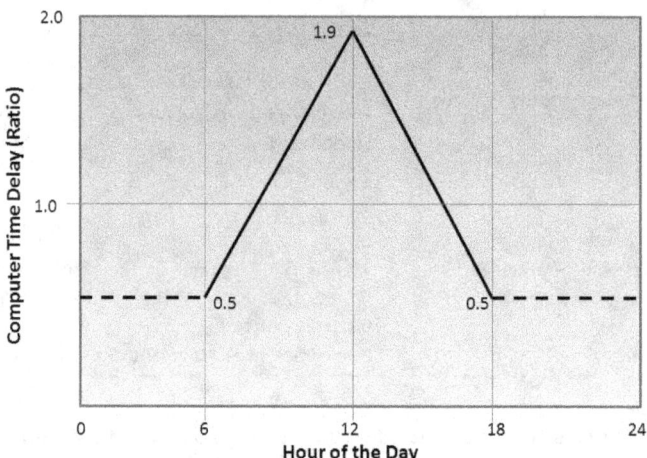

Figura 7.18: Sensibilidad de cómputo (factor de velocidad) por hora del día.

válida) es el argumento (variable independiente) de la función. Por ejemplo, `TiempoProceso[Server1.CycleCount]` regresa el valor de la tabla de funciones llamada `TiempoProceso` correspondiente al valor actual del estado `Server1.CycleCount`. La función regresa el valor definido o una interpolación lineal entre los valores definidos. Si el índice se encuentra fuera del rango definido, regresa el punto final más cercano (primero/último) en el rango definido.

Añadamos una tabla de funciones para ajustar el tiempo de registro en el Modelo 7-4. Asumiremos que el proceso de registro utiliza un sistema de cómputo que es más rápido en la madrugada que en la noche, pero más lento durante el medio día, como se muestra en la figura 7.18. Utilizaremos una tabla de funciones para aplicar un factor de ajuste al tiempo de procesamiento que considere estas velocidades.

1. Abra el Modelo 7-4 y seleccione el panel *Lookup Tables* de la ventana *Data*.

2. Haga clic en *Lookup Table* para añadir una tabla de funciones. Cambie el nombre de la tabla a `RespuestaComputo`.

3. Introduzca los datos representados en la figura 7.18. Sólo contamos con tres puntos: Al tiempo 6 el valor es `0.5`, al tiempo 12 el valor es `1.9` y al tiempo 18 el valor es `0.5`. En cualquier tiempo antes de 6 o después de 18, se regresará el primer o último valor (en este caso, ambos son 0.5). Al tiempo 12 el valor es de 1.9. En cualquier otro punto del tiempo se interpolará linealmente entre los valores especificados. Por ejemplo, al tiempo 8 nos encontramos a $1/3$ del camino entre dos valores de x, así que regresará un valor que está a $1/3$ del camino entre los valores de $f(x)$: $0.5 + 0.466 = 0.966$.

4. Como último paso, regrese al servidor `Registro` de la ventana *Facility* y actualice el tiempo de procesamiento. Comience haciendo clic derecho en la propiedad *Processing Time* y seleccione la opción `Reset`. Deseamos multiplicar el tiempo de procesamiento especificado en la tabla de tratamientos por el factor de velocidad de procesamiento del sistema de cómputo, el cual lo podemos obtener de la nueva función. Necesitamos pasarle a la función un valor que represente las horas transcurridas en el día actual. Podemos aprovechar las funciones de fechas de Simio para tomar una que regresa la hora del día. De esta forma, la expresión completa para la propiedad *Processing Time* es `Tratamientos.TiempoAtencion * RespuestaComputo[DateTime.Hour(TimeNow)]`

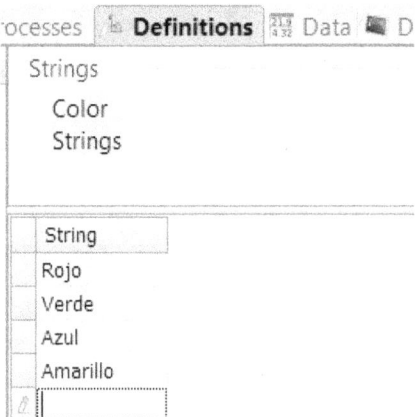

Figura 7.19: Ejemplo de una lista de cadenas de caracteres para colores.

Una vez completados los pasos anteriores, el tiempo de registro en nuestro modelo modificado será menor durante la noche y más largo durante el día, para contemplar la respuesta lenta del sistema de cómputo durante el día.

7.5 Listas y Cambios

En la sección 5.4 presentamos el concepto de listas. Una lista se utiliza para definir una colección de cadenas de caracteres, objetos, nodos o transportadores. También se pueden utilizar para definir los posibles estados de cambio en una matriz de cambios (e.g., color, tamaño, etc.) o para proporcionar una lista de la cual se seleccionará una opción (e.g., la captura de un recurso, la selección de un transportador, etc.). Podemos añadir una lista a un modelo desde el panel *Lists* de la ventana *Definitions*.

Los miembros de una lista cuentan con un índice numérico que comienza en 0. En cualquier expresión podemos referenciar al índice de una lista utilizando la expresión *List.NombreLista.Valor*. Por ejemplo, si contamos con una lista llamada `Color`, cuyos miembros son `Rojo`, `Verde`, `Azul` y `Amarillo`, entonces la expresión `List.Color.Amarillo` regresa el valor **3**. Si contamos con una propiedad del tipo de la lista (i.e., una propiedad cuyos posibles valores son miembros de la lista) llamada `ColorDeAuto` podemos experimentar con condiciones como `ColorDeAuto == List.Color.Amarillo`.

Discutiremos el uso de otros tipos de listas en la sección 8.2.7, pero, por ahora, sólo consideraremos a las listas de cadenas de caracteres. Como puede deducir del nombre, una *lista de cadenas de caracteres* es simplemente una lista cuyos miembros son cadenas de caracteres. Estas listas se utilizan, generalmente, cuando deseamos identificar a un artículo mediante su nombre, en vez de un número.

Las listas de caracteres son fáciles de construir. Simplemente debe hacer clic en el botón *String* desde el panel *Lists* en la ventana *Definitions*. En la parte inferior de la ventana, introduzca los caracteres para cada artículo de la lista, como se muestra en la figura 7.19.

Un cambio es un término general que se utiliza para describir la transición de un tipo de entidad a otro. En la manufactura, puede ser la transición de un tamaño de parte a otro (e.g., grande a chico) o de otras características (como el color). Los cambios se utilizan frecuentemente en aplicaciones de la industria de servicios pero, ocasionalmente, se encuentran también en otras aplicaciones. Por ejemplo, el tiempo de limpieza o la transición entre dos pacientes de rutina puede ser significativamente menor que entre dos pacientes urgentes o en condición crítica. Los cambios se pueden construir en el objeto *WorkStation*, pero también se pueden añadir a otros objetos utilizando procesos complementarios.

Existen tres tipos de cambios: *específicos*, *dependientes de la transición* y *dependientes de la secuencia*. El cambio más sencillo es el *específico*, en el que cada entidad utiliza la misma expresión. Ésta puede ser una expresión de valor constante (e.g., `5.2 minutos`) o una expresión más compleja que podría incluir el estado de la entidad o una tabla de búsqueda (e.g., `Entity.MiTiempoDeCambio` o `MiTablaDeDatos.EsteTiempoDeCambio`). Los otros tipos de cambios requieren del monitoreo de algún tipo de información sobre la última entidad que fue procesada y de la comparación de esta información con la de la entidad a procesar. En cambios *dependientes de la transición* no nos interesan cuáles son los valores precisos, sólo si estos han cambiado. Por ejemplo, si el color cambió necesitamos un tiempo de cambio, y si no ha cambiado necesitamos otro tiempo de cambio (posiblemente 0.0). En cambios *dependientes de la secuencia*, generalmente se monitorea el cambio entre un conjunto de valores discretos. El conjunto de valores se define típicamente en una lista de Simio (e.g., chico, mediano o grande). Cada combinación única de los valores desde y hacia pueden tener un único tiempo de cambio. Esto require de otra herramienta de la ventana *Data* llamada *Changeover Matrix* (matriz de cambios).

Una *matriz de cambios* es una matriz basada en una lista. En muchos casos, será una lista de cadenas de caracteres que identifica las características por su nombre (e.g., una lista llamada `Color` contiene los valores `Rojo`, `Verde`, `Azul` y `Amarillo`). La entidad típicamente tendrá una propiedad o estado (e.g., `Color`) que contiene un valor de la lista. La matriz de cambios comienza con los valores de la lista especificada y los despliega como una matriz de la forma *From/To* (Desde/Hacia). En cada celda pondrá el tiempo requerido para cambiar de una entidad con el valor *From* a una entidad con el valor *To*. Cuando se aplica la matriz de cambios, se selecciona la fila en función del valor para la entidad previa y se selecciona la columna en función del valor para la entidad actual.

Puede definir una matriz de cambios desde el panel *Changeovers* de la ventana *Data*. Haga clic en el botón *Changeover Matrix* de la cinta para añadir una nueva matriz de cambios. A continuación, especifique el nombre de la lista creada previamente en la propiedad *List Name*. En este momento, la ventana inferior se expandirá para mostrar la matriz de todos los miembros de la lista. Entonces puede cambiar el valor en cada intersección para indicar el tiempo de transición entre cada par. En la figura 7.20 se muestra una demora de 10 minutos para cambiar al estado `Yellow` (amarillo), pero sólo una demora de 2 minutos para cambiar a cualquier otro color, y ninguna demora si el color es el mismo.

7.6   Arreglos de Estados

En la sección 5.1.2 presentamos el concepto de estado, pero no tratamos dos temas importantes — arreglos e inicialización —. Un *arreglo de estados* es simplemente un conjunto de estados relacionados. Por defecto, un estado es un valor escalar — tiene una dimensión de 0.

Un estado se puede convertir en un arreglo cambiando el valor de la propiedad *Dimension* (es decir, cambiando su dimensión). Si la propiedad *Dimension* se fija en `Vector` (o se introduce un valor de 1 en la propiedad *Dimension*), el estado es uni-dimensional y la propiedad *Rows* determinará el número de filas en el arreglo. Si la propiedad *Dimension* se fija en `Matrix` (o se introduce un valor de 2 en la propiedad *Dimension*), las propiedades *Rows* y *Columns* determinarán el número de filas y columnas de la matriz, respectivamente. Si desea definir un arreglo de más de 2 dimensiones, Simio permite hasta 10 dimensiones, simplemente ingrese un valor entero entre 0 y 10 en la propiedad *Dimension*.

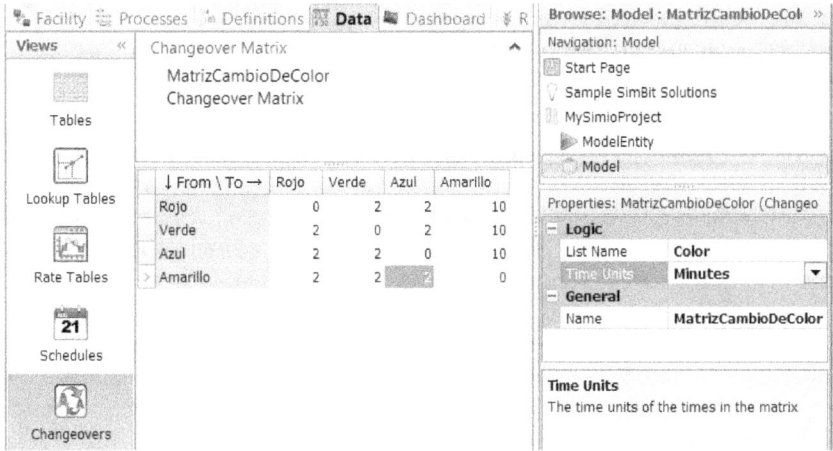

Figura 7.20: Ejemplo de un matriz de cambios para una lista de colores.

Puede referenciar a los arreglos de estados utilizando el formato `NombreEstado[fila]`, `NombreEstado[fila, columna]` o `NombreEstado[fila, columna, dimensión 3, ..., di mensión 10]`. Por ejemplo, para hacer referencia a la fila 7, columna 5 de un arreglo de estados llamado `Peso`, utilizaría la expresión `Peso[7,5]`. Notará que los índices del arreglo de estados comienzan en 1 (e.g., un vector con 5 elementos tiene los índices 1-5, no 0-4).

Cada estado cuenta con la propiedad *Initial Value* que puede ser utilizado para inicializar todos los elementos de un arreglo en un valor particular. Si desea inicializar los elementos en valores únicos puede hacerlo utilizando el paso *Assign* en un proceso — posiblemente utilizando el proceso *OnInitialized* para un objeto —. Alternativamente, puede inicializar un estado o un arreglo de estados utilizando el paso *Read* para leer los valores iniciales desde una fuente externa de datos.

Un método más sencillo para establecer las dimensiones y la inicializacón consiste en fijar la propiedad *Dimension* del estado en `[Table]`. En primer lugar, esta selección fijará automáticamente la dimensión del arreglo de estados en función del contenido de la tabla especificada. Cada fila de la tabla generará una fila en el arreglo y cada columna *numérica* de la tabla (por ejemplo, un entero, una expresión, una fecha, etc., pero *no* un elemento u objeto de referencia) generará una columna en el arreglo de estados. Posteriormente, durante la inicialización, se evaluará cada campo numérico y se copiarán los valores en el elemento apropiado del arreglo de estados. Si combina esta funcionalidad con la habilidad para asociar una tabla a un archivo externo (*Bind to Table*), podrá crear y llenar fácilmente un arreglo que contenga los mismos valores que una tabla externa.

7.7 Modelos Guiados por los Datos

Con frecuencia, se puede requerir de la creación de modelos con componentes reusables. Por ejemplo, tenemos una estación de trabajo compleja – una vez que el objeto para modelar la estación de trabajo ha sido construido y probado, podríamos desear reusarlo para modelar a otras estaciones de trabajo similares en la misma o en otra planta. Si bien objetos puede ser una parte importante de la solución, el uso de objetos que toman sus datos de una tabla de datos nos permite una flexibilidad aún mayor.

En ocasiones, podríamos extender el concepto para hacer que el *modelo completo* sea reusable.

Esto es útil, por ejemplo, cuando se tienen varios sistemas similares (e.g., puertos, fábricas u hospitales) donde cada instalación es similar a las otras pero difiere fundamentalmente en los datos operacionales y de configuración.

Afortunadamente podemos lograr ambas metas usando componentes genéricos o construyendo modelos genéricos *Guiados por Datos* o también llamado *Macro modelado*, que es el concepto de crear modelos genéricos donde muchos de los datos claves "son transferidos" en lugar de especificarlos específicamente en los objetos. Cada entidad proporcionará sus propios datos al objeto para indicarle cómo será el proceso. Cada entidad visitante podría proporcionar sus propios datos al objeto para determinar cómo sería procesada. El objeto estará configurado para procesar a la entidad siguiendo las instrucciones de la entidad o, de otra forma, de tablas de datos asociadas. Esta práctica permite utilizar pocos objetos de complejidad relativamente simple, ya que la particularización será responsabilidad de la entidad, más que del objeto. Los datos son tomados por el objeto – en lugar de que los datos se distribuyan entre muchos objetos, se consolidan en un solo lugar. A este tipo de modelos se les llaman *modelos guiados por los datos*.

Simio tiene capacidades para permitir este tipo de modelos, algunas de las cuales ya hemos cubierto. En la sección 5.1.2 discutimos el uso de propiedades referenciadas como controles que permiten encontrar y cambiar parámetros claves. El uso de una variable de control es una manera sencilla de hacer que un modelo sea guiado por los datos debido a que nos permite introducir fácilmente valores de control claves en las propiedades del modelo o en un experimento.

En el Modelo 7-2 implementamos una forma más elaborada de modelado guiado por los datos, proporcionando el tipo, la mezcla, la ubicación del proceso y el tiempo de proceso del paciente, en una tabla, para evitar la entrada de los datos directamente en los objetos del modelo. En lugar de acciones específicas, nuestro modelo sugiere "Crear el tipo de paciente especificado en la tabla, en el porcentaje especificado en la tabla, mover al paciente a la ubicación especificada en la tabla, y luego procesarlo en el tiempo especificado en la tabla". De esta forma, cualquiera que tenga poca experiencia con nuestro modelo puede realizar experimentos fácilmente con sólo cambiar los datos de la tabla.

Los estados y propiedades que utilizan referencias a elementos y a objetos nos permiten aplicar este concepto con un alcance aún mayor. Remarcamos que, como su nombre lo implica, las referencias a objetos especifican un objeto de una lista dada. Esto nos permite extender nuestro modelo, por ejemplo, para especificar la lista de empleados o de equipo (recursos) que se necesitan para acompañar o para tratar a cada paciente. Similarmente, las referencias a elementos permiten especificar a elementos como materiales o estadísticas. Esto nos permite especificar cualquier material adicional (como un paquete para cirugía) que fuera necesario para un paciente o quizás la estadística específica donde se registrarán los datos del paciente.

7.7.1 Tablas y Grupos Repetidos

Una discusión del modelado guiado por los datos estaría incompleta si no discutiéramos la relación entre tablas y *Grupos Repetidos* que tiene Simio. Recordamos que un grupos repetido es un conjunto de propiedades que puede repetirse a través de varias columnas. Un ejemplo ya hemos visto es las asignaciones que están disponibles en la mayoría de objetos (e.g., un *Source*). Si tiene la idea de que un grupo repetido es como una tabla, está en lo correcto. Una manera de concebir un grupo repetido es como una tabla que ha sido introducida en un objeto. De hecho, Simio le perimte la conversión libre entre grupos repetidos y tablas.

Ilustremos esto con un ejemplo sencillo. Asuma que tenemos una lista de asignaciones de estado que deseamos hacer, pero deseamos especificar los datos en una tabla en vez de en el objeto.

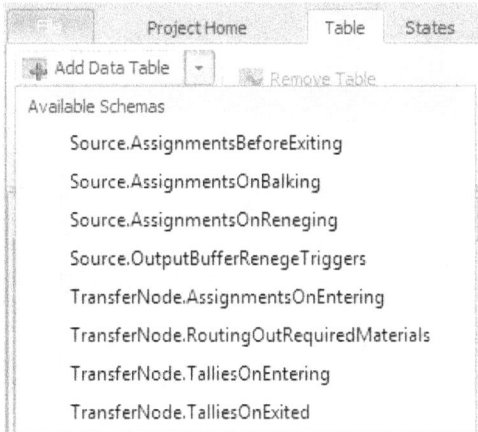

Figura 7.21: Esquemas de datos definidos para el objeto *Source*

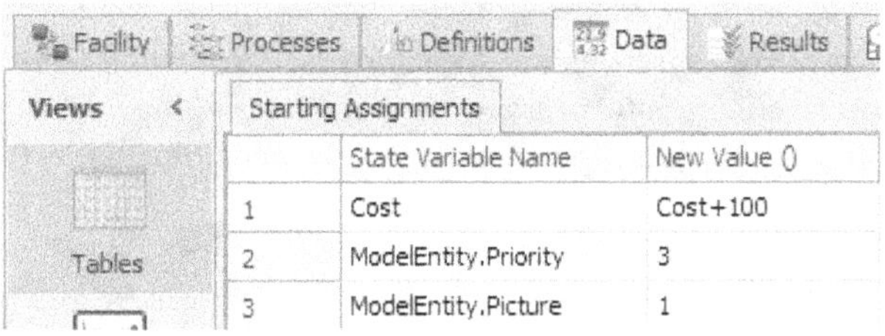

Starting Assignments		
	State Variable Name	New Value ()
1	Cost	Cost+100
2	ModelEntity.Priority	3
3	ModelEntity.Picture	1

Figura 7.22: Ejemplos de asignaciones definidas en una tabla.

1. Empiece un nuevo modelo y agregue un *Source*.

2. Vaya a la pestaña *Data* donde agregaríamos una nueva tabla, pero en lugar de ello, haga click en el botón *Add Data Table*, luego click en el menú desplegable de dicho botón. Esto le permite crear una tabla de datos que empate con alguno de los esquemas (o disposición de tabla) definido en su modelo.

3. En este modelo simple usted apreciará en la figura 7.21 que los esquemas disponibles incluyen cuatro grupos repetidos definidos en el *Source* y cuatro grupos repetidos adicionales definidos en su *TransferNode* asociado.

4. Seleccione el primer esquema (*Source.AssignmentsBeforeExiting*) y creará una tabla donde la primera columna espera una una variable de estado y la segunda columna espera una expresión para el valor que desea asignar a la variable de estado. Asigne el nombre *StartingAssignments* a su nueva tabla.

5. Agreguemos tres filas a la tabla, como se ilustra en la figura 7.22 . En la primera fila incrementamos el estado Costo del modelo en 100. En la segunda y tercera filas le asignamos a la entidad los valores 3 y 1 para sus estados Priority y Picture, respectivamente.

6. Ahora que hemos creado y poblado nuestra tabla, la podemos usar utilizando propiedades referenciadas, como lo hemos hecho anteriormente. Ir al objeto *Source* en la vista *Facility* y haga click derecho sobre el nombre de la propiedad *Before Exiting* bajo el grupo *State*

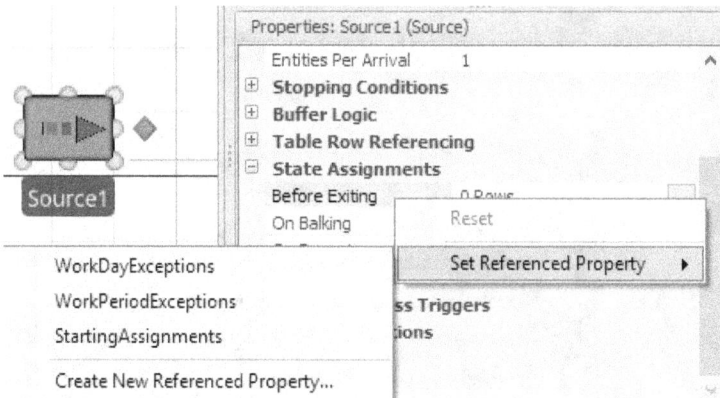

Figura 7.23: Propiedad referenciada que especifica los datos de una tabla para un grupo repetido.

Assignments. En lugar de crear una nueva propiedad referenciada, se podrá seleccionar la tabla que hemos definido – ya está en la vista (ver figure 7.23). Luego de seleccionar la tabla, se podrá apreciar la misma flecha verde que hemos visto para las propiedades referenciadas, con la misma interpretación – indicando el lugar donde están los datos, esta vez referenciando a un conjunto de datos en una o más filas de la tabla.

Mientras que éste ha sido un ejemplo muy sencillo para poblar una tabla y un grupo repetido, cuando esta técnica se combina con el uso de tablas relacionales, se abren nuevas posibilidades para ligar objetos con los datos de una tabla, para implementar de manera más completa el modelado guiado por los datos. En las secciones 12.11 y 12.12 construiremos modelos sencillos guiados por los datos, para la programación de actividades, utilizando el enfoque de construir primero el modelo y luego bajo el enfoque de construir primero los datos.

El propósito principal del macro modelado es el de crear un objeto abstracto que pueda manejar muchas otras cosas – como un objeto que represente varios servidores similares. El propósito principal del modelado guiado por los datos es el de abstraer los datos para que se puedan mantener en un mismo sitio y hacer que la experimentación y el mantenimiento del modelo sean más fáciles. Mientras que el macro modelado y el modelado guiado por los datos tienen diferentes objetivos, comparten las mismas técnicas que permiten crear primero objetos genéricos que toman los datos fuera del objeto, más que directamente de los datos en las propiedades del objeto. Estas técnicas permiten que nuestro modelo sea más sencillo de entender, usar y mantener.

7.8   Modelos Generados por los Datos

Cerraremos este capítulo con un último concepto — la generación de modelos a partir de datos existentes. *Modelo Generado por los Datos* o algunas veces llamado *Primero Datos* es el concepto de crear modelos genéricos importando muchos de los datos para sus objetos desde archivos externos. Esto puede ser realmente un "cambio del juego" en el que la simulación puede ser muy valiosa. La habilidad para construir modelos más rápidamente y con menos experiencia de modelado es realmente atractiva. Más allá, los Gemelos Digitales a ser discutidos en la sección 12.5.1 involucran modelos grandes que están cambiando frecuentemente. Los modelos generados por los datos ofrecen una solución efectiva con opciones para ligarse a cualquier fuente de datos usando una liga directa a la base de datos, hoja de cálculo, archivo CVS o

Figura 7.24: Capacidad para importar datos en la cinta *Table*

.

transformación XML. El modelo puede entonces ser liberado exitosamente para jugar el papel de gemelo digital para apoyar el diseño, la planeación y programación de actividades.

Existen muchas situaciones en las que la construcción de modelos directamente de datos existentes es deseable:

Las organizaciones frecuentemente desean construir modelos de procesos de negocios a partir de herramientas para hacer cartas de flujo como Microsoft Visio. Mientras que las plantillas de Visio no contienen los datos necesarios para construir un modelo completo de simulación, plantillas personalizadas o extendidas pudiran contener la información suficiente para hacerlo. La importación del modelo (no sólo los datos, pero también los constructores) hacia un paquete de simulación completo, nos permite realizar un análisis adicional tomando consideraciones dinámicas y estocásticas, y la posibilidad de extender el modelo de carta de flujo hacia la construcción de un modelo de simulación adicional. ésta es una simple aplicación de dominio neutral para la generación de un modelo a partir de datos existentes. Se puede encontrar un ejemplo que facilita el entendimiento de este enfoque en la carpeta de objetos compartidos de Simio.

Existen varios estándares internacionales que las organizaciones utilizan para representar sus datos. *B2MML*, siglas para *Business to Manufacturing Markup Language*, es uno de stos populares estándares. "B2MML es una implementación en XML para la familia de estándares de ANSI/ISA-95 (ISA-95), conocida internacionalmente como IEC/ISO 62264. B2MML consiste de un conjunto de esquemas XML [...] que implementan los modelos de datos en el estándar de ISA-95. Las empresas [...] pueden utilizar B2MML para implementar sistemas para negocios como ERP o sistemas para la administración de la cadena de suministro como los sistemas para el control o los sistemas para la ejecución de planes de producción".[22]. En la parte izquierda de la figura 7.24 podrá observar un botón para crear tablas de datos con esuqemas para soportar datos en el estándar B2MML y un botón para configurar un modelo para interactuar con estos esquemas. MESA (*Manufacturing Enterprise Solutions Association*)[21] es una buena fuente de información sobre el estándar B2MML. En la sección 12.12 hemos construido un modelo con base en archivos de datos en el estándar B2MML.

Manufacturing Execution Systems (MES) son sistemas basados en software que tienen la función principal de rastrear y controlar la producción, concentrando mucha de la operación física. Para trabajar de manera efectiva, deben basarse en un "modelo". Como en los dos ejemplos anteriores, Simio puede extraer datos directamente de MES para construir y configurar un modelo de Simio a partir de sus datos. En el lado derecho de la figura 7.24 podrá apreciar una interfaz similar a la descrita anteriormente, pero aquí se crean primero las tablas de datos que esquemas que soportan datos de Wonderware (un popular producto MES para Schneider Electric) y un botón para configurar un modelo para interactuar con estos esquemas. Se puede utilizar un proceso similar para extraer datos de un ERP de un producto muy popular como SAP.

Simio incluye una característica para crear componentes del modelo Auto-Creados con propiedades basadas en el contenido de tablas importadas o tablas relacionales. Para un mayor detalle, puede consultar el tema `Table-Based Elements (Auto-Create)` en la ayuda de Simio. Esta característica puede combinarse con el apoyo de código del usuario en tiempo de diseño descrito en la sección 11.5 para construir modelos completos a partir de datos externos. Mientras que las interfaces descritas anteriormente están incorporadas en el software, en la sección 11.5 se introducen los conceptos para crear una interfaz similar para interactuar con cualquier producto o fuente de datos.

En pocos casos, este enfoque generado por los datos puede proporcionar un modelo completo que esté listo para correr y generar resultados relevantes – desafortunadamente todavía no es típico. Lo que es más típico, pero todavía valioso, es que un enfoque como éste, aplicado con datos existentes, generará rápidamente un modelo básico, que puede ser la base para mejoras incrementales que produzcan en el camino resultados significativos. Si posteriormente decide que quiere completar la generación del modelo completo a partir de archivos de datos, Usted también puede mejorar sus fuentes de datos existentes agregando los datos faltantes.

7.9   Resumen

El poder acceder, importar y almacenar datos es de suma importancia para la mayoría de los modelos. Hemos discutido diferentes tipos de datos y numerosas formas de almacenar datos en Simio. Las tablas, particularmente las relacionales, son herramientas extremadamente flexibles para manipular datos, y es una vía para incluir los datos en los objetos del modelo, para usarlos y mantenerlos más fácilmente. Debido a que los modelos son tan intensivos en el uso de datos, es de mucho valor la exploración de las opciones para importar datos y aún la de importar modelos completos cuando sea posible.

7.10   Problemas

1. Ajuste a un valor de 4 la capacidad del servidor del Modelo 7-1. Diseñe un experimento que calcule la utilización (definida en Simio como *Server1.Capacity. ScheduledUtilization*) y el nivel de servicio (definido como *Sink1.TimeInSystem.Average*). Corra el modelo para 25 repeticiones de 100 días de duración, con un periodo de calentamiento de 10 días. Modifique la distribución de llegadas de los pacientes y compare los tiempos de espera bajo esta nueva distribución: 10% de los pacientes que llegan son urgentes, 30% son severos, 24% son moderados y 36% son de rutina.

2. Además de los tipos de pacientes del Modelo 7-1, un hospital de un pequeño pueblo también atiende a un tipo de paciente conocido como "de seguimiento". Estos pacientes regresan para que les quiten los puntos y los yesos, para que se realicen ajustes y otras atenciones menores. Incluya esta categoría de pacientes en el Modelo 7-1, de manera que las proporciones sean de 8% para pacientes de seguimiento, 30% para pacientes de rutina, 26% para moderados, 26% para severos y 10% para urgentes. El tiempo de tratamiento para esta categoría puede variar de 3 minutos a 30 minutos. Compare el desempeño de este modelo con el descrito en el problema 1.

3. Siendo más realistas, considere que las dos terceras partes de los pacientes del problema 2 llegan durante el día (8:00 a.m. - 8:00 p.m.). Sin alterar la tasa general diaria de llegadas, modifique el modelo del problema 2 para acomodarse a este patrón de llegadas. Compare el desempeño de este modelo con el descrito en el problema 2. Obtenga el nivel de servicio para el día y para la noche por separado. ¿Qué cambios realizaría para minimizar el personal requerido, manteniendo un nivel de servicio promedio (tanto para el día como para la noche) debajo de 0.5 horas?

4. Después de un análisis más profundo se encontró que solamente el 10% de los pacientes de seguimiento del problema 2 requieren de tratamientos que toman entre 20 y 30 minutos; el resto requiere entre 3 y 20 minutos. ¿Cuál es el nuevo nivel de servicio observado? Proponga iniciativas para mejorar la eficiencia del personal, manteniendo un nivel de servicio debajo de 0.5 horas.

5. Los pacientes de rutina y de seguimiento tienen una tolerancia baja (entre 30 y 90 minutos) para esperar y se irán sin ser atendidos. En las demás categorías los pacientes siempre esperarán su turno hasta ser atendidos. Modifique el modelo del problema 2 para que cualquier paciente que espera más allá de su tolerancia, abandone el sistema. Reporte los tiempos de espera y el porcentaje total de pacientes que se fueron sin ser atendidos.

6. Una pequeña clínica gratuita tiene una sola doctora que atiende pacientes entre 8:00 am y el mediodía. La doctora tarda entre 6 y 14 minutos (con una media de 10 minutos) en atender a cada paciente y, en teoría, puede atender 6 pacientes por hora o un total de 24 pacientes en un día. Actualmente se está programando la llegada de un paciente cada 10 minutos, pero se ha encontrado que los pacientes pueden llegar hasta 15 minutos más temprano o 30 minutos más tarde, causando tardanzas con otros pacientes. Peor aún, el 10% de los pacientes no se presentan a la cita, por lo que tanto el tiempo de la doctora como la cita se desperdician. La clínica desea evaluar estrategias alternativas, como la de programar 2 o 3 llegadas cada 20 minutos con el objetivo de maximizar la utilización de la doctora (e.g, tratar de lograr que, efectivamente, atienda 24 pacientes al día, si es posible). Asuma que la doctora permanece en la clínica hasta que todos los pacientes programados son atendidos, pero no le agrada quedarse después de las 12:30 p.m. Mida el desempeño, principalmente, a través del número de pacientes atendidos, pero también considere el tiempo promedio de espera y qué tan tarde debe quedarse la doctora para atender a todos los pacientes programados.

7. El personal del Departamento de Emergencia está preocupado por los pacientes que son clasificados severos cuando llegan, pero cuya condición se deteriora a urgente a medida que no reciben tratamiento a tiempo, ya que una vez que llegan a esta condición, requerirán de tratamiento inmediato y de estabilización en la sala de traumatología. Considerando que se observa este deterioro (durante el examen) en 10% de los pacientes severos, ajuste el Modelo 7-2 para reflejar estas condiciones y compare el impacto en los tiempos de espera y en las tasas de salidas. ¿Qué supuestos debe hacer sobre la "atención inmediata"?

8. El personal del Departamento de Emergencia trabaja por turnos de 8.5 horas, de acuerdo con una programación "ideal" que incluye un receso de una hora para la comida en cada turno — de preferencia al medio del turno. Durante los recesos, deben mantenerse los servicios en cada Sección. Un trabajador de la Sección de "Registro" cubrirá al de "Recepción" durante su receso. La capacidad mínima de personal en cada Sección se muestra en la tabla 7.6. Cuando llega un trabajador de un nuevo turno, existe un "periodo de encuentro" de 30 minutos, durante el cual dos trabajadores del equipo comparten información y documentos. Desarrolle una programación de personal que sea defendible y actualice el ejemplo del Modelo 7-2. Estime nuevamente la utilización del personal. ¿Qué supuestos hace respecto del "tiempo de entrega"?

9. Durante las emergencias, el personal de las Salas de Traumatología continúa trabajando con los pacientes y se olvida del receso — "probando un bocado" cuando puede. Actualice el problema 8 para reflejar esto. Estime el "tiempo real de trabajo durante el turno".

Tabla 7.6: Mínima capacidad de personal en servicio durante recesos para el problema 9.

Sección de Servicio	Mínima Capacidad
Recepción	1
Registro	2
Exámenes	4
Salas de Tratamiento	4
Salas de Traumatología	1

10. Su tarea es la de diseñar y construir un modelo en Simio de un sistema que produce piedras preciosas. En nuestro sistema, las piedras llegan de una mina y el "procesamiento" consiste de los pasos de pulido, graduación y acabado, donde algunas piedras requieren de re-pulido y re-graduación (ver el diagrama de flujo en la figura 7.25). La planta trabaja en 3 turnos todos los dias de la semana, y las llegadas de piedras (desde la mina) son no estacionarias. En la tabla 7.7 se indican los tiempos de inicio y finalización, y las tasas de llegadas para cada uno de los tres turnos (notar que hemos ignorado los descansos y comidas en este modelo y que no existe pérdida de productividad durante los cambios de turnos). Asuma que el proceso de llegadas es un Proceso de Poisson no estacionario (PPNE). Las características del procesamiento se proporcionan en la tabla 7.8 . Todos los procesos tienen un solo operador ($c = 1$), pero el re-pulido y la re-graduación sólo se hacen durante el primer turno. Además de las llegadas y la programacipon de recursos no estacionaros, su modelo debe tener las siguientes características:

a) Las entidades que representan a las piedras deben tener el color verde por defecto cuando entran al proceso. Las piedras que requieren re-pulido deben cambiar a rojo hasta que (eventualmente) lleguen a Acabado, donde nuevamente toman el color verde.

b) Crear una gráfica de estado (*status plot*) que muestre el número de entidades en las colas de pulido y de re-pulido junto con el número promedio de piedras en el sistema (tres variables en la misma gráfica) en el tiempo. El rango de tiempo en su gráfica debe ser de 24 horas.

c) Crear una estadística definida por el usuario que lleve la cuenta del número de piedras en el área de reproceso — re-pulido y re-graduación combinados — en el tiempo.

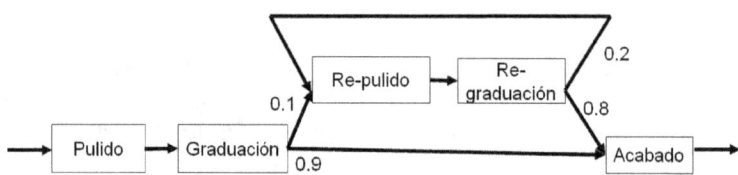

Figura 7.25: Diagrama de flujo del procesamiento de piedras preciosas del problema 10.

Tabla 7.7: Horario de los turnos y llegada de piedras (en unidades por hora) para el problema 10.

Turno	Horario	Tasa de llegadas de piedras
1	7:00 a.m. - 3:00 p.m.	30
2	3:00 p.m. - 11:00 p.m.	15
3	11:00 p.m. - 7:00 a.m.	5

Tabla 7.8: Características del procesamiento para el problema 10.

Proceso	Tiempo de Proceso (min)	Turno 1	Turno 2	Turno 3
Pulido	Exponencial(3)	Si	Si	Si
Graduación	Triangular(3, 3.33, 3.67)	Si	Si	Si
Acabado	Uniforme(2, 4)	Si	Si	Si
Re-pulido	Exponencial(7.5)	Si	No	No
Re-graduación	Triangular(6, 7.5, 9)	Si	No	No

d) Crear una estadística definida por el usuario que lleve la cuenta del número de veces que una piedra requiere de re-pulido (incluyendo para las piedras que no requieren de re-pulido).

e) Crear una estadística definida por el usuario que lleve la cuenta del tiempo de permanencia en el sistema para las piedras que requieren de re-pulido (sin importar el número de veces).

f) Crear un experimento que considere 15 repeticiones de 200 días (cada una). El experimento debe tener las siguientes respuestas:

  i. Número promedio de piedras en el área de reproceso;

  ii. Máximo número de piedras en el área de reproceso;

  iii. Número promedio de veces que una piedra requiere de re-pulido;

  iv. Tiempo promedio de permanencia en el sistema para las piedras que requieren de re-pulido;

  v. Utilización de la estación de pulido.

Capítulo 8

Animación y Movimiento de Entidades

El objetivo de este capítulo es el de extenderr nuestros conocimientos de animación y movimiento de entidades, ampliando el contexto y los conocimientos adquiridos en los capítulos previos. Empezaremos por explorar el valor que agrega a nuestro proyecto una animación en 2D o 3D. A continuación discutiremos algunas herramientas adicionales para la animación que están a nuestro alcance.

Aprovecharemos para discutir sobre los diferentes tipos de movimiento de las entidades, proporcionando una breve introducción al movimiento en el espacio libre (fuera de la red) y una exploración algo más detallada de los objetos de la *Standard Library* que apoyan el movimiento de las entidades.

8.1 Animación

En la sección 4.8 introducimos algunos conceptos básicos para animar nuestros primeros modelos. En esta sección revisaremos y expandiremos estos temas. Empezaremos por discutir sobre la animación, por qué es importante y cuánta es suficiente. Posteriormente, en esta sección, introduciremos algunas herramientas y técnicas adicionales que están disponibles para producir las animaciones que deseamos.

8.1.1 ¿Por qué Animar?

Cada uno de los modelos que hemos construido hasta el momento incluyen algo de animación. Mientras que todavía existen algunos productos comerciales para simulación basados en texto y que no incluyen animación, en la mayoría de los productos para simulación se ha venido incluyendo, por décadas, al menos cierto nivel de animación. Existe una razón para ello y es que la animación hace que la construcción y el entendimiento del modelo sea mucho más fácil.

Entendimiento del Sistema

Los modelos de simulación, a menudo, son largos y complejos. Desde la perspectiva del modelador es difícil administrar esta complejidad, así como entender tanto el detalle como el "panorama general" del proyecto. Aún con una animación sencilla, la visualización ayuda a entender el proyecto. Idealmente, el software de simulación que utilice debería permitirle desarrollar animaciones sencillas con poco esfuerzo. La mayoría de los productos modernos le permiten este desarrollo y, de hecho, la animación en 2D que incluye Simio por defecto va más allá de los requerimientos mínimos y toma muy poco esfuerzo adicional (si no es que ninguno) por parte de los modeladores.

Si bien existen varias maneras para llevar a cabo una verificación efectiva del modelo, generalmente una revisión cuidadosa de la animación es la clave. Usted puede apreciar los detalles observando la evolución del modelo. Puede analizar rápidamente situaciones comunes o inusuales estudiando la reacción del modelo a estos eventos. Por otro lado, también puede descubrir los problemas y las oportunidades con sólo estudiar una animación en modo rápido, deteniéndose cada cierto tiempo para estudiar los detalles.

Precaución: si bien la animación es importante para la verificación, *nunca* debe ser el único mecanismo de verificación, o aun el primario. Una verificación efectiva requiere del uso de muchas técnicas diferentes.

Comunicación

Dos objetivos de primera instancia en una simulación son el entendimiento del sistema y el logro de beneficios para las partes interesadas. La animación ayuda en ambos. Si usted le entrega a una parte interesada una página de resultados o un diagrama con la lógica del modelo, una respuesta típica será el fruncimiento del ceño, seguido rápidamente de la entrada a un estado casi catatónico. En cambio, muéstreles una animación que parezca familiar e inmediatamente cautivará a las partes interesadas. A continuación, empezarán a comparar los componentes, movimientos y las situaciones de la animación con sus conocimientos sobre la disposición del sistema. Ellos podrían empezar a discutir los aspectos del diseño entre ellos, como si estuvieran observando el sistema real a través de una ventana. En este momento, usted habrá avanzado un buen tramo para el logro de ambos objetivos de primera instancia. Al final, la calidad de la animación puede ser lo suficientemente buena como para que las partes interesadas la usen para su comunicación con el exterior — no sólo para promocionar el proyecto, pero en muchos casos también para promover a la institución —.

Por supuesto que la llegada a este punto raramente es gratis. Dependiendo del software de modelado que usted esté utilizando, construir una animación apropiada para usarse con las partes interesadas puede ser muy demandante, especialmente con productos para los que se ha desarrollado la animación independientemente del modelado. En algunos casos las animaciones se han creado en un producto de animación totalmente separado y algunas veces la animación puede correrse en un *modo posproceso* después de haber completado el modelo. Este análisis posproceso limita severamente el nivel de experimentación posible con el modelo.

Afortunadamente, la animación que Simio crea por defecto a menudo está muy cerca de estar "lista para la parte interesada". La animación de Simio está incorporada en el producto, de hecho se genera automáticamente a medida que usted construye su modelo. Corre de manera *concurrente* para que usted tenga la capacidad de interaccionar mientras observa la animación.

Importancia de la Animación en 3D

Hasta este punto de la discusión, no hemos siquiera mencionado la animación en 3D. Usted podría preguntarse si es necesaria, o por qué alguien la usaría. Hace diez años le hubiéramos dicho que la animación en 3D es innecesaria en la mayoría de los proyectos y que no valía la pena el esfuerzo. Pero mucho ha cambiado desde esa época. En primer lugar, los efectos visuales de alta calidad se han convertido en una rutina y siempre son esperados en nuestra vida diaria. La mayoría de las personas están familiarizadas con la animación en 3D y aprecian su uso. Debido a este marco de referencia, las animaciones en 2D tienden a parecer primitivas y no impresionan a la parte interesada o no inspiran su entendimiento y confianza en el mismo grado que la animación en 3D. En segundo lugar, el esfuerzo que implica la creación de animaciones en 3D ha disminuido tremendamente. El modelador ya no requiere de muchas habilidades para el dibujo o el acceso a una voluminosa librería de símbolos personalizados. Tampoco se requiere de

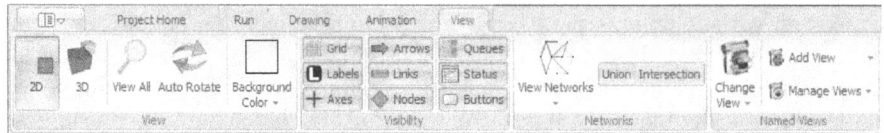

Figura 8.1: Cinta *View* de Simio.

habilidad en el manejo de algún complicado paquete de diseño. El software moderno le permite generar animaciones irresistibles a cualquier modelador con mínimas capacidades artísticas y sin la necesidad de disponer de habilidades, herramientas o librerías especiales.

Frecuentemente, la animación es importante y muchas personas encuentran que trabajar en ella es divertido y gratificante. Sin embargo, es fácil que usted se involucre tanto en la construcción de una animación que parezca "la correcta" que podría descuidar la construcción del modelo, la validación, el análisis y otras partes importantes del proyecto. Tenga en cuenta que, como el resto de las actividades de modelado, la animación es una aproximación del sistema real. Tratamos de desarrollar la animación que es suficiente para lograr los objetivos del proyecto, pero no más. Determine, junto con las partes interesadas, el nivel apropiado de animación que se requiere y luego ajústese al plan. Deje la "diversión" de la animación para cuando haya terminado todos los otros aspectos importantes del proyecto.

8.1.2   Opciones para la Visualización y la Navegación

Si es que todavía no la ha deshabilitado, usted podría estar viendo un área gris en la parte superior de su ventana *Facility*. Si usted ya la deshabilitó o la quiere de vuelta, le recordamos que presionando la tecla h, cuando está en la ventana *Facility*, activará o desactivará el área gris. Exploremos estos controles de navegación con un poco más de detalle.

- Para pasar a 2D o 3D usted puede presionar la tecla **2** o la **3**, respectivamente, o también puede hacer clic en los botones **2D** o **3D** de la cinta *View* (ver la figura 8.1).

- Usted puede mover la vista (panorámica) de la ventana haciendo clic izquierdo en un lugar vacío y arrastrando la vista. *Precaución*: si hace clic en un objeto (por ejemplo, un objeto grande de fondo) moverá el objeto en lugar de la vista panorámica. Para evitar este inconveniente, usted puede hacer clic y arrastrar, usando el botón en el medio del ratón[1] (lo que no seleccionará al objeto), o bien puede hacer clic derecho en el objeto de fondo y activar la opción de evitar que se mueva el objeto (**Bloqueo de ediciones** o **Lock Edits**).

- Si usted tiene un ratón con una rueda de desplazamiento (que es recomendable), podrá acercar/alejar la vista girando la rueda del ratón. Si usted no lo tiene, puede lograr el mismo resultado con un clic derecho y luego moviendo el ratón hacia arriba o hacia abajo.

- Usted puede cambiar de tamaño o rotar un objeto utilizando sus soportes — los puntos verdes que aparecen cuando selecciona el objeto —. Si hace clic y arrastra uno de los soportes, cambiará el tamaño del objeto. Si hace clic en el soporte, presionando la tecla **Ctrl**, podrá rotar el objeto.

- Haciendo clic en el botón **View All** de la cinta *View*, cambiará el tamaño de la ventana *Facility* para que vea el modelo completo. Este método es particularmente útil para

---

[1]A menudo es equivalente a hacer clic (sin girar) con la rueda del ratón.

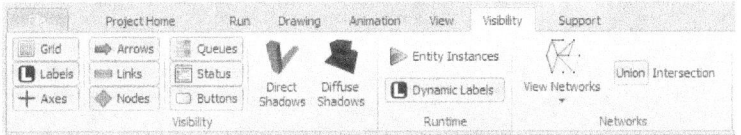

Figura 8.2: Cinta *Visibility* .

retomar una vista familiar si usted ha estado cambiando de tamaño y de vista hasta "perder" los objetos del modelo.

- El botón `Background Color` (color de fondo) cambia el color de fondo en las vistas de 2D y 3D. Aunque algunos modelos antiguos pueden tener un color de fondo negro en 3D, no es posible crear colores de fondo diferentes para 2D y 3D.

- Los botonrs `Skybox` y `Day/Night Cycle` controlan cómo luce y cambia el fondo, que es particularmente útil para modelos al aire libre y redes de transporte.

Existen algunas acciones que se aplican sólo en la vista 3D:

- Clic derecho y arrastrar hacia la izquierda y hacia la derecha para rotar la vista en 3D.

- Clic derecho y arrastrar hacia arriba y hacia abajo para cambiar de tamaño.

- Presionar la tecla `Shift` mientras mueve un objeto para alejarlo o acercarlo del piso.

- Presionar la tecla `Ctrl` mientras mueve un objeto para posicionarlo en el lugar de otro objeto, en lugar de traslaparlo.

- Presionar la tecla `R` en la vista 3D o hacer clic en el botón `Auto Rotate` de la cinta *View* para empezar la rotación en 3D. Presionando `Escape` se detendrá la rotación.

La cinta *Visibility* ilustrada en la figura 8.2 puede ayudar a afinar cómo luce la animación: :

- El grupo de botones de visibilidad (*Visibility*) contiene opciones para activar o desactivar componentes específicos. En algunos casos, usted podría desactivar muchos o todos los componentes para que su animación parezca más realista. Notar que usted podría activar nuevamente los componentes para interaccionar con el modelo. Por ejemplo, no puede seleccionar un nodo si su animación está desactivada.

- Los botones para sombreado (`Direct Shadows` y `Diffuse Shadows`) del grupo *Visibility* proporcionan controles más finos para controlar las sombras que aparecen alrededor de los objetos.

- Los botones del grupo *Networks* le proporcionan un medio flexible para ver una red o un conjunto de redes de rutas de transporte.

Cuando su modelo esté listo para mostrarse, existen algunas características útiles en la cinta *View* :

- Una vista (*View*) es una manera particular de ver su modelo, ya sea en 2D o 3D, su tamaño y ángulos de rotación. El grupo de vistas personalizadas (*Named Views*) le permite agregar vistas con el botón `Add View` — le permite asignarle un nombre a la vista que actualmente tiene en su pantalla —. El botón `Manage Views` le permite editar o eliminar una vista

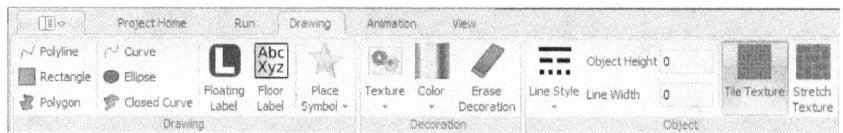

Figura 8.3: Ventana *Facility* bajo la cinta *Drawing*.

existente. El botón `Change View` tiene dos partes. La parte superior le permite pasar secuencialmente por todas las vistas personalizadas. La parte inferior le proporciona una lista desplegable para seleccionar la vista que desea en la pantalla.

- El grupo de seguimiento de la cámara (emphCamera Tracking) contiene opciones para determinar la vista panorámica de la cámara, así como el enfoque de la misma sobre un objeto en particular, o inclusive hacer que la cámara se mueva al frente o por detrás de un objeto en movimiento, como un vehículo u otra entidad.

- El grupo de secuencias de la cámara (*Camera Sequences*) le permite definir el momento y la secuencia de movimientos múltiples de la cámara, lo que le puede ayudar a preparar una presentación que le permita group "contar la historia".

- Finalmente, el grupo de emphVideo le pemite grabar archivos de video (avi) de su animación y de las actividades relacionadas.

Además de las opciones de las cintas *View* y *Visibility*, existe otra opción interesante para visualización, que está localizada en la cinta *Project Home*. El botón `Render to Oculus` habilita o deshabilita el paso de la vista activa en 3D hacia un dispositivo Oculus HMD (para realidad virtual). Mientras que esta tecnología es algo nueva y todavía cara, la animación puede producir efectos convincentes, permitiéndole navegar por el modelo como si estuviera dentro de él.

8.1.3   Animación de Fondo con la Cinta *Drawing*

A continuación discutamos sobre la animación estática — los componentes que aparecen en su modelo pero que no se mueven —. Si bien Simio no intenta ser una herramienta para el dibujo (existen herramientas muy poderosas como *Google Sketchup* disponible libremente), proporciona herramientas de dibujo y etiquetado, así como la habilidad para importar símbolos y para cambiar su apariencia. Tomando ventaja de estas herramientas se puede disponer de un medio rápido y sencillo para mejorar el realismo y la credibilidad de su modelo. Inspeccionemos la ventana *Facility* bajo la cinta *Drawing* como se ilustra en la figura 8.3.

El grupo *Drawing*, en el lado izquierdo de la figura 8.3, empieza con seis herramientas para crear algunos objetos básicos: `Polyline` (línea quebrada), `Rectangle` (rectángulo), `Polygon` (polígono), `Curve` (curva), `Ellipse` (elipse) y `Closed Curve` (curva cerrada). Si alguna de estas figuras no le son familiares, le sugerimos que experimente con ellas para aprender a usarlas. Para la mayoría de las figuras, luego de hacer un clic para el primer punto, con un clic derecho se terminará el dibujo. Presionando la tecla *Escape* se anulará el intento y se borrará el dibujo. Usted puede notar que muchas de las figuras tienen un punto extra, que es su punto de rotación. Usted puede mover el punto de rotación a cualquier posición. Si usted hace clic presionando `Ctrl` y luego arrastra cualquier otro punto, el objeto completo rotará alrededor de su punto de rotación.

Si usted pasa a los grupos de decoración (*Decoration*) y de objetos (*Object*) de la cinta *Drawing*, verá herramientas para cambiar la apariencia de los objetos básicos, incluyendo el color, la textura (patrón), las opciones para extender/compactar la textura, el ancho y estilo de las líneas y la altura del objeto. Le dejaremos a usted la exploración de las capacidades de estas herramientas, pero a continuación le mencionamos algunos trucos y aplicaciones que podrían estimular su imaginación:

- Construcción de una pared: agregue una línea de la longitud de la pared. Fije el ancho de la línea (`Line Width`) en (quizá) 0.1 metros y la altura (`Object Height`) en (quizá) 1.0 metros. Vaya a la vista en 3D. Haga clic en el botón `Texture` y seleccione la textura (quizá el patrón de un ladrillo), luego haga clic en la pared y aplique la textura.

- Creación del logo de una empresa: encuentre un archivo JPG con el logo que desea. Guarde el archivo en la carpeta *Skins* de documentos públicos de Simio (la localización exacta de la carpeta puede variar, dependiendo del sistema operativo) que podría ser `Bibliotecas/Documentos/Simio/S kins`. Esta opción aparecerá automáticamente entre las opciones del botón `Textures`. Trace un rectángulo similar a la forma del logo. Aplique la textura a su rectángulo. Otra manera es hacer un rectángulo (alto y delgado), y luego aplique el logo (o una textura) al lado plano, y aparecerá como un signo, cartelera o monitor de TV.

- Creación de un edificio sencillo: dibuje un rectángulo y asígnele una altura. Aplique la textura que desea en los lados. Crédito extra: tome una foto del frente de su edificio favorito y aplíquela a su edificio (por supuesto, usted puede encontrar mucho mejores edificios, o quizá poner el suyo, en *Google Warehouse* o *Google Maps*).

A propósito de mapas, si explora la cinta *View*, observará que Simio también soporta mapas de un Sistema de Información Geográfica (GIS). Para ello, primero debe seleccionar la vista de mapa, y luego establecer la localización del mapa por medio de latitud/longitud. Su pantalla aparecerá con un fondo interactivo. No sólo podrá graficar sobre este fondo, sino que puede colocar nodos, seleccionar dos nodos cualesquiera, y hacer que el GIS conecte los nodos usando el sistema de caminos del sistema. Para usar el GIS se requiere de internet, y si se carga el modelo sin internet, el fondo aparecerá en blanco.

Para finalizar nuestra discusión sobre la cinta *Drawing*, existen tres botones que hemos pasado por alto. El botón `Floating Label` crea una etiqueta simple que "flota" en el aire y que siempre estará frente a usted sin importar la dirección de su vista. Siempre se muestra en el mismo tamaño, sin importar el nivel de la escala. Una etiqueta en el piso (`Floor Label`), como su nombre lo indica, aparece como si hubiera sido pintada en el piso. Puede tener varias líneas y usted puede elegir el color, el tamaño y las opciones de formato. No pierda de vista que usted puede incluir expresiones en el texto, por lo que puede crear etiquetas informativas y dinámicas.

Hemos dejado lo mejor para el final. El botón `Place Symbol` le otorga varias opciones para colocar un símbolo como parte del fondo de su modelo. La parte superior del botón le permite colocar otro símbolo de los que ya utilizó (si hay alguno). La parte inferior del botón es una ventana de diálogo con tres alternativas:

- Usted puede inspeccionar la librería de símbolos pre-construidos de Simio y colocar el que desee, como en la sección 4.8.

- Usted puede importar un símbolo (seleccionando `Import Symbol`) desde un archivo local que tenga disponible. Puede ser un archivo que fue creado usando *Sketchup* o un archivo DXF exportado desde algún programa de CAD. También puede importar un archivo de imagen en formato de archivo JPG, BMP o PNG. Debe tener cuidado que un archivo DXF puede ser bastante grande, ya que se crean con un nivel inapropiado de detalle para la simulación (e.g., contienen las tuercas y amarres de la estructura del edificio). Si usted planea utilizar un archivo DXF, es mejor eliminar los detalles innecesarios antes de exportarlos al archivo DXF. *Sugerencia*: a menudo, la disposición de un edificio en 2D como se encuentra en un archivo JPG o pdf es una buena base para una animación. Es una manera eficiente de obtener la escala y el fondo y luego le puede agregar objetos en 3D (por ejemplo, paredes) para obtener profundidad.

- Usted puede **descargar símbolos** de *Google 3D Warehouse* como discutimos en la sección 4.8. *Sugerencia*: cuando sea posible, busque símbolos "low poly" (de bajo polígono). Este término se refiere a símbolos con un número bajo de polígonos (es una medida de complejidad). Aun algunos símbolos en *Google 3D Warehouse* tienen el mismo problema que los archivos DXF — su complejidad y detalle son inapropiados para la simulación —. Usted podría seleccionar la imagen "perfecta" de un montacargas, pero puede encontrar que infla el tamaño de su modelo en 10 MB porque tiene el detalle de los tornillos que ajustan los dispositivos del freno. En algunos casos, usted puede cargar tales símbolos en *Sketchup* y eliminar los detalles innecesarios.

8.1.4 Animación de Estados con la Cinta *Animation*

Además de apreciar los objetos que se mueven en su pantalla, usted podría necesitar alguna interacción o retroalimentación visual, para ayudarle a apreciar el desempeño del sistema. Simio no sólo le proporciona un conjunto de herramientas para la interacción, sino que también le ofrece diferentes formas de mostrarla: en la ventana *Console* o en la ventana *Facility*.

Ventana *Console*

Cada modelo tiene una ventana *Console* con botones interactivos para mostrar gráficas que monitorean algún estado. Para cualquier modelo, la ventana *Console* se visualiza utilizando la pestaña *Console*. Bajo esta pestaña, usted verá algo parecido a la ventana *Facility*, excepto que usted no puede colocar objetos de la librería, sólo las animaciones de estado que describimos en esta sección.

Al colocar objetos de estado en la ventana *Console* se obtienen dos ventajas:

- Le permite mantener las gráficas de utilidad separadas de la animación de sus instalaciones. Usted puede ocultar sus gráficas de utilidad o dedicar una parte de la pantalla para verlas.

- Si su modelo se va a utilizar posteriormente como un objeto, su tablero estará disponible bajo el menú del clic derecho del objeto. El usuario de su objeto verá la animación del estado que usted diseñó. El tablero de un objeto integrado tiene la ventaja adicional de que puede mostrarse fuera del espacio de la ventana de Simio, aun en un segundo monitor, si está disponible. *Sugerencia*: el tablero puede ser un buen sitio para almacenar la documentación de su objeto. Sólo agregue una marca con texto en el piso.

Ventana *Facility*

Usted puede colocar animaciones de algún estado en la ventana *Facility*. La ventaja de ponerlas aquí es que pueden colocarse cerca del objeto relacionado, o usted puede colocarlas en algún otro lugar, pero define una vista personalizada para apreciarlas. La principal desventaja es que son básicamente gráficas en 2D y no siempre se ven bien en la vista en 3D de la ventana *Facility*.

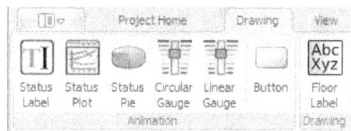

Figura 8.4: Cinta *Drawing* de la ventana *Dashboard*.

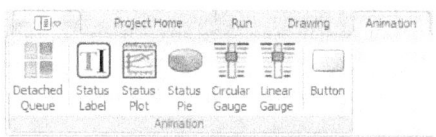

Figura 8.5: Cinta *Animation* de la ventana *Facility*.

Herramientas para la Animación de Estados

Sin importar la ventana que usted seleccione para desplegar los objetos de estado, usted tendrá disponible el mismo conjunto de objetos. Cuando usted seleccione la ventana *Dashboard*, la cinta por defecto será la cinta *Drawing* (ver la figura 8.4) que es muy diferente a la cinta *Drawing* de la ventana *Facility* (discutida en la sección 8.1.3). Si usted desea agregar objetos de estado a su ventana *Facility* tendrá que hacer clic en la pestaña de la cinta *Animation* (figura 8.5). Notará que el conjunto de herramientas en cada una de estas cintas es muy similar:

- `Status Label` (etiqueta de estado): muestra un texto estático o el valor de cualquier expresión.

- `Status Plot` (gráfica de estado): muestra uno o más valores a medida que cambian en el tiempo.

- `Status Pie` (gráfica circular de estado): compara dos o más valores como proporción del total.

- `Circular Gauge` (nivel circular) y `Linear Gauge` (nivel lineal): proporciona una visión más atractiva de un valor del modelo.

- `Button` (botón): proporciona un medio de interacción con el modelo. Cada vez que se hace clic en el botón, se detona un evento que puede estar ligado a un proceso.

- `Floor Label` (etiqueta de piso, sólo en *Dashboard*): similar a la etiqueta de piso discutida en la sección 8.1.3.

- `Detached Queue` (cola libre, sólo en *Facility*): muestra la animación de entidades que esperan en una cola.

8.1.5 Edición de Símbolos con la Cinta *Symbols*

Cuando usted hace clic en la mayoría de los objetos de la ventana *Facility*, la cinta cambia automáticamente a *Symbols* (ver la figura 8.6). Esta cinta le permite personalizar la animación del objeto modificando el símbolo y agregando más detalles de animación. Aunque a primera vista parece un conjunto de nuevas opciones, con una segunda mirada, usted descubrirá muchas características familiares. De hecho, en la sección 4.8 utilizamos la categoría *Project Symbols* de esta cinta para seleccionar una nueva figura para el cliente del cajero. Los botones `Import`

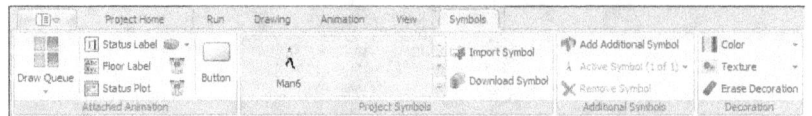

Figura 8.6: Cinta *Symbols* para la edición de símbolos.

`Symbol` y `Download Symbol` de la cinta son similares a las opciones del botón `Place Symbol` (discutido anteriormente) de la cinta *Drawing*. Similarmente, las opciones del grupo *Decoration* son idénticas a las del grupo *Decoration* de la cinta *Drawing*.

Animación Adjunta

El grupo *Attached Animation* (animación adjunta) luce muy similar a la cinta *Animation* de la figura 8.5 pero existe una diferencia importante encerrada en la palabra "adjunta". Como usted llegó a este punto seleccionando un objeto, si coloca un elemento del grupo de animación adjunta, el elemento estará *adjunto* al objeto seleccionado. En el caso de objetos fijos como un *Server*, esto significa que si usted mueve el objeto en la pantalla, los elementos adjuntos se moverán con el objeto seleccionado. Una situación interesante ocurre cuando usted adjunta un elemento a un objeto dinámico (como *Entity*, *Vehicle* o *Worker*). En este caso, los elementos adjuntos viajarán con el objeto dinámico a medida que viaja por el modelo. Examinemos unas cuantas aplicaciones interesantes de esta situación:

- La línea verde horizontal que pasa a través del símbolo (por defecto) del objeto *Vehicle* es una cola adjunta que anima el estado `RideStation.Cont ents` para mostrar las entidades que están siendo transportadas por (viajan en) el vehículo.

- De manera similar, si usted está agrupando entidades por medio de un objeto *Combiner*, usted puede desplegar a los miembros del grupo agregando una cola adjunta a la entidad padre del objeto. Si usted anima la cola `BatchMembers` podrá ver los miembros del lote adjunto a la entidad padre. Los ejemplos `CombineThenSeparate` y `RegeneratingCombiner` de SimBit ilustran esta situación.

- Usted también puede desplegar texto o información numérica junto con una entidad. En el ejemplo `OverflowWIP` de SimBit, quisimos desplegar el tiempo de creación de la entidad, para lo cual agregamos una etiqueta de estado adjunta con la expresión `TimeCreated` sobre la entidad. Además rotamos la etiqueta para que la podamos ver cuando la entidad está en una cola.

La inclusión de información adjunta puede ser visualmente atractiva y valiosa para verificar el modelo. Como la animación adjunta es parte del objeto, su alcance es el objeto mismo. La ventaja de este alcance es que usted puede referenciar cualquier expresión desde la perspectiva del objeto. Así, por ejemplo, en la primera aplicación anterior hicimos referencia a `RideStation.Contents`, no a `Vehicle1.RideStation.Contents`. La última expresión no funciona porque estaría en el alcance del modelo que contiene al objeto, en lugar del alcance del objeto mismo.

Símbolos Adicionales

El último grupo de elementos de la cinta *Symbols* es el grupo de símbolos adicionales (*Additional Symbols*). Estos elementos le permiten agregar, editar y eliminar símbolos de un conjunto de

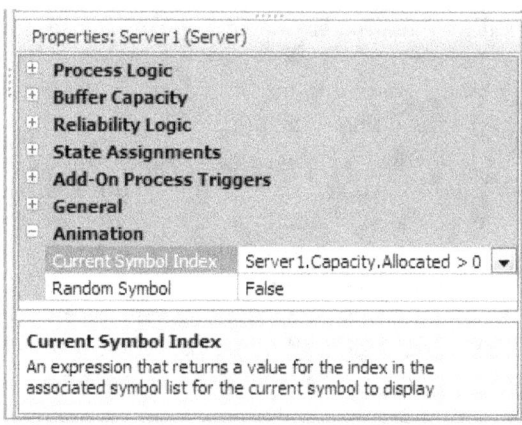

Figura 8.7: Propiedades de animación por defecto de un objeto *Server*.

símbolos asociados con el objeto. Por defecto, cada objeto tiene un solo símbolo, pero en muchos casos nos gustaría tener un conjunto de símbolos asociados con el objeto. Algunos ejemplos son los siguientes:

1. Una entidad puede ser de un solo tipo pero usted podría desear ilustrar alguna variedad (e.g., para una entidad que representa a una persona, a usted le podría interesar mostrar de 5 a 10 símbolos diferentes de personas).

2. Una entidad puede cambiar a medida que recorre el modelo (e.g., una parte puede cambiar su figura a medida que se procesa o cuando falla una inspección).

3. Un *Server* (o cualquier otro objeto) podría mostrar una figura diferente dependiendo del estado en que se encuentra (e.g., ocupado, ocioso, fuera de turno).

En la ventana de propiedades de la mayoría de los objetos encontrará una categoría llamada *Animation* (ver la figura 8.7) que contiene las propiedades *Current Symbol Index* (índice del símbolo actual) y *Random Symbol* (símbolo aleatorio). Notar que estas propiedades están deshabilitadas, a menos que le agregue, por lo menos, un símbolo adicional a su objeto. El uso de estas propiedades le permite seleccionar el símbolo que será mostrado, luego de buscar entre los símbolos disponibles.

Cuando el objeto se crea por primera vez, se inspecciona el valor de la propiedad *Random Symbol*. Si se fija en `True` (verdadero), se le asignará al azar un símbolo del conjunto de símbolos disponibles para el objeto. Por ejemplo, en el primer caso anterior, si se han definido tres símbolos de personas: un hombre, una mujer y un niño, estableciendo *Random Symbol* en `True` se asignará 1/3 de probabilidad a cada símbolo.

La propiedad *Current Symbol Index* se utiliza para indicarle a Simio dónde debe buscar para determinar el número de símbolos que usará para el objeto. Los símbolos se numeran empezando en 0, si usted tiene 5 símbolos se numerarán de 0 a 4. Para animar el segundo caso anterior, asigne el valor `ModelEntity.Picture` a la propiedad *Current Symbol Index* y se asignará el valor de dicho estado al índice del símbolo que desea desplegar para la entidad, a medida que recorre el modelo (usted puede cambiar el valor del estado `ModelEntity.Picture` dentro del modelo).

La propiedad *Current Symbol Index* no tiene porqué ser el estado de un objeto, puede ser cualquier expresión. En el ejemplo `OverflowWIP` de SimBit, quisimos incluir una señal visual de las horas transcurridas desde que fue creada una parte, por lo que utilizamos la expresión `Math.Floor(ModelEntity.TimeCr eated)` para la propiedad *Current Symbol Index* de la entidad. Como la expresión está en horas, se asigna un nuevo símbolo para cada hora del día.

El valor por defecto de la propiedad *Current Symbol Index* de un objeto *Server* es `NombreSer ver.Capacity.Allocated > 0`. Se asume la existencia de dos símbolos — se usa el símbolo 0 cuando no está ocupado y el símbolo 1 cuando está ocupado —. Usted puede utilizar otras expresiones para cubrir otros estados u otras condiciones (e.g., `NombreServer.Capacity` utilizaría el símbolo 0 cuando está fuera de turno y el símbolo 1 cuando está en turno). Con la expresión `NombreServer.ResourceState` se usarían los símbolos 0 a 4 para `Starved` (ocioso), `Processing` (procesando), `Blocked` (bloqueado), `Failed` (falla) y `Offshift` (fuera de turno), respectivamente. *Sugerencia*: para conocer los estados de otros objetos, vea el tema "List States" en la ayuda de Simio.

8.1.6   Modelo 8-1: Animación del Ensamble de PCB

Usemos algo de nuestros nuevos conocimientos para continuar el desarrollo de nuestro modelo de ensamble de PCB. Pero antes de empezar, recordemos nuestro consejo de *desarrollar la animación que es suficiente para lograr el objetivo del proyecto, y no más*. Algunas veces usted podría no encontrar el símbolo apropiado o no mostrar las cosas de la manera más precisa, pero ello está bien — una aproximación razonable es, a menudo, suficiente —. Usted siempre podrá mejorar la animación después, como lo permitan el tiempo disponible y los objetivos.

Empecemos cargando nuestro Modelo 6-3, discutido en la sección 5.2, y guardémoslo como Modelo 8-1. Como éste es un sistema ficticio, tenemos alguna libertad para animarlo. Primero, encontremos un mejor símbolo para nuestro objeto PCB.

- Hacer clic en el objeto PCB y luego en la librería de símbolos (*Project Symbols*). Busque en la librería para explorar si ésta tiene un símbolo que podría ser usado como un PCB (recordar que éste es un pequeño tablero con componentes de computadora). Desafortunadamente, nada parece apropiado, por lo que seguiremos buscando.

- Nuevamente, hacer clic en el objeto PCB y luego en el botón `Download Symbol`. Si usted está en línea, accederá a la pantalla de búsqueda de *Google 3DWarehouse*. Haga una búsqueda para PCB. En nuestra búsqueda encontramos 1022 símbolos relacionados con el término (muchos de ellos no tienen algo que ver con *nuestro* tema) y hay algunos buenos candidatos. Seleccione el símbolo con el nombre `Gumstix Basix R1161` y luego seleccione `Download Model`. Sugerencia: usted podría pensar que `Nat's PCB` de la página uno es un símbolo apropiado y podría serlo. Pero, luego de la descarga, encontrará que el tamaño de su modelo ha incrementado por varios megabytes. Esto ocurre porque dicho símbolo tiene una *cuenta de polígonos* (una medida de *complejidad* del símbolo) muy alta. Si usted descarga un símbolo tan grande y no quiere que su modelo se haga muy pesado, puede reemplazar el símbolo por uno más pequeño y eliminar el símbolo grande de la ventana *Project Symbols*.

- Luego de descargar el símbolo, aparece en la ventana *Import* de Simio. En esta ventana tendrá la oportunidad de rotar, cambiar de tamaño y documentar el símbolo. Por ejemplo, utilice el botón `Rotate` para rotar la figura de manera que el lado más corto esté a la derecha. Deseamos que la parte más larga sea de 0.3 metros, por lo que cambiamos el ancho (*Width*) a 0.3 (notará que las otras dimensiones se cambiarán proporcionalmente). Finalmente, cambiaremos el nombre (*Name*) a PCB y la descripción a `Gumstix Basix`.

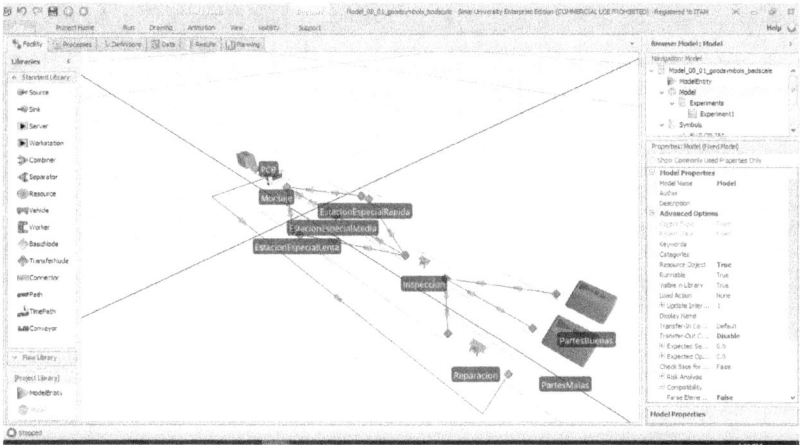

Figura 8.8: Buena selección del símbolo pero todavía no está en una escala apropiada.

- El símbolo parecerá muy pequeño, pero no se preocupe — nos ocuparemos de este detalle más tarde —.

Sigamos un procedimiento similar para cambiar la máquina de montaje de componentes.

- Como no hay máquinas de montaje superficial en la librería de símbolos de Simio, evitaremos la búsqueda. Hacer clic en el objeto `Montaje` y luego en el botón `Download Symbol` para traer la ventana de búsqueda de *Google 3DWarehouse*. Haga una búsqueda para `placement machine`.

- Hemos seleccionado y descargado `Fuji QP 351`. La figura tiene la orientación y tamaño correctos, por lo que simplemente hacemos clic en `OK` para aceptar la figura y aplicarla al objeto `Montaje`.

Las tres estaciones en paralelo son también máquinas de montaje, por lo que podríamos usar el mismo símbolo para ellas. Pero realmente son máquinas de una tecnología más avanzada que hacen un montaje más preciso, por lo que tomaremos un símbolo diferente para las máquinas. Repita el procedimiento anterior empezando con la máquina de la parte superior. Seleccione una máquina diferente (escogimos la figura `HSP 4796L` porque parece de alta tecnología) y descárguela. Ajuste la rotación y tamaño de su selección apropiadamente — tuvimos que rotar la nuestra en 90 grados y cambiar el ancho a 1.5 metros —.

Usted puede haber notado que cada vez que descarga un símbolo, se agrega a la librería de su proyecto. Ahora usted puede hacer clic en las otras dos máquinas en paralelo y aplicarles el mismo símbolo que acaba de descargar. Tanto la inspección como la reparación son operaciones manuales, por lo que las animaremos utilizando un símbolo de *mesa de trabajo* apropiado. Puede descargar otro símbolo si lo desea, pero pensamos que el símbolo `TableSaw` de la librería, en la categoría *Equipment*, parece lo suficientemente apropiado para representar una mesa de trabajo, por lo que aplicamos este símbolo a las dos estaciones manuales.

Si ha seguido las instrucciones, se podría sentir algo descontento. Nuestros símbolos no lucen muy bien sobre el fondo blanco en 2D y parecen muy pequeños. El primer problema es fácil de arreglar cambiando la vista a 3D y acercándola un poco (ver la figura 8.8). El segundo problema es un detalle del modelo. En nuestros modelos previos no nos preocupamos de los detalles de tamaño de las partes y de las máquinas y de su proximidad, porque hicimos la suposición de que

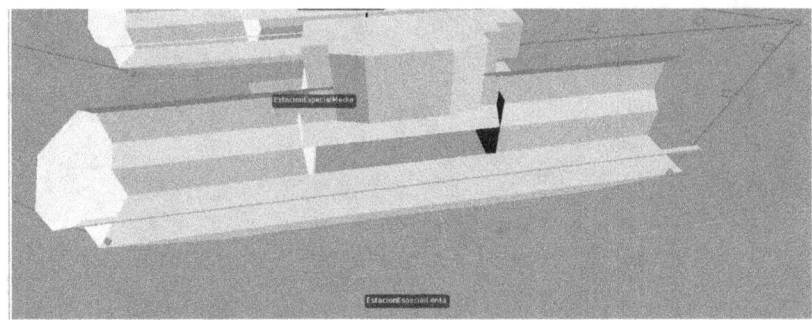

Figura 8.9: Edición de la animación del objeto `EstacionEspecialLenta`.

el movimiento era instantáneo entre estaciones. Mientras que esta suposición es apropiada para iniciar el proyecto de modelado, frecuentemente llegamos a un punto en el que estos detalles sí nos interesan — es donde estamos ahora —.

En muchos casos podríamos tener una imagen de las instalaciones del sistema, en formato JPG o en cualquier otro tipo de archivo, que podría usarse como fondo. Esta imagen podría usarse para dimensionar y colocar el equipo apropiadamente. En este caso, no tenemos la imagen. A medida que seleccionamos los símbolos, hemos proporcionado las dimensiones. Pero en nuestro modelo hemos colocado arbitrariamente las máquinas, separadas en, más o menos, 10 metros de distancia, mientras que en el sistema real están separadas entre 1 y 2 metros. Antes de empezar a mover máquinas, "limpiemos" los objetos asociados a nuestros servidores:

- Acercar la vista para que las tres estaciones en paralelo llenen la pantalla.

- Hacer clic en el nodo de entrada (`Input@EstacionEspecialLenta`) de la estación `Estacion EspecialLenta` (la que está más abajo en la pantalla) y arrástrelo hacia la entrada del símbolo de la máquina de montaje. Similarmente para el nodo de salida. Puede lucir bien en 3D, pero siempre es conveniente cambiar de 2D a 3D (y viceversa) para ajustar los detalles de la vista. Los nodos y los vínculos de su animación deberían lucir como en la figura 8.9.

- La cola llamada `Processing.Contents` (la línea verde sobre la máquina en la vista de 2D) muestra lo que está siendo procesado en la máquina. Luciría mejor si estuviera sobre (o dentro de) la máquina. En la vista de 2D, arrastre la cola para que luzca encima de la base de la máquina de montaje. En este momento, todavía está en el piso. Cambie a la vista en 3D y arrastre, usando la tecla `Shift`, para levantar la cola y se vea encima de la base. Luego mueva los puntos límites de la cola para que quede centrada en la base, como se ilustra en la figura 8.9. *Sugerencia*: se puede "perder" fácilmente un símbolo pequeño dentro de uno grande, por lo que es mejor dejar la cola un poco más grande que el objeto donde la está colocando, hasta estar seguro que está en el lugar correcto. Después puede ajustar la longitud.

- Acorte la longitud de la cola del buffer de salida y muévala hacia la salida de la figura. Debido a que estamos usando capacidad de cero para el buffer de entrada, nunca usaremos la cola de la entrada — elimínela para evitar confusiones —.

- Repita el procedimiento (los tres pasos anteriores) para las otras dos máquinas de montaje.

- Siga el mismo procedimiento para los objetos `Montaje`, `Inspeccion` y `Reparacion`, excepto que no debería eliminar las animaciones de los buffer de entrada porque podrían usarse.

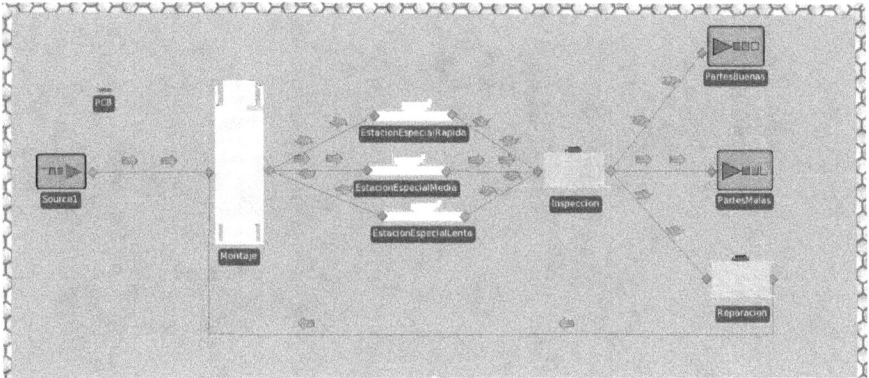

Figura 8.10: Animación a escala en 2D para el modelo de ensamble de PCB.

Luego de todo lo anterior, su modelo todavía luce algo raro. Si usted lo corre ahora, los símbolos de PCB parecen puntos. Hemos fijado la escala de los símbolos y de sus objetos asociados, pero todavía no hemos ajustado la escala de la instalación a la realidad. Ocupémonos ahora de esta escala.

- En la vista de 2D, seleccione `EstacionEspecialLenta` y arrástrelo para que esté paralelo y a un metro por debajo de `EstacionEspecialMedia` (puede tomar en cuenta las líneas de la cuadrícula). Ahora seleccione `EstacionEspecialRapida` y arrástrelo hasta que esté paralelo a `FinepitchM`
  `ediumStation` y a un metro por debajo. Notar que sus colas y nodos se mueven con los objetos. Piense por qué.

- Mueva el resto de los objetos para que estén, aproximadamente, a una distancia horizontal de dos metros entre objetos.

- Los objetos que están utilizando símbolos de la *Standard Library* aparecen un poco grandes. Puede reemplazarlos con otros símbolos, si así lo desea. Nosotros sólo movimos algunas esquinas para reducir sus tamaños.

Como una última mejora, agregaremos un piso y algunas paredes.

- En la vista *Facility* de 2D, utilice el botón `Rectangle` sobre la cinta *Drawing* para dibujar un rectángulo que cubra completamente el área del piso del equipo. Utilice el botón `Color` para darle un color gris. Si le gusta la cuadrícula en el piso, vaya a la vista en 3D y utilice la tecla `Shift` para arrastrar y mover el piso un poco más abajo. Ahora haga clic derecho en el piso y seleccione *Lock Edits* para evitar algún movimiento accidental del piso.

- De regreso en la vista de 2D, trace una línea (usando *Polyline*) alrededor del contorno del piso. Siguiendo en el panel *Drawing panel*, asigne a la pared un ancho (`Width`) de 0.2 y una altura (`Height`) de 1 metro (para que todavía se pueda ver fácilmente sobre ella). En la vista de 3D, seleccione una textura interesante con el botón `Texture` y aplíquela a la pared. Nuevamente, haga clic derecho y seleccione *Lock Edits* para evitar algún movimiento accidental.

En esta sección hemos utilizado algunas técnicas aprendidas en secciones anteriores para mejorar un poco nuestra animación y para darle una escala aproximada (ver la figura 8.10). Al-

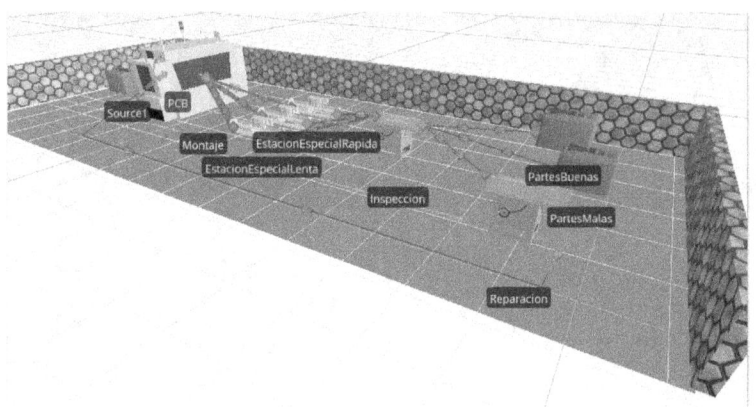

Figura 8.11: Animación a escala en 3D para el modelo de ensamble de PCB.

gunas veces es conveniente hacer la animación a escala después, como lo hemos hecho aquí, pero generalmente es más fácil construirla (al menos aproximadamente) desde el inicio (empezando con algún bosquejo a escala). De cualquier forma, usted puede apreciar que con un pequeño esfuerzo, hemos convertido lo que parecía un bosquejo de ingeniería en algo más realista, como se aprecia en la figura 8.11. Podríamos mejorar nuestra animación poniendo más atención a los detalles (quizá mejorar nuestras mesas de trabajo), pero lo dejaremos como un ejercicio para usted. Más adelante regresaremos con algunas mejoras adicionales.

8.2   Movimiento de Entidades

En la mayoría de nuestros modelos previos, hemos incorporado el movimiento de entidades de una localización a otra. En algunos modelos usted ha podido ver el movimiento de las entidades, pero en otros ha sido un movimiento instantáneo. De hecho, existen muchas maneras en las que una entidad se puede mover en Simio. La figura 8.12 ilustra algunas de las alternativas para el movimiento de las entidades. Las alternativas más fáciles e intuitivas son las que utilizan las capacidades de red implementadas en la *Standard Library*. En las siguientes secciones, tomaremos un tiempo considerable para discutir cada una de estas alternativas. Sin embargo, empezaremos con una breve introducción a los movimientos que no se apoyan en dichas redes.

8.2.1   Movimiento de Entidades en el Espacio Libre

Si bien, en la mayoría de los casos, a usted le gustaría aprovechar las ventajas de los tipos de movimiento disponibles en la *Standard Library*, en algunos casos podría desear más flexibilidad. Espacio libre (*Free Space*) es el término que utiliza Simio para describir el área de un modelo que no está en la red, e.g., los "espacios" entre los objetos. Cuando una entidad no está ubicada en una "localización física" (una estación, un nodo o un vínculo, como se ilustra en la figura 8.13) se dice que está en el *espacio libre*. Las entidades pueden existir en el espacio libre, se pueden mover a través del espacio libre y pueden animarse durante dicho movimiento. Las dos opciones de movimiento de la figura 8.12 difieren, principalmente, en el hecho de involucrar o no a las localizaciones físicas.

Si usted desea un movimiento instantáneo fuera de la red, usted puede utilizar un proceso con un paso *Transfer*. El paso *Transfer* se inicia con un movimiento (posiblemente instantáneo) *desde* una estación, un vínculo, un nodo o el espacio libre *hacia* una estación, un vínculo, un

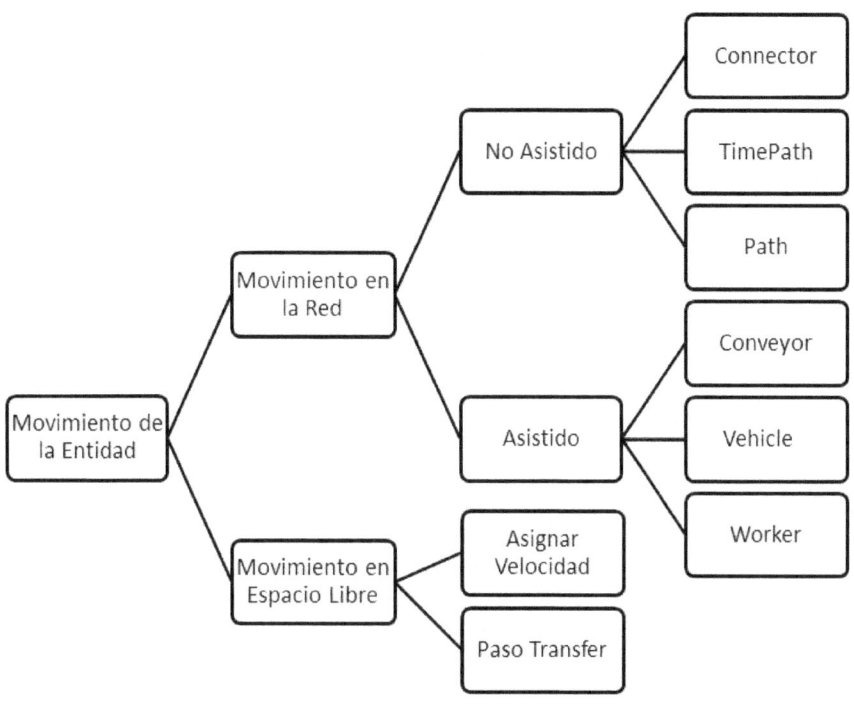

Figura 8.12: Diferentes maneras en las que se puede mover una entidad en Simio.

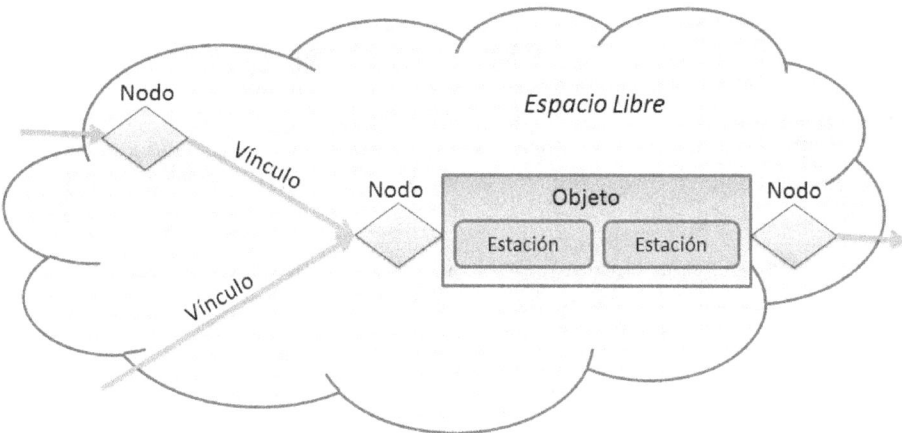

Figura 8.13: Las entidades pueden estar en un nodo, un vínculo, una estación o en el espacio libre.

nodo o el espacio libre. Un uso frecuente de este paso ocurre en conjunción con el paso *Create*. Cuando las entidades se crean, éstas se crean en el espacio libre. Si no hace un cambio inmediato, éstas podrían empezar a moverse en el espacio libre utilizando su velocidad por defecto. Por ello es que frecuentemente se utiliza el paso *Transfer* luego del paso *Create*, para iniciar la transferencia hacia una localización específica.

Por supuesto, algunas veces usted podría desear moverse a través del espacio libre sin alguna localización física como su destino inmediato. Este movimiento es particularmente común en el modelado basado en agentes (ABM por *Agent-Based Modeling*). Al momento de escribir este libro, Simio proporciona sólo capacidades básicas para ABM o movimiento en el espacio libre. Pero usted puede establecer el estado para el movimiento de la entidad, especificando su localización, destino, velocidad y aceleración. Específicamente, usted puede establecer:

- Parámetros de localización: *Movement.X*, *Movement.Y* y *Movement.Z*

- Parámetros de destino: *Movement.Pitch*, *Movement.Heading* y *Movement.Roll*

- Parámetros de movimiento: *Movement.Rate*, *Movement.Acceleration* y *Movement.Acceleration Duration*

Notar que la mayoría de estos parámetros funcionan sólo en el espacio libre y no sobre vínculos (e.g., no trate de usarlos para establecer la aceleración sobre un vínculo). Para facilitar las cosas, Simio tiene un paso *Travel* que proporciona la funcionalidad anterior con mayor facilidad de uso. Una de las nuevas funcionalidades es la de mover directamente desde el espacio libre hacia cualquier coordenada (absoluta o relativa) o hacia cualquier objeto. El paso *Travel* tiene también la propiedad *Steering Behavior* que permite ir directo al destino (`Direct To Destination`) o seguir la red de caminos (`Follow Network Path`.) Este último puede servir para generar un comportamiento similar a los movimientos naturales de la gente sobre un corredor (e.g., se dispersarán a lo ancho del camino y tratarán de evitarse uno al otro).

Para facilitar aún mas las cosas, la propiedad *Initial Travel Mode* de una entidad (incluyendo *Vehicle* y *Worker*) admite tres posibles valores:

- `Network Only` indica que la entidad puede viajar solamente sobre una red, y automáticamente no viajará en el espacio libre.

- `Free Space Only` indica que la entidad puede viajar solamente sobre el espacio libre, y automáticamente no viajará sobre una. Como lo dice el nombre, libera a la entidad de las restricciones para viajar sobre una red y, en lugar de ello, viaja directamente de objeto a objeto en el espacio libre. Esto puede ser particularmente útil cuando se tienen muchas localidades (como la red de distribución de todo un país) y no es necesario que las entidades sigan alguna ruta específica entre localidades.

- `Network If Possible` es el valor por defecto y combina las opciones anteriores, indicando que si la entidad puede alcanzar su destino viajando por una red, así lo haga; de otra forma, viajará automáticamente sobre el espacio libre.

La tercera de estas opciones es muy fácil de usar, pero debe usarse con precaución. La entidad siempre tendrá éxito en alcanzar su destino – generalmente algo bueno, a menos que se espere que la entidad deba restringirse a una red y se "olvidó" de colocar un vínculo necesario. En tal caso el modelo funcionará, pero el desempeño será incorrecto y el error será difícil de descubrir.

Muchos de los conceptos aprendidos en la sección 5.4 sobre la selección de destinos todavía aplican a los movimientos en el espacio libre. A menos que se cambien los valores por defecto, la entidad siempre se moverá al destino más cercano. Aunque se dispone del conjunto completo de opciones disponibles para la propiedad *Entity Destination Type* (es decir, `By Sequence`, `Continue`, `Select From List`, y `Specific`).

Puede consultar el ejemplo `FreeSpaceMovement` de Simbits que contiene tres modelos que ilustran el movimiento en el espacio libre. También puede consultar el ejemplo `TravelWithSteer ingBehavior` que proporciona una ilustración de cómo funcionan las opciones de la propiedad *Steering Behavior*.

8.2.2   Uso de los Vínculos *Connector*, *TimePath* y *Path*

Como ya mencionamos, en la mayoría de los casos usted moverá sus entidades dentro de una red utilizando las capacidades de la *Standard Library*. La primera decisión que debe tomar es si su entidad se moverá por sí misma (e.g., una persona o un objeto autónomo que se mueve por sí solo) o si requerirá de alguna ayuda para moverse (e.g., de una persona, vehículo, transportador de banda o de algún otro dispositivo). Las opciones para el movimiento en una red de la figura 8.12 serán exploradas en las siguientes secciones. Pero primero discutiremos qué son los vínculos y qué tienen en común.

Propiedades Generales de los Vínculos

Simio define un vínculo (*link*) como un objeto de posición fija que representa un camino entre nodos, que puede ser recorrido por una entidad. Existen muchos conceptos escondidos en la oración anterior:

- Un vínculo es un objeto. Es un objeto fijo, lo que significa que no se puede mover durante una corrida.

- Un vínculo conecta nodos. No puede existir por sí mismo o con un solo nodo.

- Las entidades son los únicos objetos que pueden viajar sobre un vínculo, lo que parece más restrictivo de lo que realmente es. Los objetos *Vehicle* y *Worker* son también entidades (con comportamientos adicionales), ya que se derivan de entidades.

Los siguientes son algunos conceptos comunes a todos los vínculos:

- Un vínculo debe tener un nodo inicial y un nodo final.

- Un vínculo es miembro de una o más redes, que es simplemente una colección de vínculos. Un vínculo siempre es miembro de una red especial llamada la red "Global".

- Un objeto vínculo tiene una longitud que puede separarse en localidades igualmente espaciadas llamadas celdas (*cells*).

- El control y la posición en un vínculo están determinados por la posición del inicio de la entidad. Cuando la posición del inicio de una entidad se mueve hacia un vínculo, el movimiento de la entidad se controla por la lógica del vínculo.

- Simio rastrea las posiciones del inicio y del final de cada entidad, y detecta eventos de colisión y de adelanto. Este rastreo permite que la definición y personalización del comportamiento de sus vínculos utilizando procesos sea relativamente fácil.

La *Standard Library* incluye los vínculos *Connector*, *Path*, *TimePath* y *Conveyor*. Primero discutiremos los tres primeros objetos.

El Vínculo *Connector*

El vínculo *Connector* es el tipo de vínculo más sencillo. Este vínculo conecta directamente dos objetos sin tiempo de demora interno. Como el movimiento es instantáneo no existe interferencia entre entidades; de hecho, sólo una entidad a la vez recorre el vínculo. Funciona como si la entidad fuera transferida directamente desde el nodo inicial hacia el nodo final o directamente hacia el objeto asociado con el nodo final.

El vínculo *Connector* tiene la propiedad *Selection Weight*, que puede utilizarse para seleccionar el vínculo a seguir, cuando el nodo está conectado a más de un vínculo de salida. Esta característica la usamos en el Modelo 5-1, discutido en la sección 5.2.

El Vínculo *TimePath*

El vínculo *TimePath* tiene todas las capacidades básicas de un vínculo, incluyendo la propiedad *Selection Weight* discutida anteriormente. Pero en lugar de tener un tiempo de transferencia de cero, como el *Connector*, tiene una propiedad llamada *Travel Time* (tiempo de viaje) que determina el lapso de tiempo que debería tomar el recorrido de la entidad a lo largo del vínculo. También tiene la propiedad *Traveler Capacity* para limitar el número de entidades que viajan sobre el vínculo al mismo tiempo. Debido a esta limitación de capacidad, tiene también la propiedad *Entry Ranking Rule* que se utiliza para seleccionar cuál de las entidades candidatas que están esperando debería entrar a continuación en el vínculo.

El vínculo *TimePath* tiene también la propiedad *Type*, que determina la dirección de viaje. Esta propiedad puede ser **Unidirectional** o **Bidirectional**. La opción **Unidirectional** permite viajar sólo desde el nodo inicial hacia el nodo final. La opción **Bidirectional** permite viajar en ambas direcciones, *pero sólo en una dirección a la vez*, algo parecido a un puente con un solo carril sobre un camino de doble sentido. Si usted desea modelar un camino totalmente bidireccional (e.g., una carretera de dos carriles), debe modelar cada carril como un camino unidireccional por separado. En un vínculo bidireccional usted puede controlar con lógica la dirección, cambiando el valor del estado *DesiredDirection* a:
`Enum.TrafficDirection.Forward,`
`Enum.TrafficDirection.Reverse,`
`Enum.TrafficDirection.Either` o
`Enum.TrafficDirection.None.`

Notar que el objeto *TimePath* permite el cambio de un estado (propiedad *State Assignments*) a la entrada (*On Entering*) o a la salida (*Before Exiting*) del vínculo. Este objeto también permite un conjunto de detonadores de procesos complementarios (*Add-On Process Triggers*) para ejecutar lógica de procesos en puntos claves. Estas características son útiles para personalizar el comportamiento del vínculo y su interacción con los objetos cercanos.

El Vínculo *Path*

El objeto *Path* de la *Standard Library* tiene todas las características del vínculo *TimePath*, excepto por la propiedad *TravelTime*. En lugar de ésta, el objeto *Path* calcula el tiempo de viaje en función del valor de la propiedad *Desired Speed* (velocidad deseada) de cada entidad y la longitud del vínculo (por ejemplo, una entidad con *Desired Speed* de 2 metros/minuto tomaría *al menos* 3 minutos en recorrer un vínculo de 6 metros). Existen otros parámetros que pueden afectar el tiempo de viaje. Si la propiedad *Allow Passing* (permitir adelanto)[2] está

---

[2]*Allow Passing* permite a la entidad pasar sobre otra. Esto tiene el efecto secundario de que dos entidades pueden ocupar el mismo espacio, de manera que la propiedad por defecto (*True*) significa que si varias entidades entran a un vínculo al mismo tiempo, todas ocuparán el mismo espacio y lucirán como si una sola entidad se estuviera moviendo.

en `False` (falso), entonces si una entidad más veloz alcanza a una más lenta, la entidad más veloz disminuye su velocidad para seguir detrás (ver el ejemplo `VehiclesPassingOnRoadway` de SimBit). Además, el vínculo puede imponer una velocidad límite con la propiedad *Speed Limit*, para impedir que una entidad viaje a una velocidad muy alta.

El vínculo *Path* también tiene una propiedad *Drawn To Scale*. Si *Drawn To Scale* está en `False`, usted puede especificar una longitud lógica diferente de la longitud trazada (en la escala de la ventana). Esta propiedad es útil para las situaciones en las que usted necesita una longitud precisa del vínculo o para las situaciones en las que quiere comprimir la longitud trazada con propósitos de animación (e.g., si usted modela el movimiento dentro y entre departamentos, pero los departamentos están muy lejos unos de otros).

8.2.3 Utilización del Vínculo *Conveyor*

Conceptos Generales sobre Transportadores

Un *Conveyor* (transportador) es un dispositivo de posición fija que mueve entidades a través del o a lo largo del dispositivo. Aunque un objeto *Conveyor* es un vínculo (como un *Path*), lo estamos discutiendo por separado porque, a diferencia de los otros vínculos de la *Standard Library*, un *Conveyor* representa un dispositivo. Existen diferentes tipos de transportadores, que pueden variar desde un *transportador de rodillos*, movido por un motor o por gravedad, que usted puede haber visto moviendo cajas, pasando por *transportadores de banda* o *transportadores de paleta* que mueven muchas cosas, desde alimentos hasta carbón, hasta *transportadores aéreos power-and-free* que usted puede haber visto moviendo electrodomésticos o carrocerías. Si bien la manufactura pesada ha utilizado los transportadores por décadas, ellos también han sido importantes para la industria ligera y para una sorprendente variedad de otras aplicaciones. La industria de alimentos utiliza sofisticados transportadores de alta velocidad para el embotellado, el llenado de conservas y las operaciones de empaque. Las farmacias, en establecimientos comerciales o bajo pedido, utilizan transportadores ligeros para ayudar en la automatización de los procesos de surtido de las recetas. Muchas tiendas grandes incorporan transportadores de banda para la atención en sus cajeros.

El objeto *Conveyor* de la *Standard Library* comparte muchas características con el objeto *Path* que acabamos de discutir, pero también agrega nuevas características significativas. Actualmente el *Conveyor* de Simio no es reversible, por lo que no existe la propiedad *Type* — todos los transportadores se mueven desde el nodo inicial hasta el final —. Tampoco tiene la propiedad *Speed Limit*, pero en cambio tiene la propiedad *Desired Speed* que indica la velocidad (inicial) del transportador cuando se está moviendo. Finalmente, no existe la propiedad *Allow Passing* — el adelanto nunca ocurre en un transportador, debido a que todas las entidades están viajando a la misma velocidad (la velocidad del vínculo *Conveyor*) —.

O bien una entidad está detenida o bien se mueve a la velocidad del objeto *Conveyor*. Se dice que una entidad está enganchada (*engaged*) si su velocidad (ya sea que esté detenida o en movimiento) es la misma que la del *Conveyor*. Se dice que una entidad está desenganchada (*disengaged*) si es posible que el *Conveyor* se esté moviendo y la entidad no (e.g., el *Conveyor* está "durmiendo" bajo la entidad). En un momento discutiremos sobre cómo podría ocurrir esta situación.

La propiedad *Entity Alignment* determina cuáles son las localizaciones váli-das para que una entidad pueda viajar en un *Conveyor*. Si el valor de *Entity Alignment* es `Any Location`, entonces una entidad se puede enganchar en cualquier localización a lo largo del vínculo. Si el valor de *Entity Alignment* es `Cell Location`, entonces usted debe especificar el número de celdas (propiedad *Number of Cells*) que tiene el *Conveyor* — una entidad se puede enganchar sólo cuando su posición de inicio está alineada con una frontera de la celda —. Esta propiedad se utiliza cuando el transportador tiene componentes discretos, como paletas en un transportador de paleta o portacargas en un sistema *power-and-free*.

La propiedad *Accumulating* determina si la entidad se puede desenganchar del *Conveyor*. Si el valor de *Accumulating* es `False`, entonces cada entidad del transportador siempre está enganchada. Si una entidad se debe detener (e.g., si alcanza el final), entonces el transportador y todas las entidades que lleva deben detenerse. Si el valor de *Accumulating* es `True`, entonces, cuando una entidad llega al final, la entidad se desenganchará del transportador — mientras que el transportador y todas las otras entidades que transporta se siguen moviendo —. A medida que cada entidad alcanza (o "colisiona con") la entidad que está adelante, también se desengancha y se detiene. Se dice que estas entidades se han *acumulado* al final del transportador.

El proceso inverso ocurre cuando la entidad en el final se mueve fuera del transportador. Se elimina el bloqueo y la siguiente entidad tratará de engancharse nuevamente. Si el valor de *Entity Alignment* es `Any Location`, entonces el intento siempre será exitoso. Si el valor de *Entity Alignment* es `Cell Location`, entonces la siguiente entidad debe esperar hasta que su posición de inicio esté alineada con una frontera de la celda, en ese momento puede engancharse nuevamente y continuar su movimiento.

Una última diferencia de *Conveyor* con el vínculo *Path* radica en que, como un *Conveyor* imita a un dispositivo, tiene propiedades en la categoría *Reliability* (confiabilidad, similares a las del objeto *Server* discutidas en la sección 5.3.4) y tiene detonadores de procesos complementarios asociados con la confiabilidad.

8.2.4   Modelo 8-2: Ensamble de PCB con Transportadores

Utilicemos algunos de estos nuevos conceptos para continuar trabajando en nuestro modelo de PCB. Todas las máquinas de montaje serán alimentadas por (y enviadas a) un transportador. Asumimos que no existe buffer en algún lado de la entrada o de la salida — se alimenta directamente a (o desde) los transportadores y se *bloquea* el sistema cuando la parte no puede continuar moviéndose. Seleccione las tres estaciones y cambie el valor de la propiedad *Output Buffer* (en la categoría *Buffer Capacity*) a 0 (el valor de *Input Buffer* debería también ser 0).

Haga varios clic (presionando `Ctrl`) para seleccionar los seis *Connector* y configurar sus propiedades en grupo, luego:

- Haga clic derecho en cualquier objeto del grupo, luego seleccione `Convert to Type` > `Conveyor` para convertir todos los seis *Connector* a *Conveyor*.

- Cambie el valor de la propiedad *Initial Desired Speed* a `1`, con unidades `Meters per Minute` (metros por minuto).

- Nos gustaría que los vínculos lucieran como transportadores. Podríamos aplicar la decoración *Conveyor* de Simio (del grupo `Path Decorators`), pero es muy grande para nuestra aplicación. Sólo haremos que la línea que representa al transportador parezca más realista.

  - Vaya a la propiedad *General* > *Size and Location* > *Size* > *Width* y cambie su valor a `0.2` (metros).

  - Haga clic en la mitad inferior del botón `Texture` de la pestaña *Drawing* y seleccione el patrón `Corrugated Metal` — luce similar a un transportador de rodillos —. Aplíquelo a uno de los *Conveyor*.

  - Haga doble clic en la parte superior del botón `Texture` y aplique la textura a los otros cinco objetos *Conveyor*.

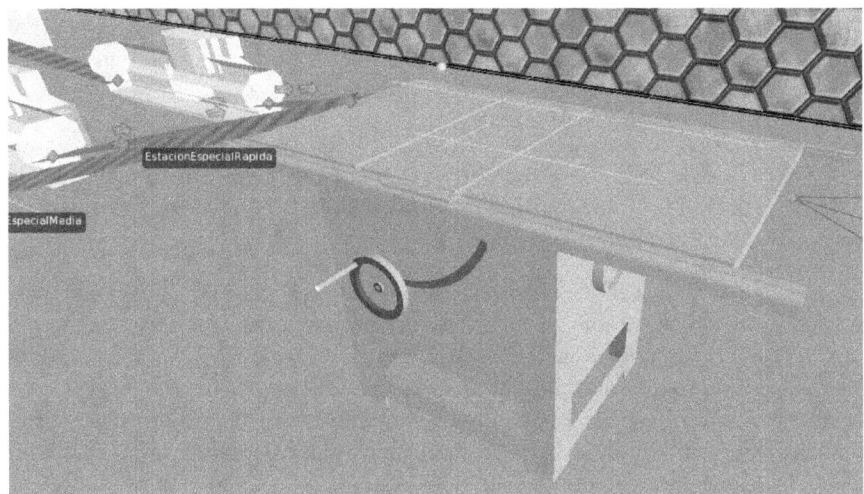

Figura 8.14: Vista en 3D que ilustra el posicionamiento de un nodo y de su cola.

- Como estamos mejorando la apariencia de nuestros transportadores, ahora es un buen momento para ajustar la altura de las posiciones de salida para que la partes entren en el sitio apropiado de las máquinas. En la ventana de 3D, arrastre (presionando `Shift`) cada uno de los nodos para ajustar la altura y se puedan alinear con la altura de la máquina.

El inspector puede almacenar sólo tres tarjetas sobre su mesa. Todas las otras tarjetas deben permanecer en el transportador. Para ello, cambie el valor de la propiedad *InputBuffer* del objeto `Inspeccion` a 3. Ajuste la cola del buffer de entrada de la inspección (*InputBuffer.Contents*) para que pueda mostrar tres partes y para que empiece en el lado posterior de la mesa del inspector, como se muestra en la figura 8.14.

Corra el modelo y estudie cuidadosamente su comportamiento. Notar que en los transportadores acumulativos, las partes se pueden detener en el punto de salida, pero las otras partes se siguen moviendo con el transportador. Empezará a apreciar embotellamientos en el transportador de la entrada del inspector, especialmente cuando está fuera de turno. Debido a que la estación `EstacionEspecialRapida` tiene una tasa de producción más alta, tiende a congestionarse más rápido. Pero ésta es exactamente la máquina que no deseamos bloquear. Asignemos una mayor prioridad a las entidades de las máquinas más rápidas, cambiando la prioridad de la entidad cuando entre al transportador:

- Seleccione el *Conveyor* de salida de la máquina rápida y vaya a la propiedad *OnEntering* de la categoría *State Assignments*. Haga clic en el botón del lado derecho y se mostrará una ventana para editar varias propiedades, donde podrá hacer la asignación. Asigne el valor `ModelEntity.Priority` a la propiedad *State Variable Name* y el valor 3 a la propiedad *New Value* (con ello asignará el valor 3 a la variable de estado `ModelEntity.Priority` de la entidad).

- Repita el procedimiento con el *Conveyor* de salida de la máquina del medio, sólo que esta vez asigne el valor 2 a la propiedad *New Value*. Repita lo mismo con el *Conveyor* de salida de la máquina lenta, pero asigne el valor 1 a la propiedad *New Value*.

- Seleccione el nodo de entrada de `Inspeccion` (`Input@Inspeccion`) y asigne el valor 3 a su propiedad *Initial Capacity*, una para cada transportador. Esto permite que hasta tres entidades (una de cada transportador) entren al nodo y puedan ser consideradas para su posible selección por el objeto `Inspeccion`. Notar que todavía no han dejado el transportador, pero sus posiciones de inicio están en el nodo.

- Seleccione `Inspeccion` y cambie su propiedad *Ranking Rule* a `Largest Value First` y su propiedad *Ranking Expression* a `Entity.Priority`. De esta forma, entrarán a la inspección las entidades que provienen del transportador con mayor prioridad, en lugar de seleccionar al que ha esperado más.

En realidad, cuando el inspector está fuera de turno, ninguna parte se inspecciona, sin importar su prioridad, por lo que este cambio no hará mucha diferencia en el comportamiento del modelo. Pero ayudará a que el transportador de la máquina más veloz esté vacío lo más pronto posible, para minimizar los bloqueos en la máquina más veloz.

Apenas hemos explorado superficialmente las características del objeto *Conveyor*. Las diferentes propiedades pueden combinarse para modelar muchos tipos de transportadores. Usted podría agregar procesos complementarios u otros objetos a su alrededor para modelar sistemas complejos, en particular intersecciones o ramificaciones. Como además el objeto *Conveyor* ha sido implementado completamente usando lógica de procesos, usted puede crear sus propios objetos transportadores con comportamiento personalizado.

8.2.5   Uso del Objeto *Worker*

En las secciones precedentes hemos discutido las diferentes maneras que tiene una entidad para moverse de un lugar a otro. El movimiento asistido de una entidad es una categoría muy amplia, incluyendo cuando una entidad requiere de la asistencia de algún recurso escaso como un accesorio, carrito, persona o autobús para llegar a su destino. En el caso más simple, puede ser suficiente un recurso fijo. Si el tiempo de movimiento del recurso desde su posición actual y la animación del movimiento no son importantes, entonces bastará con capturar el recurso cuando usted lo necesita y liberarlo cuando haya terminado. Este mismo procedimiento es una alternativa cuando lo que usted necesita es esencialmente un permiso o una autorización para moverse (e.g., un oficial de tránsito que le indica que tiene permiso para continuar).

El caso más común, que discutiremos a continuación, ocurre cuando se requiere de un transportador y es importante tomar en cuenta la localización actual (así como otras propiedades o estados del dispositivo). La *Standard Library* de Simio proporciona dos objetos para este propósito: los objetos *Worker* (trabajador) y *Vehicle* (vehículo). Ambos objetos, *Worker* y *Vehicle*, se han derivado del objeto *Entity*, por lo que tienen todas las capacidades y el comportamiento de las entidades y más. Estos objetos se pueden mover dentro de las redes, como las entidades, excepto que su comportamiento cuando llegan a un nodo puede ser algo diferente.

El Objeto Worker

Un objeto *Worker* es una entidad con capacidades adicionales para llevar a otras entidades. Es dinámico, en el sentido en que el objeto en tiempo de ejecución (el espacio de ejecución) se crea durante la corrida. Especificando la propiedad *Initial Number in System*, usted puede indicar cuántas copias del objeto *Worker* estarán disponibles. Cada copia (es un objeto diferente) representa a un individuo, por lo que el *Worker* no tiene una propiedad para la capacidad inicial; tampoco permite la asignación de una capacidad mayor que uno. Como la intención principal es que el objeto *Worker* represente a una persona, no necesita tener propiedades específicas de los dispositivos, como las de confiabilidad, pero sí permite la asignación de un programa de trabajo (*Work Schedule*) como típicamente tendría un trabajador. Por favor consulte la figura 8.15 a medida que revisamos algunas de las propiedades claves de un objeto *Worker*.

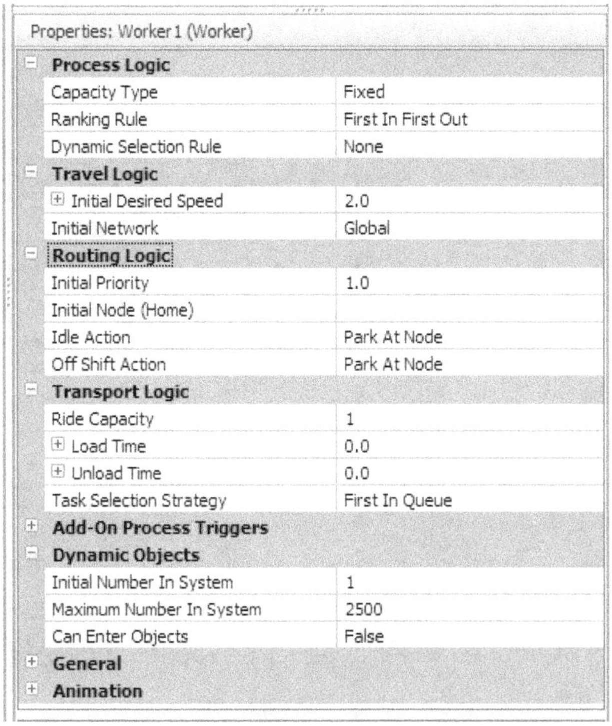

Figura 8.15: Propiedades por defecto del objeto *Worker*.

Al igual que una entidad, un *Worker* puede viajar en una red específica o en el espacio libre (por defecto es seguir una red). Bajo la categoría *Routing Logic*, debe proporcionar el nombre del nodo inicial en la propiedad *Initial Node (Home)*, para indicar en qué parte de la red empieza la localización del *Worker* (también es su localización "de residencia"). En esta misma categoría deben también especificarse dos propiedades más. La propiedad *Idle Action* establece la acción a tomar cuando el *Worker* no tiene algún trabajo o pedido de atención pendientes. La propiedad *OffShift Action* indica la acción a tomar cuando el *Worker* está fuera de turno (su capacidad es cero). Para ambas propiedades se tienen dos elecciones. La primera es decidir si permanecer en la localización de su nodo actual o regresar al nodo de residencia (*Home*). La segunda es decidir si estacionarse (*park*, moverse fuera de la red a un área de estacionamiento, que puede o no estar animada) o permanecer sobre la red, potencialmente bloqueando cualquier tráfico que quisiera pasar.

Bajo la categoría *Transport Logic*, un *Worker* tiene una capacidad de viaje (*Ride Capacity*) que indica cuántas entidades puede llevar simultáneamente. También tiene un tiempo de carga (*Load Time*) y un tiempo de descarga (*Unload Time*) que determinan el lapso de tiempo que se requiere para cargar o para descargar una entidad, respectivamente.

Como las entidades, bajo la categoría *Dynamic Objects*, un *Worker* tiene la propiedad *Maximum Number In System* (máximo número de unidades en el sistema), que sirve como herramienta de validación. Usted puede fijar este valor en el máximo número de objetos *Worker* que usted esperaría, y si dinámicamente se excede este límite, Simio generará un error. También existe la propiedad *Can Enter Objects* que controla si un *Worker* puede ingresar en un objeto por sus nodos externos (e.g., si se le permite ingresar a un objeto *Server*). El valor por defecto es falso (**False**) debido a que, en la mayoría de los casos, un *Worker* proporciona un servicio

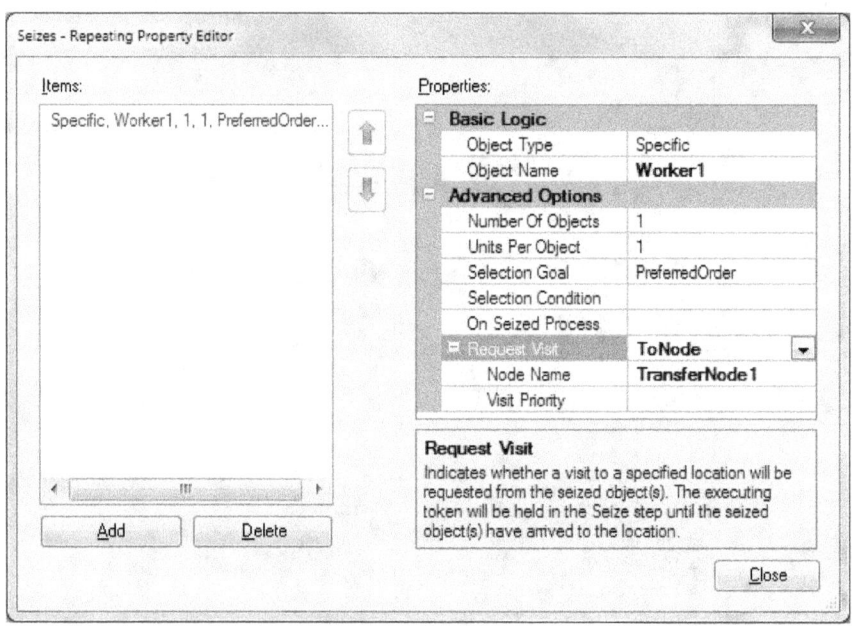

Figura 8.16: Propiedades utilizadas para capturar un objeto móvil.

a una entidad o a otro objeto, pero generalmente no necesita la lógica de proceso que ofrece el *Server* a las entidades.

El objeto *Worker* tiene una funcionalidad dual: como un *recurso móvil* que puede ser capturado y liberado, y además viaja entre las localidades del modelo; y como un *transportador* que puede recoger, llevar y dejar entidades en diferentes localidades.

Uso de un *Worker* como un Recurso

Un objeto *Worker* puede capturarse y liberarse como cualquier otro objeto con recurso. El objeto *Workstation* puede hacer lo mismo directamente, utilizando la propiedad *Secondary Resources* (recursos secundarios) de la categoría *Other Requirements*. Otros objetos de la *Standard Library* pueden también capturar y liberar recursos, pero deben utilizar los pasos *Seize* y *Release* dentro de un proceso complementario.

En cualquier caso, a usted se le presentará un editor de propiedades repetidas similar al de la figura 8.16. El uso más sencillo consiste en hacer que el valor de *Object Type* (tipo de objeto) sea `Specific` (específico), lo que significa que usted ya sabe qué recurso requiere. Luego ingrese el nombre del objeto que desea (e.g., `Worker1`) en la propiedad *Object Name*. Notar que, aún indicando el recurso específico, si es un transportador (e.g., un *Worker* o un *Vehicle*), podrían existir varias unidades con el mismo nombre. Alternativamente, si desea seleccionar de un conjunto de recursos, haga que el valor de *Object Type* sea `FromList`, que le permitirá especificar el nombre de una lista de recursos de la que usted desea escoger.

Si ha proporcionado más de un posible recurso de dónde escoger, la categoría *Advanced Options* le proporciona las reglas (propiedades *Selection Goal* y *Selection Condition*) para seleccionar de las opciones posibles. La categoría *Advanced Options* también le permite especificar la cantidad que requiere, además de otras opciones.

Si es importante que el recurso se mueva a alguna localización, puede especificar `ToNode` en la propiedad *Request Visit* y luego la localización que debe visitar el recurso en la propiedad

Node Name, como se indica en la parte inferior de la figura 8.16. Si bien usted puede utilizar cualquier nodo como destino, a menudo es más sencillo agregar un nodo adyacente al objeto fijo donde se solicita el recurso, que será el destino del recurso móvil.

La solicitud de visitas funciona sólo para recursos móviles — una entidad o un objeto derivado de una entidad, como un *Worker* o un *Vehicle* —. Cuando usted solicita una visita (*Request Visit*), la ficha (*token*) no dejará el paso *Seize* hasta que el recurso se haya movilizado hacia el nodo específico y haya sido capturado. Cuando el recurso sea liberado, o bien se le asignará automáticamente una tarea, o bien empieza la acción correspondiente al estado *Idle* (ocioso) u *OffShift* (fuera de turno), conforme sea apropiado.

Uso de un *Worker* como un Transporte

Un *Worker* puede ser visto como un vehículo para trabajo ligero. Tiene las capacidades básicas de un transporte que le permiten llevar o acompañar a una o más entidades entre dos localidades. Especificar lo que desea de un *Worker* es similar a especificar lo que desea de un *Vehicle* o de cualquier tipo de transporte:

- Seleccione un *TransferNode* (puede ser un nodo de salida de la mayoría de los objetos de la *Standard Library*).

- En la categoría *Transport Logic*, fije la propiedad *Ride On Transporter* en el valor `True`. Usted verá el despliegue de varias propiedades adicionales. Hasta que usted especifique el transporte que utilizará, su modelo estará en la condición de error y no podrá correr.

- La propiedad *Transporter* funciona de manera similar a la propiedad *Object Type*, descrita anteriormente para los recursos. Usted puede utilizar esta propiedad para solicitar un transporte específico por nombre, o escogiendo de una lista utilizando los valores apropiados para las propiedades *Selection Goal* (objetivo de la selección) y *Selection Condition* (condición de selección).

- La propiedad *Reservation Method* (método de reservación) establece cómo desea seleccionar y reservar un transporte. Existen tres valores posibles:

  - `Reserve Closest` (reserve el más cercano): selecciona el transporte que está más cerca y rompe empates con la propiedad *Selection Goal*. Luego reserva el transporte. Una reserva (*Reservation*) es un compromiso de dos partes: el transporte se compromete a ir a la localidad (aunque no necesariamente de inmediato) y la entidad se compromete a esperar por el transporte que ha reservado.

  - `Reserve Best` (reserve el mejor): selecciona el mejor transporte utilizando la propiedad *Selection Goal* y utiliza la regla del más cercano para romper empates. Luego reserva el transporte.

  - `First Available at Location` (primer disponible en la localidad): no hace una reservación, en lugar de ello espera hasta que el primer transporte apropiado llegue para recoger a la entidad. Notar que es posible que nunca llegue el transporte, a menos que siga una secuencia (como el programa de un autobús) o sea enviado por medio de una lógica personalizada.

8.2.6   Uso del Objeto *Vehicle*

Un objeto *Vehicle* es similar a un *Worker* en muchos aspectos. Tiene la misma capacidad para ser capturado y liberado, viaja entre localidades y actúa como un transporte que puede recoger, llevar y dejar entidades. De hecho, tiene muchas de las mismas características. Las principales diferencias obedecen a la intención de utilizarlo en el modelo como un dispositivo, más que como una persona. No sigue un programa, pero tiene algunas características adicionales.

El objeto *Vehicle* tiene una propiedad *Routing Type* (tipo de ruteo) que indica el comportamiento del ruteo del vehículo. Si se especifica como `On Demand` (bajo demanda), entonces el vehículo responderá inteligentemente a las solicitudes de visitas, programando las subidas y las bajadas apropiadamente. Si se especifica como `Fixed Route` (ruta fija), entonces el vehículo seguirá una secuencia de visita de nodos (ver la sección 7.1.3). En la terminología del transporte urbano, la opción `On Demand` funciona como un servicio de taxi, mientras que la opción `Fixed Route` se parece más a un servicio de autobús o de metro.

Un objeto *Vehicle* tiene lógica de confiabilidad, que reconoce que el dispositivo puede fallar. Un *Vehicle* puede tener fallas del tipo `Calendar Time Based` (basadas en tiempo de calendario) o del tipo `Event Count Based` (basadas en el conteo de eventos). El último tipo es muy flexible. Puede responder no sólo a eventos externos sino que usted también puede detonar eventos internos basados en el seguimiento de ciertas condiciones como la distancia recorrida, el estado de carga de la batería u otra medida de desempeño.

Más allá de las diferencias mencionadas, los objetos *Vehicle* y *Worker* son similares y se usan de manera similar.

8.2.7   Modelo 8-3: DE Mejorado con Personal del Hospital

Utilicemos lo que hemos aprendido para mejorar nuestro modelo del Departamento de Emergencia (DE). Empezaremos con nuestro Modelo 7-5 (guárdelo como Modelo 8-3) y le agregaremos personal (utilizando objetos *Worker*). Pero antes de mejorar las capacidades del DE, hagamos algunas pequeñas mejoras a la animación. Como discutimos anteriormente, los objetos que corresponden a las salas de traumatología, tratamientos y exámenes no representan camas individuales, sino que representan áreas que pueden atender varios pacientes. Si bien podemos modificar el modelo para representar cada cama individualmente, todavía no necesitamos dicho nivel de detalle. En lugar de ello, crearemos un símbolo de animación más apropiado para representar a un conjunto de camas.

Creación de un Nuevo Símbolo

Por defecto, el nombre de su proyecto es el mismo que el de su archivo (e.g., Modelo_08_03). Seleccione el nombre del proyecto en la ventana *Navigation* y se abrirá una ventana que contiene todos los componentes de su proyecto. Esta ventana le permite agregar, eliminar y editar los componentes de su proyecto. Haga clic en el ícono *Symbols* de la derecha para apreciar sus símbolos activos. Aquí es donde usted puede editar símbolos o eliminar los símbolos de su proyecto que no utiliza. En nuestro caso deseamos agregar un símbolo:

- Haga clic en `Create New Symbol`. Se abrirá una ventana de dibujo similar a la ventana *Facility*, incluyendo las vistas en 2D y en 3D y varias cintas familiares.

- Deseamos una sala que tenga, aproximadamente, 10 metros por 3 metros. Utilice la herramienta *Polyline* para crear una línea con cuatro segmentos para las cuatro paredes (tenga la libertad de dejar algunos espacios libres para las puertas si así lo desea, pero nosotros no lo hemos hecho). Usando la cinta *Drawing*, asigne al objeto una altura (*Object Height*) de 1, un ancho de las líneas (*Line Width*) de 0.05 y, opcionalmente, aplique una textura (*Texture*, nosotros usamos `Banco Nafin`).

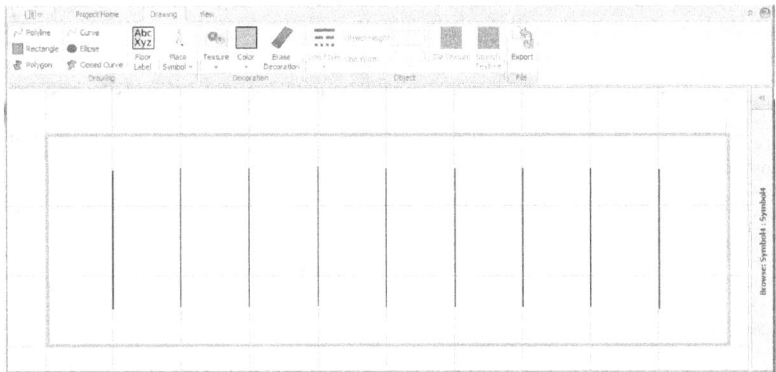

Figura 8.17: Trazado de un conjunto de camas para salas de tratamientos.

- Deseamos incluir divisiones entre los pacientes. Crear la primera división utilizando nuevamente *Polyline*. Usando la cinta *Drawing*, asigne al objeto una altura de 1, un ancho de las líneas de 0.04 y opcionalmente aplique una textura (nosotros usamos Dark Green Marble).

- Copie y pegue su primera división para lograr un total de nueve divisiones interiores, espaciadas en un metro.

- En la ventana de propiedades (*Properties*) ingrese el nombre SalaHospital en la propiedad *Name*.

- Escondiendo el panel de propiedades, su símbolo debe lucir como el de la figura 8.17.

- Cuando haya terminado, utilice la ventana *Navigation* para regresar a la ventana del modelo y su símbolo se guardará automáticamente.

El símbolo que usted acaba de crear ahora forma parte de la librería del proyecto. Utilícelo para aplicar nuevos símbolos a los objetos SalasExamen, SalasTratamiento y SalasTrauma. Debido a que estos símbolos son de un tamaño muy diferente al de los originales, deberíamos detenernos y arreglar un poco la apariencia del modelo (ver la figura 8.18 para apreciar un ejemplo):

- Ajuste la localización de los objetos para que la disposición luzca más natural.

- Ajuste la localización de los nodos para que estén fuera de los objetos — quizá cerca de alguna puerta que haya creado —.

- Elimine los vínculos originales que conectan los objetos entre sí. Reemplace cada vínculo por varios segmentos *Path*, como parezca apropiado, para imitar pasillos.

- Ajuste la localización de la animación de las colas para cada una de las salas: mueva InputBuffer.Contents algo cerca de su nodo de entrada, mueva OutputBuffer.Contents cerca de su nodo de salida y mueva Processing.Contents para que se extienda a lo largo de la sala. Ésta es una manera rápida de desplegar a los "ocupantes" en sus correspondientes salas.

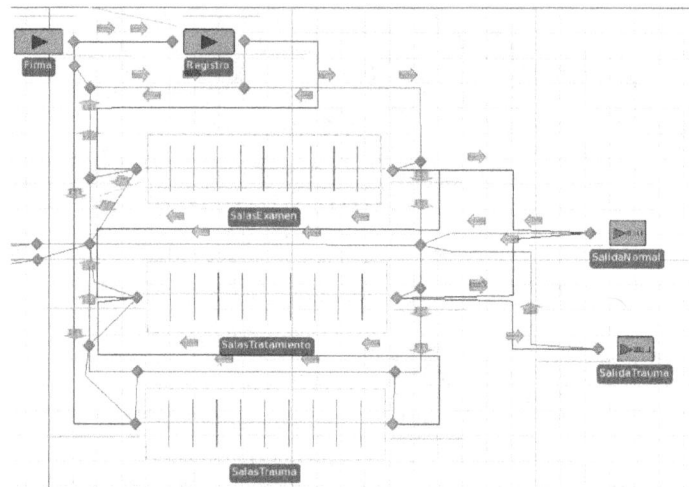

Figura 8.18: Modelo 8-3 con nuevos símbolos para salas con varias camas.

Tabla 8.1: Tipo de acompañante que se requiere para el destino.

Paciente	Examen	Tratamiento	Traumatología	Salida
De rutina	Asistente	–	–	Mejor asistente
Moderado	Mejor asistente	Mejor asistente	–	Mejor asistente
Severo	Mejor asistente	Mejor asistente	–	Mejor asistente
Urgente	–	Mejor enfermera	Mejor enfermera	Mejor asistente

Actualización del Modelo

Ahora que hemos actualizado la disposición del DE, estamos en una mejor posición para agregar el personal. Modelaremos dos tipos de personal; enfermera y asistente. Deseamos que todos los pacientes estén acompañados en las salas de exámenes, traumatología y tratamientos como se indica en la tabla 8.1. Los pacientes de rutina esperarán hasta que esté disponible un asistente. Los pacientes moderados y severos estarán acompañados de un asistente si está disponible, de otra forma tomarán al primer asistente o enfermera que esté disponible. Los pacientes de urgencia estarán acompañados de una enfermera, si está disponible, de otra forma por un asistente. Todos los pacientes serán acompañados a la salida por un asistente, si está disponible, de otra forma por una enfermera.

Empecemos por crear un lugar que los trabajadores puedan llamar su "residencia":

- Usando *Polyline*, trace una estación para las enfermeras de 3 × 5 metros. Asigne a la pared una altura de 1 metro. Agregue un *BasicNode* a la entrada y asígnele el nombre `EstacionEnfermera`.

- Deseamos desactivar la cola automática de estacionamiento para el nodo y reemplazarla por una que trazaremos dentro de la estación para las enfermeras. Seleccione `EstacionEnfermera` y luego el botón *Parking Queue* de la cinta *Appearance*, para desactivar la cola automática de estacionamiemto. Utilice el botón `Draw Queue` y seleccione la cola `ParkingSta tion.Contents`, luego trace la cola dentro de la estación para enfermeras. Usted puede quebrar la línea de la cola dentro de la sala para acomodar a una "multitud" de enfermeras, si fuera necesario.

Figura 8.19: Estación de enfermeras con nodo y cola de estacionamiento adjunta.

- Su estación de enfermeras debería lucir como en la figura 8.19.

- Repita los tres pasos anteriores para crear una estación `EstacionAsistente` que será la "residencia" de los asistentes.

Ahora crearemos y configuraremos al personal:

- Coloque en su modelo un *Worker* con el nombre `Enfermera`. Fije la propiedad *Initial Desired Speed* en 0.5 (metros por segundo). En la categoría *Routing Logic*, fije la propiedad *Initial Node (Home)* en `EstacionEn`
  `fermera`, y fije *Idle Action* y *Off Shift Action* en `Park At Home`. En la categoría *Population* fije *Initial Number In System* en 4 para indicar que empezaremos con cuatro enfermeras.

- Coloque otro *Worker* en su modelo con el nombre `Asistente`. Fije la propiedad *Initial Desired Speed* en 0.5 (metros por segundo). En la categoría *Routing Logic*, fije la propiedad *Initial Node (Home)* en `EstacionAsis`
  `tente`; fije *Idle Action* y *Off Shift Action* en `Park At Home`. En la categoría *Population*, fije *Initial Number in System* en 6 para indicar que empezaremos con seis asistentes.

Definición y Uso de Listas

Como discutimos en la sección 7.5, una lista (*List*) en Simio es una colección de objetos que pueden referenciarse cuando debe hacerse una selección. Por ejemplo, usted podría tener la necesidad de escoger entre varios destinos (nodos) o entre varios recursos (objetos). La selección de una lista a menudo permite diferentes mecanismos como `Random` (aleatorio) o `Smallest Value` (menor valor), pero el mecanismo común por defecto es *Preferred Order*, que significa que se selecciona el primer elemento disponible de la lista, comenzando desde el principio de la lista.

Inspeccionando nuevamente la tabla 8.1, usted notará que algunas veces necesitamos un tipo especial de trabajador como compañía (e.g., un asistente), y que otras veces necesitamos escoger de una lista bajo la regla *Preferred Order* (e.g., preferimos un asistente, si está disponible, de otra forma seleccionamos a una enfermera). Como ya estamos usando *Sequence Table* para rutear a las entidades, es fácil agregar esta información como una nueva propiedad (columna) de la tabla. Recordar que un *Worker* es un tipo de transporte (*transporter* en Simio), por lo que, en este caso, el tipo de propiedad puede ser *transporter* o *transporter list*. Cada propiedad debe tener exactamente un tipo de dato, por lo que asignaremos a todas el tipo *transporter list* y haremos que la lista contenga sólo un miembro cuando no haya otra alternativa. Regresaremos a la tabla muy pronto, pero antes empezaremos a crear nuestras listas:

- Una lista se define utilizando el panel *Lists* de la ventana *Definitions*. Para agregar una nueva lista, debe hacer clic en el tipo de lista que desea crear, en la sección *Create* de la cinta *List Data*. Con referencia a la tabla 8.1, existen tres listas de las que necesitamos escoger el acompañante: SoloAsistente, MejorAsistente y MejorEnfermera. Hacer clic tres veces en el botón *Transporter* para crear estas tres listas. A continuación, asigne los nombres SoloAsistente, MejorAsistente y MejorEnfermera, respectivamente.

- Cuando usted seleccione la lista SoloAsistente, en la parte inferior de la pantalla aparecerá la lista de transportes (actualmente vacía). Hacer clic en la parte derecha de la primera celda (podría requerir varios clic) y seleccione Asistente de la lista desplegable de transportes. Como sólo necesitamos la opción SoloAsistente en este caso, hemos definido la primera lista.

- Repetir el proceso anterior para la lista MejorAsistente, seleccionando Asistente en la primera fila y Enfermera en la segunda fila. Este ordenamiento significa que cuando utilice la regla *Preferred Order*, se seleccionará al asistente, si está disponible, de otra manera a la enfermera, si está disponible (si ninguno está disponible, se seleccionará al primero que llegue a estar disponible).

- Repetir el proceso anterior para la lista MejorEnfermera, seleccionando Enfermera en la primera fila y Asistente en la segunda fila.

Ahora que hemos creado nuestras listas, podemos agregar los datos a nuestra tabla Tratamien tos. En el panel *Tables* de la ventana *Data*, seleccionar la pestaña interior Tratamientos. Recordar que los pacientes hacen referencia a esta tabla para determinar la siguiente localidad a visitar y las propiedades que deben usarse en dicha localidad y durante el viaje. Estos datos se utilizan en todas las localidades visitadas, no sólo en las salas de tratamientos y de exámenes. Agregaremos una propiedad para el transporte:

- Hacer clic en el botón Object Reference y seleccionar la opción Transpor ter List. Asignar el nombre TipoAyuda a la propiedad. Utilizaremos esta propiedad para especificar el grupo de trabajadores del que deseamos seleccionar al acompañante en cada localidad.

- Utilice los datos de la tabla 8.1 para completar los datos de la nueva columna. Cuando haya terminado debería lucir como en la figura 8.20.

Actualización de la Red y de la Lógica

Terminaremos nuestras mejoras actualizando las redes y la lógica para aprove-char al personal. Antes de expandir la red, sin embargo, necesitamos introducir un cambio menor. La mayoría de los pacientes que abandonan el objeto Firma van directamente a Registro sin un acompañante. Para estos pacientes, necesitamos que la propiedad *Ride On Transporter* sea False. Pero los pacientes del tipo Urgente necesitarán un acompañante para ir a SalasTrauma y necesitan que

Datos Pacientes	**Tratamientos**			
Sequence		Tipo Tratamiento	TiempoAtencion (Minutes)	Tipo Ayuda
Input@Firma		DeRutina	2	null
Input@Registro		DeRutina	Random.Uniform(3,7)	null
Input@SalasExamen		DeRutina	Random.Triangular(5,10,15)	SoloAsistente
Input@SalidaNormal		DeRutina	0.0	MejorAsistente
Input@Firma		Moderado	2	null
Input@Registro		Moderado	Random.Uniform(3,7)	null
Input@SalasExamen		Moderado	Random.Triangular(10,15,20)	MejorAsistente
Input@SalasTratamiento		Moderado	Random.Triangular(5,8,10)	MejorAsistente
Input@SalidaNormal		Moderado	0.0	MejorAsistente
Input@Firma		Severo	1	null
Input@Registro		Severo	2	null
Input@SalasExamen		Severo	Random.Triangular(15,20,25)	MejorAsistente
Input@SalasTratamiento		Severo	Random.Triangular(15,20,25)	MejorAsistente
Input@SalidaNormal		Severo	0.0	MejorAsistente
Input@Firma		Urgente	.5	null
Input@SalasTrauma		Urgente	Random.Triangular(15,25,35)	MejorEnfermera
Input@SalasTratamiento		Urgente	Random.Triangular(15,45,90)	MejorEnfermera
Input@SalidaTrauma		Urgente	0.0	MejorAsistente

Figura 8.20: Tabla `Tratamientos` con los datos del personal acompañante.

la propiedad *Ride on Transporter* sea `True`. Una manera fácil de resolver este dilema es hacer que los pacientes del tipo `Urgente` pasen a un nuevo *TransferNode* adyacente a `Firma`. Por lo tanto, todos los pacientes salen de `Firma` sin un acompañante, pero los pacientes del tipo `Urgente` pasan (casi) inmediatamente por un nodo donde tendrán que esperar por un acompañante. Para implementar este cambio, debe eliminar el *Path* de `Firma` hacia `SalasTrauma`, agregar un nuevo nodo adyacente a `Firma` (asígnele el nombre `EsperaAyudaUrgente`), luego agregar un *Path* de `Firma` hacia `EsperaAyudaUrgente` y otro de `EsperaAyudaUrgente` a `SalasTrauma`.

Ahora estamos listos para expandir nuestra red. Aunque nuestro personal estará acompañando a los pacientes en la red existente, también estará viajando por sus propios caminos para moverse entre las localidades. Ellos necesitan viajar libremente desde cualquier nodo de entrada o de salida hacia cualquier nodo de entrada o de salida. Por ello, agregaremos un conjunto adicional de vínculos *Path* para facilitar el movimiento del personal.

Existen varias maneras para crear esta red. Un extremo consiste en trazar dos caminos (uno en cada dirección) entre cualquier par de nodos. Esta alternativa obviamente es muy tediosa, aunque completa. Otro extremo sería tener un ciclo unidireccional de caminos. Esta opción otorgaría el menor número de caminos, pero resultaría en movimientos ineficientes y poco realistas. Adoptaremos un enfoque intermedio — tendremos un ciclo unidireccional de caminos, pero le agregaremos nodos adicionales para acceder a los nodos de destino, así como para permitir atajos para hacer viajes más eficientes —.

Hemos agregado el conjunto de nodos y caminos de nuestro "enfoque intermedio" como se muestra en los caminos resaltados en la figura 8.21. Agregue nodos y rutas a su red de la misma manera. En el caso en que se lo esté preguntando, hemos resaltado las rutas seleccionando todos los nuevos caminos y haciendo clic derecho los hemos agregado a la red llamada `RedPersonal`. Mientras que una red puede utilizarse para limitar el acceso a ciertas entidades solamente, en este caso no necesitamos esta capacidad. Cuando sus redes de caminos empiezan a volverse complejas, la asignación de nombres a las redes puede ser útil para visualización y depuración.

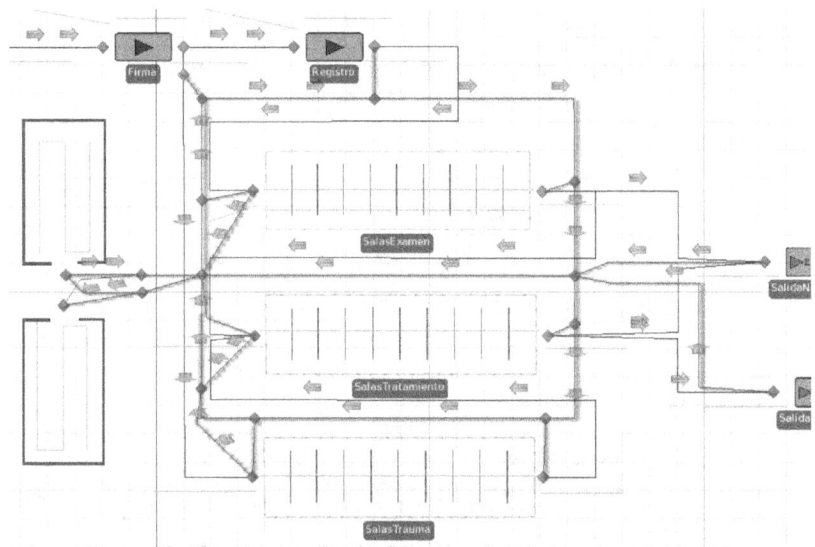

Figura 8.21: Caminos resaltados que identifican la red del personal.

Para resaltar estos caminos, como lo hemos hecho, vaya a la cinta *View* y seleccione el botón **View Networks**.

Hasta el momento hemos creado nuestro personal, hemos creado las listas para permitir la selección, hemos agregado los datos a nuestras tablas para saber qué seleccionar y ahora tenemos nuestros caminos para apoyar el acompañamiento. Con todo el trabajo previo en su lugar, sólo necesitamos indicarle a nuestras entidades que esperen por su acompañante. Esta instrucción se hace en los nodos *TransferNode*.

Empecemos con nuestro nuevo nodo, **EsperaAyudaUrgente**. Selecciónelo y cambie la propiedad *Ride On Transporter* a **True**. Fije la propiedad *Transporter Type* en **From List**. Como deseamos escoger la lista correspondiente al paciente y a la localización de acuerdo con nuestra tabla, el valor de la propiedad *Transporter List* debe ser **Tratamientos.TipoAyuda**. Finalmente, asigne el valor **Reserve Best** a la propiedad *Reservation Method*, dejando *Selection Goal* en la opción **Preferred Order** (de acuerdo con el orden de nuestras listas).

Seleccione los otros tres nodos de salida donde el paciente requiere de acompa-ñante (**Registro**, **SalasExamen** y **SalasTrauma**) y haga los mismos cambios a las propiedades correspondientes. Notar que puede hacer los cambios individualmente o en grupo (seleccionando todos los nodos a la vez).

Si todavía no lo ha hecho, ahora es un buen momento para grabar y correr su modelo. Si ha seguido los pasos correctamente, usted debería ver a sus pacientes moviéndose como en las versiones previas de este modelo, pero ahora estarían acompañados por personal en algunos de sus movimientos. Puede ajustar la localización de las colas *RideStation* de sus trabajadores para que los pacientes viajen detrás de los trabajadores, en lugar de adelante.

En este momento, usted puede estar pensando algo como: "y qué sobre el verdadero *tratamiento* ¿los pacientes se están tratando por sí mismos? El personal acompaña a los pacientes, ¡pero no se involucra en el tratamiento de los pacientes!" Agregaremos esta funcionalidad al modelo en el capítulo 9. Existen muchas maneras para mejorar la animación y el movimiento de los pacientes (aspectos en los que nos hemos enfocado en este capítulo) pero, como siempre dicen los autores, dejaremos tales mejoras como ejercicio para el lector.

8.3 Resumen

En este capítulo hemos ilustrado el valor de la animación en 2D y en 3D y en algunos de sus usos para la verificación y la comunicación. Hemos discutido también algunas desventajas de poner demasiado énfasis en la animación al punto de excluir algunas tareas del proyecto que tienen alta prioridad u otras técnicas de análisis.

Hemos explorado brevemente muchas de las opciones básicas para la animación y la visualización para darle a usted una base sólida para animar sus propios modelos. A continuación hemos discutido cómo animar objetos dinámicos (e.g., entidades) cuando se mueven a través del espacio libre, sobre vínculos, sobre transportadores o con la asistencia de otros objetos dinámicos como los objetos *Worker* y *Vehicle* de la *Standard Library*.

Además de estos temas, existen otros enfoques y situaciones de modelado que discutiremos en el capítulo 10.

8.4 Problemas

El objetivo de los cuatro primeros problemas es el de entender mejor la animación, no necesariamente generar un análisis adecuado. Para este fin, a menos que se indique lo contrario, puede Usted considerar parámetros razonables para ayudarle a ilustrar la tarea asignada.

1. Desarrollar un modelo similar al Modelo 4-3. La animación debe ser el objetivo principal de este nuevo modelo, por lo que debe utilizar lo que ha aprendido con este capítulo para hacerlo lo más realista posible. Para los clientes, utilice varias personas animadas (que caminen), incluyendo 2 varones, 2 mujeres, y 1 niño. Utilice los símbolos de *Trimble 3D Warehouse* para agregar realismo.

2. Mejore la animación del Modelo 7-2 agregando etiquetas de piso (*floor label*) pegadas a cada instancia de entidad para desplegar su nivel de servicio (tiempo transcurrido en el sistema en minutos) y utilice el color de fondo para indicar el tipo de paciente. Agregue una o más etiquetas de piso para desplegar (en forma de tabla) 3 tipos de información para cada paciente: Número en el sistema, Número de unidadas procesadas (las que abandonaron el sistema), y nivel promedio de servivio para los que dejaron el sistema.

3. Desarrolle un modelo con conjuntos de objetos *Source–Path–Sink* que requieren (cada uno) de un vehículo para mover entidades desde el Source hacia su Sink. Use un símbolo de vehículo personalizado de la librería correspondiente. Pruebe cada uno de los tres métodos para voltear en una red *Network Turnaround Methods*, compare los diferentes métodos.

4. Use una amplia selección de caracteres de personas animadas y una gran selección de sus posibles movimiemtos para recrear su propia versión de "Harlem Shake". Puede buscar en Google por un video de YouTube si todavía no lo ha visto.

5. Renta de Autos Veloz está abierto las 24 horas y tiene dos clases de clientes; 25% son clientes premium, a quienes se les promete un tiempo de espera de menos de 5 minutos desde que ingresan o recibirán un descuento de $15 en su renta. Los otros son clientes regulares que esperan lo que tengan que esperar. Los tiempos entre llegadas de clientes son exponenciales con promedio de 2 minutos y caminan 4 metros a una velocidad de 1 milla por hora hacia el agente para clientes premium (1 agente) o hacia la fila para clientes regulares (2 agentes). Todos los clientes tienen un tiempo de atención uniformemente distribuido entre 2 y 7 minutos. Cada agente tiene un costo de $55 por hora (incluyendo gastos generales) y cada cliente contribuye con un ingreso de $8 (menos el posible descuento).

Modele este sistema sin utilizar algún vínculo para transporte. Corra el modelo por 10 días. Para cada uno de los siguientes escenarios, reporte la utilización para cada tipo de agente y el tiempo de espera de cola para cada tipo de cliente. Tanto en la pantalla como en la salida, reporte el número de clientes premium que recibieron descuento, el total de descuentos pagados, y la utilidad del sistema (luego de descuentos y costos).

Escenario a) Asuma que cada agente atiende sólo a los clientes de la clase designada.

Escenario b) Relaje la asunción anterior considerando reglas de trabajo alternativas (quién sirve a qué cliente bajo determinadas condiciones) para el personal. Evalúe cada escenario propuesto para apreciar el impacto sobre las métricas.

Escenario c) Modele otras posibles soluciones para mejorar el sistema. Puede utilizar vínculos para transporte si le ayuda.

Capítulo 9

Modelado Avanzado con Simio

El objetivo de este capítulo es presentar conceptos avanzados de modelado con Simio que no están cubiertos en los cuatro capítulos previos. El capítulo comprende tres modelos diferentes, cada uno de los cuales muestra uno o más de los conceptos avanzados. Un elemento común a lo largo del capítulo es la amplia experimentación y el uso de optimización basada en simulación por medio del complemento OptQuest®. En la sección 9.1 retomamos el modelo del Departamento de Emergencia, introducido originalmente en el capítulo 8, y nos enfocamos en los aspectos de toma de decisiones del problema. Como parte de la función de toma de decisiones, desarrollamos una sola métrica ("costo total") y la utilizamos para evaluar configuraciones alternativas del sistema. En esta sección también introducimos el uso del complemento basado en simulación OptQuest, e ilustramos cómo utilizarlo. En la sección 9.2 introducimos el modelo de una pizzería e incorporamos un objeto tipo *Worker* para presentar un *pool* de recursos (grupo de recursos). Luego utilizamos el modelo para evaluar varias alternativas para la asignación de recursos, utilizando primero un experimento definido manualmente y luego OptQuest. Finalmente, en la sección 9.3, desarrollamos un modelo de una línea de ensamble con *buffer* de capacidad finita entre estaciones y demostramos cómo establecer y experimentar las salidas estimadas de la línea para diferentes capacidades de *buffer*. Es claro que en este capítulo no tenemos espacio para discutir muchos conceptos y capacidades, de modo que su contenido debe considerarse sólo como un punto de partida para sus estudios avanzados. Muchos otros conceptos de simulación y otros conceptos específicos de Simio se presentan en los SimBits de Simio (como se describió en el prefacio), así como en las memorias de la *Winter Simulation Conference* (`www.wintersim.org`) y de otras conferencias de simulación.

9.1 Modelo 9-1: Modelo del DE Revisitado

En la sección 8.2.7 añadimos más personal a nuestro modelo del Departamento de Emergencia (DE) e incorporamos la animación y el transporte de entidades (Modelo 8-3). Sin embargo, no contemplamos el tratamiento real del paciente y no realizamos ningún experimento con el modelo. En esta sección, nuestro objetivo es demostrar cómo se puede modificar el Modelo 8-3 para apoyar el proceso de *toma de decisiones*. En particular, estamos interesados en utilizar el modelo para sustentar las decisiones sobre la asignación de recursos y el tamaño de la planta laboral. Aunque podríamos haber ampliado el Modelo 8-3 para incorporar el tratamiento de los pacientes y el cálculo de las medidas de desempeño, hemos preferido desarrollar una versión abstracta de él, eliminando los objetos de tipo *Worker* y los vínculos *Path*, utilizando vínculos del tipo *Connector* para facilitar el flujo de las entidades. Nuestra motivación para tomar esta decisión tiene dos razones: la primera es que el modelo abstracto es más pequeño y más fácil de

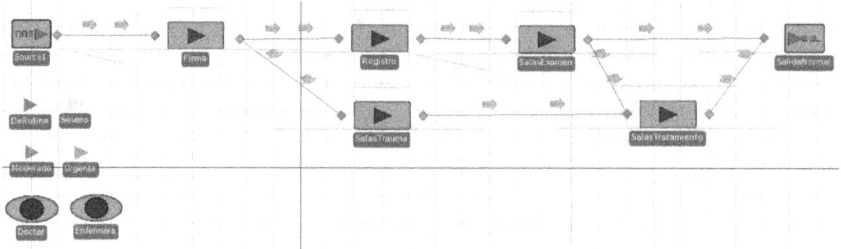

Figura 9.1: Vista *Facility* del Modelo 9-1.

Datos Pacientes	Tratamientos		
Tipo Paciente	Prioridad	Mezcla Pacientes	Tiempo Espera
⊞ DeRutina	1	40	EsperaRutina
⊞ Moderado	2	31	EsperaModerado
⊞ Severo	3	24	EsperaSevero
⊞ Urgente	4	5	EsperaUrgente

Datos Pacientes	**Tratamientos**	
Sequence	Tipo Tratamiento	TiempoAtencion (Minutes)
Input@Firma	DeRutina	2
Input@Registro	DeRutina	Random.Uniform(3,7)
Input@SalasExamen	DeRutina	Random.Triangular(5,10,15)
Input@SalidaNormal	DeRutina	0.0
Input@Firma	Moderado	2
Input@Registro	Moderado	Random.Uniform(3,7)
Input@SalasExamen	Moderado	Random.Triangular(10,15,20)
Input@SalasTratamiento	Moderado	Random.Triangular(5,8,10)
Input@SalidaNormal	Moderado	0.0
Input@Firma	Severo	1
Input@Registro	Severo	2
Input@SalasExamen	Severo	Random.Triangular(15,20,25)
Input@SalasTratamiento	Severo	Random.Triangular(15,20,25)
Input@SalidaNormal	Severo	0.0
Input@Firma	Urgente	0.5
Input@SalasTrauma	Urgente	Random.Triangular(15,25,35)
Input@SalasTratamiento	Urgente	Random.Triangular(15,45,90)
Input@SalidaNormal	Urgente	0.0

Figura 9.2: Tablas *DatosPacientes* y *Tratamientos* para el Modelo 9-1.

presentar en el libro, la segunda es reforzar la noción de que el "mejor" modelo de simulación para un proyecto es el modelo más sencillo que cumpla con las necesidades del proyecto. En el Modelo 8-3, nuestro objetivo era demostrar los aspectos de transportación y animación en Simio, incorporando un objeto del tipo *Worker* de la *Standard Library*. En el Modelo 9-1, nuestro objetivo es presentar un modelo que pueda ser usado para la toma de decisiones e introducir también el tema de la *optimización basada en simulación* utilizando Simio.

La figura 9.1 muestra la vista *Facility* del Modelo 9-1. Notar que el modelo mantiene a los cuatro objetos *ModelEntity* asociados a los tipos de pacientes: DeRutina, Moderado, Severo y Urgente, también se conservan los objetos *Server*: Firma, Registro, SalasExamen, SalasTrauma y SalasTratamiento. Los objetos del tipo *Worker*: Enfermera y Asistente han sido reemplazados por objetos *Resource*: Doctor y Enfermera. De igual manera, las redes de transporte y los vínculos del tipo *Path* han sido reemplazados por una red simplificada utilizando objetos del tipo *Connector*. Los símbolos de animación para las entidades de los pacientes y para las salas han sido eliminados, ya que ahora no estamos interesados en modelar el movimiento físico de los pacientes (y también porque queríamos simplificar el modelo).

El Modelo 9-1 mantiene la misma estructura básica del problema, donde los pacientes de los cuatro tipos llegan y siguen diferentes trayectorias dentro del sistema, utilizando una tabla de secuencias (*Sequence Table*) para especificar sus rutas. La única diferencia en el ruteo de los pacientes es que los pacientes del tipo Urgente ahora salen a través del objeto SalidaNormal, mientras que en el Modelo 8-3 salían a través del objeto SalidaTrauma. La figura 9.2 muestra la tabla de datos DatosPacientes y la tabla de secuencias Tratamientos, actualizadas para

Tabla 9.1: Requerimientos de recursos para la examinación y el tratamiento de los pacientes.

Sala	Recurso(s)requerido(s) para examen o tratamiento
Sala de Examen	Doctor o enfermera, con preferencia de doctor
Sala de Tratamiento	Doctor y enfermera
Sala de Traumatología	Doctor y enfermera o doctor, con preferencia de enfermera

el Modelo 9-1. Notar que la columna `TipoAyuda` ha sido eliminada de la tabla `Tratamientos` y la columna `TiempoEspera` (que será explicada posteriormente) ha sido añadida a la tabla `DatosPacientes`. Para evaluar las diferentes alternativas para la asignación de recursos, registramos el tiempo de espera de los pacientes — definido como el lapso total de tiempo que el paciente ha esperado para ver a un médico o a una enfermera (incluyendo el intervalo desde que el paciente llega hasta que es atendido por primera vez por un médico o una enfermera) —. Utilizaremos el tiempo de espera para determinar el nivel del servicio de los pacientes y para balancear el objetivo de minimizar los costos de los recursos y del personal. Las entradas en la columna `TiempoEspera` de la tabla `DatosPacientes` nos permiten llevar los registros del tiempo de espera por tipo de paciente. Como ya no vamos a modelar el movimiento físico de los pacientes y el personal, eliminamos la columna `TipoAyuda`.

Además de los recursos ya existentes (`SalasExamen`, `SalasTratamiento` y `SalasTrauma`), el Modelo 9-1 incorpora requerimientos de recursos para la examinación y el tratamiento de los pacientes — el Modelo 8-3 utilizó a los objetos `Enfermera` y `Asistente` (del tipo *Worker*) para acompañar a los pacientes, pero no modeló explícitamente el *tratamiento* que reciben los pacientes una vez que llegan a sus respectivas salas —. Los requerimientos para la examinación y el tratamiento de los pacientes se presentan en la tabla 9.1. Cuando un paciente llega a una sala en particular (de acuerdo con lo que indica la tabla de secuencias), el paciente capturará al recurso o recursos `Doctor` y/o `Enfermera` requeridos para el tratamiento. Si los recursos no están disponibles, el paciente esperará en la sala correspondiente hasta que los recursos estén disponibles (de modo muy similar a como funciona una sala de emergencias en la vida real). De este modo, separamos los recursos físicos de la sala (modelados utilizando objetos del tipo *Server*) de los recursos de examinación o tratamiento (modelados como objetos del tipo *Resource*), de modo que podamos evaluar configuraciones del sistema bajo diferentes números para cada uno de ellos — piense en un consultorio médico donde hay más salas para la examinación o el tratamiento que doctores —.

Como podríamos suponer para un Departamento de Emergencias, las prioridades para los recursos `Doctor` y `Enfermera` deberían estar basadas en los valores especificados en la tabla `DatosPacientes` (como lo hicimos en el Modelo 8-3). Así, por ejemplo, si hay pacientes de los tipos `DeRutina` y `Moderado` esperando por un doctor y llega un paciente del tipo `Urgente`, el paciente del tipo `Urgente` debería moverse al inicio de la cola de pacientes en espera por un doctor. De manera similar, si hay solamente pacientes del tipo `DeRutina` esperando y llega un paciente del tipo `Severo` o `Moderado`, este paciente debería moverse al frente de la cola de pacientes en espera por un doctor. Podemos implementar estas reglas utilizando la propiedad *Ranking Rule* para los recursos `Doctor` y `Enfermera`. La figura 9.3 muestra las propiedades del recurso `Doctor`. Seleccione el valor `Largest Value First` (el valor más grande es atendido primero) para la propiedad *Ranking Rule* y `DatosPacientes.Prioridad` para la propiedad *Ranking Expression*. Con estos valores, indicamos a Simio que debe ordenar (o jerarquizar) a las entidades en la cola de espera por el recurso en función del valor almacenado en el campo `DatosPacientes.Prioridad`[1]. También se puede considerar el caso en que se permita a los

---

[1] Notar que cuando un recurso se puede capturar en diferentes partes de un modelo, Simio tiene una cola

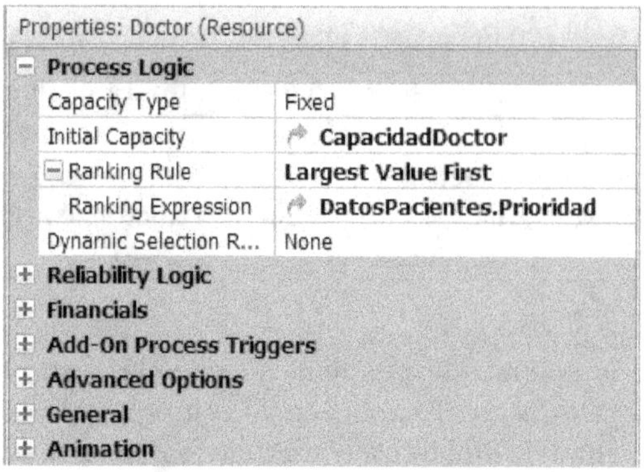

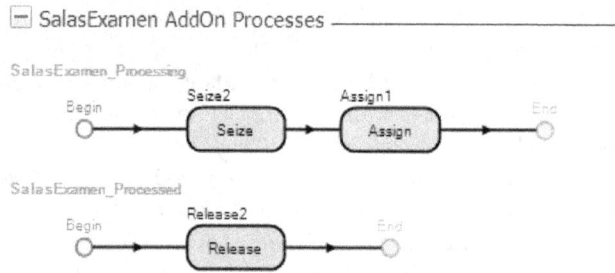

Figura 9.3: Propiedades del recurso `Doctor`.

Figura 9.4: Procesos complementarios para el objeto `SalasExamen`.

pacientes del tipo `Urgente` "quitarle" el recurso de doctor o enfermera a un paciente del tipo `DeRutina`, pero dejaremos este caso como ejercicio para el lector.

Para modelar la asignación de los recursos de examinación o tratamiento a los pacientes, utilizaremos procesos complementarios (ver la sección 5.1.4) asociados con los recursos correspondientes de la sala o consultorio. Recuerde que los procesos complementarios proporcionan un mecanismo para complementar la lógica de los objetos existentes en Simio. En el modelo actual, necesitamos añadir alguna lógica para que, en el momento que un paciente llega a un consultorio o sala (de examen, tratamiento o traumatología), el doctor y/o la enfermera que aplicarán el tratamiento sean "llamados" y el paciente espere en la sala hasta que los "recursos de tratamiento" lleguen. La lógica del objeto *Server* que hemos visto hasta ahora, maneja la asignación de la capacidad de la sala, pero no los recursos para el tratamiento. Para tal efecto, utilizaremos un proceso complementario que llame al recurso o recursos necesarios para el tratamiento, una vez que la sala o consultorio esté disponible. La figura 9.4 muestra los dos procesos complementarios para el objeto `SalasExamen`. El proceso `SalasExamen_Processing` se ejecutará cuando se asigne una unidad de capacidad del servidor (el objeto `SalasExamen`) a alguna entidad y esté a punto de comenzar el procesamiento. Por otro lado, el proceso complementario `SalasExamen_Processed` es ejecutado cuando una entidad ha completado su procesamiento y está a punto de liberar la capacidad del servidor. Cuando un paciente ingresa al servidor `SalasExamen`, hacemos dos cosas — capturar el recurso de examinación o tratamiento y, una vez que el recurso es asignado al paciente, registrar el tiempo de espera —.

única interna para las entidades que esperan por dicho recurso. Esto simplifica la implementación del tipo de prioridad global que necesitamos en este caso.

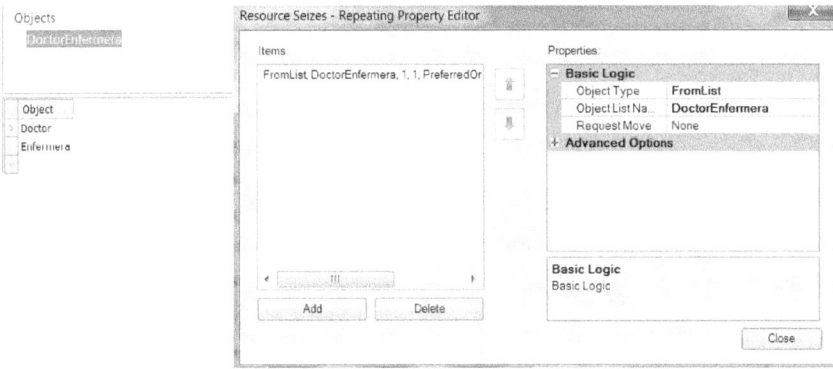

Figura 9.5: Detalles de la definición de la lista y del paso *Seize* en el proceso complementario del objeto `SalasExamen`.

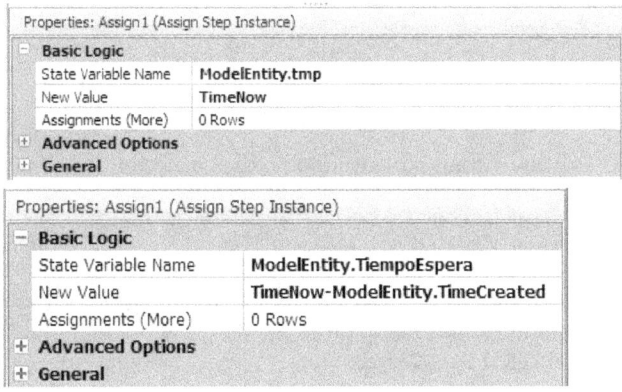

Figura 9.6: Propiedades del paso *Assign*.

Como se muestra en la tabla 9.1, los pacientes que ingresan al objeto `SalasExamen` necesitan un doctor o una enfermera y prefieren un doctor en caso de que ambos estén disponibles. En la sección 8.2.7 presentamos cómo usar las listas (*List*) de Simio y la opción `PreferredOrder` para que una entidad seleccione, de entre varias alternativas, con cierto orden de preferencia. En este modelo utilizamos el mismo mecanismo — definimos una lista (`DoctorEnfermera`) que incluye a los objetos `Doctor` y `Enfermera` (siendo el doctor el primero en la lista) y capturamos un recurso de esta lista en el paso *Seize* del proceso complementario —. La figura 9.5 muestra la lista `DoctorEnfermera` y los detalles del paso `Seize`. Notar que hemos especificado el valor `Preferred Order` en la propiedad *Selection Goal* para que el doctor tenga mayor prioridad en la selección. Notar que también podríamos haber utilizado las propiedades del objeto *Server* llamadas *Secondary Resources* para tener esta misma funcionalidad, pero deseamos discutir explícitamente cómo funcionan "internamente" estas asignaciones de recursos secundarios.

Hemos utilizado el paso *Assign* para registrar el primer componente del tiempo de espera del paciente. Este paso se ejecutará cuando el recurso doctor o enfermera haya sido asignado a la entidad. Recuerde que deseamos registrar el tiempo total que cada paciente espera por un doctor o una enfermera. Como los pacientes pueden, potencialmente, esperar en varias ubicaciones dentro del proceso, utilizaremos el estado `TiempoEspera` de la entidad para acumular el tiempo total de espera para cada paciente. La figura 9.6 muestra las propiedades del paso *Assign*. Aquí estamos

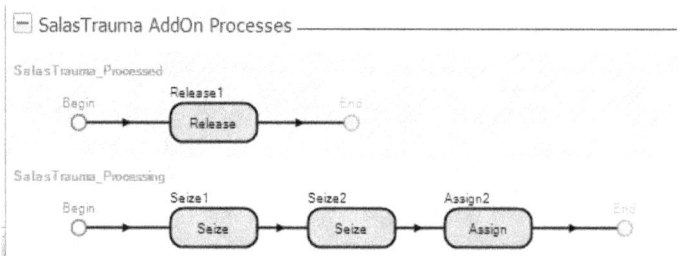

Figura 9.7: Procesos complementarios para el objeto `SalasTrauma`.

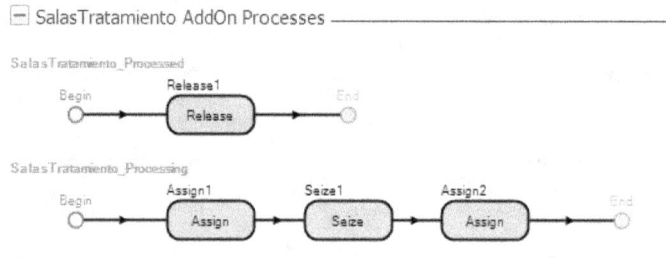

Figura 9.8: Procesos complementarios para el objeto `SalasTratamiento`.

asignando el valor `TimeNow-ModelEntity.TimeCreated` al estado `ModelEntity.TiempoEspera`.
Este paso resta el tiempo en que la entidad fue creada (el tiempo en que el paciente llegó) del
tiempo actual de la simulación (almacenado en el estado del modelo *TimeNow*) y asigna el valor
al estado de la entidad `ModelEntity.Tiempo`
`Espera`. Si la entidad representa a un paciente del tipo `DeRutina`, éste será el tiempo total
de espera del paciente. De otro modo, también registraremos el tiempo que el paciente espera
después de haber llegado al objeto `SalasTratami`
`ento`. El paso *Release* en el proceso complementario `SalasExamen_Processed` libera al recurso
doctor o enfermera capturado en el proceso previo. La figura 9.7 muestra los procesos complementarios para el objeto `SalasTrauma`. Los procesos son similares a los del objeto `SalasExamen`.
La única diferencia es que el proceso `SalasTrauma_Processing` incluye dos pasos del tipo *Seize*
— uno para capturar un objeto `Doctor` y otro para capturar un objeto `Enfermera` o un objeto
`Doctor` —. Como preferimos tener una enfermera adicional al doctor, en lugar de dos doctores,
hemos capturado los recursos en una lista llamada `EnfermeraDoctor` que tiene los objetos del
tipo `Enfermera` registrados antes que los objetos del tipo `Doctor` (en un orden inverso al de la
lista `DoctorEnfermera` mostrada en la figura 9.5 y utilizada en el objeto `SalasExamen`).
    La figura 9.8 muestra los procesos complementarios para el objeto `SalasTra`
`tamiento`. Los pacientes llegan a una sala de tratamientos provenientes de alguna sala de traumatología (pacientes del tipo `Urgente`) o de una sala de exámenes (pacientes del tipo `Moderado`
o `Severo`), de modo que no podemos utilizar el tiempo de creación de la entidad para llevar
el registro del tiempo de espera del paciente (como hicimos antes). En lugar de ello, podemos
marcar a la entidad cuando llega al objeto `SalasTratamiento` (asignar el tiempo actual de la
simulación a un estado de la entidad) y utilizar un segundo *Assign* inmediatamente después del
paso *Seize* para sumar el tiempo de espera en la sala de tratamientos al tiempo total de espera
del paciente (recuerde que una entidad [2] permanece en el paso *Seize* hasta que el recurso está

---

[2]Técnicamente, es la ficha la que espera en el paso *Seize*, pero, en este caso, la ficha representa a la entidad.

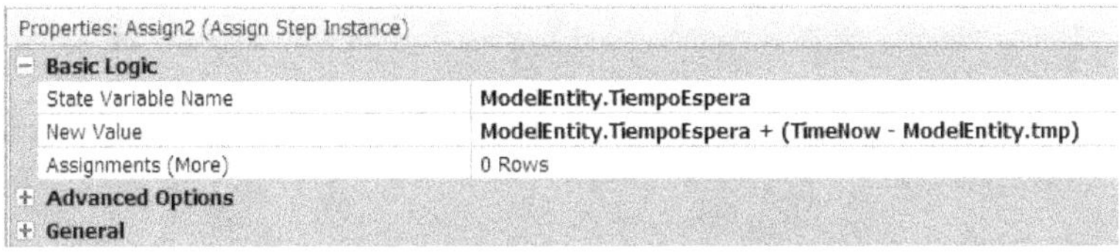

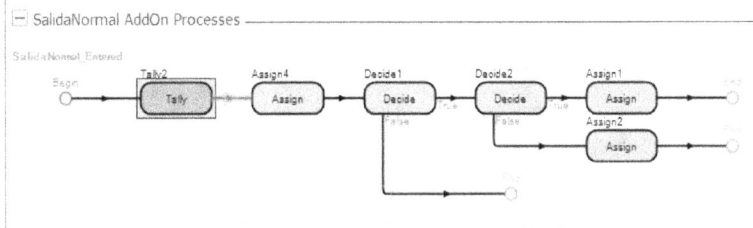

Figura 9.9: Propiedades del paso *Assign* para sumar el segundo componente de la espera de la entidad.

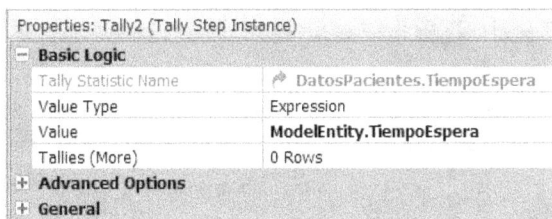

Figura 9.10: Procesos complementarios para el objeto `SalidaNormal`.

Figura 9.11: Propiedades del paso *Tally*.

disponible, es decir, el tiempo en la cola). La figura 9.9 muestra las propiedades para el primer y segundo pasos del tipo *Assign* en el proceso complementario `SalasTratamiento_Processing`. El concepto básico de marcar a una entidad, con el tiempo de simulación en algún punto del modelo, y luego registrar el intervalo de tiempo entre el tiempo marcado y un tiempo posterior, en un estadístico de lista (*Tally Statistic*), es muy común en situaciones donde se desea registrar una medida de desempeño que depende de algún intervalo de tiempo. A pesar de que Simio y otros paquetes de simulación pueden fácilmente llevar un registro de algunos intervalos (e.g., el intervalo entre el momento en que la entidad es creada y el momento en que es destruida), el paquete no tiene manera de saber cuáles intervalos serán relevantes en un problema específico. De este modo, usted definitivamente deseará saber cómo decirle al modelo que lleve el registro de estas estadísticas definidas por el usuario.

La figura 9.10 muestra los procesos complementarios para el objeto `Salida Normal`. Cuando un paciente sale del sistema, actualizaremos nuestras estadísticas del tiempo de espera que vamos a utilizar para el análisis de la asignación de recursos. El paso *Tally* (vea sus propiedades en la figura 9.11) registra los tiempos de espera de los pacientes (almacenado en el estado de la entidad `TiempoEspera`). El valor `DatosPacientes.TiempoEspera`, asignado a la propiedad *TallyStatisticName*, indica que la observación debe ser registrada en el estadístico de lista especificado en la columna `TiempoEspera` de la tabla `DatosPacientes` (la figura 9.2 muestra las tablas y la figura 9.12 muestra los estadísticos de lista y los estadísticos de salida

Name	ObjectType
TallyStatistic	
EsperaRutina	TallyStatistic
EsperaModerado	TallyStatistic
EsperaSevero	TallyStatistic
EsperaUrgente	TallyStatistic
OutputStatistic	
TiempoEsperaTotal	OutputStatistic
CostoTotal	OutputStatistic
Satisfaccion	OutputStatistic

Figura 9.12: Objetos del tipo *Elements* para el Modelo 9-1.

Properties: Decide1 (Decide Step Instance)	
Basic Logic	
Decide Type	**ConditionBased**
Expression	**Is.DeRutina**
Advanced Options	
General	

Figura 9.13: Propiedades del paso *Decide* para identificar a los pacientes del tipo `DeRutina`.

Properties: Decide2 (Decide Step Instance)	
Basic Logic	
Decide Type	ConditionBased
Expression	ModelEntity.TiempoEspera < = SatisfaccionRequerida
Advanced Options	
General	

Figura 9.14: Propiedades del paso *Decide* para determinar si el paciente está satisfecho en función de su tiempo de espera.

para el modelo). De este modo, el modelo llevará el registro de los tiempos de espera por tipo de paciente. Éste es otro ejemplo de la utilidad de las tablas de datos — Simio buscará por nosotros el estadístico de lista en la tabla y, más importante aún, si añadimos nuevos tipos de pacientes en el futuro, no será necesario actualizar la referencia —. El paso *Assign* suma el tiempo de espera de la entidad (almacenado en el estado `TiempoEspera` de la entidad) al estado del modelo `EsperaTotal`, de manera que podamos llevar fácilmente la cuenta del tiempo total de espera para todas las entidades.

El resto de los pasos en el proceso son usados para llevar el registro del *nivel de servicio* de los pacientes. En nuestro ejemplo del DE, definimos el *nivel de servicio* como la proporción de pacientes del tipo `DeRutina` cuyo tiempo total de espera es menor que media hora (notar que escogimos, arbitrariamente, media hora como valor por defecto). Así, lo primero que necesitamos hacer es identificar a los pacientes del tipo `DeRutina` — el primero de los pasos del tipo *Decide* hace esto (la figura 9.13 ilustra las propiedades del paso) —. Posteriormente, necesitamos determinar si el paciente actual está "satisfecho" en función de su tiempo de espera. El segundo paso *Decide* realiza esta acción (la figura 9.14 ilustra las propiedades del paso). Notar que utilizamos una propiedad referenciada (`SatisfaccionRequerida`) en lugar de un valor fijo (0.5 para representar la media hora) para simplificar la experimentación con diferentes valores límite.

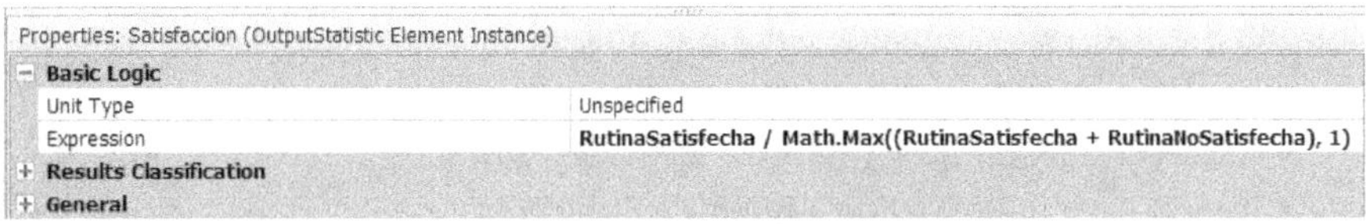

Properties: Satisfaccion (OutputStatistic Element Instance)
Basic Logic
Unit Type
Unspecified
Expression
RutinaSatisfecha / Math.Max((RutinaSatisfecha + RutinaNoSatisfecha), 1)
Results Classification
General

Figura 9.15: Propiedades del estadístico de salida `Satisfaccion`.

Name
ObjectType
DisplayName
Properties (Inherited)
WorkDayExceptions.Properties (Inherited)
WorkPeriodExceptions.Properties (Inherited)
Properties
CapacidadDoctor
Expression Property
CapacidadDoctor
CapacidadExamen
Expression Property
CapacidadExamen
CapacidadTratamiento
Expression Property
CapacidadTratamiento
CapacidadTrauma
Expression Property
CapacidadTrauma
CapacidadEnfermera
Expression Property
CapacidadEnfermera
SatisfaccionRequerida
Numeric Property
SatisfaccionRequerida

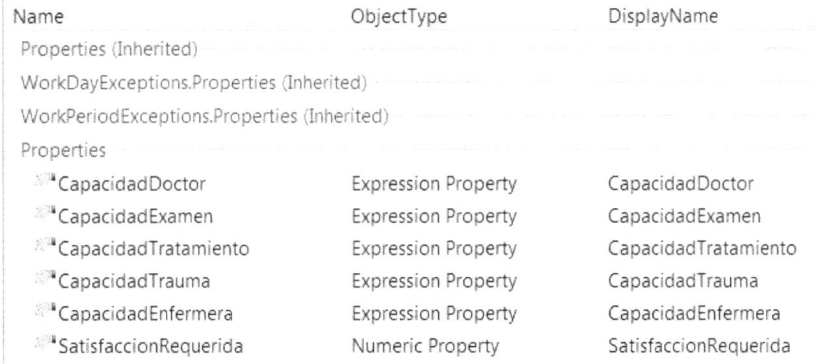

Figura 9.16: Propiedades definidas para el Modelo 9-1.

Design
Response Results
Pivot Grid
Reports
Scenario
Replications
Controls
Name
Status
Required
Completed
Capacidad Doctor
Capacidad Examen
Capacidad Tratamiento
Capacidad Trauma
Capacidad Enfermera
Satisfaccion Requerida
10 of 10

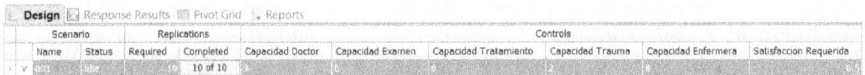

Figura 9.17: Experimento de muestra para el Modelo 9-1.

Si el paciente está satisfecho, incrementamos un estado del modelo para contar a los clientes satisfechos (`RutinaSatisfecha`). De no ser así, incrementamos un estado del modelo para contar a los clientes insatisfechos (`RutinaNoSatisfecha`). Los dos pasos del tipo *Assign* se encargan de esto. Utilizaremos un estadístico de salida para calcular el nivel de servicio global para una corrida. La figura 9.12 muestra los estadísticos de salida del modelo y la figura 9.15 muestra las propiedades del estadístico de salida `Satisfaccion`, donde calculamos la proporción de pacientes satisfechos.

Finalmente, utilizaremos varias propiedades referenciadas para sustentar nuestro análisis de asignación de recursos. Como estamos interesados en determinar el número de salas de exámenes, de tratamientos y de traumatología, además del número de doctores y enfermeras requeridos para el DE, definimos propiedades referenciadas para cada uno de estos elementos. La figura 9.16 muestra las propiedades del modelo y la figura 9.3 muestra cómo se utiliza la propiedad `CapacidadDoctor` para especificar la capacidad inicial del recurso `Doctor`. Hemos especificado la capacidad del objeto `Enfermera` y de los objetos (del tipo *Server*) `SalasExamen`, `SalasTratamiento` y `SalasTrauma` de manera similar. La figura 9.17 muestra un ejemplo de experimento con el Modelo 9-1. Notar que las propiedades referenciadas se muestran como controles (*Controls*) en el experimento. De este modo, podemos comparar fácilmente las alternativas de configuración para la asignación de los recursos utilizando diferentes escenarios de experimentos, sin tener que cambiar el modelo, ya que estos valores pueden modificarse para los escenarios individuales de un experimento.

Para definir un problema de asignación de recursos, necesitamos asignar costos a cada unidad

Tabla 9.2: Costos semanales por cada unidad de recursos del Modelo 9-1.

Recurso	Costo Semanal
Sala de Examen	$2,000
Sala de Tratamiento	$2,500
Sala de Traumatología	$4,000
Doctor	$12,000
Enfermera	$4,000

Scenario		Replications			Controls						Responses	
Name	Status	Required	Completed	Capacidad Doctor	Capacidad Examen	Capacidad Tratamiento	Capacidad Trauma	Capacidad Enfermera	Satisfaccion Requerida	CT	Satisfaccion
001	Idle	10	10 of 10	3	6	6	2	8		0.5	48.5728	0.741979
002	Idle	10	10 of 10	5	6	6	2	10		0.5	21.7381	0.999114
003	Idle	10	10 of 10	4	7	7	3	9		0.5	24.5713	0.966985

Figura 9.18: Propiedades definidas para el Modelo 9-1.

de los diferentes recursos que serán asignados. En el Modelo 9-1, estamos interesados en el número de salas de cada tipo y en el número de doctores y enfermeras. La tabla 9.2 proporciona los costos semanales de los recursos que vamos a utilizar. Asignaremos un "costo por tiempo de espera" de $50 por cada hora de tiempo de espera del paciente, lo cual nos permitirá modelar explícitamente estos objetivos que compiten entre sí, por un lado minimizar los costos de los recursos y, por el otro, maximizar la satisfacción del paciente (después de todo, a nadie le gusta esperar). Como nuestro modelo ya registra el tiempo total de espera, podemos simplemente establecer la longitud de la repetición en una semana y después calcular el "costo total" de la configuración como un estadístico de salida (Output Statistic). La expresión que utilizamos para el estadístico de salida CostoTotal es:

$$2000 * CapacidadExamen + 2500 * CapacidadTratamiento$$
$$+ 4000 * CapacidadTrauma + 4000 * CapacidadEnfermera$$
$$+ 12000 * CapacidadDoctor + 50 * TiempoEsperaTotal.Value$$

Ahora tenemos dos estadísticos de salida que podemos utilizar para evaluar las diferentes configuraciones del sistema — costo total y nivel de servicio —. La figura 9.18 muestra los resultados de un experimento con tres escenarios y con los dos estadísticos de salida definidos como *Responses* (CT para el costo total y Satisfaccion para el nivel de servicio). Notar que simplemente asumimos ciertos valores para los costos en nuestro modelo, buscando que fuera interesante. En la vida real, estos valores pueden ser difíciles de determinar o de identificar. De hecho, una de las cosas más difíciles de transmitir a los estudiantes en un ambiente educativo es la dificultad de encontrar datos confiables para el modelo.

9.1.1 Búsqueda con Optquest del Nivel de los Recursos en el Modelo 9-1

La administración del hospital desea seleccionar los valores adecuados para los cinco niveles de capacidad, uno para cada recurso (a saber, Doctor, SalasExamen, SalasTratamiento, SalasTrauma y Enfermera) que minimicen el costo total (CostoTotal) y, al mismo tiempo, proporcionen un nivel de servicio "adecuado" (que una alta proporción de pacientes del tipo DeRutina tengan un tiempo total de espera menor o igual que media hora). La administración piensa que un nivel de servicio "adecuado" significa que esta proporción sea al menos de 0.8, en otras palabras, que no más del 20% de los pacientes del tipo DeRutina tengan un tiempo total de espera de más de media hora. Cada uno de los cinco niveles de capacidad debe ser entero y debe ser al menos uno. La administración también quiere limitar los niveles del personal de doctores y enfermeras a un máximo de diez cada uno y el número de las salas de exámenes, de tratamientos y de traumatología a un máximo de cinco en cada caso.

Pensemos, por un momento, en lo que implican estos requerimientos. Estamos tratando de *minimizar* el costo total, que es una respuesta (*Response*) de la salida del modelo en Simio, así que, de primera impresión, parecería que lo mejor que podríamos hacer, desde este punto de vista, sería establecer cada uno de los cinco niveles de capacidad en el mínimo permitido, que es de uno para cada nivel. Sin embargo, recuerde que el costo total incluye una penalización de \$50 por cada hora de tiempo de espera del paciente, lo cual hará que, dados estos niveles de recursos tan bajos, el costo total se incremente significativamente (parece entonces que esto no es tan buena idea desde el punto de vista del costo total). Por otro lado, también tenemos que cumplir con el requerimiento de que el nivel de servicio (`Satisfaccion`) sea al menos 0.8, lo cual demandará unos niveles de personal que seguramente estarán por encima del mínimo necesario de uno en cada categoría.

Puede ayudar a nuestro entendimiento el formular este problema como un problema de optimización, a pesar de que los métodos estándar de programación matemática (como programación lineal, programación no lineal o programación entera) realmente no puedan tratar de resolverlo, porque la función objetivo es una respuesta de la salida de una simulación y, por lo tanto, es estocástica (sujeta a error de muestreo, de modo que no podemos ni siquiera evaluarla exactamente). Podemos, de cualquier modo, expresar formalmente lo que *quisiéramos*:

Minimizar $\quad CostoTotal$

Sujeto a:

$$1 \leq CapacidadDoctor \leq 10$$
$$1 \leq CapacidadExamen \leq 5$$
$$1 \leq CapacidadTratamiento \leq 5$$
$$1 \leq CapacidadTrauma \leq 5$$
$$1 \leq CapacidadEnfermera \leq 10$$

Todos los niveles de capacidad anteriores son enteros

$$Satisfaccion \geq 0.8,$$

donde se minimiza sobre `CapacidadDoctor`, `CapacidadExamen`, `CapacidadTra tamiento`, `CapacidadTrauma` y `CapacidadEnfermera` (en su conjunto). La *función objetivo* que quisiéramos minimizar es `CostoTotal` y las expresiones debajo de "Sujeto a" son *restricciones* (las primeras cinco se imponen sobre controles de entrada y la última sobre una salida diferente de la función objetivo). Notar que las primeras cinco restricciones y la restricción de integralidad (listada como sexta) se han impuesto sobre las entradas (controles) de la simulación, de modo que antes de correr el experimento podemos saber si estamos satisfaciendo estas restricciones de rango y de tipo (integralidad). Por otro lado, `Satisfaccion` es otra respuesta de la salida (diferente del objetivo `CostoTotal`) del modelo de Simio y, por lo tanto, no sabremos (hasta después de correrlo) si estamos satisfaciendo el requerimiento de que sea al menos 0.8 (generalmente se le llama *requerimiento*, en lugar de restricción, ya que se refiere a una salida en lugar de una entrada).

Ha sido útil escribir esta formulación, pero ¿cómo abordará el tema para solucionar el problema de optimización que hemos planteado? Quizá pueda pensar en expandir el experimento (ejemplo mostrado en la figura 9.18) añadiendo más filas de escenarios para explorar más opciones (todas si fuera posible), considerando diferentes valores para los controles de los niveles de capacidad, posteriormente ordenándolos (en orden ascendente) de acuerdo con los valores de la respuesta CT (costo total), luego revisando dicha columna hasta que encuentre el primer escenario "aceptable", i.e., el primer escenario que satisfaga el requerimiento de nivel de servicio (que la respuesta `Satisfaccion` sea al menos 0.8). Considerando las restricciones de rango y de tipo (integralidad) para los niveles del personal, el número de escenarios posibles (aceptables) es $10 \times 5 \times 5 \times 5 \times 10 = 12,500$ y esas son demasiadas filas de escenarios para que usted intente capturarlas en el experimento. Además, necesitamos repetir cada escenario un cierto número de veces, para obtener estimados decentes (suficientemente precisos) de CT y de `Satisfaccion`. Cierto experimento inicial indicó que para obtener un estimado de CT razonablemente preciso (digamos, para que el ancho medio del intervalo del 95% de confianza sea menor al 10% del promedio) pueden requerirse cerca de 200 repeticiones para algunas combinaciones de niveles del personal, con una duración de diez días de simulación para cada una (en cada escenario). En una *laptop* con un procesador *dual-core* a 2.8GHz, cada una de estas repeticiones toma cerca de un segundo, de modo que para correr este experimento (incluso si usted pudiera capturar 12,500 filas de escenarios en el experimento) se requieren $12,500 \times 200$ segundos, lo cual es un poco menos que un mes. Finalmente, tome en cuenta que éste es solamente un ejemplo ilustrativo pequeño e inventado — en la práctica, típicamente encontrará problemas mucho más grandes, para los cuales este tipo de estrategia exhaustiva de enumeración completa es ridículamente inoperante en términos de tiempo de corrida —.

En consecuencia, tenemos que utilizar una mejor estrategia, en particular porque nos pasaríamos casi todo un mes simulando escenarios que son muy inferiores (por su alto costo total) o inaceptables (debido a su bajo nivel de servicio). Si en nuestra formulación del problema de optimización, usted considera sólo los controles de entrada de los niveles de capacidad, estará explorando los puntos dentro de una cuadrícula de números enteros en una caja de cinco dimensiones y, quizá si empieza en algún punto de esta cuadrícula y luego simula puntos "cercanos" en la caja, podría obtener una idea de la dirección en la que debe moverse para disminuir el costo total y para mantener la factibilidad del requerimiento de nivel de servicio. Actualmente, se ha hecho mucha investigación sobre tales métodos de *búsqueda heurística*, principalmente en la comunidad interesada en la optimización de funciones determinísticas difíciles (más que en la búsqueda de una configuración óptima en un modelo de simulación) y se han desarrollado paquetes de *software*. Uno de ellos, OptQuest (de OptTek Systems, Inc., `www.opttek.com`), ha sido adaptado para trabajar con Simio y con otros paquetes de modelado por simulación, para buscar una solución óptima factible de los problemas que se parecen a nuestro problema de capacidades en un hospital. Usted no debería preocuparse por el método que utiliza OptQuest para decidir en qué dirección moverse (para mejorar la solución) desde un punto en particular de la caja de cinco dimensiones pero, para que esté enterado, básicamente utiliza una combinación de métodos de búsqueda heurísticos que incluyen técnicas conocidas como búsqueda dispersa (*scatter search*), búsqueda tabú, redes neuronales, entre otros, tratando de encontrar una ruta mucho más eficiente (dentro de la caja) hacia un punto óptimo — o al menos, un buen punto, ya que estos métodos no pueden garantizar que encontrarán *la* solución óptima —. Existe mucha literatura de investigación sobre este tema, un buen sitio para comenzar es el tutorial (de acceso libre) de la Winter Simulation Conference [16]; para mayor detalle, ver el libro [17].

Usando resultados y recomendaciones de este cuerpo de investigación, OptQuest decide cómo moverse desde un punto en particular (el usario debe proporcionar un punto inicial, como las cinco capacidades iniciales en nuestro problema) de cinco dimensiones para tratar de mejorar el valor de la funcion objetivo (reducir el costo total en nuestro ejemplo), obedeciendo las restricciones sobre los parámetros de entrada (los rangos de nuestras cinco capacidades) y también cualquier requerimiento/restricción sobre otras salidas (verificando por nosotros que *Satisfaction* ≥ 0.8). Aunque nuestro ejemplo no lo necesita, OptQuest también le permite especificar restricciones sobre combinaciones lineales de las cinco capacidades, por ejemplo,

$$5 \leq DoctorCapacity + NurseCapacity \leq 20.$$

OptQuest usa una combinación de técnicas heurísticas de búsqueda (entre las que se incluyen *búsqueda dispersa* y *búsqueda tabú*) para encontrar una ruta eficiente hacia el valor óptimo sobre el espacio de 5 dimensiones — o, al menos un *buen* punto que pueda ser casi siempre mejor que lo que podríamos obtener probando escenarios por nuestra cuenta, ya que estos métodos no pueden garantizar que encontrarán una solución óptima. Como se menciona en [16],

> ... *un objetivo de larga data en las comunidades de optimización y simulación ha sido la creación de una manera de guiar una serie de simulaciones para producir soluciones de alta calidad ... El procedimiento de optimización utiliza las salidas del modelo de simulación para evaluar los resultados de las entradas que alimentaron el modelo. Sobre la base de esta evaluación, y sobre la base de las evaluaciones pasadas, que se han integrado y analizado con las salidas actuales, el procedimiento de optimización decide sobre un nuevo conjunto de valores de entrada ... El procedimiento de optimización está diseñado para llevar una "búsqueda no-monotónica" especial, donde las entradas generadas sucesivamente producen evaluaciones variadas, no todas ellas son mejoras, pero proporcionan una trayectoria (en el tiempo) altamente eficiente hacia la solución óptima. El proceso continúa hasta satisfacer un criterio apropiado de terminación (generalmente determinado por el tiempo que el usuario desea dedicar a la búsqueda).*

Para una discusión más profunda de la búsqueda dispersa (del inglés *scatter search*, búsqueda tabú, redes neuronales, y cómo OptQuest usa estas técnicas, ver [16] y [17].

El modo en que OptQuest trabaja con Simio es el siguiente: usted describe la formulación del problema de optimización en un experimento de Simio, identificando lo que desea minimizar o maximizar (en nuestro caso, deseamos minimizar el costo total), incluyendo las restricciones de las entradas (el rango y el tipo) e incluyendo cualquier otro requerimiento para las otras salidas diferentes de la función objetivo (el límite inferior de 0.8 para la respuesta `Satisfaccion`). A continuación, usted entrega el control del modelo y de la ejecución del experimento a OptQuest, que comienza a trabajar y decide cuáles escenarios correr y en qué orden, para entregarle una buena (si no es que probadamente óptima) solución en mucho menos tiempo que un mes de cómputo sin parar. Una de las estrategias de ahorro de tiempo que utiliza OptQuest es dejar de repetir un escenario particular si parece bastante claro que dicho escenario es inferior a uno que ya ha sido simulado — no hay necesidad de tener un estimador muy preciso de un escenario poco interesante —.

OptQuest se utiliza de la siguiente manera en un experimento de Simio: primero creamos un nuevo experimento (seleccione el botón *New Experiment* en la cinta *Project Home*) de modo que podamos experimentar con y sin OptQuest. Luego, necesitamos indicarle a Simio que agregue el complemento OptQuest para Simio. Un complemento de experimentación es una extensión para Simio (escrito por el usuario o alguien más, ver la documentación de Simio para más detalles acerca de la creación de complementos) que añade capacidad adicional en tiempo de diseño o en tiempo de corrida a los experimentos. Tal complemento puede ser utilizado para establecer nuevos escenarios (posiblemente con datos externos), correr escenarios o interpretar resultados de los escenarios. Combinando las tres tecnologías se pueden obtener herramientas poderosas, como lo muestra el complemento OptQuest para Simio. Para agregar el complemento, seleccione el botón *Add-In* de la cinta *Design* y seleccione la opción *OptQuest for Simio* de la lista que se despliega (ver la figura 9.19). Note que al seleccionar la opción OptQuest, puede recibir una advertencia similar a: *"Setting an add-in on an experiment cannot be undone. If you set the add-in, the current undo history will be cleared. Do you want to continue?"* que significa " La acción de establecer un complemento en un experimento no puede ser deshecha. Si usted establece el complemento, el historial actual de "deshacer" será eliminado. ¿Desea continuar?"

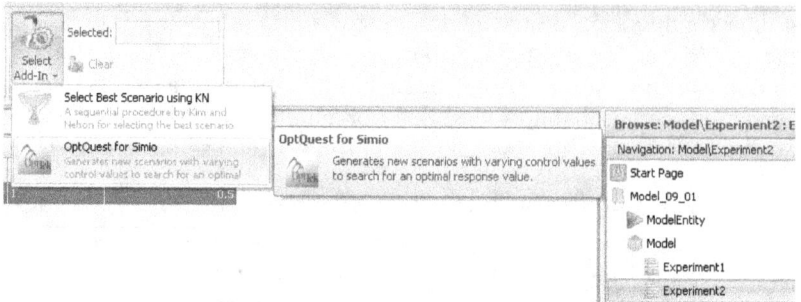

Figura 9.19: Selección del complemento OptQuest.

Properties: Experiment2 (Experiment)	
Analysis	
Warm-up Period	0
Default Replications	10
Confidence Level	95%
Upper Percentile	75%
Lower Percentile	25%
Primary Response	**CT**
Advanced Options	
OptQuest for Simio - Parameters	
Min Replications	**5**
Max Replications	**20**
Max Scenarios	**100**
Confidence Level	**95%**
Relative Error	**0.1**
General	
Name	Experiment2

Figura 9.20: Propiedades del experimento después de agregar el complemento OptQuest.

Si usted necesita conservar el historial mencionado (y los autores no podemos pensar en una razón por la que lo necesitaría, pero nunca se sabe), debe contestar No, haga una copia del modelo y abra otra copia para establecer allí OptQuest. De otro modo, simplemente responda Yes y Simio cargará el complemento (y, por supuesto, borrará el historial). Una vez que haya añadido OptQuest, su experimento tendrá algunas propiedades adicionales que controlan el modo en que opera OptQuest (ver la figura 9.20). Las propiedades relacionadas con OptQuest son:

- *Min Replications*: el número mínimo de repeticiones que Simio debe hacer para cada escenario definido en OptQuest.

- *Max Replications*: el número máximo de repeticiones que Simio debe hacer para cada escenario definido en OptQuest.

- *Max Scenarios*: el número máximo de escenarios que Simio debe correr. Básicamente, OptQuest buscará sistemáticamente valores diferentes para las *variables de decisión* — en nuestro caso, el número de doctores, salas de examen, salas de tratamiento, salas de traumatología y enfermeras — en busca de buenos valores para la función objetivo (en nuestro caso, valores pequeños para el costo total) que también cumplan con el requerimiento de nivel de servicio, es decir, que la proporción Satisfaccion sea al menos 0.8. Esta propiedad limitará el número de escenarios que OptQuest evaluará. Notar que OptQuest no siempre necesitará de tantos escenarios, pero el límite proporciona un punto forzoso

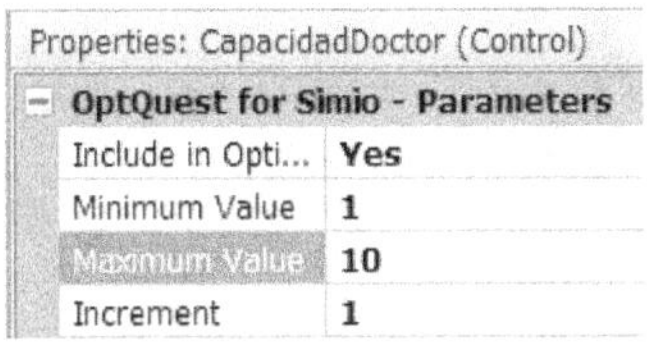

Properties: CapacidadDoctor (Control)	
OptQuest for Simio - Parameters	
Include in Opti...	**Yes**
Minimum Value	**1**
Maximum Value	**10**
Increment	**1**

Figura 9.21: Propiedades del *control* `CapacidadDoctor` después de agregar OptQuest.

de detención, lo que puede ser de utilidad para problemas con espacios de solución muy grandes. Usted debe darse cuenta de que si especifica un valor demasiado pequeño para esta propiedad (aunque no está claro cómo sabría de antemano lo que pueda significar "demasiado pequeño"), podría estar limitando la calidad de la solución que OptQuest será capaz de encontrar.

- *Confidence Level*: el nivel de confianza que usted desea que OptQuest utilice cuando haga comparaciones estadísticas entre los valores de respuesta de dos escenarios.

- *Relative Error*: porcentaje del promedio muestral debajo del cual debe estar el ancho medio del intervalo de confianza. Por ejemplo, si el promedio muestral es 50 y usted establece el valor de *Relative Error* en `0.1` (lo cual dice que usted quiere que el ancho medio del intervalo de confianza sea a lo más 10% del promedio o, aproximadamente, 10% de error), el intervalo de confianza será al menos tan preciso como 50 ±5 (5 = 0.1 × 50). Después de correr el número de repeticiones por defecto, OptQuest determinará si esta condición ha sido satisfecha. De no ser así, Simio correrá repeticiones adicionales en un intento por reducir la variabilidad y alcanzar este objetivo (hasta alcanzar el número de repeticiones especificadas por el valor de la propiedad *Max Replications*).

Al agregar el complemento OptQuest también se añaden propiedades para controlar el experimento. Con el complemento OptQuest, podemos especificar el espacio de soluciones de la optimización por medio de restricciones (llamadas *Constraints*) o por medio de los controles (*Controls*) del experimento — en el modelo actual, utilizaremos los controles del experimento[3] — . La figura 9.21 muestra las propiedades del control `CapacidadDoctor` después de haber agregado el complemento OptQuest (notar que antes de agregar el complemento no habían propiedades editables por el usuario para los controles del experimento). Las "nuevas" propiedades le indican a OptQuest si debe manipular el control para buscar en la región factible (propiedad *Include in Optimization*), los valores "aceptables" para el control (entre los valores de las propiedades *Minimum Value* y *Maximum Value*, incluyendo los bordes) y el incremento (propiedad *Increment*) que debe usar cuando se mueva de un punto a otro en la región factible. Las propiedades de los controles mostradas en la figura 9.21 especifican las restricciones sobre `CapacidadDoctor` (i.e., que sea entero y que esté entre 1 y 10). Los valores de las propiedades correspondientes a los controles `CapacidadExamen`, `CapacidadTratamiento`, `CapacidadTrauma` y `CapacidadEnfermera` se establecen de manera similar. Como no estamos utilizando el control `SatisfaccionRequerida` en nuestra optimización (recuerde que usamos una propiedad referenciada para especificar el límite), establecemos el valor de la propiedad *Include in Optimization* como No. Para un control (como éste) que no se incluirá en la optimización, Simio utiliza el valor por defecto de la propiedad (0.5 en este caso) para todos los escenarios.

---

[3]En Simio 3.44, los estadísticos de salida de la simulación no podían ser utilizados en las restricciones del experimento. En lugar de mezclar restricciones y respuestas decidimos simplemente usar los controles ya definidos en el experimento y las respuestas (*Responses*) del experimento, por separado, para definir las restricciones, los requerimientos y el objetivo.

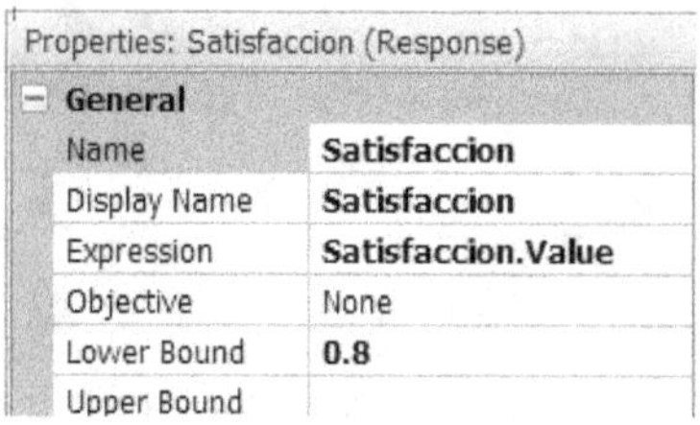

Figura 9.22: Propiedades de la respuesta `Satisfaccion`.

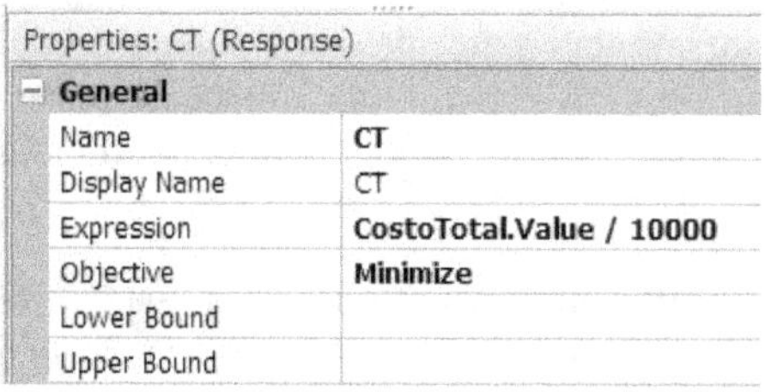

Figura 9.23: Propiedades para la respuesta `CT`.

La única "restricción" faltante en nuestra optimización es el requerimiento sobre el nivel de la respuesta `Satisfaccion` (recuerde que la llamamos requerimiento en lugar de restricción porque `Satisfaccion` es una salida y no una entrada). La figura 9.22 muestra las propiedades de la respuesta `Satisfaccion` (notar que, con la excepción de haber establecido un límite inferior de 0.8, ésta es la misma respuesta `Satisfaccion` del experimento anterior).

El paso final en la preparación de OptQuest consiste en definir la *función objetivo* — i.e., indicar a OptQuest el criterio de optimización —. Como deseamos minimizar el costo total, definiremos la respuesta (*Response*) `CT` (como hicimos anteriormente) y seleccionaremos la opción `Minimize` (minimizar) para su propiedad *Objective* (ver la figura 9.23). Notar que, en la definición de la respuesta `CT`, hemos dividido el valor del estado `CostoTotal` entre 10,000, para que sea (visualmente) más fácil comparar los resultados de la tabla del experimento (queda claro que la división no altera, de ningún modo, la relación de comparación entre los escenarios, simplemente cambia las unidades de medición). Finalmente, establecemos la propiedad *Primary Response* del experimento como `CT` para indicarle a OptQuest que la respuesta `CT` es el objetivo de la optimización (en este caso, minimizar `CT`).

Ahora usted puede hacer clic en el botón *Run*, reclinarse en su silla y observar a OptQuest ejecutar el experimento. La figura 9.24 muestra los "mejores" escenarios de la corrida de OptQuest (los reordenamos en orden ascendente con respecto del costo total `CT`, de modo que el escenario a la cabeza de la columna tiene el costo total mínimo entre los escenarios probados). Notar que, en los primeros escenarios, los valores de `Satisfaccion` están sombreados (sombreados en rojo si usted está viendo una imagen a color) para indicar que esos valores violan el requerimiento establecido (`Satisfaccion` ≥ 0.8). Revisando la columna `Satisfaccion`, encontrará que el primer escenario *factible* (el primer escenario que cumple con el requerimiento del nivel de `Satisfaccion` en la lista reordenada, y por lo tanto la celda no está sombreada) es el escenario 080, que tiene 1 doctor, 2 salas de exámenes, 3 salas de tratamientos, 3 salas de traumatología y 1 enfermera, un `CT` de 4.19627 y `Satisfaccion` de 0.84375. Naturalmente, la siguiente pregunta debe ser "¿realmente es ésta la verdadera solución óptima?" Desafortunadamente, la respuesta es que no estamos seguros (de hecho, sí sabemos que ésta no es la solución óptima para este problema, pero hicimos trampa — descrita más adelante — y, en general, no podemos saber la

Scenario		Replications		Controls							Responses	
Name	Status	Required	Completed	Capacidad Doctor	Capacidad Examen	Capacidad Tratamiento	Capacidad Trauma	Capacidad Enfermera	Satisfaccion Requerida		CT	Satisfaccion
047	Compl...	6	6 of 6	1	1	3	1	1		0.5	3.16409	0.777778
024	Compl...	6	6 of 6	1	1	2	2	1		0.5	3.30559	0.777778
073	Compl...	5	5 of 5	1	2	2	2	1		0.5	3.44688	0.75
055	Compl...	6	6 of 6	1	1	1	3	1		0.5	3.5318	0.777778
078	Compl...	5	5 of 5	1	3	2	2	1		0.5	3.64333	0.72
077	Compl...	5	5 of 5	1	1	3	3	1		0.5	3.95922	0.733333
069	Compl...	11	11 of 11	1	3	1	3	1		0.5	4.08441	0.761818
020	Compl...	8	8 of 8	1	2	2	2	2		0.5	4.14621	0.64375
066	Compl...	5	5 of 5	1	2	3	2	2		0.5	4.17414	0.75
080	Compl...	8	8 of 8	1	2	3	3	1		0.5	4.19627	0.84375
035	Compl...	9	9 of 9	1	3	2	2	2		0.5	4.30261	0.685185
034	Compl...	5	5 of 5	1	3	3	2	2		0.5	4.325	0.9
075	Compl...	5	5 of 5	1	5	5	1	1		0.5	4.40296	0.8
050	Compl...	5	5 of 5	1	5	2	3	1		0.5	4.45587	0.8
068	Compl...	20	20 of 20	1	1	3	2	2		0.5	4.5112	0.65
039	Compl...	5	5 of 5	1	1	4	1	3		0.5	4.5181	0.8
059	Compl...	20	20 of 20	1	2	3	1	1		0.5	4.56204	0.7775
032	Compl...	7	7 of 7	1	2	2	3	2		0.5	4.57093	0.65
048	Compl...	5	5 of 5	1	3	4	2	2		0.5	4.64061	0.9
061	Compl...	5	5 of 5	1	5	3	3	1		0.5	4.71384	0.8
058	Compl...	17	17 of 17	1	4	3	2	2		0.5	4.73487	0.861765
067	Compl...	5	5 of 5	1	4	4	2	2		0.5	4.88225	0.95

Figura 9.24: Resultados de la corrida inicial de OptQuest.

respuesta). Como mencionamos anteriormente, OptQuest usa una combinación de procedimientos de búsqueda heurística, de modo que no hay manera (en general) de saber con seguridad si la solución que encuentra es realmente óptima. Recuerde que identificamos 12, 500 configuraciones posibles para nuestro sistema y que limitamos a OptQuest a probar 100 de éstas. Resulta que, en este caso, parece que OptQuest lo hizo bastante bien — corrimos un experimento adicional permitiendo a OptQuest evaluar 1000 escenarios y encontró una configuración con un costo total (CT) de 3.65587 (un poco mejor) y un nivel de servicio (Satisfaccion) de 0.8 (todavía aceptable) — la configuración fue de 1 doctor, 5 salas de exámenes, 2 salas de tratamientos, 1 sala de traumatología y 1 enfermera, en caso de que tuviera curiosidad por saberlo. Desafortunadamente, a pesar de que corrimos diez veces más escenarios, *seguimos* sin saber realmente qué tan buena es nuestra nueva "mejor" solución con respecto del verdadero óptimo. Tal es la naturaleza de las soluciones heurísticas para los problemas de optimización combinatoria. Estamos bastante seguros de que tenemos buenas soluciones, pero no sabemos con absoluta certeza si tenemos "la" solución óptima, sobre la que no haya posibilidad de mejora.

Mientras que no podemos asegurar con certeza que OptQuest encuentra la mejor solución, es bastante probable que OptQuest pueda hacer un mejor trabajo que el que *usted* (o nosotros) podríamos hacer buscando arbitrariamente a través de la región factible (especialmente después de haber llegado al escenario número treinta y siete y de estar cansado de mirar la pantalla de la computadora). Donde OptQuest puede ser realmente útil es en los casos donde se puede limitar el tamaño de la región factible. Por ejemplo, en nuestro problema, podemos restringir el número de salas de traumatología para que esté entre 1 y 5, pero la tasa de llegadas esperada de pacientes urgentes (los únicos pacientes que requieren la sala de traumatología) es bastante baja (cerca de 0.6 por hora). En este caso, es *extremadamente* improbable que necesitemos más de 1 ó 2 salas de traumatología. Si cambiamos el límite superior del control CapacidadTrauma de 5 a 2, reducimos el tamaño de la región factible de 12,500 a 5,000 y casi seguramente mejoraremos el desempeño de OptQuest al permitir sólo un número pequeño de escenarios. Esta observación resalta la importancia de que usted se involucre en el proceso. OptQuest no sabe nada acerca del modelo específico que está corriendo ni de las características del sistema real que está modelando, pero *usted* sí debe saberlo y, al hacer uso de su conocimiento al respecto, puede reducir sustancialmente la carga computacional o mejorar la "solución" final que considere aceptable. Ahora prestaremos atención a la evaluación de los escenarios que ha identificado OptQuest, con la esperanza de identificar el "mejor" escenario.

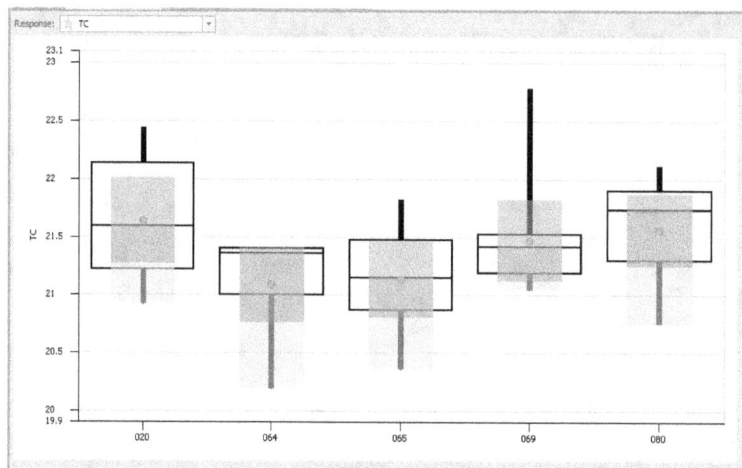

Figura 9.25: Gráficas SMORE para los mejores cinco escenarios de la corrida de OptQuest para el Modelo 9-1.

9.1.2   Ordenamiento y Selección de Escenarios Alternativos en el Modelo 9-1 con Selección de Subconjuntos y KN

Debido a que los valores de las respuestas que se muestran en la figura 9.24 son medias muestrales provenientes de 10 repeticiones de cada escenario, están sujetas a *error de muestreo*. Como tales, no estamos seguros de que este ordenamiento, basado en medias muestrales de los experimentos de OptQuest, identifique la verdadera solución óptima de nuestro problema (i.e., la mejor configuración de nuestros recursos de acuerdo con el costo total). La figura 9.25 muestra las gráficas SMORE para los primeros cinco escenarios de nuestra corrida con OptQuest. Mientras que la media muestral del costo total (TC) para el escenario 064 es claramente la más pequeña comparada con las medias muestrales de los otros escenarios, cuando tomamos en cuenta los intervalos de confianza, por medio de una comparación visual en las gráficas SMORE, las cosas no están tan claras. De hecho, observando la figura 9.25 es difícil decir si exiten diferencias *estadísticamente significativas* entre las cinco medias muestrales (mientras que la inspección visual de las gráficas SMORE no pueden identificar diferencias estadísticamente significativas, todavía pueden guiar nuestro análisis). Nuestra incertidumbre proviene la incertidumbre de muestreo, y es exactamente donde el Análisis de Selección de Subconjuntos (del inglés *Subset Selection Analysis*) puede ayudar, como discutimos en la sección 5.5 con un ejemplo más pequeño que éste.

La figura 9.26 muestra los mismos escenarios de la figura 9.24 luego de correr la función de Análisis de Selección de Subconjuntos (haciendo clic en el ícono correspondiente de la cinta *Design*). Esta función considera los resultados de las repeticiones para todos los escenarios y divide los escenarios en dos grupos: el grupo de "posiblemente mejores", consistente de los escenarios con respuestas sombreadas en marrón oscuro que corresponden a las medias muestrales estadísticamente indistinguibles de la mejor; y el grupo de "rechazos", consistente de los escenarios cuyas respuestas están sombreadas en marrón claro. Con base en esta experimentación inicial de diez repeticiones por escenario, los del grupo "posiblemente mejores" merecen un estudio adicinal, mientras que aquéllos en el grupo de los "rechazos" son estadísticamente "peores" (en comparación con la mejor respuesta) y no merecen mayor consideración. No debemos interpretar que los escenarios del grupo "posiblemente mejores" han demostrado, en algún sentido, que son "buenos" — sólo ocurre que no han sido (todavía) rechazados. Estas conclusiones son

Scenario			Replications		Controls						Responses	
✓	Name	Status	Required	Completed	Do...	Exam...	Treat...	TraumaC...	NurseCa...	SatisfactionTh...	TC ▲	Satisfaction
✓	064	Completed	10	10 of 10	5	6	5	1	9	0.5	21.087	0.999282
✓	065	Completed	10	10 of 10	5	6	5	2	9	0.5	21.1329	0.999369
✓	069	Completed	10	10 of 10	5	5	5	1	9	0.5	21.4712	0.994138
✓	080	Completed	10	10 of 10	5	6	5	3	9	0.5	21.5619	0.998595
✓	020	Completed	10	10 of 10	5	6	6	2	9	0.5	21.6427	0.996414
✓	081	Completed	10	10 of 10	5	5	5	2	9	0.5	21.7157	0.993258
✓	082	Completed	10	10 of 10	5	6	6	3	9	0.5	22.0458	0.996015
✓	070	Completed	10	10 of 10	6	6	6	2	9	0.5	22.1379	0.998759
▶ ✓	035	Completed	10	10 of 10	4	6	6	1	10	0.5	22.2869	0.998759
✓	019	Completed	10	10 of 10	6	6	6	3	8	0.5	22.3287	0.997071
✓	001	Completed	10	10 of 10	6	6	6	3	9	0.5	22.575	0.999024
✓	067	Completed	10	10 of 10	5	6	6	5	10	0.5	23.0686	0.998925
✓	018	Completed	10	10 of 10	6	6	7	3	10	0.5	23.1504	0.999457
✓	024	Completed	10	10 of 10	7	6	7	3	8	0.5	23.4445	0.998131
✓	077	Completed	10	10 of 10	6	5	8	3	10	0.5	23.7103	0.994771
✓	023	Completed	10	10 of 10	7	6	7	3	9	0.5	23.7824	0.998488
✓	044	Completed	10	10 of 10	8	5	7	2	7	0.5	24.0972	0.992571
✓	073	Completed	10	10 of 10	6	7	10	4	10	0.5	24.3427	0.999647
✓	071	Completed	10	10 of 10	7	6	8	2	11	0.5	24.3946	0.999303
✓	072	Completed	10	10 of 10	5	8	9	5	11	0.5	24.3959	0.999284
✓	034	Completed	10	10 of 10	10	7	5	1	5	0.5	24.8638	1
✓	049	Completed	30	30 of 30	2	3	3	3	2	0.5	25.3085	0.73797

Figura 9.26: Resultados de la corrida inicial de OptQuest (OptQuest1) luego de correr el Análisis de Selección de Subconjuntos.

similares a las de pruebas de hipótesis clásicas, donde el no rechazo de una hipótesis nula no es "prueba" de su veracidad — sólo ocurre que no tenemos evidencia para rechazarla; por otro lado, el rechazo de una hipótesis nula sí implica evidencia de que ésta es falsa. Notar que si no se identifican escenarios en el grupo de "rechazos", es posible que se hayan corrido un número suficiente de repeticiones para que el procedimiento de Selección de Subconjuntos pueda identificar escenarios significativamente diferentes. En este caso, la corrida de repeticiones adicionales podría arreglar este problema (a menos que, en verdad, no *haya* diferencia entre los escenarios).

En nuestro ejemplo el grupo "posiblemente mejores", en marrón oscuro, tiene ocho escenarios factibles (ver la figura 9.26); el escenario 049 al final de la tabla está sombreado en marrón oscuro, pero es no factible, como lo indica el sombreado en rojo de la columna *Satisfaction* (se requiere que esta salida sea por lo menos 0.8). La pregunta ahora es "¿qué hacer?". Tenemos básicamente dos opciones: declarar que tenemos ocho "buenas" configuraciones, o correr experimentos adicionales. Asumiendo que deseamos buscar el mejor escenario, (o, al menos, un conjunto más pequeño de posibles mejores), podemos correr repeticiones adicionales sólo para los ocho escenarios en el grupo de "posiblemente mejores" y volver a correr el Análisis de Selección de Subconjuntos para encontrar un grupo más pequeño de "posiblemente mejores" (o, con suerte, el "mejor" escenario). Eliminamos la selección de los "rechazos" y corrimos los restantes 8 escenarios por 40 repeticiones adicionales (para un total de 50 repeticiones para cada escenario), y el nuevo grupo de "posiblemente mejores" (que no se muestra), esto conformado por sólo tres escenarios; notar que, antes de correr los escenarios, debe "refrescar" a Opquest presionando el ícono *Clear* en la sección de complementos (*Add-ins*) de la cinta. Como antes, podríamos declarar que ya tenemos "buenos" escenarios, o seguir buscando el mejor (repitiendo el proceso anterior); aunque en vez de ello, usaremos otro complemento de Simio que nos ayudará en este proceso.

El complemento "Select Best Scenario using KN," basado en [30] de Kim y Nelson, está diseñado para identificar el "mejor" escenario de un conjunto dado de escenarios, como se men-

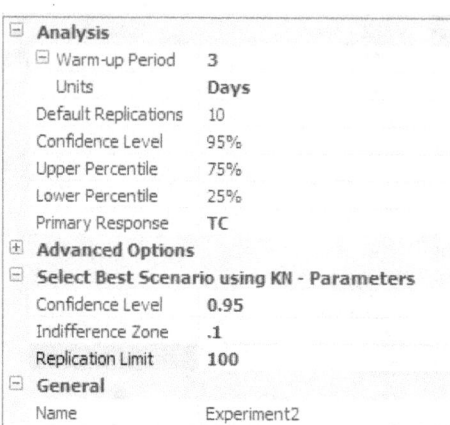

Figura 9.27: Propiedades de experimento luego de incluir el complemento *Select Best Scenario using KN.*

cionó en la sección 5.5. Este procedimiento continúa corriendo repeticiones de los escenarios candidatos, una repetición a la vez, hasta que encuentra el "mejor" o se alcanza el máximo número de repeticionss especificado por el usuario. Para correr el complemento KN, seleccione "Select Best Scenario using KN" del ícono *Select Add-In* de la cinta *Design*, como hicimos antes para correr el complemento OptQuest (ver la figura 9.19). Esto hará que se muestren algunas propiedades adicionales del experimento relacionadas con el complemento (ver la figura 9.27). Además de la propiedad "Confidence Level" (que especifica nivel para los intervalos de confianza), se deben especificar los valores para las propiedades *Indifference Zone* y *Replication Limit*. El valor para *Indifference Zone* es la más pequeña diferencia que es "importante" detectar. Por ejemplo, 21.65 y 21.68 son numéricamente diferentes, pero la diferencia de 0.03 puede no ser importante para nuestro problema (la selección apropiada del valor para la zona de indiferencia depende de las unidades de medida de la respuesta, y del contexto del estudio). Una zona de indiferencia de 0.10 causaría que el complemento no diferencie entre estos valores durante la experimentación. Si bien es tentador el declarar una zona de indiferencia muy pequeña, debemos notar que podemos pagar un precio muy alto en términos del alto número de repeticiones (y, en consecuencia, gran tiempo de cómputo) que pudieran requerirse para lograr tal nivel de resolución (el tiempo de cómputo puede crecer a tasa superlineal a medida que la zona de indiferencia disminuye) . El límite de repeticones (*Replication Limit*) le indica al complemento el máximo número de repeticiones a correr antes de "renunciar" a encontrar el mejor escenario (y declarar a los otros como "estadísticamente no diferentes").

La figura 9.28 muestra los resultados de los experimentos luego de correr el complemento, que identificó al escenario 064 como la "mejor" configuración, como lo indica la columna de la izquierda, luego de correr este escenario y los escenarios 065 y 069 por 60 repeticiones (el procedimiento KN, no el usuario, determinó el número de repeticiones). Si el complemento termina con varios escenarios seleccionados, es que no ha podido diferenciar entre dichos escenarios, con base en el número máximo de repeticiones (que se espcificó en 100 para este ejemplo) y la zona de indiferencia. Notar que éste es el mismo escenario que tuvo el menor costo promedio con nuestra corrida incial de Opquest (figura 9.24), pero el costo promedio ahora es más alto (21.296 aquí vs. 21.087 antes) luego de correr repeticiones adicionales. Una rápida inspección de las gráficas SMORE (que no se muestran) permite observar anchos de intervalos de confianza pequeños alrededor de la media muestral, indicando que el primer costo promedio estimado de

Scenario			Replications		Controls						Responses		
	Name	Status	Required	Completed	Doct...	Exam...	Trea...	Trauma...	NurseC...	SatisfactionT...	TC ▲	Satisfaction
✓	064	Completed	60	60 of 60	5	6	5	1	9	0.5	21.296	0.998707
	065	Completed	60	60 of 60	5	6	5	2	9	0.5	21.4685	0.99885
	069	Completed	60	60 of 60	5	5	5	1	9	0.5	21.5568	0.993956
	081	Completed	50	50 of 50	5	5	5	2	9	0.5	21.8375	0.993228
	080	Completed	50	50 of 50	5	6	5	3	9	0.5	21.9285	0.998597
	020	Completed	50	50 of 50	5	6	6	2	9	0.5	22.0285	0.994133
	070	Completed	10	10 of 10	6	6	6	2	9	0.5	22.1379	0.998759
	019	Completed	10	10 of 10	6	6	6	3	8	0.5	22.3287	0.997071
	082	Completed	50	50 of 50	5	6	6	3	9	0.5	22.3761	0.993955
▶	001	Completed	10	10 of 10	6	6	6	3	9	0.5	22.575	0.999024
	035	Completed	50	50 of 50	4	6	6	1	10	0.5	22.6629	0.998108

Figura 9.28: Resultados experimentales luego de correr el complemento *Select Best Scenario using KN*.

Opquest fue muy pequeño. Este hecho ilustra la necesidad de prestar atención a los intervalos de confianza y al número de repeticiones necesarias antes de tomar conclusiones usando nuestros resultados experimentales.

No es nuestra intención presentar una descripción y justificación completa del procedimiento de selección KN, pero brevemente, funciona de la siguiente manera. Inicialmente se corre cierto número de repeticiones para todos los escenarios activos (al inicio todos los escenarios están "activos") y se calcula la varianza muestral para las diferencias de medias entre todos los posibles pares de escenarios. Con base en estas varianzas, se corren más repeticiones para los escenarios que "sobreviven", una a la vez, hasta que se identifica al escenario como el mejor o, al menos, dentro de la zona de indiferencia del mejor; en el camino, el procedimiento elimina los escenarios que parecen no estar entre los mejores, y no se corren repeticiones para ellos, reduciendo el número de escenarios 'activos' (mejorando la eficiencia al no gastar tiempo de cómputo en ellos). Si se alcanza el límite de repeticiones (100 en nuestro ejemplo) antes de encontrar el mejor escenario, todos los escenarios 'activos' son considerados como posiblemente mejores. Notar la diferencia fundamental de este procedimiento con el de Selección de Subconjuntos; con este último corrimos un *número fijo de repeticiones* y luego dividimos los escenarios en "posiblemente mejores" vs. "rechazos", mientras que el procedimiento KN tomó como fijo el deseo del usuario de encontrar el mejor escenario y corrió *tantas repeticiones de los escenarios como fueran necesarias* para lograr este objetivo. En comparación con otros métodos, KN tiene al menos dos importantes ventajas. Primero, es "completamente secuencial," es decir, toma una repetición a la vez, en lugar muchas repeticiones en muestreos de dos etapas, que posiblemente "exageran" el número de repeticiones realmente necesarias (que puede ser inconveniente para modelos grandes donde una repetición puede tomar minutos u horas). En segundo lugar, es válido independientemente de haber o no considerado números aleatorios comunes coordinadamente para los diferentes escenarios para tratar de reducir la varianza de las diferencias de promedios. Para mayores detalles sobre KN, ver el artículo original [30], y para un mayor detalle sobre su implantación en Simio véase el tema "Select Best Scenario Using KN Add-In" usando la pestaña de la Guía de Referencia de Simio.

Resumiendo los procedimientos seguidos con este ejemplo, empezamos usando Opquest para identificar escenarios potencialmente buenos (configuraciones con valores específicos para las propiedades referenciadas) con base en nuestra formulación como problema de optimización. Luego de correr OptQuest, usamos la función para el Análisis de Selección de Subconjuntos para particionar el conjunto de escenarios en los grupos de "posiblemente mejores" y "rechazos". Luego hicimos experimentación adicional con los escenarios "posiblemente mejores". Primero corrimos repeticiones adicionales para reducir el número de "posiblemente mejores", y finalmente usamos el complemento "Select Best Scenario using KN" para identificar la "mejor" configuración. Debido a que estamos usando procedimientos heuristicos de optimización, en lugar de evaluar todas las posibles configuraciones del espacio de diseño, no podemos garantizar que hayamos encontrado la mejor (o aún una muy buena) configuración, pero la experiencia muestra que este procedimiento funciona bastante bien y, una vez más, mucho mejor que lo que esperaríamos probando, por nuestra cuenta y con mucho esfuerzo, escenarios definidos arbitrari- amente.

9.2   Modelo 9-2: Modelo de una Pizzería

El Modelo 9-2 será también un problema de asignación de recursos. El entorno que modelaremos será una pizzería que recibe pedidos por teléfono y hace pizzas para llevar. Las llamadas de los clientes llegan a una tasa de 12 por hora y podemos asumir que el tiempo entre llegadas sigue una distribución exponencial con media de 5 minutos. La pizzería actualmente cuenta con cuatro líneas telefónicas y no entrarán las llamadas de clientes que marquen cuando todas las líneas estén ocupadas. Los pedidos pueden ser de 1 (50%), 2 (30%), 3 (15%) o 4 (5%) pizzas y podemos asumir que el tiempo que tarda un empleado en tomar un pedido se distribuye uniformemente entre 1.5 y 2.5 minutos. Cuando un empleado toma un pedido, el sistema de la pizzería imprime una "boleta de cliente" que se pone junto a la caja registradora en espera de que las pizzas que componen el pedido estén preparadas. En nuestro sistema simplificado, cada pizza se prepara, se hornea y se empaca para el cliente. Los empleados preparan y empacan las pizzas, mientras que un horno semi-automatizado las hornea.

La estación de preparación tiene espacio para que puedan trabajar hasta tres empleados al mismo tiempo, sin embargo, cada empleado puede trabajar en una sola pizza a la vez. El tiempo de preparación se distribuye triangularmente con parámetros 2, 3 y 4 minutos. Cuando un empleado termina de preparar una pizza, ésta se introduce al horno para hornearse. El tiempo de horneado se distribuye triangularmente con parámetros 6, 8 y 10 minutos. El horno tiene espacio para hornear hasta ocho pizzas simultáneamente. Cuando la pizza termina de hornearse, ésta se retira del horno automáticamente y se coloca en una cola donde espera para ser empacada (ésta es la parte semi-automatizada del horno). La estación de empaque tiene espacio para tres empleados a la vez. Al igual que en el proceso de preparación, cada empleado sólo puede trabajar en una pizza a la vez. Los tiempos de empacado se distribuyen triangularmente con parámetros 0.5, 0.8 y 1 minutos (debido a que el empleado también corta la pizza antes de empacarla). Una vez que todas las pizzas de un pedido están listas, el pedido se considera completo. Notar que también podríamos modelar el proceso de recoger el pedido o el proceso de entrega a domicilio, pero dejaremos estos procesos para el lector interesado.

La pizzería actualmente utiliza un *pool* de empleados para tomar los pedidos, preparar las pizzas y empacar las pizzas. Esto significa que todos los empleados están capacitados para realizar cualquiera de estas tareas. Para las operaciones de preparación y de empaque, los empleados necesitan estar físicamente localizados en las correspondientes estaciones para poder completar el proceso. La pizzería cuenta con teléfonos inalámbricos y computadoras portátiles, por lo que los empleados pueden tomar pedidos en cualquier parte de la pizzería (es decir, no es necesario contar con una estación física de toma de pedidos).

La figura 9.29 muestra la vista *Facility* para la versión completa del Modelo 9-2. Notar que hemos definido entidades para representar al cliente y a las pizzas y hemos nombrado las entidades utilizando etiquetas de piso (*Floor Labels*). Una etiqueta de piso nos permite desplegar visualmente los estados de la entidad y del modelo. Para crear una etiqueta de piso para una entidad, simplemente seleccione la entidad (en la vista *Facility*), haga clic en el ícono *Floor Label* de la cinta *Symbols* y acomode la etiqueta haciendo clic, arrastrando la etiqueta al lugar

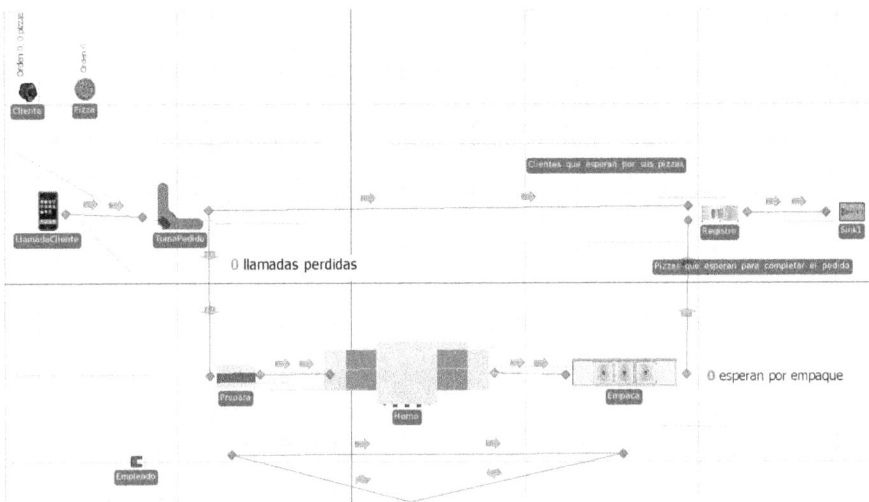

Figura 9.29: Vista *Facility* del Modelo 9-2.

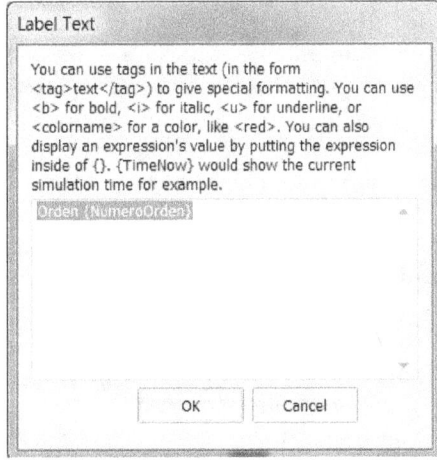

Figura 9.30: Caja de diálogo para la etiqueta de piso de la entidad `Pizza`.

donde desee dejarla y, por último, haciendo clic para fijarla. Este procedimiento creará una etiqueta con texto por defecto que incluye las instrucciones para formatear la etiqueta. Al hacer clic en el ícono *Edit* de la cinta *Appearance* se desplegará una caja de diálogo editable (ver la figura 9.30) para la etiqueta de piso de la entidad `Pizza`. Notar que estamos usando el estado (de la entidad) `NumeroOrden` para representar el número de pedido. Al correr el modelo, el valor por defecto será reemplazado por el valor del estado de la entidad (el número de pedido para la pizza). El modelo también cuenta con un objeto *Source* (llamado `LlamadaCliente`) y con objetos *Server* para los procesos de toma de pedidos (`TomaPedido`), preparación (`Prepara`), empaque (`Empaca`) y horneado (`Horno`). El modelo incluye un objeto *Combiner* llamado `Registro` para empatar a los objetos `Cliente` con los objetos `Pizza` que representan a las pizzas de un pedido, además de un objeto *Sink* por el que las entidades salen del sistema. Finalmente, además de los objetos *Connector* que facilitan el flujo de las entidades `Cliente` y `Pizza`, debemos añadir una ruta cíclica entre dos objetos *Node* (llamados `BasicNode1` y `BasicNode2`) que facilitan el

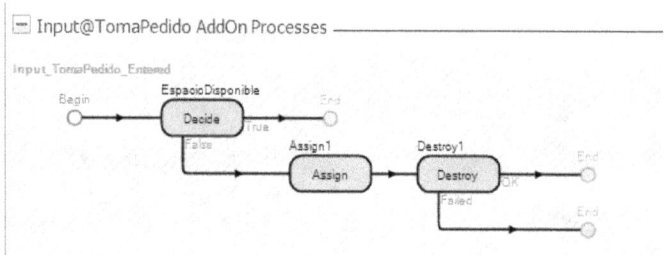

Figura 9.31: Proceso complementario para el nodo de entrada del objeto `TomaPedido`.

movimiento de empleados entre la estación de preparación y la estación de empaque. Si ha seguido la explicación anterior, su modelo lucirá de manera similar al de la figura 9.29.

El objeto *Source* de nombre `LlamadaCliente` genera las llamadas de los clientes de acuerdo con el proceso de llegadas descrito anteriormente (la propiedad *Interarrival Time* se debe fijar en `Random.Exponential(5)` minutos). Notar que el modelo incluye diferentes tipos de entidades: para los clientes (`Cliente`) y para las pizzas (`Pizza`), por lo que la propiedad *Entity Type* de este objeto *Source* se debe fijar en `Cliente`. Las llamadas de los clientes son enviadas al objeto *Server* `TomaPedido` para ser procesadas. Recuerde que mientras haya cuatro llamadas en proceso en el sistema, cualquier cliente potencial que llame escuchará el tono de ocupado y colgará. Modelaremos esta limitación de la capacidad utilizando un proceso complementario. Como debemos decidir si tomar o no el pedido antes de procesarlo, utilizaremos un proceso complementario asociado al nodo de entrada del objeto `TomaPedido` y rechazaremos la llamada si la central telefónica está completamente ocupada. Utilizaremos el detonador *Entered* para que el proceso se ejecute cuando una entidad entra al nodo. La figura 9.31 muestra el proceso complementario para la toma del pedido (`Input_TomaPedido_Entered`). El paso *Decide* implementa una decisión condicionada para determinar si hay alguna línea telefónica disponible. Modelaremos el número de líneas telefónicas utilizando la capacidad del objeto `TomaPedido` y la capacidad del *buffer* de entrada asociado. La figura 9.32 muestra las propiedades del objeto `TomaPedido`. Notar que hemos fijado el valor de la capacidad inicial (propiedad *Initial Capacity*) en 1 y que hemos especificado el espacio del *buffer* de entrada (propiedad *Input Buffer*) por medio de la propiedad referenciada llamada `NumLineas`. Por ello, nuestro paso *Decide* utiliza la siguiente expresión para determinar si dejar o no que entre la llamada: `TomaPedido.InputBuffer.Capacity.Remaining > 0`. Si la condición es verdadera, la llamada entra al objeto `TomaPedido`. De otra forma, incrementamos el contador del estado `LlamadasPerdidas`, definido por el usuario, para llevar la cuenta del número de llamadas rechazadas y destruimos la entidad. De acuerdo con las propiedades del objeto `TomaPedido` y del proceso complementario `Input_TomaPedido_Entered`, solamente un empleado podrá tomar un pedido en cualquier momento y el número de clientes "en espera" está determinado por el valor de la propiedad referenciada `NumLineas`. Notar que el uso de una propiedad referenciada para especificar la capacidad del *buffer* de entrada simplifica el proceso de experimentación con diferentes números de líneas telefónicas (como lo veremos próximamente). Con la configuración básica anterior, fijamos el valor de la propiedad referenciada en 3 para limitar el número de clientes en el teléfono a 4.

Una vez que un cliente ingresa al sistema, un empleado tomará la llamada y procesará el pedido. Utilizaremos un objeto *Worker* (con el nombre `Empleado`) para modelar nuestro *pool* de empleados. La figura 9.33 muestra las propiedades del objeto `Empleado`. Recuerde (del capítulo 8) que el objeto *Worker* nos permitirá modelar a los empleados que se mueven y que tienen una posición física en el modelo. A continuación, definiremos las posiciones de las estaciones de preparación y de empaque y monitorearemos la posición de cada empleado. Para

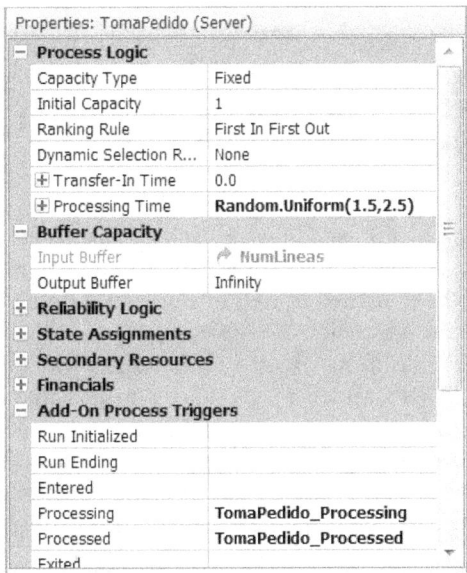

Figura 9.32: Propiedades del objeto `TomaPedido`.

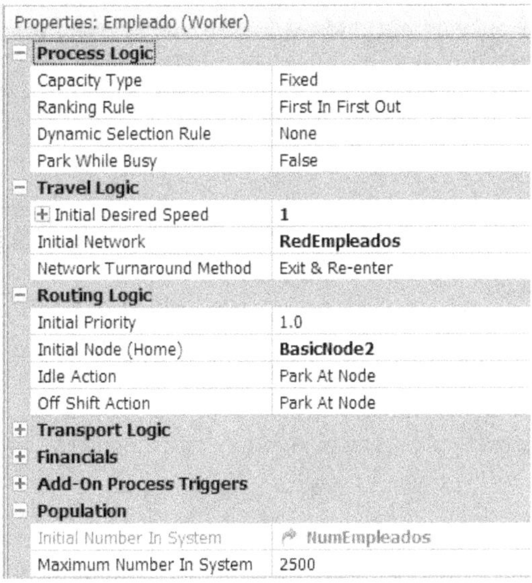

Figura 9.33: Propiedades del objeto `Empleado`.

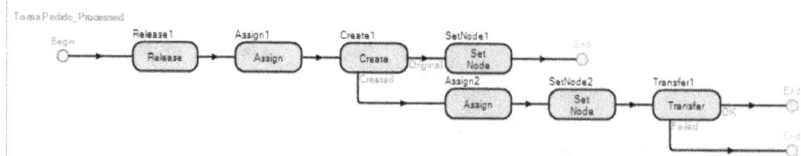

Figura 9.34: Proceso complementario `TomaPedido_Processed`.

ello, fijamos la velocidad inicial (propiedad *Initial Desired Speed*) en 1 metro por segundo, la red inicial para los empleados (*Initial Network*) en `RedEmpleados` y la propiedad *Initial Node (Home)* (nodo inicial) en `BasicNode2` (definimos la red de empleados `RedEmpleados` utilizando el nodo *BasicNode1*, que está debajo de la estación de empaque, y el nodo *BasicNode2*, que está debajo de la estación de preparación, además de los objetos *Path* que generan la trayectoria que seguirán los empleados para moverse entre las estaciones). Notar que hemos creado la propiedad referenciada `NumEmpleados` para experimentar fácilmente con el número de empleados en el sistema. Al igual que en el Modelo 9-1, utilizaremos un paso *Seize* para capturar una unidad de recurso del objeto `Empleado` para el objeto `TomaPedido` en el proceso complementario `TomaPedido_Processing` (ver la figura 9.32). Si el recurso del objeto `Empleado` no está disponible, la entidad esperará en el paso *Seize*. Como el empleado puede tomar el pedido en cualquier parte de la pizzería, no tenemos ninguna restricción de posición para el objeto `Empleado`, simplemente necesitamos capturar el recurso para tomar el pedido. En una pizzería de verdad, esto sería equivalente a un empleado que toma los pedidos desde un teléfono inalámbrico y que ingresa el pedido en una computadora portatil. Éste no será el caso cuando lleguemos a las estaciones de preparación y de empaque, como explicaremos a continuación.

Una vez que capturamos el recurso `Empleado`, la entidad experimenta una demora para considerar el tiempo de procesamiento asociado con la toma del pedido. En este punto, necesitamos crear las entidades `Pizza` asociadas y enviarlas a la estación de preparación, mientras que la entidad `Cliente` espera a que las entidades `Pizza` sean completadas para finalizar el pedido. Este mecanismo se implementa en el proceso complementario `TomaPedido_Processed` (ver la figura 9.34). El primer paso del proceso libera el recurso `Empleado` (ya que la llamada se termina cuando este proceso empieza a ejecutarse). El primer paso *Assign* realiza las siguientes asignaciones de estado[4]:

- `UltimoNumeroOrden=UltimoNumeroOrden+1` — incrementa el estado `Ulti moNumeroOrden` para reflejar la llegada del pedido actual —.

- `ModelEntity.NumeroOrden=UltimoNumeroOrden` — asigna el número de pedido a la entidad `Cliente` —.

- `ModelEntity.TamanoOrden=Random.Discrete(1,.5,2,.8,3,.95,4,1)` — determina el número de pizzas en el pedido y almacena el valor en el estado `TamanoOrden` —.

- `TamanosOrdenados[ModelEntity.TamanoOrden]= TamanosOrdenados[ ModelEntity.TamanoOrden]+1` — incrementa el estado que registra el número de pedidos por tamaño (es decir, basado en el número de pizzas por pedido) —. La figura 9.35 muestra las propiedades del estado `TamanosOrdenados`. Notar que es un vector de dimensión 4 (un estado para cada uno de los posibles tamaños de pedido). En cualquier momento de la

---

[4]Notar que ya no ilustramos la creación de los estados estándares (como sí lo hicimos en capítulos anteriores).

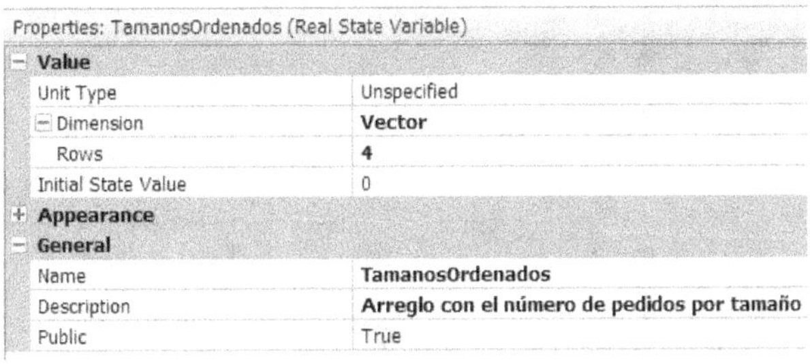

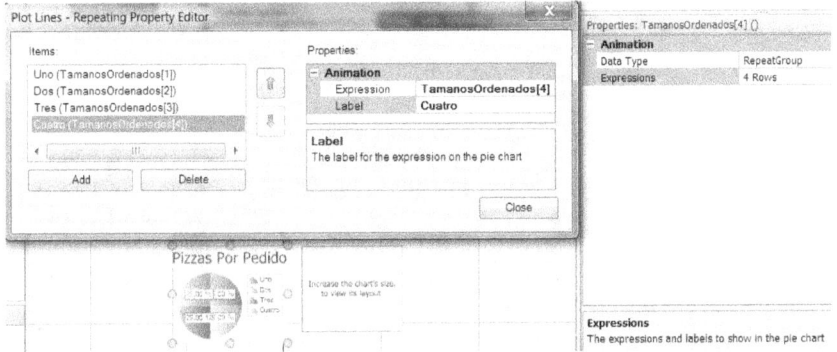

Figura 9.35: Propiedades del estado `TamanosOrdenados`.

Figura 9.36: Gráfica circular del estado `TamanosOrdenados`.

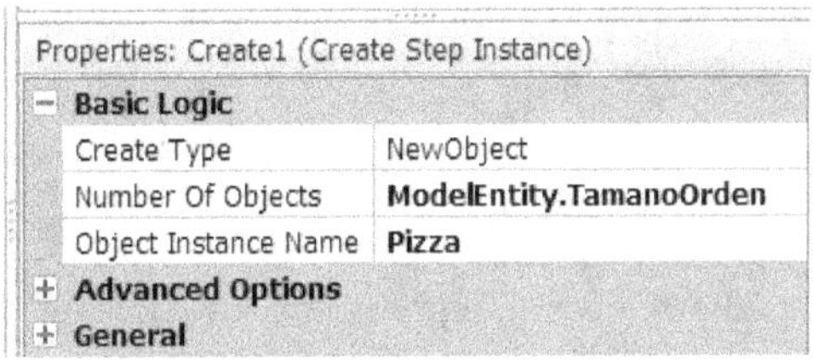

Figura 9.37: Propiedades del paso *Create*.

simulación, los valores corresponden al número de pedidos recibidos por cada tamaño. La figura 9.36 muestra una gráfica circular de los posibles estados así como las propiedades definidas para generar la gráfica.

El paso *Create* crea las entidades `Pizza` utilizando el estado `TamanoOrden` para determinar el número de entidades a crear. La figura 9.37 muestra las propiedades del paso *Create*. Al salir del paso *Create*, la entidad original se moverá al paso *Set Node* y los objetos `Pizza`, recientemente creados, se trasladarán al paso *Assign*. El paso *Set Node* asigna el valor `ParentInput@Regi stro` a la propiedad *Node Name* para indicar el destino de la entidad original, de tal forma que cuando la entidad salga del objeto `TomaPedido`, se transferirá al objeto `Registro` para esperar a las entidades `Pizza` que corresponden al pedido (el objeto `Cliente` representa la "boleta" del cliente descrita anteriormente). El paso *Assign* asigna el valor `UltimoNumeroOrden` al estado *ModelEntity.NumeroOrden*. Recuerde que se asignó este valor al estado `NumeroOrden` del objeto `Cliente`. Entonces, el estado `NumeroOrden` puede ser utilizado para empatar el objeto `Cliente`

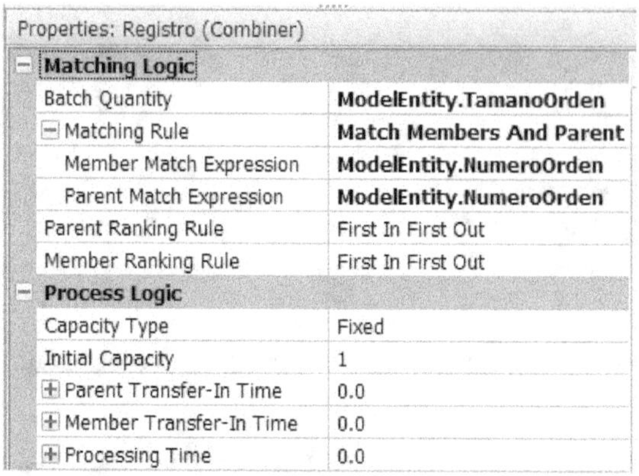

Properties: Registro (Combiner)	
Matching Logic	
Batch Quantity	**ModelEntity.TamanoOrden**
Matching Rule	**Match Members And Parent**
Member Match Expression	**ModelEntity.NumeroOrden**
Parent Match Expression	**ModelEntity.NumeroOrden**
Parent Ranking Rule	First In First Out
Member Ranking Rule	First In First Out
Process Logic	
Capacity Type	Fixed
Initial Capacity	1
Parent Transfer-In Time	0.0
Member Transfer-In Time	0.0
Processing Time	0.0

Figura 9.38: Propiedades para el objeto *Combiner* de nombre `Registro`.

con los objetos `Pizza` que corresponden al pedido del cliente. El paso *Set Node* para la entidad `Pizza` (recientemente creada) fija la propiedad de destino *Node Name* en `Input@Prepara` para indicar que la entidad será transferida al objeto `Prepara`. Finalmente, debemos indicarle a Simio dónde poner los objetos creados. El paso *Transfer* transferirá inmediatamente el objeto al nodo especificado en la propiedad *Node Name* (en este caso, `Output@TomaPedido`). En este momento, el objeto `Cliente` será enviado a la caja registradora para esperar a los objetos `Pizza`, que serán enviados a la estación de preparación. De esta manera, todos los objetos asociados con el pedido pueden ser identificados y empatados utilizando el estado `NumeroOrden` de las entidades correspondientes.

El objeto *Combiner* para la caja registradora (llamada `Registro`) coordina la identificación de los pedidos (representados como objetos `Cliente`) con los objetos `Pizza` que representan las pizzas del pedido. La figura 9.38 muestra las propiedades del objeto *Combiner*. La propiedad *Batch Quantity* le indica al objeto `Combiner` cuántos objetos "miembros" (`members`) deben identificarse con el objeto "padre" (`parent`). En nuestro caso, el objeto padre es el objeto `Cliente` (que representa el pedido) y los miembros son los correspondientes objetos `Pizza` (que representan las pizzas del pedido). De esta forma, el estado `ModelEntity.TamanoOrden` de la entidad especifica cuántas pizzas pertenecen al pedido (recuerde que utilizamos este mismo estado de la entidad para especificar el número de objetos `Pizza` que se debían crear). Las propiedades *Member Match Expression* y *Parent Match Expression* indican las expresiones para asociar los objetos miembros con el objeto padre. La figura 9.39 muestra el objeto *Combiner* con un objeto `Cliente` (y su etiqueta "Orden 26; 4 pizzas") esperando en la cola del objeto padre y tres objetos *Pizza* con la etiqueta "Orden 26" esperando en la cola de los objetos miembros. Notar cómo las etiquetas de piso nos ayudan a entender la situación — el pedido 26 consiste de 4 pizzas, de las cuales, 3 pizzas han sido empaquetadas y están en espera —. Cuando llega el último objeto `Pizza` al objeto *Combiner*, se unirá a los otros tres objetos `Pizza` y se completará el pedido. Cuando ello suceda, el objeto `Cliente` se retirará del objeto *Combiner* y será transferido al objeto *Sink*.

El objeto *Server* de nombre `Prepara` modela la estación de preparación de pizzas. Debido a que la estación de preparación tiene espacio para que tres empleados preparen pizzas simultáneamente, fijamos la propiedad *Initial Capacity* en 3. También fijamos la propiedad *Processing Time* en `Random.Triangular(2,`
3,4) minutos. Como el proceso de preparación requiere de un empleado, utilizamos el proceso complementario `Prepara_Processing` para capturar el objeto *Worker* y el proceso complemen-

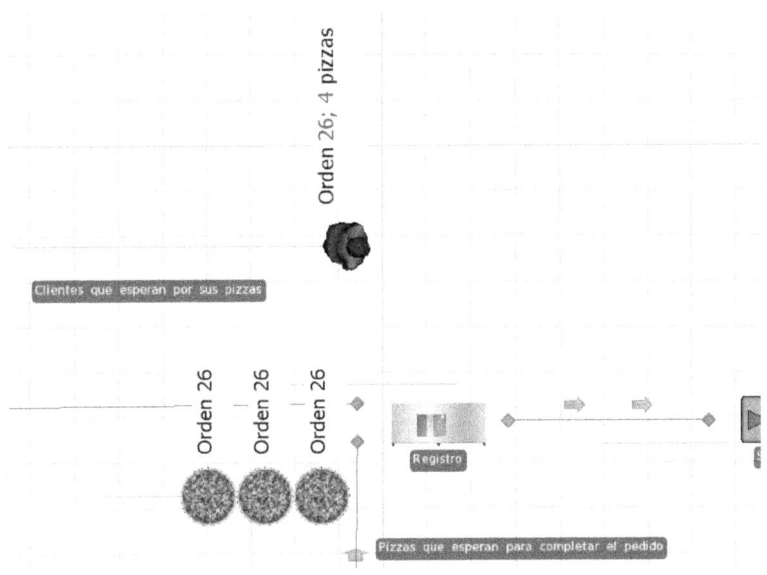

Figura 9.39: Objeto *Combiner* con un objeto padre y tres miembros en la cola.

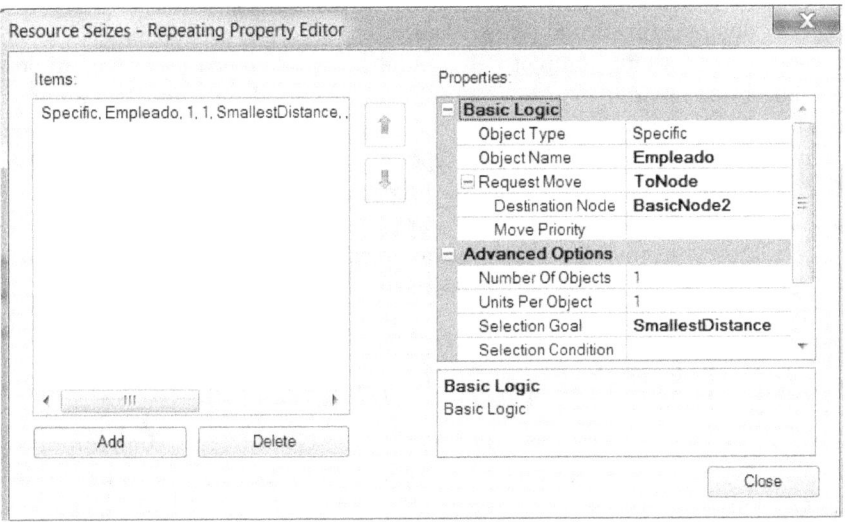

Figura 9.40: Propiedades del paso *Seize* en el proceso complementario *Prepara_Processing*.

tario `Prepara_Processed` para liberar a dicho objeto, como lo hicimos previamente con el objeto `TomaPedido`. La diferencia en este caso es que el proceso de preparación requiere que los empleados se encuentren físicamente presentes en la estación para preparar las pizzas. Por ello, necesitamos que el objeto *Worker* viaje a `BasicNode2` (el nodo en la red `RedEmpleados` designado para la estación de preparación). Por suerte, esta tarea se completa automáticamente cuando capturamos el objeto *Worker*. La figura 9.40 muestra el editor de propiedades asociado con el paso *Seize* en el proceso complementario `Prepara_Processing`. Aquí, además de especificar el nombre `Empleado` para la propiedad *Object Name*, también fijamos la propiedad *Request Visit* en `ToNode` y la propiedad *Node Name* en `BasicNode2` indicando que cuando se capture

Design | Response Results | Pivot Grid | Reports

Scenario		Replications		Controls		Responses		
Name	Status	Required	Completed	Num Lineas	Num Empleados	TESCliente	UtilHorno	PerdidosPorHr
Scenario15	Compl...	10	10 of 10	1	3	14.8582	31.9591	1.0994
Scenario14	Compl...	10	10 of 10	1	2	16.1405	28.75	2.1845
Scenario12	Compl...	10	10 of 10	2	3	16.692	34.1725	0.3765
Scenario3	Compl...	20	20 of 20	3	3	17.4259	34.6132	0.1444
Scenario6	Compl...	10	10 of 10	4	3	17.7884	34.8615	0.0626
Scenario9	Compl...	10	10 of 10	5	3	17.9849	34.995	0.0272
Scenario13	Compl...	10	10 of 10	1	1	18.3254	18.2851	5.789
Scenario11	Compl...	10	10 of 10	2	2	19.5902	30.8929	1.487
Scenario2	Compl...	20	20 of 20	3	2	22.2792	31.8437	1.0924
Scenario10	Compl...	10	10 of 10	2	1	23.4808	18.5343	5.7089
Scenario5	Compl...	10	10 of 10	4	2	24.6184	32.4896	0.8648
Scenario8	Compl...	10	10 of 10	5	2	26.8545	33.0661	0.6862
Scenario1	Compl...	20	20 of 20	3	1	28.5666	18.6165	5.6242
Scenario4	Compl...	10	10 of 10	4	1	33.483	18.6471	5.634
Scenario7	Compl...	10	10 of 10	5	1	38.5543	18.6412	5.5873

Figura 9.41: Resultados de un experimento sencillo con el Modelo 9-2.

el objeto, éste será enviado al nodo`BasicNode2`. Cuando se ejecute el proceso complementario, el objeto se mantendrá en el paso *Seize* hasta que el objeto *Worker* llegue a `BasicNode2`. Finalmente, configuramos de manera similar al objeto *Server* de nombre `Empaca` (excepto que fijamos la propiedad *Processing Time* en `Random.Triangular(0.5,0.8,1)` y especificamos que el objeto *Worker* debe visitar al nodo `BasicNode1`).

Nuestro modelo está ahora completo — si una línea telefónica está disponible cuando un cliente desee hacer un pedido, el primer empleado disponible atiende la llamada y toma el pedido —. La entidad `Cliente` correspondiente genera las entidades `Pizza` asociadas con el pedido. A continuación, la entidad `Cliente` espera que se completen las pizzas del pedido y las entidades `Pizza` se envían a las estaciones de preparación, horneado y empaque. Una vez que todas las entidades `Pizza` han sido empaquetadas, las entidades `Cliente` y `Pizza` del pedido se combinan y se completa el pedido. Para apoyar nuestro proceso de experimentación, estamos utilizando propiedades referenciadas para especificar el número de líneas telefónicas (`NumLineas`) y el número de empleados (`NumEmpleados`).

9.2.1 Experimentación con el Modelo 9-2

La figura 9.41 muestra un experimento sencillo de 15 escenarios que configuramos y corrimos para el Modelo 9-2. El número de líneas telefónicas (`NumLineas`) y el número de empleados (`NumEmpleados`) son los controles del experimento. Definimos tres respuestas para el modelo:

- `TESCliente` — el tiempo (en minutos) que los pedidos permanecen en el sistema —. Se define como `Cliente.Population.TimeInSystem.Average*60`.
- `UtilHorno` — la utilización del horno —. Se define como `Horno.Capacity.ScheduledUtilization`.
- `PerdidosPorHr` — pedidos rechazados (debido a que todas las líneas telefónicas están ocupadas) por hora —. Se define a través del estadístico de salida (definido por el usuario) `NumPerdidos`. Analice la figura 9.42 para ver las propiedades del estadístico `NumPerdidos`. Notar que como un estadístico de salida se evalúa al final de cada repetición, obtenemos la métrica deseada dividiendo el número total de pedidos rechazados (almacenado en el estado `LlamadasPerdidas` del modelo) entre el tiempo actual (`TimeNow`).

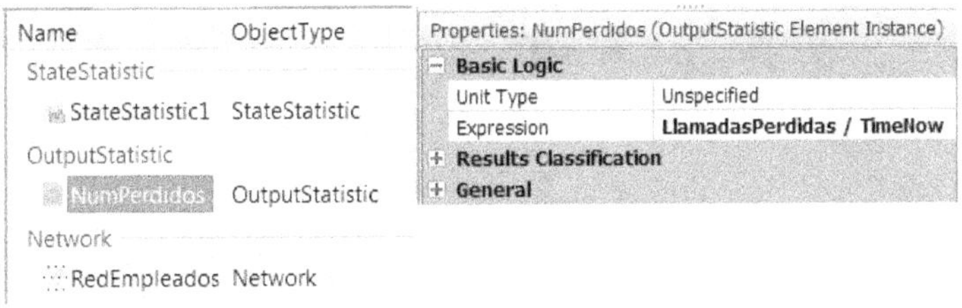

Figura 9.42: Estadístico de salida definido por el usuario para los pedidos rechazados por hora.

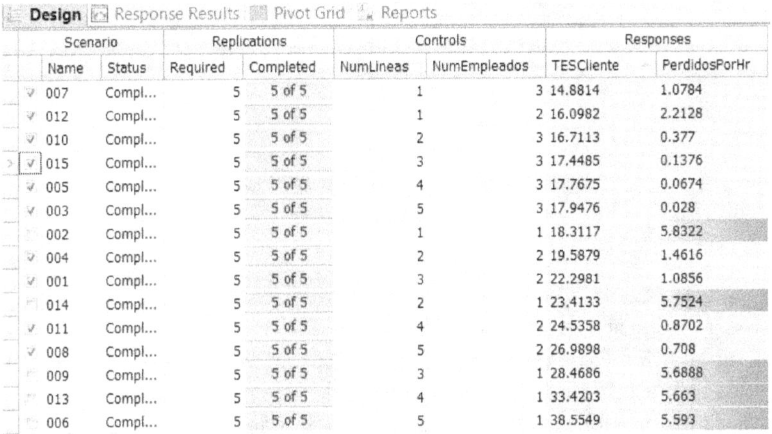

Scenario		Replications		Controls		Responses	
Name	Status	Required	Completed	NumLineas	NumEmpleados	TESCliente	PerdidosPorHr
✓ 007	Compl...	5	5 of 5	1	3	14.8814	1.0784
✓ 012	Compl...	5	5 of 5	1	2	16.0982	2.2128
✓ 010	Compl...	5	5 of 5	2	3	16.7113	0.377
✓ 015	Compl...	5	5 of 5	3	3	17.4485	0.1376
✓ 005	Compl...	5	5 of 5	4	3	17.7675	0.0674
✓ 003	Compl...	5	5 of 5	5	3	17.9476	0.028
002	Compl...	5	5 of 5	1	1	18.3117	5.8322
✓ 004	Compl...	5	5 of 5	2	2	19.5879	1.4616
✓ 001	Compl...	5	5 of 5	3	2	22.2981	1.0856
014	Compl...	5	5 of 5	2	1	23.4133	5.7524
✓ 011	Compl...	5	5 of 5	4	2	24.5358	0.8702
✓ 008	Compl...	5	5 of 5	5	2	26.9898	0.708
009	Compl...	5	5 of 5	3	1	28.4686	5.6888
013	Compl...	5	5 of 5	4	1	33.4203	5.663
006	Compl...	5	5 of 5	5	1	38.5549	5.593

Figura 9.43: Resultados del Modelo 9-2 utilizando OptQuest.

Bajo las condiciones anteriores, nuestro experimento evalúa los escenarios que tienen entre 1 y 5 líneas telefónicas y entre 1 y 3 empleados (que corresponden a un total de 15 escenarios). Los escenarios se muestran en orden ascendente de la respuesta TESCliente — mostrando las "mejores" configuraciones (en términos del tiempo que permanecen los pedidos en el sistema) al inicio de la tabla —. En lugar de numerar los escenarios de una región manualmente (como lo hicimos en la figura 9.41), podemos utilizar el complemento OptQuest para ayudarnos a identificar la mejor configuración (como se describe en la sección 9.1.1). La figura 9.43 muestra los resultados proporcionados por OptQuest con el Modelo 9-2. Para esta optimización(o, dicho de manera más precisa, para indicarle a OptQuest cómo controlar el experimento), utilizamos dos controles y dos respuestas para controlar el experimento. Estos controles y respuestas se definen a continuación:

- NumLineas (control) — el número de líneas telefónicas utilizadas —. Especificamos un mínimo de 1 línea y un máximo de 5 líneas.

- NumEmpleados (control) — el número de empleados —. Especificamos un mínimo de 1 empleado y un máximo de 3 empleados.

- TESCliente (respuesta) — el tiempo que los pedidos permanecen en el sistema —. Deseamos minimizar el valor de esta respuesta (para mantener satisfechos a los clientes).

- PerdidosPorHr (respuesta) — el número de pedidos rechazados por hora —. Deseamos mantener el valor de esta respuesta por debajo de 4 (escogimos este valor arbitrariamente). Sin esta restricción para el nivel de servicio, la optimización podría minimizar el tiempo de

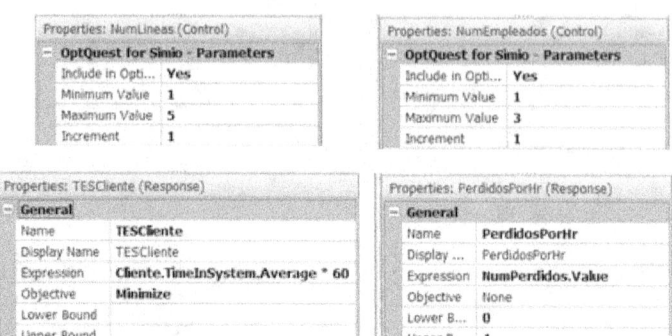

Figura 9.44: Propiedades (de respuesta y control) para el experimento con OptQuest del Modelo 9-2.

los pedidos en el sistema permitiendo que se reduzca el número de líneas telefónicas y, por lo tanto, limitando el número de pedidos entrantes (algo que no desearía el administrador de la pizzería).

La figura 9.44 muestra las propiedades (de respuesta y control) para la experimentación con el Modelo 9-2 en OptQuest. Notar que fijamos ciertos valores mínimos y máximos para los controles (`NumLineas` y `NumEmpleados`), definimos el objetivo como `Minimize` (minimizar) para la respuesta `TESCliente` y fijamos el valor máximo de 4 para la respuesta `PerdidosPorHr`. Los resultados (ver la figura 9.43) indican que la configuración de 1 línea y 3 empleados proporcionan el menor tiempo en el sistema para los pedidos (14.8814) y el número promedio de llamadas rechazadas por hora no viola nuestra restricción ($1.0784 \leq 4$). Notar que las celdas resaltadas en rojo violan la restricción `PerdidosPorHr` ≤ 4, indicando que la configuración no es factible. Por ejemplo, la configuración de 1 línea y 1 empleado, con un tiempo en el sistema de 5.8322, no es factible. El siguiente paso lógico en nuestro análisis sería usar el Análisis de Selección de Subconjuntos y/o la Selección del Mejor Escenario usando KN – dejamos esto como ejercicio para el lector (ver el problema 6).

9.3   Modelo 9-3: *Buffer* de Capacidad Fija

El modelo final de este capítulo consiste en una línea de ensamble con *buffer* de capacidad fija entre cada par de estaciones. En una *línea de ensamble*, las piezas se mueven secuencialmente de estación a estación, empezando en la estación 1 y terminando en la estación n, donde n es la longitud de la línea. Las estaciones adyacentes en la línea están separadas por un *buffer* que puede albergar un número fijo de piezas (definido como la *capacidad* del buffer). Si no hay un *buffer* entre las estaciones, simplemente asignamos un *buffer* de capacidad nula (para ser consistentes en la notación). Considere dos estaciones adyacentes, i e $i+1$ (ver la figura 9.45). Si la estación i completa su trabajo y el *buffer* entre las estaciones está lleno (o tiene capacidad nula), la estación i se *bloquea* y no puede comenzar a procesar la siguiente pieza. Por otro lado, si la estación $i+1$ termina su trabajo y el *buffer* está vacío, la estación $i+1$ esta *ociosa* y, similarmente, no puede comenzar a procesar la siguiente pieza. Ambos casos resultan en producción perdida para la línea. Claramente, en los casos que tienen tiempos de procesamiento muy variables y/o cuando las estaciones no son confiables, aumentar la capacidad del *buffer* puede mejorar la tasa de salida del proceso reduciendo el bloqueo y el ocio en la estación. El *problema de la asignación de capacidad de* buffer consiste en determinar dónde poner los *buffer* y cuáles deben ser las capacidades. El Modelo 9-3 nos permitirá resolver el problema de asignación

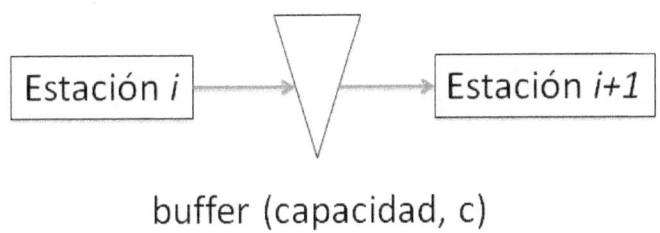

buffer (capacidad, c)

Figura 9.45: Dos estaciones adyacentes separadas por un *buffer*.

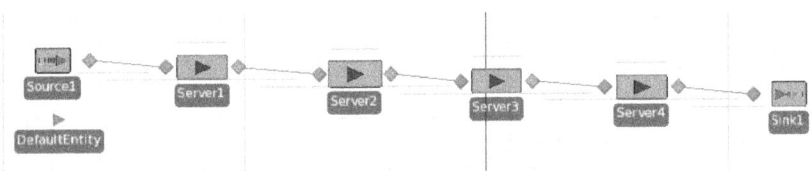

Figura 9.46: Vista *Facility* del Modelo 9-3.

de la capacidad de *buffer* (específicamente, generará un análisis de la tasa de salidas que puede ser utilizado para resolver el problema de asignación de capacidad de *buffer*). Una descripción más detallada de las líneas de producción en serie y de su análisis se puede consultar en [2], sin embargo, nuestra descripción general será suficiente para este modelo.

Nuestra meta para el Modelo 9-3 es poder estimar la *tasa de salidas* máxima de la línea para una configuración de *buffer* dada (definida por las capacidades de cada *buffer* entre dos estaciones). La *tasa de salidas*, en este contexto, se define como el número de piezas producidas por unidad de tiempo. Por simplicidad, nuestro modelo considerará el caso en el que las estaciones son idénticas (i.e., la distribución de los tiempos de procesamiento es la misma) y los *buffer* entre estaciones adyacentes son del mismo tamaño, de tal forma que la configuración de los *buffer* queda definida por un solo número — la capacidad de todos los *buffer* —. El Modelo 9-3 puede ser utilizado para replicar el análisis presentado originalmente en [7] y descrito en [2]. La figura 9.46 muestra la vista *Facility* correspondiente al Modelo 9-3.

Desde la vista *Facility*, el Modelo 9-3 se parece al Modelo 5-1 con tres estaciones adicionales entre el objeto *Source* y el objeto *Sink*. Sin embargo, existen pequeñas diferencias que debemos contemplar en nuestro modelo de línea de ensamble con *buffer* de capacidad fija. En los siguientes párrafos discutiremos estos cambios. Adicionalmente, mostraremos el uso de las propiedades referenciadas y de las gráficas de respuestas de Simio (*Simio Response Charts*) como herramientas para la experimentación y comparación de escenarios.

Por defecto, cuando conectamos dos objetos *Server* por medio de un objeto *Connector* o de un objeto *Path*, las entidades se transfieren automáticamente del nodo de salida de una estación al nodo de entrada de la próxima estación (una vez que se completa el procesamiento en la primera estación). Si la segunda estación está ocupada, la entidad transferida espera en cola. Si el segundo servidor está disponible, éste toma la primera entidad que está esperando en cola y comienza a procesar la pieza. Esto es básicamente un modelo de *buffer* de capacidad infinita entre dos estaciones, que no contempla el efecto de bloqueo asociado con un *buffer* de capacidad finita. Considere el caso sencillo en el que tenemos un *buffer* de capacidad nula (e.g., sin *buffer*) entre dos estaciones (que modelaremos como recursos). En lugar del comportamiento por defecto, lo que necesitamos es asegurarnos que el siguiente recurso tenga capacidad disponible *antes*

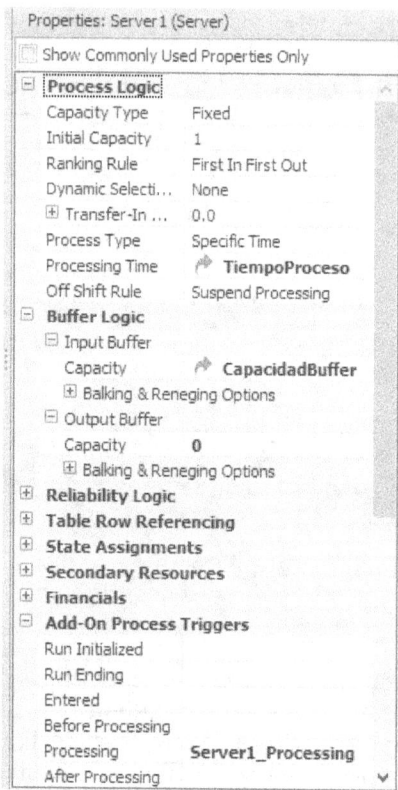

Figura 9.47: Propiedades del objeto `Server1` en el Modelo 9-3.

de liberar el recurso actual (i.e., asegurándonos que la entidad pueda seguir su camino antes de continuar). Esta situación se describe como *recursos superpuestos* en [29]. Claramente, si contamos con un *buffer* de capacidad finita entre dos estaciones, tenemos un problema análogo, por lo que debemos asegurarnos que el *buffer* (ya no el siguiente recurso) tenga capacidad disponible.

Por suerte, el objeto *Server* de Simio permite el modelado de recursos superpuestos. La figura 9.47 muestra las propiedades del objeto `Server1` en el Modelo 9-3. Nuestro interés radica en la sección de propiedades de la capacidad del *buffer* (sección *Buffer Capacity*) y, en particular, en las propiedades *Input Buffer* y *Output Buffer*. El *buffer* de entrada (*Input Buffer*) para un objeto *Server* es utilizado para almacenar entidades que entran al objeto *Server* cuando el recurso no cuenta con capacidad suficiente para procesar a la entidad. Similarmente, el *buffer* de salida (*Output Buffer*) es utilizado para almacenar entidades que han sido procesadas en el servidor pero que todavía no han definido a dónde van a ir. Mientras que el valor por defecto de estas propiedades es infinito (`Infinite`), en este caso utilizamos la propiedad referenciada llamada `CapacidadBuffer` para especificar el tamaño del *buffer* de entrada y fijamos el tamaño del *buffer* de salida en 0. Con esta configuración para todas nuestras estaciones, una entidad puede ser transferida de un servidor al siguiente sólo si el número de entidades en la cola interna que representa al *buffer* de entrada, de la estación siguiente, es menor que el valor de la propiedad referenciada `CapacidadBuffer`. Notar también que especificamos la propiedad *Processing Time* utilizando otra propiedad referenciada: `TiempoProceso`. El uso de propiedades referenciadas para definir la capacidad de los *buffer* y las distribuciones del tiempo de proce-

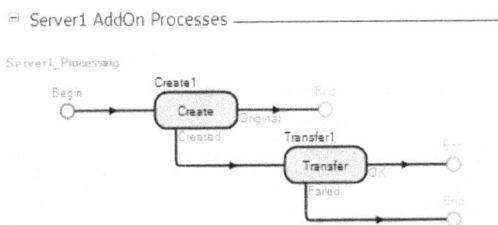

Figura 9.48: Proceso complementario `Server1_Processing` para `Server1`.

samiento simplificará nuestra experimentación con diferentes configuraciones (como ilustraremos a continuación). Si bien no los usamos en este modelo, los objetos de la *Standard Library* soportan desestímulo y abandono con varias opciones. Estas opciones están disponibles a través las propiedades del grupo *Balking & Reneging Options* (ver la figura 9.47). El Modelo 10-3 de la sección 10.2 presenta un caso de uso en detalle.

Como estamos utilizando el modelo para estimar la tasa de salidas máxima para la línea, también necesitamos modificar el proceso de llegadas de las entidades. Como hemos visto, el objeto *Source* estándar creará entidades utilizando una distribución del tiempo entre llegadas o un programa de llegadas. Para nuestro modelo de tasa de salidas máxima, necesitamos asegurarnos que siempre habrá una entidad esperando para ingresar a la primera estación (`Server1`). De esta forma, la primera estación nunca estará ociosa (esto es equivalente a decir que hay un suministro infinito de materia prima para la línea). Para implementar esta lógica, simplemente fijamos la propiedad *Maximum Arrivals* del objeto `Source1` en 1 (por lo que crearemos una sola entidad en el tiempo cero), duplicamos la entidad cuando termine de ser procesada en el objeto `Server1` y enviamos la entidad duplicada de nuevo a la entrada del objeto `Server1`. Hemos implementado este procedimiento utilizando el proceso complementario `Server1_Processing` para el objeto `Server1`. (ver la figura 9.48). El paso *Create* duplica la entidad y el paso *Transfer* conectado a la salida del paso *Create* transfiere la entidad al nodo `Input@Server1`. Debido a que la salida "original" va al "final" del proceso, la entidad original sigue el camino normal y será transferida a la segunda estación (si hay capacidad disponible en el servidor `Server2` o en el *buffer* entre `Server1` y `Server2`) o se quedará en el servidor `Server1` (ya que la capacidad del *buffer* de salida es 0). Ver el problema 8 al final del capítulo para conocer un método alternativo de mantener un suministro infinito de materia prima en la primera estación.

Ahora que nuestro modelo inicial está completo, podemos utilizar el modelo para experimentar con diferentes configuraciones. La figura 9.49 muestra los resultados de un experimento con el Modelo 9-3. Notar que debido a que definimos propiedades referenciadas para los tiempos de procesamiento de la estación (`TiempoProceso`) y para la capacidad de los *buffer* (`CapacidadBuffer`), éstos aparecen como controles en el experimento. En este experimento hemos definido once escenarios donde los tiempos de procesamiento se distribuyen exponencialmente con media de 10 minutos y la capacidad del *buffer* va de 0 a 10 en incrementos de 1. Para este experimento, fijamos la longitud de la corrida en 30,000 minutos y el periodo de calentamiento en 20,000 minutos. Con 10,000 minutos de tiempo de corrida y tiempos de procesamiento de 10 minutos en cada estación, esperaríamos que se produzcan 1,000 piezas (si no existiera variación en el tiempo de procesamiento). En los escenarios probados, la tasa de salidas promedio con 50 repeticiones varía desde 515.82, sin *buffer*, hasta 873.9, con 10 *buffer*. La figura 9.50 muestra la gráfica de respuesta para el experimento de la figura 9.49. La gráfica muestra claramente la tendencia esperada en la que observamos tasas de salidas crecientes al incrementarse la capacidad de los *buffer* (pero la tasa de crecimiento decrece).

Design | Response Results | Pivot Grid | Reports

Scenario		Replications		Controls		Responses
Name	Status	Required	Completed	TiempoProceso	CapacidadBuffer	TasaSalida
Scenario3	Idle	50	50 of 50	Random.Exponential(10)	0	515.82
Scenario2	Idle	50	50 of 50	Random.Exponential(10)	1	629.56
Scenario4	Idle	50	50 of 50	Random.Exponential(10)	2	700.48
Scenario5	Idle	50	50 of 50	Random.Exponential(10)	3	743.8
Scenario6	Idle	50	50 of 50	Random.Exponential(10)	4	776.5
Scenario7	Idle	50	50 of 50	Random.Exponential(10)	5	801.76
Scenario8	Idle	50	50 of 50	Random.Exponential(10)	6	824.42
Scenario9	Idle	50	50 of 50	Random.Exponential(10)	7	842.28
Scenario10	Idle	50	50 of 50	Random.Exponential(10)	8	856.76
Scenario11	Idle	50	50 of 50	Random.Exponential(10)	9	867.96
Scenario12	Idle	50	50 of 50	Random.Exponential(10)	10	873.9

Figura 9.49: Experimento con tiempos de procesamiento exponenciales para el Modelo 9-3.

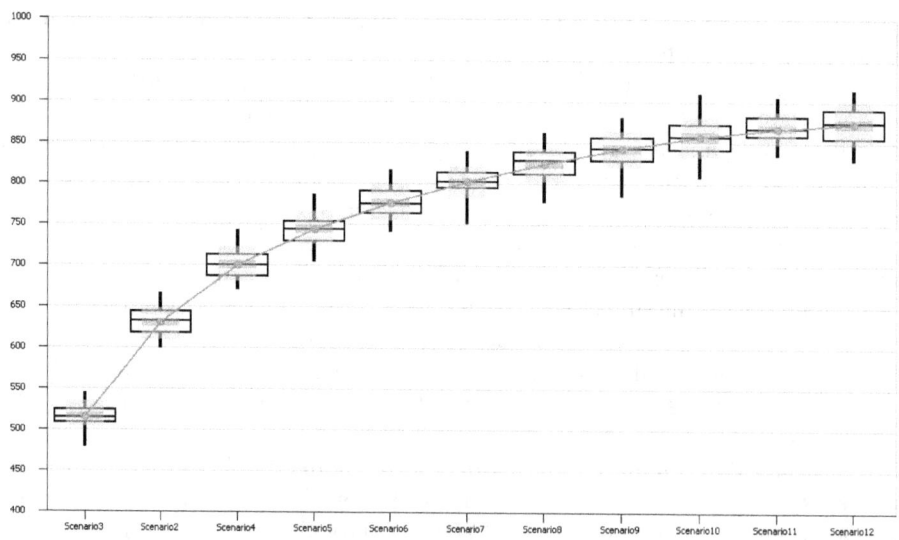

Figura 9.50: Gráfica de respuesta para el Modelo 9-3 con tiempo de procesamiento exponenciales.

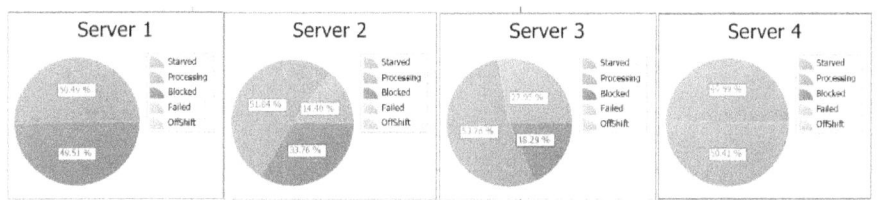

Figura 9.51: Gráficas circulares de estado para los servidores en el Modelo 9-3.

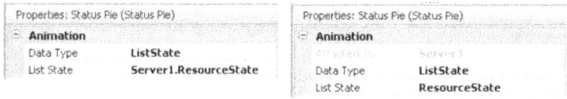

Figura 9.52: Propiedades de las gráficas circulares de estado para los objeto `Server1` (izquierda) y `Server3` (derecha).

Como discutimos anteriormente, Simio registra automáticamente el estado de disponibilidad de los recursos y de los objetos *Server*. Incluso, por defecto, Simio registra los siguientes estados de los objetos *Server*:

- *Starved* - El servidor está disponible y esperando la llegada de una entidad.

- *Processing* - El servidor está procesando una o más entidades.

- *Blocked* - El servidor ha terminado de procesar una entidad, pero la entidad no puede liberar al servidor.

- *Failed* - El servidor ha fallado.

- *Offshift* - El servidor sigue un programa y está fuera de turno.

Para nuestra línea de producción en serie, con suministro infinito de partes en el primer servidor, sin fallas y sin programas de trabajo, cada servidor puede estar procesando una pieza (ocupado), estar ocioso (disponible) o estar bloqueado. Podemos utilizar la gráfica circular de estado (*Status Pie chart*) de Simio para registrar los estados de los cuatro servidores en nuestra línea en serie (ver la figura 9.51). Las gráficas circulares muestran el porcentaje de tiempo que cada servidor se encuentra en el estado correspondiente. La figura 9.52 muestra las propiedades de las gráficas circulares de estado para los objetos `Server1` y `Server3`. En ambas gráficas, la propiedad *Data Type* se fijó en `ListState` y la propiedad *List State* apunta al estado del recurso (`ResourceState`). La diferencia entre las dos gráficas es que la gráfica para `Server3` está ligada al objeto `Server3`, por lo que el valor de la propiedad *List State* no necesita hacer referencia a `Server3`, mientras que la gráfica del objeto `Server1` no está ligada al servidor, por lo que la propiedad debe hacer referencia explícita al objeto *Server* (`Server1.ResourceState`). Además, como la gráfica de `Server3` está ligada al objeto *Server*, la gráfica se "moverá" con el objeto *Server* en la vista *Facility*. Notar que el primer servidor en la línea nunca está ocioso y el último servidor nunca está bloqueado. Esto es lo que esperamos de un modelo diseñado para encontrar la tasa de salidas máxima. Compare la segunda y la tercera estación, la segunda estación tiene más bloqueos y la tercera tiene más ocio. Si tuviéramos una línea más larga, este patrón se mantendría — las estaciones cerca del inicio de la línea experimentan más bloqueos y las estaciones cerca del final de la línea experimentan más ocio —.

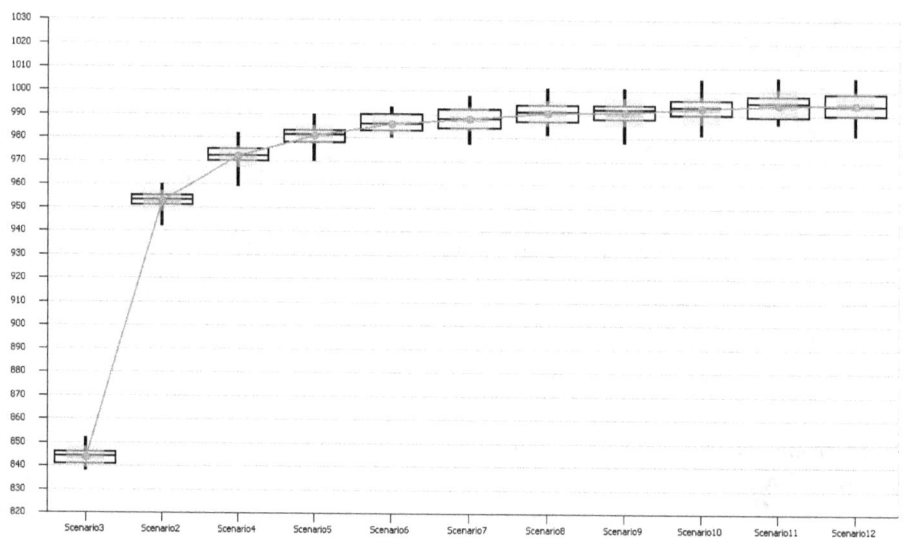

Figura 9.53: Gráfica de respuesta para el Modelo 9-3 con tiempos de procesamiento triangulares.

Debido a que hemos utilizado una propiedad referenciada para especificar la distribución de los tiempos de procesamiento, podemos cambiar fácilmente esta propiedad en el experimento (sin necesidad de regresar al modelo). La figura 9.53 muestra la gráfica de respuesta para un experimento similar al mostrado en la figura 9.49, con la diferencia de que usa tiempos de procesamiento triangulares con parámetros (5, 10, 15) — simplemente cambiamos los valores de las propiedades referenciadas en la sección de controles del experimento —. Como la varianza es significativamente menor con una distribución triangular, comparada con una distribución exponencial, esperamos que el efecto de bloqueo y el ocio sean menores para el caso de la distribución triangular y que el incremento en la tasa de salidas al añadir *buffer* sea mayor (i.e., mayor tasa de salidas con menos *buffer*). Estos resultados concuerdan con nuestras expectativas, así como con los resultados utilizando los métodos descritos en [2] y [7].

9.4   Resumen

En este capítulo hemos estudiado modelos de Simio para tres sistemas — cada uno involucra uno o más conceptos avanzados de simulación —. Además de los aspectos de modelado, nos enfocamos en la experimentación con cada uno de estos modelos e introdujimos el complemento de optimización OptQuest. Una vez que el usuario define el objetivo, las restricciones y los requerimientos apropiados, OptQuest "maneja" el experimento de Simio buscando una configuración óptima del sistema. También hemos descrito el proceso de ordenamiento y selección, por medio del cual tratamos de identificar "mejor" solución entre los escenarios propuestos por OptQuest[5] y demostramos el uso la función de Simio para realizar el Análisis de Selección de Subconjuntos (*Subset Selection Analysis*) y la selección del mejor escenario usando el complemento KN. Estas herramientas simplifican significativamente el proceso de análisis de las salidas.

Claro que apenas hemos explorado superficialmente las aplicaciones de la simulación en general y las habilidades de Simio en particular, así que definitivamente debería considerar esto

---

[5]Notar que el proceso de ordenamiento y selección que hemos descrito funciona con cualquier conjunto de escenarios, sin importar cómo se identificaron — no se requiere que los escenarios hayan sido generados con OptQuest.

Tabla 9.3: Distribución del tiempo de atención por zonas y proporciones de clientes de cada zona para el problema 3. El tiempo de atención incluye el viaje de ida y regreso, y todos los tiempos están en minutos.

Zona	Proporción	Distribución del tiempo de atención
1	12%	Triangular(5, 12, 20)
2	30%	Triangular(2, 7, 10)
3	18%	Triangular(8, 15, 22)
4	40%	Triangular(6, 10, 15)

como el inicio de su búsqueda por convertirse en un maestro del uso de la simulación y de Simio. Más aún, nuestro cubrimiento del análisis de la salida, en general, y la optimización basada en simulación, ha sido introductorio por naturaleza, y existe mucho que aprender de otras fuentes y de nuestra propia experiencia.

9.5   Problemas

1. Modifique el Modelo 9-1 para que incluya el movimiento físico del paciente con la funcionalidad de la compañía de la enfermera o del asistente, como en el Modelo 8-3. Compare los requerimientos de recursos con los del Modelo 9-1. ¿La inclusión de este nivel de detalle "mejora" la validez de los resultados? Si es así, ¿por qué? Si no es así, ¿por qué no?

2. Modifique el Modelo 9-1 para permitir la preferencia del recurso Doctor por los pacientes del tipo Urgente. En particular, si todos los doctores están ocupados cuando llega un paciente Urgente, dicho paciente debe tener preferencia para tomar a un doctor sobre los otros pacientes que no son del tipo Urgente. Compare los resultados de los modelos. ¿Recomendaría usted que el Departamento de Emergencia implemente el cambio correspondiente en el sistema real?

3. En el Modelo 9-2, tomamos 1000 horas de corrida sin calentamiento (y dimos una justificación para ello. ¿Parecen ser razonables estos valores? ¿Porqué o porqué no? ¿Podría lograr los mismos resultados con tiempos de corrida más cortos? ¿Un tiempo de corrida más grande mejoraría los resultados?

4. En la sección 9.2.1 experimentamos con el Modelo 9-2 (manualmente y con OptQuest), pero no usamos la función *Subset Selection Analysis* y/o el complemento para seleccionar el "mejor" escenario (de un conjunto identificado) usando KN. Haga este análisis, incluyendo cualquier ajuste necesario al número de repeticiones para identificar la "mejor" configuración.

5. En nuestros días, muchos establecimientos de pizza para llevar también atienden pedidos a domicilio. Modifique el Modelo 9-2 para permitir la entrega de pedidos de los clientes. Asuma que el 90% de los clientes desean la entrega a domicilio (el 10% restante recogerá sus pizzas, como asumimos en el Modelo 9-2). El establecimiento de pizzas ha dividido el área de servicio a domicilio en cuatro zonas, y el despachador puede atender varios pedidos en el mismo viaje, si los pedidos provienen de la misma zona. La tabla 9.3 proporciona la distribución del tiempo de atención y la proporción de clientes para cada zona. Por simplicidad, si un viaje incluye más de un pedido, simplemente agregue 4 minutos al tiempo de atención generado, por cada pedido adicional. Por ejemplo, si un viaje incluye 3 pedidos y el tiempo de atención original fue de 8 minutos, usted consideraría $8 + 4 + 4 = 16$ minutos

Tabla 9.4: Distribuciones de los tiempos de procesamiento, de las fallas y de las reparaciones para el problema 7. Notar que todos los tiempos están en minutos y que las fallas están basadas en el calendario.

Est.	Tiempo de Proceso	Tiempo de operación	Tiempo de reparación
1	Triangular(3,6,9)	Exponencial(360)	Exponencial(20)
2	Exponencial(3)	Exponencial(120)	Triangular(10,15,20)
3	Erlang(6,3)	Exponencial(300)	Exponencial(5)
4	Triangular(2,7,12)	N/A	N/A
5	Lognormal(4,3)	Exponencial(170)	Triangular(8,10,12)
6	Exponencial(6)	N/A	N/A

para el tiempo total de atención. Para las llegadas de clientes, tiempos de procesamiento y características de los trabajadores, utilice los mismos datos del Modelo 9-2. Elabore un experimento para determinar cuántos despachadores deberían contratarse. Asegúrese de justificar su solución (i.e., cómo decidió cuál es el número apropiado de despachadores).

6. Modifique el modelo del problema 3 para que los despachadores esperen hasta que haya por lo menos 2 pedidos esperando para ser despachados a cierta zona antes de que empiecen el viaje. Compare los resultados con los del modelo anterior. ¿Es ésta una buena estrategia? ¿Qué sucedería si se requieren por lo menos 3 pedidos?

7. Considere una línea de manufactura con seis estaciones en serie, similar a la línea de ensamble del Modelo 9-3. Como en el Modelo 9-3, existe un *buffer* de capacidad finita entre cada par de estaciones consecutivas (asuma que la primera estación siempre tiene trabajo y que la última estación nunca se bloquea). La diferencia en este sistema es que las distribuciones de los tiempos de procesamiento en las estaciones no son las mismas y algunas están sujetas a fallas aleatorias. Las distribuciones para los tiempos de procesamiento y los datos de fallas se proporcionan en la tabla 9.4. Desarrolle un modelo en Simio de la línea en serie y genere un experimento para encontrar una "buena" asignación de 30 espacios de buffer disponibles. Por ejemplo, una asignación puede ser $[6, 6, 6, 6, 6]$ (6 espacios entre cada par de estaciones). El objetivo es maximizar la producción de la línea. ¿Su experimento puede garantizar una asignación óptima de la capacidad del *buffer*? Si es así, ¿por qué? Si no es así, ¿por qué no?

8. Modifique el Modelo 9-3 para utilizar la opción **On Event** para la propiedad *Arrival Mode* del objeto *Source* para crear nuevas entidades para la primera estación, en lugar de utilizar el proceso complementario correspondiente del objeto **Server1** descrito en la sección 9.3.

9. En el experimento usando OptQuest descrito en la sección 9.2.1, minimizamos el tiempo en el sistema de los clientes, sujeto a una restricción de nivel de servicio. Sin embargo, no consideramos los costos del personal. Como alternativa, desarrolle una métrica de "costo total" que incorpore el tiempo de espera (en cola) de los clientes, los costos de los trabajadores y el servicio al cliente. Agregue la métrica de costo total como una estadística de salida y utilice OptQuest para encontrar la(s) configuración(es) óptima(s).

10. El Modelo 9-2 utiliza una estrategia de empleados *agrupados* para tomar los pedidos, hacer las pizzas y empaquetar las pizzas. Desarrolle un modelo que utilice una estrategia de empleados dedicados (i.e., cada empleado está dedicado a una tarea) y compare los resultados con los del Modelo 9-2. ¿Bajo qué condiciones se prefiere una estrategia sobre la otra? Justifique su respuesta con resultados experimentales.

Capítulo 10

Temas Diversos de Modelado

El objetivo de este capítulo es el de discutir varios conceptos de modelado y varias características de Simio asociadas con estos conceptos, que le ayudarán a mejorar sus destrezas para modelar. Las secciones de este capítulo son independientes — no existe un "tema central" que deba seguirse desde el principio hasta el final, y se pueden elegir las secciones en cualquier secuencia, de acuerdo a las necesidades particulares de modelado.

10.1 Paso *Search*

El paso *Search* es un paso de procesos muy flexible, que es utilizado para buscar objetos y filas de columnas en una *colección* del modelo. Una *colección* es un grupo de objetos del modelo. Algunos ejemplos de colecciones son poblaciones de entidades (*Entity Populations*), estados de colas (*Queue States*), filas de tablas (*Table Rows*), listas de objetos (*Object Lists*), listas de transportadores (*Transporter Lists*), y listas de nodos (*Node Lists*), para una lista completa de tipos de colecciones, se puede consultar la ayuda de Simio. En esta sección, describimos dos ejemplos de modelos que muestran el uso del paso *Search*. Otros ejemplos relacionados con este paso están disponibles en la colección SimBit (en Simio, hacer clic en "Sample SimBit Solutions" de la cinta *Support*, y use la palabra clave 'Search' para la búsqueda).

10.1.1 Modelo 10-1: Búsqueda y Remoción de Entidades de una Estación

En este modelo, deseamos que las entidades que llegan puedan esperar en una "estación de retención", de la cual se extraen periódicamente para ser procesadas. Este mecanismo efectivamente desfasa el procesamiento de la entidad del proceso de llegadas. La figura 10.1 muestra el modelo completo. El estado de la cola de nombre *Estacion De Retencion* está asociado con un *Element* del tipo *Station* (estación) definido en el modelo (ver la figura 10.2). La cola de la vista *Facility* ha sido colocada usando el botón *Detached Queue* (cola independiente) de la cinta *Animation* (el nombre del estado de la cola es `EstacionDeRetencion.Contents`). Las entidades se transfieren desde el objeto `Source1` hacia la estación usando el proceso complementario `CreatedEntity` (ver la figura 10.3). El proceso `Process1` utiliza el paso `End Transfer` para finalizar la transferencia de la entidad. Notar que este proceso se dispara por el evento `EstacionDeRetencion.Entered` que ocurre automáticamente cuando una entidad ingresa a la estación.

Con la lógica descrita hasta el momento, las entidades creadas serían transferidas directamente a la estación de retención, donde permanecerían indefinidamente (hasta el final de la simulación). Como deseamos que periódicamente se tomen entidades de la estación para su

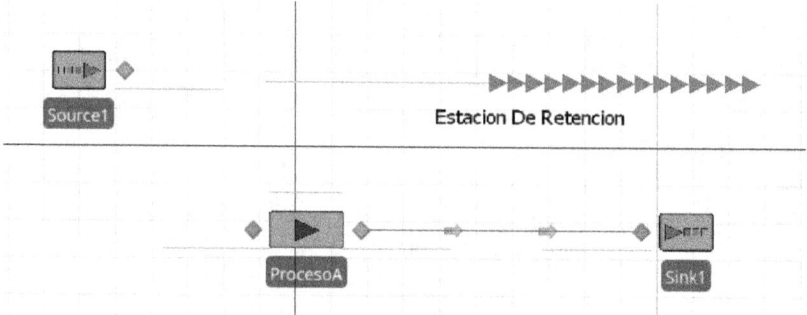

Figura 10.1: Modelo 10-1.

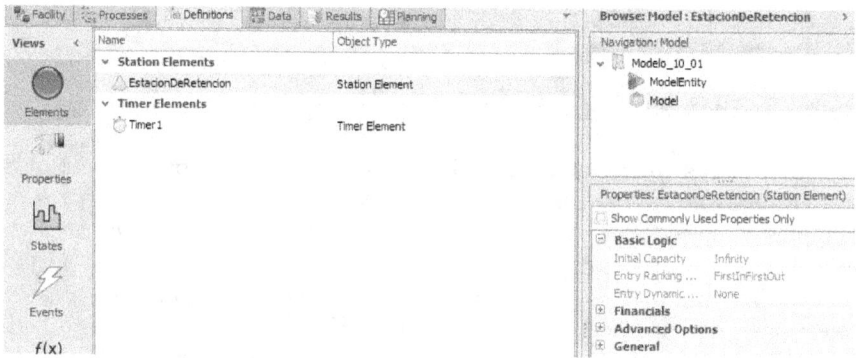

Figura 10.2: Definiciones para el Modelo 10.1.

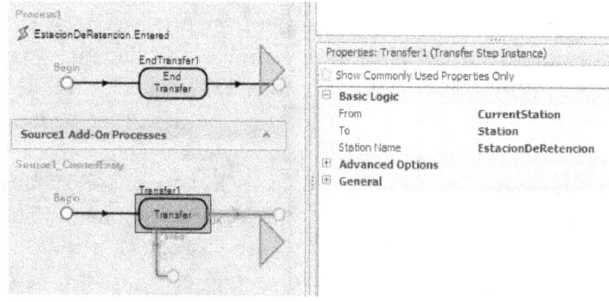

Figura 10.3: Los dos procesos asociados con la transferencia de entidades desde Source1 hacia EstacionDeRetencion.

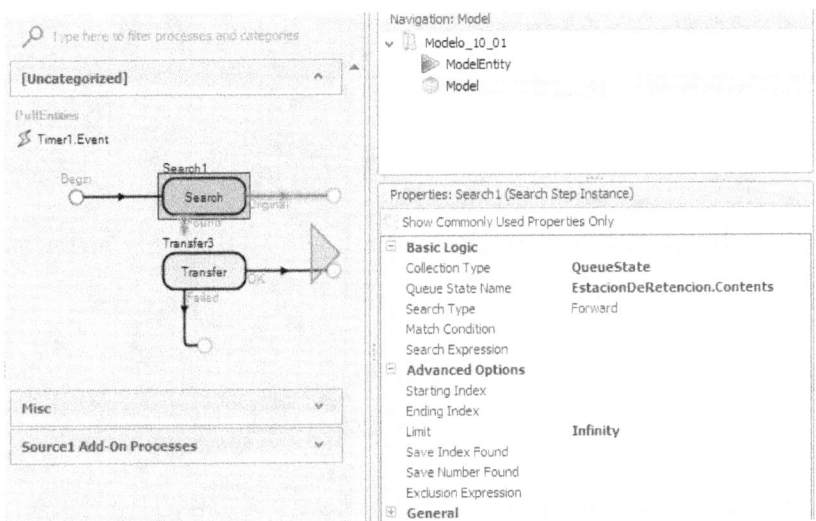

Figura 10.4: Proceso para buscar en la cola de retención y transferir entidades a `ProcesoA`.

proceso, usaremos un proceso, disparado por un *Timer*, para buscar en la cola y transferir entidades al nodo de entrada de `ProcesoA` para su procesamiento. La figura 10.4 muestra el proceso(`PullEntities`). En el paso *Search*, hacemos que la propiedad *Collection Type* tome el valor `QueueState`, que *Queue State Name* tome el valor `EstacionDeRetencion.Contents`, y que *Limit* sea `Infinity`. Estableciendo estas propiedades, el paso *Search* buscará por todas las entidades de la cola `EstacionDeRetencion`. Cada entidad encontrada será transferida al nodo de entrada del objeto `ProcesoA`. Notar también que el proceso es disparado por el evento `Timer1.Event` (ver la figura 10.2 para la definición del *Timer*). Si bien en este ejemplo sencillo utilizamos un *Timer* para remover entidades periódicamente, la misma lógica puede utilizarse con otros mecanismos de remoción o de entrada de entidades.

10.1.2 Modelo 10-2: Acumulación del Tiempo Total de Proceso de un Lote

En este segundo ejemplo del paso *Search*, deseamos agrupar entidades y determinar el tiempo de proceso para el lote por medio de la suma de los tiempos de proceso de las entidades que conforman el lote. La figura 10.5 muestra el modelo completo. El objeto `Source1` crea entidades del tipo A, las entidades *Parent* (padre) de los lotes, y `Source2` crea entidades del tipo B, las entidades *Member* (miembro) de los lotes. El estado *TiempoProceso* de las entidades es un estado definido por el usuario, que sirve para almacenar los tiempos de proceso individuales para las entidades del tipo B, y también el tiempo acumulado de proceso (en las entidades del tipo A). Como se muestra en la figura 10.5, los tiempos de proceso para las entidades del tipo B se asignan de acuerdo a una distribución triangular con parámetros $(1, 2, 3)$. El objeto `Combiner1` agrupa una entidad del tipo A con cinco entidades del tipo B, y nos gustaría que el tiempo de proceso para el lote en *Server1* sea la suma los cinco tiempos de proceso que tenían las entidades del tipo B antes de agruparse, para lo cual usamos el proceso complementario que se activa con el proceso (*Processing*) del objeto `Combiner1` para que el lote se forme antes que se ejecute el proceso asociado. La figura 10.6 muestra el proceso. Utilizamos el paso *Search* para buscar a todas las entidades en los lotes de la cola (`ModelEntityBatchMembers`) y sumar los valores de la expresión que se indica en la propiedad *Search Expression* (`CandidateModelEntityTiempoProceso`). Este

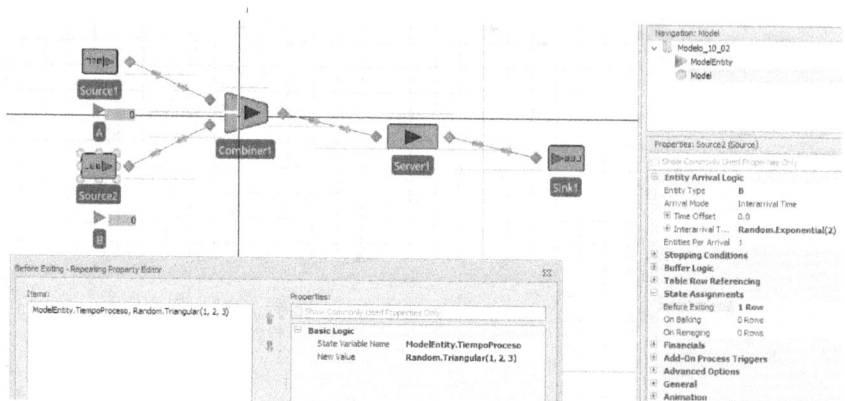

Figura 10.5: Modelo 10-2.

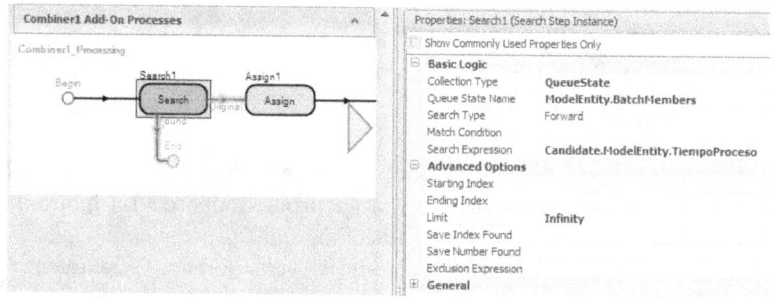

Figura 10.6: Proceso complementario para sumar los tiempos de proceso en el Modelo 10-2.

procedimiento sumará los valores de la expresión y almacenará la suma en el valor de retorno de la ficha (*token*). Podemos ahora asignar el valor de esta suma (`TokenReturnValue`) al estado *TiempoProceso* del lote en el paso *Assign* que sigue y usar este estado como valor de la propiedad *TiempoProceso* del objeto `Server1`. Como resultado, los componentes individuales del tipo B en cada lote, tendrán un tiempo de proceso muestreado de una distribución triangular, y el lote tendrá como tiempo de proceso la suma de estos tiempos de proceso.

Antes de dejar la discusión sobre el paso *Search*, sugerimos tener cuidado al usarlo. El paso *Search* es muy poderoso y puede ayudarnos en muchas situaciones, pero tiene como lado negativo el potencial de querer usarlo con demasiada frecuencia. Por ejemplo, si desea buscar cada vez que avanza el reloj, sobre una tabla con 10,000 filas o sobre una colección de 10,000 entidades. Si bien Simio puede hacer esto fácilmente, debe notar que el tiempo de ejecución necesario para estas búsquedas hará que la corrida sea muy lenta. El uso excesivo de este paso es una causa común para los problemas con el tiempo de ejecución.

10.2   Modelo 10-3: Evitamiento y Abandono

El evitamiento y el abandono de una cola son comportamientos comunes que pueden tener un modelado interesante. El *evitamiento* ocurre cuando una entidad que llega a una cola, decide no ingresar a ella (por ejemplo, un cliente potencial decide que la cola está demasiado larga y prefiere abandonar el sistema). El *abandono* ocurre cuando una entidad que ya está en la cola decide abandonarla antes de recibir el servicio (por ejemplo, usted espera en la fila por algún

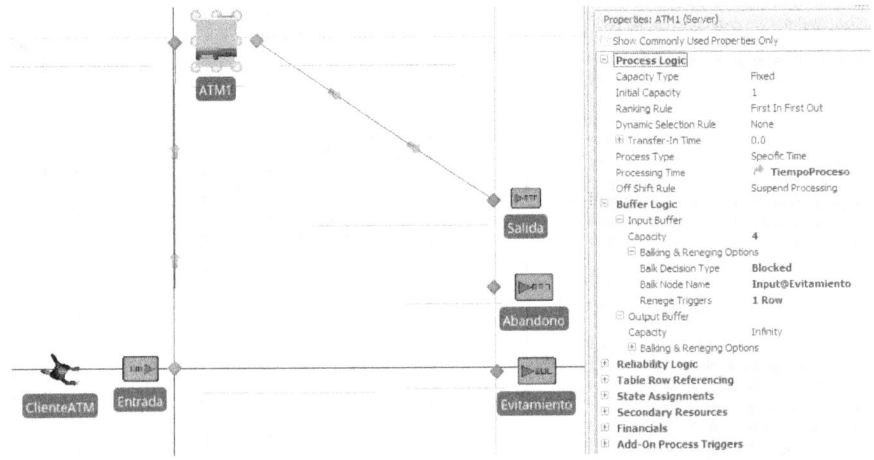

Figura 10.7: Modelo 10-3 y propiedades del objeto ATM1.

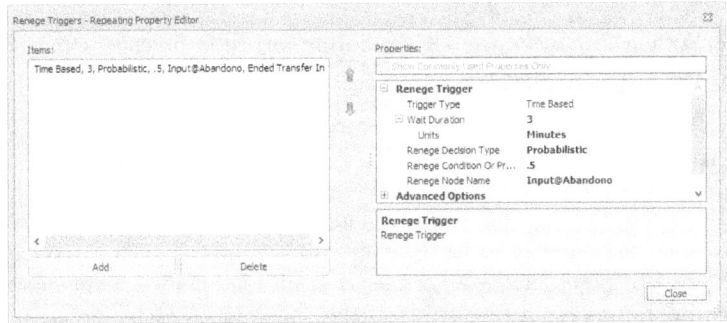

Figura 10.8: Propiedades *Renege Triggers* para el Modelo 10-3.

rato, y observa que la cola se está moviendo muy despacio, por lo que decide irse). El *juego* o cambio de línea es un comportamiento relacionado que ocurre cuando un cliente abandona su línea, y se va a otra. Afortunadamente, Simio ofrece soporte para el evitamiento y el abandono a través de propiedades para la lógica de buffers (*Buffer Logic*) en objetos de la librería estándar. El Modelo 10-3 es una versión modificada del modelo de cajero automático de la sección 4.4, donde hemos incorporado comportamientos de evitamiento y de abandono para los clientes del cajero automático. En el modelo modificado, los clientes que llegan al cajero no se incorporan a la cola si hay 4 clientes esperando en la fila, y los clientes que ya están en la fila podrían abandonarla con cierta probabilidad al cumplir tres minutos en la fila de espera (hemos escogido estos dos valores arbitrariamente – los valores adecuados dependerán de la situación específica).

La figura 10.7 muestra el Modelo 10-3 con las propiedades del objeto ATM1. Hemos incluido dos objetos *Sink* adicionales – las entidades que evitan la cola son enviadas al objeto Evitamiento y las entidades que abandonan la fila son enviadas al objeto Abandono. Notar en la ventana de propiedades que la capacidad del buffer de entrada del objeto ATM1 es de 4 y que el valor para la propiedad del tipo de evitamiento (*Balk Decision Type*) es Blocked, para indicar que cuando una entidad llega y el buffer está lleno, en lugar de bloquear la red (el desempeño por defecto), la entidad será transferida al objeto InputEvitamiento. El comportamiento para el abandono está especificado en el grupo de propiedades *Renege Triggers* (ver la figura 10.8).

Con los valores asignados a estas propiedades indicamos que, luego de esperar por 3 minutos, la entidad abandona el sistema con probabilidad de 0.5. Las entidades que abandonan la fila son enviadas al nodo `InputAbandono` (el nodo de entrada de `Abandono`). Las entidades que no abandonan la fila simplemente permanecen en la cola.

Si bien los comportamientos de abandono y evitamiento desarrollados en el Modelo 10-3 son muy básicos, se pueden desarrollar métodos similares para modelos más complejos de abandono, evitamiento y juego en la cola. Existen varias soluciones de SimBit para estos comportamientos, incluyendo:

- *BalkingOnSourceBlockingOnServer* - Evitamiento simple sin espacio para buffer.

- *ChangingQueuesWhenServerFails* - Las entidades esperan en un servidor, y cambian de servidor cuando el primero falla.

- *ServerQueueWithBalkingAndReneging* - Las entidades tienen tolerancias individuales para el 'número en cola', las que determinan el evitamiento y tolerancias individuales para el 'tiempo de espera', lo que causa el abandono si su atención no está cerca (dentro de su expectativa).

- *MultiServerSystemWithJockeying* - Cuando hay otra fila de espera más corta, la entidad se mueve (juega) a la fila más corta.

10.3   Secuencias de Tareas

Hasta el momento hemos dejado que la propiedad *Process Type* del objeto *Server* sea siempre *Specific Time*, lo que hace que el proceso se ejecute en una sola fase, con un único tiempo de proceso asociado. Si necesitamos algo más complicado, hemos mencionado que el objeto *Workstation* permite un procesamiento en tres fases: apertura (*setup*), procesamiento (*process*), y cierre (*teardown*). Pero estas tres fases son secuenciales, y son exactamente tres. Simio tiene otra solución – la programación de Secuencias de Tareas (*Task Sequences*).

La opción **Task Sequences** permite definir y ejecutar secuencias estructuradas de tareas. La manera más fácil de implementarlas es especificando como *Task Sequence* a la propiedad *Process Type* de un *Server*[1], lo que permite introducir las tareas (*Tasks*) en el grupo *Processing Tasks*. Una tarea puede ser un tiempo de proceso simple, o puede tener muchas otras opciones. Si se tienen varias tareas, se pueden ejecutar secuencialmente, en paralelo, condicionalmente, estocásticamene, y en cualquier combinación de estas opciones.

Ilustraremos estas ideas con un escenario sencillo. Supongamos que una operación de pintura se realiza en dos etapas; la primera es la Preparación, que requiere entre 0.5 y 1.5 minutos (uniforme) y la segunda es la Pintura, que requiere entre 0.5 y 2.0 minutos, con una moda de 1.0 minutos (triangular). Las partes llegan al sistema con tiempo entre llegadas exponencial con promedio de 2.5 minutos. Si bien este sistema se puede modelar con dos objetos *Server*, lo modelaremos con un sólo *Server*.

- Agregue un *Source*, un *Server*, y un *Sink*, e ingrese adecuadamente los valores de las propiedades para el *Source*.

- Especificar el tipo de proceso (*Process Type*) del *Server* como *Task Sequence*.

- Hacer clic en *Processing Tasks* para abrir el grupo de tareas (*Tasks*).

---

[1]También se encuentra en *Combiner* y *Separator*, o se puede usar *Task Sequences Element* directamente.

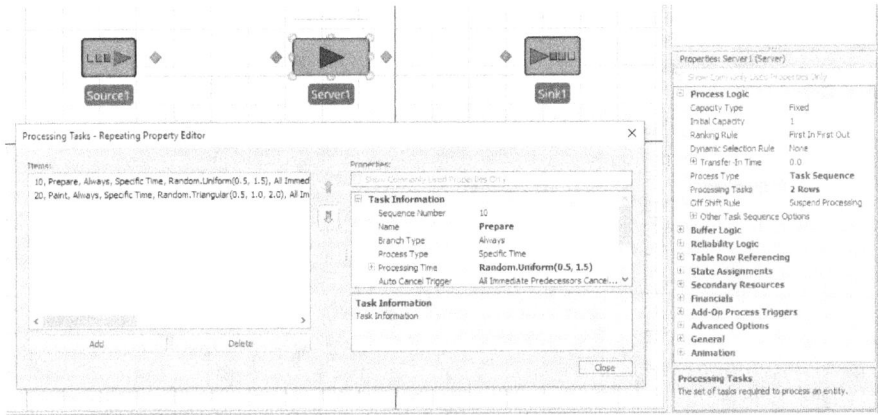

Figura 10.9: Secuencia de tareas (inicial) para el Modelo 10-4.

- Agregue una tarea de nombre *Prepare*, con tiempo de proceso *Random.Uni form(0.5, 1.5)*. Deje los otros campos en sus valores por defecto.

- Agregue una segunda tarea y cambie su *Sequence Number* a *20*, para indicar que debe seguir a la tarea "10" (la primera). Establezca el nombre de la tarea como *Paint*, y el tiempo de proceso como *Random.Triangular(0.5, 1.0, 2.0)*. Deje los otros campos en sus valores por defecto.

- Su trabajo debería lucir como en la figura 10.9.

Si corre ahora el modelo, parecería estar corriendo adecuadamente, pero es difícil de asegurar si está trabajando correctamente. Es conveniente examinar la operación del modelo en el ventana *Trace* usando *Step* para seguir el movimiento de una entidad a través del sistema.

Ahora modificaremos el modelo para aprender más cosas e ilustrar claramente que el modelo está funcionando bien. Supongamos que el modelo tiene un operario (*Worker*) llamado *Prepper*, cuyo nodo inicial es `BasicNode1` (ubicado cerca del *Source*). El modelo tiene también un segundo operario llamado *Painter* cuyo nodo inicial es *BasicNode2* (ubicado cerca del *Sink*). Ambos operarios regresan a su nodo inicial cuando están desocupados. Existe también un tercer nodo (*BasicNode*) llamado `WorkPlace` que está ubicado justo antes del lugar donde la entidad espera para ser procesada.

Si volvemos a abrir el grupo de tareas (*Task Sequences*) del *Server*, notaremos una sección de nombre **Resource Requirements** que es similar a la sección previa para especificar recursos. Cambie ambas tareas (la primera se ilustra en la figura 10.10) para pedir al operario apropiado y hacer que vaya al nodo `WorkPlace` para realizar el trabajo. Cuando ahora corra el modelo, podrá apreciar que *Prepper* se aproxima por la izquierda para realizar la tarea *Prepare*, y que inmediatamente después *Painter* se aproxima por la derecha para realizar la tarea *Paint*.

Así como especificamos requerimientos de recursos, también podemos especificar requerimientos de materiales utilizando el grupo **Material Requirements**. En este caso, tenemos la opción de consumir o de producir materiales, así como de producir o consumir una Carta de Materiales (*Bill of Materials*, es decir, la lista de materiales requeridos para producir éste).

Cada tarea tiene también una propiedad (*Branch Type*) para indicar bajo qué circunstancias debería realizarse la tarea. En el ejemplo anterior, dejamos el valor por defecto *Always*, indicando que siempre se harán ambas tareas, aunque existen otras opciones como: condicionada

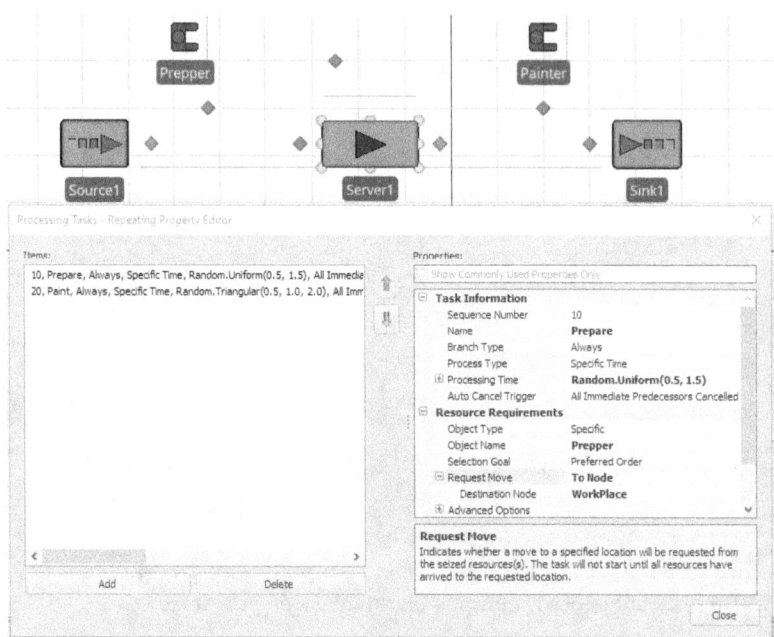

Figura 10.10: Secuencia de tareas (final) para el Modelo 10-4.

(*Conditional*), probabilística (*Probabilistic*), y probabilística independiente (*Independent Probabilistic*). Por ejemplo, podríamos usar la opción *Probabilistic* en la preparación, para indicar que esta tarea sólo se requiere ejecutar el 45% de las veces. Otra consideración importante para ejecutar o no una tarea se puede basar en la cancelación o no de la tarea previa (por ejemplo, si no se requiere la preparación, podría no requerirse la pintura). La propiedad *Auto Cancel Trigger* tiene por defecto la cancelación de la tarea con la opción *All Immediate Predecessors Cancelled*, pero permite la realización de la tarea si se elije *None* para esta propiedad.

Cuando se tiene más de una tarea, se debe especificar el orden de procesamiento. En el modelo anterior, hemos especificado números de tareas secuenciales (e.g., 10 y 20). Para secuencias simples, ésta es la manera más fácil [2]. Pero en el servidor de nuestro ejemplo, se puede observar que existe una propiedad *Task Precedence Method* dentro de la opción *Other Task Sequence Options*. además de la opción *Sequence Number Method* que hemos usado, también se puede elegir al sucesor inmediato (*Immediate Successor*) y al predecesor inmediato (*Immediate Predecessor*). Estas dos últimas opciones son más fáciles de usar que los complejos diagramas de secuencias (como en la figura 10.11).

Remarcamos que, cuando introducimos el uso de servidores, hemos evadido la propiedad *Process Type*, sólo usamos *Specific Time*, hasta que aprendimos sobre secuencias de tareas. Nuevamente lo acabamos de hacer, ya que cada tarea en la secuencia tiene una propiedad *Process Type* que hemos evadido hasta ahora. Sin cubrir los detalles, podemos mencionar que una tarea no está limitada a un tiempo de proceso simple. También podemos seleccionar *Process Name* para ejecutar un proceso de cualquier longitud; *Submodel* para enviar una copia de la entidad a un submodelo (e.g., un conjunto de objetos) y esperar por su finalización; o *Sequence Dependent Setup* para calcular automáticamente el tiempo de proceso con base en los datos especificados en una lógica de cambios por apertura de procesos (*Changeover Logic*).

---

[2] Aunque hemos usado valores enteros, pueden ser cadenas de varios niveles (e.g., 10.1.3) que permiten indicar tareas de ejecución en paralelo o en secuencia, ver la ayuda de Simio para los detalles.

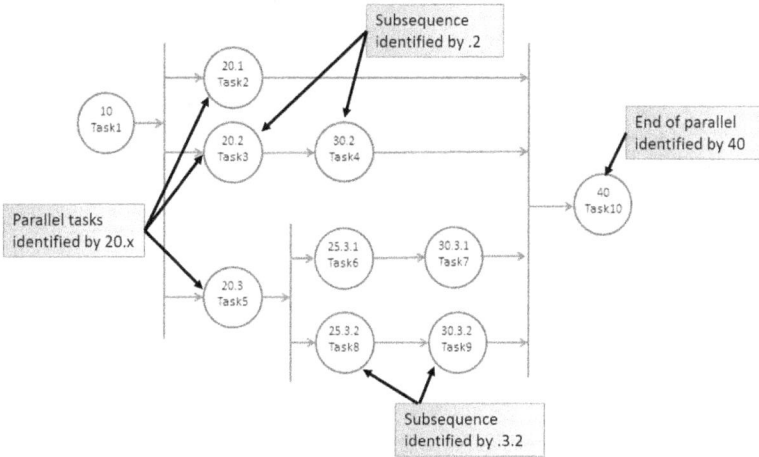

Figura 10.11: Secuencias de tareas más complejas usando esquemas de numeración.

Un comentario final sobre secuencias de tareas. En algunas aplicaciones existen muchas, quizás cientos de tareas a completar en una sola estación. Por ejemplo, cuando se ensambla un avión, éste se ubica en cierta posición (uno) en la que docenas de operarios ejecutan cientos de tareas en varios días, luego el avión se mueve a otra posición (dos) para recibir más operaciones. Como hemos ilustrado, el ingreso manual de estas tareas puede ser algo tedioso. Muchos de estos modelos pueden guiarse por los datos. La propiedad *The Other Task Sequence Options* del servidor contiene opciones adicionales para apoyar seuencias de tareas guiadas por datos.

Para una mayor información, sugerimos revisar los siguientes modelos:

- SimBit: *ServerUsingTaskSequenceWithWorkers* ilustra cuatro tareas en serie que utilizan operarios.

- SimBit: *TaskSequenceAndWorker* ilustra tareas concurrentes que requieren del traslado de los operarios.

- SimBit: *ServerUsingTaskSequenceAlternativeMethodsForDefiningTaskPrecedence* ilustra diferentes definiciones de precedencia para las tareas.

- SimBit: *ServersUsingTaskSequenceWithDataTablesJobShop* ilustra el uso de tablas de datos.

- Example: *HealthCareClinic* ilustra el ingreso de los datos de las tareas por medio de tablas de datos relacionales.

10.4 Lógica de las Decisiones Basadas en Eventos

Como aprendimos en la sección 5.1.1, los **eventos** son mensajes importantes que se pueden lanzar para comunicarse entre objetos. Los eventos son útiles para informar a otros objetos que algo importante ha sucedido y para incorporar la lógica apropiada. Exploremos este tema con algo más de detalle.

Simio genera eventos de muchas maneras, de hecho, muchos eventos ocurren y se generan automáticamente. Por ejemplo, se genera un evento cada vez que una entidad ingresa o sale de un nodo. Como la mayoría de los modelos tienen nodos a la entrada o salida de muchos objetos, esto proporciona un medio fácil de detectar cambios importantes de estado y hacer que ocurran otras cosas. Por ejemplo, si se desea la llegada de paletas justo-a-tiempo en un sistema, se puede usar la propiedad *Arrival Mode* de un *Source* para la creación de entidades sólo cuando una paleta deja cierto nodo determinado. Para un ejemplo, ver el SimBit *RegeneratingCombiner*.

Existen muchos otros eventos que se producen automáticamente por objetos de la *Standard Library*, incluyendo:

- Cuando una entidad empieza o termina una transferencia, o se destruye.

- Cuando se asigna o libera un recurso, cambia la capacidad, o cuando falla, o cuando termina su reparación.

- Cuando un servidor cambia su capacidad, o cuando falla, o cuando termina su reparación.

- Cuando un operario (*Worker*) o un vehículo (*Vehicle*) entra o sale de un nodo, empieza o termina una transferencia, es asignado o liberado de una tarea, cambia su capacidad, o cuando falla, o cuando termina su reparación

Como en muchos objetos de la *Standard Library*, los eventos disparan acciones, incluyendo:

- Un *Source* puede disparar la creación de entidades (como ya se discutió).

- Un *Source* puede dejar de crear entidades.

- Un *Server*, un*Resource*, un *Conveyor*, o un *Vehicle* puede iniciar una falla.

- Un *Vehicle* o un *Worker* puede terminar su tiempo de permanencia.

Por medio de combinaciones de estas opciones, podemos imaginar una gran cantidad de decisiones dinámicas utilizando las propiedades de los objetos de la *Standard Library* y los eventos automáticos que ellos generan. Pero antes de demostrarlo, avancemos un nivel adicional. Además de todos estos eventos automáticos, uno puede definir sus propios eventos, y lanzarlos de manera muy flexible utilizando elementos y pasos de Simio. Los elementos (*Elements*) y pasos (*Steps*) responden a los eventos de manera similar a la de los objetos de la *Standard Library*, pero permiten aún más flexibilidad y control. Podemos definir nuestros propios eventos "definidos por el usuario" a través de la ventana *Events* o de la pestaña *Definitions*. Examinemos cómo podemos activar, o "disparar" nuestros propios eventos:

- El elemento *Station* se usa para definir una localización, con restricciones de capacidad, para recibir entidades que representan artículos discretos. Genera los eventos entrada (`Entered`), salida (`Exited`), y cambio de capacidad (`CapacityChanged`).

- El elemento *Timer* se usa para lanzar un conjunto de eventos de acuerdo a cierto tipo de intervalo de tiempo. Genera los eventos denominados `Event` cada vez que se vence el tiempo. El *Timer* puede también responder a eventos externos para lanzar eventos futuros del *Timer* o para reiniciar el *Timer*.

- El elemento *Monitor* se usa para detectar el cambio de una variable de estado (o de un grupo de variables), o el exceso sobre cierto límite. Genera los eventos denominados `Event` cada vez que *Monitor* detecta el cambio de estado de una variable que está siendo monitoreada.

- El paso *Fire* se usa para lanzar un evento definido por el usuario.

Como hemos discutido, muchos objetos de la *Standard Library* tienen propie-dades que les permiten actuar cuando ocurre un evento. Pero no estamos limitados a estas reacciones predefinidas – podemos definir nuestras propias reacciones. Las dos maneras más comunes para hacer esto son usando el paso *Wait* dentro de un proceso, o lanzando el propio proceso.

Hasta el momento, todos los procesos que hemos implementado han sido ejecutados automáticamente por Simio (e.g., OnRunInitialized) o por los objetos donde fueron definidos (e.g., procesos complementarios). Otra manera útil de disparar un proceso es haciendo uso de la propiedad `Triggering Event Name` para disparar el proceso por medio de algún evento específico. El proceso se dispara cuando se recibe el evento cuyo nombre está especificado[3], y se crea una ficha (*token*) que inicia la ejecución del proceso. El paso *Subscribe* permite también asociar el lanzamiento de un proceso a un evento – típicamente a través de una entidad. Se puede cancelar automáticamente la asociación usando el paso *Unsubscribe*.

Otra forma, algo elegante, de reaccionar ante un evento, se puede realizar usando el paso *Wait*. En este caso, el paso estará inactivo (es decir, ignora todos los eventos) hasta que la ficha ejecuta el paso *Wait*. La ficha "esperará" en el paso *Wait* hasta que ocurra uno o más [4] de los eventos especificados. Este caso se usa para forzar a la ficha (y posiblemente al objeto asociado) a esperar en cierto punto del modelo hasta que ocurra la condición especificada. Por ejemplo, se podría hacer esperar (en un transportador) a todas las partes con prioridad 2, hasta que todas las partes con prioridad 1 (quizás en otro transportador) se hayan procesado. La última parte con prioridad 1 podría lanzar el evento "TodoTerminado" que estarian esperando las partes con prioridad 2.

Aunque existen muchas aplicaciones simples de los pasos *Wait* y *Fire*, una aplicación interesante es la coordinación o sincronización de dos entidades, cuando alguna de las dos entidades llega al punto de coordinación. Por ejemplo, un paciente está esperando para ir una sala de toma de imágenes, pero no puede continuar hasta que llegue la autorización del seguro. Pero el trámite del seguro no puede continuar hasta que el paciente esté listo para entrar a la sala. Esta situación se puede modelar considerando los eventos *PacienteListo* y *TrámiteListo*, donde cada entidad espera por la otra; si no se sabe cuál evento llegará primero, puede existir el problema de un lanzamiento prematuro del evento antes de que la otra entidad espere. La solución es la utilización de una variable de decisión para detectar la presencia de alguno de los objetos, y puede usarse un paso *Decide* para verificar dicho estado, y lanzar o esperar por la otra entidad de acuerdo con el estado de dicha variable. Dejamos este caso como tarea en uno de los problemas de este capítulo.

Un comentario final de esta sección es que se pueden considerar otras alternativas a la lógica basada en eventos. Si bien ésta puede ser muy eficiente, en algunos casos se puede requerir de una mayor flexibilidad.

- El paso *Scan*[5], puede utilizarse para retener la ficha de un proceso hasta que cierta condición sea verdadera. Cuando una ficha llega a un paso *Scan*, se evalúa la condición especificada. Si la condición es verdadera, se permite que la ficha salga del paso sin demora. De otra forma, la ficha se retiene hasta que se detecte que la condición sea verdadera. Si bien el monitoreo del valor de cualquier expresión ofrece mucha flexibilidad, se tienen dos inconvenientes. La condición se puede evaluar sólo en los instantes de avance del tiempo, por lo que es posible que se pierda por algún momento (e.g. al tiempo cero) el valor de la condición y, de hecho, la condición no será reconocida hasta que avance el tiempo.

---

[3]Si se especifica alguna condición (`Triggering Event Condition`), ésta se evalúa y se lanza el proceso sólo si la condición es verdadera.

[4]Aunque el caso más común es que se especifique un solo evento en el paso *Wait*, se pueden especificar varios eventos, y se tiene la opción de esperar o no por la ocurrencia de todos los eventos antes soltar la ficha.

[5]El paso *Scan* fue introducido en la versión de Simio 9.152.

El segundo inconveniente es que el monitoreo de una expresión hace que la corrida sea más lenta que bajo un enfoque basado en eventos — en muchos modelos no se notará la diferencia, pero en otros puede causar una disminución significativa de la velocidad de ejecución.

- El paso *Search*, tratado al inicio de este capítulo, puede acompañar a una lógica basada en eventos. Por ejemplo, cuando se lanza un evento de potencial interés, se puede buscar cuál es la acción apropiada (si la hay) de un conjunto de candidatos posibles.

10.5 Otras Librería y Recursos

Hasta el momento sólo hemos discutido la *Simio Standard Library* – hay mucho que aprender sobre estos 15 objetos. Pero queremos hacerle notar que hay otras posibilidades por explorar - en particular, la librería de flujo (*Flow Library*) y la librería de extras (*Extras*) que proporciona Simio. Además de ello, el foro de usuarios de artículos compartidos ofrece también contribuciones interesantes de otros usuarios.

10.5.1 La Librería de Flujo

Mientras que la *Standard Library* se enfoca en el modelado de evento discreto, el comportamiento de los fuidos puede modelarse mejor utilizando conceptos continuos o de **Flujo**. Aplicaciones de estos conceptos aparecen en los sectores farmacéutico, de bebidas y alimentos, minería, químicos y petroquímicos. De hecho, es útil en cualquier aplicación donde exista una corriente continua o intermitente que fluye a través de redes o ductos (o transportadores), pasando por mezcladoras y tanques (o espacios para almacenamiento), y posiblemente llenando y vaciando contenedores.

Si bien otros productos para simulación tienen también capacidades para simular flujos, las capacidades de Simio son amplias. A diferencia de la mayoría de productos, las capacidades de Simio para simular flujos y eventos discretos se pueden integrar en el mismo modelo. Se puede apreciar esta capacidad examinando las características físicas de una entidad – además de encontrar el tamaño físico tri-dimensional (e.g., volumen), las entidades tienen también una densidad. Esta representación dual de una entidad, como un artículo discreto (e.g., un barril) o como un fluido u otra masa (e.g., 100 litros de aceite o 100 tons de carbón) permite que la entidad llegue a un objeto de flujo y convierta su volumen a otra forma de flujo. También permite asignar y rastrear los atributos de las entidades que representan el flujo de un material sobre un vínculo o en un tanque – para cada componente de un flujo se pueden rastrear atributos como el tipo de producto, la ruta de destino, y la composisión de los datos.

La librería de flujo (*Flow Library*) incluye los siguientes objetos:

- *FlowSource* - Puede ser usada para representar una fuente inagotable de flujo de un fluido u otra masa del tipo especificado.

- *FlowSink* - Destruye el flujo cuyo proceso ha terminado.

- *Tank* - Representa una localización para retener el flujo de cierto volumen o peso.

- *ContainerEntity* - Contenedor movible (e.g. un barril) para llevar entidades de flujo que representan cantidades de flujo o de masa.

- *Filler* - Dispositivo para llenar contenedores.

- *Emptier* - Dispositivo para vaciar contenedores.

- *ItemToFlowConverter* - Convierte artículos discretos en entidades de flujo.

- *FlowToItemConverter* - Convierte entidades de flujo en artículos discretos.

- *FlowNode* - Regula el flujo desde o hacia otro objeto (como un tanque) o en un punto de control de flujo dentro de una red de vínculos.

- *FlowConnector* - Conector automático (con distancia cero) desde un nodo de flujo hacia otro.

Para aprender más sobre la *Flow Library*, puede consultar la ayuda de Simio. En particular, le recomendamos consultar el SimBit *FlowConcepts* que contiene ocho modelos que ilustran diferentes aspectos de la librería.

10.5.2 Librería de Extras

La librería de *Extras* proporciona construcciones adicionales que se encuentran frecuentemente en la práctica. Muchos de sus objetos han sido construidos a partir de otros, lo que otorga beneficios como la edición de gráficas, y la herencia del comportamiento o de las propiedades de los objetos utilizados.

La librería de Extras incluye los siguientes objetos:

- *Bay* - Describe un área rectangular (e.g. espacio en el piso) sobre la cual se pueden mover una o más grúas de puente. Cada *Bay* se puede dividir en varias zonas para evitar colisiones de los puentes de las grúas.

- *Crane* - Puede representar una grúa de puente o una grúa aérea. Este objeto se compone del puente, la cabina que se mueve sobre el puente, el ascensor que controla el movimiento vertical, y el final de la "grúa" (el gancho o dipositivo de agarre). El *Crane* tiene caracterítscas similares a las de un *Vehicle* (carga, descarga, posicionamiento, nodo inicial, y acción en tiempo ocioso), además de velocidad y aceleración en cualquier dirección.

- *Robot* - Representa a un robot articulado que puede tomar entidades en algún nodo y dejarlas en otro nodo. Este objeto compuesto consta de una base fija que puede rotar, un brazo inferior que se puede mover en relación a la base, un brazo superior que se puede mover en relación al brazo inferior, y una mano (o dispositivo final) que se mueve en relación al brazo superior. El *Robot* tiene características similares a las de un *Vehicle* (carga, descarga, posicionamiento, nodo inicial, y acción en tiempo ocioso), además de inclinación y tasa de cambio para todas las rotaciones.

- *Rack* - Representa a un estante (de almacén) y es un objeto compuesto que se compone del estante (que es un objeto fijo que representa el marco del estante), y una o más repisas asociadas al estante. El número de repisas y la capacidad de cada una (el número de entidades que puede almacenar) son propiedades importantes del *Rack*.

- *LiftTruck* - Representa a un montacargas y es un objeto compuesto que se compone de un vehículo y de un levantador (dispositivo para carga y descarga). El levantador se puede mover hacia arriba y hacia abajo para manipular entidades de una repisa. Además de las propiedades de un vehículo tiene dos más para indicar la velocidad y el peso en los movimientos verticales.

- *Elevator* - Es un transportador que se mueve hacia arriba y hacia abajo en dirección vertical para representar a un ascensor que mueve entidades entre los nodos asociados al ascensor.

- *ElevatorNode* - Representa a un destino de un *Elevator* que hace referencia a su *Elevator* asociado.

- *ElevatorSelectorNode* - Cuando se modela un lugar (por ejemplo, un banco) con dos o más ascensores, puede ser usado en cada nivel del piso para rutear a las entidades hacia el ascensor (*Elevator*) apropiado.

Al momento de escribir este libro, la librería de Extras, además de su documentación y ejemplos, se encuentra en el foro de artículos compartidos (*Shared Items*) descrito en la próxima sección, aunque Simio planea la incorporación de estos objetos en una librería instalada con el producto.

10.5.3 Foro de Artículos Compartidos

El foro de Artículos Compartidos (*Shared Items*) es un lugar donde los usuarios pueden exponer e intercambiar objetos, modelos, librerías, decoraciones para vínculos, texturas, símbolos, código API personalizado, documentación o cualquier otro artículo que pueda ser de utilidad. En la cinta *Support* encontrará un vínculo hacia dicho foro, donde encontrará artículos útiles con contenido siempre cambiante. En esta sección presentamos una breve introducción.

En este foro se encuentran las siguientes dos librerías:

- La librería de grúas (*Cranes Library*) no sólo tiene objetos para representar grúas de puente (como el *Crane* de la librería de Extras), sino también grúas aéreas (*Underhung Cranes*) que permiten que las cabinas de la grúa se muevan entre puentes de la grúa y, especialmente entre nodos de una red de transportación sobre un techo.

- La libreria de transportación (*Transportation Library*) incluye objetos para modelar trenes con varios vagones , un objeto *Tanker* para transportar fluidos, y otros objetos.

En este foro hay muchos otros objetos útiles, incluyendo:

- Vehículo con Chofer (*Vehicle with Driver*) - Un objeto móvil que contiene otro objeto móvil para transportar una entidad.

- Dispositivo para conectar transportadores (*Conveyor Transfer Device*) - Conecta tres *Conveyor* para permitir el cambio de dirección de las entidades.

- *Combiner without Parent* - Para combinar entidades sin usar entidad padre (*parent*).

- Y muchos más.

Este foro tiene también muchos complementos y macros con características útiles. Algunos ejemplos son:

- *Import Objects from a Spreadsheet* - Es un complemento que sirve para importar un modelo (objetos, vínculos, y más) desde una hoja de cálculo.

- *Import Experiment from CSV File* - Es un complemento que sirve para importar un experimento desde un archivo CSV.

- *Save Step* - Complemento para guarda automátiamente el modelo justo antes de correrlo.

- *Simio Quick Reference Card* - Resume los puntos claves que necesita el usuario mientras construye un nuevo modelo.

Le sugerimos revisar este contenido por si encuentra artículos que pudiera usar, o si quisiera compartir su propio contenido con la comunidad de usuarios.

10.6 Experimentación

Luego de la discusión sobre experimentación de la sección 4.2.3, podemos apreciar el valor que tiene la realización de muchas repeticiones de una corrida para obtener conclusiones estadísticamente válidas, y el valor de experimentar con diferentes escenarios para buscar las mejores soluciones. En el capítulo 9 discutimos cómo OptQuest nos puede ayudar a encontrar la mejor alternativa entre un gran número de escenarios, aunque desafortunadamente, se tiene la necesidad de correr muchas repeticiones. Si cada repetición requiere de 1 segundo y se requiere de 100 repeticiones, se pueden tener los resultados en menos de 2 minutos, lo que no está mal. Pero si se tiene una aplicación que requiere de al menos 5 repeticiones para cada uno de 500 escenarios, para cada uno de 9 experimentos, a razón de 2.5 minutos por repetición, la aplicación puede tomar alrededor de 900 horas de procesamiento. Una espera de meses para correr secuencialmente las repeticiones probablemente es inaceptable. Si bien éste parece ser un problema particularmente grande, los problemas reales pueden ser igualmente grandes. En esta sección discutiremos cómo lidiar con estas demandas de gran tiempo de proceso.

10.6.1 Procesamiento en Paralelo

La buena noticia es que la mayoría de computadoras tiene la capacidad de realizar (al menos limitadamente) procesamiento en paralelo, y Simio toma ventaja de esta capacidad. Por ejemplo, si tiene un procesador cuádruple de dos hilos, que es una configuración frecuente, podrá tener hasta 8 "hilos" paralelos de ejecuciónn, que significa para Simio que puede correr hasta 8 repeticiones en paralelo. Usando esta capacidad, se pueden acortar 900 horas de corrida a sólo 113 horas, aunque todavía es un tiempo grande.

Si tiene la suerte de disponer de 16 o más procesadores (todavía poco común), Simio correrá en su máquina hasta 16 repeticiones en paralelo. Las ediciones más avanzadas de Simio (Team y Enterprise) tienen también la opción de distribuir corridas (*Distribute Runs*)[6] entre computadoras de su red local. Si puede disponer de algunas de estas opciones, podría ahora tener los resultados en alrededor de 60 horas – todavía un tiempo grande, pero más razonable.

Si tiene acceso a una red de servidores, o a muchas computadoras en su red local, Simio le permite[7] adquirir la capacidad de realizar cualquier número de repeticiones en paralelo. Por ejemplo, si su licencia le permite correr en 100 procesadores más (para llegar a un total de 116) podría generar resultados en menos de 8 horas para el problema de procesamiento secuencial de 900 horas.

10.6.2 Procesamiento en la Nube

Aunque Usted podría comentar "Pero yo sólo tengo mi máquina con procesador cuádruple y no puedo esperar $900/4 = 225$ horas por los resultados". Todos hemos escuchado "la nube" y la mayoría de nosotros probablemente hemos usado aplicaciones en la nube sin saberlo. Simio tiene tal posibilidad llamada *Simio Portal Edition*. Al momento de escribir este libro, esta opción tiene desafortunadamente un precio para el mercado comercial, y todavía no está disponible para el producto académico. El Portal de Simio le permite cargar su modelo en la nube, luego puede configurar y ejecutar los experimentos que desea correr, y todo ello usando los recursos de la nube. Si bien existen algunas limitaciones prácticas, en teoría podría correr todas sus repeticiones en algo más que el tiempo requerido para una sola repetición (e.g., 2.5 minutos). Antes de emocionarnos, debemos considerar que, por razones de orden práctico, una aplicación

---

[6]Ver Experiment Properties - Advanced Options - Distribute Runs
[7]Se agrega un costo extra a la edición Team o Enterprise

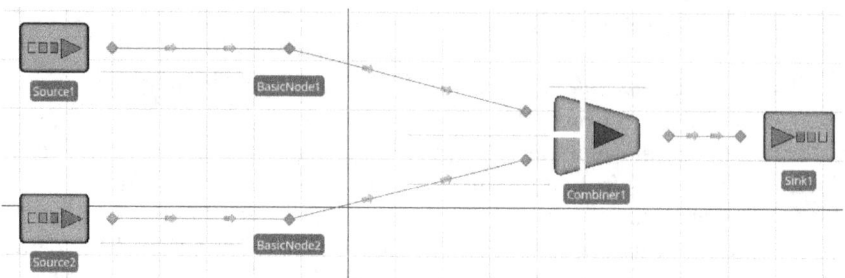

Figura 10.12: Tarea del problema 2, sistema sincronizado.

real puede requerir de una hora para generar todos los resutados; aunque este tiempo es muy razonable comparado con las 900 horas de proceso inicialmente requeridas.

10.7 Resumen

Iniciamos este capítulo discutiendo el paso *Search*, que es un poderoso mecanismo para selecionar artículos de un conjunto de objetos, o de una tabla. Luego discutimos la búsqueda y la remoción de entidades para el procesamiento en una estación. A continuación introducimos el concepto de secuencias de tareas (*Task Sequences*) que nos permite implementar secuencias flexibles de sub-tareas en serie y/o en paralelo en un objeto del tipo *Server*. La discusión de la lógica de las decisiones basadas en eventos proporciona también un conjunto de herramientas para controlar la lógica de procesamiento.

   También hemos explorado las librerías de flujos y de extras, que son proporcionadas por Simio para cubrir muchas otras áreas de modelado que no son cubiertas por la *Standard Library*. Por último, echamos una mirada al Foro de Artículos Compartidos para buscar herramientas y objetos útiles proporcionados por los usuarios de Simio. En el capítulo 11 discutiremos cómo podemos crear nuestros propios objetos y librerías.

10.8 Problemas

1. Desarrolle un modelo de un sistema CONWIP (del inglés CONstant Work In Process: Trabajo en proceso constante) con 3 servidores en secuencia, cada uno con capacidad de 2, con todos los tiempos y capacidades de buffer en sus valores por defecto. Deseamos limitar el WIP a un valor constante de 8 – sin importar dónde están las 8 entidades en el sistema, aunque deben ser siempre 8 en total. Ilustre el desempeño del sistema con estadísticas del promedio y máximo número de unidades en el sistema.

2. Considere el sistema de la figura 10.12. Las entidades entran en cada *Source* con tiempos entre llegadas distribuidos exponencialmente con promedio de 2.5 minutos. El tiempo de viaje de las entidades al BasicNode1 es uniforme entre 1 y 3 minutos, y al BasicNode2 es exponencial con promedio de 1 minuto. Cada entidad toma exactamente 1 minuto para viajar desde su nodo correspondiente hacia el *Combiner*. Las entidades deben llegar al *Combiner* completamente coordinadas para que no esperen en el *Combiner* (cada padre se combina con algún miembro único). Agregue la lógica necesaria en los nodos básicos (usando eventos) para que la entidad más avanzada tenga que esperar por la más atrasada.

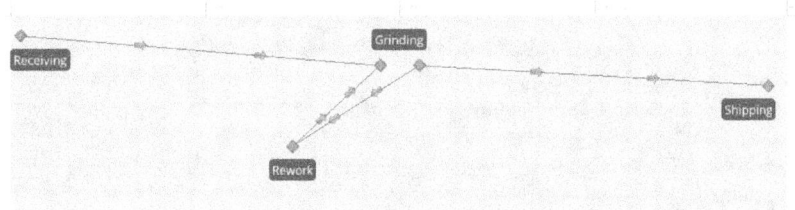

Figura 10.13: Tarea del problema 4, sistema de grúa.

3. Modifique el problema 2 para que cada entidad tenga un número de orden y cada *Source* genere entidades con órdenes secuenciales empezando en el 1. Ahora deseamos combinar entidades con el mismo número de orden, y debemos coordinar las entidades con el mismo número de orden en los nodos básicos, para soltar parejas al mismo tiempo.

4. Considere el sistema de manufactura ilustrado en la figura 10.13, donde las partes que llegan a *Receiving*, aproximadamente cada 8 minutos, son movidas por una grúa aérea hacia *Grinding*, lo que requiere entre 3-7 minutos. Luego de dejar *Grinding*, el 80% de las partes son movidas por la grúa hacia *Shipping*, y el 20% son movidas por la grúa hacia *Rework*. Las partes que dejan *Rework* siempre regresan a *Grinding* por grúa. La única grúa normalmente se parquea en *Receiving* cuando está ociosa. Tiene un tiempo de carga y de descarga de 1.0 minuto, y una velocidad de movimiento lateral de 1.0 metros por segundo. Corra el modelo por cinco días de 24 horas y determine la utilización esperada de la grúa y de las máquinas.

5. Asuma que deseamos incrementar la producción en el sistema descrito en el problema 4. Si agregamos una segunda grúa idéntica, pero parqueada en la terminal opuesta (cuando está ociosa), y agregamos una segunda unidad de capacidad en *Grinding*. Determine una tasa razonable de llegadas que podría soportar la estación *Receiving* ¿Qué cambios sugiere para incrementar dicha tasa de producción?

6. Modele una pequeña clínica donde la puerta de entrada/salida está en el primer piso, pero la oficina de los doctores (3 doctores) está en el segundo piso. Los pacientes llegan a una tasa de 30 por hora durante las 8 horas de atención al día. Un grupo de dos elevadores con capacidad para 4 personas lleva a los pasajeros a través de los pisos. Los pacientes consultan a uno de los doctores por un lapso entre 3 y 7 minutos, luego se conducen nuevamente a la salida del primer piso. Utilice objetos *Elevator* de la librería de Extras para este modelo.

Capítulo 11

Personalización y Extensión de Simio

Usted puede ser capaz de resolver todos o la mayoría de sus problemas de simulación utilizando la *Standard Library* de Simio, posiblemente utilizando procesos complementarios. Pero en algunos casos podría querer o necesitar más capacidades de las que ofrece este enfoque. Por ejemplo:

- Podría encontrar que necesita más personalización en sus objetos que la que dispone fácilmente por medio de procesos complementarios.

- Podría utilizar repetidamente las mismas mejoras en sus objetos y preferiría crear sus propios objetos reusables.

- Podría tener un equipo de modeladores más avanzados que apoyan en el uso de la simulación a usuarios ocasionales, menos entrenados, que podrían merecer sus propias herramientas personalizadas.

- Podría desear construir librerías para comercializarlas y venderlas a otros.

Usted podría lograr todos estos objetivos por medio de la creación de objetos personalizados y librerías de Simio. Si ha leído los 9 capítulos iniciales y ha trabajado los ejemplos, realmente conoce la mayor parte de lo que necesita saber para definir objetos personalizados. La primera parte de este capítulo consolida algunos conceptos que ya conoce y agrega algunos conceptos faltantes.

Aunque los objetos personalizados son muy flexibles y poderosos, algunos modeladores motivados pudieran desear ir más allá de lo que se puede hacer con objetos. Simio también proporciona capacidades adicionales para usuarios más avanzados. Si tiene cierta preparación en programación (con Visual Basic, C++, C# o cualquier lenguaje .NET), puede:

- Escribir su propio complemento en tiempo de diseño, por ejemplo, para automatizar la construcción de un modelo a partir de datos externos.

- Agregar nuevas reglas de selección dinámica, además de las que están disponibles con Simio, por ejemplo, una regla detallada para seleccionar las tareas de un *Vehicle*, *Worker* o *Server*.

- Agregar rutinas personalizadas para importar y exportar tablas.

- Agregar algoritmos personalizados para diseñar (e.g., construcción y análisis de escenarios) o correr (e.g., optimización) experimentos.

- Agregar pasos y elementos personalizados para extender las capacidades del motor de Simio.

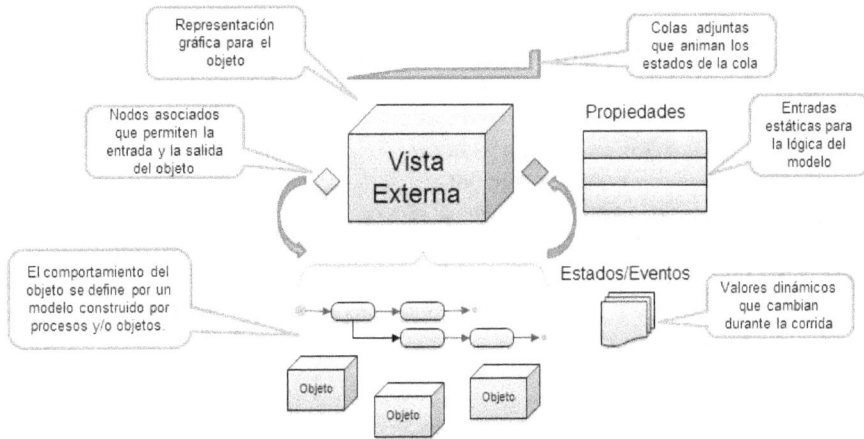

Figura 11.1: Anatomía de un objeto.

- Personalizar las cintas de Simio para facilitar una aplicación específica o hacerlo lucir como un producto totalmente diferente.

Al final del capítulo proporcionamos una revisión de estas capacidades.

Algo del material de este capítulo ha sido adaptado de Introduction to Simio[50] (el libro en edición e-book que se incluye con el software de Simio) y utilizada con permiso.

11.1 Conceptos Básicos para la Definición de Objetos

La librería *Standard Library*, que usted ha venido utilizando hasta el momento, es sólo una de las muchas librerías que usted puede utilizar para construir sus modelos. Usted puede construir librerías de objetos para sus propios propósitos particulares, o puede construir librerías para compartirlas dentro de su institución. Uno de los principios básicos de Simio es el concepto de que cualquier modelo puede ser una definición de objeto. Los modelos se usan para definir el comportamiento básico de un objeto. Es muy fácil tomar un modelo en Simio que usted haya desarrollado y luego "empaquetarlo" para que cualquier otra persona lo utilice como un componente de sus modelos. También es muy fácil construir sub-modelos dentro de un proyecto y luego construir su modelo utilizando estos sub-modelos como componentes.

Los temas que discutiremos en este capítulo son una extensión de las ideas relacionadas con los procesos de Simio que presentamos anteriormente en los capítulos 4, 5 y 9. En dichos capítulos, hemos aprendido a utilizar procesos para extender la funcionalidad básica de las instancias de objetos, sin alterar el comportamiento central de la definición de objeto (que cambiaría el comportamiento de todas las instancias de dicho objeto) o construyendo nuevos objetos desde cero.

Una definición de objeto tiene cinco principales componentes: propiedades, estados, eventos, vista externa y lógica (ver la figura 11.1). Las propiedades, estados, eventos y vista externa de un modelo se definen desde la ventana *Definitions*, mientras que la lógica del modelo se define a través de una combinación de las ventanas *Facility* y *Processes*.

Hemos utilizado las propiedades del modelo para crear otras propiedades que luego referenciamos en nuestro modelo y las utilizamos en nuestros experimentos. Estas mismas propiedades se pueden utilizar para definir entradas de nuestro modelo que pueden incluirse como parte de la definición del objeto. Las *propiedades* del modelo pueden usarse como entradas de la lógica del modelo y permanecen estáticas durante la corrida. Los *estados* se utilizan para definir el estado actual del objeto. Cualquier característica que puede cambiar durante la ejecución de la simulación se representa en el objeto como un estado. Los *eventos* son ocurrencias lógicas en cierto instante del tiempo, como la entrada de una entidad a una estación o la salida de un nodo. Los objetos pueden definir y detonar sus propios eventos para notificar a los otros objetos que ha ocurrido algo que debe tenerse en cuenta. La *vista externa* es una representación gráfica para las instancias del objeto. La vista externa es lo que se ve cuando alguien coloca el objeto en su modelo. La *lógica* del objeto es el modelo que define cómo reacciona el objeto a los eventos. La lógica define el comportamiento del objeto. Esta lógica puede definirse jerárquicamente utilizando objetos existentes o puede definirse a través del flujo de procesos gráficos.

11.1.1 Lógica del Modelo

La lógica de la definición de un objeto fijo se puede establecer a través de un modelo de disposición (usando la vista *Facility*) o de proceso, como se especifica a través de la propiedad *Input Logic Type* en los símbolos de nodos del objeto. Las entidades, transportes, nodos y vínculos no tienen símbolos de nodos y, en consecuencia, estos objetos se han construido utilizando lógica de procesos.

Cuando usted ha definido un modelo de un sistema, éste representa el componente lógico de una definición de objeto. Usted puede convertir cualquier modelo en una definición de objeto que puede utilizarse agregando algunas propiedades que definen las entradas del modelo, además de una vista externa que proporciona la representación gráfica del objeto, con símbolos de nodos para la entrada y para la salida del modelo.

Existen tres métodos para definir la lógica de un objeto:

- El primer método consiste en crear el modelo jerárquicamente utilizando la ventana *Facility*. Este enfoque puede combinarse con el uso de procesos complementarios para definir un comportamiento personalizado dentro de los objetos del modelo. Este método se utiliza generalmente para definir componentes de alto nivel, como podría ser una estación de trabajo con 2 máquinas, un trabajador y varias herramientas.

- El segundo método es más flexible y consiste en definir el comportamiento de la definición de objeto desde su inicio utilizando un modelo de procesos. Este método ha sido utilizado para crear los objetos de la *Standard Library*.

- El tercer método consiste en crear una *sub-clase* de una definición de objeto existente y luego cambiar/extender el comportamiento del nuevo objeto utilizando procesos. Este método se utiliza generalmente cuando existe un objeto que tiene un comportamiento similar al objeto deseado, y los nombres de las propiedades, las descripciones y el comportamiento del objeto existente pueden "ajustarse" a las necesidades del nuevo objeto.

11.1.2 Vista Externa

La vista externa es la representación gráfica de las instancias de un objeto dinámico o fijo (los nodos o los vínculos no utilizan una vista externa). Esta vista se define haciendo clic en el panel *External* de la ventana *Definitions* del modelo, como se muestra en la figura 11.2).

La vista externa es lo que el usuario ve cuando coloca una instancia del objeto en su modelo. La figura de la vista externa puede estar compuesta por símbolos de la librería de símbolos o descargados de *Trimble 3D Warehouse*[1], así como de figuras estáticas que fueron construidas

---

[1]Antes *Google 3D Warehouse*.

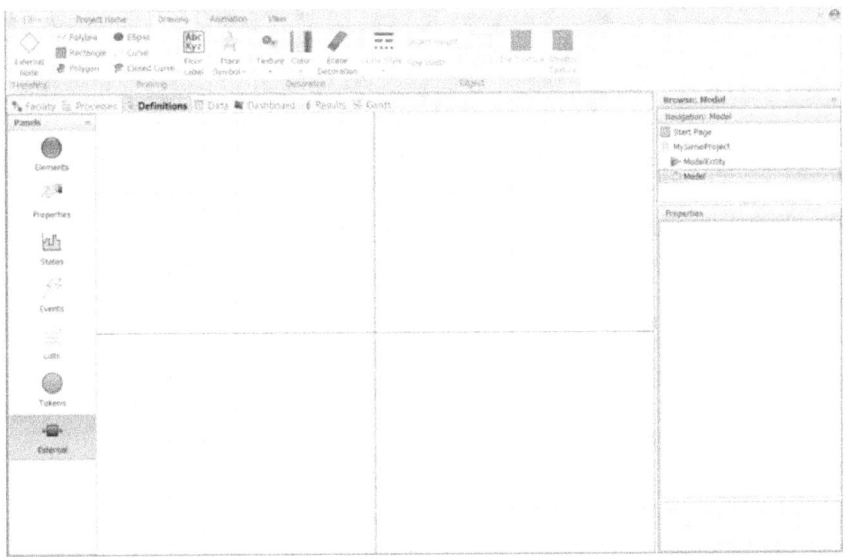

Figura 11.2: Vista Externa.

con las herramientas de diseño de la cinta *Drawing*. Además, la vista puede contener componentes de animación adjuntos que fueron agregados a la vista desde la ventana *Animation*. Estos componentes incluyen colas animadas, etiquetas de estado, gráficas de funciones, gráficas circulares, niveles lineales o circulares y botones. Notar que para los objetos dinámicos (i.e., entidades) estos objetos animados se muestran en cada objeto dinámico que está en el sistema. Por ejemplo, una entidad podría llevar una etiqueta que muestre el valor de alguno de sus estados, o un botón que cause la ocurrencia de cierta acción cuando se le hace clic (como se ilustra en el Modelo 9-2).

Cuando usted construye un objeto fijo, generalmente le asocia nodos de entrada y/o salida para que las entidades dinámicas puedan entrar y/o salir del objeto fijo. Por ejemplo, el objeto *Server* tiene un nodo de entrada y otro de salida. Las características de estos objetos asociados también se definen en la vista externa del objeto, colocando símbolos de nodos externos en la vista, utilizando la cinta *Drawing*. Notar que éstos no son objetos nodo sino sólo símbolos que identifican la localización donde serán colocadas las instancias de los objetos nodo que se crean cuando se posiciona el objeto.

Cuando usted coloca un símbolo de nodo en la vista externa, también debe definir sus propiedades. La propiedad *Node Class* indica el tipo de nodo que debe crearse. La lista desplegable proporciona todas las opciones disponibles, que incluyen `Node` (modelo vacío), `BasicNode` (intersección simple) y `Transfer`
`Node` (intersección con capacidad para establecer destinos y seleccionar transportes para las entidades), así como cualquier otra definición de nodo que haya descargado de alguna librería o que haya definido en su proyecto. En el caso de la *Standard Library*, la clase *BasicNode* siempre se utiliza para nodos de entrada y la clase *TransferNode* se usa para nodos de salida. La propiedad *Input Logic Type* establece cómo debe tratar el objeto a las entidades que intentan ingresar al objeto. La opción `None` indica que no se permite entrar a las entidades en el objeto. La opción `ProcessStation` indica que las entidades que llegan pueden ingresar a una estación específica, la cual detona un evento de entrada a la estación que puede ser usado para ejecutar cierta lógica de procesos. Esta opción es usada cuando se desea definir la lógica del objeto utilizando un

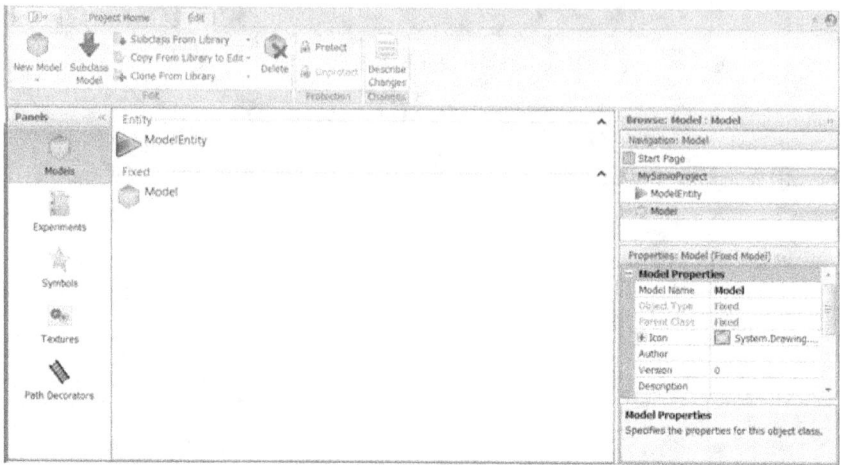

Figura 11.3: Cinta *Edit*.

modelo de procesos. La opción `FacilityNode` indica que la entidad que llega será enviada a un nodo que está dentro del modelo de disposición del objeto. Esta opción se utiliza para definir la lógica del objeto utilizando la ventana *Facility* para el objeto. En la categoría *General* se utiliza la propiedad *Name* para especificar el nombre del símbolo de nodo. Este nombre se utiliza cuando se crea una instancia del objeto, para crear el nombre del objeto nodo asociado a la instancia, utilizando el formato *NombreSimboloNodo@NombreObjeto*. Por ejemplo, si el nombre del símbolo de nodo es `Entrada` y el nombre del objeto es `Torno`, el nombre del objeto asociado (nodo) que se crea automáticamente es `Entrada@Torno`. Notar que en la *Standard Library*, siempre el nombre de los símbolos del nodo de entrada es *Input* y del nodo de salida es *Output*.

11.1.3 Construcción de una Sub-Clase de una Definición de Objeto

El propósito básico de la construcción de una sub-clase de una definición de objeto es que esta nueva definición de objeto herede las propiedades, estados, eventos y lógica de la definición de objeto existente. La sub-clase tendrá, inicialmente, el comportamiento y las mismas propiedades del objeto original, y si la definición de objeto original se actualiza, entonces la sub-clase heredará el nuevo comportamiento. Sin embargo, luego de definir la sub-clase, puede ocultar o cambiar el nombre de las propiedades heredadas, puede invalidar partes seleccionadas de la lógica o agregar procesos adicionales para extender el comportamiento del nuevo objeto. Por ejemplo, usted podría crear una nueva definición de objeto llamada *IMR* (por Imagen de Resonancia Magnética), que es una sub-clase de la clase *Server*, y podría incorporarla a una librería para el modelado de sistemas para el cuidado de la salud. Usted podría ocultar algunas de las propiedades normales de un *Server* (e.g., *Capacity Type*) y cambiar el nombre de otras (e.g., cambiar *Process Time* por *Tiempo de Tratamiento*). Usted también podría reemplazar el proceso interno que modela la ocurrencia de fallas, por un nuevo proceso que modele el patrón de fallas específico de un IMR, mientras que sigue utilizando los otros procesos del *Server*.

Para definir una sub-clase de una definición de objeto, seleccione el proyecto desde la ventana *Navigation* y luego seleccione el panel *Models* de la cinta *Edit* (figura 11.3). Este panel le permite agregar un nuevo modelo en blanco, crear una sub-clase del modelo seleccionado o crear una sub-clase de una definición de objeto de la librería. También puede definir una sub-clase de un objeto de una librería utilizando el menú del clic derecho en la definición de objeto de la librería, desde la ventana *Facility*. Existen tres maneras para crear nuevos objetos basados en objetos de una librería:

- *Obtención de una Sub-Clase desde una Librería*: define (deriva) un objeto de la librería de objetos como se describió anteriormente. Si se cambia el comportamiento del objeto original, cambiará el comportamiento de la sub-clase, ya que ésta hereda la lógica de procesos de la definición de objeto básica.

- *Copia desde una Librería para Edición*: crea una copia del modelo sin definir una sub-clase. La nueva definición de objeto es una copia de la definición de la librería, pero no mantiene las relaciones de herencia, y en consecuencia, si cambia la definición de objeto original no se afecta la copia.

- *Clonación desde una Librería*: crea un objeto que es idéntico al original (realmente indistinguible del original, desde el punto de vista de Simio). Este método podría utilizarse cuando usted desea cambiar la organización de los modelos en las diferentes librerías.

También puede proteger una definición de objeto con una contraseña, para el caso en que desee inspeccionar o cambiar el modelo interno del objeto.

Las propiedades del modelo incluyen el nombre del modelo (*Model Name*) y el tipo de objeto (*Object Type*), que puede ser fijo (*fixed*), vínculo (*link*), nodo (*node*), entidad (*entity*) o transporte (*transporter*). También se incluyen las propiedades de la clase del padre (*Parent Class*) del objeto que se obtuvo la sub-clase, ícono (*Icon*) para desplegar el modelo, autor (*Author*), número de versión (*Version number*) y descripción (*Description*). Existen dos propiedades más para indicar si el objeto puede ser capturado y liberado como un recurso, y para indicar si el objeto puede correrse como un modelo o si sólo puede usarse como un sub-modelo dentro de otros modelos.

11.1.4 Propiedades, Estados y Eventos

Cuando usted crea una definición de objeto, hereda propiedades, estados y eventos de la clase del objeto padre y también puede agregar nuevos miembros. Puede ver las propiedades, estados y eventos heredados en la ventana *Definitions* del modelo. Los miembros nuevos y los heredados se muestran en diferentes categorías que pueden expandirse y colapsarse independientemente. La figura 11.4 muestra el panel *Properties* para un modelo de tipo fijo con una sóla propiedad nueva llamada `ReworkTime`. Notar que esta propiedad puede ser referenciada tanto por los objetos como por los procesos que fluyen dentro del modelo.

Las características de la propiedad *ReworkTime* se muestran en la ventana *Properties* e incluyen el valor por defecto (*Default Value*), las unidades por defecto y el tipo de unidad (*Unit Type/Default Units*), nombre a desplegar (*Display Name*), descripción (*Description*), nombre de la categoría (*Category Name*) y opciones que indican si es un valor requerido (*Required Value*) y si la propiedad es visible para el usuario (*Visible*). También se incluyen las características *Switch Property Name*, *Switch Condition* y *Switch Value*. Estas características pueden usarse para mostrar o no la propiedad de acuerdo con el valor que el usuario ha establecido para otra propiedad. Por ejemplo, usted podría mostrar la propiedad Y sólo si el usuario establece un valor para la propiedad X que es mayor que 0. Estas características le permiten configurar la ventana *Properties* de acuerdo con los valores de entrada que establece el usuario.

Para las propiedades heredadas, puede cambiar las características *Visible*, *Default Value*, *Display Name*, *Description* y *Category*. Así, puede ocultar propiedades o cambiar su apariencia general. Aunque puede agregar estados y eventos a un modelo, no puede ocultar o cambiar el nombre de los eventos y estados heredados.

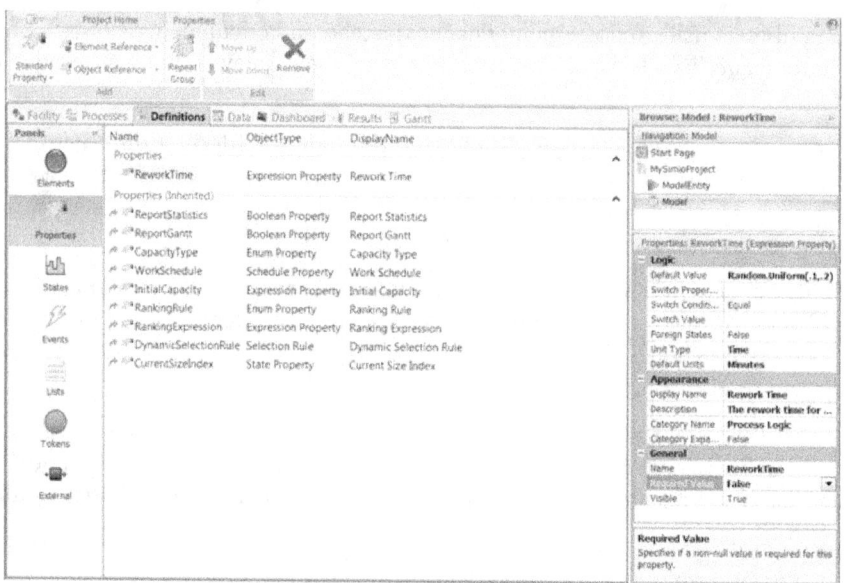

Figura 11.4: Panel *Properties* de la ventana *Definitions*.

11.2   Modelo 10-1: Construcción de un Objeto Jerárquico

En este ejemplo, vamos a construir una nueva definición de objeto para una estación que se compone de dos *Server* de la *Standard Library* en serie, unidos por un vínculo *Connector*. El primer *Server* tiene una capacidad de uno y no tiene *buffer* de salida. El segundo *Server* también tiene capacidad de uno y no tiene *buffer* de entrada, por lo que el segundo *Server* bloqueará al primero cuando esté ocupado. El objeto tendrá dos propiedades que especificarán el tiempo de proceso en cada uno de los *Server*. El objeto animará también la entidad que está siendo procesada en cada *Server*, así como también mostrará gráficas circulares sobre los estados de los recursos en cada *Server*.

11.2.1   Lógica del Modelo

Como estamos construyendo este objeto de manera jerárquica (e.g., a partir de otros objetos de la ventana *Facility*), empezaremos por crear el objeto y definir su lógica en la ventana *Facility*.

- Empiece con un proyecto nuevo. Agregue un nuevo modelo fijo utilizando la cinta *Project Home* y cambie su nombre a `DosServidores`.

- Seleccione el modelo `DosServidores` y coloque, en la ventana *Facility*, dos *Server* unidos por un vínculo *Connector*. Asigne el valor 0 tanto a la propiedad *Output Buffer* de `Server1` como a la propiedad *Input Buffer* de `Server2`.

A continuación definiremos las propiedades de `DosServidores` y personalizaremos su apariencia en la ventana *Properties*:

- En el panel *Properties* de la ventana *Definitions*, agregue dos nuevas propiedades (*Standard Properties*) del tipo *Expression*. Asígneles los nombres `TiempoProcesoUno` y `TiempoProceso Dos`, y establezca sus características *Default Value*, *UnitType/Default Units*, *Display Name* y *Category Name* como se indica en la figura 11.5.

Properties: TiempoProcesoUno (Expression Property)	
− Logic	
Default Value	**Random.Triangular(.1,.2,.3)**
Switch Property Name	
Switch Condition	Equal
Switch Value	
Candidate References	False
Unit Type	**Time**
Default Units	**Minutes**
− Appearance	
Display Name	**Tiempo Proceso Uno**
Category Name	**Process Logic**
Category Expanded	False
− General	
Name	**TiempoProcesoUno**
Description	**Tiempo de procesamiento del primer servidor**
Required Value	True
Visible	True

Figura 11.5: Primeras características (propiedades) del objeto `TiempoProcesoUno` de `DosServidores`.

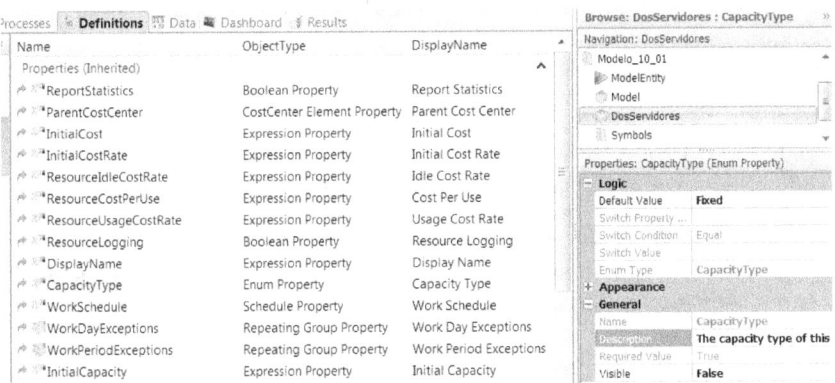

Figura 11.6: Ocultando una propiedad heredada.

- Expanda las propiedades heredadas. Como las propiedades heredadas *CapacityType*, *WorkSchedule* e *InitialCapacity* no son relevantes para nuestro objeto `DosServidores`, fijemos sus características *Visible* (dc la categoría *General*) en falso (`False`) para ocultar todas estas propiedades como se muestra en la figura 11.6.

11.2.2   Vista Externa

A continuación utilizaremos el panel *External* para definir la figura que deseamos que los usuarios vean cuando colocan el objeto. En la versión 4 de Simio, las animaciones de los objetos, nodos, vínculos y estados que están definidas en la ventana *Facility* se agregan automáticamente a la vista externa. Esta característica es particularmente conveniente si usted desea mostrar el movimiento de las entidades sobre los vínculos internos de su objeto. En nuestro caso deseamos el control más fino (y la experiencia de aprendizaje) de crear manualmente nuestra vista para el usuario, por lo que empezaremos desactivando la vista del usuario por defecto.

- Seleccione la ventana *Facility*. Para desactivar la inclusión automática de los elementos

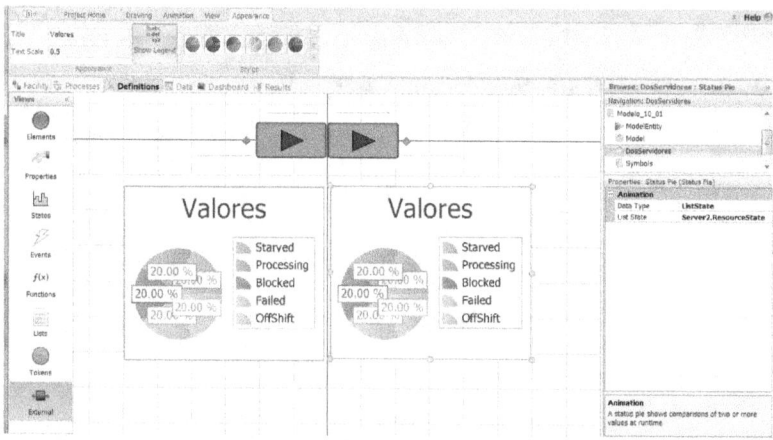

Figura 11.7: Definición de la vista externa para `DosServidores`.

de animación en la vista externa, haga clic derecho en cada objeto de la ventana *Facility* y desactive la selección de la opción `Externally Visible`. En lugar de seleccionar cada objeto individualmente, también puede utilizar la tecla `Control` para seleccionar todos los objetos a la vez, y hacer clic derecho para desactivar la selección de la opción `Externally Visible`.

- Seleccione el panel *External* y coloque dos símbolos de *Server*, uno a continuación del otro, utilizando el botón *Place Symbol* de la cinta *Drawing*.

- Coloque un *External Node* en la entrada del primer símbolo de *Server*, seleccionando `BasicNode` para la propiedad *Node Class*, `FacilityNode` para la propiedad *Input Logic Type*, `Input@Server1` para la propiedad *Node* e ingrese el nombre `Input` en la propiedad *Name*.

- Coloque un segundo *External Node* en la salida del segundo símbolo *Server* seleccionando `TransferNode` para la propiedad *Node Class*, `None` para la propiedad *Input Logic Type* (no se permite la entrada al objeto por este nodo) e ingrese el nombre `Salida` en la propiedad *Name*.

- Usando el botón *Queue* de la cinta *Animation*, trace colas animadas para el *buffer* de la entrada, las dos estaciones de proceso y el *buffer* de salida. A medida que traza cada cola, seleccione `None` en la categoría *Alignment* de la cinta *Appearance*. Los valores de las propiedades *Queue States* para estas colas deben ser `Server1.InputBuffer.Contents`, `Server1.Proces`
`sing.Contents`, `Server2.Processing.Contents` y `Server2.OutputBuf`
`fer.Contents`, respectivamente.

- Usando el botón `Status Pie` de la cinta *Animation*, agregue dos gráficas circulares de aproximadamente 5 por 6 metros cada una. Seleccione *ListState* para la propiedad *Data Type* de cada gráfica, `Server1.ResourceS`
`tate` y `Server2.ResourceState`, respectivamente, para la propiedad *List State*. La vista debe parecerse a la que se muestra en la figura 11.7.

Notar que en nuestra vista externa, estamos dirigiendo a las entidades que llegan, hacia el nodo asociado al símbolo que está la entrada del objeto, cuyo nombre es `Input@Server1`

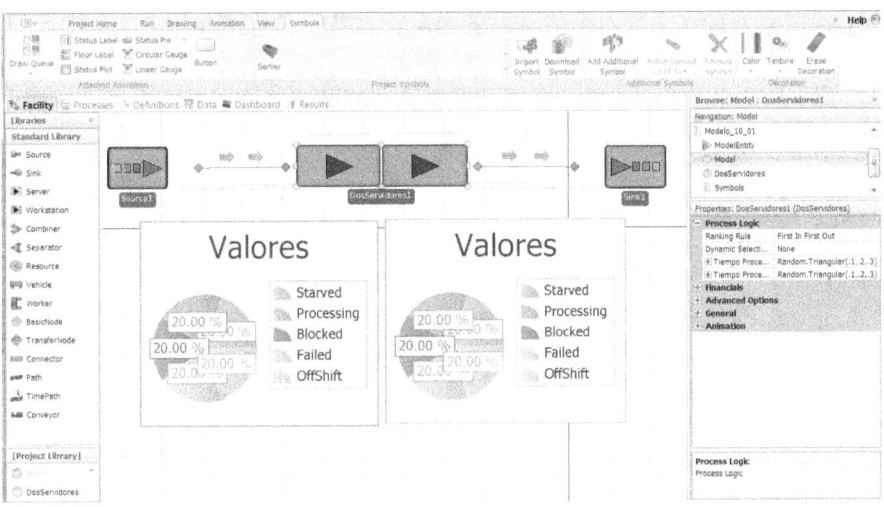

Figura 11.8: Objeto `DosServidores` completo y en operación.

en la vista *Facility* de `DosServidores`. A partir de este nodo, ingresarán a los dos *Server* hasta llegar al nodo de salida de `Server2`, donde deseamos enviarlas, nuevamente, al símbolo de nodo externo llamado `Salida`. Para lograr este último paso, regrese a la ventana *Facility* de `DosServidores`, haga clic en el nodo de salida de `Server2` y, bajo la categoría *Advanced Options*, seleccione `Salida` para la propiedad *Bound External Output Node*. Estas especificaciones hacen que las entidades que terminan su procesamiento abandonen el objeto a través del nodo de salida asociado que ha sido creado para el símbolo `Salida`.

También necesitamos indicar que el tiempo de procesamiento para `Server1` sea `TiempoProceso Uno` y que para `Server2` sea `TiempoProcesoDos`. Para ello, haga clic derecho en cada una de las propiedades *Processing Time*, seleccione `Set Referenced Property` y luego seleccione la propiedad correspondiente, que fue definida anteriormente. Ahora, estos tiempos de procesamiento podrán ser especificados a través de las propiedades creadas para `DosServidores`.

Resumen

En esta sección hemos construido un objeto utilizando el enfoque jerárquico. Hemos especificado la lógica del objeto en la ventana *Facility*. Hemos definido las propiedades que deseamos que vean los usuarios, así como también hemos ocultado las propiedades que no deseamos que sean vistas por los usuarios. A continuación, utilizamos el panel *External* para definir lo que deseamos que vean los usuarios cuando coloquen nuestro nuevo objeto en su ventana *Facility*.

Ahora estamos listos para utilizar nuestra nueva definición de objeto. Haga clic en nuestro modelo principal (`Model`), para activarlo, y coloque un objeto *Source*, un `DosServidores` (selecciónelo de la ventana *Project Library* en la parte inferior izquierda) y un *Sink*, y conéctelos con vínculos *Path*. Si usted hace clic en `DosServidores1`, podrá apreciar nuestras propiedades personalizadas en la ventana *Properties*. La figura 11.8 muestra nuestro modelo sencillo que emplea el nuevo objeto `DosServidores` en operación.

11.3   Modelo 10-2: Construcción de un Objeto Básico

En nuestro ejemplo anterior construimos una nueva definición de objeto utilizando un modelo de la ventana *Facility*. Ahora construiremos una nueva definición de objeto utilizando un modelo de procesos. Nuestro nuevo objeto representará un torno (un tipo de máquina herramienta) que puede procesar una pieza a la vez. Nuestro torno tiene un *buffer* de entrada para alojar a las piezas que esperan por el torno y un *buffer* de salida para alojar a las piezas que esperan para salir hacia su siguiente destino.

11.3.1   Lógica del Modelo

Empiece con un nuevo proyecto (`ModelEntity` y `Model`). Agregue un nuevo modelo del tipo *Fixed Class*[2] de la cinta *Project Home* y asígnele el nombre `Torno`. Seleccione el modelo `Torno` y haga clic en el panel *Properties* de la ventana *Definitions*. Definiremos cuatro nuevas propiedades para nuestro objeto y ocultaremos las propiedades heredadas que no deseamos que vea el usuario:

- Agregue una nueva propiedad estándar (*Standard Property*) del tipo *Expression*. Asígnele el nombre `TiempoDeIngreso`, fije el valor por defecto (*Default Value*) en 0.0, el tipo de unidades (*UnitType*) en `Time`, las unidades por defecto (*Default Units*) en `Minutes`, el nombre a desplegar (*Display Name*) en `Tiempo de Ingreso` y el nombre de la categoría (*Category Name*) en `Process Logic`.

- Agregue una nueva *Standard Property* del tipo *Expression*. Asígnele el nombre `TiempoDePro ceso`, fije el valor por defecto (*Default Value*) en `Random.Triangular( 0.1, 0.2, 0.3)`, el tipo de unidades (*UnitType*) en `Time`, las unidades por defecto (*Default Units*) en `Minutes`, el nombre a desplegar (*Display Name*) en `Tiempo de Proceso` y el nombre de la categoría (*Category Name*) en `Process Logic`.

- Agregue dos nuevas *Standard Property* del tipo *Integer* para especificar los tamaños de *buffer*. Asígneles los nombres `CapacidadBufferEntrada` (con *Display Name* `Buffer de Entrada`) y `CapacidadBufferSalida` (con *Display Name* `Buffer de Salida`). En ambos casos fije *Default Value* en `Infinity` y *Category Name* en `Buffer Capacity`.

- Expanda las propiedades heredadas. Como las propiedades *CapacityType*, *WorkSchedule* e *InitialCapacity* no son relevantes para nuestro torno, fije la característica *Visible* de la categoría *General* en falso (`False`) para esconder cada una de estas propiedades, como hicimos en el ejemplo anterior (figura 11.6).

Para facilitar la introducción de la lógica en la ventana *Processes*, primero añadiremos las estaciones que vayamos utilizando. Todavía en la ventana *Definitions*, haga clic en el panel *Elements* y agregue tres elementos *Station* (estación). Asígneles los nombres `BufferEntrada`, `Procesamiento` y `BufferSali` da, respectivamente. Haga que la propiedad *Initial Capacity* para la estación `BufferEntrada` sea la propiedad `CapacidadBufferEntrada` (haciendo clic derecho y seleccionando *Set Referenced Property* como hicimos anteriormente) y que la propiedad *Initial Capacity* para la estación `BufferSalida` sea la propiedad `CapacidadBufferSalida`. Fije la propiedad *Initial Capacity* para la estación `Procesamiento` en 1.

Active la ventana *Process* (todavía en el objeto `Torno`). Ahora definiremos los flujos del proceso a través de cada una de las tres estaciones que acabamos de definir.

---

[2]Puede notar que existe la opción *Processor* para el tipo *Fixed Class*. Cuando se construyen objetos básicos, el uso de esta opción puede ser conveniente porque crea automáticamente un marco para usted. En este ejemplo no estamos usando *Processor* para que entienda mejor cómo se construye este marco.

Cuando nuestras entidades ingresen al objeto `Torno`, la estación `BufferEntr ada` ejecutará el proceso que llamaremos `TransferenciaBufferEntrada`.

- Haga clic en el botón *Create Process* para crear nuestro primer proceso. Asígnele el nombre `TransferenciaBufferEntrada`. Escriba en la descripción (*Description*) algo como "`Transferencia desde el exterior del objeto. Detiene la entidad hasta que exista capacidad de proceso disponible`".

- La ficha (*token*) que ejecuta este proceso será lanzada por el evento `BufferEntrada.Entered` que se genera automáticamente cada vez que una entidad inicia su entrada a la estación. Seleccione el valor `BufferEntrada.Entered` para la propiedad *Triggering Event* de este proceso.

- Añada a este proceso un paso *Delay*, un paso *EndTransfer* y un paso *Transfer*.

- Indique que el tiempo de demora (propiedad *DelayTime*) es `TiempoDeIngreso`, éste es el lapso de tiempo que cada entidad requiere para que su transferencia a la estación pueda considerarse terminada. Ingrese el nombre[3] `Transferencia` para el paso *Delay*. El paso *EndTransfer* envía la señal al exterior (quizá a un transportador, un robot, una persona, etc.) que la transferencia ha terminado. Una vez que se termina la transferencia, puede empezar una nueva transferencia, siempre y cuando haya espacio disponible en la estación `BufferEntrada`.

- Luego de terminarse la transferencia, la ficha inicia la transferencia de la entidad desde la estación `BufferEntrada` a la estación `Procesamiento`. Seleccione `CurrentStation` para la propiedad *From* del paso *Transfer*, `Station` para la propiedad *To* y `Procesamiento` para la propiedad *Station Name*.

El proceso `TransferenciaBufferEntrada` completo se muestra en la parte superior de la figura 11.9. La estación `Procesamiento` ejecutará una lógica algo diferente debido a que no tiene tiempo de transferencia pero, en cambio, tiene un tiempo de procesamiento:

- Haga clic en *Create Process* para crear nuestro próximo proceso. Asígnele el nombre `TransferenciaProcesamiento`. Indique en la descripción algo como `Espera del procesa miento`.

- La ficha que ejecuta este proceso será lanzada por el evento `Procesamiento.Entered` que se genera automáticamente cada vez que una entidad inicia su entrada a la estación. Seleccione el valor `Procesamiento.Entered` para la propiedad *Triggering Event* de este proceso.

- Añada a este proceso un paso *EndTransfer*, un paso *Delay* y un paso *Transfer*.

- El paso *EndTransfer* termina, inmediatamente, la transferencia anterior (no hay demora asociada a la transferencia). Una vez que se termina la transferencia, puede empezar una nueva transferencia, siempre y cuando haya espacio disponible en la estación `Procesamiento`. Como la capacidad de nuestro objeto es de uno, la siguiente transferencia no puede ocurrir hasta que se termine la transferencia de la entidad en curso hacia el exterior.

---

[3]El "nombre" del paso que usted está cambiando es la única etiqueta asignada a dicho paso del proceso. La utilización de nombres con algún significado facilita el entendimiento y el seguimiento del modelo. Es aconsejable que utilice esta práctica como una rutina.

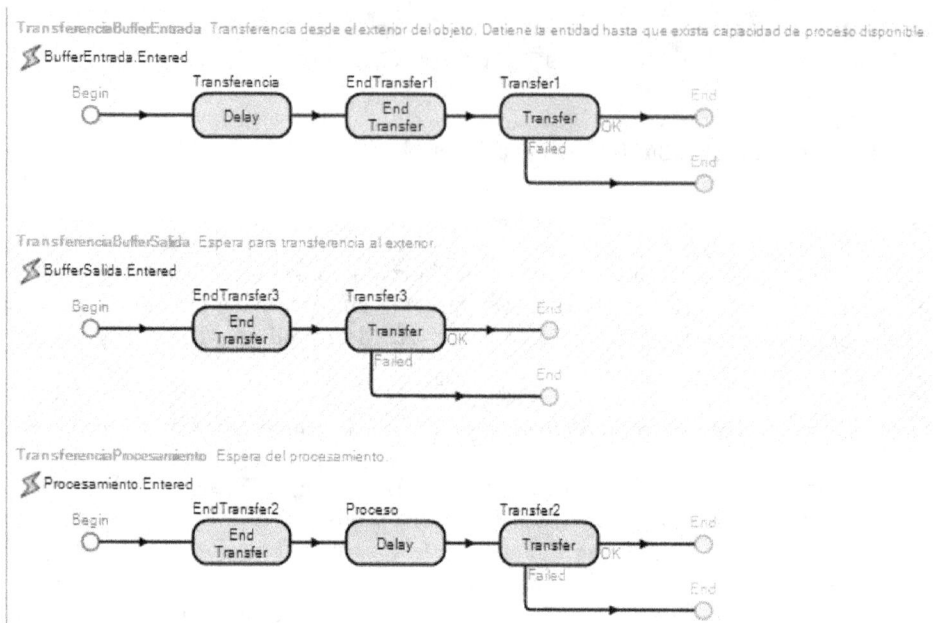

Figura 11.9: Los tres procesos que definen el comportamiento del objeto `Torno`.

- Indique que el tiempo de demora (propiedad *DelayTime*) es `TiempoDePro ceso`, que es el tiempo especificado por el usuario. Asigne el nombre `Proceso` al paso *Delay*.

- Luego de concluir su demora, la ficha inicia la transferencia de la entidad desde la estación `Procesamiento` a la estación `BufferSalida`. Seleccione `CurrentStation` para la propiedad *From* del paso *Transfer*, `Station` para la propiedad *To* y `BufferSalida` para la propiedad *Station Name*.

El proceso `TransferenciaProcesamiento` completo se muestra en la parte inferior de la figura 11.9.

El proceso más simple corresponde a la estación `BufferSalida` que solamente debe transferir a la entidad fuera del objeto:

- Haga clic en el botón *Create Process* para crear nuestro último proceso. Asígnele el nombre `TransferenciaBufferSalida`. Ingrese una descripción como "`Espera para transferencia al exterior`".

- La ficha que ejecuta este proceso será lanzada por el evento `BufferSalida. Entered` que se genera automáticamente cada vez que una entidad inicia su entrada a la estación. Seleccione el valor `BufferSalida.Entered` para la propiedad *Triggering Event* de este proceso.

- Añada a este proceso un paso *EndTransfer* y un paso *Transfer*.

- El paso *EndTransfer* termina, inmediatamente, la transferencia anterior (no hay demora asociada a la transferencia).

- La ficha debe iniciar una transferencia de la entidad desde la estación `BufferSalida` hacia el nodo padre asociado que será definido a través del nodo de salida (que llamaremos `Salida`). Seleccione `CurrentStation` para la propiedad *From* del paso *Transfer* y

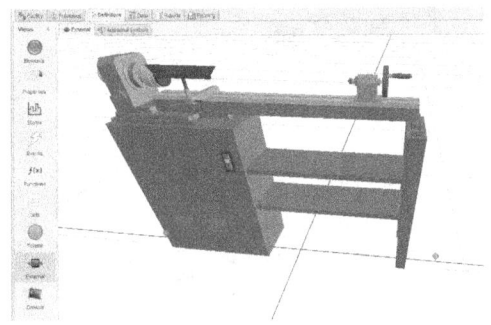

Figura 11.10: Vista externa del objeto `Torno`.

`ParentExternalNode` para la propiedad *To*. Notar que todavía no podemos especificar la propiedad *External Node Name* hasta que no terminemos la vista externa.

El proceso `TransferenciaBufferSalida` completo se muestra en la parte central (sombreada) de la figura 11.9.

11.3.2 Vista Externa

A continuación definimos la vista externa. Haga clic en el panel *External* de la ventana *Definitions*.

- Coloque en la vista externa un símbolo de torno *Lathe* de la librería de símbolos.

- Añada un nodo externo (*External Node*) de la cinta *Drawing* en la parte izquierda de la figura del torno. Debido a que éste será sólo un nodo de entrada, seleccione `BasicNode` para la propiedad *Node Class*. Asígnele el nombre `Entrada`.

- Agregue un nodo externo en la parte derecha de la figura de torno. Debido a que necesitamos más capacidades para el nodo de salida, seleccione `TransferNode` para la propiedad *Node Class*. Asígnele el nombre `Salida`.

- Seleccione `ProcessStation` para la propiedad *Input Logic Type* del nodo externo `Entrada` y luego seleccione `BufferEntrada` para la propiedad *Station*. Notar que las entidades que llegan al nodo asociado a este símbolo serán transferidas a la estación `BufferEntrada`.

- Agregue una cola animada al lado izquierdo del símbolo del torno para animar la estación `BufferEntrada`. Seleccione `BufferEntrada.Contents` para la propiedad *Queue State*.

- Agregue una cola animada al lado derecho del símbolo del torno para animar la estación `BufferSalida`. Seleccione `BufferSalida.Contents` para la propiedad *Queue State*.

- Agregue una cola animada adyacente al símbolo del torno para animar la estación `Procesamiento`. Seleccione `Procesamiento.Contents` para la propiedad *Queue State*. Utilice la tecla `Shift`, como en el capítulo 8, para levantar esta cola y colocarla en la garganta del torno.

Nuestra vista externa para el torno se muestra en la figura 11.10. Como ya hemos definido nuestros nodos externos, podemos regresar a la ventana *Processes* para seleccionar el nombre `Salida` (en el valor de la propiedad *External Node Name* del paso *Transfer* del proceso `TransferenciaBufferSalida`).

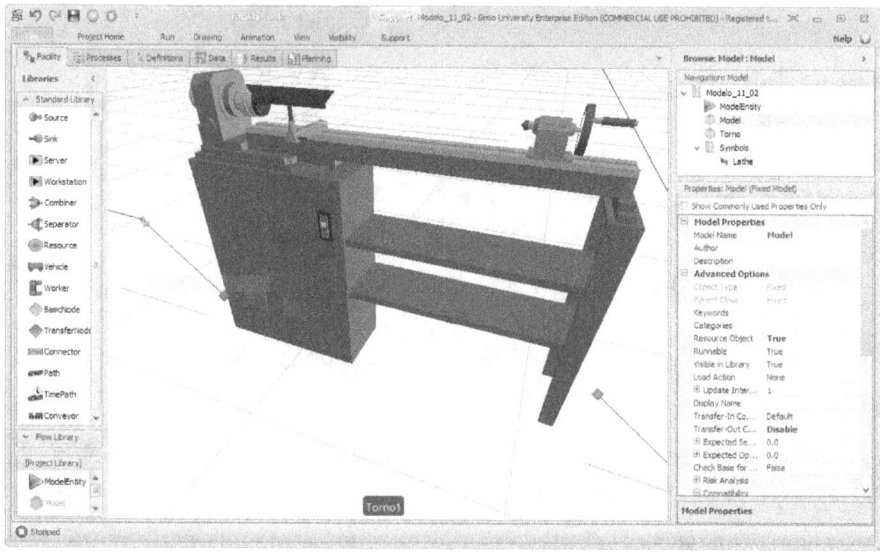

Figura 11.11: Objeto *Torno* dentro de un modelo.

Resumen

Ahora estamos listos para utilizar nuestra nueva definición de objeto en un modelo. Haga clic en Model y agregue, en la ventana *Facility*, un *Source*, un *Torno* (de *Project Library*), un *Sink* y conéctelos con vínculos *Path*. Haga clic en *Torno* para editar sus propiedades. Si usted corre su modelo, podrá apreciar algo parecido a lo que se ilustra en la figura 11.11.

11.4   Modelo 10-3: Construcción de una Sub-Clase de un Objeto

En este ejemplo construiremos un nuevo objeto llamado IMR que representa un dispositivo médico (para la toma de imágenes de resonancia magnética). Como este dispositivo tiene algunas características del objeto *Server* de la *Standard Library*, lo construiremos como una sub-clase de *Server*. Ocultaremos y cambiaremos el nombre de algunas propiedades, y agregaremos una nueva propiedad para identificar a un técnico opcional de reparación que se necesita para llevar a cabo la reparación del IMR. Modificaremos la lógica de reparación para capturar y liberar a este técnico.

11.4.1   Lógica del Modelo

Empezando con un nuevo proyecto, haga clic en *Server* desde la ventana *Facility* y seleccione Subclass con clic derecho (esta operación también se puede hacer desde la cinta *Edit* del proyecto). Se añadirá a nuestro proyecto un nuevo modelo llamado MyServer, cuyo nombre lo cambiaremos a IMR.

Necesitamos agregar una propiedad para que el usuario identifique al técnico de reparación que desea utilizar:

- Haga clic en IMR y luego en el panel *Properties* de la ventana *Definitions*.

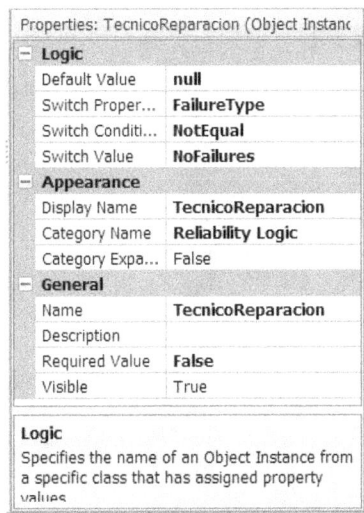

Figura 11.12: Definición de la propiedad `TecnicoReparacion`.

- Agregue una nueva propiedad del tipo *Object Reference* para referenciar a un objeto (*Object*). Asigne `TecnicoReparacion` a la propiedad *Name* y `Reliability Logic` a la propiedad *Category Name*.

- Seleccione `Failure Type` para la propiedad *Switch Property Name*, `NotE` `qual` para la propiedad *Switch Condition* y `NoFailures` para *Switch Value*. Con estas indicaciones, esta propiedad no estará visible si el usuario selecciona la opción `NoFailures`.

- Seleccione `False` para la propiedad *Required Value*.

La definición de esta propiedad se muestra en la figura 11.12.

Deseamos cambiar los términos genéricos usados en este objeto por términos médicos. Cambie el *Display Name* de la propiedad *ProcessingTime* por `Tiempo de Tratamiento` e ingrese la descripción "`El tiempo requerido para atender a cada paciente`". La propiedad *ProcessingTime* debe lucir como en la figura 11.13. Ocultaremos las propiedades heredadas *Capacity Type*, *WorkSchedule* e *InitialCapacity* para que no compliquen el objeto.

A continuación modificaremos la lógica de procesos heredada para utilizar al técnico de reparación durante el mantenimiento. Haga clic en la ventana *Processes* para mostrar los procesos heredados del objeto *Server*. Notar que en este momento no se pueden editar estos procesos debido a que son propiedad del *Server* y se han heredado para su uso en `IMR`. Esta condición de herencia se indica a través del ícono de una flecha verde que apunta hacia arriba. Seleccione el primer proceso heredado, de nombre `FailureOccurrenceLogic`, y hacer clic en *Override* sobre la cinta *Process*. Esta acción crea una copia del proceso heredado del *Server* para que sea usado por `IMR`, en lugar del proceso heredado. Ahora podemos editar este proceso de la manera que deseamos. Este estado de invalidación del proceso heredado se indica por medio del ícono de la flecha, que ahora apunta hacia abajo. Si lo deseamos, podemos restaurar el proceso original haciendo clic en *Restore* sobre la cinta *Process*.

Ahora que podemos cambiar la lógica de este proceso, agregamos un paso *Seize* inmediatamente antes del paso `TimeToRepair` y luego un paso *Release* inmediatamente después del *Delay*. En ambos casos indicaremos que el objeto a capturar/liberar está identificado por la propiedad

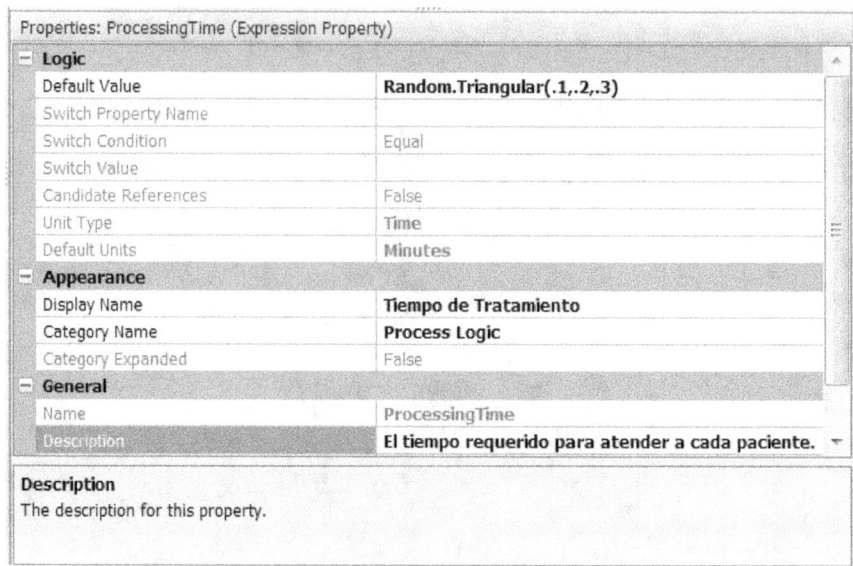

Figura 11.13: Definición de la propiedad *ProcessingTime* para que aparezca como `Tiempo de Tratamiento`.

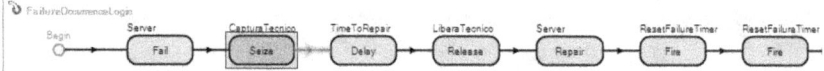

Figura 11.14: Proceso `FailureOccurrenceLogic` revisado para agregar un técnico de reparación.

TecnicoReparacion (utilice clic derecho y la opción *Set Reference Property*). El inicio de nuestro proceso revisado se muestra en la figura 11.14.

11.4.2   Vista Externa

A continuación personalizaremos la vista externa de `IMR`. Necesitamos personalizar la animación de la vista del usuario, de manera similar a lo que hicimos con nuestros objetos anteriores. Sin embargo, no necesitamos preocuparnos del marco y de los nodos porque fueron heredados del objeto *Server*.

Haga clic en el panel *External* de la ventana *Definitions*. Seleccione *Download Symbol* de la lista desplegable *Place Symbol* para buscar un símbolo de *Google Warehouse* para `IMR`. Agregue colas animadas para los estados *InputBuffer.Contents*, *Processing.Contents* y *OutputBuffer.Contents*. Notar que los dos símbolos de nodos externos han sido heredados de *Server* y no pueden sufrir ajustes más allá de un cambio de posición.

Resumen

Ahora estamos listos para utilizar en un modelo nuestra nueva definición de objeto `IMR`. Haga clic en *Model* para regresar al modelo principal. Coloque un *Source*, un *IMR* (de *Project Library*) y un *Sink* y conéctelos con vínculos *Path*. Seleccione a `IMR1` para editar sus propiedades y corra el modelo. La figura 11.15 muestra este modelo sencillo en operación.

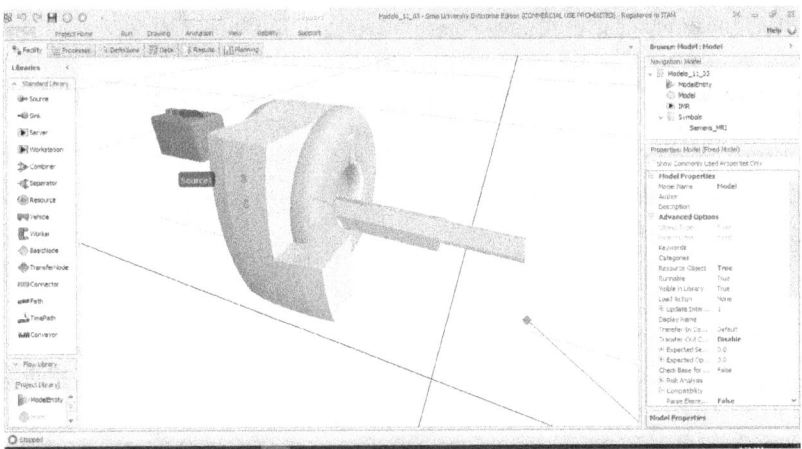

Figura 11.15: Nuevo objeto *IMR* en uso e ilustrando sus propiedades perso-nalizadas.

11.5 Interacción con Extensiones del Usuario

Usted ha aprendido a construir modelos utilizando la *Standard Library*, a extender el comportamiento de los objetos de la *Standard Library* utilizando procesos complementarios y (en este capítulo) a construir sus propios objetos. Si usted tiene un nivel moderado de destreza programando, Simio da un paso adelante para permitirle extender realmente el motor mismo de la simulación. La arquitectura de Simio otorga muchos sitios donde los usuarios pueden integrar su propia funcionalidad escrita en un lenguaje .Net como Visual C# o Visual Basic .Net.

Entre los tipos de extensiones del usuario permitidos se incluyen:

- Pasos Definidos por el Usuario

- Elementos Definidos por el Usuario

- Reglas de Selección Definidas por el Usuario

- Complementos en Tiempo de Diseño

- Complementos para la Programación

- Empaquetado e Importación de Tablas

- Diseño de Corridas de Experimentos

Los puntos de extensión de Simio se revelan como un conjunto de interfaces que describen los métodos y convenciones de llamada que se pueden utilizar en cualquier componente de extensión del usuario. Este conjunto de interfaces se conoce como la interfaz de programación de aplicaciones (API, por *Application Programming Interface*). El archivo *Simio API Reference Guide.chm*, localizado en la instalación de Simio (típicamente en C:/Program Files (x86)/Simio), contiene información detallada sobre la API de Simio.

Si bien usted puede crear extensiones utilizando cualquier lenguaje de programación .Net, Simio proporciona apoyo adicional para los usuarios de C#. Para ayudarle a crear extensiones de usuario, Simio le proporciona varios proyectos y plantillas de proyectos pre-definidas para Microsoft Visual Studio®
2008. Estas plantillas contienen proyectos y elementos auxiliares reusables y personalizados que

pueden utilizarse para acelerar el proceso de desarrollo, eliminando la necesidad de crear nuevos proyectos y elementos desde cero.

Además, con la instalación de Simio se incluyen varios ejemplos de extensiones de usuario. Puede explorar estos ejemplos y, posiblemente, personalizarlos para resolver sus propios problemas. Estos ejemplos incluyen:

- `Binary Gate`: un elemento y tres pasos para controlar el flujo a través de un portal.

- `TextFileReadWrite`: un elemento y dos pasos para leer y escribir archivos de texto.

- `DbReadWrite`: un elemento y cuatro pasos para leer y escribir en archivos de base de datos.

- `ExcelGridDataProvider`: permite la importación y exportación de tablas y archivos de Excel.

- `CSVGridDataProvider`: permite la importación y exportación de tablas y archivos de texto.

- `SelectBestScenario`: ilustra un complemento para el análisis de datos de experimentos.

- `SimioSelectionRules`: contiene la implementación de todas la reglas dinámicas de selección de Simio.

- `SourceServerSink`: ilustra un complemento en tiempo de diseño que construye un modelo de disposición sencillo a partir de código.

- `SimioTravelSteeringBehaviors`: ilustra cómo guiar entidades que se mueven es el espacio libre.

- `SimioScheduling`: ilustra la configuración de recursos, listas, y tablas para las aplicaciones de programación (*scheduling*).

Estos ejemplos están en la carpeta *UserExtensions* de los ejemplos de modelos de Simio, generalmente dentro de otra carpeta llamada *Public* o *All Users*.

11.5.1 Cómo Crear y Declarar una Extensión de Usuario

Los pasos generales para crear y declarar una extensión de usuario son los siguientes:

- Cree un nuevo proyecto .Net en Visual Studio 2008, o agregar un elemento a un proyecto existente, utilizando una de las plantillas de Visual Studio para Simio. Notar que, además de las versiones comerciales de Visual Studio, Microsoft también ofrece ediciones Express que están disponibles para su libre descarga en *www.microsoft.com/express/Windows*.

- Complete la implementación de la extensión de usuario y genere el archivo (.dll) del ensamble en .Net.

- Para declarar la extensión, copie el archivo .dll en la carpeta [My Documents]/SimioUserExtensions. Si la carpeta no existe, debe crearla. Alternativamente, también lo puede copiar en [Simio Installation Directory]/UserExtensions, pero asegúrese que tiene los permisos para copiar archivos en esta carpeta.

Si la extensión se declaró correctamente, aparecerá automáticamente en la localización apropiada de Simio. En algunos casos se identifican claramente como complementos del usuario, por ejemplo:

- En la ventana *Processes* del modelo estarán disponibles todos los pasos definidos por el usuario, en el panel de la izquierda, bajo el título *User Defined*.

- En la ventana *Definitions* del modelo, estarán disponibles todos los elementos definidos por el usuario, por medio del botón *User Defined* del panel *Elements* (cinta *Elements*).

En algunos otros casos puede parecer que Simio tiene nuevas características, por ejemplo:

- Las reglas de selección definidas por el usuario estarán disponibles para usarse en el modelo como reglas de selección dinámica.

- Las aplicaciones complementarias estarán disponibles para usarse en el proyecto por medio del botón *Select Add-In* de la cinta *Project Home*.

- Los complementos para ligar e importar tablas están desplegados en la cinta *Table* bajo el botón *Bind To*luego de haber agregado al menos una tabla.

Puede encontrar información adicional sobre este tema buscando los términos "extensions" o "API" en la ayuda principal de Simio. Estos temas proporcionan una introducción y una visión general de las características disponibles. En el archivo `Simio API Reference Guide.chm` (dentro de la carpeta de Simio en *Archivos de Programa*) se puede encontrar información más detallada. Este archivo proporciona más de 500 páginas de información técnica detallada. Aun-que al momento de escribir este libro no existe un curso de entrenamiento para crear extensiones del usuario en Simio, uno de los apéndices de la presentación `Learning Simio` presenta instrucciones detalladas paso por paso. Si Usted es miembro de *Simio Insider*[4] (lo que es fuertemente recomendable) puede encontrar ejemplos y discusiones adicionales bajo los tópicos *Shared Items* y *API*.

11.6 Resumen

En este capítulo hemos revisado los conceptos básicos para construir definiciones de objeto en Simio. Ésta es una característica clave de Simio porque permite construir, sin mucha experiencia en programación, objetos personalizados que se especializan en un modelo o en un área de aplicación específica.

En nuestros ejemplos de este capítulo hemos colocado nuestros objetos desde la librería del proyecto (*Project Library*). La otra alternativa es construir la definición de objeto en su propio proyecto y luego descargar dicho proyecto como una librería desde la cinta *Project Home*.

Dentro de Simio, a menudo tendrá que elegir entre la opción de trabajar con los objetos de la *Standard Library* (mejorados con procesos complementarios) y la de crear una nueva librería con lógica personalizada. Si usted se encuentra muchas veces frente a la misma aplicación, es conveniente construir objetos personalizados para evitar la necesidad de repetir los procesos complementarios. Por supuesto, usted puede permitir la incorporación de procesos complementarios en sus propios objetos, por medio de la definición de una propiedad para el nombre del proceso y pasando dicha propiedad a un paso *Execute* dentro de su proceso.

Con un poco de experiencia, usted encontrará que la construcción de objetos es una opción sencilla y poderosa para sus actividades de modelado.

---

[4]Puede hacerse miembro *Simio Insider* en `www.simio.com/forums/`

11.7   Problemas

1. Compare y contraste las tres maneras para crear la lógica de un modelo. ¿Qué determina su elección cuando debe crear un objeto específico?

2. ¿Cuál es la diferencia entre la vista externa (*External View*) y el tablero (*Dashboard*) y cuáles son las limitaciones de cada uno?

3. Cuando usted construye un modelo, digamos que una línea para pintura, ¿cuáles son los cambios típicos que se requieren para permitir su reuso como objeto en un modelo más grande (e.g., una planta de autos puede tener varias líneas de pintura similares, pero no idénticas)?

4. Reproduzca el Modelo 10-2, pero esta vez con un modelo de procesador de clase fija *Fixed Class - Processor*. ¿Qué ventajas y desventajas tiene este método?

5. Agregue fallas basadas en tiempo de operación para el Modelo 10-2. Permita opciones para el tiempo entre fallas, el tiempo de reparación y recursos opcionales para reparación. Incluya un nodo externo donde se puede situar el operador de la reparación. Utilice este objeto en un modelo que demuestre todas sus capacidades.

6. Cree un objeto *Paletizador* con un nodo de entrada para las cajas que llegan y un nodo de salida para las cajas paletizadas que salen. Las paletas se crean bajo demanda en el *Paletizador*. El número de cajas que se agregan a la paleta es una cantidad especificada por el usuario.

   Muestre el comportamiento de su objeto *Paletizador* en un modelo con dos tipos de cajas. En una paleta pueden entrar sólo 5 unidades de la `CajaA`, en cambio, pueden entrar 10 unidades de la `CajaB`. Las paletas completamente llenas se transportan al taller de envíos, donde se sacan las cajas de las paletas y se cuentan las paletas y las cajas.

7. Cree su propio complemento para que se utilice desde la ventana de experimentos. Su complemento debe leer los datos del escenario desde un archivo externo de datos y luego crear los escenarios apropiados en la vista de diseño de experimentos (*Experiment Design*).

8. Se tiene un proceso de fermentación de cerveza para el que deseamos modelar el procesamiento en lotes discretos. El sistema completo tendrá muchos tanques de fermentación con tiempos de procesamiento largos. Con la finalidad de modelar fácilmente el sistema completo deseamos crear un objeto para representar un tanque de fermentación.

   Vamos a considerar sólo un pequeño subconjunto del sistema para facilitar las pruebas. Nuestro subconjunto del proceso de fermentación genera lotes de cerveza de acuerdo con la programación de la figura 11.16 . Cada lote de nuestro sistema de prueba toma nominalmente 2 horas de fermentación[5]. Nuestro tanque de fermentación puede aceptar hasta dos lotes del mismo tipo de cerveza, siempre y cuando llegue dentro de 60 minutos de la llegada del primero. Ambos lotes terminarán al tiempo en que terminaría el primer lote solo. Diferentes tipos de cerveza no se pueden fermentar juntos.

   Cree un objeto *TanqueFermentacion* con las características apropiadas y pruébelo en su modelo simple con llegadas de acuerdo con la programación de la figura 11.16, y un solo tanque de fermentación. Verifique que su objeto produce el tipo de salida indicado en la columna de comentarios (*Comment*).

---

[5]El sistema real requiere de muchos días de fermentación.

Batch Production				
	Job Number	Beer Type	ArrivalTime (Minutes)	Comment
1	1	Light	0	Start processing immediately
2	2	Light	30	Process with previous
3	3	Dark	60	Wait for next batch
4	4	Dark	120	Start with previous
5	5	Dark	120	Batch full, wait for next batch
6	6	Light	130	Wrong type, wait for next batch
7	7	Light	425	Too late, wait for next batch
8	8	Light	445	Start with previous

Figura 11.16: Programación de las llegadas de lotes de fermentación de cerveza (datos de prueba).

Capítulo 12

Programación Basada en Simulación e Industria 4.0

Como se ha discutido en el capítulo 1, e ilustrado a través del libro, la simulación se ha usado principalmente para mejorar el diseño de un sistema — para comparar alternativas, optimizar parámetros, y predecir el desempeño. Aunque el llegar a un buen diseño del sistema es muy valioso, existe otro conjunto de problemas que son importantes para la operación efectiva de un sistema.

La iniciativa de la *Fábrica Inteligente* está ganando rápidamente la atención mundial. Este enfoque para dirigir una fábrica enfrenta ciertos retos que pueden atacarse mejor por medio de las nuevas aplicaciones de la simulación. Este capítulo empieza discutiendo la evolución y el estado actual de la Industria 4.0, y algunos de sus retos y oportunidades, para luego discutir la manera en que la simulación puede utilizarse, tanto de manera tradicional como dentro del papel de *Gemelo Digital* . Exploraremos algunas tecnologías actuales utilizadas para planear y programar actividades, y luego haremos una introducción a la Planeación y Programación Basada en Riesgos (RPS por *Risk based Planning and Scheduling*). Algo del material que mostraremos es propiedad de Simio LLC y se incluye bajo su permiso [42].

12.1 Las Revoluciones Industriales a Través del Tiempo

Industria 4.0 es el término utilizado para describir la tendencia actual hacia los sistemas de manufactura completamente integrados y automatizados. "Estamos al borde de una revolución tecnológica que cambiará fundamentalmente nuestro modo de vivir, trabajar y relacionarnos con otros " [58], nos dice Klaus Schwab, el Fundador y Director Ejecutivo del World Economic Forum en su libro *The Fourth Industrial Revolution*. Esta afirmación se enunció en 2017 pero pudo haberse dicho hace 200 años, antes de que la primera revolución industrial redefiniera nuestra civilización.

Antes de discutir Industria 4.0, daremos una breve mirada a las etapas que nos llevaron a donde estamos actualmente (figura 12.1).

Primera Revolución Industrial – Producción Mecanizada

Antes de 1760, las poblaciones del mundo vivían de manera aislada, en comunidades cerradas, con capacidades y recursos alimenticios limitados, siguiendo tradiciones familiares, y sin la intención de cambiar. Empezando en el Reino Unido, con la invención y el refinamiento de la

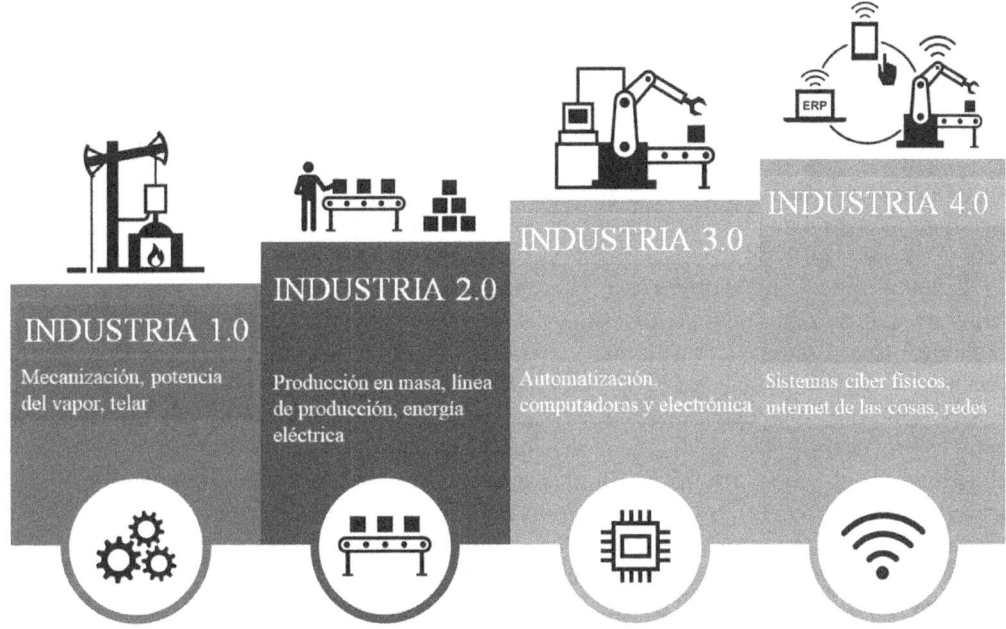

Figura 12.1: Historia de las revoluciones industriales.

máquina de vapor y de la potencia del vapor, la agricultura floreció y los recursos alimenticios incentivaron el crecimiento de la población, generando nuevos mercados.

La industrialización se difundió, permitiendo que las fábricas se instalaran en muchos sitios, no solamente cerca de los molinos de agua. Se crearon ciudades, con muchos consumidores y los ferrocarriles permitieron una expansión y urbanización aún mayor. La actividad agrícola fue abandonada en favor de la producción de bienes en la forma de textiles, acero, comida, y mucho más. Se crearon trabajos y se reinventaron áreas como las comunicaciones, los sistemas de transporte y los servicios médicos, y todas las actividades cotidianas fueron transformadas.

Todo esto tuvo lugar en un periodo de 80 años, hasta mediados de los años 1800s, teniendo efectos más difundidos en Europa y en las Américas.

Segunda Revolución Industrial – Producción en Masa

Hacia los inicios del siglo 20, la población y la urbanización continuaron creciendo, alimentadas por la difusión de la última invención importante, la electricidad. La segunda revolución industrial provocó la producción en masa debido al desarrollo de líneas de ensamble para comida, vestido y otros bienes, así como avances en transporte, medicina y armamentos.

Europa siguió siendo dominante, pero otras naciones fueron adquirirndo el poder y la tecnología para avanzar independientemente.

Tercera Revolución Industrial – La Era Digital

Hacia los inicios de los 1960s, la civilización se afianzó nuevamente luego de las dos guerras mundiales, con las aplicaciones de las nuevas tecnologías militares, difundiendo la innovación con visión del futuro en tiempos de paz. Se descubrió la utilidad de las obleas de silicio, conduciendo al desarrollo de semiconductores y computadoras centrales, que evolucionaron en computadoras personales en los años 1970s y 1980s. Con el desarrollo de la internet en los años 1990s, la revolución digital, o de las computadoras, estaba en camino a nivel mundial.

12.2   La Cuarta Revolución Industrial – La Fábrica Inteligente

Se dice que la Cuarta Revolución Industrial ha sido el salto más grande en la historia de la humanidad, agregando de 10 a 15 billones (millones de millones) de dólares al PIB mundial dentro de los próximos 20 años [6]. Concebida en Alemania, Industria 4.0 es también llamada Industrie 4.0, *Fábrica Inteligente*, o *Manufactura Inteligente*. Es llamada así debido a su gran impacto en la forma en que las empresas manufacturan, diseñan y fabrican sus productos. Nuevamente la manufactura ha proporcionado el impulso para el desarrollo de este nuevo fenómeno, a través del encuentro del mundo físico con el virtual. Habiendo implementado las ideas para reducir los costos lsborales y mejorar la productividad, el siguiente paso natural es la aplicación de la tecnología para la transformación digital de la manufactura. En este nuevo sistema de producción completamente integrado y automatizado, las toma de decisiones se automatiza con base en información en tiempo real, proveniente de un sistema de completamente integrado de recursos humanos y materiales.

Las tecnologías digitales actuales de la Industria 4.0 incluyen:

- Internet de las Cosas (IoT por *Internet of Things*) e Internet de las Cosas Industriales (IIoT por *Industrial Internet of Things*).

- Robótica.

- Computación en la Nube/Software como Servicio (SaaS por *Software as a Service*).

- Datos Masivos/Analítica Avanzada.

- Manufactura Aditiva/Impresiones en 3D.

- Integración de Sistemas.

- Realidad Virtual/Aumentada (VR por *Virtual Reality*).

- Simulación.

- TIC/Seguridad informática.

Industria 4.0 combina estas tecnologías para facilitar la mejora de los procesos de producción en masa y de la productividad. La innovación resultante conducirá al desarrollo de nuevos modelos de negocios que tendrán su fundamento en los Servicios y la Información.

Para la mayoría de las empresas, actualmente Industria 4.0 es sólo una visión a seguir, sin embargo, la transformación digital de la industria ya está en camino, con el uso de los robots para la manufactura avanzada y la impresión en 3D utilizando tanto plásticos como metales. Las mejoras y los beneficios potenciales se han evidenciado en una producción de mayor calidad, más flexible, segura y veloz. Asimismo, aparecen nuevos retos, especialmente en los campos de la administración de la información, la programación de la producción y la seguridad informática.

Más allá del alcance previsto originalmente, la Industria 4.0 está originando una nueva era, con la habilidad para manufacturar lotes de una sola unidad, o de miles, con los mismos costos y tiempos por apertura de procesos. Un enorme cambio macroeconómico está en ciernes, con fábricas más pequeñas y más ágiles, ubicadas cerca del consumidor para facilitar el flujo comercial entre regiones.

Debido a que Industria 4.0 se puede aplicar a la cadena de valor completa durante todo el ciclo de vida del producto, puede afectar a todas las partes interesadas; sin embargo, su éxito depende de un efectivo flujo de información a través del sistema. Es aquí donde los beneficios del software avanzado para la simulación y la programación de actividades tiene una importancia crítica para la colección de datos, la planeación y la programación de las actividades productivas.

¿Qué Sigue?

La velocidad y el impulso se han acumulado, a medida que continúan apareciendo nuevos descubrimientos, por medio de la colaboración y el conocimiento compartido, llevándonos a donde nos encontramos actualmente. Con la revolución digital, disponemos de internet móvil de largo alcance, capacidades de memoria de estado sólido de bajo costo, y recursos con gran poder de cómputo. En combinación con dispositivos y sensores más poderosos y pequeños, ahora podemos aprovechar la información para avanzar aún más, usando tecnologías como la robótica, datos masivos, simulación, aprendizaje de máquinas, e inteligencia artificial.

Las fábricas inteligentes permiten la colaboración entre los sistemas físicos y virtuales, permitiendo la creación de nuevos modelos operativos que pueden concebirse como 'Gemelos Digitales' para la mejora del diagnóstico y de la productividad. Todavía existe mucho por hacer para aprovechar estas oportunidades y convertir las soluciones potenciales en soluciones eficientes.

Más allá, se anticipan grandes avances en áreas como la nanotecnología, energía renovable, genética y computacioón cuántica, ligando los dominios físicos y digitales con la Biología, en una nueva rama de esta revolución. La velocidad de cambio es impresionante, comparada con la lenta difusión de los desarrollos de las primeras revoluciones. La tecnología se está difundiendo rápidamente, por medio de los dispositivos conectados globalmente, haciendo el mundo aún más pequeño, y permitiendo el intercambio de destrezas e ideas para propagar las innovaciones a través de las diferentes disciplinas.

Sin el pequeño primer paso de la Primera Revolución Industrial, sin embargo, continuaríamos con nuestra vida aislada, sin viajes exploratorios, con recursos alimenticios limitados, débiles ante los retos de la salud, y sin oportunidades para la innovación. Aunque estamos contínuamente expuestos a cambios profundos, los desarrollos internacionales son inevitables, por lo que necesitamos adoptar estos desarrollos y abrir nuestra imaginación para avanzar en este emocionante paso de nuestra historia.

Como concluye Klaus Schwab; "En su escala, alcance y complejidad, la transformación será como nunca ha experimentado antes la humanidad". [58]

12.3 La Necesidad de un Gemelo Digital

En el ambiente del consumidor, la Internet de las Cosas (IoT) proporciona una red de dispositivos conectados, con comunicación segura entre ellos, permitiendo el trabajo cooperativo. En el ambiente de la manufactura, la Internet de las Cosas Industriales (IIoT) permite la comunicación entre las máquinas y los productos del proceso para lograr el objetivo final de una producción eficiente. Con el creciente movimiento hacia la Industria 4.0, la creciente digitalización está trayendo sus retos y oportunidades hacia la manufactura. Una manera de afrontar estos retos y oportunidades es con el uso de un gemelo digital.

Un gemelo digital es una representación virtual de un producto, parte, sistema o proceso que nos permite apreciar cómo se desempeñará, inclusive antes de que éste exista. Algunas veces este término se aplica al nivel de un dispositivo. El gemelo digital de un dispositivo debe desempeñarse en un mundo virtual de manera muy similar a la que el dispositivo real lo hará en el mundo físico. Una aplicación importante es un gemelo digital de un sistema de manufactuera completo, que se desempeña en un mundo virtual de manera muy similar a como se desempeña el sistema de manufactura real en el mundo físico. Esta última (amplia) definición de un gemelo digital pareciera poco factible, pero no lo es. Como en los modelos orientados al diseño que hemos discutido, nuestro objetivo no es crear el 'modelo perfecto sino más bien un modelo que es lo 'suficientemente parecido' como para generar resultados útiles para lograr nuestros objetivos. Exploremos cómo podríamos lograr esta meta.

De acuerdo con algunos practicantes, se puede llamar a un modelo un gemelo digital sólo cuando está totalmente conectado a todos los otros sistemas que contienen los datos para habilitar al gemelo digital. Un modelo de simulación aislado puede ser llamado un modelo virtual de una fábrica, pero no un gemelo digital hasta que no esté completamente conectado y corra en tiempo real (o casi en tiempo real), dirigido por los datos de los sistemas (ERP, MES, etc.) relevantes. En consecuencia, es importante que seamos capaces de generar modelos con datos, como los introducidos en la sección 7.8, para que el modelo funcione como un gemelo digital. Ello permite que el modelo pueda reaccionar a los cambios en los datos – cosas como agregar un recurso/máquina y crear automáticamente los cambios en el modelo y en la programación, con sólo importar los datos más recientes.

En el estado actual de la Industria 4.0, el crecimiento exponencial de los desarrollos tecnológicos nos permiten recopilar, almacenar y manipular los datos como nunca antes. Los sensores más pequeños, los baratos dispositivos para memoria y los procesadores más rápidos, todos conectados de manera inalámbrica a la red, facilitan la simulación y el modelado dinámico con el objetivo de proyectar el objeto en el mundo digital. Este modelo virtual es capaz de recibir y de analizar datos históricos operacionales y del medio ambiente.

Los avances tecnológicos han permitido que la recolección y el compartimiemto de datos sea mucho más fácil, así como han facilitado su aplicación en el modelo, y la evaluación de diferentes escenarios posibles para predecir y dirigir los resultados. Por supuesto, la seguridad de los datos es un tema muy importante con un gemelo digital, como en cualquier modelo digital de recursos críticos.

Como una versión computarizada de un activo físico, el gemelo digital puede ser utilizado para diferentes propósitos valiosos. Puede determinar su vida útil restante, predecir fallas, proyectar su desempeño, y estimar los resultados financieros. Usando los datos, se pueden optimizar el diseño, la manufactura y la operación con el objetivo de obtener beneficio de las oportunidades potenciales.

Se puede adoptar un proceso de tres pasos para implementar un gemelo digital útil:

Establecer el modelo. Más que solamente sobreponer datos digitales sobre un objeto físico, se simula el sistema usando software 3D. Las interacciones tienen lugar en el modelo para comunicarle todos los parámetros relevantes. Se imponen los datos y el modelo 'aprende', por similitud, como se supone que debería comportarse.

Activar el modelo. Por medio de simulaciones, el modelo se actualiza contínuamente, de acuerdo con los datos, tanto conocidos como impuestos. Tomado la información de otras fuentes, que incluyen la historia, otros modelos, los dispositivos conectados, los costos y los pronósticos, el software corre combinaciones de opciones, para proporcionar una visión del riesgo y de los niveles de confianza.

Aprender del modelo. Usando los resultados sugeridos se pueden implementar planes y se pueden manipular las situaciones para lograr resultados óptimos en términos de utilización, costos, y desempeño, evitando problemas potenciales o situaciones de pérdida.

Un gemelo digital es más que una simple plantilla o esquema de un dispositivo o sistema; es una verdadera representación virtual de todos los elementos involucrados en su operación, incluyendo la interacción dinámica entre estos elementos y con su medio ambiente. Los beneficios se obtienen a través del monitoreo de estos elementos, mejorando el diagnóstico y la cura, e investigando las causas de cualquier situación, con la finalidad de incrementar la eficiencia y la productividad.

Un gemelo digital generado correctamente puede ser utilizado para calibrar dinámicamente el ambiente operacional para impactar positivamente en cada fase del ciclo de vida del producto; a través del diseño, construcción y operación. Para este fin, antes de crear el gemelo digital, deben entenderse muy bien los objetivos y las expectativas. Sólo después de ello es que puede crearse el modelo con la fidelidad apropiada para lograr los objetivos y proporcionar los beneficios esperados. Algunos ejemplos de estos beneficios son:

- El equipo monitorea sus propios estados y puede programar su mantenimiento y ordenar el reemplazo de partes cuando es necesario.

- Se puede programar y cargar la mezcla de producción para maximizar la utilización del equipo sin comprometer los tiempos de entrega.

- Se puede reprogramar rápidamente, ante algún cambio en la disponibilidad de recursos, reduciendo las posibles pérdidas por medio de la re-optimización de la carga para satisfacer las fechas de entrega.

12.4 El Papel de la Simulación del Diseño en la Industria 4.0

Por décadas, la simulación ha sido utilizada primordialmente para mejorar el diseño de las instalaciones. En la sección 1.2 se mencionan algunos de los dominios de aplicación donde la simulación se ha utilizado frecuentemente, para propósitos como:

Logística de la Cadena de Suministro: Justo-a-tiempo, reducción del riesgo, puntos de re-orden, asignación de recursos, posicionamiento de inventarios, planeación en contingencias, evaluación de rutas, flujos de información y modelado de datos.

Transportación: Transferencia de materiales, transporte de personal, despacho de vehículos, administración del tráfico (trenes, barcos, camiones, grúas, y montacargas)

Programación de Personal: Medición de habilidades, asignación y nivel del personal, planes de entrenamiento, algoritmos para la programación de actividades.

Inversiones de Capital: Inversiones para ampliaciones. Determinación de las inversiones convenientes, en el momento apropiado. Evaluación objetiva del retorno de la inversión.

Productividad: Optimización de líneas de producción, cambios en la mezcla de producción, asignación del equipo, reducción de la fuerza laboral, planeación de la capacidad, mantenimiento predictivo, análisis de variabilidad, toma de decisiones decentralizada.

La primera respuesta a cómo la simulación puede ayudar con la Industria 4.0 es 'todo lo anterior'. En la forma más simple, una fábrica inteligente es justamente una fábrica – tiene todos los problemas de cualquier otra fábrica. La simulación puede proporcionar todos los mismos beneficios en las mismas áreas donde la simulación ha sido tradicionalmente utilizada. En general, la simulación puede utilizarse para evaluar objetivamente el sistema y proporcionar una visión de la configuarción y operación óptima.

Por supuesto, la implementación de una fábrica inteligente es mucho más que 'justamente una fábrica' y difiere de manera importante. En primer lugar, una fábrica inteligente es generalmente más grande, y no sólo por tener *más* componentes, pero también componentes *sofisticados*. Mientras que alguien optimista puede interpretar 'sofisticado' como 'libre de problemas', un pesimista puede interpretarlo como 'muchas más oportunidades para fallar'. De cualquier forma, un sistema más grande y con más interacciones es más difícil de analizar y hace que la aplicación tradicional de la simulación sea más importante. Es difícil **medir el impacto de cualquier característica avanzada específica.** La simulación es probablmente la única herramienta que nos permite evaluar objetivamente las interacciones y contribuciones de cada componente, diseñar un sistema que trabajará en su conjunto, y luego afinar y optimizar dicho sistema.

En una fábrica inteligente, las innovaciones de TIC, como los datos masivos y la operación en la nube hacen que los datos en tiempo real sean más valiosos. Aunque el uso de datos masivos no es una fortaleza particular de los productos para simulación, los productos más modernos permiten la incorporación de tales datos en el modelo. Mientras que este acceso a los datos permite que el sistema se desempeñe mejor, identifica también más puntos para una falla potencial y la oportunidad para que un modelo con el suficiente detalle **identifique áreas de riesgo antes de su implementación.**

Otro aspecto en el que una fábrica inteligente difiere es el nivel de automatización y de autonomía. El proceso dinámico en una fábrica inteligente permite flexibilidad operacional, como responder inteligentemente a una falla en el sistema, y tomar acciones correctivas automáticamente, ambas para corregir la falla y para evitarla tomando los cambios de ruta apropiados. La simulación puede ayudar a evaluar estas acciones por medio de **la evaluación del desempeño de las alternativas.**

Como en una fábrica normal, una fábrica inteligente no puede operar reiteradamente bajo diferentes configuraciones y ajustes. La simulación está justamente diseñada para hacer esto. Efectivamente proyecta operaciones futuras, **comprimiendo días en sólo segundos.** Más aún, el modelo de simulación puede ajustarse fácilmente cuando se necesita estudiar el efecto del escalamiento del sistema hacia ariba o hacia abajo. La información resultante responde preguntas fundamentales acerca de los procesos y de todo el sistema. Por ejemplo, cuánto tiempo toma un proceso, con cuánta frecuencia se utiliza un equipo, con cuánta frecuencia ocurren rechazos, etc. En consecuencia, **predice criterios de desempeño** como la demora, la utilización o los cuellos de botella para la mejora directa.

Un gran beneficio de los modelos de fábrica virtual para organizaciones grandes es la **estandarización de datos, sistemas y procesos.** Típicamente cada fábrica de una corporación grande ha implementado sus sistemas de manera diferente. Estas diferencias ocasionan grandes problemas cuando se requiere incorporar estas fábricas a una instancia única de ERP. Se requiere que el personal esté utilizando los mismos procesos y flujos de trabajo, pero ¿cómo decide qué proceso es el mejor y qué datos son preferibles? El uso del modelo de fábrica virtual para probar diferentes políticas operacionales es el mejor medio para determinar el mejor proceso global y para ajustar todas las fábricas a este proceso. El uso de la simulación bajo un enfoque de datos generados, es valioso e interesante para estas grandes corporaciones con múltiples fábricas globales.

Otros dos beneficios de la simulación son particularmente aplicables a las fábricas inteligentes – **establecer una comunicación de ayuda** y **una base de conocimiento.** Es una tarea difícil la descripción de cómo trabaja un sistema complejo, y quizás aún más difícil el entenderlo. La creación de un modelo requiere del entendimiento de cómo funciona cada subsistema para luego representar dicho conocimiento en el modelo. El modelo de simulación por sí mismo se convierte en un repositorio de dicho conocimiento - tanto el conocimiento directo proveniente de sus componentes como el conocimiento indirecto que se obtiene de las corridas del modelo. Asimismo, la animación del modelo en 2D o es un medio invaluable para entender el sistema y para que las partes interesadas puedan entender mejor cómo funciona el sistema, puedan participar efectivamente en la solución de problemas y, en consecuencia, puedan creer en los resultados.

Aunque consume tiempo, la etapa de modelado requiere de la participación del personal y de los operadores familiarizados con los procesos. Esta participación otorga un inmediato sentido de propiedad que puede ayudar en las etapas finales de implementación de los cambios. Con este fin, una simulación realista es una herramienta más rápida y fácil de usar que otras alternativas, como el uso de hojas de cálculo, para la prueba y entendimiento de las mejoras en el desempeño, en el contexto del sistema completo. Esto es particularmente cierto cuando se hacen demostraciones a los usuarios y a los tomadores de decisiones.

De esta forma, la simulación puede ayudar para:

- predecir el desempeño que se obtiene del sistema,

- descubrir cómo interactúan las diferentes partes del sistema,

- rastrear estadísticas para medir y comparar los desempeños,

- mantener una base de conocimiento de la configuración del sistema y de su desempeño global, y

- servir como una valiosa herramienta de comunicación.

En resumen, el uso de la simulación en su papel tradicional como herramienta de diseño puede proporcionar una ventaja competitiva sólida durante el desarrollo, implementación y ejecución de una fábrica inteligente. Se puede lograr un sistema que puede implementarse en menor tiempo, con menos problemas, y con una ruta más rápida hacia el beneficio óptimo.

12.5   El Papel de la Programación con Base en Simulación

La aparición de Industria 4.0 ha impulsado la necesidad de la simulación para la programación cotidiana de los sistemas complejos que utilizan recursos caros y competitivos. Esta necesidad operacional ha extendido el valor de la simulación más allá de su papel tradicional para la mejora del diseño del sistema, incluyendo el papel de herramienta para la administración eficiente y rápida del proceso, incrementando la productividad del sistema. Con el uso de nuevas tecnologías, como la Planeación y Programación con base en el Riesgo (RPS), el mismo modelo que fue construido para evaluar y generar el diseño del sistema, puede ser aprovechado para convertirse en una herramienta importante para la programación de las operaciones cotidianas en un ambiente de Industria 4.0.

Con la manufactura digital, las tecnologías integradas conforman la fábrica inteligente, con la habilidad para transmitir datos que ayudan a analizar y controlar durante el proceso productivo. Sensores y microchips se incorporan a las máquinas, herramientas, y aún a los productos. Esta tecnología permite fabricar productos 'inteligentes' en las fábricas de la Industria 4.0 para transmitir estados de resultados durante el ciclo de vida, desde los insumos hasta los productos terminados.

Una mayor disponibilidad de datos del proceso productivo se traduce en una mayor flexibilidad y capacidad de respuesta, haciendo posible la producción bajo pedido, o en lotes pequeños.

Para capitalizar esta flexibilidad, un sistema de programación para la Industria 4.0 requiere:

- modelar de manera precisa todos los elementos,

- evaluar los programas rápidamente,

- proporcionar una visualización amigable.

Disponiendo de dispositivos IoT, datos masivos y cómputo en la nube como características de la Industria 4.0, el sistema de programación debe ahora, más que nunca, cerrar la brecha entre los mundos digital y físico.

Tradicionalmente, existen tres enfoques para la programación: manual, con base en restricciones y simulación.

La **programación manual** es intensiva en trabajo, utilizando herramientas como pizarrones y hojas de cálculo, puede ser efectiva en sistemas pequeños o poco complejos. Pero, como su nombre lo indica, un enfoque manual descansa en la habilidad de la persona para entender todas las interacciones y las posibles alternativas. Este enfoque es impracticable en un ambiente de producción complejo y altamente dinámico, debido al volumen y complejidad de los datos.

La **programación con base en restricciones** requiere de la solución de ecuaciomes que se formulan para representar todas las restricciones del sistema. Se puede construir un modelo matemático de todos los elementos de una fábrica inteligente; sin embargo, sería complicado el alimentar y luego resolver el modelo, y probablemente tomaría mucho tiempo. Algunos aspectos claves tendrían que ser ignorados o simplificados para permitir la solución que, al encontrarla, sería difícil de interpretar, visualizar e implementar.

Tanto para la programación manual como para la basada en restricciones, se puede lograr con un único departamento o sección, para reducir la complejidad. Estos programas localizados a menudo requieren de buffers entre secciones, desperdiciando una combinación de tiempo, inventarios o capacidad.

La **programación con base en simulación** es la mejor solución para las aplicaciones de la Industria 4.0. Cada elemento del sistema puede ser modelado con sus correspondientes datos. Los recursos (equipo, herramientas y trabajadores) pueden ser representados, así como los materiales consumidos y producidos durante el proceso. De esta manera, se puede simular el flujo de trabajos a través del sistema, mostrando la utilización exacta de recursos y materiales en cada paso, y proporcionando actualizaciones del estado del sistema en tiempo real.

Lógica para la toma de decisiones puede ser incorporada en el modelo, por ejemplo, para seleccionar los menores tiempos de cambio de herramientas, así como las reglas que los trabajadores adoptan por experiencia. Estos algoritmos se combinan para producir un amplio rango de reglas que modelan de manera precisa el flujo de materiales y componentes a través del sistema.

La tecnología permite que el software para la programación con base en simulación desarrolle cálculos y combinaciones sobre todos los aspectos del sistema de producción. Esta habilidad, combinada con el gran volumen de información en tiempo real que proporcionan las estaciones de trabajo digitales, hace que la programación sea rápida, detallada y precisa.

El software para la programación con base en simulación satisface tres requerimientos principales de las fábricas inteligentes:

- Modelado preciso de todos los elementos – se genera un modelo flexible a partir de la información computarizada, incluyendo una representación completa de las restricciones operativas y de las reglas personalizadas.

- Evaluación rápida de los programas – la evaluación del programa y de los programas alternativos, así como la comparación y distribución de los resultados se lleva a cabo de manera rápida y precisa.

- Fácil visualización – la simulación computarizada permite que el programa se pueda comunicar de manera clara y efectiva a través de todos los niveles de la organización.

Otro de los beneficios de la programación con base en simulación es el logro de un trabajo más efectivo. Los detalles generados permiten el uso de tecnologías, como el "cristal inteligente" que

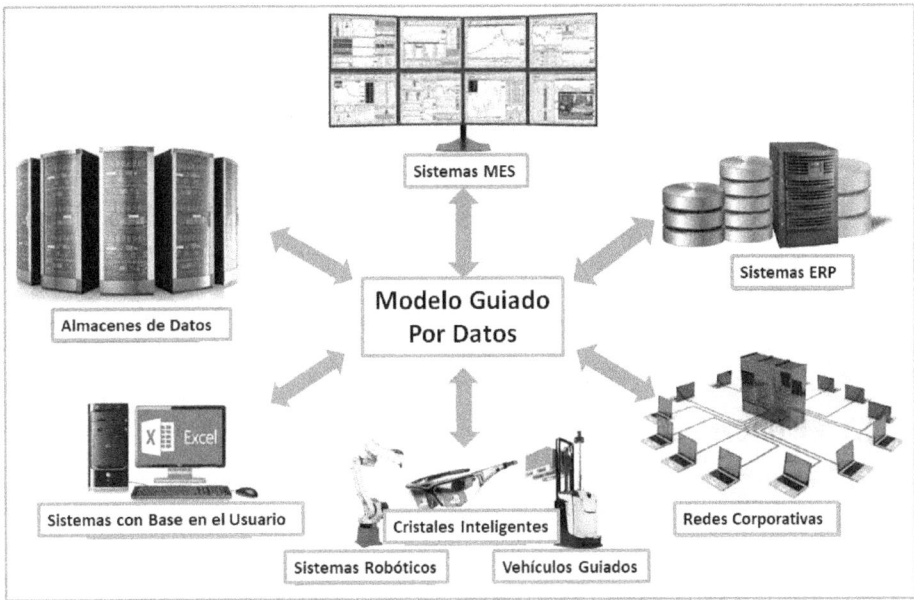

Figura 12.2: Gemelo digital que permite la fábrica inteligente.

puede ser uno de los medios más importantes para habilitar a la fuerza laboral – los cristales inteligentes proporcionan a los empleados instrucciones detalladas en el momento apropiado. Por medio de la evaluación constante del programa, el modelo de simulación utiliza datos reales y actualizados para dirigir a cada trabajador hacia el camino más eficiente para realizar la siguiente tarea.

Si bien la programación de actividades es una parte esencial de una fábrica inteligente, el modelo puede jugar un papel aún más integral, como veremos en la siguiente sección.

12.5.1 La Simulación como Gemelo Digital

Las innovaciones de TIC de la Industria 4.0 permiten la recolección de datos desde los componentes digitales del sistema hacia la fábrica inteligente, para simular la línea de producción completa usando software de Simulación de Evento Discreto. Información en tiempo real sobre los niveles de inventario, historia de los componentes, fechas de expiración, transporte, logística, y mucho más pueden alimentar el modelo para desarrollar diferentes planes y programas de producción por medio de la simulación. Se pueden evaluar fuentes de suministro, o planes de producción alternativos, tratando de minimizar pérdidas potenciales o riesgos de una disrupción.

Cuando ocurren cambios, ya sea una simple falta de inventario o una falla del equipo, o un gran desastre natural, los modelos de simulación pueden mostrar el impacto sobre la producción o cómo se verían afectados los servicios que se prestan. Las acciones a tomar pueden evaluarse manual o automáticamente para adoptar una solución apropiada.

Los beneficios del uso de la simulación para la programación y reducción de los riesgos en un ambiente de la Industria 4.0 incluyen el aseguramiento de una producción consistente, donde los costos están controlados y se mantiene la calidad bajo cualquier circunstancia.

Al aprovechar la programación de actividades, los modelos de simulación guiados por datos pueden también jugar el papel de un gemelo digital. En la figura 12.2 se ilustra cómo un modelo de simulación puede situarse en el corazón de una fábrica inteligente. Se puede comunicar con todos los subsistemas críticos, recolectar información de la ejecución y de la planeación, crear automáticamente una programación de corto plazo, y distribuir los componentes y resultados de la programación a cada subsistema para tomar acciones apropiadas. El software avanzado para la programación basada en simulación está especialmente capacitado para tales aplicaciones debido a que:

- tiene habilidad para comunicarse con cualquier subsistema por periodos o en tiempo real,

- modela el comportamiento complejo que se requiere para representar a la fábrica,

- ejecuta técnicas sofisticadas para generar programas 'óptimos' apropiados,

- reporta el programa a los interesados para su ejecución,

- espera por las desviaciones al plan a ser reportadas, lo que genera una repetición del proceso.

Esto llena una brecha importante que puede existir en muchos planes de las fábricas inteligentes.

12.6   Problemas Difíciles de Planeación y Programación

La planeación y la programación frecuentemente se discuten juntas debido a que están muy relacionadas. La *planeación* es el análisis "panorámico" — ¿cuánto se puede o se debería producir, cuándo, dónde y cómo, y qué materiales y recursos se requieren? La *programación* está relacionada con los detalles operacionales — dado el nivel actual de producción y trabajo en proceso ¿qué prioridades, secuencias, y decisiones tácticas permiten alcanzar las metas de la mejor manera? Mientras que el horizonte de planeación puede ser de días, semanas o meses antes de su ejecución, la programación se hace sólo minutos, horas o días antes. En muchas aplicaciones, las tareas de planeación y programación se realizan separadamente. No es poco común realizar sólo una de las tareas e ignorar la otra.

Un tipo de planeación sencilla puede basarse en tiempos de demora. Por ejemplo, si los promedios han indicado que la mayoría de las partes de cierto tipo "normalmente" se envían 3 semanas después de haberse liberado la orden, se asumirá que — sin tener en cuenta otros factores — si deseamos ordenar la producción de una parte, debemos hacerlo 3 semanas antes. Esta política no toma en cuenta la utilización de recursos. Si se tienen más partes en proceso que lo "normal", los tiempos de demora podrían ser optimistas, debido a que podrían tomar mucho más que lo pronosticado.

Otro método sencillo de planeación hace uso algún tablero magnético , pizarrón, o de una hoja de cálculo para crear manualmente una carta de Gantt que muestra cómo se mueven las partes a través del sistema y cómo se utilizan los recursos. Esta operación puede ser muy intensiva en trabajo, y la calidad de los planes resultantes puede ser muy variable, dependiendo de la complejidad del sistema y de la experiencia de los planeadores.

Una tercera opción es un sistema especialmente diseñado — un sistema que ha sido diseñado y desarrollado usando algoritmos personalizados en algún lenguaje de programación. Estos sistemas están particularizados para cierto dominio o sistema en particular. Aunque tienen el potencial de desempeñarse bastante bien, frecuentemente son caros, requieren de cierto tiempo de implementación y la oportunidad para reusarse es baja, debido al nivel de personalización.

Una de las técnicas más populares es la Planeación y Programación Avanzada (APS por *Advanced Planning and Scheduling*) . APS es un procedimiento que asigna capacidad de producción, recursos, y materiales de manera óptima para satisfacer la demanda de productos. Existen varios productos APS en el mercado, diseñados para integrar la programación detallada

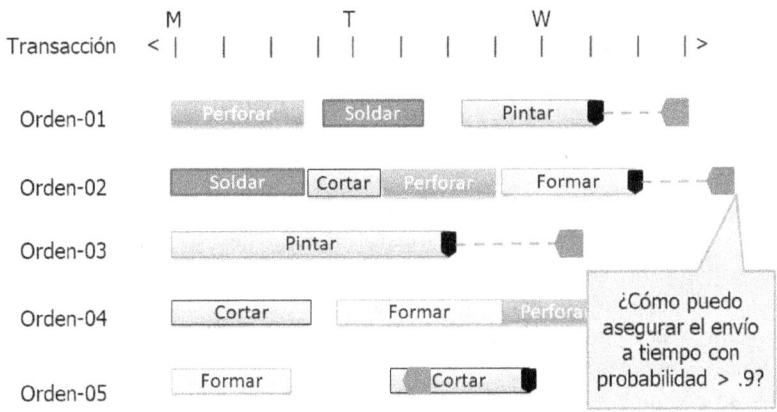

Figura 12.3: Carta de Gantt típica de una planeación.

de la producción dentro de soluciones de Planeación de los Recursos de la Empresa (ERP por *Enterprise Resource Planning*), pero se sabe que estas soluciones tienen inconvenientes. La mayoría de los sistemas ERP están desconectados de la producción diaria debido a dos limitaciones que impiden su éxito: Complejidad y Variabilidad.

Complejidad. La primera limitación es la incapacidad para desempeñarse efectivamente con sistemas de complejidad no especificada. Aunque los sistemas diseñados para su propósito pueden, potencialmente, representar a cualquier sistema, el tiempo y costo requerido para crear un sistema detallado y personalizado, frecuentemente obstaculiza la implementación práctica. Las técnicas discutidas anteriormente tienden a funcionar bien si el sistema es parecido a cierta implementación estándar, pero si el sistema difiere de dicha implementación estándar, la herramienta pudiera no tener la flexibilidad necesaria para proporcionar una solución adecuada. Situaciones críticas que no podrían controlarse incluyen el manejo de materiales complejos (e.g., grúas, equipo robótico, transportadores, trabajadores), operaciones especializadas y asignación de recursos (e.g., cambio de herramientas, tiempos de apertura que dependen de la secuencia, operadores), y reglas operativas o decisiones lógicas basadas en la experiencia (e.g., priorización de órdenes, reglas para la selección del trabajo, mantenimiento de buffers, secuenciación de las órdenes).

Variabilidad. Una segunda limitación es la incapacidad para desempeñarse efectivamente con la variabilidad inherente al sistema. Todos los tiempos de proceso deben ser conocidos y cualquier otra variabilidad típicamente se ignora. Por ejemplo, no se consideran explícitamente indisponibilidades y fallas, nunca ocurren problemas con materiales y trabajadores, y tampoco cualquier otro evento negativo. El plan resultante es optimista por su naturaleza. La figura 12.3. ilustra la salida típica de una programación en la forma de una carta de Gantt, donde la línea sombreada en verde indica la holgura entre la fecha de entrega planeada (en negro) y la fecha de vencimiento (en gris). Desafortunadamente, es difícil determinar si la holgura planeada es suficiente. Es común que lo que empieza como una programación factible se convierta en no factible debido a la degradación del desempeño que generan la variabilidad y los eventos no planeados. Es normal que se encuentre grandes discrepancias entre lo predicho por la programación y el desempeño real. Para protegerse de las demoras, el programador debe mantener inventarios con alguna combinación de tiempo o capacidad adicionales; y todo ello agrega costos en el sistema.

El problema de la generación de una programación que sea factible, dado un conjunto limitado de recursos capacitados (por ejemplo, trabajadores, máquinas, recursos para transportación) es conocido como la Programación con Capacidades Finitas (FCS por *Finite Capacity Scheduling*). Existen dos enfoques básicos para la Programación con Capacidades Finitas que serán abordados en esta sección y en la siguiente.

El primer enfoque es el de optimización matemática , bajo el cual se define el sistema a través de un conjunto de relaciones matemáticas expresadas como restricciones y, posteriormente, se utiliza algún algoritmo de optimización para encontrar una solución del modelo matemático que satisfaga las restricciones, tratando de optimizar algún objetivo; por ejemplo, la minimización de los trabajos tardíos. Desafortunadamente, la mayoría de estos modelos matemáticos caen dentro de la clase de problemas conocidos como NP-Completos, para los que no se han encontrado algoritmos eficientes que puedan encontrar la solución en tiempos razonables de cómputo. Es por ello que, en la práctica, se utilizan algoritmos heurísticos que intentan encontrar una "buena" solución, en lugar de encontrar una solución óptima del problema de programación. Dos ejemplos muy conocidos de productos comerciales que utilizan este enfoque son el solver CPLEX de la familia ILOG (propiedad de IBM), y el producto APO-PP/DS de SAP.

El enfoque de optimización matemática para la programación de actividades, tiene varios inconvenientes que son bien conocidos. La representación de un sistema por medio de un conjunto de restricciones matemáticas es un proceso complejo y costoso, y el modelo matemático es difícil de actualizar a medida que el sistema cambia. Además de ello, pueden haber restricciones importantes del sistema real que no se pueden representar adecuadamente por medio de restricciones matemáticas, y deben ser ignoradas. La programación resultante puede satisfacer las restricciones matemáticas, pero no es factible en el sistema real. Finalmente, los algoritmos que se usan para generar soluciones del modelo de optimización matemática frecuentemente toman muchas horas para producir una buena solución candidata. Por ello, estas programaciones pueden obtenerse por medio de corridas que toman toda la noche, o el fin de semana. Las programaciones resultantes pueden tener una vida útil muy corta debido a que se desactualizan rápidamente con la ocurrencia de eventos no planeados (fallas de máquinas, llegada tardía de los materiales, indisponibilidad de los trabajadores).

La intención de esta sección no es la de presentar un tratado profundo sobre este tema, sólo se desea presentar una revisión rápida de algunos conceptos y problemas comunes. Para un tratamiento más profundo recomendamos el excelente texto *Factory Physics* [20].

12.7   Programación Basada en Simulación

El segundo enfoque para la Programación con Capacidades Finitas se basa en el uso de la simulación para captar la limitación de los recursos en el sistema. La idea de utilizar herramientas de simulación como ayuda para la planeación y programación ha circulado por décadas. Uno de los autores de este libro ha utilizado la simulacion para desarrollar un sistema de programación para la industria del acero en los inicios los 1980s. En las aplicaciones de programación inicializamos el modelo de simulación bajo el estado actual del sistema y simulamos el flujo del trabajo planeado a través del modelo. Para generar un programa, debemos eliminar la variabilidad y los eventos no planeados cuando se ejecuta la simulación.

La programación basada en simulación genera una solución heurística —- pero es capaz de hacerlo en una fracción del tiempo requerido por la optimización matemática. Se puede evaluar la calidad de un programa basado en simulación considerando la lógica de las decisiones que asigna los recursos limitados a las actividades del modelo. Por ejemplo, cuando un recurso (e.g., una máquina) se desocupa, se utiliza una regla del modelo para seleccionar la siguiente entidad a ser procesada. Esta regla puede ser una regla estática de priorización sencilla, tal como el trabajo con la prioridad más alta, o alguna regla de selección dinámica más compleja, como la que minimiza el tiempo de demora que depende de la secuencia misma, o una regla que selecciona

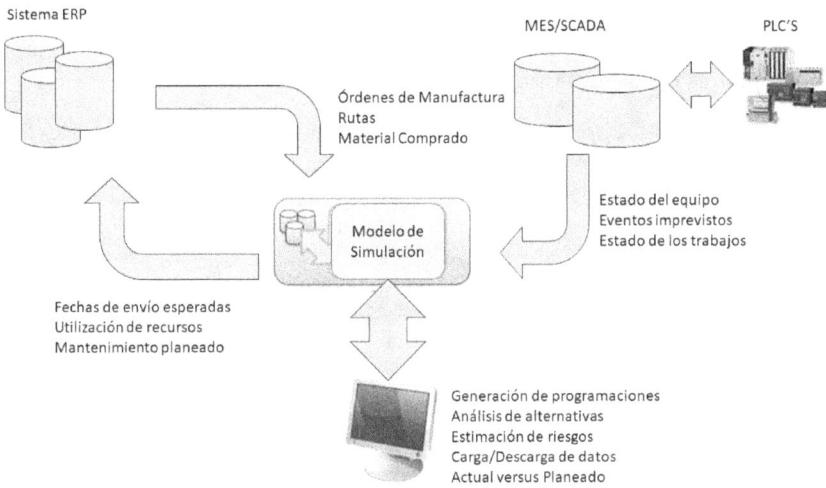

Figura 12.4: Arquitectura de un típico sistema para la programación basada en simulación.

el trabajo con base en la urgencia, seleccionando el trabajo con el menor tiempo restante para su vencimiento, dividido entre el tiempo de trabajo restante (el cociente crítico).

Muchos de los sistemas para la programación basada en simulación han sido desarrollados a partir de algún modelo pre-existente de un centro de producción guiado por los datos, o "empaquetado". Por ejemplo, se visualiza el sistema como una colección de estaciones de trabajo, donde cada estación tiene fases de preparación, procesamiento, y terminación, y cada trabajo que llega al sistema sigue una ruta reterminada de estaciones de trabajo. El software se configura ingresando datos para describir las estaciones de trabajo, materiales y trabajos. Si la aplicacion se adapta bien al modelo empaquetado, se puede obtener una buena solución; de otra forma, existe una oportunidad limitada de personalizar el modelo a las necesidades de la aplicación. Se podría estar forzado a ignorar restricciones críticas que existen en el sistema real, pero que no están incluidas en el modelo empaquetado.

También es posible utilizar algún producto para la simulación de evento discreto (SED) de propósito general para la Programación con Capacidad Finita. En la figura 12.4 se ilustra una arquitectura típica para usar un motor de SED como centro de un sistema para la planeación y programación. Las ventajas de este enfoque incluyen:

- Es flexible. Una herramienta de propósito general puede modelar cualquier aspecto importante del sistema; como en un modelo construido para el diseño del sistema.

- Es escalable. Nuevamente, de manera similar a las simulaciones para el diseño, puede (y debería) hacerlo iterativamente. Se puede resolver parte del problema e intentar nuevamente partiendo de la solución. Se puede agregar iterativamente el alcance y la profundidad necesarios en el modelo, hasta que éste produzca la precisión deseada en la programación.

- Puede aprovechar el trabajo previo. Como el modelo de sistema requerido para la programación es muy similar al que se requiere para afinar el diseño (que probablemente ya se usó), se puede extender el modelo de diseño para la planeación y la programación.

- Puede operar estocásticamente. Así como los modelos para el diseño usan análisis estocástico para evaluar la configuración del sistema, un modelo para la planeación puede analizar estocásticamente reglas de trabajo y otras características operacionales de un sistema para la programación; dando origen en un sistema de programación más "inteligente" que toma mejores decisiones desde el principio.

- Puede ser determinístico. Se pueden deshabilitar las capacidades estocásticas para generar una programación determinística. Aunque ésta puede ser una programación optimista (como ya mencionamos), debido al alto nivel de detalle que se puede generar, tenderá a ser más precisa que una programación basada en otras herramientas; y se puede evaluar cuán optimista es (ver el siguiente punto).

- Puede evaluar el riesgo. Puede utilizarse para construir la capacidad estocástica que puede correrse luego de haber generado el plan determinístico. Retomando a la variabilidad (y todas las cosas malas que pueden ocurrir), corriendo múltiples repeticiones con el plan, se puede evaluar la posibilidad de cumplir con las metas de desempeño que son importantes. Se puede usar esta información para ajustar objetivamente la programación y administrar el riesgo con un costo eficiente.

- Permite cualquier medida de desempeño deseada. El modelo puede recolectar información valiosa sobre las metas de desempeño en cualquier momento de la ejecución del modelo, por lo que se puede cuantificar la viabilidad y el riesgo de una programación, de cualquier forma que tenga sentido para el programador.

Sin embargo, también existen algunos retos únicos al tratar de utilizar, para la programación, un producto de SED de propósito general, ya que no ha sido diseñado para este propósito. Algunas de las cosas que pueden ocurrir son las siguientes:

- Resultados de la Programación: Un producto para SED de propósito general frecuentemente presenta estadísticas sobre los parámetros claves del sistema, como son la tasa de salidas y la utilización. Aunque éstas son todavía relevantes, el foco central en las aplicaciones de la programación está en los trabajos individuales (entidades) y en los recursos, a menudo presentados en la forma de una carta de Gantt o de registros detallados de seguimiento. Generalmente, este nivel de detalle no se registra automáticamente en un producto para SED de propósito general.

- Inicialización del Modelo: En las aplicaciones de la simulación para el diseño, generalmente iniciamos el modelo vacío y desocupado, y luego descartamos la parte inicial de la simulacion para eliminar el sesgo. En las aplicaciones para la programación, es importante que inicialicemos el sistema en el estado actual — incluyendo los trabajos que están en proceso y en los diferentes puntos de su ruta a través del sistema. Esto no es fácil de hacer con la mayoría de productos para la SED.

- Control de la Aleatoriedad: Nuestro modelo de SED típicamente contiene tiempos aleatorios (e.g., tiempos de proceso) y eventos (e.g., fallas de máquinas). Durante la generación de un plan, preferimos utilizar los tiempos esperados e ignorar los eventos aleatorios. Sin embargo, una vez que se ha generado el plan, nos gustaría incluir la variabilidad en el modelo para evaluar los riesgos del plan. Un producto típico para la SED no está diseñado para soportar ambos modos de operación a la vez.

- Interfaz con los Datos de la Empresa: La información que se requiere para guiar una planeación o una programación típicamente está en el sistema ERP o en bases de datos. En cualquier caso, esta información típicamente se obtiene manejando complejas relaciones entre varias tablas de datos. La mayoría de productos para la SED no están diseñados para interactuar con fuentes de datos relacionales.

- Estado de la Actualización: El modelo de planeación y programación debe ajustarse continuamente a los cambios que ocurren en el sistema – e.g., fallas de las máquinas. Esto requiere de una interfaz interactiva para ingresar los cambios de estado.

- Interfaz del Usuario para la Programación: Generalmente, un producto para la SED tiene una interfaz de usuario que ha sido diseñada para apoyar la construcción y corrida de modelos para el diseño. En las aplicaciones para la planeación y la programación, el personal que emplea el modelo requiere de una interfaz de usuario especializada (que ha sido desarrollada por otro) para generar planes y evaluar los riesgos que implican las potenciales decisiones operacionales (e.g., adición de sobretiempos o expedición de envíos de materiales).

Se ha desarrollado un nuevo enfoque, llamado Planeación y Programación Basada en Riesgos (RPS por *Risk-based Planning and Scheduling*), para evitar estos inconvenientes y capitalizar por completo las ventajas significativas del enfoque por simulación.

12.8   Planeación y Programación Basada en Riesgos

La Planeación y Programación Basada en Riesgos (RPS) es una herramienta que combina la simulación determinística y la estocástica para otorgarle, a la SED tradicional, la capacidad de facilitar las aplicaciones para la planeación y la programación [63]. La RPS extiende la APS tradicional para tomar en cuenta la variabilidad que está presente en casi todos los sistemas de producción, y proporciona la información necesaria para permitirle al programador la mitigación inicial del riesgo y de la incertidumbre. El modelo de simulación puede ser construido a cualquier nivel de detalle y puede incorporar toda la variabilidad aleatoria que está presente en el sistema real.

La RPS empieza con la generación de un programa determinístico, por medio de la ejecución de un modelo de simulación con la aleatoriedad deshabilitada (modo determinístico); lo que es aproximadamente equivalente a producir un programa determinístico por medio de una solución APS, aunque puede tener mucho mayor detalle si es necesario. Sin embargo, RPS luego utiliza el mismo modelo de simulación con aleatoriedad (estocástica) para repetir la generación de programas varias veces (empleando varios procesadores si están disponibles), registrando estadísticas sobre el desempeño del programa a través de las repeticiones. Las medidas de desempeño registradas incluyen la posibilidad de satisfacer una meta (tal como una fecha de vencimiento), la fecha esperada de terminación (típicamente más tarde que lo planeado, debido a la variabilidad del sistema), así como fechas de terminación optimistas y pesimistas (percentiles estimados considerando la variabilidad). Contraste la figura 12.3 con el análisis RPS presentado en la figura 12.5 . En este caso, el análisis de riesgo ha identificado que, aunque la Orden-02 parece tener una holgura adecuada, existe una baja probabilidad (47%) de que se complete a tiempo, luego de considerar el riesgo asociado con dicha orden, y los recursos y materiales que requiere. El disponer de una medida objetiva de riesgo en la fase de desarrollo del plan nos brinda la oportunidad de mitigar el riesgo de la manera más efectiva.

La RPS utiliza un enfoque basado en simulación para programar que está construido alrededor de un modelo de simulación personalizado para el sistema. La ventaja clave de este enfoque es que se dispone de todo el poder de modelado de un software de simulación para capturar las restricciones del sistema. Se puede simular el sistema uilizando todas las herramientas de la simulación. Se pueden usar objetos personalizados para modelar sistemas complejos (si el software de simulación lo permite). Se pueden incluir dispositivos para el movimiento de materiales, tales como montacargas o vehículos guiados automáticamente (modelando la congestión que ocurre en sus rutas), así como complejos dispositivos para el manejo de materiales, tales como grúas

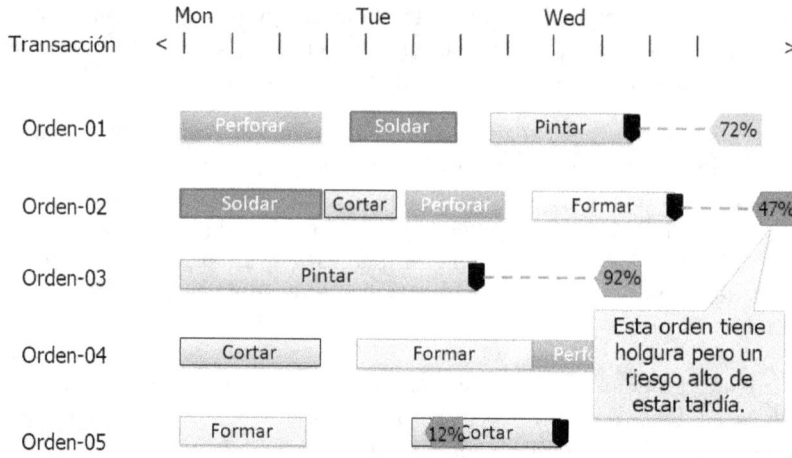

Figura 12.5: Carta de Gantt chart identificando una orden de alto riesgo.

y bandas transportadoras. También se pueden modelar estaciones de trabajo complejas, tales como hornos y centros de maquinado con cambio de herramientas.

La RPS no impone restricciones sobre el tipo y número de restricciones que se incluyen en el modelo. No se tiene que dejar de incluir restricciones críticas del sistema de producción. Se puede generar tanto el plan determinístico como el análisis de riesgos utilizando un modelo que captura por completo las particularidades de una cadena de suministro o de un sistema de produccipon complejo. También se puede utilizar el mismo modelo que fue desarrollado para evaluar cambios en el diseño de las instalaciones para guiar un RPS, lo que significa que el mismo modelo puede utilizarse para guiar tanto mejoras en el diseño de las instalaciones como operaciones del día-a-día.

La RPS implementada como un gemelo digital puede utilizarse como una plataforma para la mejora continua, revisando contínuamente las estrategias operacionales y realizando análisis "qué pasaría si", a la vez que generando la programación diaria. Se puede utilizar fuera de línea para probar ideas como la producción de una nueva parte o la instalación de una nueva máquina o de una nueva línea de producción. La implementación del sistema actualizado es más fácil de hacer – simplemente se promueve el modelo evaluado como si fuera el modelo operacional. El modelo utilizado para evaluar el diseño afectará inmediatamente la programación con base en los cambios, sin la necesidad de tener que reimplementar el software o de hacer cambios o actualizaciones costosas.

Para asegurar un mejor desempeño de la cadena de suministro, el modelo puede extenderse a cierto horizonte de planeación, para lograr un mejor alineamiento entre el programa maestro y la programación detallada de la fábrica. El mismo modelo se puede correr para 3 a 6 semanas de planeación, y para 1 a 3 semanas de programación, o para 1 o 2 días para la ejecución de la programación detallada de la producción. Esto asegura la disponibilidad de materiales, ya que el abastecimiento estará basado en las fechas correctas para los requerimientos. Esta información más precisa puede utilizarse para actualizar el sistema ERP, por ejemplo, introduciendo las actualizaciones a SAP.

La RPS puede inclusive ligarse a programas de optimización como OptQuest. Se pueden establecer los objetivos corporativos y correr experimentos automáticos para encontrar la mejor configuración para los tamaños de buffer, programación de recursos, reglas de despacho, etc. para administrar efectivamente la fábrica y programar adecuadamente. Combinando los modos

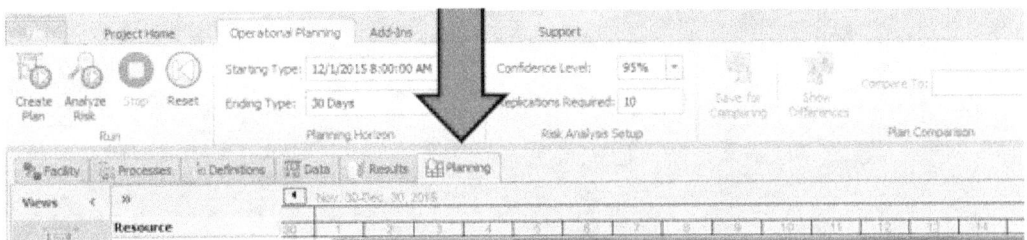

Figura 12.6: La pestaña *Planning* permite el acceso a las opciones para la programación de actividades.

de diseño y ejecución en el modelo de simulación, lo convierte en una herramienta ideal para configurar e implementar un sistema MRP guiado por la demanda (DDMRP). Un sistema DDMRP basado en simulación tiene la ventaja de poder hacer reprogramaciones casi instantáneas y actualizaciones dinámicas de la configuración.

12.9 Planeación y Programación con *Simio Enterprise*

La versión *Simio Enterprise Edition*[1] es una versión extendida de Simio que tiene características adicionales que han sido diseñadas específicamente para las aplicaciones de la planeación y la programación. Esta capacidad no está disponible en todos los paquetes académicos, pero si Usted no la tiene, los instructores pueden solicitar una actualización, tanto para la versión institucional como para la versión de los estudiantes, enviando su solicitud a academic@simio.com. La versión *Simio Personal Edition* (de libre disposición) también proporciona un acceso limitado a las características de la versión Enterprise. La manera más simple de verificar si tiene *Enterprise* con la capacidad RPS es buscar la pestaña *Planning* encima de la vista *Facility* (ver la figura 12.6) — muchas de las características de la versión *Enterprise* se pueden acceder con la pestaña *Planning*.

Aunque el modelo básico a utilizar para generar una solución RPS con Simio puede ser construido con cualquiera de los productos de Simio, se requiere de la versión *Simio Enterprise Edition* para preparar el modelo para el análisis de RPS. Esta preparación incluye nuevos estados de salida en las tablas para las metas de programación, y la personalización de la interfaz de usuario para el programador. En las aplicaciones tradicionales de Simio, las tablas de datos se usan sólo para ingresar datos al modelo. En las aplicaciones de RPS, las tablas de datos también se usan para registrar valores durante la corrida del modelo. Esto se logra agregando columnas de estados en la definición de las tablas, además de las columnas para las propiedades estándar. Por ejemplo, en una tabla se puede usar un estado del tipo fecha para registrar la fecha de envío de un trabajo, o un estado del tipo real para registrar el costo acumulado de un trabajo. Los estados de tabla pueden tomar su valor por medio de la asignación con alguno de los objetos de la *Standard Library*, o usando el paso *Assign* en alguna lógica de procesos. Las columnas de estados se pueden agregar a una tabla por medio de la cinta *States*, usando la pestaña *Data* de la versión *Simio Enterprise Edition*.

Una meta (*Target*) de una programación es un valor que corresponde a una salida deseada en la programación. Un ejemplo clásico de meta es la fecha de envío para un trabajo (nos gustaría completar el trabajo antes de su fecha de vencimiento). Sin embargo, las metas no se restringen a las fechas de terminación. Las metas se pueden aplicar a cualquier cosa que pueda ser medida

---

[1]Al momento de terminar la edición de este libro, Simio estaba en el proceso de revisar su línea de productos. Los nombres actuales y las características de los productos podrían ser algo diferentes.

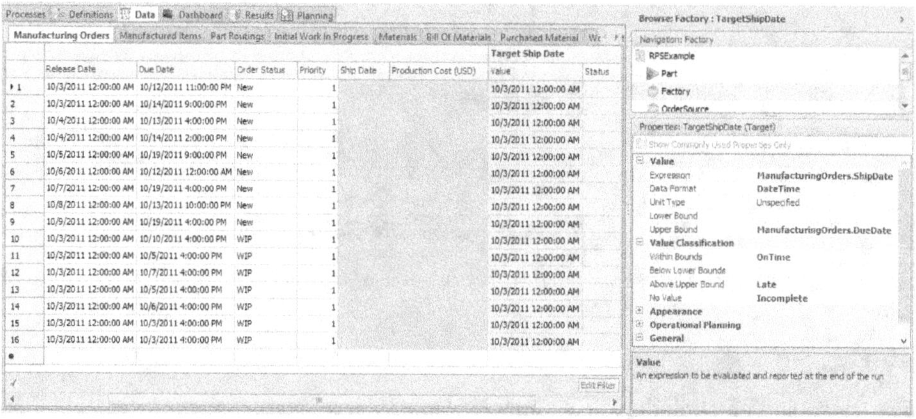

Figura 12.7: Definición de una meta con base en las propiedades y los estados de una tabla.

en la simulación (e.g., llegadas de materiales, competitividad, costo, rendimiento, calidad) y en cualquier nivel (e.g., desempeño total, departamental, sub-ensambles, u otros hitos).

Las metas se definen por medio de una expresión que especifica el valor de la meta, junto con límites inferior y superior para dicho valor, y etiquetas para cada rango relacionado con dichos límites. Por ejemplo, una meta para una fecha de vencimiento podría etiquetar el rango por arriba del límite superior como "Tardío", y rango por debajo del límite superior como "A Tiempo". Simio reportará las estadísticas usando los términos Tardío y A Tiempo. La figura 12.7 ilustra la definición de una meta (TargetShipDate) con base en la comparación del estado `ManufacturingOrders.ShipDate` de una tabla, con la propiedad `ManufacturingOrders.DueDate` de la tabla. Tiene tres posibles salidas, OnTime, Late, o Incomplete. De manera similar, una meta de costo podría tener sus rangos etiquetados como "Costo Excedido" y "En Presupuesto". Las metas se pueden basar en fechas, o en valores generales tales como el costo total de producción. Algunas metas, como la fecha de vencimiento o el costo, son valores que nos gustaría que estén por debajo de sus límites superiores; otras, como el avance de un trabajo, son valores que nos gustaría tener por arriba de su límite inferior. Las columnas para las metas se agregan utilizando la cinta *Targets* o el botón *Targets* de la pestaña *Data* de Simio Enterprise Edition.

Simio registra automáticamente el desempeño de cada meta con relación a los valores definidos como límites. En una corrida de un plan determinístico, solamente registra el valor en donde se ubicó la meta en relación con sus límites (A Tiempo, Costo Excedido, etc.). Sin embargo, cuando se realiza un análisis de riesgos considerando variabilidad o eventos no planeados, Simio registra el desempeño en cada meta a lo largo de las repeticiones del modelo y utiliza esta información para calcular medidas de riesgo como la probabilidad de una entrega a tiempo, o la fecha de entrega esperada, optimista y/o pesimista.

La interfaz de usuario estándar de Simio se enfoca en la construcción del modelo y en la experimentación. En las aplicaciones de RPS, existe la necesidad de una interfaz diferente, que pueda personalizarse para el personal de planeación y programación. Ellos no construyen modelos, pero los usan en un ambiente operacional para generar planes y programas. Se requiere de una interfaz separada y dedicada al usuario de la planeación y programación, la que es proporcionada en la versión *Simio Scheduling Edition*. Esta versión le permite adaptar fácilmente la interfaz del usuario para el personal de planeacion y programación que usará el modelo. Se pueden configurar los tipos de datos que el programador puede visualizar y editar, y personalizar la implementación para el área específica de la aplicación.

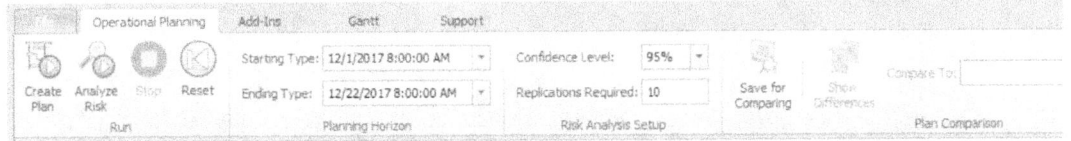

Figura 12.8: Cintas más simples disponibles en el modo de programador.

12.10 La Interfaz para la Programación

Hasta ahora, hemos utilizado la versión *Simio Enterprise Edition* (SEE) en el modo de diseño. SEE tiene también un modo de programador (*Scheduler Mode*) para generar y visualizar programas basados en modelos como los que hemos visto. El modo de programador proporciona una interfaz de usuario que ha sido personalizada teniendo en mente al personal de planeación y programación. Esta interfaz de usuario (ver la figura 12.8) es más simple que la interfaz estándar de la versión SEE, ya que no soporta la construcción de nuevos modelos. El modo de programador ejecuta cualquier modelo que haya sido construido con alguno de los productos de Simio, y luego lo prepara para lanzarlo en el modo de diseño de SEE. El modo de programador puede activarse con la opción *Settings* de la pestaña *File*.

El principal propósito del modo de programador es el de generar un plan/programa corriendo los trabajos planeados en el modelo en un modo determinístico, donde todos los tiempos aleatorios han sido sustituidos por su valor esperado, y todos los eventos aleatorios han sido eliminados. Este programa determinístico (como todos los programas determinísticos) es optimista; sin embargo, podemos utilizar las características del modo programador para analizar los eventos aleatorios.

El modo de programador proporciona vistas gráficas, tanto estáticas como dinámicas, del plan/programación resultante, junto con varios reportes especializados. Las vistas gráficas incluyen cartas de Gantt, tanto para entidades como para recursos, así como animaciones en 3D de los programas generados. La carta de Gantt para entidades muestra cada entidad (e.g., un trabajo) como una columna de la carta, y el lapso de tiempo que un recurso retiene a la entidad se ilustra por medio de rectángulos horizontales paralelos al eje del tiempo. La carta de Gantt para recursos muestra cada recurso (e.g., una máquina o un operario) como una fila de la carta, y las entidades que utilizan dicho recurso se ilustran por medio de rectángulos a lo largo del eje del tiempo. Ambos tipos de carta forman parte de los ejemplos de Simio que discutiremos más adelante. La figura 12.9 ilustra una carta de Gantt para recursos con las restricciones de recursos parcialmente expandidas. Tiene la intención de identificar qué es lo que contribuye a la tardanza de la orden Order-04, se puede apreciar una larga espera por la máquina de soldadura (*weld machine*) y un tiempo adicional por la espera del operador que se requiere para operar la máquina.

Los reportes especializados incluyen una lista de trabajos para cada recurso. La lista define los tiempos de inicio y de terminación para cada operación a ser realizada por el recurso durante el periodo de planeación. Esta lista de trabajos se proporciona al operador de cada estación de trabajo del sistema para que tenga una idea previa de la carga de trabajo esperada en cada estación de trabajo. Los reportes estándar también incluyen un reporte de la utilización de los recursos para mostrar el estado esperado durante el periodo de planeación, y un reporte de restricciones (material no disponible, trabajadores ocupados, etc.) para reportar las restricciones que generaron el tiempo desperdiciado en el sistema durante el periodo de planeación. La figura 12.10 muestra un ejemplo de una lista de recursos a despachar para un operador. Más ejemplos de estos reportes serán cubiertos en los siguientes ejemplos.

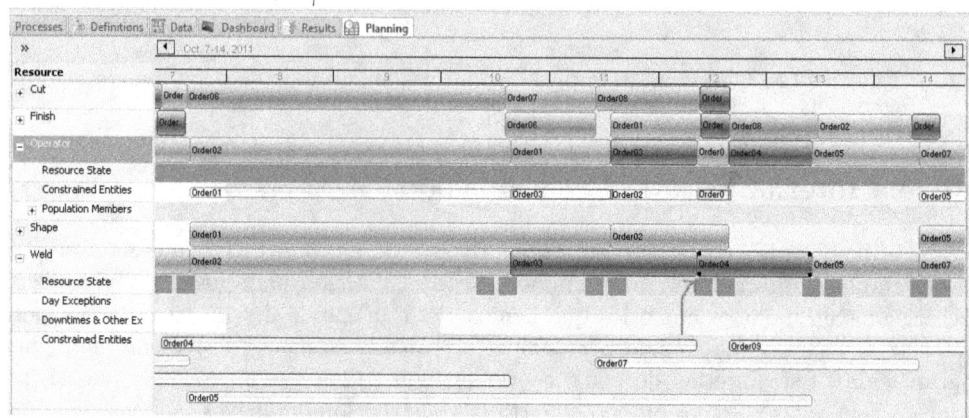

Figura 12.9: Examen de las restricciones para investigar por qué la orden Order-04 está tardía.

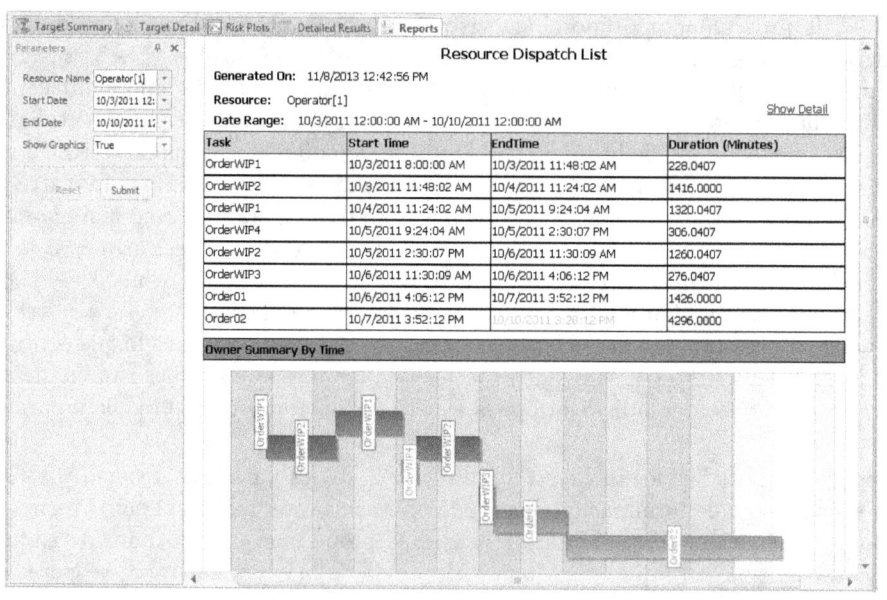

Figura 12.10: Lista de recursos a despachar para un operador.

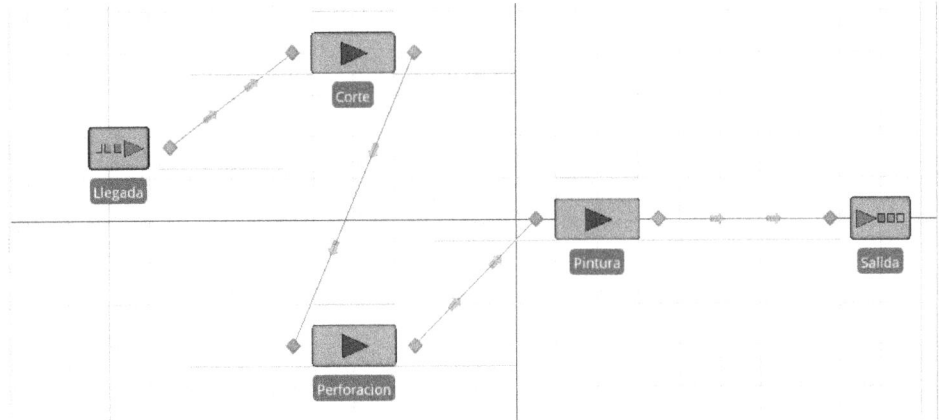

Figura 12.11: Ventana *Facility* en nuestro Modelo 12-01 para programación.

El modo de programador puede también desplegar un tablero personalizado que ha sido diseñado para resumir la información sobre un trabajo, máquina, trabajador, o material específico. Estos tableros pueden combinar diferentes tipos de información sobre la programación, en forma gráfica o tabular, en una vista resumen sobre un trabajo o una máquina, para dar una mayor visión sobre el plan/programa.

El modo de programador permite a los planeadores y programadores probar alternativas para mejorar las programaciones de alto riesgo. Se pueden evaluar alternativas para apreciar el impacto de sobretiempos, expedición de materiales, o re-priorización de trabajos para lograr metas específicas.

12.11 Modelo 12-01: Primer Enfoque de Modelado para la Programación

En esta sección discuturemos un primer enfoque de modelado para contruir un modelo para la programación de actividades. Este enfoque es más apropiado para instalaciones nuevas, o para instalaciones en las que los subsistemas (como MES) están todavía en desarrollo, de manera que todavía no se dispone de datos para configurar el modelo. Si bien este enfoque toma más tiempo, debido a que los requerimientos de datos externos son menores, tiene la ventaja de que puede terminarse lo suficientemente temprano en el proceso como para poder implementar, sin penalidades, las mejoras de diseño que fueron identificadas con la simulación (ver la sección 12.4).

Empezaremos construyendo un modelo sencillo, pero que tiene detalles para permitir la planeación y revisión de los planes generados. A continuación, importaremos un archivo de órdenes pendientes y convertiremos nuestro modelo para usar el archivo de datos. Personalizaremos el modelo algo más y agregaremos el rastreo de fechas de envío programadas y realizadas para que podamos evaluar el riesgo del programa. Finalmente, exploraremos brevemente algunas de las herramientas para el análisis que están disponibles en Simio y que nos ayudarán a evaluar y utilizar el programa propuesto.

12.11.1 Construcción de un Modelo Simple para la Programación

Empiece un nuevo proyecto y coloque un objeto *Source*, tres *Server*, y un *Sink*, proporcione un nombre para cada *Server* y conéctelos con objetos *Path* como se ilustra en la figura 12.11 .

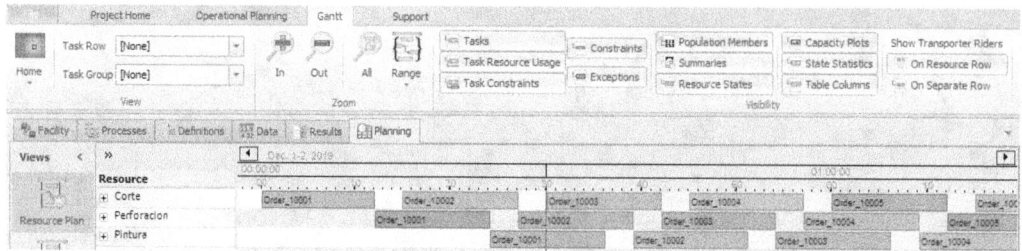

Figura 12.12: Plan de Recursos del Modelo 12-01 mostrando los detalles de las entidades.

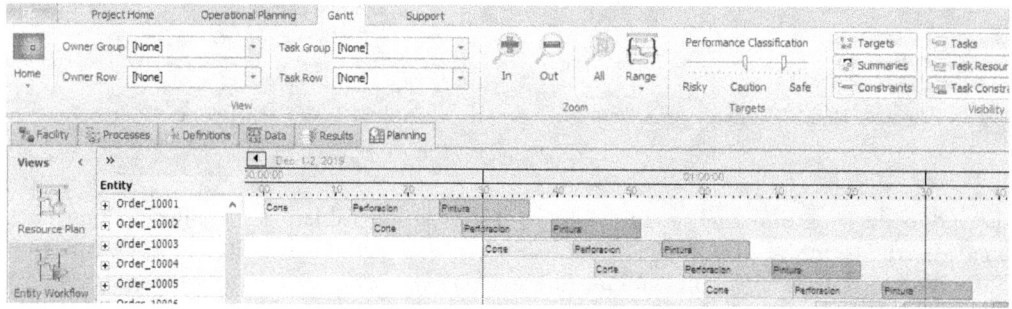

Figura 12.13: Carta de Gantt del flujo de trabajo de las entidades en el Modelo 12-01 con el detalle de los recursos.

Cuando construya el modelo, deje todas las propiedades de los objetos en sus valores por defecto. Seleccione en gripo los tres *Server* y en el grupo de propiedades *Advanced Options* establezca *Log Resource Usage* como `True`. En la cinta *Run* establezca *Ending Type* en un tiempo de corrida (*Run Length*) de `1 hour`.

Seleccione la pestaña *Planning* y la cinta *Operational Planning* y haga click en el botón *Create Plan*. Cuando vea el Plan de Recursos (*Resource Plan*) (hacer click en el botón de la parte superior izquierda) podrá apreciar cada recurso listado y a la derecha la actividad del recurso - específicamente, podrá apreciar cuándo empezó y cuándo terminó cada entidad su proceso en el recurso. Si utiliza las funciones *Zoom In* o *Zoom Range* de la cinta *Gantt*, o simplemente ruede el ratón en la escala de tiempo de la carta de Gantt, podrá examinar con mayor claridad la actividad en una vista que luce como en la figura 12.12 .

Si hace click en el botón *Entity Workflow* de la izquierda, verá una carta de Gantt que mostrará a cada entidad en una diferente fila, mostrando los recursos que ha utilizado, y cuándo empezó y terminó su proceso en cada recurso. Nuevamente, puede utilizar el *Zoom* para apreciar mejor el detalle de las actividades de las primeras entidades listadas (figura 12.13). Notar que los nombres (ID) de las entidades están ordenados como strings (no numéricamente) - de manera que la primera entidad creada (DefaultEntity.19) figura entre DefaultEntity.189 and DefaultEntity.190 – parece poco intuitivo, pero retomaremos este punto muy pronto.

12.11.2   Construyendo un Modelo Más Realista

Hagamos nuestro modelo más realista utilizando un archivo de datos que contiene órdenes que deseamos producir utilizando tiempos de proceso más apropiados. Primero, posicionarse en la vista *Tables* de la pestaña *Data* y crear una nueva tabla de nombre `DatosLlegada` (utilice el botón *Add Table* de la cinta *Schema* de *Table Tools*). En la carpeta `Modelo_12_02_Archivos` de las

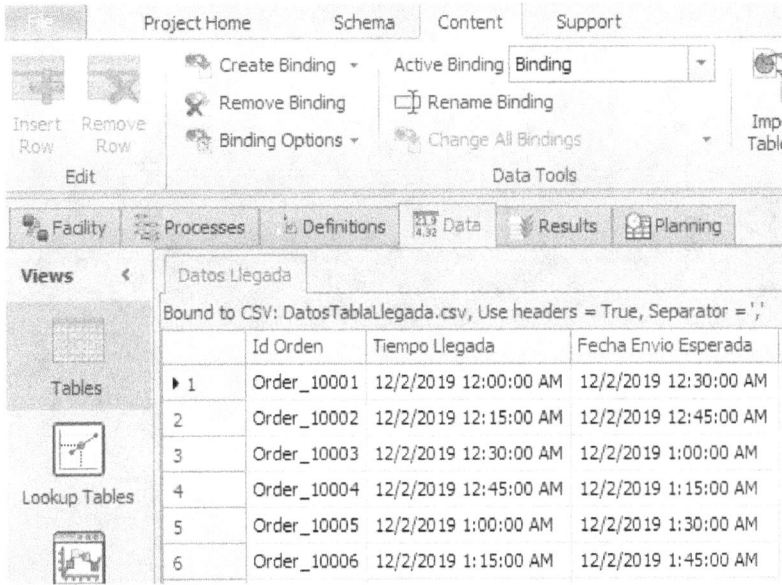

Figura 12.14: Tabla DatosLlegada del Modelo 12-01 luego de importar el archivo CSV.

descargas para estudiantes encontrará un archivo CSV file de nombre `DatosTablaLlegada.csv` en la carpeta de nombre `Model_12_01_Archivos`. Utilice el botón *Create Binding* (de la cinta *Content* de *Table Tools*)[2] para ligar el archivo CSV a su nueva tabla. Esta acción establece una relación entre la tabla y el archivo, así como crea la definición de columnas para importar los datos. Ahora podemos importar los datos del archivo en la tabla (figura 12.14). Debido a que la tabla tiene datos de calendario, el modelo debe configurarse para correr durante esas fechas. Usando la cinta *Run*, establezca *Starting Type* como *Specific Starting Time* con la fecha de la primera llegada (`12/2/2019 12:00:00 AM`)y establezca *Ending Type* con tiempo de corrida (*Run Length*) de `1 Days`.

En la vista *Facility* seleccione el objeto *Llegada* y configúrelo para crear entidades usando los datos de la tabla. Establezca *Arrival Mode* como `ArrivalTable`y la propiedad *Arrival Time* como `DatosLlegada.TiempoLlegada`. Hagamos también los tiempos de proceso algo más realistas. Selecciones los tres *Server* en grupo y cambie la propiedad *Units* de *Processing Time* a `Hours` en lugar de `Minutes`.

También deseamos que la columna IdOrden de la tabla sea utilizada para identificar a nuestras entidades, para ello arrastre *ModelEntity* a la vista *Facility* para editar sus propiedades. Bajo la categoría *Advanced Options* cambie *Display Name* a `DatosLlegada.IdOrden`. Bajo la categoría *Animation* cambie *Dynamic Lable Text* a `DatosLlegada.IdOrden`.

Habiendo terminado estos detalles, examinemos nuestros resultados. Volvamos a la carta de Gantt *Entity Workflow* de la pestaña *Planning*. Podrá apreciar una barra roja que indica que el modelo ha cambiado desde la última corrida, por lo que refrescamos la carta haciendo click en el botón *Create Plan* (de la cinta *Operational Planning* en *Planning Tools*). Luego de usar el zoom para ajustarse a los nuevos tiempos, apreciará el listado de entidades, con los nombres que fueron obtenidos de la tabla DatosLlegada (figura 12.15). Con el botón *Resource Plan* podrá apreciar los recursos con las entidades y su nombre correspondiente (figura 12.16).

---

[2]Al terminar esta edición, las cintas podrían haberse redefinido. Las cintas en su versión de software podrían tener otra apariencia.

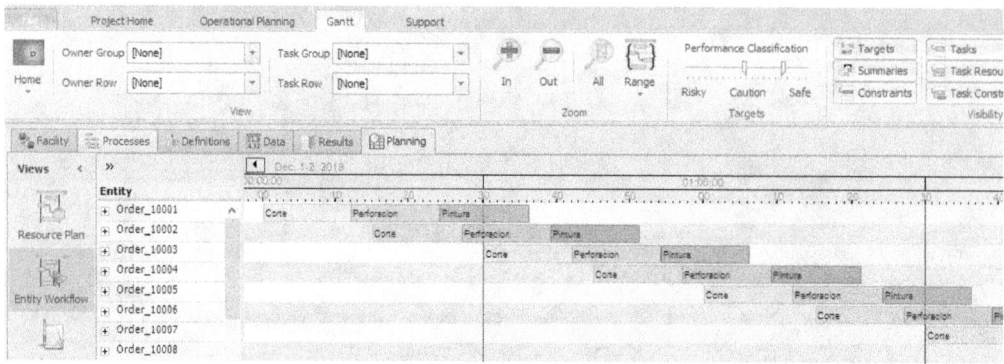

Figura 12.15: Carta de Gantt para el flujo de las entidades del Modelo 12-01 con mejores nombres y tiempos.

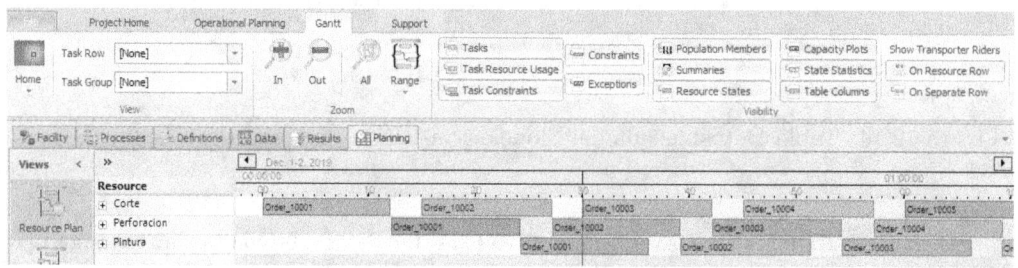

Figura 12.16: Carta de Gantt para recursos del Modelo 12-01 con mejores nombres y tiempos.

12.11.3   Agregando Objetivos y Rastreando el Desempeño

Ahora que el modelo funciona, agregaremos algunos detalles para evaluar qué tan bien funciona nuestro *programa*. Es importante registrar cuándo se planea enviar cada orden. Esto lo hacemos agregando un estado a nuestra tabla. Seleccione *Tables* de la cinta *Data* y la opción *DateTime* (botón *States* de la cinta *Schema* en *Table Tools*), al agregarse la columna asigne el nombre `FechaEnvioProgramada`. Esta será una columna para salida de datos durante la corrida, por lo que al inicio indicará un error de que no hay datos todavía. Estos valores serán asignados en *Salida*, adonde llegarán las órdenes cuando se hayan terminado, para ello, en la sección *State Assignments* de *Salida*, asignar a `DatosLlegada.FechaEnvioProgramada` el valor de `TimeNow`.

Otro detalle importante es la determinación de si la orden se programó para llegar a tiempo o no. Para ello, se agrega un objetivo (*Target*) a la tabla seleccionando *Tables* de la cinta *Data* y la opción *Target* (cinta *Schema* en *Table Tools*)[3], dos columnas se agregarán a la tabla - las columnas *Value* y *Status* para dicho objetivo. Asigne el nombre `FechaEnvioObjetivo` al objetivo. La expresión que deseamos evaluar es `DatosLlegada.FechaEnvioProgramada` que está en el formato `DateTime`. El valor que deseamos comparar es `DatosLlegada.FechaEnvioEsperada` - no deseamos exceder dicho valor, por lo que lo hacemos su límite superior (*Upper Bound*). Usted puede cambiar nuestra terminología para mayor claridad. En la categoría *Value Classification*, asigne el valor `On Time` a la propiedad *Within Bounds*, `Late` a *Above Upper Bound*, e `Incomplete` a *No Value*. Si corre ahora el modelo apreciará que el estado de todas las órdenes

---

[3]Al terminar esta edición, las cintas podrían haberse redefinido. Las cintas en su versión de software podrían tener otra apariencia.

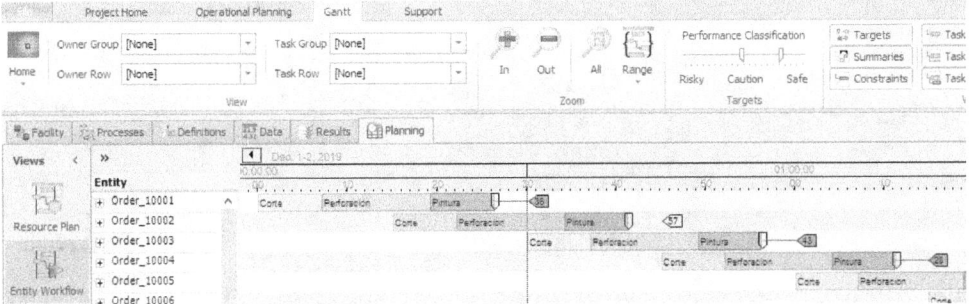

Figura 12.17: Análisis de riesgo del Modelo 12-01 con gran variabilidad.

es tardío (Late).

Tratemos de balancear el sistema cambiando los tiempos de proceso (*Processing Time*) de todos los servidores a Random.Triangular(0.05, 0.1, 0.2) Hours. Vuelva a correr el modelo y observe la tabla nuevamente. Notará que ahora las órdenes están a tiempo (On Time). Si nos movemos a *Entity Workflow* de la pestaña *Planning* y seleccionamos *Create Plan*, observaremos que el plan tiene una bandera gris en cada entidad, que indica la fecha de envío objetivo. Cuando la flecha está a la derecha de la última operación indica una holgura de tiempo positiva (el plan indica que la orden se termina temprano). Pero no sabemos la confianza de los resultados, para ello, hacer click en el botón *Analyze Risk* y se correrán varias repeticiones con variabilidad, por lo que las banderas pueden cambiar de color y despliegan un número que indica la probabilidad de que la orden esté a tiempo (On Time).

Este modelo todavía no tiene mucha variabilidad, agreguemos entonces algo de variabilidad en tres lugares. Primero, permitamos variabilidad en la llegada de las órdenes. Para que las órdenes puedan llegar un cuarto de hora temprano o un cuarto de hora tarde, ingresamos Random.Triangular(-0.25,0.0,0.5) Hours en la propiedad *Arrival Time Deviation* del grupo *Other Arrival Stream Options*. Luego, supongamos que Perforacion es un poco menos predecible que las otras operaciones estableciendo en Random.Exponential(0.2) su tiempo de proceso. Finalmente, reconociendo que todos los servidores tienen problemas de confiabilidad, agreguemos una falla del tipo Calendar Time Based en el grupo *Reliability Logic*, dejando el valor por defecto para *Uptime Between Failures* y *Time To Repair*. Regresando a la pestaña *Entity Workflow*, hacer click en *Analyze Risk*, y se puede observar que, si bien la mayoría de las órdenes están a tiempo en el plan determinístico, cuando se incorpora la variabilidad, la mayoría tiene una baja probabilidad de terminar a tiempo (figura 12.17).

12.11.4   Herramientas adicionales para la Evaluación

Todos los resultados y salidas de la programación basada en simulación están disponibles en la pestaña *Planning*. Está más allá de las expectativas de este libro el describir las herramientas de análisis en detalle, pero mencionamos algunos detalles que recomendamos explorar por su cuenta.

En el panel de la izquierda se observan algunas herramientas disponibles del modo de programación. Hemos discutido algo de las dos cartas de Gantt, pero existen otras características de las cartas que nos ayudan a evaluar y mejorar el programa planeado. Por ejemplo, si hace click en un objeto de cualquier carta, podrá ver información sobre la orden en la ventana *Properties* y si usted se desplaza sobre el objeto, podrá apreciar más información en una ventana pop-up (figura 12.18). Aunque nuestro modelo no lo requiere, haciendo click en el botón '+' del lado

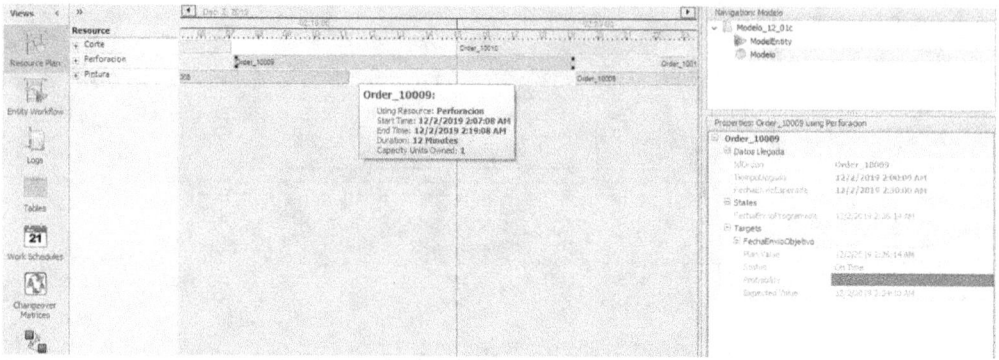

Figura 12.18: Ventana pop-up y propiedades de una carta de Gantt.

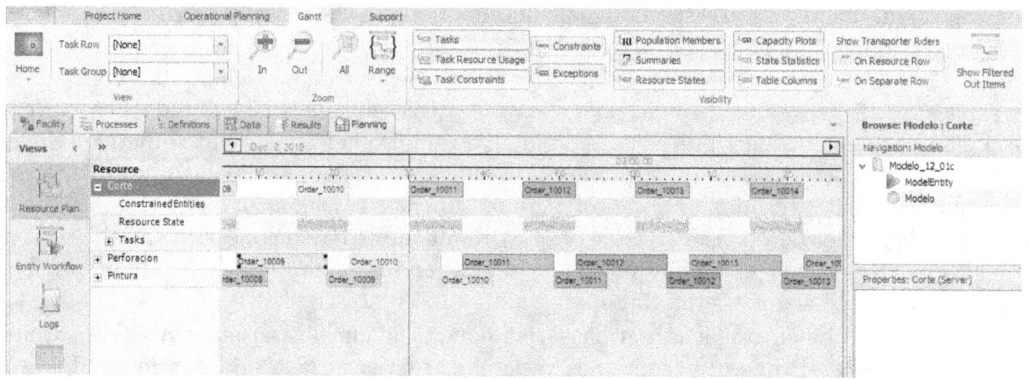

Figura 12.19: Despliegue de datos adicionales de una columna en una carta Gantt.

izquierdo de una columna, se despliega más detalle acerca del objeto (e.g., *Constraints*). Los botones de la cinta *Gantt* controlan qué datos opcionales pueden desplegarse. Ambos se ilustran en la figura 12.19 .

El tercer botón de la izquierda despliega *Logs*, que registra y muestra todos los eventos ocurridos en diez categorías relacionadas con los recursos, restricciones, transporte, materiales y estadísticas. Las cartas de Gantt y muchas de las otras herramientas de análisis que discutiremos se construyen con los datos de estos logs. Se pueden filtrar los logs para hacer más fácil su lectura, y se pueden agregar columnas para identificar mejor los datos.

El botón *Tables* de la izquierda produce un despliegue tabular parecido al de la pestaña *Data*. La diferencia clave es que el desarrollador del modelo puede escoger qué columnas de la tabla pueden aparecer (u ocultarse del programador) y qué columnas pueden cambiarse por el programador (o solamente desplegarse). Se puede usar esta opción para simplificar la tabla y proteger el sistema de cambios que no estarían permitidos para el programador (e.g., cambiar una fecha esperada de envío). Si corre un análisis de riesgo, las tablas de la vista *Planning*tendrán columnas adicionales tendrán columnas adicionales desplegando los resultados del análisis.

El botón *Results* al final del panel de la izquierda habilita una nueva fila de pestañas (como si no tuviéramos suficientes pestañas). La opción *Target Summary* ilustrada en la figura 12.20 junto con las opciones *Target Detail*, y *Risk Plots* proporcionan sucesivamente más datos detallados del análisis de riesgo. La opción *Detailed Results* muestra una tabla pivote que es muy similar

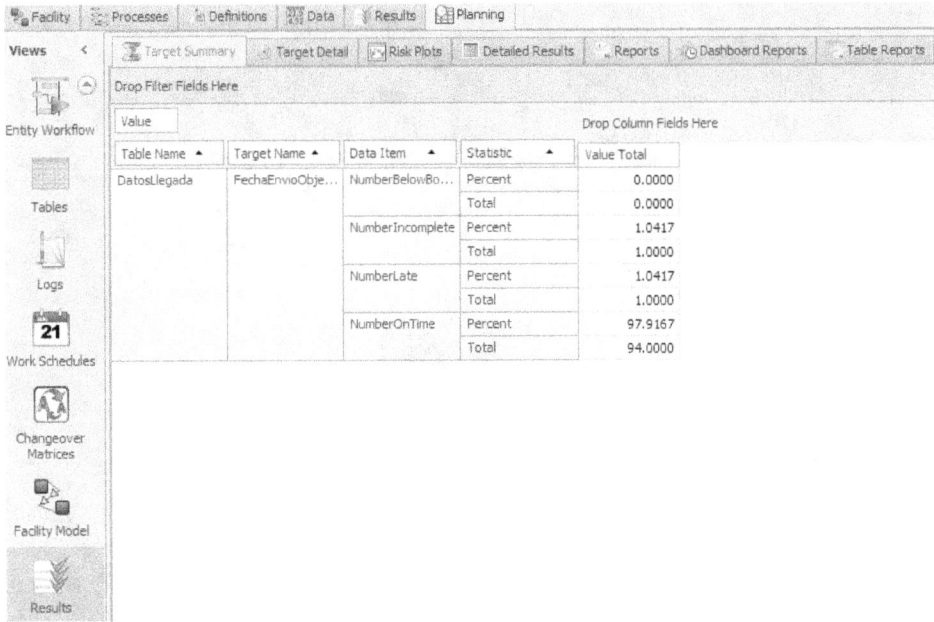

Figura 12.20: Despliegue de una fila adicional de datos en una carta de Gantt.

a la que está disponible en la corrida interactiva. Las opciones *Reports*, *Dashboard Reports*, y *Table Reports* tienen la habilidad de observar vistas predefinidas, o reportes personalizados, o aún pizarrones interactivos, ajustados a las necesidades del programador y de los interesados.

En su conjunto, estas herramientas permiten a los programadores entender por qué su programa se está desempeñando como tal, ayudan a analizar las mejoras potenciales, y permiten compartir los resultados con otros.

12.12 Modelo 12-02: Primer Enfoque de Datos para la Programación

En la sección 12.11 hemos practicado la construcción de un modelo parcialmente dirigido por los datos usando un primer enfoque. En la Sección 7.8 discutimos algo de la teoría y de la práctica con modelos generados por los datos. Este último enfoque es apropiado cuando se tiene un sistema ya existente y los datos de configuración del modelo ya existen en un ERP (e.g., SAP), MES (e.g., Wonderware), hojas de cálculo, o de alguna otra forma. Un beneficio significativo de este enfoque es que se puede crear un modelo base mucho más rápido. Sabiendo algo más de modelado y programación, construiremos un modelo a partir de archivos de datos B2MML (Section 7.8) y exploraremos cómo mejorar dicho modelo.

El sistema que deseamos modelar tiene dos máquinas a escoger en cada una de las cuatro operaciones, como se ilustra en la figura 12.21. Cada producto tendrá su propia ruta a través de las máquinas. Empezaremos usando algunas herramientas disponibles para preparar las tablas de datos y configurar el modelo con objetos pre-definidos que serán importados por medio de los datos. Luego importaremos un conjunto de archivos de datos B2MML para llenar nuestras tablas. También importaremos algunos tableros de reportes y tablas de reportes para ayudarnos en el análisis de los datos.

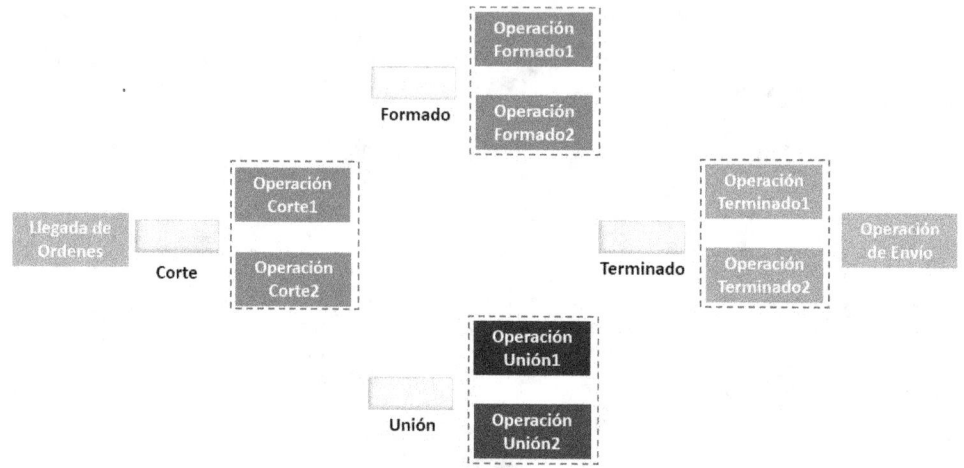

Figura 12.21: Visión general del Modelo 12-02.

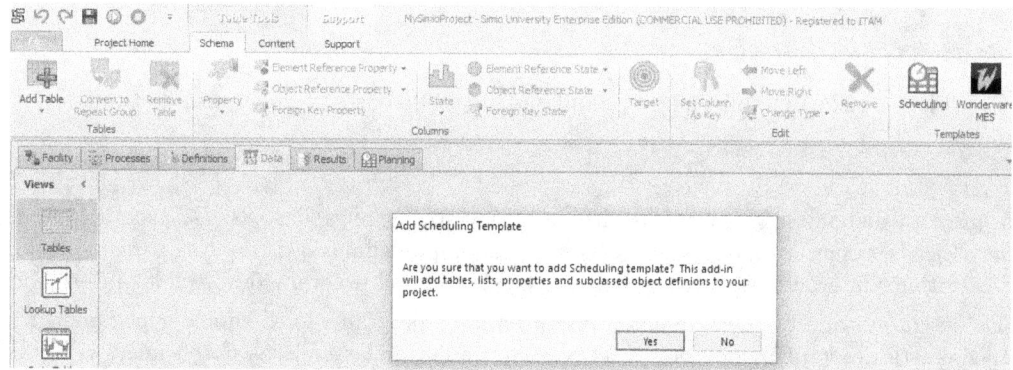

Figura 12.22: Botón *Scheduling* para preparar la entrada de datos en formato B2MML.

12.12.1   Configuración del Modelo para la Importación de Datos

Las tablas de Simio en formato B2MML incluyen: Recursos, Destinos de Rutas, Materiales, Lotes de Materiales, Ordenes de Manufactura, Rutas, Cartas de Materiales, Trabajo en Proceso, y Salidas de Ordenes de Manufactura. Crearemos todas estas tablas y las importaremos, excepto la última, Pero antes de importarlas, configuramos el modelo para su uso. Para ello, en un nuevo modelo, vamos a la cinta de la opción *Tables* de la pestaña *Data* y hacemos click en el botón *Scheduling*,[4] aparcerá la ventana que se ilustra en la figura 12.22. Dependiendo de la resolución de su pantalla, las cintas y botones podrían lucir diferente a los de la figura. Presione el botón `Yes`. Las únicas opciones son las de seleccionar sus rutas con base en productos (e.g., los mismos productos tienen la misma ruta) u órdenes (e.g., cada orden tiene su propia ruta independiente). Seleccionaremos la opción basada en producto (`Product Based`) para este ejemplo. Ello crea un conjunto da tablas de datos bajo el esquema B2MML. Para completar la preparación del modelo, hacer click en el botón `Configure Scheduling Resources`. Ello agregará objetos adicionales a su modelo que se han personalizado para trabajar con el esquema de datos the B2MML.

---

[4]Al terminar esta edición, las cintas podrían haberse redefinido. Las cintas en su versión de software podrían tener otra apariencia.

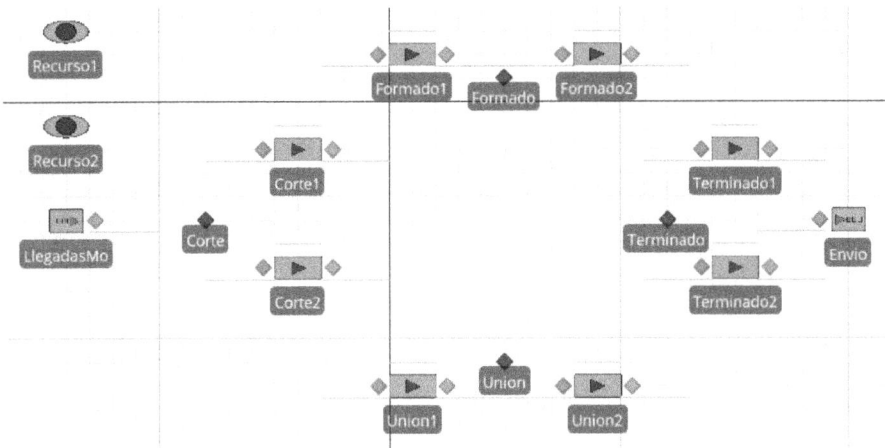

Figura 12.23: Modelo 12-02 luego de la importación de los datos.

12.12.2 Importación de Datos

Ahora estamos listos para importar los datos. Seleccione la tabla *Resources* y la opción `Create Binding`, seleccione CSV, y seleccione el archivo de nombre`Resources.csv` de la carpeta `Model_12_02_Archivos` que se puede descargar de los archivos para estudiantes. Hacer click en el botón *Import Table* de la cinta *Contents* de *Table Tools*. Si navega hacia la vista *Facility*, observará que los recursos han sido añadidos al modelo.

Regrese a la pestaña *Data* y repita el proceso anterior con cada una de las siete otras tablas, asociando el correspondiente archivo CSV, y luego importándolo. Si navega hacia la vista *Facility*, apreciará el modelo completo que se ilustra en la figura 12.23, donde se observan los objetos que se añadieron al importar los datos. Si selecciona el objeto *Formado1*, notará en la ventana *Properties* que es un objeto `SchedServer` y que muchas de las propiedades como *Work Schedule*, *Processing Tasks*, y *Assignments* han sido preconfiguradas al tomar los datos directamente de las tablas.

12.12.3 Corrida y Análisis del Modelo

Nuestro modelo ha sido construido y configurado completamente a partir de los datos de las tablas. Se puede correr el modelo interactivamente para apreciar la animación. Antes de usar este modelo para la programación de actividades, debemos ir al botón *Advanced Options* de la cinta *Run* y seleccionar `Enable Interactive Logging`. Notar que cada objeto creado anteriormente tiene habilitada la opción *Log Resource Usage* para cargar su utilización. Ahora puede ir a la pestaña *Planning* y hacer click en el botón *Create Plan* para generar las cartas de Gantt y otros análisis discutidos anteriormente.

Importemos algunos tableros que fueron diseñados para trabajar con estos datos. Estos tableros están definidos en archivos XML que se encuentran en la misma carpeta de los archivos CSV. Los tres tableros proporcionan detalles de los materiales, detalles de las órdenes, y una lista de despacho para el uso de los operadores. Para importar estos tableros, vaya a la ventana de *Dashboard Reports* de la pestaña *Results* (*no* la opción *Results* de *Planning*) y seleccione la cinta *Dashboards*. Seleccione el botón *Import* y el archivo `Dispatch List.xml` de la misma carpeta anterior. Repita el proceso para los archivos `Materials.xml` y `Order Details.xml`. Si regresa a la pestaña *Planning* – ventana *Results* – sub-pestaña *Dashboard Reports*, podrá

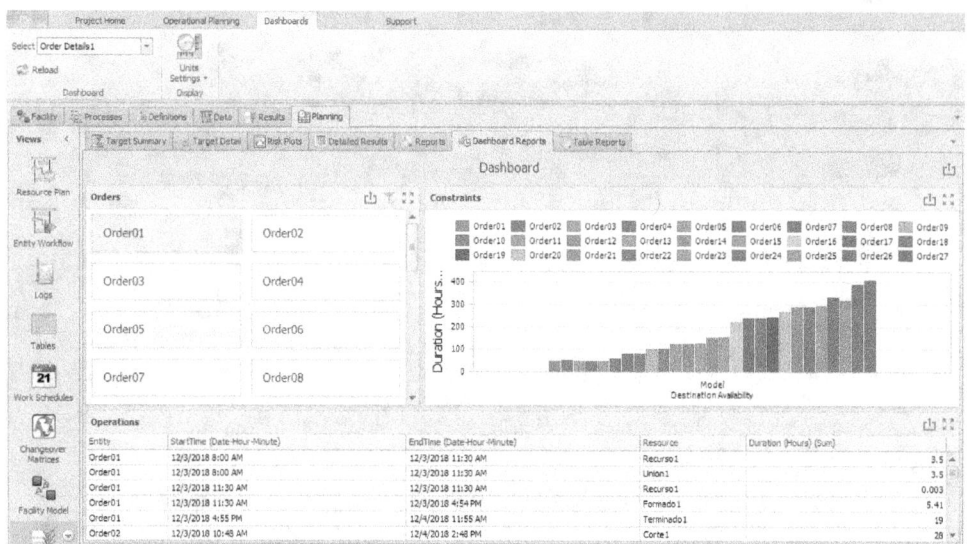

Figura 12.24: Reporte del tablero de detalles de la orden para el Modelo 12-02.

seleccionar cualquiera de los tres reportes para su despliegue. La figura 12.24 ilustra el reporte del tablero de detalles de las órdenes.

Finalmente, añadimos un par de reportes tradicionales. Para importar estos reportes, vaya a la ventana *Table Reports* de *Results* (nuevamente, *no* la ventana *Results* de *Planning*), seleccione el botón *Import for* para `ManufacturingOrdersOutput` y seleccione el archivo `Dispatch List Report.repx` de la misma carpeta anterior. Repita el proceso importando para `ManufacturingOrders` el archivo `OrderDetails.repx`. Importando estos dos archivos se han definido los reportes a usar con la pestaña *Planning*. Si regresa a la pestaña *Planning* – ventana *Results* – subpestaña *Table Reports*, podrá seleccionar cualquiera de los dos reportes personalizados para su despliegue.

Si bien éste es un ejemplo pequeño, ilustra el potencial para construir modelos completos a partir fuentes de datos existentes para sistemas exitentes como B2MML, Wonderware MES, y el ERP de SAP . Este enfoque puede proporcionar una funcionalidad inicial para el modelo con relativamente poco esfuerzo. El modelo puede luego mejorarse con detalles adicionales y lógica que permita mejores soluciones. Éste es un enfoque muy poderoso.

12.13   Información Adicional y Ejemplos

12.13.1   Planeación y Programación con el libro E-book de Simio

El software Simio incluye el software e-book *Planning and Scheduling with Simio: An Introduction to Simio Enterprise Edition*. Puede encontrar este libro con el botón *Books* de la cinta *Support*. El libro es una excelente fuente para continuar su exploración de la programación basada en simulación; cubre el esquema estándar de los datos y muchos de los conceptos generales de programación y cómo los referencia Simio.

El software Simio también incluye el e-book *Deliver on Your Promise: How Simulation-Based Scheduling will Change Your Business*. Este libro es ideal para los administradores que desean entender mejor los complejos procesos de la programación de actividades. Proporciona más detalles sobre los temas discutidos en este capítulo así como describe algunos casos de estudio. Se recomienda compartir este pdf (o la versión impresa disponible en línea) con los administradores que buscan resolver sus problemas de programación.

12.13.2 Ejemplos de Programación

El software Simio incluye tres archivos con ejemplos de programación, cada uno de los cuales está documentado con archivos pdf files. Estos archivos están localizados bajo el botón *Examples* de la cinta *Support*.

12.13.3 Programación de la Producción de Partes Discretas (*Scheduling Discrete Part Production*)

El sistema a programar en este ejemplo es una planta para la manufactura de partes discretas. La planta es un taller que produce artículos terminados. Deseamos generar un programa de producción, para 30 días, que tome en cuenta la limitación de recursos. La planta consiste de grupos funcionales de máquinas con partes que son ruteadas dinámicamente con base en reglas de programación. Algunas máquinas requieren de recursos secundarios y/o tiempos de preparación dependientes de la secuencia. Se utiliza el esquema de datos basado en B2MML, que está descrito en el documento sobre la visión general de la programación.

12.13.4 Programación del Ensamble de Bicicletas (*Scheduling Bicycle Assembly*)

El sistema a programar en este ejemplo es una planta para el ensamble de bicicletas. La planta es un taller que produce artículos terminados en una línea de ensamble, así como partes y componentes a ensamblar, de acuerdo con las órdenes de los clientes. La programación también incluye varias partes compradas que son requeridas para el ensamble final. Deseamos generar un programa de producción para 7 días la limitación de recursos y de partes en este sistema.

12.13.5 Programación de la Producción de Bebidas por Lotes (*Scheduling Batch Beverage Production*)

En este ejemplo, deseamos generar un programa de producción de 30 días para esta planta, que tome en cuenta sus limitaciones de recursos. Este ejemplo contiene órdenes tanto para materiales intermedios como para productos terminados. Los insumos son también modelados como restricciones del sistema. Los tres materiales intermedios deben ser mezclados en una máquina mezcladora y luego introducidos en un tanque. El producto terminado empieza en una máquina de llenado y luego es empacado por una máquina empacadora. Se requiere de operarios en cada uno de los pasos del proceso y el material intermedio debe estar disponible en los tanques para que el producto final pueda procesarse. El abastecimiento de insumos, tales como botellas y etiquetas, también se modelan en este sistema y se requieren como parte del proceso de llenado del producto final.

12.14 Resumen

En este capítulo hemos discutido la Industria 4.0 y sus orígenes, y la necesidad por un gemelo digital. Discutimos el papel tradicional de la simulación par analizar los proyectos de la Industria 4.0, así como el nuevo papel de la simulación para ayudar a construir un gemelo digital a través de la planeación y la programación. Hemos discutido algunos de los enfoques comunes para la planeación y la programación y sus fortalezas y debilidades. A continuación exploramos la nueva tecnología para usar la simulación en la planeación y programación basada en riesgos, para atacar muchos de sus problemas y otorgar capacidades importantes a los programadores. Hemos introducido brevemente las capacidades de Simio que hacen posible la RPS. Construimos un ejemplo de corte tradicional que estaba guiado por los datos. A continuación construimos un segundo ejemplo qque no sólo estaba guiado por los datos, pero el modelo completo estaba construido (generado por datos) a partir de archivos de datos B2MML, para ilustrar el poder de la construcción automática de modelos. Concluimos mencionando tres ejemplos más grandes que se incluyen con el software Simio, que ilustran aún más conceptos. Aunque ésta ha sido sólo una breve introducción a la RPS, esperamos haber despertado su interés. Existen muchas otras ventajas potenciales del uso de la RPS, y se han abierto nuevas áreas de aplicación, particularmente relacionadas con el diseño, evaluación e implementación de gemelos digitales. Además de las aplicaciones comerciales, la RPS puede ser un área rica en proyectos e investigacipon para los estudiantes.

12.15   Problemas

1. Compare y contraste Industria 3.0 e Industria 4.0.

2. ¿Qué es un gemelo digital? Describa los componentes de un gemelo digital y sus beneficios.

3. Describa los problemas comunes que tienen los enfoques más difundidos para la programación de actividades y cómo la simulación y la RPS pueden atacar estos problemas.

4. ¿En qué difiere una pizarra de Simio (*Simio Dashboard*) de un reporte de tabla (*Simio Table Report*)?

5. Empiece (o reconstruya) con el Modelo 12-01. Agregue un AGV (vehículo) con una población de 2 y operando a 4 pies por minuto, que se requiere para el movimiento de partes entre las operaciones de Corte y Perforación. Produzca tomas de pantalla de las cartas de Gantt para los recursos y para las entidades, ilustrando la primera entidad cuyo proceso se detiene por requerir del AGV.

6. Considere el Modelo 12-02. Modifique y reimporte los archivos de datos para agregar una máquina llamada Corte3 en el destino de la ruta de corte. Utilice las opciones Save for Compare y Show Differences para determinar el cambio en el desempeño de la programación. Incluya una pantalla de captura del reporte *Target Detail* para ilustrar el impacto del cambio.

7. Empezando con la solución del Problema 6, si se pudiera añadir una máquina de algún tipo ¿de qué tipo sería y por qué?

Apéndice A

Casos de Estudio Usando Simio

Este capítulo incluye cuatro casos de estudio "introductorios" y dos "avanzados" que involucran el desarrollo y uso de modelos de Simio para analizar sistemas. Estos problemas tienen un alcance más amplio y su desarrollo no está tan detallado como en los problemas presentados en los capítulos previos. Para los primeros dos casos, hemos proporcionado algunos resultados basados en nuestros modelos de muestra. Sin embargo, a diferencia de los modelos de los capítulos anteriores, *no* presentamos descripciones detalladas de los modelos mismos.

El primer caso (sección A.1) describe un sistema de manufactura con operaciones de maquinado, inspección y limpieza e involucra el análisis de la configuración del sistema actual junto con dos propuestas de mejoramiento. El segundo caso (sección A.2) analiza un parque de diversiones, considerando la opción de un boleto de entrada del tipo *Fast Pass* y el impacto que pudiera tener sobre los tiempos de espera. El tercer caso (sección A.3) modela un restaurante y plantea preguntas acerca de temas importantes relacionados con el personal y la capacidad. El cuarto caso (sección A.4) considera una sucursal de un banco y plantea preguntas acerca de cómo es que la programación de las actividades y del equipo afectan los costos.

Los dos casos avanzados de estudio representan problemas realistas más grandes, que pueden encontrarse en ambientes no académicos. En el "mundo real", típicamente los problemas no están tan bien definidos, ni completos o tan bien ordenados como en los problemas de las tareas de un libro. Muchas veces falta información, o es ambigua, las situaciones son capciosas y pueden haber varias soluciones con base en la interpretación del problema. En estos casos se espera este tipo de situaciones, y para enfrentarlos es probable que requiera hacer y documentar suposiciones razonables.

A.1   Operación de Maquinado e Inspección

A.1.1   Descripción del Problema

Se le ha pedido que evalúe la operación actual del maquinado y la inspección en su empresa (ver figura A.1) e investigue el impacto de dos posibles modificaciones. Ambas involucran el reemplazo de la estación de inspección y de su único operador por un proceso de inspección automatizado. El objetivo de la modificación propuesta es mejorar el desempeño del sistema.

En el sistema actual, cuatro diferentes tipos de partes llegan a un centro de maquinado automatizado, donde se procesan una por una. Luego de completar el maquinado, un inspector (humano) inspecciona las partes individualmente. El proceso de inspección puede fallar —clasificando partes "buenas" como "malas" (error tipo I) o clasificando partes "malas" como "buenas" (error tipo II)—. Después de la inspección, las partes clasificadas como "buenas" se

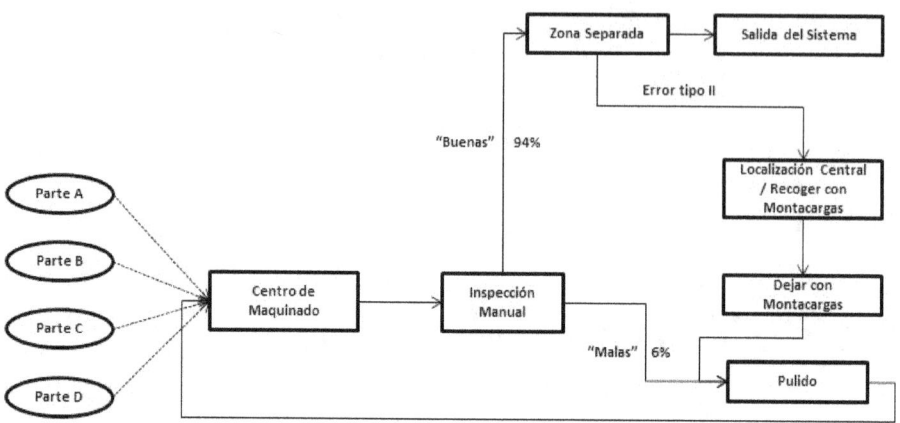

Figura A.1: Disposición de la operación de maquinado e inspección.

Tabla A.1: Datos de las llegadas y del maquinado (en minutos).

Tipo	Tasa de llegadas (partes/hora)	Tiempo de maquinado
A	5.0	Triangular(2.0, 3.0, 4.0)
B	6.0	Triangular(1.5, 2.0, 2.5)
C	7.5	Exponencial(1.5)
D	5.0	Triangular(1.0, 2.0, 3.0)

envían a otra zona de la planta para continuar con el procesamiento, mientras que las partes clasificadas como "malas", primero se limpian con un pulidor automático (con capacidad de una parte) y, luego se procesan nuevamente en el centro de maquinado (usando los mismos parámetros de proceso que se usan para las partes "nuevas"). Los detalles adicionales del sistema incluyen:

- Los detalles de los procesos de llegadas de las partes, tiempos de maquinado y tiempos de limpieza se muestran en la tabla A.1. Los cuatro procesos de llegadas son procesos de Poisson estacionarios e independientes entre ellos.

- Después del maquinado, todas las partes pasan inmediatamente a la inspección. El tiempo que toma la inspección de una parte es independiente del tipo de la parte y sigue una distribución exponencial con media de 2 minutos. El 6% de las partes inspeccionadas son clasificadas como "malas" y deben ser pulidas y luego reprocesadas (independientemente del número de veces que la parte ha sido pulida y reprocesada). Las partes que no pasan la inspección tienen prioridad sobre las partes "nuevas" en la cola de maquinado, una vez que fueron pulidas. El pulido de cada parte toma 12 minutos (el tiempo de pulido también es independiente del tipo de parte).

- El 3% de las partes que fueron consideradas como "buenas" y se enviaron a otra zona, posteriormente son clasificadas como "malas" (error tipo II). Estas partes se colocan en una tarima (en una ubicación central) donde un montacargas las recoge periódicamente y las conduce a la máquina de pulido. A estas partes se les da prioridad en la cola del pulidor automático. El tiempo entre viajes del montacargas se distribuye exponencialmente con promedio de 3 horas.

Tabla A.2: Costos de operación del sistema.

Operación	Costo
Pulido innecesario debido al error tipo I	$5/parte
Robot "simple"	$1,200/semana por cada robot
Robot "complejo"	$5,000/semana
Costo por mantener una parte	$0.75/hora en el sistema
Operador de inspección	$50/hora

- De las partes que son consideradas "malas" y enviadas al pulidor automático, el 7%, en realidad, eran partes "buenas" y no requerían pulido y reproceso (error tipo I). El costo por parte asociado al pulido y reproceso innecesarios se muestra en la tabla A.2.

- El centro de maquinado y el pulidor automático están sujetos a fallas aleatorias por tiempo de operación. Los tiempos de operación sin fallas de ambas máquinas siguen distribuciones exponenciales con media de 180 minutos y los tiempos de reparación siguen una distribución exponencial con media de 15 minutos. Si una parte está siendo procesada cuando alguna de las máquinas falla, el proceso se interrumpe, pero la parte no es destruida.

- El sistema opera en dos turnos al día, seis días a la semana. Cada turno dura ocho horas y el trabajo se retoma donde se haya dejado al final del turno anterior (i.e., no hay algún efecto de preparación al inicio del turno).

Los dos posibles escenarios, que se le ha pedido que evalúe, están relacionados con la posible automatización de la operación de inspección:

1. Instalación y uso de cuatro robots "simples", uno para cada tipo de parte. Estos robots inspeccionan una parte a la vez. Las probabilidades de los errores tipo I y II son 0.5% y 0.1%, respectivamente. El tiempo que le toma a cada robot "simple" inspeccionar una parte es independiente del tipo de parte y sigue una distribución triangular con parámetros (6, 6.5, 7) en minutos.

2. Instalación y uso de un robot "complejo" que puede inspeccionar a los cuatro tipos de partes, una a la vez. Las probabilidades de los errores tipo I y tipo II son 0.5% y 0.1%, respectivamente. El tiempo que le toma al robot "complejo" inspeccionar una parte es independiente del tipo de parte y sigue una distribución triangular con parámetros (1.0, 2.0, 2.5) en minutos.

Como estos robots son fabricados por la misma empresa que fabricó el centro de maquinado y el pulidor automático, se asume que estarán sujetos a fallas aleatorias con la misma distribución de probabilidades que se presentó arriba para el centro de maquinado y el pulidor automático. Los datos sobre los costos que debe utilizar en su análisis están en la tabla A.2. Se ha efectuado el análisis económico relacionado con la compra de los robots y en la tabla A.2 se presentan los costos (semanales) asociados (considerando precio de compra, instalación, operación y mantenimiento, entre otros).

Desarrolle una simulación en Simio para analizar y determinar qué proceso de inspección debería implementar su empresa. Sus resultados deben incluir estimados de las siguientes medidas de desempeño para cada escenario:

- Costo total promedio incurrido en cada semana.

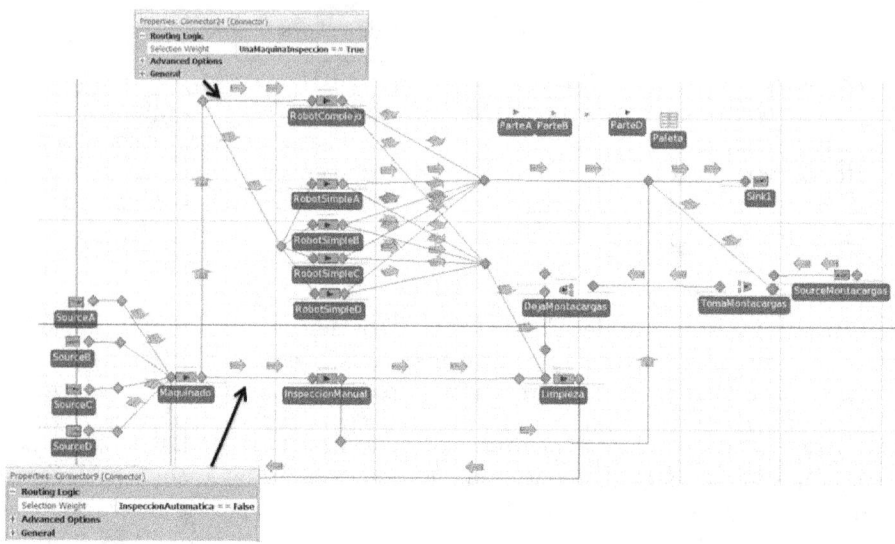

Figura A.2: Vista *Facility* del modelo de muestra de maquinado e inspección.

- Número de errores tipo I y tipo II (en promedio) por semana.

- Promedio del número total de partes que se terminan de procesar (salen del sistema) por semana.

Utilizando su modelo de Simio, responda a las siguientes preguntas. Sus respuestas deben estar apoyadas por resultados y análisis de su experimento (o experimentos) por simulación.

1. Después de revisar las especificaciones de los robots, el gerente ha notado que el tiempo promedio de inspección para un robot "simple" es mucho mayor que el del proceso actual. Le preocupa que al cambiar el proceso de inspección actual pueda, en efecto, *disminuir* la producción total (i.e., el número de partes completadas por semana). Al cambiar el método de inspección, ¿cambiará el número de partes que son terminadas por semana? Si es así, describa cómo cambia el número de partes terminadas en comparación con el sistema actual (i.e., la magnitud del incremento o de la disminución).

2. Dados los tres métodos de inspección, ¿cuál operación recomienda usted para minimizar los costos?

3. Si encuentra que uno o ambos procesos de inspección automática cuestan lo mismo o más que la inspección manual, determine qué cambios permitirían al proceso de inspección operar con un costo semanal que sea menor que el de inspección manual. Asuma que todos los costos son fijos y no pueden ajustarse.

A.1.2   Modelo de Muestra y Resultados

Esta sección presenta los resultados para un modelo de muestra que desarrollaron los autores. Notar que los resultados dependen de varios supuestos, así que es posible que sus resultados no coincidan exactamente.

La vista *Facility* del modelo de muestra se presenta en la figura A.2. Para realizar nuestros experimentos, utilizamos los siguientes controles y parámetros:

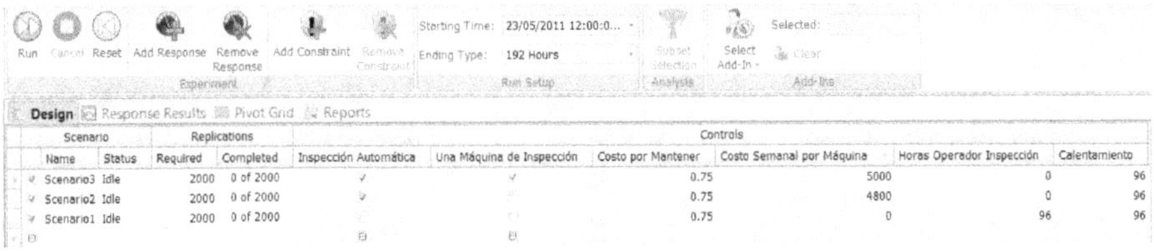

Figura A.3: Detalle del experimento con el modelo de maquinado e inspección.

- Longitud de la corrida: 192 horas
- Periodo de calentamiento: 96 horas
- Número de repeticiones: 2,000
- Controles del experimento:
  - Inspección automática (operador booleano)
  - Una máquina de inspección (operador booleano)
  - Costo semanal de la máquina
  - Horas del operador de inspección
  - Calentamiento

La figura A.3 muestra los diferentes controles que fueron usados en el experimento de Simio para manejar las actividades del escenario y el costo total. Esencialmente, codificamos las tres opciones en un solo modelo para que pudiéramos usar las capacidades de comparación de escenarios de Simio en nuestro análisis. Para comparar los diferentes escenarios en el mismo experimento, utilizamos los operadores booleanos `Inspección Automática` y `Una Máquina de Inspección`. Cuando la caja asociada a un control está seleccionada, la propiedad correspondiente toma el valor `True` (verdadero). El modelo hace referencia a estos valores en la propiedad *Selection Weight* de los vínculos correspondientes a los diferentes procesos de inspección. En la figura A.2 se muestran dos ejemplos de estas referencias.

La expresión que utilizamos para el costo total por semana es:

$$
\begin{aligned}
CostoTotal = \ & CostoSemanalMaquina \\
& + \ CostoSemanalMantener.Value \\
& + \ TotalErrorTipoI.Value * 5 \\
& + \ HorasOperadorInspeccion * 50
\end{aligned}
\tag{A.1}
$$

Los métodos utilizados para calcular cada una de las cuatro partes de la ecuación (A.1) son:

1. **CostoSemanalMaquina**: estos costos fueron dados en la descripción del problema. La propiedad `CostoSemanalMaquina` es una propiedad numérica estándar que se controla en el experimento.

2. **CostoSemanalMantener.Value**: éste es el valor del estadístico de salida que hace referencia al estado del modelo `CostoMant`. La ecuación (A.2) sirve para incrementar el estado `CostoMant` cada vez que una entidad entra al objeto *Sink* (sale del sistema):

$$
\begin{aligned}
CostoMant = \ & (TimeNow - ModelEntity.TLlegada) * 0.75 \\
& + CostoMant
\end{aligned}
\tag{A.2}
$$

Tabla A.3: Costos totales promedio para cada escenario.

Escenario de inspección	Costo	Ancho medio
Manual (actual)	$7,260.91	$62.09
Automatizado: cuatro robots "simples"	$7,108.51	$41.32
Automatizado: un robot "complejo"	$6,514.14	$32.02

Tabla A.4: Promedio de los errores tipo I y tipo II para cada escenario.

Escenario de inspección	Errores tipo I	Errores tipo II
Manual (actual)	10.46	69.88
IC 95%	[10.32, 10.61]	[69.50, 70.26]
Automatizado: cuatro robots "simples"	0.75	2.29
IC 95%	[0.71, 0.78]	[2.22, 2.35]
Automatizado: un robot "complejo"	0.71	2.23
IC 95%	[0.67, 0.75]	[2.16, 2.30]

Tabla A.5: Promedio del número de partes procesadas por semana para cada escenario.

Escenario de inspección	Partes terminadas	Ancho medio
Manual (actual)	2,254.66	2.23
Automatizado: cuatro robots "simples"	2,254.66	2.15
Automatizado: un robot "complejo"	2,256.80	2.23

La ecuación (A.2), en esencia, calcula el tiempo total que la entidad pasó en el sistema y multiplica ese valor por el costo de mantener la parte en el sistema (especificado en la descripción del problema). Se incrementa el estado utilizando este valor. Por medio de este método, el estadístico de salida CostoSemanalMantener será la suma de los costos (de todas las entidades) por mantener partes en el sistema.

3. **TotalErrorTipoI.Value*5**: en la descripción del problema se indica que el costo asociado al error tipo I es de $5. TotalErrorTipoI es un estadístico de salida que hace referencia al estado ErrorTipoI del modelo. El valor de este estado se incrementa en 1 cuando se comete el error tipo I en el proceso de inspección.

4. **HorasOperadorInspeccion*50**: el costo de $50 por hora se especificó en la descripción del problema. La propiedad HorasOperadorInspeccion es una propiedad numérica estándar que se controla en el experimento.

Se calculó el costo semanal promedio para cada escenario utilizando la expresión de la ecuación (A.1) y los parámetros del experimento (mencionados arriba). Los resultados se muestran en la tabla A.3 (todos los anchos medios son de intervalos del 95% de confianza). El total semanal (en promedio) de los errores tipo I y tipo II para cada proceso de inspección se presenta en la tabla A.4. El promedio del número total de partes que terminan el proceso (salen del sistema) por semana se puede apreciar en la tabla A.5.

Respuesta a las Preguntas

1. Al cambiar el método de inspección, ¿cambiará el número de partes que son terminadas por semana? Si es así, describa cómo cambia el número de partes

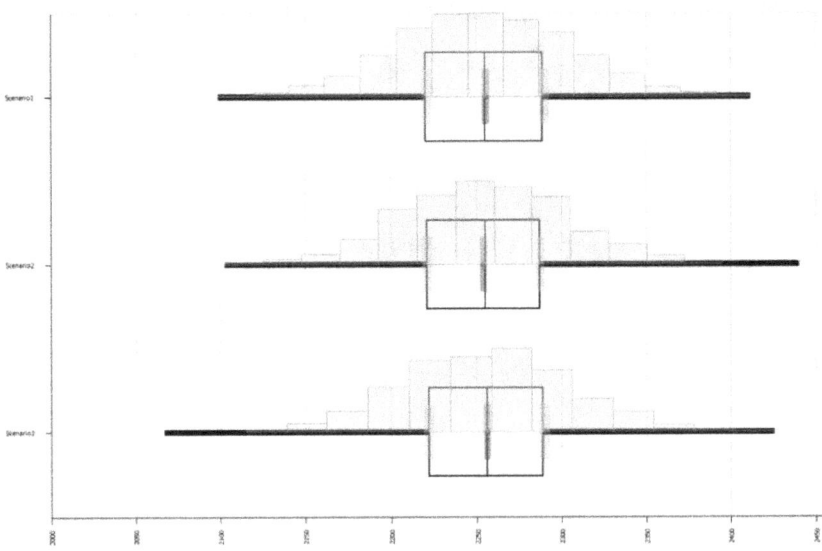

Figura A.4: Gráfica SMORE para el número promedio de partes terminadas por semana, para cada escenario.

Paired T-Test and CI: scenario1, scenario2

```
Paired T for scenario1 - scenario2

                N      Mean   StDev  SE Mean
scenario1     2000   2255.29  50.35     1.13
scenario2     2000   2253.88  48.54     1.09
Difference    2000      1.42  67.48     1.51


95% CI for mean difference: (-1.54, 4.38)
T-Test of mean difference = 0 (vs not = 0): T-Value = 0.94  P-Value = 0.348
```

Figura A.5: Resultados de Minitab para una prueba de t, con datos pareados, comparando los escenarios 1 y 2.

terminadas en comparación con el sistema actual (i.e., la magnitud del incremento o de la disminución).

A pesar de que la respuesta a esta pregunta podría obtenerse mediante un análisis de colas simple [1], también podemos usar los resultados de nuestro experimento por simulación para responder a esta pregunta. Como se aprecia en la gráfica SMORE de la figura A.4, parece que el número promedio de partes procesadas por semana no varía mucho entre escenarios. Para verificar que no hay una diferencia estadísticamente significativa entre las medias del número de partes completadas por semana en el escenario 1 (inspección manual actual) contra el escenario 2 (inspección automatizada usando cuatro robots "simples") y el escenario 3 (inspección automatizada usando un robot "complejo"), se realizaron dos pruebas de t con datos pareados. Los resultados de estas pruebas se muestran en las figuras A.5 y A.6.

Teniendo en cuenta que el intervalo del 95% de confianza para la diferencia de medias,

---

[1] Para cualquier sistema estable, el flujo de entrada es igual al flujo de salida, así, el número esperado de partes será, simplemente, la tasa de llegadas multiplicada por la duración.

Paired T-Test and CI: scenario1, scenario3

```
Paired T for scenario1 - scenario3

                      N     Mean   StDev  SE Mean
scenario1          2000  2255.29   50.35     1.13
scenario3          2000  2255.95   49.75     1.11
Difference         2000    -0.66   69.33     1.55


95% CI for mean difference: (-3.70, 2.38)
T-Test of mean difference = 0 (vs not = 0): T-Value = -0.43  P-Value = 0.671
```

Figura A.6: Resultados de Minitab para una prueba de t, con datos pareados, comparando los escenarios 1 y 3.

Tabla A.6: Respuestas y objetivos asociados.

Respuesta	Objetivo
TotalProcesadas	Maximizar
ErrorTipoI	Minimizar
ErrorTipoII	Minimizar
Tiempo en el sistema (TES)	Minimizar
CostoTotal	Minimizar
CostoMantenerSemanal	Minimizar

$[-1.54, 4.38]$, contiene al cero, concluimos que no hay una diferencia estadísticamente significativa entre los escenarios 1 y 2, para el número promedio de partes procesadas por semana. La misma conclusión se obtiene (ver la figura A.6) cuando se comparan los escenarios 1 y 3. De nuevo, no hay una diferencia estadísticamente significativa entre los escenarios 1 y 3, para el número promedio de partes procesadas por semana, ya que el intervalo del 95% de confianza para la diferencia de medias, $[-3.70, 2.38]$, contiene al cero. Con esta evidencia estadística, podemos concluir que al cambiar el método de inspección *no* cambiará significativamente el número de partes completadas por semana.

Se puede probar otro método para comparar estos escenarios utilizando la capacidad *Subset Selection* de Simio. Cuando se establecen las funciones objetivo de las respuestas (*Responses*), de acuerdo con la tabla A.6, y se activa la opción *Subset Selection*, Simio utiliza un procedimiento de ordenamiento y selección para clasificar los escenarios, para cada respuesta, en dos subconjuntos: *"posiblemente mejores"* y *"rechazados"*. En la ventana *Design* del experimento, las celdas de la columna de cada respuesta se sombrearán en color marrón si el escenario se considera "rechazado", dejando las celdas de los escenarios "posiblemente mejores" con su color original. Los resultados obtenidos mediante este método de análisis se muestran en la figura A.7. El análisis de Simio utilizando la opción *Subset Selection* proporciona los mismos resultados que nuestras pruebas de t con datos pareados. Ningún escenario de la respuesta `TotalProcesadas` ha sido sombreada en color marrón; por lo tanto, la opción *Subset Selection* de Simio ha identificado a cada uno de estos tres escenarios como "posiblemente mejor" para maximizar el número promedio de partes procesadas por semana. Este análisis confirma nuestra expectativa de que no hay diferencias significativas, entre los diferentes escenarios, en el número promedio de partes que son procesadas por semana.

2. Dados los tres métodos de inspección, ¿cuál operación recomienda usted para minimizar los costos?

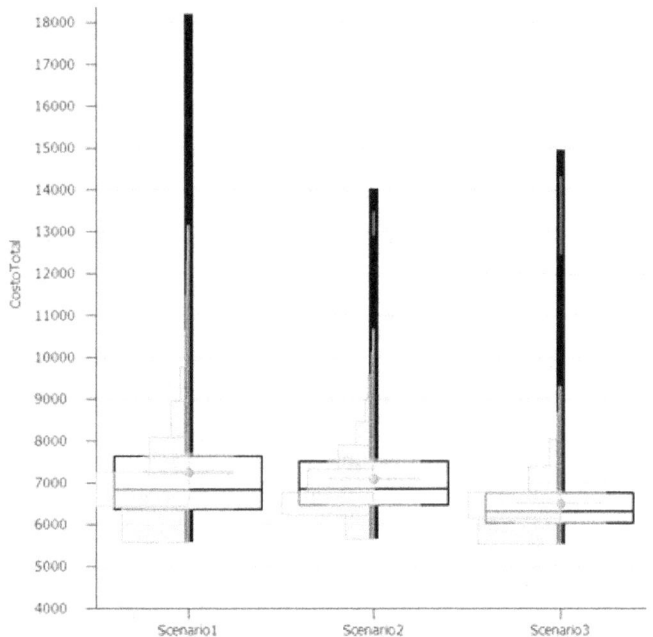

Figura A.7: Resultados del análisis de varias respuestas utilizando la opción *Subset Selection* de Simio.

Figura A.8: Gráfica SMORE para el costo total por escenario.

Al examinar la gráfica SMORE, mostrada en la figura A.8, no está claro cuál método de inspección sería el menos costoso. Para determinar si hay diferencias estadísticamente significativas entre los costos semanales bajo los diferentes escenarios, usamos de nuevo la opción *Subset Selection* de Simio. La figura A.7 muestra que los valores de las respuestas asociados con el costo total de los escenarios 1 y 2 están sombreados en color marrón, indicando que los escenarios son "rechazados" y que el valor de la respuesta asociado con el costo total del escenario 3 ha sido identificado como "posiblemente mejor". Basándonos en esta información y en el hecho de que la producción total no disminuye, podemos recomendar que la empresa cambie su proceso de inspección utilizando un robot "complejo".

3. Si encuentra que uno o ambos procesos de inspección automática cuestan lo mismo o más que la inspección manual, determine qué cambios permitirían al proceso de inspección automática operar con un costo semanal que sea menor que el de la inspección manual. Asuma que todos los costos son fijos y que no pueden

Tabla A.7: Escenarios del nuevo experimento para determinar el efecto de cambiar el tiempo de procesamiento de las cuatro máquinas simples.

Escenario	Tiempo de inspección de un robot "simple"
Escenario original 1 (inspección manual)	N/A
Escenario original 2	Tria(6.0, 6.5, 7.0)
Escenario original 3 (inspección robot "complejo")	N/A
Escenario 4	Tria(5.8, 6.3, 6.8)
Escenario 5	Tria(5.6, 6.1, 6.6)
Escenario 6	Tria(5.4, 5.9, 6.4)
Escenario 7	Tria(5.2, 5.7, 6.2)

ajustarse.

Como discutimos anteriormente, no hay una diferencia estadísticamente significativa entre los costos semanales de los escenarios 1 y 2. Para determinar qué podría disminuir los costos de este proceso de inspección, consideramos los elementos que comprenden el costo total en la ecuación (A.1). Los tres costos que están afectando el costo total del escenario 2 son: el costo de la máquina, el costo asociado con los errores tipo I y el costo por mantener cada unidad. Como disminuir el costo fijo de la máquina no es una opción viable y los errores tipo I cuestan solamente $5 por semana, parece que debemos bajar el costo por mantener cada unidad para bajar el costo total del escenario 2. Como el costo por mantener cada unidad está directamente relacionado con el tiempo que una parte pasa dentro del sistema, reducir el tiempo de procesamiento para los cuatro robots "simples" puede parecer una solución razonable. Esta hipótesis es apoyada por los resultados de la figura A.7, ya que el escenario con el costo total más bajo también tenía el costo semanal por mantener unidades más bajo y el tiempo promedio que una unidad pasa en el sistema más bajo. Para probar esta hipótesis, construimos un experimento donde reducimos sistemáticamente el tiempo de procesamiento para robots "simples" (ver tabla A.7). Como se muestra en la figura A.9, conforme disminuye el tiempo promedio de procesamiento promedio para los robots "simples", el costo total también disminuye.

Utilizando la opción *Subset Selection* de Simio, podemos analizar más a fondo el efecto de alterar los tiempos de procesamiento para el robot "simple". La figura A.10 muestra los resultados de la opción *Subset Selection* con los objetivos de las respuestas establecidos de acuerdo con la tabla A.6.

Como se muestra en la figura A.10, el costo total promedio del escenario 1 es significativamente diferente del correspondiente a los escenarios 3 y 7. Por lo tanto, si el fabricante de los robots puede reducir el tiempo de procesamiento promedio en 0.8 minutos (mediante la distribución triangular(5.2, 5.9, 6.2)), la operación de inspección usando los cuatro robots "simples" resultará en un costo semanal menor que el de la inspección manual. La figura A.10 también muestra que ahora hay dos escenarios "posiblemente mejores": 3 y 7. Si incrementamos el número de repeticiones de 2000 a 8000 para cada uno de estos escenarios y utilizamos la opción *Subset Selection*, el escenario 3 sale del grupo de escenarios "posiblemente mejores" (ver la figura A.11). Con esta información, queda claro que si el fabricante de los robots puede reducir el tiempo de procesamiento promedio en 0.8 minutos (por medio de la distribución triangular(5.2, 5.9, 6.2)), podríamos recomendar el uso de los cuatro robots "simples" para la inspección de las partes.

Scenario7
Scenario3
Scenario6
Scenario5
Scenario4
Scenario2
Scenario1
4000
4500
5000
5500
6000
6500
7000
7500
8000
8500
9000
9500
10000
10500

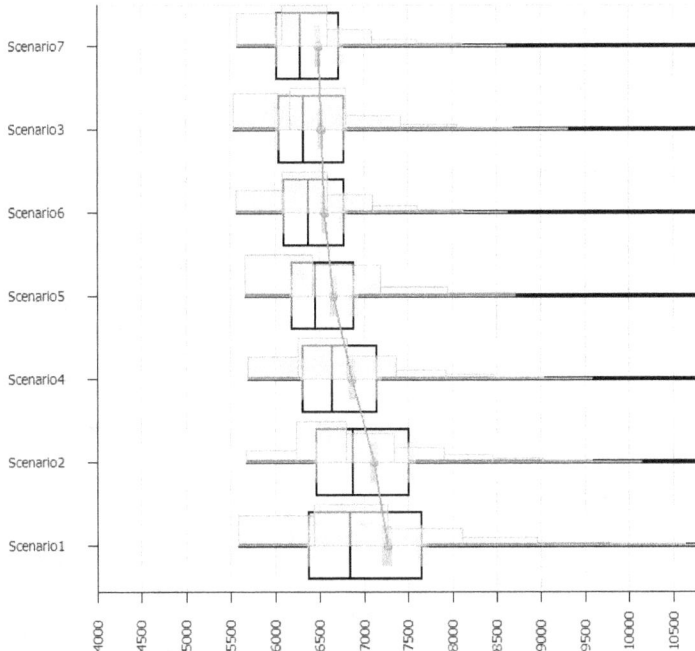

Figura A.9: Gráfica SMORE para el costo total en cada uno de los siete escenarios. Como se mostró en la tabla A.7, los escenarios 4–7 usan tiempos de inspección del robot "simple" con disminuciones de 0.2 minutos.

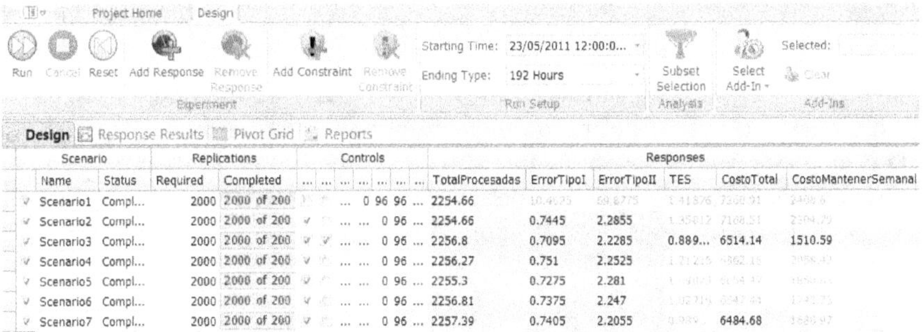

Project Home
Design
Run
Reset
Add Response
Add Constraint
Starting Time: 23/05/2011 12:00:0...
Ending Type: 192 Hours
Subset Selection
Select Add-In
Selected:
Design
Response Results
Pivot Grid
Reports
Scenario | Replications | Controls | Responses
Name | Status | Required | Completed | TotalProcesadas | ErrorTipoI | ErrorTipoII | TES | CostoTotal | CostoMantenerSemanal
Scenario1 Compl... 2000 2000 of 200 ... 0 96 96 ... 2254.66
Scenario2 Compl... 2000 2000 of 200 ... ... 0 96 ... 2254.66 0.7445 2.2855
Scenario3 Compl... 2000 2000 of 200 ... ... 0 96 ... 2256.8 0.7095 2.2285 0.889... 6514.14 1510.59
Scenario4 Compl... 2000 2000 of 200 ... ... 0 96 ... 2256.27 0.751 2.2525
Scenario5 Compl... 2000 2000 of 200 ... ... 0 96 ... 2255.3 0.7275 2.281
Scenario6 Compl... 2000 2000 of 200 ... ... 0 96 ... 2256.81 0.7375 2.247
Scenario7 Compl... 2000 2000 of 200 ... ... 0 96 ... 2257.39 0.7405 2.2055 6484.68

Figura A.10: Resultados del análisis de varias respuestas para siete escenarios utilizando la opción *Subset Selection* de Simio.

Design
Response Results
Pivot Grid
Reports
Scenario | Replications | Controls | Responses
Name | Status | Required | Completed | TotalProcesadas | ErrorTipoI | ErrorTipoII | TES | CostoTotal | CostoMantenerSemanal
Scenario1 Comple... 2000 2000 of 2000 ... 0 96 96 ... 2254.66
Scenario2 Comple... 2000 2000 of 2000 ... ... 0 96 ... 2254.66 0.7445 2.2855
Scenario3 Comple... 8000 8000 of 8000 ... ... 0 96 ... 2256.35 0.717125 2.23213 0.88363 1501.06
Scenario4 Comple... 2000 2000 of 2000 ... ... 0 96 ... 2256.27 0.751 2.2525
Scenario5 Comple... 2000 2000 of 2000 ... ... 0 96 ... 2255.3 0.7275 2.281
Scenario6 Comple... 2000 2000 of 2000 ... ... 0 96 ... 2256.81 0.7375 2.247
Scenario7 Comple... 8000 8000 of 8000 ... ... 0 96 ... 2255.6 0.71575 2.25475 6474.34

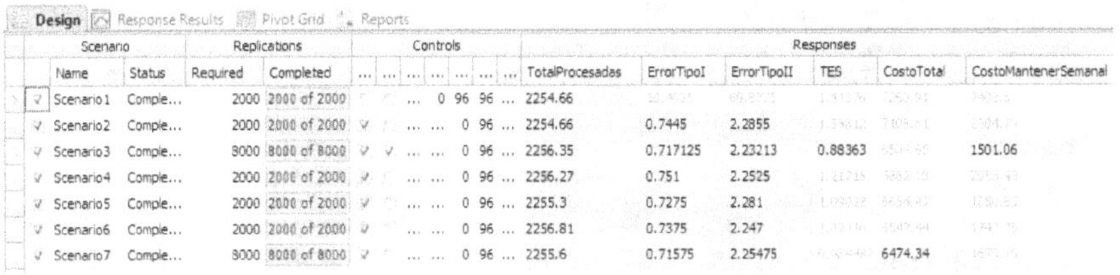

Figura A.11: Resultados del análisis de varias respuestas para siete escenarios utilizando la opción *Subset Selection* de Simio. El número de repeticiones para los escenarios 3 y 7 se incrementó a 8000.

A.2   Parque de Diversiones

A.2.1   Descripción del Problema

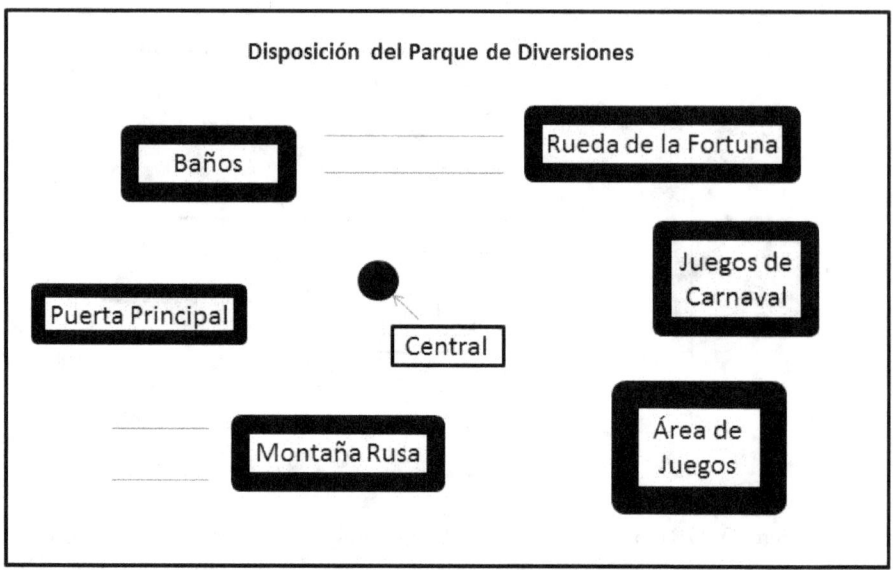

Figura A.12: Disposición del parque de diversiones.

Un parque de diversiones tiene una montaña rusa, una rueda de la fortuna, un salón de juegos, un área para juegos de carnaval, un área de tiendas y un área de baños. La figura A.12 muestra la configuración actual del parque de diversiones. El horario del parque es de 10:00 a.m. a 10:00 p.m. Los clientes llegan apenas abre el parque, a las 10:00 a.m., y dejan de llegar a las 6:00 p.m. Las llegadas ocurren de acuerdo a un proceso de Poisson no estacionario con la función de tasas de llegadas descrita en la tabla A.8.

Tabla A.8: Programa de llegadas para el parque de diversiones.

Intervalo de Tiempo	Clientes por hora
10:00 a.m. - 12:00 p.m.	75
12:00 p.m. - 2:00 p.m.	150
2:00 p.m. - 4:00 p.m.	100
4:00 p.m. - 6:00 p.m.	75

Una vez que el cliente es admitido al parque, tiene la oportunidad de adquirir un boleto de entrada *Fast Pass* (boleto preferencial), que le permite tener prioridad en la montaña rusa y en la rueda de la fortuna. Desde que se creó el boleto *Fast Pass*, el gerente del parque ha recibido quejas de los clientes respecto a los tiempos de espera en estos juegos y nos ha solicitado ayuda para administrar el proceso del boleto *Fast Pass*. El objetivo del gerente es maximizar las ganancias del *Fast Pass*, sujeto a las restricciones de tiempo de espera para los clientes normales y para los clientes que utilizan el boleto *Fast Pass*.

Tabla A.9: Función de probabilidades para los tiempos de visita de los clientes.

Horas en el parque	Probabilidad
0.5	0.01
1.0	0.14
2.0	0.25
4.0	0.40
5.0	0.20

Información Adicional

- Si no se venden boletos *Fast Pass* en un día en particular, los clientes típicamente esperarán alrededor de 20 minutos para subirse a los juegos (basado en información histórica del sistema actual). Si bien los clientes están acostumbrados a esperar en los parques de diversiones, se muestran extremadamente insatisfechos cuando esperan más de 60 minutos.

- Las colas demasiado "largas" desaniman a los clientes normales de entrar a la cola, pero los clientes con boletos *Fast Pass* tienen una cola separada y nunca se desaniman de entrar a la cola. Si hay más de 100 personas en la cola de la montaña rusa o más de 80 personas en la cola de la rueda de la fortuna, los clientes normales no entran a la cola y buscan otro juego.

- Los clientes con boletos *Fast Pass* están dispuestos a esperar entre 5 y 10 minutos para entrar a los juegos, pero se muestran insatisfechos una vez que esperan más de 10 minutos.

- El 50% de los clientes no tienen interés alguno en ir al salón de juegos.

- El 50% de los clientes irán al baño a lo más una vez y el 50% irán al baño a lo más dos veces. El parque cuenta sólo con dos baños (con capacidad para atender a 5 personas cada uno) que actualmente tienen tiempos de espera promedio de alrededor de 9 minutos durante el día.

- Los clientes visitan el área de comida a lo más una vez por visita al parque.

- El tiempo de visita esperado que permanecen los clientes en el parque varía por cliente. La tabla A.9 proporciona la función de probabilidades para los tiempos de visita en el parque, que trataremos como una variable aleatoria discreta que puede tomar los valores 0.5, 1, 2, 4 ó 5 (en horas).

Tiempos de Viaje de los Clientes y Áreas de Preferencia

Los clientes escogen su próximo destino en función de la disponibilidad y de los tiempos promedio de espera. En el caso de los baños y del área de tiendas, los clientes están limitados a una o dos visitas (como se describió anteriormente). El parque tiene un "panel", localizado en el centro del parque, que muestra los tiempos promedio de espera actuales para todos los juegos. Todos los clientes visitan el área central del parque, entre visitas a las áreas, para consultar el "panel" y decidir qué área desean visitar después. Todas las áreas que están disponibles para el cliente tienen la misma probabilidad de ser visitadas. Por ejemplo, si la montaña rusa tiene una cola sumamente larga, el cliente ya ha comido y no tiene interés en visitar el salón de juegos, entonces, el cliente tiene la misma probabilidad de ir a continuación al área de carnaval, al baño o a la rueda de la fortuna. Además, cuando el cliente ha rebasado su tiempo de estadía, el camino a la salida será una opción disponible. Los tiempos de viaje de los clientes hacia y desde el área

Tabla A.10: Tiempos de viaje (en minutos).

Área	Tiempo de viaje [traslado, media de la exponencial]
Montaña rusa	[1, 1]
Rueda de la fortuna	[2, 1]
Juegos de carnaval	[2, 2]
Salón de juegos	[3, 2]
Baños	[1, 1]
Entrada/salida	[3, 1]

Tabla A.11: Información para cada uno de los juegos mecánicos (tiempos en minutos).

Juego	Carros disp.	Cap. del juego	Cap. en cola	Tiempo de juego	Tiempo para sentarse	Tiempo para dejar el asiento
Montaña rusa	2	20	100	4	tria(5, 10, 13)	0.5
Rueda de la fortuna	30	60	80	10	1.2	0.5

Tabla A.12: Información de las otras áreas (tiempos en minutos).

Área	Tiempo de permanencia en el área	Capacidad	Capacidad del buffer
Juegos de Carnaval	tria(5, 10, 30)	40	40
Salón de Juegos	tria(1, 5, 20)	30	5
Baño	tria(3, 5, 8)	10	30
Tiendas	tria(1, 4, 8)	4	25

central a todas las otras áreas se muestran en la tabla A.10. El *traslado* mencionado en la tabla representa el tiempo mínimo que le toma a los clientes llegar a su destino, el segundo número representa la media de la distribución exponencial del componente adicional del tiempo de viaje (después del *traslado*).

Área de Juegos Mecánicos

La información para cada una de las opciones del área de juegos mecánicos se muestra en la tabla A.11. Un carro disponible de la montaña rusa es un carro adicional que está disponible para hacer abordar a los clientes mientras el primer carro está en uso. Un carro disponible de la rueda de la fortuna puede albergar a dos personas al mismo tiempo.

Otras Áreas

Las otras cuatro áreas tienen tiempos de atención y capacidades particulares, como se muestra en la tabla A.12. La capacidad del *buffer* es el número máximo de personas que pueden esperar en el área mientras no son atendidas (e.g., un máximo de cinco personas esperarán por una máquina de videojuegos cuando todas las máquinas están ocupadas).

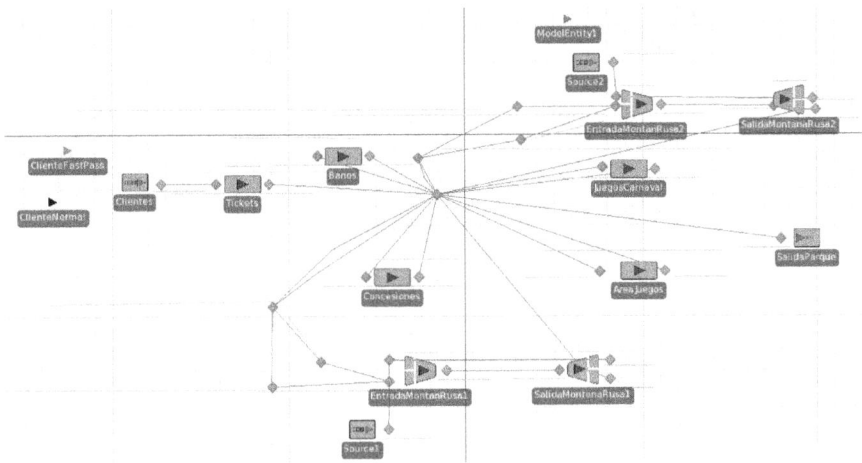

Figura A.13: Modelo de muestra en Simio para el parque de diversiones.

Estadísticas a Registrar

- El tiempo promedio y el tiempo máximo en cola para los clientes normales y para los clientes con *Fast Pass*, para la montaña rusa y la rueda de la fortuna.

- El número promedio de clientes normales y de clientes con *Fast Pass* en el parque de diversiones.

- El tiempo promedio que un cliente normal y que un cliente con *Fast Pass* espera en cola antes de subir a un juego mecánico.

- El número promedio de clientes esperando y el tiempo de espera promedio en el baño.

El gerente del parque está interesado en la administración de los boletos *Fast Pass*. Suponga que el parque puede limitar el número de boletos *Fast Pass* vendidos (i.e., $x\%$ del número de clientes en el parque tendrán boletos *Fast Pass*, el gerente del parque está seguro que puede hacer esto por medio de una política de precios para el boleto *Fast Pass*). ¿Qué proporción límite de boletos *Fast Pass* recomienda para que los clientes no estén insatisfechos (i.e., qué valor debe tomar x)?

A.2.2 Modelo de Muestra y Resultados

Esta sección proporciona los resultados de un modelo de muestra creado por los autores. Así como en el caso anterior, los resultados específicos dependen de varios supuestos, así que sus resultados pueden no ser iguales a los que se muestran aquí. Las especificaciones del modelo son las siguientes:

- Tiempo de corrida por repetición: 12 horas

- Unidad de tiempo base: minutos

- 100 repeticiones

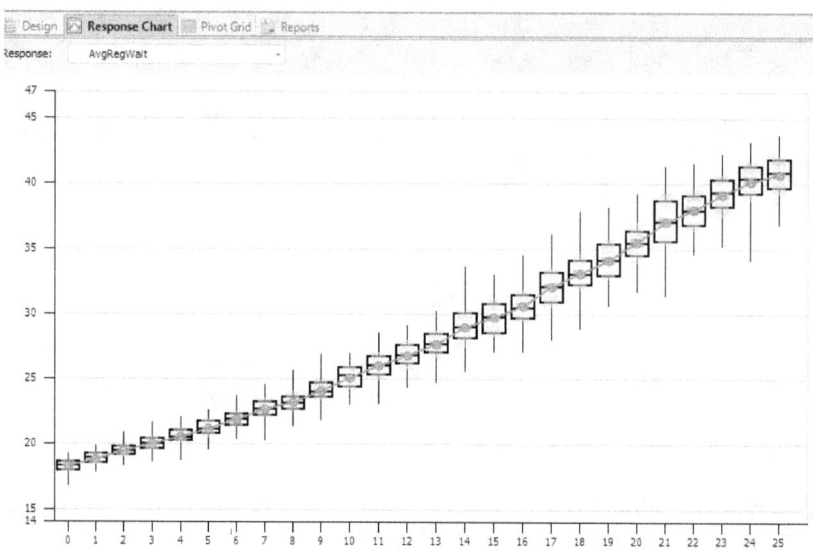

Figura A.14: Gráfica SMORE de los tiempos promedio de espera de los clientes normales por porcentaje de clientes con *Fast Pass*.

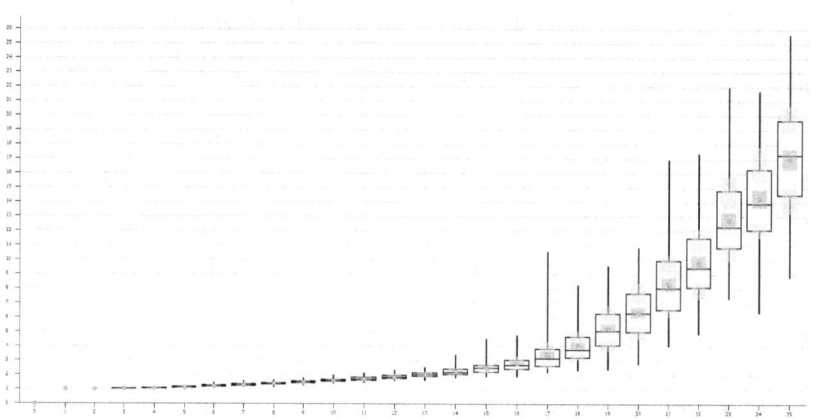

Figura A.15: Gráfica SMORE de los tiempos promedio de espera de los clientes con *Fast Pass* por porcentaje de clientes con *Fast Pass*.

La figura A.13 muestra la vista *Facility* para el modelo de muestra. Esperamos que los tiempos de espera para los clientes normales y para los clientes con *Fast Pass* aumente al incrementar el número de clientes con boleto *Fast Pass* en el parque. Para probar esta expectativa, añadimos una propiedad que controla la proporción de clientes con *Fast Pass* y diseñamos un experimento donde cambiamos esta propiedad de 0% a 25% en incrementos de 1%. La figura A.14 proporciona la gráfica SMORE de las respuestas correspondientes al tiempo de espera de los clientes normales como función del porcentaje de clientes con *Fast Pass*. Como se esperaba, al incrementar el porcentaje de clientes con *Fast Pass*, se incrementan los tiempos de espera.

Similarmente, la figura A.15 muestra la gráfica SMORE de los tiempos de espera de los clientes con boleto *Fast Pass* como función del porcentaje de clientes con *Fast Pass*. Al incrementar el porcentaje de clientes con *Fast Pass*, se incrementan los tiempos de espera.

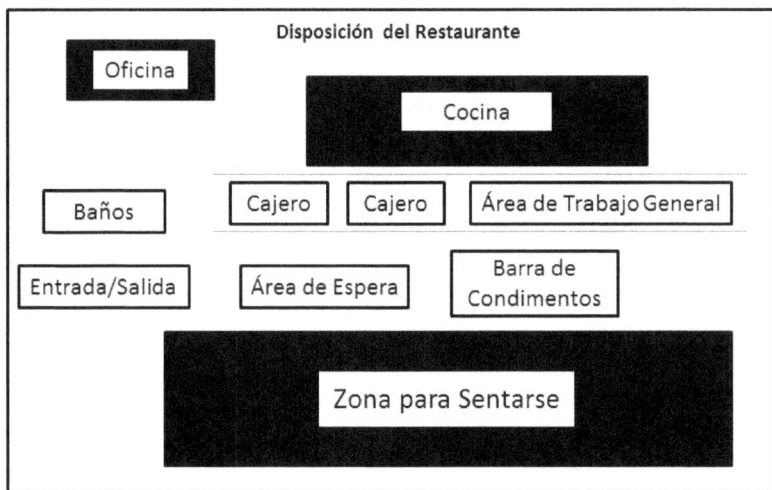

Figura A.16: Disposición del restaurante.

Para determinar la "mejor" proporción de clientes con boleto *Fast Pass*, se requiere información de los costos adicionales incurridos por los clientes que esperan en la cola. Sin embargo, las gráficas SMORE proporcionan información sobre el desempeño relativo, que ayudaría al gerente del parque a tomar la decisión. Por ejemplo, si el 15% de los clientes cuentan con la opción de boleto *Fast Pass*, al parecer, los clientes normales esperarían entre 30 y 35 minutos y los clientes con *Fast Pass* esperarían aproximadamente 5 minutos. Claro, estos estimados están basados en la inspección visual de las gráficas SMORE de las figuras A.14 y A.15 y se requiere de una experimentación adicional más detallada para obtener resultados más precisos.

A.3 Un Restaurante Sencillo

A.3.1 Descripción del Problema

La disposición de un restaurante se muestra en la figura A.16. El restaurante abre a las 8:00 a.m., sirve el desayuno hasta las 11:00 a.m. y sirve la comida/cena hasta las 8:00 p.m. El restaurante cierra sus puertas a las 8:00 p.m., pero los clientes pueden permanecer en el restaurante hasta terminar su cena. Los clientes tienen la opción de comer en el restaurante o de ordenar para llevar. Históricamente, el 10% de los clientes ordenan para llevar y se les da prioridad a estas órdenes en la cocina hasta que sean preparadas.

Cuando un grupo de comensales llega al restaurante, luego de la recepción, se les proporciona un tiempo estimado de espera (si existe). Si el grupo desea comer en un restaurante, debe decidir si esperar o buscar otro restaurante menos concurrido. Si el grupo decide quedarse, se hace el pedido y se prepara la comida en la cocina. Un empleado del restaurante lleva la orden preparada al grupo en espera y el grupo se retira (si la orden fue para llevar) o los comensales se sientan a comer en alguna de las mesas. Cuando el grupo termina de comer, un empleado del restaurante limpia la mesa para que otro grupo pueda hacer uso de la mesa.

Los clientes llegan en grupos de 1, 2, 3 o 4 personas, con probabilidad de 0.10, 0.30, 0.40 y 0.20, respectivamente, de acuerdo a un proceso de Poisson no estacionario con la función de tasas que se muestra en la tabla A.13. El tiempo de preparación de una orden depende del tamaño del grupo (e.g., el tiempo de preparación de una orden para un grupo de tres personas

Tabla A.13: Programa de las tasas de llegadas de grupos al restaurante en un día promedio de atención.

Intervalo de Tiempo	Grupos por Hora
8:00 a.m. - 9:00 a.m.	39
9:00 a.m. - 10:00 a.m.	35
10:00 a.m. - 11:00 a.m.	48
11:00 a.m. - 12:00 p.m.	44
12:00 p.m. - 1:00 p.m.	49
1:00 p.m. - 2:00 p.m.	39
2:00 p.m. - 3:00 p.m.	26
3:00 p.m. - 4:00 p.m.	20
4:00 p.m. - 5:00 p.m.	39
5:00 p.m. - 6:00 p.m.	48
6:00 p.m. - 7:00 p.m.	37
7:00 p.m. - 8:00 p.m.	31

Tabla A.14: Tiempos de atención (en minutos) e información sobre el personal.

Servicio	Tiempo de Atención	Número de Empleados
Toma de la orden	Exponencial, media 0.5	1-2
Preparación de la orden	Triangular(2, 5, 9)	5-10
Limpieza de la mesa	Exponencial, media 0.5	1-2
Distribución	—	1-3

será el triple que del pedido de una persona). En la tabla A.14 se presentan las distribuciones de los tiempos de atención y el número permitido de empleados realizando cada tarea. Las órdenes enviadas a la cocina se agrupan de acuerdo al grupo al que pertenecen y se preparan en conjunto.

Si el tiempo de espera por una mesa es mayor a 60 minutos o si hay más de 5 grupos esperando por una mesa, el grupo buscará otro restaurante. Actualmente hay 25 mesas en el restaurante. El tiempo que toma la comida de un grupo se distribuye triangularmente con parámetros (25, 45, 60) en minutos.

Actualmente existen tres tipos de empleados: empleados de cocina, empleados generales y gerentes. Los empleados de cocina preparan las órdenes que fueron enviadas a la cocina. Los trabajadores generales pueden trabajar como cajeros (máximo 2 cajeros), distribuyen las órdenes preparadas y limpian las mesas. Los gerentes pueden preparar y distribuir las órdenes, pero no limpian las mesas ni trabajan como cajeros. La prioridad de un gerente es completar las órdenes en la cocina. Siempre hay, por lo menos, un gerente presente en todo momento. La cocina no puede funcionar con más de diez empleados en la cocina en cualquier momento dado.

Los clientes que esperan más de 30 minutos (después de ordenar) estarán insatisfechos y la comida se enfriará ocho minutos después de haber sido preparada. Los gerentes reciben un salario de $10.00/hora, los empleados de la cocina reciben $7.50/hora y los empleados generales reciben $6.00/hora. Un cliente individual gasta, en promedio, $9.00.

Actualmente, en un día de atención, el restaurante cuenta con dos gerentes, ocho empleados de cocina y cinco empleados generales. El dueño planea abrir un nuevo restaurante con expectativas similares y desea conocer la siguiente información sobre el sistema actual:

1. ¿Cuántos grupos se retiran debido a las esperas largas? ¿A cuánto asciende el tiempo promedio de espera por una mesa?

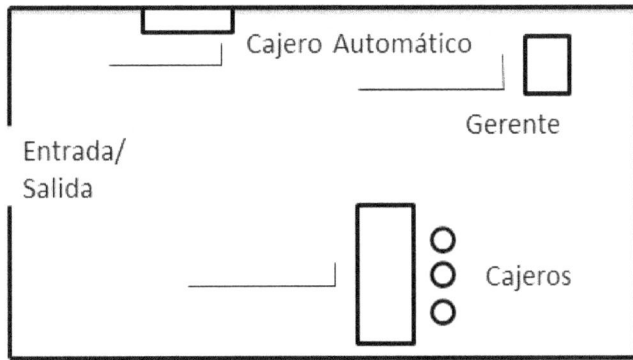

Figura A.17: Configuración del banco.

2. ¿Cuántos gerentes, empleados de cocina y empleados generales deben estar presentes cada día de la semana para minimizar los costos laborales y mantener satisfechos a los clientes (en cuanto a los tiempos de espera y la comida caliente)? ¿Cuál es la ganancia total (ventas menos costos laborales) para el escenario escogido?

3. ¿Cuántas mesas se necesitan para reducir el número de órdenes perdidas (grupos que se retiran) debido a los largos tiempos de espera por una mesa?

4. Como las órdenes perdidas ocurren frecuentemente, debido a los largos tiempos de espera por una mesa, el restaurante no ha observado su verdadera demanda. Desarrolle un escenario con el número de mesas que sugirió en la pregunta anterior. Determine cuántos empleados de cada tipo serían necesarios y cuál sería el tiempo promedio de espera por una mesa bajo este sistema. ¿Cuál es la ganancia total?

5. ¿Si la tasa de llegadas actual se incrementa en 20%, cuántas mesas sugiere que tenga el restaurante para reducir el número de órdenes perdidas debido a los largos tiempos de espera por una mesa?

6. ¿Si la tasa de llegadas disminuye en 30%, cuántos empleados de cada tipo sugiere que tenga el restaurante?

A.4 La Sucursal de un Banco

Considere la siguiente operación de una pequeña sucursal de un banco. La sucursal cuenta con un cajero automático, un grupo de cajeros y un gerente. La sucursal opera de 9:00 a.m. a 5:00 p.m., cinco días a la semana. No se permite la entrada a los clientes que llegan después de las 5:00 p.m., pero la sucursal se mantiene abierta hasta atender a todos los clientes en la cola. Un diagrama de bloques de la sucursal se muestra en la figura A.17.

Los clientes llegan a la sucursal de acuerdo a cuatro procesos de llegadas independientes, cada uno es un proceso de Poisson no estacionario, con las funciones de tasas de llegadas que se muestran en la tabla A.15. Los clientes pueden llegar al grupo de cajeros, al cajero automático o con el gerente. Los clientes a quienes les es indiferente ser atendidos por un cajero o por el cajero automático siempre tomarán su decisión con base en la fila más corta. Si ambas filas son de la misma longitud, estos clientes preferirán el cajero automático. Si la fila más corta tiene más de 4 clientes, el cliente se retira del sistema el 70% de las veces. *Todos los clientes que se retiran son considerados "clientes insatisfechos".*

Tabla A.15: Tasas de llegadas.

Intervalo de Tiempo	Tasas de llegadas (clientes por hora)			
	Cajero	Cajero Automático	Cajero/Cajero Automático	Gerente
9:00 – 10:00	20	20	30	4
10:00 – 11:30	40	60	50	6
11:30 – 1:30	25	30	40	3
1:30 – 5:00	35	50	40	7

Tabla A.16: Tiempos de traslado (en segundos).

	Entrada/Salida	Cajero Automático	Cajero	Gerente
Entrada/Salida	—	10	15	20
Cajero Automático	10	—	8	5
Cajero	15	8	—	9
Gerente	20	5	9	—

Si hay más de 3 personas en la fila del cajero automático y menos de 3 personas en la fila de los cajeros cuando llega un cliente del cajero automático, el 85% de las veces el cliente pasará de ser un cliente del cajero automático y será un cliente del cajero al cambiarse a la fila del cajero, pero si la cola del cajero cuenta con 4 ó más clientes, el 80% de las veces el nuevo cliente (del cajero automático) se retira del sistema. Si hay más de 4 personas en la fila del cajero cuando llega un cliente del cajero, este cliente se irá el 90% de las veces. Estudios recientes muestran que cada "cliente insatisfecho" le cuesta a la sucursal aproximadamente $100 por ocurrencia.

Mientras que la mayoría de los clientes se retiran del banco al completar su transacción, el 2% de los clientes del cajero automático y el 10% de los clientes del cajero necesitarán visitar al gerente posteriormente. Además, si un cliente permanece en la cola del cajero por más de cinco minutos, el 50% de las veces se disgustará e irá con el gerente al completar su transacción con el cajero. Si un cliente permanece más de 15 minutos en la cola del gerente, el 70% de las veces se disgustará. Todos los clientes que se disgustan como resultado de los tiempos de espera deben ser considerados "clientes insatisfechos". Los tiempos de traslado entre las diferentes áreas de la sucursal se muestran en la tabla A.16 y deben ser incluidos en el modelo, asuma que estos tiempos son determinísticos.

El cajero automático puede atender a un cliente a la vez y puede fallar de vez en cuando, causando demoras en las transacciones de los clientes. La falla puede arreglarse "reiniciando" la máquina. Recientemente, uno de los gerentes hizo que se recolectaran datos para determinar qué tan común es que falle el cajero automático y cuánto tiempo toma reiniciar la máquina. Los datos se pueden encontrar en el archivo ATMdata_bank.xls en la sección de estudiantes de la página web de este libro (ver las instrucciones para acceder a la página en el Prefacio). En las figuras A.18 y A.19 mostramos dos histogramas que hacen referencia a estos datos; específicamente a los tiempos entre fallas y a los tiempos requeridos para reiniciar la máquina.

El gerente puede atender sólo a un cliente a la vez y solamente hay un gerente en servicio en cualquier momento. Hay dos tipos de cajeros, clasificados como "experimentados" o "no experimentados". Los cajeros tienen una sola fila y cada cajero puede atender sólo a un cliente a la vez. Los costos por hora asociados con los cajeros "experimentados" y "no experimentados" son de $65 y $45, respectivamente. El costo incluye el sueldo por hora del cajero así como otros costos del personal (compensación de los empleados, beneficios, planes de retiros, costos

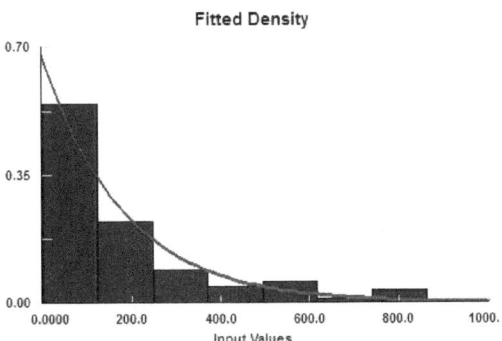

Figura A.18: Histograma de los datos obtenidos sobre los tiempos entre fallas.

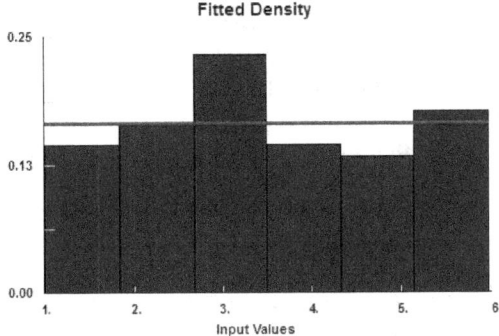

Figura A.19: Histograma de los datos obtenidos sobre los tiempos requeridos para reiniciar la máquina.

Tabla A.17: Tiempos de atención en la sucursal (en minutos).

Servidor	Distribución del tiempo de atención
Cajero Automático	Triangular(0.50, 0.83, 1.33)
Cajero Experimentado	Triangular(2, 3, 4)
Cajero Inexperimentado	Triangular(4, 5, 6)
Gerente	Exponencial con media de 5

de vacaciones, etc.). Los tiempos de atención de los clientes siguen las distribuciones que se muestran en la tabla A.17. Para el gerente, los tiempos de atención son independientes del hecho de haber estado previamente en el cajero automático o con los cajeros.

Por convención, la sucursal divide el día en cuatro periodos de tiempo. Los gerentes de la sucursal necesitan de su ayuda para determinar el número de cajeros (de cada tipo) que debe programarse durante cada periodo para minimizar los costos de operación de la sucursal (para los propósitos de este análisis, sólo debe concentrarse en los costos considerados aquí). Debido a que sólo hay tres estaciones en el área de cajeros, no puede haber más de tres cajeros trabajando en cada periodo. Cada cajero asignado a un periodo debe trabajar durante la duración completa del periodo:

- Periodo 1: 9:00 a.m. – 11:00 a.m.

- Periodo 2: 11:00 a.m. – 1:00 p.m.

- Periodo 3: 1:00 p.m. – 3:00 p.m.

- Periodo 4: 3:00 p.m. – 5:00 p.m.

Los gerentes de la sucursal también están considerando la instalación de un cajero automático adicional. El proveedor de cajeros automáticos le ha dado dos opciones al banco para adquirir el cajero automático. La primera opción es adquirir una máquina nueva y la segunda opción es adquirir un cajero automático reacondicionado, que ha sido utilizado previamente en un banco más grande. El proveedor calcula que el costo diario por la máquina nueva es de $500 y éste es de $350 por la máquina usada. Se asume que las fallas y tiempos de reinicio del cajero automático usado ocurren con las mismas tasas que el cajero automático con el que actualmente cuenta la sucursal. Aunque el cajero automático nuevo también falla a la misma tasa que el cajero automático actual, cuenta con un procesador más rápido que permite que se reinicie en sólo 20 segundos. Con esta información, el banco desea saber sus recomendaciones en relación a la compra de un cajero automático adicional y, de ser el caso, qué modelo debe adquirir.

Utilice Simio para modelar la sucursal bajo las condiciones descritas. Además del modelo, responda las siguientes preguntas de los gerentes. Sus recomendaciones deben de basarse en la decisión que minimice los costos operativos del banco considerando las métricas mencionadas en la descripción del problema (costo por "clientes insatisfechos", costo adicional del cajero automático y costo de los cajeros). Las respuestas deben apoyarse en el análisis de los resultados obtenidos a través de los experimentos de simulación.

1. ¿Debe el banco adquirir un cajero automático adicional? De ser el caso, ¿debe adquirir el cajero nuevo o el cajero usado?

2. Encuentre el número de cajeros de cada tipo que el banco debe programar en cada uno de los cuatro periodos mencionados en la descripción del problema (i.e., el programa diario para los cajeros).

3. ¿Cuál es el costo esperado de operación para el banco, basado en las métricas de costos mostradas en la descripción del problema?

4. ¿Cuál es el costo esperado diario asociado con los "clientes insatisfechos"?

5. ¿Qué tan frecuentemente falla el cajero automático y cuánto tiempo toma repararlo? *(La respuesta de ambas preguntas debe de estar acompañada del procedimiento utilizado para obtener la respuesta).*

6. En promedio, ¿a cuántos clientes atiende la sucursal en un día? Este valor debe incluir a todos los clientes que ingresan a la sucursal y que realizan algún tipo de transacción (no debe incluir a los clientes que se van debido a una fila muy larga).

7. ¿Qué proporción del total de clientes que llegan corresponde a los "clientes insatisfechos"?

A.5   El Aeropuerto de la Ciudad de Vacaciones

El Aeropuerto de la Ciudad de Vacaciones (ACV) es un aeropuerto internacional importante localizado cerca de un destino turístico muy popular, lo que origina tasas de llegadas altamente variables, dependiendo de la estación. La administración del ACV ha realizado encuestas acerca del nivel de servicio de los clientes (NSC) en las compañías aéreas y ha observado que están

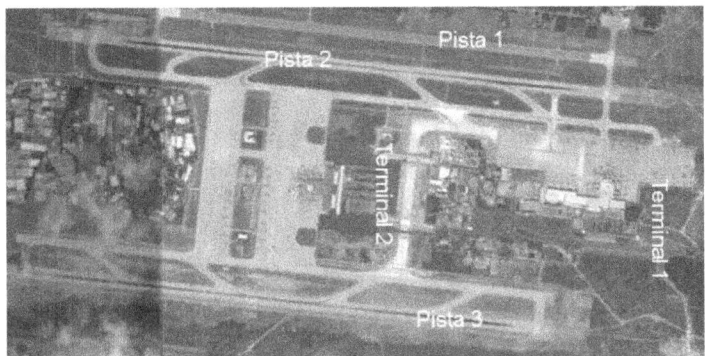

Figura A.20: Vista desde el satélite del Aeropuerto de la Ciudad de Vacaciones.

Tabla A.18: Fuerza de trabajo actual en la Terminal 2 del ACV.

Proceso	Trabajadores por Equipo	Número actual de Equipos en Terminal 2
Equipaje	2	6
Pasajeros (carga, descarga)	1	4
Limpieza	2	2
Combustible	1	2
Abastecimiento	2	1

insatisfechos con el tiempo total que permanecen en el sistema en la Terminal 2. La administración desea subir el NSC de manera razonable considerando el costo. Específicamente, están buscando un análisis objetivo para ayudar a decidir entre agregar nuevos puertos de embarque o una nueva pista, así como a determinar el nivel apropiado de personal. Los parámetros claves son el tiempo en el sistema para los aviones grandes y pequeños, la utilización de los puertos de embarque y la utilización de los trabajadores en cada operación.

El ACV tiene dos terminales internacionales (ver la figura A.20) . La Terminal 1 tiene 12 puertos y 16 líneas de estacionamiento. La Terminal 2 tiene 12 puertos y 42 líneas. Ambas terminales están alimentadas por las mismas 3 pistas, cada cual con diferentes tasas de llegadas. Una vez que el avión ha aterrizado por alguna de estas tres pistas, se dirige inmediatamente hacia las vías auxiliares para llegar a la terminal. El avión puede ser dirigido a un puerto o a una línea de estacionamiento, de acuerdo a su densidad. Una vez que se ha estacionado, requiere de varios servicios como la descarga de pasajeros y del equipaje (que ocurren simultáneamente), la limpieza, el llenado de combustible y el abastecimiento (que ocurren secuencialmente) y la carga de equipaje y de pasajeros (que ocurren simultáneamente). Cada uno de estos equipos de atención tiene diferentes recursos disponibles. Una vez que se ejecutan todos los servicios, el avión se dirige a una de las pistas de salida, a través de vías auxiliares apropiadas para su salida. El proceso se sintetiza en la figura A.21. La tabla A.18 indica el tamaño de los equipos y el número de equipos disponibles en el sistema actual.

La llegada de los aviones depende de la hora del día (ver la tabla A.19). La tasa de llegadas alcanza su máximo en el mediodía. La administración del aeropuerto ha clasificado los aviones en dos grupos: aviones grandes (al menos 120 asientos) y aviones pequeños (menos de 120 asientos). Todos los puertos están dimensionados para atender tanto aviones grandes como pequeños. Para el periodo de planeación en cuestión, el porcentaje de las llegadas anteriores atendidas por la

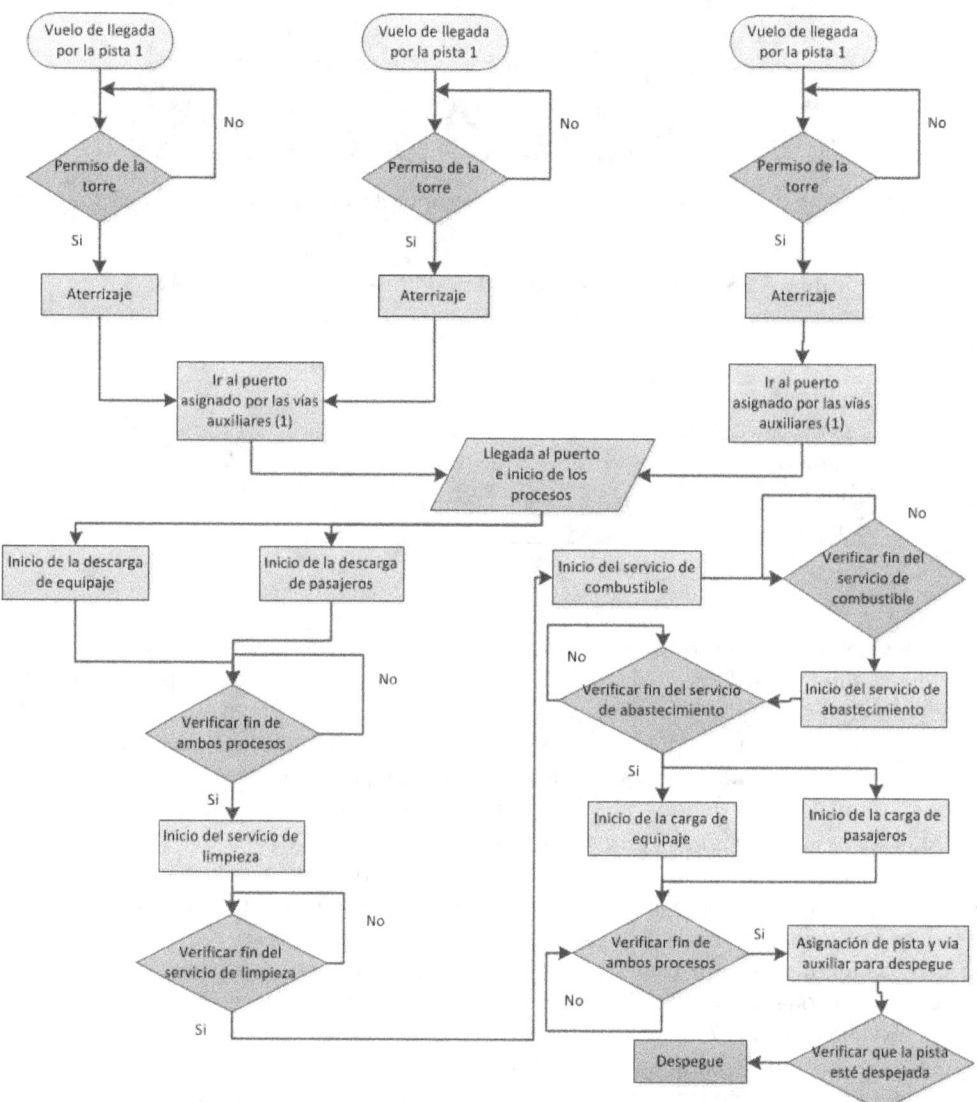

Figura A.21: Carta de flujo de la operación del sistema actual del ACV.

Tabla A.19: Total de llegadas en el ACV en cada pista, por hora del día.

Hora	Pista 1	Pista 2	Pista 3
24 - 1	2	5	3
1 - 2	3	6	2
2 - 3	1	2	2
3 - 4	3	1	1
4 - 5	3	3	2
5 - 6	2	2	3
6 - 7	4	4	4
7 - 8	7	6	6
8 - 9	9	8	8
9 - 10	4	7	5
10 - 11	8	6	7
11 - 12	6	10	8
12 - 13	9	11	11
13 - 14	9	10	10
14 - 15	12	8	9
15 - 16	7	8	7
16 - 17	5	8	6
17 - 18	5	5	3
18 - 19	4	9	7
19 - 20	9	6	6
20 - 21	7	4	5
21 - 22	11	10	9
22 - 23	7	8	8
23 - 24	6	5	4

Tabla A.20: Costo por hora de los equipos de trabajo en la Terminal 2 del ACV.

Proceso	Tasa por Equipo
Equipaje	$142
Pasajeros (carga, descarga)	$40
Limpieza	$108
Combustible	$150
Abastecimiento	$145

Terminal 2, fue de 20% para la pista 1, 20% para la pista 2 y 30% para la pista 3. El resto de los vuelos son atendidos por la Terminal 1.

El costo de una nueva pista de 11,000 metros es de $2,200 por pie lineal. El costo de un nuevo puerto de 21,000 pies cuadrados es de $28 por pie cuadrado. El costo total por hora (incluyendo el equipo necesario) de cada equipo se indica en la tabla A.20.

La administración del ACV ha proporcionado 100 muestras del tiempo de procesamiento típico (en minutos) para cada una de las operaciones anteriores. Estos datos pueden encontrarse en el archivo AirportCaseStudyInputData.zip en el área para estudiantes del sitio web del libro, como se describe en el Prefacio.

Agradecimientos: El Aeropuerto de la Ciudad de Vacaciones está basado en un proyecto de Hazal Karaman y Cagatay Mekiker para resolver los problemas de un aeropuerto real. Este

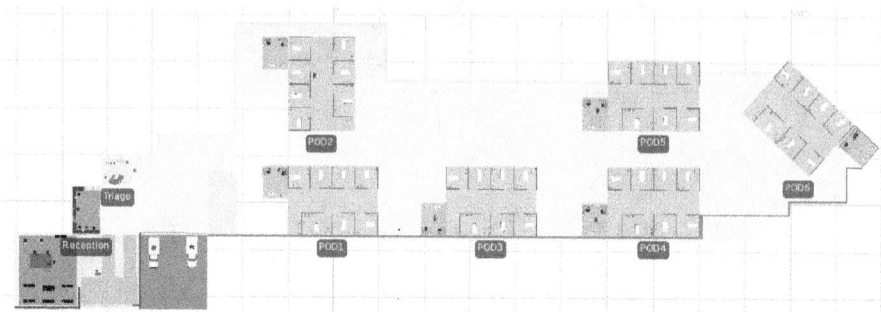

Figura A.22: Disposición de las instalaciones de SEMH.

proyecto se llevó a cabo como un componente principal de un curso introductorio de simulación de nivel graduado en la University of Pittsburgh.

A.6 Simplemente El Mejor Hospital

Simplemente El Mejor Hospital (SEMH) es un hospital grande que está adoptando una configuración por secciones para su Departamento de Emergencia (DE). Una sección es un área cerrada que consiste de siete habitaciones con personal asignado a la sección. Se está planeando tener seis secciones, cada una de ellas con una o dos enfermeras. La administración de SEMH desea una evaluación de dos cosas:

- ¿Qué nivel de personal se requiere en cada sección para asegurar que los pacientes no tengan que esperar periodos largos antes de recibir una habitación, sin sub-utilizar a las enfermeras?

- ¿Cuánto tiempo tomará una prueba de sangre desde que se solicita hasta que llega al laboratorio? El tiempo para llevar a cabo la prueba de sangre debe mantenerse por debajo de los quince minutos (es una política específica de SEMH).

El DE en SEMH tiene dos entradas (ver la figura A.22). Una de las entradas es para los pacientes que entran caminando al DE y la otra entrada es para los pacientes que son traídos en ambulancia. Los pacientes que vienen caminando deben ir primero a la mesa de registro, donde llenan una forma. A continuación, deben ir a un área de peritaje donde una enfermera emite un diagnóstico y le asigna un nivel de gravedad. El nivel de gravedad indica la severidad del problema (1–5, donde 5 es el nivel de gravedad más serio). Cuando se le asigna un nivel de gravedad, la enfermera de peritaje ingresa la información del paciente en un sistema de cómputo que asigna una enfermera a cada paciente, dependiendo de la disponibilidad (si la sección está abierta y si las enfermeras no están ocupadas con otro paciente). A continuación, la enfermera deja al paciente en el corredor para que la enfermera de secciones lo (la) conduzca a la entrada de una sección que está abierta y tiene una habitación libre. La enfermera de la sección se dirigirá a la entrada de la sección para tomar al paciente y conducirlo(a) a su habitación e instalar el equipo necesario. Una vez que el paciente se ha instalado, un doctor viene a la habitación y pudiera solicitar una prueba de sangre para el paciente. Esto sucede el 75% de las veces. Cuando la enfermera está libre, toma una muestra de sangre del paciente, la etiqueta con el nombre del paciente y la lleva a la unidad administrativa del hospital (UAH). La UAH toma la muestra y la etiqueta con las pruebas que necesitan hacerse y la envía al laboratorio por medio de una tolva.

Tabla A.21: Distribuciones triangulares de los tiempos de procesamiento en SEMH (en minutos), por nivel de gravedad de los pacientes.

Nivel de Gravedad	Tiempo de Registro	Tiempo de Peritaje	Tiempo en la Habitación
1	3, 5, 8	4, 5, 7	15, 85, 125
2	3, 5, 8	4, 5, 7	20, 101, 135
3	3, 5, 8	4, 5, 7	35, 150, 210
4	1, 2, 4	1.5, 2, 4	65, 205, 350
5	1, 2, 4	1.5, 2, 4	90, 500, 800

El tiempo de procesamiento en la mesa de la UAH sigue una distribución triangular (3, 4, 5) (en minutos).

El archivo `STBH_ArrivalData.xls` del área de estudiantes del sitio web del libro (ver el Prefacio) contiene datos de las llegadas de los pacientes por nivel de gravedad. De acuerdo con la información de datos anteriores, parece ser que el 80% de los pacientes con nivel de gravedad 4 y el 95% de los pacientes con nivel de gravedad 5 llegan por ambulancia; todos los otros paciente llegan caminando. Los datos sobre los tiempos de procesamiento (asumiendo que se distribuyen triangularmente con los mínimos, modas y máximos dados, en minutos) están en la tabla A.21.

A los pacientes en peritaje se les toma la presión sanguínea y la temperatura, y se registran sus dolencias generales. A los pacientes que se quejan de una enfermedad seria se les acelera el peritaje y son conducidos a las habitaciones para tratarlos tan pronto como sea posible. La asignación de las habitaciones a los pacientes sigue la siguiente estrategia: primero se envían los pacientes a la sección 1 y, cuando ésta se llena (todas las siete habitaciones están ocupadas), el siguiente paciente será enviado a la sección 2, hasta que ésta se llene, y así sucesivamente. Mientras tanto, si algún paciente ha salido de la sección 1, el siguiente paciente en entrar al sistema será asignado a la sección 1. Se ha implementado esta disciplina para que estén abiertas el mínimo número de secciones en cualquier instante de tiempo, lo que ayuda al hospital a controlar los costos y el personal. Se considera que los pacientes que salen del DE, abandonan el mismo, salgan o no del hospital.

Las medidas claves que la administración de SEMH está buscando son:

- TPAE: tiempo promedio en las áreas de espera (promedio sobre todos los tipos de pacientes que ingresan al sistema caminando).

- NPS: número de pruebas de sangre ejecutadas.

- TPS: tiempo promedio para las pruebas de sangre.

- TSG1, ..., TSG5: tiempo en el sistema para cada uno de los 5 niveles de gravedad.

La administración de SEMH está particularmente interesada en seis escenarios (también se podrían evaluar otros escenarios):

1. Modelar un día en el que el nivel de personal en el hospital sea menor que el nivel acostumbrado (10 enfermeras, en lugar de 12) y haya sucedido un accidente grave, como un choque de avión o de tren, que haya ocasionado que alrededor de 54 pacientes de nivel de gravedad 4 y 5 hayan sido llevados al DE.

2. Modelar un periodo en el que todas las enfermeras estén presentes, pero se tengan, más o menos, 72 pacientes adicionales de nivel de gravedad 1, 2 y 3 que ingresen al sistema durante un periodo de dos y medio días. Este escenario puede corresponder a la ocurrencia de una epidemia menor donde muchas personas tienen dolor de garganta, dolor de cabeza o dolores estomacales.

3. Comparar una semana normal con una donde el nivel de personal sea reducido (una enfermera por sección) y donde el número de pacientes que lleguen al hospital también sea menor que lo normal (200 pacientes menos por semana).

4. Comparar la operación normal del DE durante una semana en la que los tiempos de servicio de todos los pacientes se incrementen en un 10%.

5. Modelar un fin de semana (luego de una semana normal) donde el nivel de personal sea de una enfermera por sección.

6. Modelar un periodo en el que haya un virus y lleguen al DE 120 pacientes con nivel de gravedad 1 y 2, durante el transcurso de tres días. Asuma un nivel de personal más bajo que el normal, i.e., hay tres secciones con dos enfermeras cada una y las restantes tres secciones tienen sólo una enfermera cada una. Como esta situación fue provocada por un virus, asuma que el 90% de los pacientes requerirán pruebas de sangre.

Agradecimientos: Simplemente El Mejor Hospital está basado en un proyecto de Karun Alaganan y Daniel Márquez para resolver los problemas de un hospital real. Este proyecto se llevó a cabo como un componente principal de un curso introductorio de simulación de nivel graduado en la *University of Pittsburgh*.

Apéndice B

Problemas de la Competencia Estudiantil de Simio

Dos veces al año Simio promociona una competencia de simulación para estudiantes de todo el mundo, para resolver problemas inspirados en los desafíos que han enfrentado los clientes de Simio. Esta competencia se ha convertido rápidamente en la más grande de su tipo, con más 1500 estudiantes en más de 500 equipos compitiendo cada año. Los problemas no sólo desafían las habilidades de los estudiantes para construir modelos, sino que también requieren de habilidades creativas, para la administración de proyectos, y aún para la producción de presentaciones y videos. Los estudiantes han encontrado que su participación es valiosa e interesante, y los ganadores encuentran caminos atractivos para sus carreras.

Si a Usted le gustaría competir, puede encontrar más información en `www.simio.com/acade mics/StudentCompetition`. Si a Usted le gustaría disponer de un proyecto interesante o de un problema para practicar, hemos incluido resúmenes de algunos de los problemas de la competencia. Si alguno de ellos es de su interés, puede encontrar la versión completa del problema en `http://www.simio.com/academics/StudentCompetition/problem-archive.php`.

B.1   Renta de Autos Innovadora

Estamos investigando un nuevo negocio en los aeropuertos para permitir a los pasajeros que dejan sus autos en nuestros estacionamientos, que no sólo no paguen por el estacionamiento, sino que pudieran recibir un ingreso por la renta de su auto mientras están fuera de la ciudad. Sus autos se ofrecerían para alquiler a los pasajeros que llegan al aeropuerto. El concepto básico del negocio se bosqueja a continuación:

- Los pasajeros de salida que llegan al aeropuerto en un auto que está pre-registrado en nuestro servicio, pueden estacionar su auto gratis por hasta tres semanas en nuestraa áreas para estacionamiento y renta, siempre y cuando se pueda ofrecer el auto para renta como parte de nuestro grupo de autos para este fin.

- Los autos entrantes se limpian por cierta cuota que es pagada por el propietario del auto. Si el auto se llegara a rentar, será nuevamente limpiado al final del periodo de renta sin costo para el propietario; de manera que tanto el propietario como el que renta el auto salen del aeropuerto en un auto limpio.

- Los autos para renta son clasificados en uno de cuatro tipos con base en el modelo y año del vehículo. El precio de la renta se establece con base en la categoría asignada, y 50% del ingreso percibido por la renta será pagado al propietario del vehículo.

Debido a que muchos de los autos estacionados serán alquilados, seremos capaces de ofrecer estacionamiento a más clientes que los espacios que tenemos disponibles para estacionamiento.

La estrategia del negocio es la de primero probar el negocio en un aeropuerto de tamaño mediano, y luego expandirse hacia otros aeropuertos, una vez que el negocio haya probado ser rentable. Es muy importante que nuestro sistema de prueba esté diseñado apropiadamente para maximizar las posibilidades de éxito, y poder mostrar el modelo de negocio a los inversionistas potenciales. Por esta razón, deseamos utilizar la simulación para tomar decisiones críticas sobre el diseño de las instalaciones de nuestro sistema.

B.2   Logística de Perforación Simio

Logística de Perforación Simio (LPS) alquila varios barcos de alta mar para transportar material hacia y desde varias localidades de perforación en alta mar. El sistema "como está" dedica un pequeño número de barcos para dar servicio a un conjunto de localidades en alta mar. Como el costo de que una plataforma fuera de la costa esté ociosa debido a la falta de material es muy alto, LPS busca procurar barcos para satisfacer la demanda máxima y maximizar la eficiencia de las perforaciones. Los datos indican que hay mucho tiempo de espera en ambos puertos y en las localidades de las plataformas. A LPS le gustaría mejorar la programación de los barcos para tratar de reducir el tamaño de la flota por medio de mejoras operacionales. La primera parte de este problema consiste en modelar el sistema "como está" con la flota actual dedicada a las localizaciones específicas de perforación. Este modelo considera diferentes tipos de barcos, y modela el transporte de algunos tipos diferentes de barcos de carga hacia las plataformas. Las complejidades del sistema incluyen la carga del material en los barcos y el impacto del tiempo y del peso de las olas en el transporte, carga y descarga de los barcos. Este modelo del sistema "como está" será la base para evaluar estrategias de mejora para el sistema.

La segunda y más importante parte de este proyecto es el desarrollo y evaluación de estrategias alternativas – tales como la agrupación de los barcos en una flota común para brindar servicio a todas las localizaciones – desarrollar un sistema "como debe ser" para disminuir el costo total, pero manteniendo el mismo alto nivel de servicio. Los resutados del proyecto serán juzgados de acuerdo con la calidad de los modelos de simulación, así como el costo/efectividad total del sistema propuesto "como debe ser".

B.3   Centros de Tratamiento de Emergencia de Simio

Centros de Tratamiento de Emergencia de Simio (CTES) tiene varios centros para el tratamiento de emergencias dentro del país, en los que se atiende a pacientes ambulatorios, típicamente en las horas de trabajo normal, así como en las tardes y fines de semana. Generalmente CTES está equipado para atender afecciones primarias como infecciones, gripe, lesiones leves, y fracturas simples. El personal de CTES consiste de enfermeras, doctores de medicina general, asistentes de los doctores, y especialistas como el ortopedista.

Las instalaciones de CTES incluyen áreas para el registro de los pacientes, la espera, y el diagnóstico, así como salas para exámenes y procedimientos de varios tipos. La demanda de los pacientes varía no sólo por la hora del día y día de la semana, sino también entre los diferentes centros. CTES desea determinar la mejor disposición de las instalaciones, la programación del personal, la asignación de salas, y otros procedimientos operacionales. A CTES también le gustaría evaluar cómo se podrían reducir los requerimientos de personal a través de incentivos para que los pacientes hagan un pre-registro para los exámenes y otras afecciones menores.

Como es deseable que se pudiera utilizar el mismo modelo para centros en diferentes ciudades, el modelo de simulación debe estar guiado por los datos para modificar fácilmente las características de los pacientes y poder experimentar y optimizar con la configuración de las instalaciones y el personal en cada centro. La propuesta debe "venderse" al directorio de CTES, por lo que la animación en 3D y la claridad de los resultados es de particular importancia.

B.4   Un Problema de Manufactura Aeroespacial

Una empresa de manufactura para el aeroespacio está evaluando planes de cambio en sus sistemas para el ensamble final. Su línea de producción tiene varias estaciones de trabajo, cada una con cierta asignación de 10 a 20 tareas; cada una de las cuales tiene sus requerimientos de fuerza laboral, herramientas y manejo de materiales. El sistema está guiado por la programación, por lo que cualquier trabajo que no se ha completado en el momento que la línea cierra, es "trasladado" hacia adelante. Las políticas con respecto de estos trabajos trasladados es uno de los temas a ser evaluados en este proyecto. El proceso de manufactura es intensivo en mano de obra, con una empinada curva de aprendizaje, y el trabajo en proceso es costoso. En consecuencia, las mejoras en las áreas de productividad del personal y reducción del trabajo en procesos son importantes.

El proceso actual tiene dos tipos de producto, y la empresa planea agregar un tercer nuevo producto al proceso. La adición de una nueva línea de producción sugiere también la necesidad de evaluar el plan de producción.

A esta empresa de manufactura le gustaría el plan de producción óptimo para ir desde el estado actual de dos lineas de producción, al futuro estado de dos o tres líneas de producción, y una nueva tasa de producción. Estaremos evaluando diferentes patrones de demanda, estrategias de asignación de las líneas, estrategias de asignación de recursos, y políticas de producción como el tratamiento del trabajo trasladado.

B.5   Cadena de Suministro Latinoamericana

Una empresa minorista que actualmente tiene tiendas en Latinoamérica, desea expandirse hacia el Caribe y Sudamérica. Actualmente produce bienes que son manufacturados en Asia. Las demandas varían por localidad y el mercado es volátil, por lo que la flexibilidad y velocidad de mercado es esencial. A la empresa le gustaría evaluar la creación de uno o más centros de distribución.

¿Debería la empresa invertir en un centro de distribución regional o debería satisfacer las órdenes directamente de los productores asiáticos? Si el abastecimiento no es directo, dónde deberían instalarse los centros de distribución teniendo en cuenta la estrategia de una futura expansión. Los temas a considerar incluyen las tasas de crecimiento del mercado en cada país, así como la conectividad desde cada puerto a los países.

La compañía también desea evaluar diferentes políticas para la expedición de órdenes y estrategias para las unidades de almacenamiento dentro del centro de distribución. Deben respetarse las demoras de los pedidos y las restricciones de capacidad, así como las limitaciones de los puertos y de las flotas de carga. La consideración de costos por mantener inventarios, transporte, ventas perdidas, procesamiento de órdenes, y otros componentes será importante para la toma de decisiones.

B.6   Suministro para la Manufactura de Pulpa y Papel

Un grupo americano para la manufactura de pulpa y papel es consciente de sus ineficiencias para obtener madera y materia prima. Debido a que operan independientemente, muy a menudo, los camiones madereros no paran en la planta, para entregar su carga a una planta competidora, agregando al sistema un costo de transporte que podría evitarse. El grupo está consciente de un consorcio europeo que controla las entregas de madera para minimizar los costos logísticos.

El grupo desea evaluar la creación de un nuevo consorcio para la entrega de madera en sus plantas. El objetivo sería el de minimizar los costos logísticos. Existen 3 plantas en el área, cada una consume de 4 a 6 mil toneladas de madera por día, y operan de manera continua. Las plantas tienen demandas independientes y máximos inventarios, y algunas tienen lugares fuera de la planta para recibir madera y mantener inventarios adicionales. La madera se recolecta en la región de pequeñas compañías operadas por sus propietarios. Cada operación independiente de corte de troncos tiene su propia capacidad de corte y envío que varía estacionalmente.

Al grupo le gustaría una representación del sistema actual, así como una del sistema propuesto, para poder evaluar la inversión potencial requerida, los mejores parámetros de operación, y los ahorros esperados.

B.7   Cambio de Moneda Global

Un banco importante de custodia del mercado financiero global ofrece cambio de monedas, cobrando al cliente un pequeño porcentaje sobre cada operación de cambio. Cada día existen miles de transacciones aleatorias y poco predecibles, que requieren que el banco mantenga liquidez en cada tipo de moneda para realizar las transacciones. Al final de cada día el banco realiza una liquidación con el Banco CLS (un depositario central) para establecer las cantidades que se tendrán para cada tipo de moneda. CLS cobra al banco un pequeño porcentaje por estas liquidaciones. Esto restringe el riesgo del banco a un solo día (conocido como riesgo de liquidez intra-diario). Si el banco se queda corto en algún tipo de moneda, puede realizar un swap con una de sus contrapartes – esencialmente el mismo servicio que ofrece CLS pero puede ocurrir en cualquier momento del día. Un swap puede mitigar el riesgo, pero es más caro que la operación con CLS.

El banco está obligado legalmente a manejar el riesgo. Si por slguna razón no puede realizar alguna transacción de un cliente, el banco debe probar al gobierno que dispone de suficiente liquidez para evitar esta situación a través de diferentes escenarios estresantes. La determinación de la cantidad de moneda disponible de cada tipo es un problema difícil. Los estudiantes deben simular la operación del sistema (e.g., flujos de efectivo de las transacciones, swaps, y liquidaciones) con el objetivo de maximizar el beneficio del banco, sujeto a un riesgo aceptable. El análisis debe incluir los ingresos, los costos, y el riesgo, y debe efectuarse a través de diferentes escenarios.

B.8   Instalación de Paneles Solares Sunrun

Sunrun es la compañía más grande los Estados Unidos que está dedicada a instalar residencias solares. Ellos personalizan un sistema solar para satisfacer las necesidades de los propietarios y se encargan de todos los aspectos de la instalación. Sunrun opera actualmente en 21 estados y continúa su expansión cada año.

Para este proyecto los estudiantes deben considerar las complejidades de una instalación solar de "última generación". El proceso cubre el transporte del equipo, insumos y personal a una casa (sitio de trabajo) y la instalación de los paneles solares sobre el techo. Existe una propuesta de cambio del proceso actual por un nuevo sistema de atención que puede afrontar mejor los eventos inesperados que pueden retrasar o hacer más lento el proceso de instalación. Los administradores experimentados han solicitado una evaluación del proceso actual, comparando los dos escenarios, y las recomendaciones para mejorar el proceso de instalación.

B.9 Producción de Semillas

Un proceso de producción de semillas cubre varias actividades, incluyendo: plantación de un híbrido dado en el campo, operaciones de la temporada, cosecha y procesamiento de las semillas en una fábrica. En América del Norte, la temporada de cosecha dura entre 8 y 10 semanas desde mediados o el fin del mes de agosto, hasta el inicio o mediados del mes de octubre de cada año. A cada fábrica se le asigna un conjuntoi de áreas de cultivo para el procesamiento y empaque de las semillas luego de la cosecha. Las fábricas para la produccipon de semillas operan desde mediados de septiembre hasta abril del siguiente año.

Debido a que se dispone de varias fábricas con diferentes mezclas de producción, se debe determinar un plan de producción para cada fábrica, teniendo en cuenta ciertas restricciones, como son el portafolio de productos, complejas cartas de materiales, rutas del proceso de producción dentro de la planta, espacios físicos y sistemas para el manejo de materiales, eficiencia y configuración del equipo, y restricciones de la fuerza laboral, entre otras, para asegurar que las semillas apropiadas sean enviadas al cliente apropiado en el momento apropiado.

Bibliografía

[1] S.C. Albright, W.L. Winston, y C.J. Zappe. *Data Analysis and Decision Making With Microsoft Excel*. South-Western Cengage Learning, Mason, Ohio, revised third edición, 2009.

[2] R.G. Askin y C.R. Standridge. *Modeling and Analysis of Manufacturing Systems*. Wiley, New York, 1993.

[3] J. Banks, J.S. Carson II, B.L. Nelson, y D.M. Nicol. *Discrete-Event System Simulation*. Pearson Prentice Hall, Upper Saddle River, New Jersey, fourth edición, 2005.

[4] B. Biller y B.L. Nelson. Fitting time series input processes for simulation. *Operations Research*, 53:549–559, 2005.

[5] G.M. Birtwistle, O.-J. Dahl, B. Myhraug, y K. Nygaard. *Simula BEGIN*. Auerbach, Philadelphia, Pennsylvania, 1973.

[6] Visual Components. Factory simulation and the internet of things. *https://www.visualcomponents.com/insights/articles/factory-simulation-internet-things/*, 2015.

[7] R. Conway, W. Maxwell, J.O. McClain, y L.J. Thomas. The role of work-in-process inventory in serial production lines. *Operations Research*, 35(2):229–241, 1988.

[8] L. Devroye. *Non-Uniform Random Variate Generation*. Springer-Verlag, New York, 1986.

[9] A.K. Erlang. The theory of probabilities and telephone conversation. *Nyt Tidsskrift for Matematik*, 20, 1909.

[10] A.K. Erlang. Solution of some problems in the theory of probabilities of significance in automatic telephone exchanges. *Elektrotkeknikeren*, 13, 1917.

[11] M. Evans, N. Hastings, y B. Peacock. *Statistical Distributions*. Wiley, New York, second edición, 2000.

[12] Gartner. Gartner identifies the top 10 strategic technologies for 2010. *Gartner Symposium/ITxpo*, 2009.

[13] Gartner. Gartner identifies the top 10 strategic technology trends for 2013. *Gartner Symposium/ITxpo*, 2012.

[14] P. Box G.E, G.M. Jenkins, y G.C. Reinsel. *Time Series Analysis: Forecasting and Control*. Prentice Hall, Englewood Cliffs, New Jersey, third edición, 1994.

[15] L.J. Gleser. Exact power of goodness-of-fit tests of kolmogorov type for discontinuous distributions. *Journal of the American Statistical Society*, 80:954–958, 1985.

[16] F. Glover, J.P. Kelly, y M. Laguna. New advances for wedding optimization and simulation. *Proceedings of the 1999 Winter Simulation Conference*, pages 255–260, 1999.

[17] F. Glover y G.A. Kochenberger, editors. *Handbook of Metaheuristics*. Kluwer Academic Publishers, Norwell, Massachusetts, 2003.

[18] D. Gross, J.F. Shortle, J.M. Thompson, y C.M. Harris. *Fundamentals of Queueing Theory*. Wiley, Hoboken, New Jersey, fourth edición, 2008.

[19] S. Harrod y W.D. Kelton. Numerical methods for realizing nonstationary poisson processes with piecewise-constant instantaneous-rate functions. *Simulation: Transactions of The Society for Modeling and Simulation International*, 82:147–157, 2006.

[20] W.J. Hopp y M.L. Spreaman. *Factory Physics*. McGraw Hill, New York, New York, 2008.

[21] MESA International. Business to manufacturing markup language (B2MML). *http://www.mesa.org/en/B2MML.asp*, 2018.

[22] ISA-95.com. Business to manufacturing markup language (B2MML). *https://isa-95.com/b2mml/*, 2016.

[23] J.R. Jackson. Networks of waiting lines. *Operations Research*, 5:518–521, 1957.

[24] N.L. Johnson, A.W. Kemp, y S. Kotz. *Univariate Discrete Distributions*. Wiley, New York, third edición, 2005.

[25] N.L. Johnson, S. Kotz, y N. Balakrishnan. *Continuous Univariate Distributions*, volume 1. Wiley, New York, second edición, 1994.

[26] N.L. Johnson, S. Kotz, y N. Balakrishnan. *Continuous Univariate Distributions*, volume 2. Wiley, New York, second edición, 1995.

[27] W.D. Kelton. Implementing representations of uncertainty. In S.G. Henderson y B.L. Nelson, editors, *Handbook in Operations Research and Management Science, Vol. 13: Simulation*, pages 181–191. Elsevier North-Holland, Amsterdam, The Netherlands, 2006.

[28] W.D. Kelton. Representing and generating uncertainty effectively. *Proceedings of the 2009 Winter Simulation Conference*, pages 40–44, 2009.

[29] W.D. Kelton, R.P. Sadowski, y N.B. Zupick. *Simulation With Arena*. McGraw-Hill Education, New York, sixth edición, 2015.

[30] S. Kim y B.L. Nelson. A fully sequential procedure for indifference-zone selection in simulation. *ACM Transactions on Modeling and Computer Simulation*, 11:251–273, 2001.

[31] P.J. Kiviat, R. Villanueva, y H.M. Markowitz. *The SIMSCRIPT II Programming Language*. Prentice Hall, Englwood Cliffs, New Jersey, 1969.

[32] L. Kleinrock. *Queueing Systems: Volume I - Theory*. Wiley, New York, 1975.

[33] M. Kuhl, S.G. Sumant, y J.R. Wilson. An automated multiresolution procedure for modeling complex arrival processes. *INFORMS Journal on Computing*, 18:3–18, 2006.

[34] A.M. Law. *Simulation Modeling and Analysis*. McGraw-Hill, New York, fifth edición, 2015.

[35] P. L'Ecuyer. Uniform random number generation. In S.G. Henderson y B.L. Nelson, editors, *Handbook in Operations Research and Management Science, Vol. 13: Simulation*, pages 55–81. Elsevier North-Holland, Amsterdam, The Netherlands, 2006.

[36] P. L'Ecuyer y R. Simard. Testu01: A c library for empirical testing of random number generators. *ACM Transactions on Mathematical Software*, 337:Article 22, 2007.

[37] L. Leemis. Nonparametric estimation of the intensity function for a nonhomogeneous poisson process. *Management Science*, 37:886–900, 1991.

[38] D.H. Lehmer. Mathematical methods in large-scale computing units. *Annals of the Computing Laboratory of Harvard University*, 26:141–146, 1951.

[39] D.V. Lindley. The theory of queues with a single server. *Proceedings of the Cambridge Philosophical Society*, 48:277–289, 1952.

[40] J.D.C. Little. A proof for the queuing formula $l = \lambda w$. *Operations Research*, 9:383–387, 1961.

[41] J.D.C. Little. Little's law as viewed on its 50th anniversary. *Operations Research*, 59:536–549, 2011.

[42] Simio LLC. Simio web site. *https://www.simio.com*, 2018.

[43] M. Matsumoto y T. Nishimura. Mersenne twister: A 623-dimensionally equidistributed uniform pseudo-random number generator. *ACM Transactions on Modeling and Computer Simulation*, 8:3–30, 1998.

[44] L. Mueller. Norwood fire-department simulation models: Present and future. Master's thesis, Department of Quantitative Analysis and Operations Management, University of Cincinnati, 2009.

[45] R.E. Nance y R.G. Sargent. Perspectives on the evolution of simulation. *Operations Research*, 50:161–172, 2002.

[46] B.L. Nelson. *Stochastic Modeling, Analysis and Simulation*. McGraw-Hill, New York, first edición, 1995.

[47] B.L Nelson. The more plot: Displaying measures of risk & error from simulation output. *Proceedings of the 2008 Winter Simulation Conference*, pages 413–416, 2008.

[48] B.L. Nelson. Personal communication. 2016.

[49] C.D. Pegden, R.E. Shannon, y R.P. Sadowski. *Introduction to Simulation Using SIMAN*. McGraw-Hill, New York, second edición, 1995.

[50] C.D Pegden y D.T. Sturrock. *Rapid Modeling Solutions: Introduction to Simulation and Simio*. Simio LLC, Pittsburgh, Pennsylvania, 2013.

[51] A.A.B. Pritsker. *The GASP IV Simulation Language*. Wiley, New York, 1974.

[52] A.A.B. Pritsker. *Introduction to Simulation and SLAM II*. Wiley, New York, fourth edición, 1995.

[53] D. Robb. Gartner taps predictive analytics as next big business intelligence trend. *Enterprise Apps Today*, 2012.

[54] S.M. Ross. *Introduction to Probability Models*. Academic Press, Burlington, Massachusetts, tenth edición, 2010.

[55] S.L. Savage. *The Flaw of Averages: Why We Underestimate Risk in the Face of Uncertainty*. Wiley, Hoboken, New Jersey, 2009.

[56] T.J. Schriber. *Simulation Using GPSS*. Wiley, New York, 1974.

[57] T.J. Schriber. *An Introduction to Simulation Using GPSS/H*. Wiley, New York, 1991.

[58] K. Schwab. *The Fourth Industrial Revolution*. Random House USA Inc., 2017.

[59] A.F. Seila, V. Ceric, y P. Tadikamalla. *Applied Simulation Modeling*. Thomson Brooks/Cole, Belmont, California, 2003.

[60] E. Song y B.L. Nelson. Quickly assessing contributions to input uncertainty. *IIE Transactions*, 47:1–17, 2015.

[61] E. Song, B.L. Nelson, y C.D. Pegden. Advanced tutorial: Input uncertainty quantification. *Proceedings of the 2014 Winter Simulation Conference*, pages 162–176, 2014.

[62] W.S. Stidham. A last word on $l = \lambda w$. *Operations Research*, 22:417–421, 1974.

[63] D.T. Sturrock. New solutions for production dilemmas. *Industrial Engineer Magazine*, 44:47–52, 2012.

[64] D.T. Sturrock. Simulationist bill of rights. *Success in Simulation Blog*, 2012.

[65] J.W. Tukey. *Exploratory Data Analysis*. Addison-Wesley, Reading, Massachusetts, 1977.

[66] H.M. Wagner. *Principles of Operations Reserach, With Applications to Managerial Decisions*. Prentice Hall, Englwood Cliffs, New Jersey, 1969.

Lista Alfabética

www.ingramcontent.com/pod-product-compliance
Lightning Source LLC
Chambersburg PA
CBHW081713220526

45468CB00008B/1832